"十二五"职业教育国家规划教材
经全国职业教育教材审定委员会审定
国家林业和草原局职业教育"十三五"规划教材

林业"3S"技术

（第2版）

韩东锋　李云平　亓兴兰　主编

中国林業出版社
CFPH China Forestry Publishing House

内容简介

本教材立足林业生产实际，全面详细介绍了全球定位系统(GPS)、遥感(RS)和地理信息系统(GIS)的概念、特点和软件操作。全书分为4个模块11个项目：GPS的操作与应用、遥感影像预处理、遥感影像增强、遥感图像空间分析、林业遥感影像信息提取、ArcGIS Desktop应用基础、林业空间数据采集、林业空间数据编辑与处理、林业专题地图制图、林业空间数据空间分析和"3S"技术在林业生产中的应用，详细阐述了"3S"技术在林业生产中的应用方法和技巧。本教材将"3S"技术融入各个教学项目中，配有大量的实际生产应用案例并给出了详细的操作步骤，供参考使用。

本教材强调新颖性、实用性、技巧性、全面性和实战性，注重理论与实践的结合，既可作为高等职业院校涉林专业的教材，还可作为林业生产等相关从业人员的自学和参考用书。

图书在版编目(CIP)数据

林业"3S"技术 / 韩东锋，李云平，亓兴兰主编．—2版．—北京：中国林业出版社，2021.5(2024.4重印)
"十二五"职业教育国家规划教材经全国职业教育教材审定委员会审定　国家林业和草原局职业教育"十三五"规划教材
ISBN 978-7-5219-1224-1

Ⅰ.①林…　Ⅱ.①韩…　②李…　③亓…　Ⅲ.①地理信息系统-应用-林业-高等职业教育-教材②全球定位系统-应用-林业-高等职业教育-教材③遥感技术-应用-林业-高等职业教育-教材　Ⅳ.①S7-39

中国版本图书馆CIP数据核字(2021)第117849号

任务处理数据下载方法： 1. 微信扫描"任务处理数据"二维码，点击进入资源列表，再点击进入拟下载的数据页面，最后点击该页面右上角按钮，选择转发给"文件传输助手"。
2. 在微信PC端打开"文件传输助手"，下载另存目标文件。

责任编辑： 范立鹏　　**责任校对：** 苏　梅
电话： (010)83143626　　**传真：** (010)83143516

出版发行　中国林业出版社(100009　北京市西城区德内大街刘海胡同7号)
E-mail:jiaocaipublic@163.com
http://www.forestry.gov.cn/lycb.html
印　　刷　北京中科印刷有限公司
版　　次　2015年3月第1版(共印7次)
2021年8月第2版
印　　次　2024年4月第4次印刷
开　　本　787mm×1092mm　1/16
印　　张　30.75
字　　数　787千字　　数字资源：916千字
定　　价　68.00元

任务处理数据

课件+拓展知识

《林业“3S”技术》(第2版)
编写人员

主　　编　韩东锋　李云平　亓兴兰

副主编　范晓龙　买凯乐　陈德成

编写人员　(按姓氏笔画排序)

亓兴兰　福建林业职业技术学院

买凯乐　广西生态工程职业技术学院

李云平　山西林业职业技术学院

陈德成　河南林业职业学院

范晓龙　山西林业职业技术学院

林世滔　江西环境工程职业学院

赵　静　辽宁生态工程职业学院

晏青花　云南林业职业技术学院

黄寿昌　广西壮族自治区沙塘林场

韩东锋　杨凌职业技术学院

《林业“3S”技术》（第1版）
编写人员

主　编：李云平　韩东锋

副主编：范晓龙　靳来素

编　者：（按姓氏笔画排序）

亓兴兰　福建林业职业技术学院

买凯乐　广西生态工程职业技术学院

李云平　山西林业职业技术学院

陈德成　河南林业职业学院

范晓龙　山西林业职业技术学院

黄寿昌　广西生态工程职业技术学院

韩东锋　杨凌职业技术学院

靳来素　辽宁林业职业技术学院

第2版前言

在我国林业信息化技术高速发展的历史进程中，“3S”技术最具有代表性，发挥了举足轻重的作用。“3S”技术包括遥感（remote sensing，RS）、地理信息系统（geographic information system，GIS）、全球定位系统（global positioning system，GPS）。目前，其用于森林资源调查与监测、森林资源经营与管理、森林资源保护与管护、造林绿化，林业生态工程修复、林业有害生物监测等方面，特别是在近几年森林督查暨森林资源管理“一张图”年度更新工作、林地督查、林地变更、公益林落界、林业行政执法等相关工作中，基于 RS 技术判读区划，基于 GIS 技术建立森林资源数据库，基于 GPS 技术野外调查定位导航，“3S”技术作为关键支撑技术，不可或缺。

本教材延续第 1 版的内容单元框架，包括 GPS 在林业中的应用、RS 在林业中的应用、GIS 在林业中的应用、“3S”技术在林业中的综合应用四个单元。教材编写重点在于相关工具、软件的操作使用。在认知基本概念与原理的基础上，进行软件基础操作练习，再结合具体实例的操作过程作为任务实施进行巩固，重点使学生掌握软件的操作应用，在生产实际中，能够根据具体情况解决问题，具有使用林业“3S”技术完成相关林业生产工作任务的能力。

相比第 1 版，本教材主要在以下几方面进行了修订。(1)内容更新。在遥感(RS)部分增加了遥感图像空间分析，地理信息系统(GIS)部分增加了空间校正。(2)工具软件更新。GPS 工具软件更新为 RTK，GIS 软件更新为 ArcGIS 10.6。(3)形式创新。一是资源化，即精心筛选了丰富的教学资源，如条理化的学习目标、必备的理论知识、实践训练项目、思考与练习题、伴随性阅读文献、前沿性拓展知识等；二是信息化，用二维码的形式引入了丰富的拓展性知识；三是一体化，专兼职教师和企事业专家共同，使得教学内容上理论和实践一体，纸质资源和数字资源一体，实现产教、校企和工学的一体化融合。

本教材由韩东锋、李云平和亓兴兰共同担任主编，范晓龙、买凯乐和陈德成担任副主编，具体的编写任务分工如下：项目 1 由陈德成编写；项目 2 由赵静编写；项目 3 由买凯乐编写；项目 4 由林世滔编写；项目 5 由亓兴兰编写；项目 6 由李云平编写；项目 7 由韩东锋编写；项目 8 由晏青花编写；项目 9 和项目 10 由范晓龙编写；项目 11 由黄寿昌和林世滔编写。

本教材在编写过程中，编写成员在各参编单位的大力支持下，充分沟通协调，利用视频会议等形式加强成员间联系沟通，积极征求企事业单位专家和毕业生意见建议，保证了编写进度和质量，在此向支持编写工作的各级领导、同行专家和给予帮助的广大师生深表感谢。

本教材在编写过程中，引用了大量文献中的研究成果，在此谨向文献的作者致以深切的谢意。

受编者水平所限，书中难免有错漏之处，敬请读者批评指正！

编　者

2021 年 1 月

第1版前言

"3S"信息技术属于新技术、新方法，在林业生产中无论是常规的森林资源调查、森林资源经营管理、森林营造和森林管护，还是目前林业生态环境工程建设项目，如退耕还林(草)、天然林保护、防护林工程等均用到"3S"信息技术。因此，在高职院校林业技术专业开设"林业'3S'技术"课程非常必要。

通过课程的学习，让学生掌握遥感技术(RS)、全球定位系统(GPS)、地理信息系统(GIS)基础理论知识，学会ERDAS 9.2、ENVI、ArcGIS 10.0等相关软件的使用，具备使用这些软件进行遥感图像数字化处理、制作遥感专题图；用手持GPS进行导航、定位、面积求算，采集数据，并将采集到的数据传输到ArcGIS系统中；ArcGIS中建立数据库，简单的矢量数据和栅格数据处理，建立空间分析和三维立体动画的技能，为林业生产服务。

本教材体例新(项目任务式)、内容新(新技术、新软件使用)，少理论、多实践、多操作，避免了市场上现有书籍不足，便于教师讲授和学生学习。

全书分为4个模块9个项目。具体的编写分工如下：

项目1　手持GPS的使用，河南林业职业学院　陈德成编写
项目2　林业遥感影像预处理，辽宁林业职业技术学院　靳来素编写
项目3　图像增强处理，广西生态工程职业技术学院　买凯乐编写
项目4　林地利用分类图的制作，福建林业职业技术学院　亓兴兰编写
项目5　ArcGIS 10.0基础操作，山西林业职业技术学院　李云平编写
项目6　林业空间数据采集与编辑，杨凌职业技术学院　韩东锋编写
项目7　林业专题地图制图，山西林业职业技术学院　范晓龙编写
项目8　林业空间数据的空间分析，山西林业职业技术学院　范晓龙编写
项目9　"3S"技术在林业生产中的综合应用，
广西生态工程职业技术学院　黄寿昌编写

大家在学习过程中应多加思考，领会每一步操作的深层含义后，再根据书本给出的参数获得操作结果后，可以尝试使用不同的参数设置进行反复练习，对比、分析相应的运行结果，这对于综合应用和深度掌握"3S"技术是大有裨益的。

本书的编写得到中国林业出版社牛玉莲、肖基浒，全国林业职业教育教学指导委员会

贺建伟的大力指导和支持；辽宁林业职业技术学院王巨斌通力合作与协调；参编人员夜以继日，呕心沥血；参编教师单位提出了宝贵意见和建议，在此一并致谢！

虽然本书编写数易其稿，但由于编者水平有限，错误与不妥之处在所难免，敬请读者批评指正！

编　者

2014 年 4 月

目录

模块一

GPS在林业中的应用

GPS在林业生产中主要用于导航、定位、求算面积，在自然资源(如森林、草原、土地等资源)调查、城市规划、环境调查等过程中应用广泛。目前所用GPS接受机种类、型号很多，不同类别GPS接收机使用方法不同。本模块在简介美国的GPS导航系统、俄罗斯的格洛纳斯导航系统、欧盟的伽利略导航系统基础上，重点介绍了我国自主研发的北斗卫星导航系统，思拓力S10A差分GPS(RTK)在林生产上的应用。

项目1 GPS的操作与应用

在林业生产中，森林位置和面积测绘、苗圃地测设、植物群落分布区域的确定、土壤类型的分布调查、境界勘测等工作，都可以采用GPS定位和导航技术进行测定，GPS接收机已经成为森林资源调查、监测与管理的主要手段和工具。目前生产中常用的差分GPS(RTK)有：苏光A90卫星接收机RTK、中海达V90测量RTKGPS、华测T7智能RTK及思拓力S10差分GPS等型号，它们的优点是可以将外业测定数值直接导入ArcGIS10. X软件中，还可以与CASS地形地籍成图软件配合使用进行成图。其中思拓力S10差分GPS(RTK)使用便捷，近年来应用较多，本项目主要介绍其工作原理和工作方法。

知识目标

1. 了解卫星导航系统。
2. 掌握思拓力S10差分GPS(RTK)应用的基本理论知识。

技能目标

能够使用思拓力S10差分GPS(RTK)进行数据采集和管理，包括利用GPS创建点、线和面，并进行数据编辑、保存和导出。

任务1.1 卫星导航系统介绍

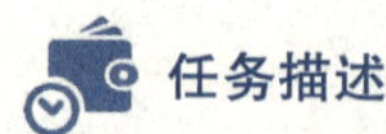

任务描述

卫星导航系统已经在航空、航海、通信、人员跟踪、消费娱乐、测绘、授时、车辆监控管理、汽车导航与信息服务等方面得以广泛使用，而且总的发展趋势是为实时应用提供高精度服务。

任务目标

1. 了解卫星导航系统发展现状。

2. 熟悉北斗卫星导航系统空间信号特征，理解其系统的基本组成。

知识准备

1.1.1 全球定位系统

全球卫星导航系统(the global navigation satellite system)，也称为全球导航卫星系统，是指在地球表面或近地空间的任何地点为用户提供全天候的三维坐标和速度以及时间信息的空基无线电导航定位系统。

常见的全球定位系统有美国的 GPS(global positioning system)、俄罗斯的格洛纳斯(GLONASS)卫星导航系统，欧盟的伽利略(Galileo)卫星导航系统和我国的北斗卫星导航(BeiDou navigation satellite system，BDS)四大卫星导航系统。最早出现的是美国的 GPS，现阶段技术最完善的也是 GPS。近年来，BDS、GLONASS 在亚太地区的服务全面开启，尤其是 BDS 在民用领域发展越来越快。

(1)GPS

GPS 是美国从 20 世纪 70 年代开始研制，于 1994 年全面建成，是具有在海陆空进行全方位实时三维导航与定位能力的新一代卫星导航与定位系统，由太空卫星部分、地面监控部分和用户接收机三大部分组成。GPS 系统构成如图 1-1 所示。

GPS 由美国军方控制，星座由 24 颗卫星组成，分布在 6 个轨道面上，可以保证无论在世界什么地方，几乎随时都可以捕获到其中的 4 颗卫星。每颗 GPS 卫星都发送两个频率的载波信号：一种信号是民码，另一种信号是军码。

GPS 应用包括陆地应用(如车辆导航、应急反应、地球资源勘测、工程测量等)、海洋应用及航空航天应用(图 1-2)。

GPS 用户设备部分包括手持型 GPS 接收机和测量型 GPS 接收机，分别如图 1-3 和图 1-4 所示。

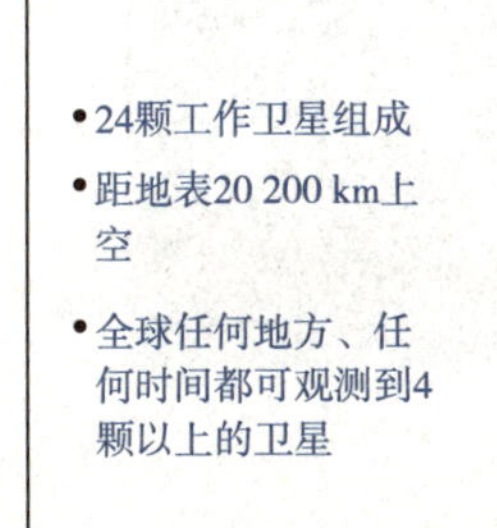

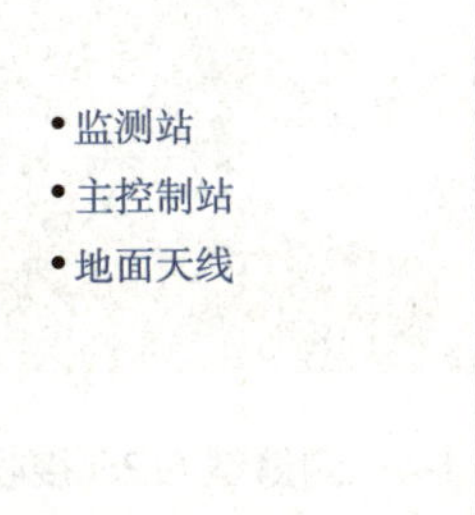

图 1-1 GPS 定位系统组成

陆地应用	海洋应用	航空航天应用
• 车辆导航 • 应急反应 • 大气物理观测 • 地球资源勘探 • 工程测量 • 变形监测 • 地壳运动监测 • 市政规划控制	• 远洋船最佳航程航线测定 • 船只实时调度与导航 • 海洋救援 • 海洋探宝 • 水文地质测量 • 海洋平台定位 • 海平面升降监测	• 飞机导航 • 航空遥感姿态控制 • 低轨卫星定轨 • 导弹制导 • 航空救援 • 载人航天器防护探测

图 1-2　GPS 定位系统的应用

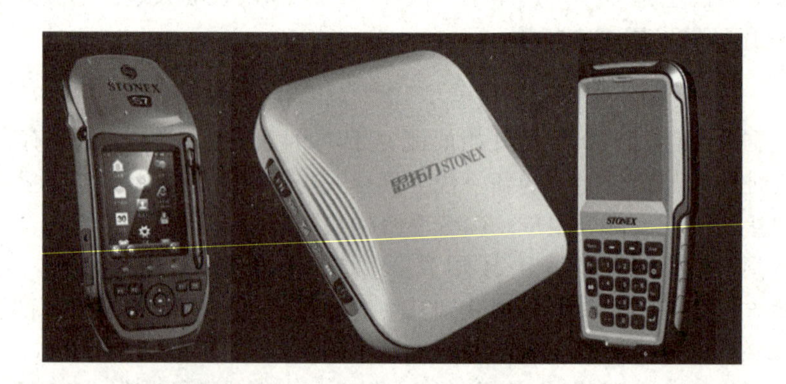

图 1-3　手持型 GPS 接收机

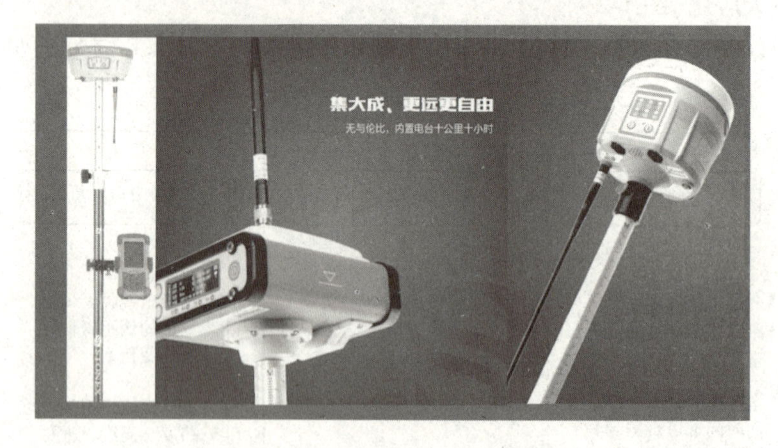

图 1-4　测量型 GPS 接收机

(2) GLONASS

格洛纳斯卫星导航系统（GLONASS）在俄语中是“global navigation satellite system（全球卫星导航系统）”的缩写。最早开发于苏联时期，后由俄罗斯继续该计划。俄罗斯于

1993 年开始独自建立本国的全球卫星导航系统。到 2009 年底前，其服务范围已经拓展到全球。该系统主要服务内容包括确定陆地、海上及空中目标的坐标及运动速度信息等。

GLONASS 包括 24 颗卫星(3 颗备用)，卫星高度 19 100 km，均匀分布在 3 个轨道面上，3 个轨道平面两两相隔 120°，每个轨道面有 8 颗卫星，同平面内的卫星之间相隔 45°，轨道面倾角为 64. 8°，运行周期约为 11 h 15 min，卫星信号采用了两种载波，其频率分别为 1. 6 GHz 和 1. 2 GHz。目前的卫星状况已具备可用性。

(3) Galileo

2002 年 3 月 26 日，欧盟首脑会议批准 Galileo 卫星导航系统的实施计划。这标志着未来欧洲将拥有自己的卫星导航定位系统，结束美国 GPS 的垄断局面。

(4) 北斗

北斗卫星导航系统是中国自主研发、独立运行的全球卫星导航系统，其相关内容将在下一节中进行介绍。

1. 1. 2 我国卫星导航系统发展概述

1. 1. 2. 1 北斗卫星导航系统概述

北斗卫星导航系统是我国正在实施的自主研发、独立运行的全球卫星导航系统，与美国的 GPS、俄罗斯的 GLONASS、欧盟的 Galileo，并称全球四大卫星导航系统。

(1) 总体规划、发展路线及任务

①北斗卫星导航系统建设。按照三步走的总体规划分步实施。

第一步，1994 年启动北斗卫星导航试验系统建设，2000 年形成区域有源服务能力。

第二步，2004 年启动北斗卫星导航系统建设，2012 年形成区域无源服务能力。

第三步，2020 年北斗卫星导航系统形成全球无源服务能力。

②北斗卫星导航系统发展路线。具体内容如图 1-5 所示。

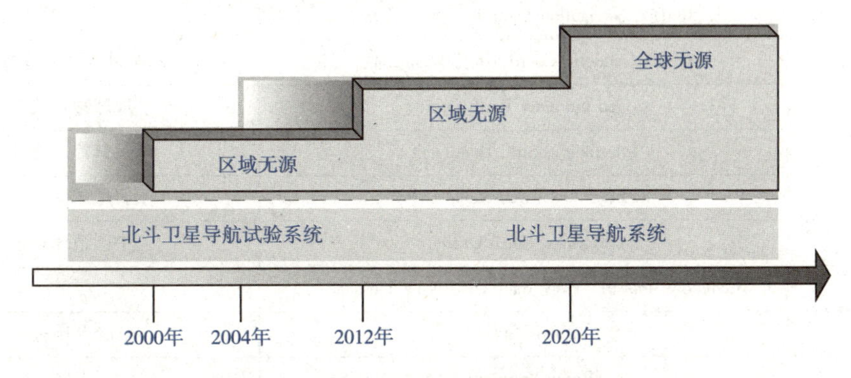

图 1-5 北斗卫星导航系统发展路线图

③北斗卫星导航系统工程任务。研制生产 5 颗静止轨道(GEO)卫星和 30 颗非静止轨道(Non-GEO)卫星。在西昌卫星发射中心采用 CZ-3A 系列运载火箭共发射 35 颗卫星，西

安卫星测控中心提供卫星发射组网与运行测控支持。2012 年形成区域无源服务能力，2020 年形成全球无源服务能力。

(2)坐标系统

北斗卫星导航系统采用中国 2000 大地坐标系(China geodetic coordinate system 2000，CGCS2000)，CGCS2000 与国际地球参考框架 ITRF 的一致性约为 5 个厘米。

(3)服务与性能

北斗卫星导航系统在保留北斗卫星导航试验系统有源定位、双向授时和短报文通信服务基础上，向亚太大部分地区正式提供连续无源定位、导航、授时等服务。北斗卫星导航系统已经对东南亚实现全覆盖，可在全球范围内为各类用户提供全天候、全天时，高精度、高可靠性的定位、导航和授时服务，包括开放服务和授权服务两种方式。

开放服务是向全球免费提供定位、测速和授时服务，定位精度 10 m，测速精度 0.2 m/s，授时精度 10 ns。

授权服务是为有高精度、高可靠性卫星导航需求的用户，提供定位、测速、授时、通信服务，以及系统完好性信息。我国以后生产定位服务设备的生产商，都将提供对 GPS 和北斗卫星导航系统的支持，提高定位的精确度。

系统评价北斗卫星导航终端与 GPS、Galileo 和 GLONASS 相比，优势在于：一是短信服务与导航的结合，增加了通信功能；二是全天候快速定位，极少的信号盲区，精度比 GPS 高。

(4)术语及缩略语

利用北斗卫星导航系统播发的公开服务信号，来确定用户位置、速度、时间的无线电导航服务。北斗卫星导航系统常用术语及缩略语见表 1-1。

表 1-1　北斗卫星导航系统相关用语

缩略语	全　称	常用术语
BDS	BeiDou Navigation Satellite System	北斗卫星导航系统，简称北斗系统
BDT	BeiDou Navigation Satellite System Time	北斗时
CGCS2000	China Geodetic Coordinate System 2000	2000 中国大地坐标系
GEO	Geostationary Earth Orbit	地球静止轨道
ICD	Interface Control Document	接口控制文件
IGSO	Inclined Geosynchronous Orbit	倾斜地球同步轨道
MEO	Medium Earth Orbit	中圆地球轨道
NAV	Navigation (as in “NAV data” or “NAV message”)	导航
OS	Open Service	公开服务
RF	Radio Frequency	射频
PDOP	Position Dilution of Precision	位置精度因子
SIS	Signal in Space	空间信号

（续）

缩略语	全 称	常用术语
TGD	Time Correction of Group Delay	群延迟时间改正
URAE	User Range Acceleration Error	用户距离误差的二阶导数
URE	User Range Error	用户距离误差
URRE	User Range Rate Error	用户距离误差的一阶导数
UTC	Universal Time Coordinated	协调世界时
UTCOE	UTC Offset Error	协调世界时偏差误差

1.1.2.2 北斗卫星导航系统基本组成

北斗系统基本组成包括：空间端、地面控制端和用户端。

(1)空间端

北斗系统目前在轨工作卫星有5颗GEO卫星、5颗IGSO卫星和4颗MEO卫星。星座组成如图1-6所示。

①GEO卫星。轨道高度为35 786 km，分别定点于东经58.75°、80°、110.5°、140°和160°。

②IGSO卫星。轨道高度为35 786 km，轨道倾角为55°，分布在3个轨道面内，升交点赤经分别相差120°，其中3颗卫星的星下点轨迹重合，交叉点经度为东经118°，其余2颗卫星星下点轨迹重合，交叉点经度为东经95°。

③MEO卫星。轨道高度为21 528 km，轨道倾角为55°，回归周期为7天13圈，相位从Walker24/3/1星座中选择，第一轨道面升交点赤经为0°。4颗MEO卫星位于第一轨道面7、8相位和第二轨道面3、4相位。

(2)地面控制端

地面控制端负责系统导航任务的运行，主要由主控站、时间同步/注入站和监测站等组成。

①主控站。是北斗系统的运行控制中心，主要任务包括：收集各时间同步/注入站、监测站的导航信号监测数据，进行数据处理，生成导航电文等；负责任务规划与调度、系统运行管理与控制；负责星地时间观测比对，向卫星注入导航电文参数；卫星有效载荷监测和异常情况分析等。

②时间同步/注入站。主要负责完成星地时间同步测量，向卫星注入导航电文参数。

③监测站。对卫星导航信号进行连续观测，为主控站提实时观测数据(图1-7)。

(3)用户端

多种类型的北斗系统用户终端，包括与其他导航系统兼容的终端。

(4)北斗系统公开服务区

北斗系统在轨卫星和地面系统工作稳定，经全球范围测试评估，系统性能满足预期，具备全球服务能力。同步发布新的北斗系统公开服务性能规范(2.0版)。北斗系统服务性能如下。

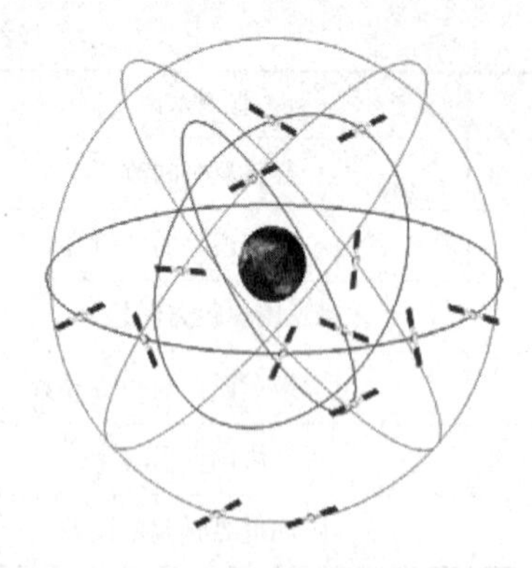

图 1-6　北斗卫星导航系统星座组成图

图 1-7　北斗卫星导航系统地面端监测站

①系统服务区。全球。

②定位精度。水平 10 m、高程 10 m(95%置信度)。

③测速精度。0.2 m/s(95%置信度)。

④授时精度。20 ns(95%置信度)。

⑤系统服务可用性。优于 95%。

其中，亚太地区定位精度水平 5 m、高程 5 m(95%置信度)。

1.1.2.3　北斗卫星导航系统空间信号特征

(1)空间信号接口特征

①空间信号射频特征。北斗系统采用右旋圆极化(RHCP)L 波段信号。B1 频点的标称频率为 1561.098 MHz，卫星发射信号采用正交相移键控(QPSK)调制，其他信息详见 BDS-SIS-ICD-2.0 的规定。

②导航电文特征。根据信息速率和结构不同，导航电文分为 D1 导航电文和 D2 导航电文。D1 导航电文速率为 50 bps，D2 导航电文速率为 500 bps。MEO/IGSO 卫星播发 D1 导航电文，GEO 卫星播发 D2 导航电文。D1 导航电文以超帧结构播发。每个超帧由 24 个主帧组成，每个主帧由 5 个子帧组成，每个子帧由 10 个字组成，整个 D1 导航电文传送完毕需要 12 min。其中，子帧 1 至子帧 3 播发本星基本导航信息；子帧 4 的 1~24 页面和子帧 5 的 1~10 页面播发全部卫星历书信息及与其他系统时间同步信息。D2 导航电文以超帧结构播发。每个超帧由 120 个主帧组成，每个主帧由 5 个子帧组成，每个子帧由 10 个字组成，整个 D2 导航电文传送完毕需要 6 min。其中，子帧 1 播发本星基本导航信息，子帧 5 播发全部卫星的历书信息与其他系统时间同步信息。卫星导航电文的正常更新周期为 1 h。导航信息帧格式详细参见 BDS-SIS-ICD-2.0 的规定。

公开服务导航电文信息主要包含：卫星星历参数、卫星钟差参数、电离层延迟模型改正参数、卫星健康状态、用户距离精度指数和星座状况(历书信息)等。导航信息详细内容参见 BDS-SIS-ICD-2.0 的规定。

(2)空间信号性能特征

①空间信号覆盖范围。北斗系统公开服务空间信号覆盖范围用单星覆盖范围表示。单星

覆盖范围是指从卫星轨道位置可见的地球表面及其向空中扩展 1000 km 高度的近地区域。

②空间信号精度。空间信号精度采用误差的统计量描述，即任意健康的卫星在正常运行条件下的误差统计值(95%置信度)。空间信号精度主要包括 4 个参数：用户距离误差(URE)、URE 的变化率(URRE)、URRE 的变化率(URAE)和协调世界时偏差误差(UTCOE)。

任务 1.2 差分 GPS 使用

任务描述

实时动态载波相位差分技术(real-time kinematic RTK)，是实时处理两个测量站载波相位观测量的差分方法，将基准站采集的载波相位发给用户接收机，进行求差解算坐标。RTK 技术采用基准站建在已知或未知点上，基准站接收到的卫星信号通过无线通信网实时发给用户，用户接收机将接收到的卫星信号和收到的基准站信号实时联合解算，求得基准站和流动站间坐标增量。RTK 技术主要用于工程放样、地形测图、各种控制测量等，极大地提高了作业效率。

任务目标

1. 能够设置思拓力 S10 差分 GPS(RTK)。
2. 学会使用思拓力 S10 差分 GPS(RTK)进行数据采集和管理，并进行数据编辑和保存。

知识准备

1.2.1 差分 GPS(RTK)概述

1.2.1.1 差分 GPS(RTK)定位原理

高精度的 GPS 测量必须采用载波相位观测值，RTK 技术就是基于载波相位观测值的实时动态定位技术。它能够实时地提供测站点在指定坐标系中的三维定位结果，并达到厘米级精度。

RTK 的定位原理是将一台接收机置于基准站，另一台或几台接收机置于载体(称为流动站)，基准站和流动站同时接收同一时间相同 GPS 卫星发射的信号，基准站将所获得的观测值与已知位置信息进行比较，得到 GPS 差分改正值。然后将这个改正值及时地通过无线电数据链电台传递给共视卫星的流动站以精化其 GPS 观测值，得到流动站经差分改正后较准确的实时位置。

差分的数据类型有伪距差分、坐标差分和相位差分 3 类，前两类定位误差的相关性会随基准站与流动站的空间距离的增加其定位精度迅速降低。RTK 技术采用的属于相位差分法，RTK 的定位原理如图 1-8 所示。

1.2.1.2 差分 GPS 定位方法

(1) GPS **单点定位**

单独一个观测站接收信号进行定位，从原理上类似于后方交会进行点的定位。采用虚拟距离观测量的精度较差，仅能消除接收机时钟误差(图 1-9)。GPS 单点定位主要应用于自然资源调查、城市规划和环境调查等领域(图 1-10)。

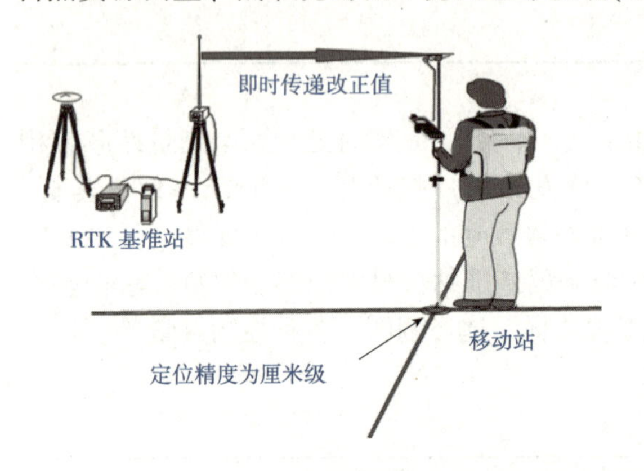

图 1-8 RTK 的定位原理示意图

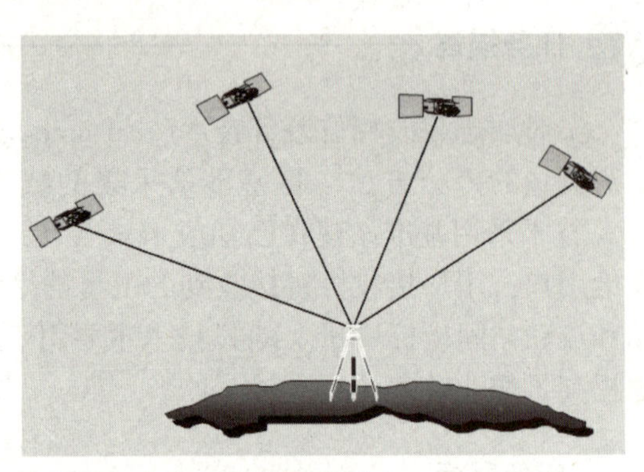

图 1-9 GPS 的单点定位示意图

图 1-10 GPS 单点定位应用

(2) GPS **相对定位**

RTK 相对定位是确定同步跟踪相同 GPS 卫星信号的若干台接收机之间的相对位置进行定位方法，如图 1-11所示。至少一台接收机置于已知坐标点上，称为主站，置于未知点上的称为待测站或移动站。具体做法是利用 2 套及以上的 GPS 接收机，分别安置在每条基线的端点上，同步观测 4 颗以上的卫星 0.5~1 h，基线的长度在 20 km 以内。各基线构成网状的封闭图形，事后经过整体平差处理。

RTK 相对定位是精度最高的作业模式，定位精度可达到 5 mm+1 ppm，主要用于大地测量、控制测量、变形测量、工程测量。

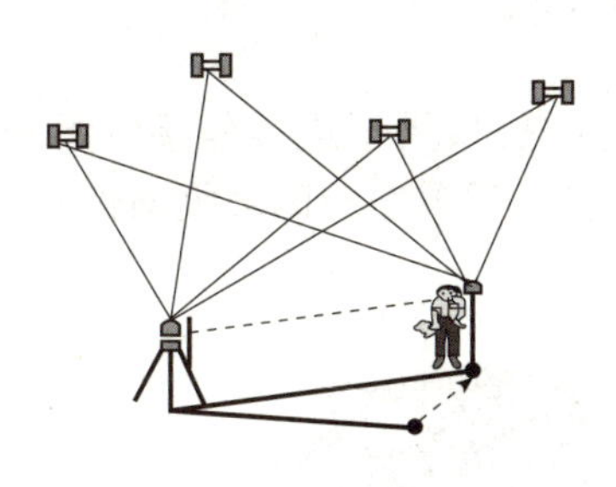

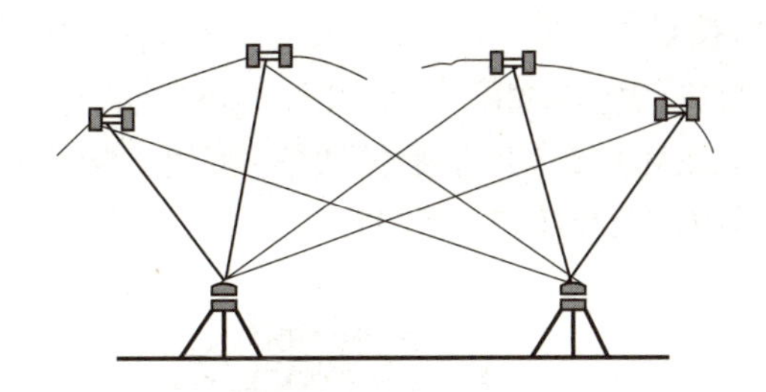

图 1-11 GPS 相对定位示意图

(3) GPS 动态测量(RTK)

利用 RTK 测量时，至少配备 2 台 GPS 接收机，一台固定安放在基准站上，另一台作为移动站进行点位测量。在 2 台接收机之间还需要建立数据通信链，实时将基准站获取的观测数据发送给流动站。对流动站接收的数据(卫星信号和基准站的信号)进行实时处理还需要 RTK 软件，其主要完成双差模糊度的求解、基线向量的解算和坐标的转换。

RTK 技术可以在很短的时间内获得厘米级的定位精度，广泛应用于图根控制测量、施工放样、工程测量及地形测量等领域。但 RTK 也有一些缺点，主要表现在需要架设本地参考站，以及误差随移动站到基准站距离的增加而变大。

1.2.2 差分 GPS(RTK)使用方法——以思拓力 S10A 接收机为例

1.2.2.1 思拓力 S10A 接收机的基本组件

(1) 接收机外形

思拓力 S10A 是一款半径 14 cm、高 14 cm 的毫米级测量接收机。它配备全星系接收天线，侧面有内置蓝牙和 WiFi 天线。它由顶盖、橡胶圈和主体部分组成。顶盖内置有 GNSS 天线，橡胶圈的作用主要是抗跌落和抗冲击(图 1-12)。

(2) 智能面板(接收机正面)

接收机前面板包含 2 个按键和 7 个指示灯。接收机背面有电池槽、SIM 卡槽和 MicroSD 卡槽及复位键(图 1-13)。

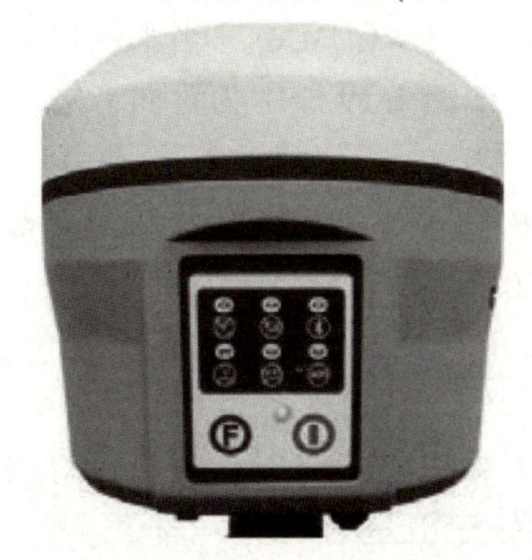

图 1-12 思拓力 S10A 接收机外形

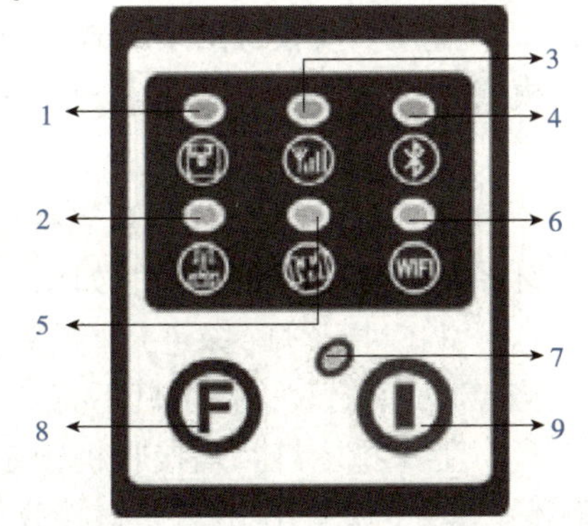

1.静态指示灯
2.电台指示灯/外接指示灯
3.GSM/CPRS网络信号指示灯
4.蓝牙指示灯
5.卫星灯
6.WiFi灯
7.电源指示灯
8.功能键
9.开关机键

图 1-13 思拓力 S10A 接收机前面板

(3)接口

接收机的接口如图 1-14 和图 1-15 所示。5 芯 LEMO 接口用于连接外接电源和外置电台，7 芯 LEMO 接口用于数据通信(可用于接收机与电脑、手簿之间的数据通信)。图 1-16 为电台 UHF 天线接口，图 1-17 为网络天线接口。

图 1-14　5 芯 LEMO 接口

图 1-15　7 芯 LEMO 接口

图 1-16　UHF 天线接口

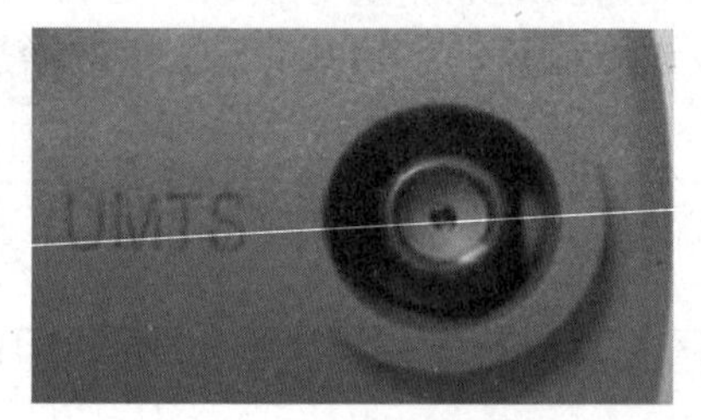

图 1-17　网络天线接口

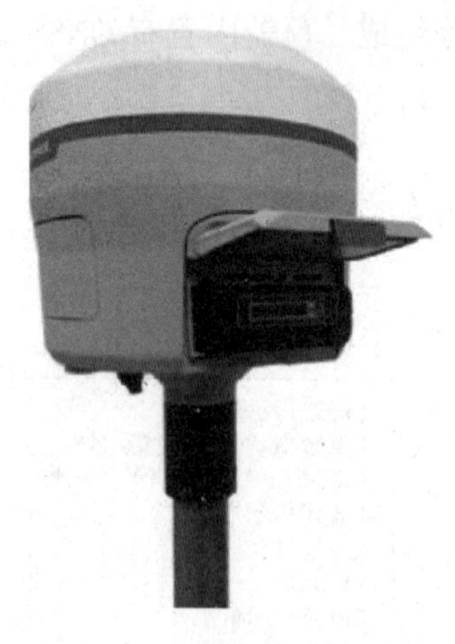

图 1-18　电池安装和释放

(4)接收机背面

S10A 采用了推弹式可快速拆卸电池，按压住电池，向左推动卡扣，即可取出电池，如图 1-18 所示。

按照 SIM 卡和 SD 卡安装示意图将卡插入卡槽。按压复位键，即可对接收机进行强制关机。

提示：接收机网络制式为联通 3G(WCDMA)，当采用网络模式进行工作时，需插入 SIM 卡，如图 1-19 所示为背面卡槽。

(5)指示灯

蓝牙指示灯(蓝色)：当接收机与手簿通过蓝牙连接时，蓝牙指示灯亮并显示蓝色，如图 1-20 所示。

WiFi 指示灯(绿色)：当 WiFi 开启时，指示灯显示为绿色；当 WiFi 关闭时，指示灯不亮。

卫星指示灯：当接收机锁定 1 颗以上卫星时，该指示灯将每隔 30 s 开始闪烁一个循环，其中闪烁的次数就是该接收机锁定卫星的数量。

静态指示灯(绿色)：当接收机被设置为静态工作模式时，指示灯并显示为绿色；当接收机开始采集静态数据时，该指示灯将根据设置的采集间隔闪烁。

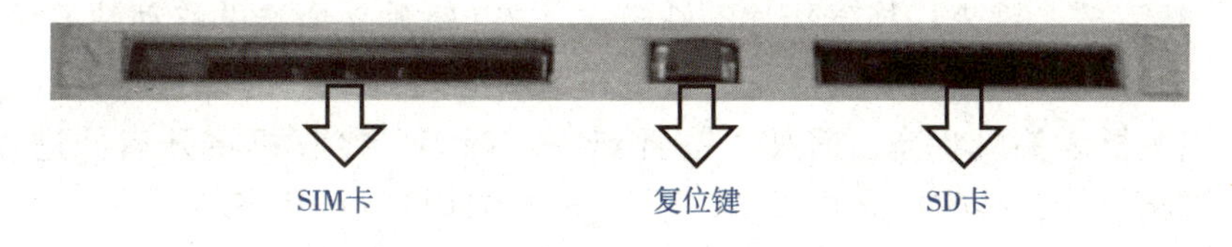

图 1-19 背面卡槽

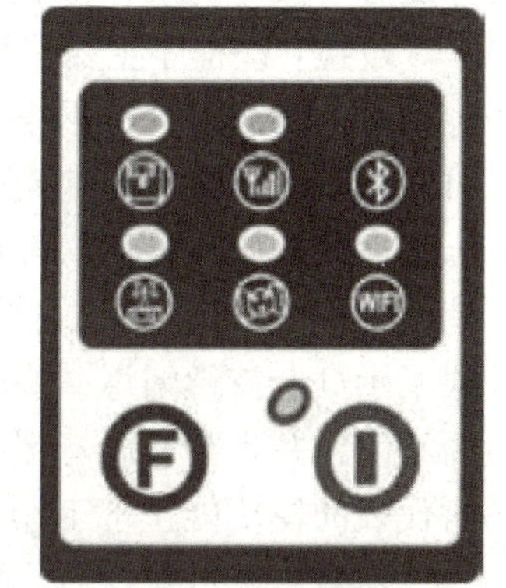

图 1-20 指示灯

内置电台指示灯(绿色)：当接收机在内置电台工作模式下时，当接收机开始传输或者接收数据时，该指示灯将开始间隔闪烁。

网络信号指示灯(绿色)：当接收机在网络工作模式下时，指示灯亮并显示绿色；当 S10A 接收机在网络模块下开始不间断地接收或者传输数据时，该指示灯间隔闪烁。

外接指示灯(绿色)：当使用外接作为接收机数据链传输方式时，指示灯亮并显示红色；当接收机开始不间断地接收或者传输数据时，该指示灯间隔闪烁(接收机在移动站模式为接收数据，基准站模式为发射数据)。

电源指示灯(绿色/红色)：该指示灯为内置电源和外接电源共用的指示灯，表示仪器是否有电或电量是否充足。电源供电充足时该指示灯为绿色；电量低于 20% 时该指示灯为红色；电量低于 10%时，红灯闪烁且蜂鸣器每分钟一次三声连响。

通常状况下，当该指示灯显示红色时，接收机的内置电源还可以继续工作大约 1 h。当接收机被连接外接电源时，该指示灯将自动显示为外接电源的工作状况。

(6)按键及设置模式

①F 键：功能键。该功能键可以切换接收机的不同工作模式(静态、基准站和移动站模式)，以及设置数据链传输状态(电台、外接或者网络)，轻按该键还可以播报当前主机状态。

切换工作模式和数据链状态：在接收机空闲状态下，同时按住功能键和开关机键，直到所有的指示灯同时间隔闪烁，此时语音播报选择工作模式并松开两键；然后每按一次功能键，接收机可在 3 种工作模式之间切换，按开关机键确认当前接收机的工作模式。语音播报选择数据链，每按一次功能键接收机在各种数据链之间切换。按开关机键确认您当前接收机的数据链，语音播报是否开启 WiFi，轻按功能键选择开启或关闭该功能，按开关机键进行确认。语音播报“设置成功”。最后轻按功能键，语音播报当前接收机的工作模式及数据链状态。

手动设置工作模式的操作方法如下：

【静态模式】同时按住 I 键+F 键，直至所有指示灯都闪烁时再松开，语音提示“选择工作模式”，然后按 F 键来切换选择静态模式，按 I 键确认所选的静态模式。

【基准站模式】同时按住 I 键+F 键，直至所有指示灯都闪烁时再松开，语音提示“选择工作模式”，然后按 F 键来切换选择基准站模式，按 I 键确认所选的基准站模式。

【移动站模式】同时按住 I 键+F 键，直至所有指示灯都闪烁时再松开，语音提示“选择工作模式”，然后按 F 键来切换选择移动站模式，按 I 键确认所选的移动站模式。

②I 键：开关键。此键主要功能是开关机和确认功能。

开机：当主机为关机状态，轻按 I 键听到一声蜂鸣，接收机将开启并进入初始化状态，接着蜂鸣响三声，接收机开机成功，语音播报当前接收机状态。

关机：当主机为开机状态时，长按 I 键直至语音播报“是否关闭设备”，按 I 键确认，伴随着一段蜂鸣声，接收机将关机。

自检：该程序主要是提前预知接收机各个模块是否工作正常。接收机 S10A 自检部分包括有 GPS、电台、网络、WiFi、蓝牙和传感器共 6 个部分。具体操作如下：接收机在开机状态下，长按 I 键直至语音播报是否关闭设备松开，继续长按 I 键直到听到一声蜂鸣声语音播放开始自检后松开按键，接收机进入自检状态(新机最好自检一次)。自检过程大约持续 1 min。在接收机自检过程中，若有模块自检失败，语音播报当前模块自检失败，模块指示灯会持续闪烁，蜂鸣器连续鸣叫，直到用户重启接收机。如果各个模块的指示灯亮而不闪，并且会有语音播报各个模块正常工作(如“自检 GPS 成功”)，则表示各个指示灯所代表的模块能正常工作。接收机在全部自检完成后 5 s 会自动重启，并开始正常工作。

注意：经过自检后，接收机内置电台的频率将会回到出厂设置，如有需要请联系当地经销商进行更改频率。

1.2.2.2　思拓力 S10A 接收机附件

(1)外置电台

具备高低两种功率工作模式，用户可自由切换(图 1-21、图 1-22)。

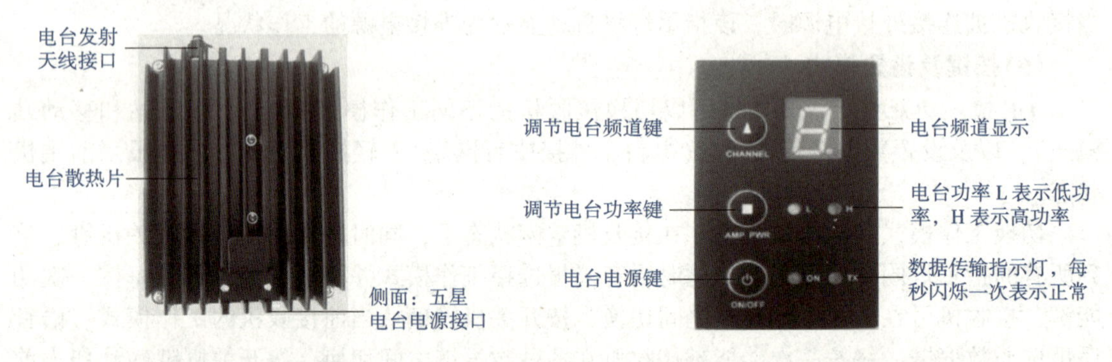

图 1-21　电台正面　　图 1-22　电台按键指示灯

(2)电台频率表

外置电台采用一个可覆盖整个频率范围(430~450 MHz)的内置电台，各个通道的频率值见表 1-2。

表 1-2　内置电台默认频率表

通道	频率(MHz)	通道	频率(MHz)
1 通道	438. 125	3 通道	441. 125
2 通道	440. 125	4 通道	442. 125

（续）

通道	频率(MHz)	通道	频率(MHz)
5 通道	443.125	7 通道	446.125
6 通道	444.125	8 通道	447.125

(3)其他附件

①仪器箱。包括基准站仪器箱和移动站仪器箱。两种仪器箱外观相同，但是内衬不同。两种仪器箱的主要不同在于：基准站仪器箱的内衬含有外置电台连接电缆放置格，移动站仪器箱内衬含有校准 mini 转台放置格。基准站仪器箱和移动站仪器箱可以从仪器箱的铭牌加以区分，如图 1-23 和图 1-24 所示。

图 1-23　S10A 仪器箱外壳图

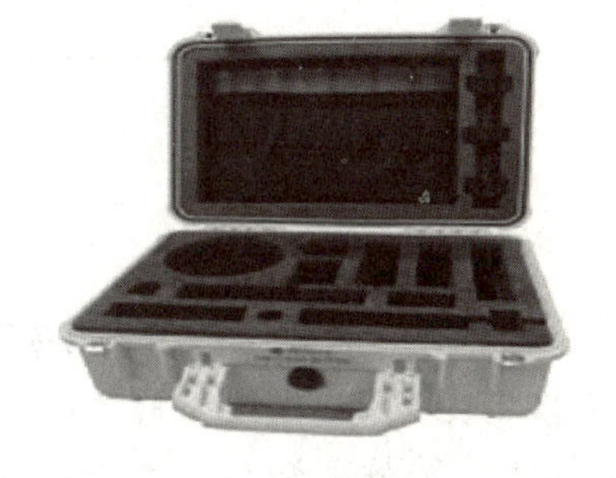

图 1-24　S10A 移动站仪器箱内部示意图

②内置电池。每个接收机标配 2 块带 SN 号码的电池，1 个充电器和 1 个适配器。电池为锂电池(11.1 V-3400 mAh；37.7 Wh)，技术工艺和性能方面都优于镍镉或者镍氢电池，无记忆效应和在不使用时具有慢自放电功能，如图 1-25 所示。

③充电器和适配器。充电器可以同时充电两块电池。当电池处于充电状态时，指示灯显示红色；当充满电时，显示绿色。当充电器连接电源时，红色电源指示灯(POWER 灯)亮；当充电器温度过高时，温度指示灯亮并显示红色(TEMP 灯)，以示警告，如图 1-26 所示。

图 1-25　锂电池

图 1-26　充电器和适配器

④天线。S10A 采用 2.15 dBi 的全向带有发射和接收功能的内置电台天线。该天线轻便、耐磨，非常适合野外测量。配备的内置电台天线频率范围为 410~470 MHz，如图 1-27 所示。

S10A 采用 2 dBi 的全向 GSM/WCDMA/EVDO 接收/发射天线，该天线频率范围为 824~960 MHz 和 1710~1880 MHz。该天线轻便耐磨，非常适用于野外测量工作，长度为 20 cm，如图 1-28 所示。

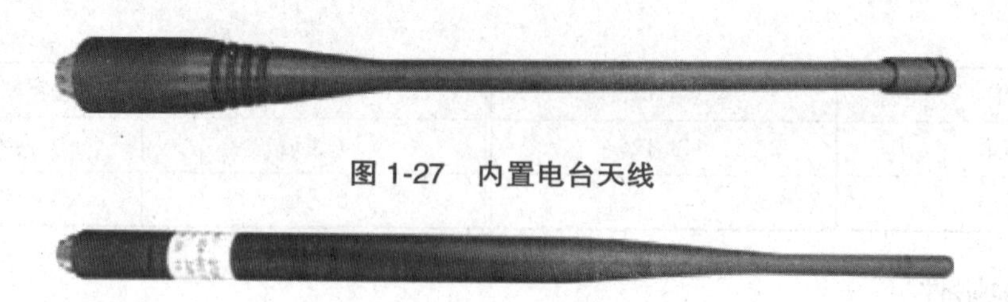

图 1-27　内置电台天线

图 1-28　GSM/WCDMA/EVDO 天线

使用 S10A 测量过程中，可能会用到高增益 5 dBi 的全向发射天线，作为基准站外置电台发射天线。该天线长度约 1 m，使用时，可用伸缩式对中杆或者三脚架固定。该天线被架设得越高，发射信号覆盖面积越大，如图 1-29 所示。

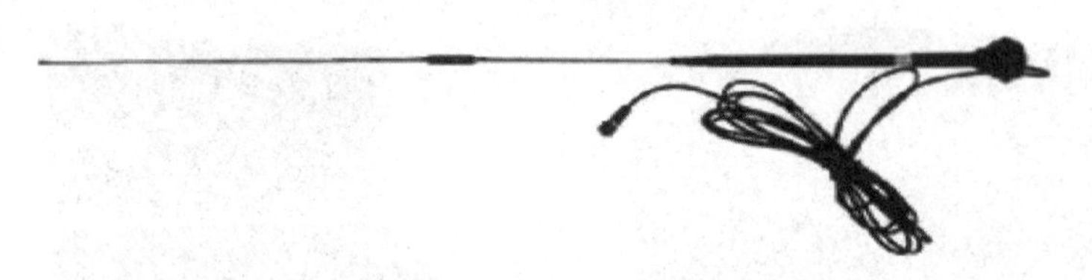

图 1-29　外置电台天线(非比例示意图)

⑤电缆。7 芯/USB/ 串口电缆(LM. GK205. ABL)是一种多功能通信电缆，用于连接接收机和 PC，可用于传输静态数据，更新固件及注册码，如图 1-30 所示。外接电源电缆(LM. GK185. ABL+LM. GK224. AAZ)可用来连接外接电源(红黑夹子)，给接收机(小 5 芯 LEMO 头)和外置电台(大 5 芯 LEMO 头)供电，如图 1-31 所示。

图 1-30　7 芯/USB/串口　　　　图 1-31　外接电源电缆

⑥其他附件。主要包括：2. 45 m 伸缩式碳纤杆、25 cm 玻璃钢支撑杆、手簿托架、基座对点器、连接器、卷尺、校准 mini 转台、释放器和量高片等，如图 1-32 至图 1-36 所示。

图 1-32　伸缩式碳纤杆

图 1-33　校准 mini 转台　　　　图 1-34　手簿托架

图 1-35　基座对点器

图 1-36　释放器

1.2.2.3　思拓力 S10A 接收机的操作

(1)基准站和移动站安装

思拓力 S10A 接收机基准站和移动站，如图 1-37 和图 1-38 所示。可供选择的附件还包括：外置电台包、P9 手簿套装、移动站专属附件。

图 1-37　基准站模式

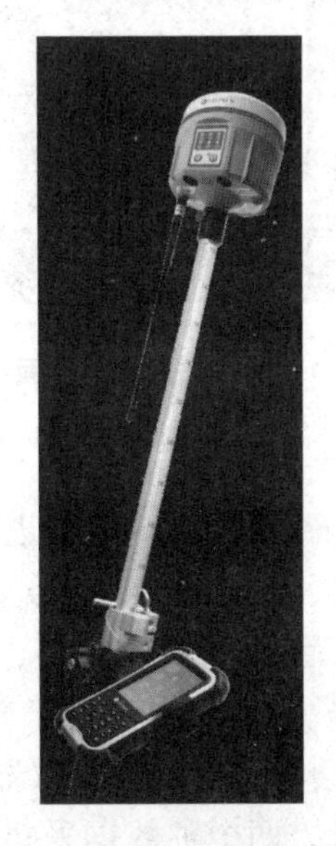

图 1-38　移动站网络模式

①基准站安装。将三脚架架设在已知点或未知点上，然后将连接好的基座架在三脚架上。然后将内置电台天线接到接收机的“UHF”接口；使用 25 cm 玻璃钢支撑杆将 S10A 接收机安装在对点器上，以免基座对点器金属部分对电台发射增益造成影响。开机并把接收机设置为基准站模式。

②移动站安装。首先将手簿托架安装在伸缩对中杆上，把手簿固定手持托架上，把接收机固定在伸缩对中杆上，并安装好内置电台天线。然后开机并把接收机设置为移动站工作模式。打开手簿并运行软件，利用软件对仪器进行各项设置。

如果要进行非常精确的测量(厘米级)，建议使用三脚架架设移动站。

(2)传感器校准

校准前仪器备：手簿中安装好配套的 Surpad 软件、气泡无偏差的对中杆、近距离基准站(建议 1 km 以内)、校准 mini 转台。校准过程如下。

注意：整个校准过程不许更换电池，以防出现倾斜改正错误的情况。

①电子气泡校准，点击“水平校准”，进入电子气泡界面进行水平校正，如图 1-39 所示。

②对中杆气泡居中后，点击“校正”按钮，听到提示音表示气泡校准完毕，此时电子气泡和对中杆气泡同时居中，如图 1-40 所示。

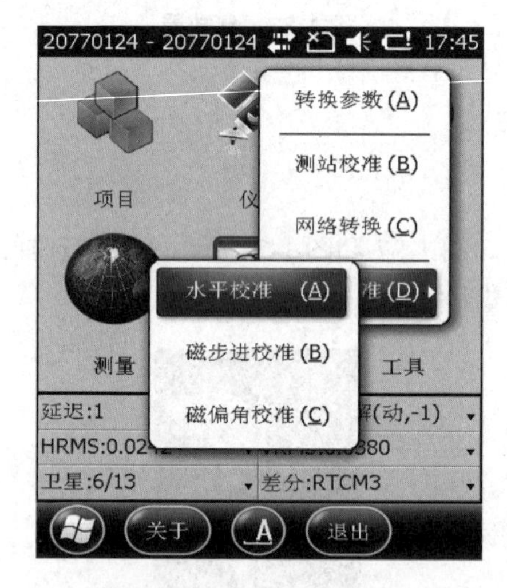

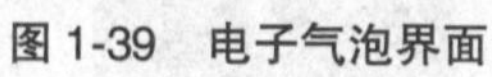
图 1-39　电子气泡界面

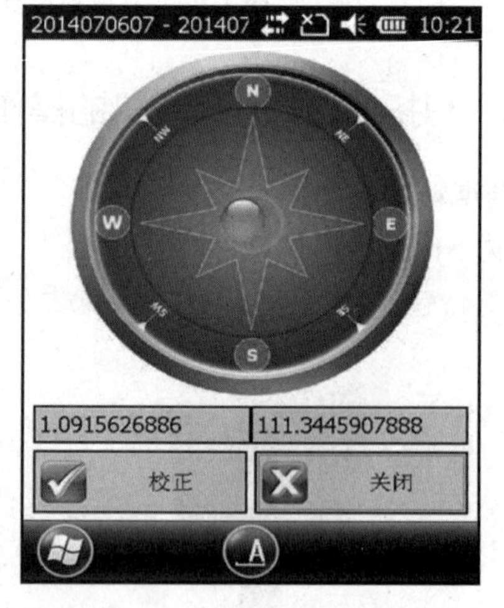

图 1-40　电子气泡界面校正

(3)磁步进校准

依次进入校准→磁北校准→磁步进校准界面，如图 1-41 所示。

①记录竖直数据，mini 转台安装。点击“记录竖直数据”，以对中杆为轴进行旋转(旋转方向不限)，每秒旋转不能超过 15°，数据采集完毕会听到提示音，如图 1-42 所示。

②记录水平数据。点击“校正 *XY* 轴”，以对中杆为轴进行旋转，每秒旋转不能超过 15°，数据采集完毕会听到提示音，仪器安装如图 1-43 至图 1-45 所示。

③计算校准参数。两个轴数据采集完毕，依次点击“校正”→“是”→“确定”，磁步进校准完成，如图 1-46 和图 1-47 所示。

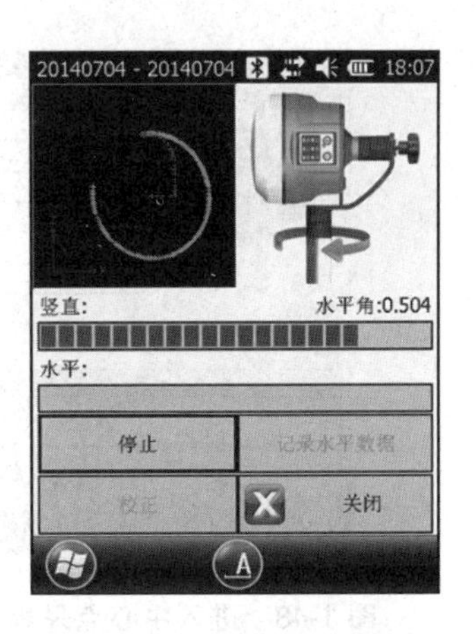

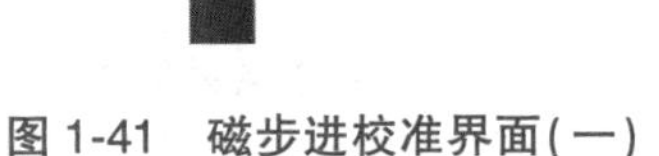

图 1-41　磁步进校准界面(一)　　图 1-42　记录竖直数据界面

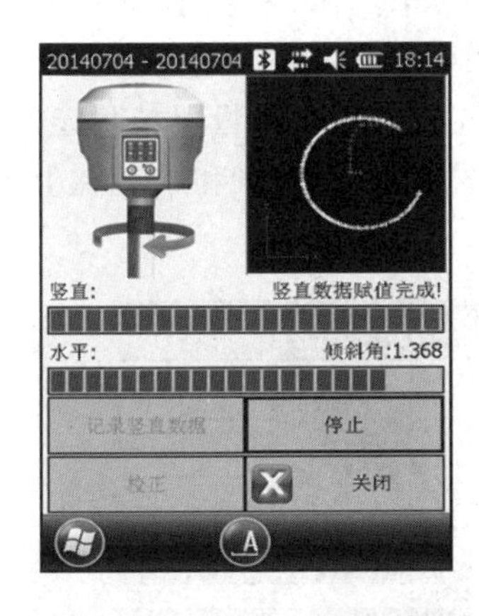

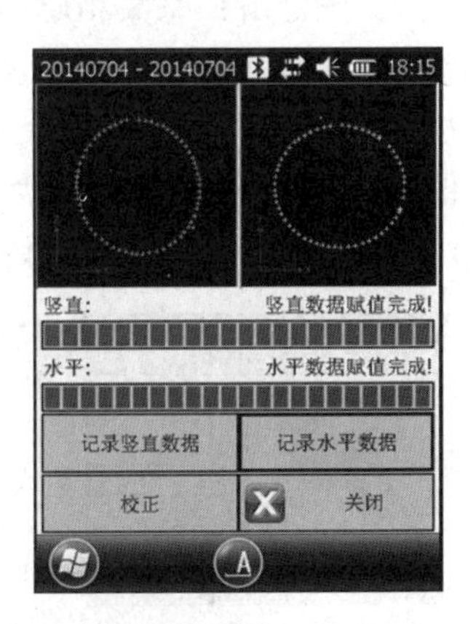

图 1-43　磁步进校准界面(二)　图 1-44　记录水平数据界面　图 1-45　记录垂直和水平数据界面

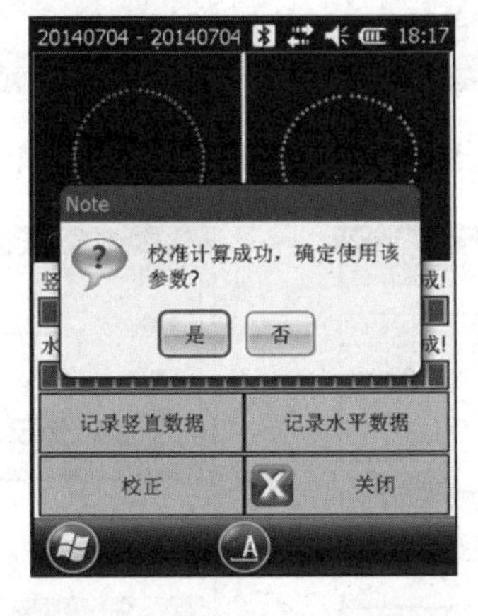

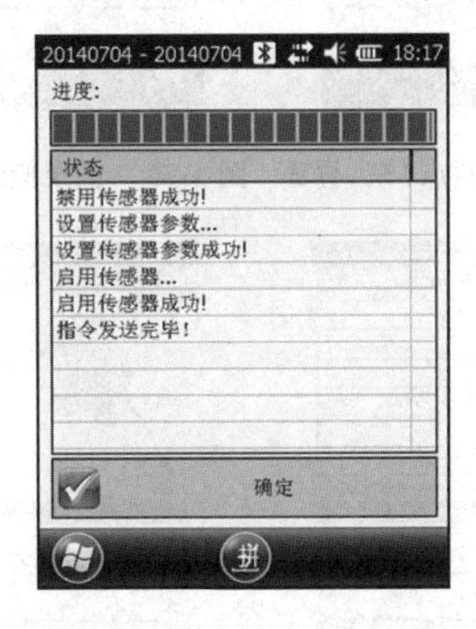

图 1-46　校准计算成功界面　　图 1-47　磁步进校准完成界面

(4)磁步进校准磁

依次进入校正→磁北校准→磁偏角校准界面。

①记录中心点。点击“记录中心点”进行中心点采集。采集条件：静止状态；倾角

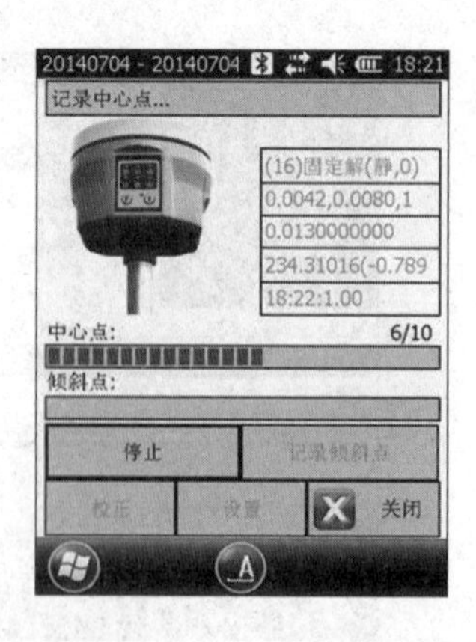

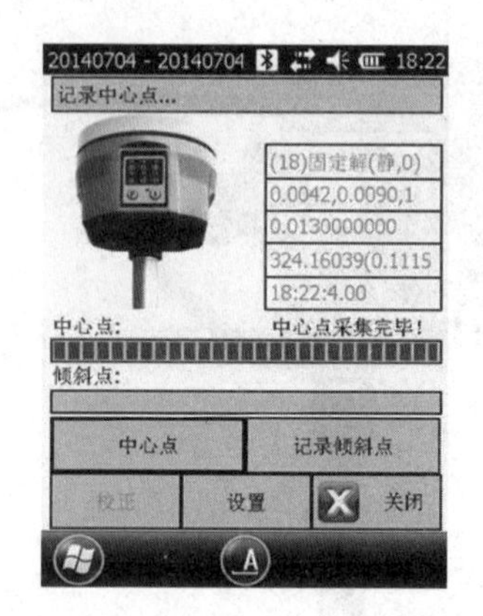

图 1-48 进入中心点采集界面 图 1-49 记录中心点采集界面

0. 5°以内；固定解；采集 10 个点。如图 1-48 和图 1-49 所示。

②记录倾斜点。记录倾斜点的要求包括：静止状态；倾斜角处于 25°~35°；固定解；每个方向采集 10 个点（在每个方向采集时请尽量保持稳定状态）；需按顺序采集东、南、西、北 4 个方向（投影角分别为 90°、180°、270°和 0°，在上述投影角±10°以内都可以进行采集），如图 1-50 至图 1-54 所示。

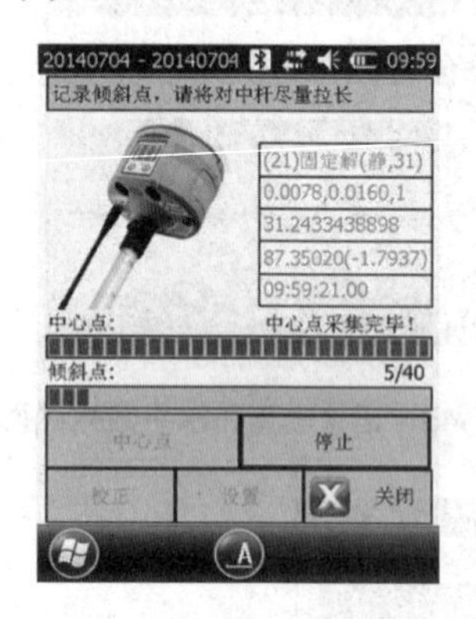

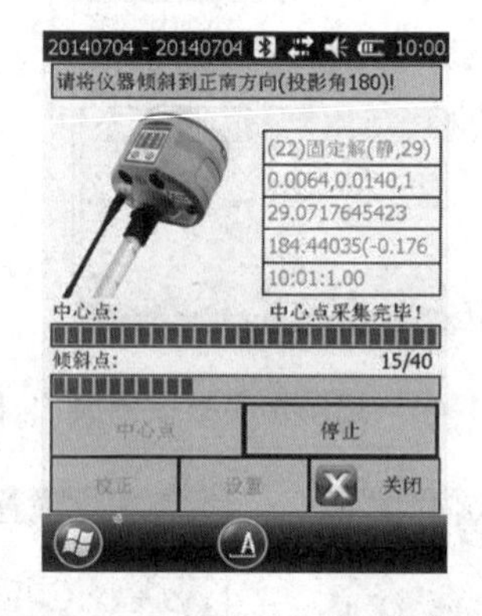

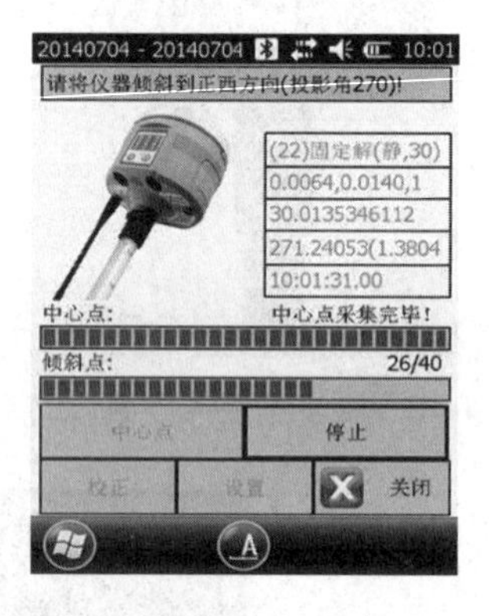

图 1-50 记录倾斜点(东)界面 图 1-51 记录倾斜点(南)界面 图 1-52 记录倾斜点(西)界面

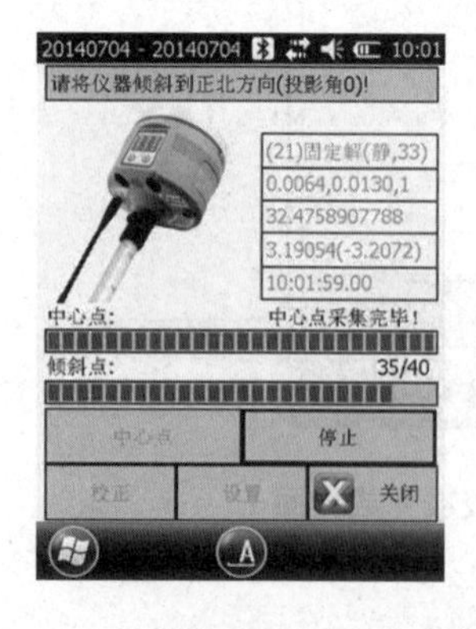

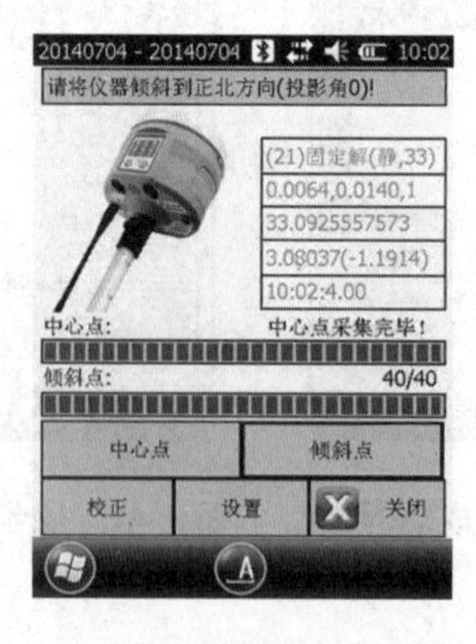

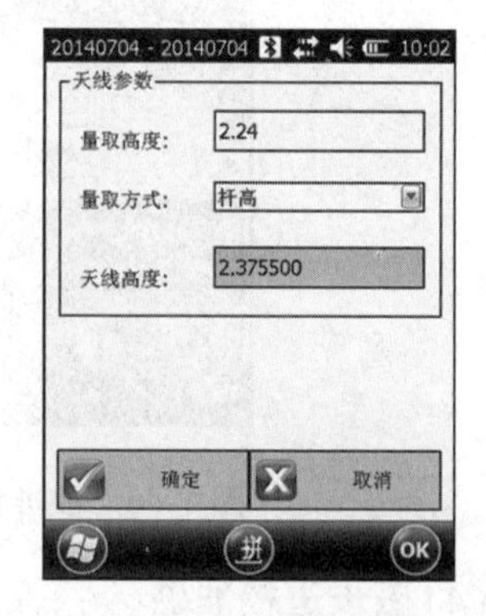

图 1-53 记录倾斜点(北)界面 图 1-54 记录倾斜点校准完成界面 图 1-55 计算天线参数界面

③计算参数。中心点与倾斜点都记录完毕后，点击“校正”进行磁偏角参数计算，输入当前天线量取高度(例如，杆长 2.2 m+快速释放器 0.04 m=2.24 m 杆高)，计算完毕后会弹出投影改正角(磁偏角)计算结果，点击“确定”使用该投影改正角参数，如图 1-55 至图 1-57 所示。

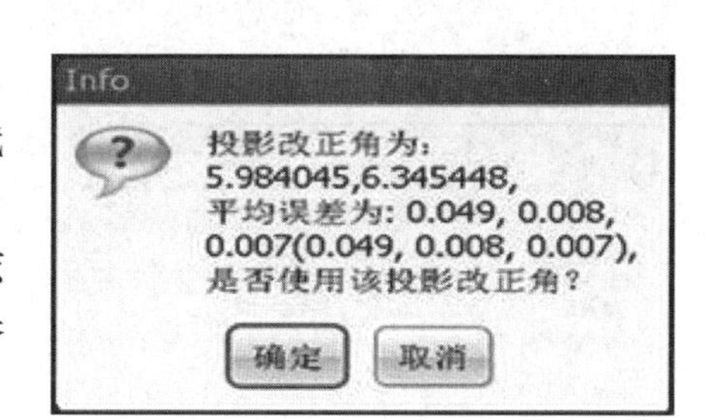

图 1-56 计算投影改正角界面

(5)工作模式设置

手动设置工作模式的操作方法如下。

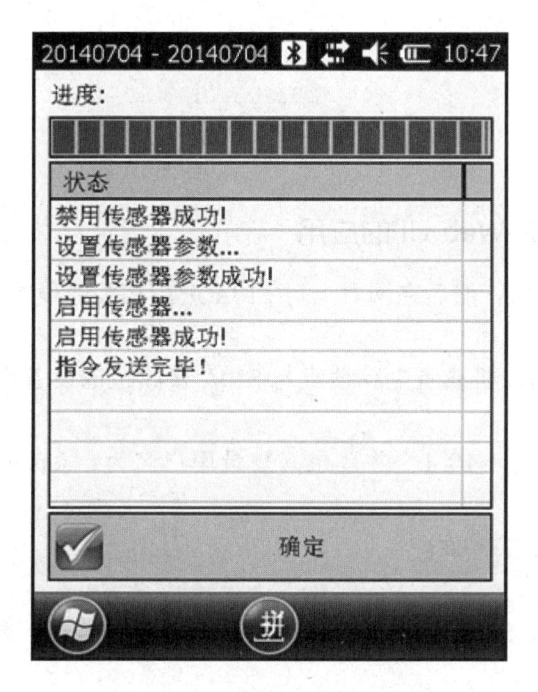

图 1-57 投影改正角参数界面

①静态模式。同时按住 I 键+F 键，直至所有指示灯都闪烁时再松开，语音提示“选择工作模式”，然后按 F 键来切换选择静态模式，按 I 键确认所选的静态模式。

②基准站模式。同时按住 I 键+F 键，直至所有指示灯都闪烁时再松开，语音提示“选择工作模式”，然后按 F 键来切换选择基准站模式，按 I 键确认所选的基准站模式。

③移动站模式。同时按住 I 键+F 键，直至所有指示灯都闪烁时再松开，语音提示“选择工作模式”，然后按 F 键来切换选择移动站模式，按 I 键确认所选的移动站模式。同时通过 WiFi 或手簿软件可以勾选 L-band，设置中国精度。

(6)下载静态数据

通过 Web-UI 下载静态数据，也可以通过 USB 拷贝。先关闭接收机，将数据线(7 芯/USB/串口电缆)的 USB 接口插入计算机主机 USB 口，另一头插入接收机的 7 芯接口。打开主机，会在任务栏里出现图标，如图 1-58 所示。

主机内存会以“可移动磁盘”的盘符出现在“我的计算机”接口下，打开“可移动磁盘”可以看到主机内存中的数据文件，如图 1-59 所示。

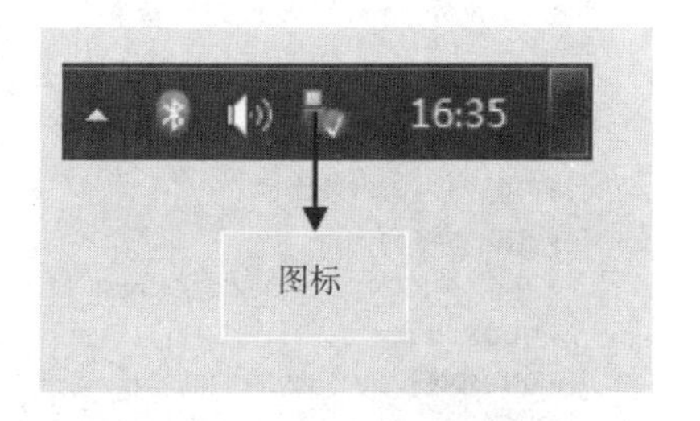

图 1-58 Windows 任务栏中的接收机图标

(7)输入注册码

如果临时注册码过期了，需要输入一个新的注册码，才可以继续使用接收机。注册码由 14 个字符(含数字和字母)组成，如图 1-60 所示。

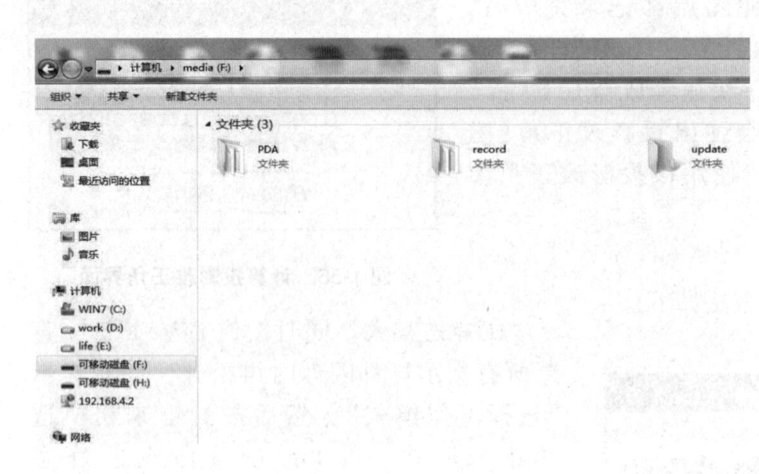

图 1-59　接收机文件

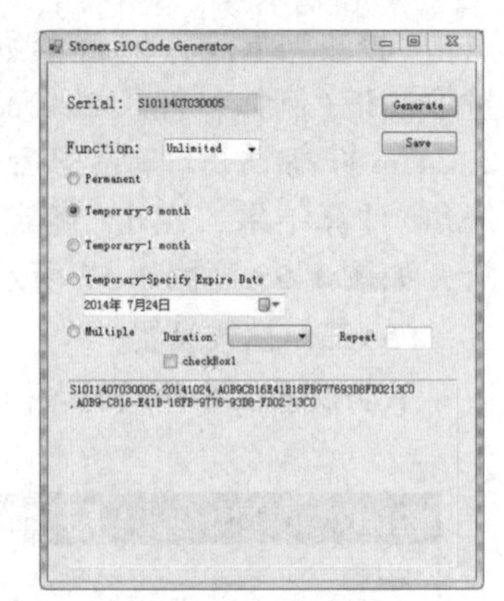

图 1-60　注册码界面

1.2.2.4　思拓力 S10A 接收机 STONEX-Web UI 的应用

用户可以自行登录网页 Stonex S10A Web UI，然后在网页上对 S10A 进行相关的设置，可支持多用户同时登录，具体步骤如下。

①在 S10A 处于开机状态下，用户可以用手机或者电脑搜索与 S10A 接收机的设备串号相对应的 WiFi，并连接。

②在浏览器中输入固定 IP：http：//192. 168. 10. 1，并登录。登录用户名为：admin，原始的登录密码为：password。

③成功登录之后，可以看到如图 1-61 所示的界面。

(1) 工作状态

状态界面如图 1-61 所示。这个界面将显示 S10A 接收机的各种状态，如工作模式、数据链、经纬度、高程、状态、卫星等。

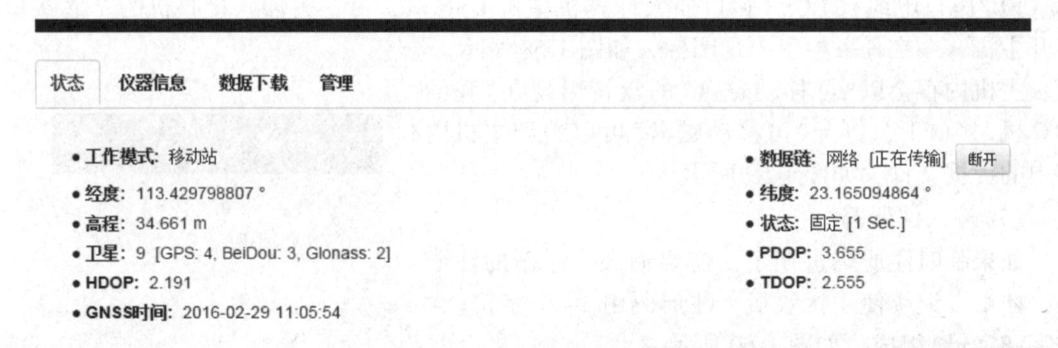

图 1-61　登录页 Stonex S10A Web UI 状态界面

(2)仪器信息

这个界面将显示 S10A 接收机的仪器信息，如版本信息、电源信息、数据存储状况、温度等信息，如图 1-62 所示。

图 1-62　仪器信息界面

(3)数据下载

数据下载界面提供数据下载。如果在设置界面勾选“自动记录”选项，则 S10A 的活动信息将会被记录并自动上传到这个网页。用户若有需要，可自行到该网页下载数据，如图 1-63 所示。

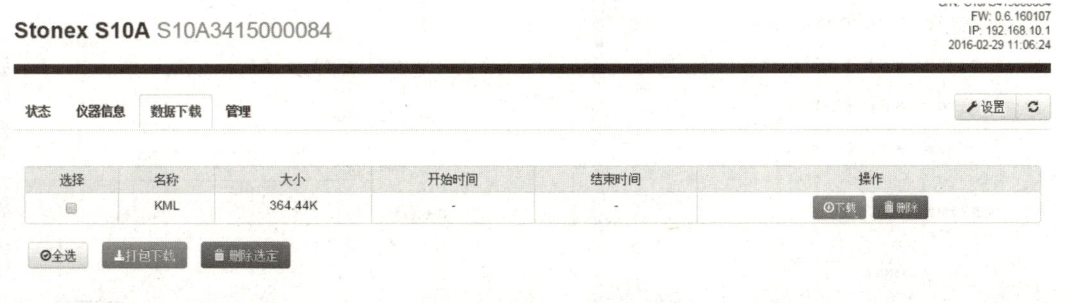

图 1-63　数据下载界面

(4)数据管理

在这个管理界面，用户可进行在线升级、仪器注册、修改登录密码、查看日志、自检、重启设备等，如图 1-64 所示。

(5) Web-UI 设置

在这个界面，用户可以进行设置工作模式、选择数据链、选择电台通道、选择电台协议、勾选 L-band 等，如图 1-65 和图 1-66 所示。

在这个界面，用户可以设置选择直连模式、语音设置、轨迹跟踪、远程调试，以及监控端口设置，如图 1-67 所示。

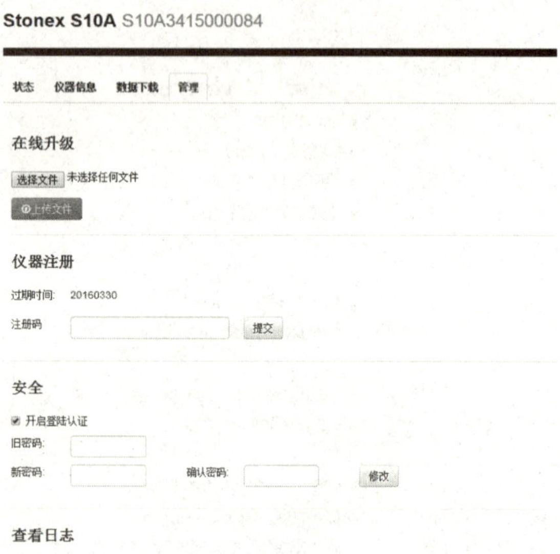

图 1-64 管理界面

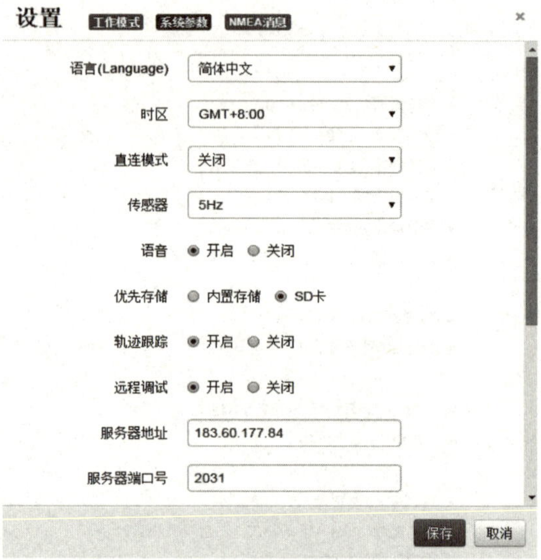

图 1-65 Web-UI 设置系统参数界面

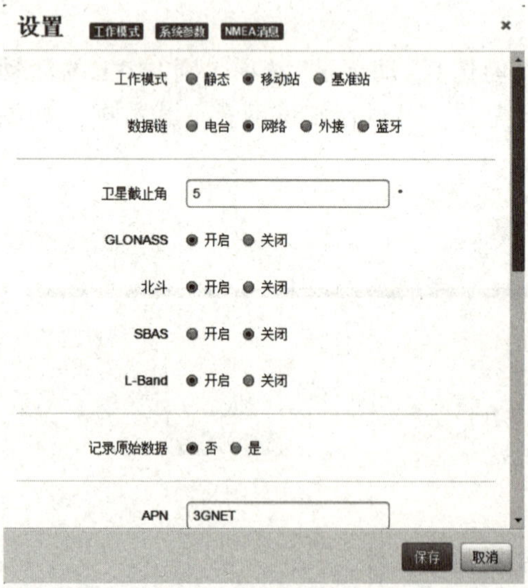

图 1-66 Web-UI 设置工作模式界面

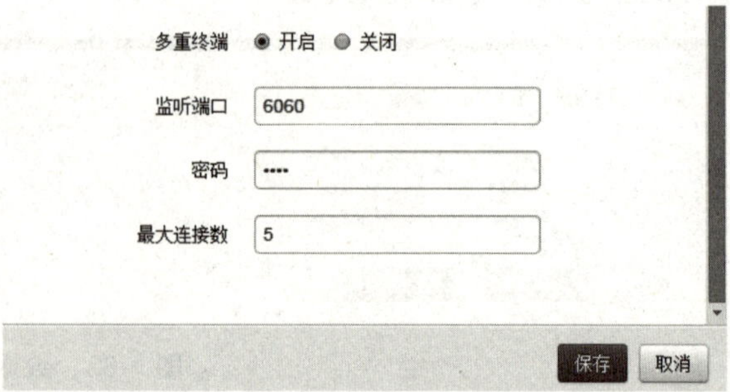

图 1-67 Web-UI 设置监控端口界面

(6)设置 S10A 实时监控

①远程调试。依次装好电池、天线，开启 S10A 主机，连接主机 WiFi 打开主界面，设置→系统设置，依次开启“远程调试”→“实时监控”。IP：183. 60. 177. 84；端口：2031；密码：1234。按“保存”，如图 1-68 所示。

②登录网页。登录 IP：183. 60. 177. 84；用户名：前面设置的主机号；密码：前面设置的 1234，选择“主机用户”，如图 1-69 至图 1-72 所示。

设置 工作模式 系统参数 NMEA消息 ×
远程调试
开启 关闭
服务器地址
183.60.177.84
服务器端口号
2031
密码
••••
保存 取消

图 1-68 远程调试系统参数页面

图 1-69 登录云服务

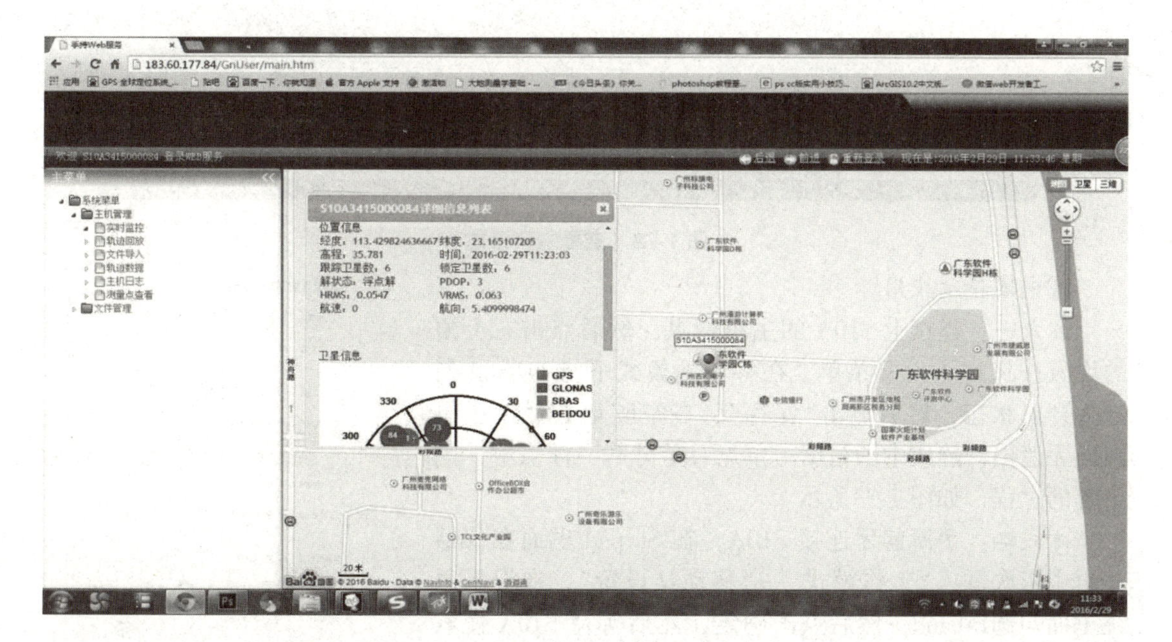

图 1-70 查看实时位置

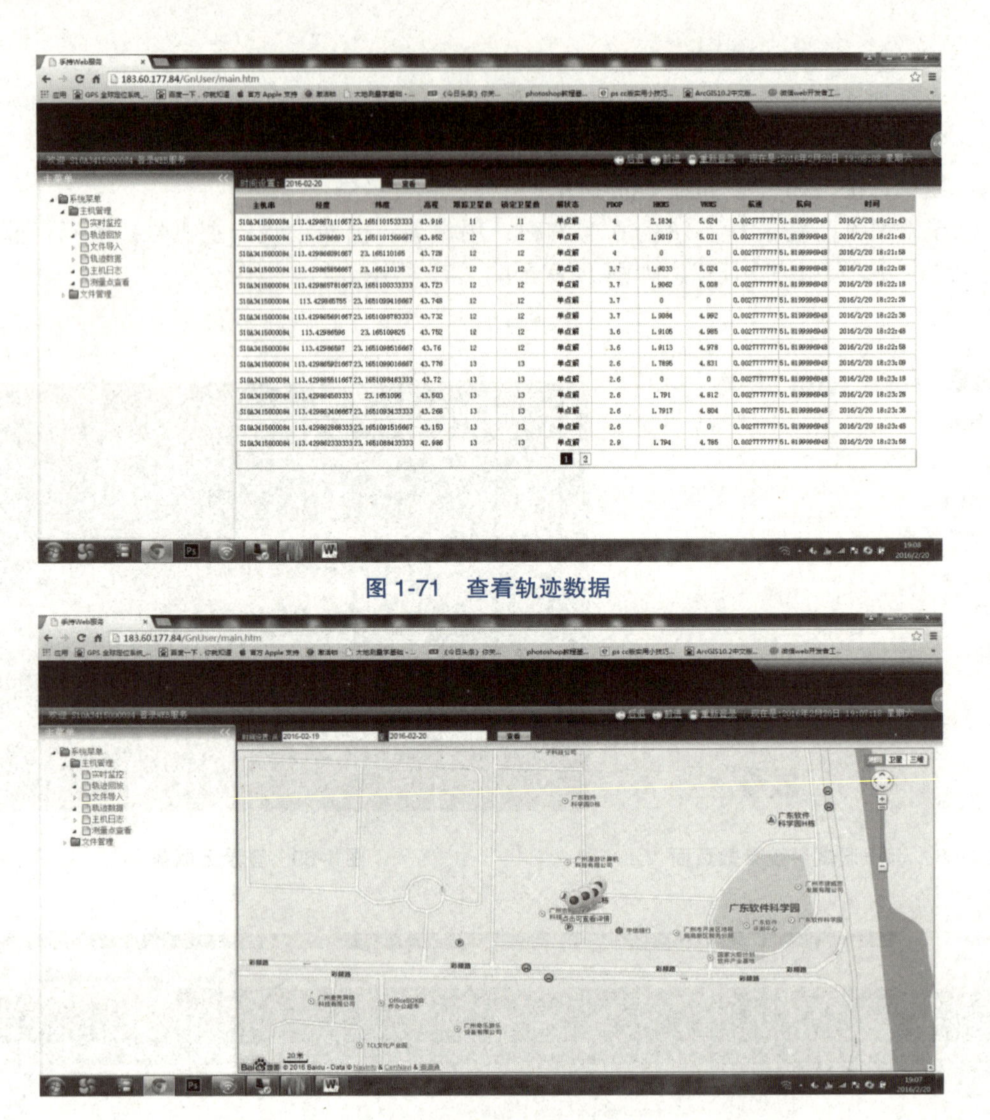

图 1-71　查看轨迹数据

图 1-72　查看主机日志

③中国精度应用。

方式一：连接上 S10A 的主机网页，然后点击右上角的设置按钮进入设置菜单，在移动站模式下将 L-band 勾选为开启状态，然后点击“保存”，在空旷地方保持主机南向无遮挡，静候中国精度由单点—差分解—浮点解—固定解的过程，如图 1-73所示。

方式二：手簿蓝牙连接 S10A，在 Surpad 里面在仪器菜单中依次进入“工作模式”→“移动站设置”，在卫星系统里面勾选L-band，然后点击确定，然后等待 S10A 搜索锁定中国精度卫星达到固定解。

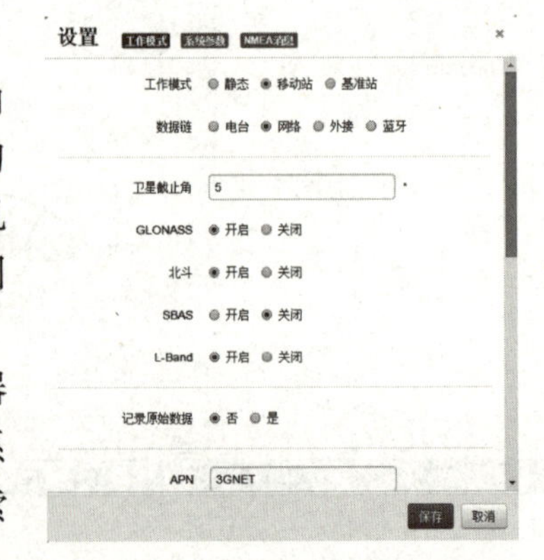

图 1-73　中国精度应用 S10A 的主机网页连接界面

任务实施

使用差分 GPS(RTK)对某绿地进行测量

一、实施目的

按照差分 GPS(RTK)的操作流程，引导学生进行设置项目、设置坐标系统参数、GPS 和基准站主机连接、设置基准站、设置移动站及碎部点数据采集等操作，掌握差分 GPS(RTK)应用。

二、实施要求

根据差分 GPS(RTK)的操作要求，能熟练使用 RTK 设置项目、坐标系统参数，进行 GPS 和基准站主机连接，以及设置基准站、设置移动站、进行碎部点数据采集等。

三、操作步骤

RTK 可以用于控制测量、碎部测量、点放样、直线放样、线路放样和断面测量等。本任务主要介绍使用 RTK 测绘区域地形图或平面图。RTK 测绘的作业流程根据情况分为 3 种。

(一)同时具备 WGS84 和平面坐标

这种情况一般是比较理想的，虽然在实际工作中遇到的机会比较少，但也是存在的，此时的选择余地比较大。具体实施方案如下：首先我们手中有客户提供的 3 个或者 3 个以上的具有 WGS84 和平面坐标的控制点。先向客户了解几个点的周边环境情况，挑选其中最适合的点架设基准站。架设好基准站后设置流动站，连通之后可以直接进行坐标转换。因为已经有了 WGS84 坐标，可以省略控制点联测的步骤，下面就可以进行客户所要求的工作，如测量、放样等。这个时候得出来的坐标就是平面坐标，它的坐标系统和客户提供的坐标系统是一致的，如图 1-74所示。

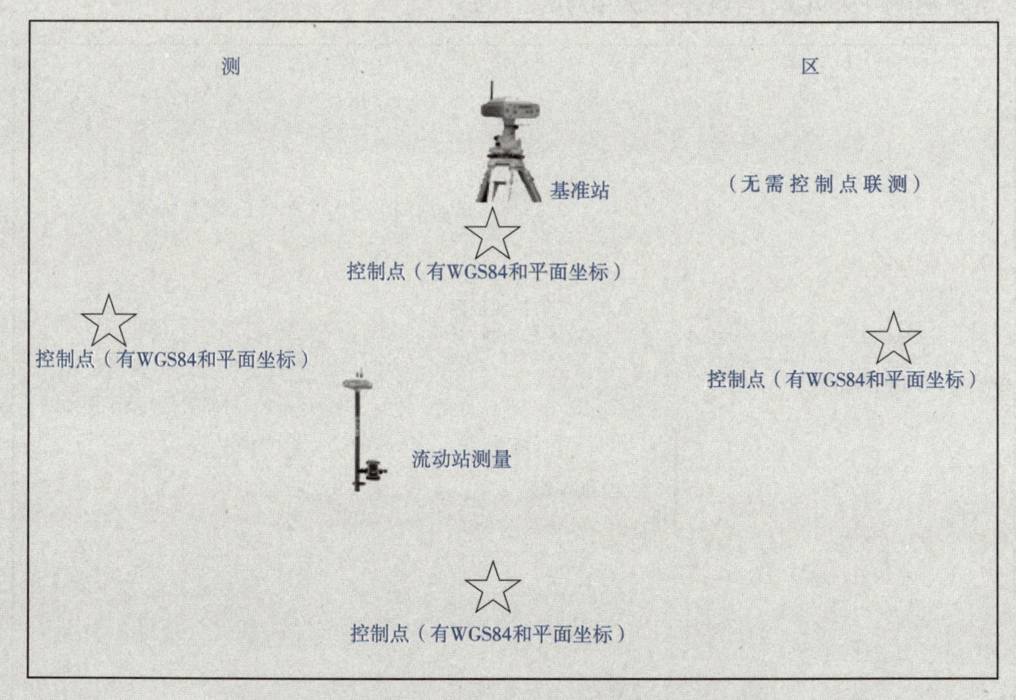

图 1-74　同时具备 WGS84 和平面坐标的作业流程示意图

实施步骤如下。

①新建一个项目，输入项目名称等参数。

②在点校正界面中输入控制点的 WGS84 的坐标和平面坐标。

③把基准站架设在选定的控制点上，设置基准站。

④设置流动站。

⑤进行四参计算，如果有多余的控制点的话可以在点上进行检核。

⑥进行实际工作，如测量、放样等。

注意事项

①需要提供的控制点最好在 3 个以上，2 个点很容易出问题，高程不易控制，而且有多余点就可以进行检核。

②选择架设基准站的地点应主要考虑以下因素：周边环境是否开阔、有没有大面积水源、有没有大功率的发射设备(如通信基准站)、地势是否比较高等。

③在架设基准站时要考虑电台的信号能否覆盖整个测区。

④在作业前要仔细检查电瓶的电量，防备工作中电量不足。

⑤在作业前要校检基座，否则整平和对中的误差会对测量的结果产生很大影响。

⑥如果采用 GSM/GPRS 作业，在作业前要检查卡内的余额。

(二)只具备 Beijing-54 坐标

这种情况在实际工作中最为常见。客户提供的平面坐标存在两种类型：一种是 Beijing-54 的坐标，另一种是当地的城建坐标。具体实施方案如下。

手中必须有客户提供的 3 个或者 3 个以上的有平面坐标的控制点。首先要了解测区的概况，在测区内选择合适的地方架设基准站，架设好基准站后设置流动站，连通之后可以去客户提供的几个控制点上做控制点的联测，联测结束之后在手簿上进行坐标转换，得出转换参数，检查转换参数符合要求，下面就可以进行客户所要求的工作了，如测量、放样等。此时得出来的坐标就是平面坐标，它的坐标系统是和客户给的坐标系统一致的。如图 1-75 所示。

实施步骤如下。

①新建一个项目，输入项目名称等参数。

②把基准站架设在测区中央的开阔处，设置基准站。

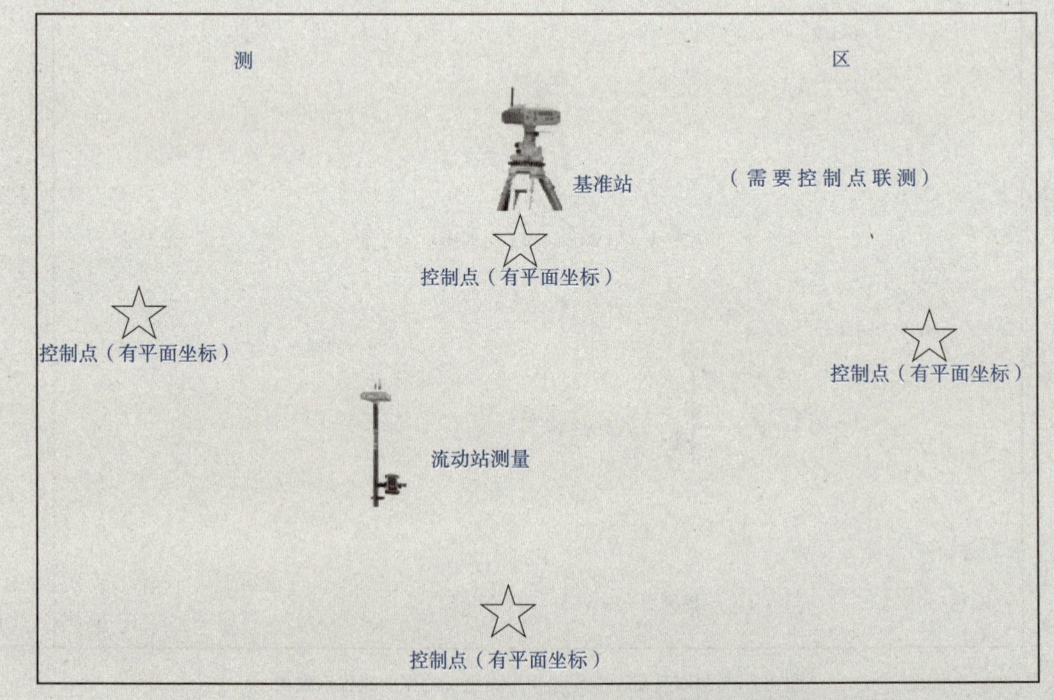

图 1-75 只有平面坐标作业流程示意图

③设置流动站。

④在点校正界面中输入控制点的平面坐标，并在控制点上测量 WGS84 坐标并保存。到 3 个控制点上做这样的工作。

⑤进行四参计算，如果有多余的控制点的话可以在点上进行检核。

⑥进行实际工作，如测量、放样等。

注意事项

①控制点最好提供 3 个以上，2 个点很容易出问题，高程不易控制，而且有多余点就可以进行检核。

②选择架设基准站的地点，应考虑以下因素：周边环境是否开阔、有没有大面积水源、有没有大功率的发射设备(如通信基准站)、地势是否比较高等否。

③在架设基准站的时候要考虑到电台的信号能覆盖到整个测区。

④在作业前要仔细检查电瓶的电量，防备工作中电量不足。

⑤在作业前要检校基座，否则整平和对中的误差会对测量的结果有很大的影响。

⑥如果是用 GSM/GPRS 作业的时候，在作业前要检查卡内的余额。

⑦在做控制点测量的时候一定保持对中和水平，控制点联测的精确度对测量结果的影响比较大。

(三)只具备 WGS84 坐标

这种情况在实际工作中遇到的机会比较少，但是也是存在的，一般的情况下客户用 GPS 测量的点还要用于常规的测量，真正出成果的时候一般不会只有 WGS84 的坐标，一般只有在检核仪器精度的时候会用到。

施测步骤如下。

①在一观测条件较好的控制点上架设基准站。

②设置流动站。

③到一控制点上检核。

④测量或放样。

第一步　仪器的连接

基准站架设：三声关机，四声动态，五声静态，六声恢复初始设置。DL 灯常亮，STA 灯 5 s 闪一次，表示处在静态模式 STA 灯常亮，DL 灯 5 s 快闪两次，表示处在动态模式动态时，如图 1-76 和图 1-77 所示。

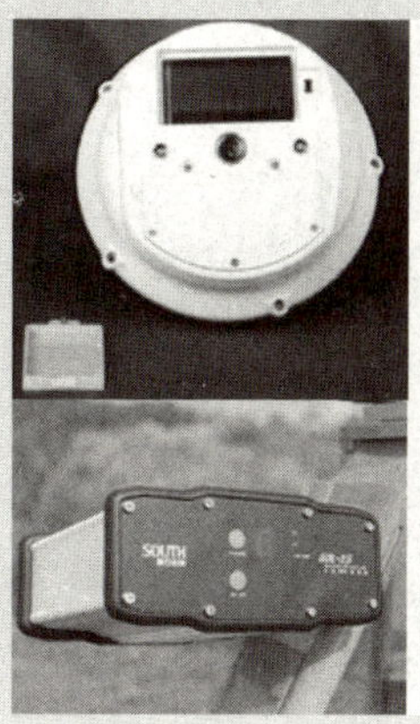

图 1-76　仪器的连接

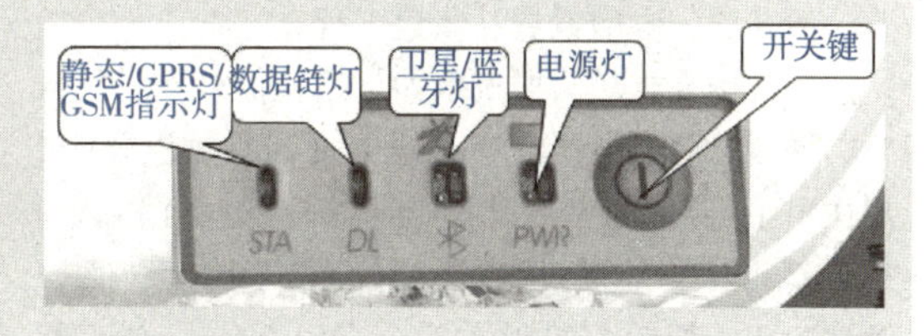

图 1-77　仪器连接基准站架设示意图

基准站架设注意事项：基准站架设的好坏将影响移动站工作的速度，并对移动站测量质量有着深远的影响，因此观测站位置应满足以下条件。

①在 10° 截止高度角以上的空间部应没有障碍物。

②邻近不应有强电磁辐射源，如电视发射塔、雷达(电视)发射天线等，以免对 RTK 电信号造成干扰；若有强电磁辐射源，离其距离不得小于 200m。

③基准站最好选在地势相对高的地方以利于电台的作用距离。

④地面稳固，易于点的保存。

⑤用户如果在树木等对电磁传播影响较大的物体下设站，当接收机工作时，接收的卫星信号将产生畸变，影响 RTK 的差分质量，使得移动站很难 FIXED。

移动站架设：三声关机，四声动态，五声静态，六声恢复初始设置，七声是基准站和移动站互换。DL 灯常亮，STA 灯 5 s 闪一次，表示处在静态模式。动态模式时，DL 灯 1 s 闪一次，如图 1-78 所示。

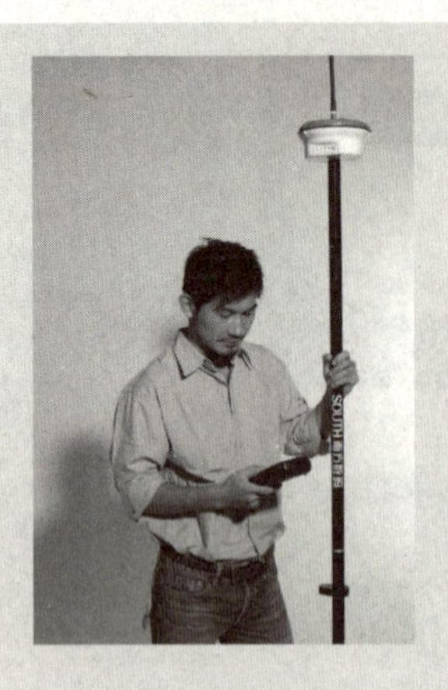

图 1-78　仪器连移动准站架设示意图

第二步　参数设置：新建工程

依次按要求填写或选取如下工程信息：工程名称、椭球系名称、投影参数设置、四参数设置（未启用可不填）、七参数设置（未启用可不填）和高程拟合参数设置（未启用可不填），最后确定，工程新建完毕，如图 1-79 所示。

第三步　参数设置：作业文件名

在设置页面，选择参数设置向导的新建作业，录入作业名文件称，选择作业路径和新建作业的方式，如图 1-80 所示。

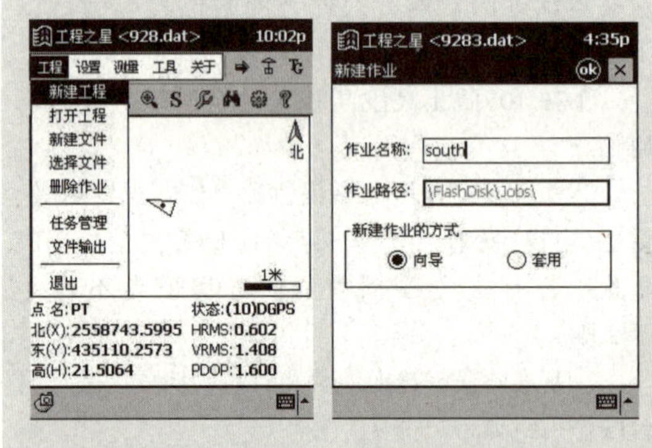

图 1-79　参数设置：新建工程

图 1-80　参数设置：作业文件名

第四步　参数设置：椭球设置

在设置页面，选择参数设置向导的椭球设置，根据所在区域及使用的数据材料，椭球系名称选择北京 54、西安 80 或大地 2000 等椭球系，并录入椭球系的长轴和扁率后确定，如图 1-81 所示。

第五步　参数设置：投影参数设置

在设置页面，选择参数设置向导的投影参数设置，依次录入中央子午线经度、*X* 坐标加常数、*Y* 坐标加常数、投影比例尺和投影高后确定，如图 1-82 所示。

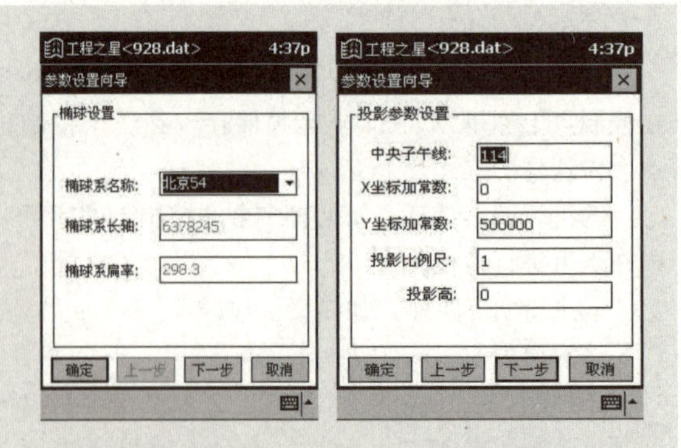

图 1-81　参数设置：椭球设置

图 1-82　参数设置：投影参数设置

第六步　参数设置：四参数设置

在设置页面，选择参数设置向导的四参数设置，选择启用四参数，依次录入 ΔX、ΔY、旋转角和比例后确定，如图 1-83 所示。

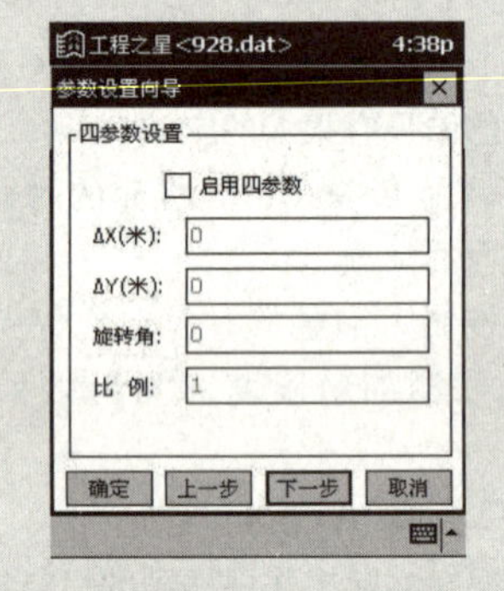

图 1-83　参数设置：四参数设置

第七步　参数设置：七参数设置

在设置页面，选择参数设置向导的七参数设置，选择启用七参数，依次录入 ΔX、ΔY、ΔZ、$\Delta\alpha$、$\Delta\beta$、$\Delta\gamma$ 和 ΔK 后确定，如图 1-84 所示。

第八步　参数设置：高程拟合参数设置

在设置页面，选择参数设置向导的高程拟合参数设置，选择启用高程拟合参数，依次录入 *A*0、*A*1、*A*2、*A*3、*A*4、*A*5 后确定，如图 1-85 所示。

第九步　求转换参数：控制点坐标库

在设置页面，选择控制点坐标库，依次录入点名、*X* 坐标值、*Y* 坐标值和 *H* 值后确定，如图 1-86 所示。

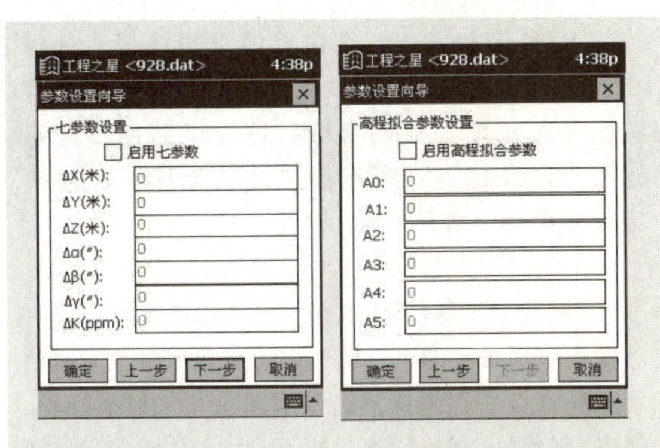

图 1-84 参数设置：七参数设置

图 1-85 参数设置：高程拟合参数设置

图 1-86 参数设置：控制点坐标库

第十步 求转换参数：输入已知坐标

选择控制点坐标库，输入点名，依次用右上角的选点按钮从坐标管理库选取 *X* 坐标值、*Y* 坐标值后确定，如图 1-87 所示。

图 1-87 求转换参数：输入已知坐标

第十一步 求转换参数：增加原始点坐标

选择控制点坐标库，增加控制点，控制点原始坐标值可以通过从坐标管理库选点、读取当前点坐标、读取基准点坐标和输入大地坐标获取，如图 1-88 所示。

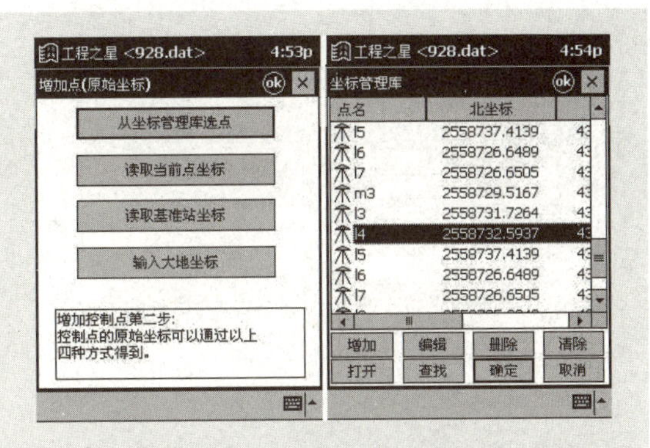

图 1-88 求转换参数：增加原始点坐标

第十二步 求转换参数：查看及保存参数

选择控制点坐标库，增加完成控制点后保存并查看参数，如图 1-89 所示。

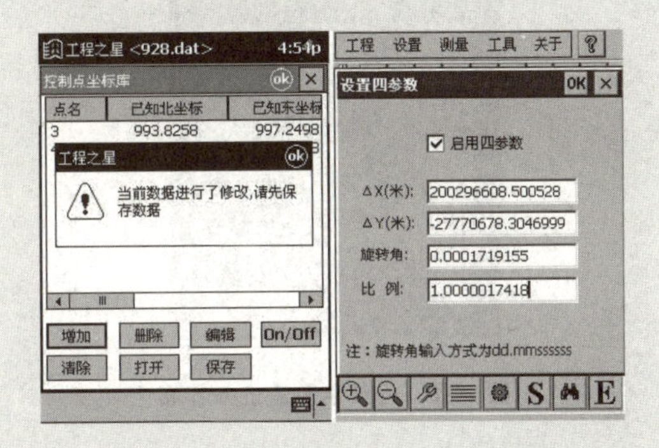

图 1-89 求转换参数：查看及保存参数

第十三步 碎部点测量(手动采集)

点存储类型设置，进入测量点存储页面，存储类型选择手动存储，如图 1-90 所示。

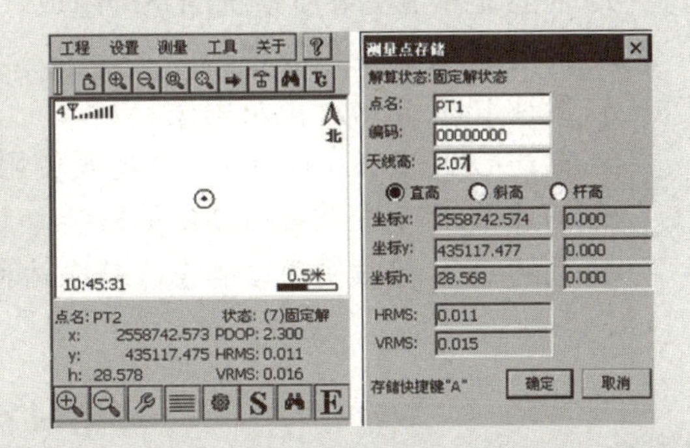

图 1-90 碎部点测量(手动采集)

第十四步 碎部点测量(自动采集)

点存储类型设置，进入点存储类型设置页面，存储类型选择自动存储，如图 1-91 所示。

第十五步 点测量

完成设置后，用电子手簿选择 GPS 工作方式为 RTK 作业方式，在主界面点击测量，选择点测量，进入后点击 A 或者 ENT 键都可以保存移动站所在位置点的坐标，进入界面后要注意修改点名及杆高，所有信息确认无误后点击确定就能保存，如图 1-92 所示。

采集碎步点数据时，有平滑采集(采集 10 次求平均)和普通采集(采集 1 次)两种方法，碎部点一般使用普通采集即可。采集碎部点数据时，棱镜放置在碎部点中心位置，当气泡居中，采集坐标点。点击“采集”，输入点名、杆高，按 OK 键保存，如图 1-93 所示。

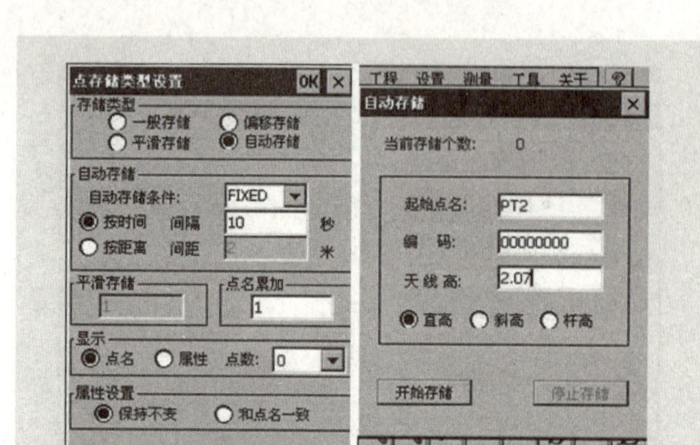

图 1-91 碎部点测量(自动采集)

图 1-92 碎部点测量进入界面

图 1-93 碎部点测量数据采集界面

复习思考题

1. 简述北斗卫星导航系统的系统组成。
2. 简述 RTK 的定位原理。
3. 简述 RTK 相对定位及用途。
4. 简述 GPS(RTK)的构造、功能及使用方法。
5. 简述 RTK 基准站和移动站的安装。
6. 简述 RTK 接收机手动静态、基准站和移动站工作模式设置的操作步骤。

模块二

RS在林业中的应用

遥感技术具有实时、动态、综合性强等特点，在森林资源调查与监测、野生动植物资源保护与管护、森林草原防灭火、林草病虫灾害调查与监测等工作中发挥了重要的作用，是实现了山水林田湖草沙一体化保护和系统治理的重要技术手段。本模块包括遥感影像预处理、遥感影像增强、遥感影像空间分析、林业遥感影像信息提取4个项目18个任务，涵盖了林业遥感影像处理的基本方法与基本内容。具体内容为我国自主研发的卫星系统、遥感影像预处理(几何校正、影像裁剪、影像镶嵌等)与增强处理(辐射增强、空间增强、光谱增强)方法，遥感影像地形分析、洪水淹没区域分析与虚拟GIS三维飞行，遥感影像目视解译、非监督分类或监督分类、林地分类专题图的制作。

项目2 遥感影像预处理

遥感影像的预处理项目包括认识遥感、遥感影像数据格式转换、几何校正、裁剪、镶嵌、投影变换等任务。其中几何校正是遥感技术应用必须完成的预处理工作，几何校正处理之后需要开展的工作就是根据研究区域空间范围进行图像的裁剪或者镶嵌处理，并根据需要进行图像的投影变换处理，为随后的图像分类处理与空间分析做准备。此外，不同的传感器、不同的遥感图像处理软件所获得或处理的遥感影像格式各不相同，在实际应用过程中需要对遥感影像的格式进行转换。本项目以辽宁生态工程职业学院实验林场所在范围的遥感影像为例进行预处理。

知识目标

1. 掌握遥感的概念、分类、遥感技术系统组成及在林业中的应用。
2. 了解 ERDAS IMAGINE 遥感图像处理软件的界面及基本功能。
3. 掌握常见的遥感影像数据格式。
4. 掌握几何校正、裁剪、镶嵌及投影的相关概念。
5. 熟悉几何校正、裁剪、镶嵌及投影变换的操作方法。

技能目标

1. 能够进行常见遥感影像数据格式的转换。
2. 能够完成遥感图像的几何校正处理。
3. 根据研究区域范围，能够裁剪出目标范围。
4. 通过镶嵌处理，能够进行研究区域空间范围的拼接。
5. 能够进行遥感图像投影的变换处理。

任务2.1 认识遥感

任务描述

遥感技术在林业上应用广泛，主要用于森林资源调查中和地形图一起作为调查所用的图面材料(二者相互补充)；在森林资源经营管理中作为森林区划、森林资源调查结果制图和编制森林经营方案中的图面材料，以及作为森林资源动态监测、森林灾害监测等判读的图面材料。要想掌握这门技术首先要从认识遥感开始，本任务的学习内容包括遥感技术基础、遥感的物理基础和常见遥感资源卫星系统3个部分，是学习遥感最基础的知识。通过本任务的学习可为进一步学好遥感打下良好的基础。

任务目标

1. 掌握遥感的概念、遥感分类及遥感技术系统的组成。
2. 了解遥感技术在林业上的应用。
3. 理解遥感的物理基础，进而知晓遥感的原理。
4. 了解国内外主要遥感卫星系统的技术指标。

知识准备

2.1.1 遥感技术基础

遥感技术是20世纪60年代迅速发展起来的一门综合探测技术。它是建立在现代物理学，如光学技术、红外技术、微波技术、雷达技术、激光技术、全息技术，以及计算机技术、数学、地学基础上的一门综合性科学。经过几十年的迅速发展，目前，遥感技术已广泛应用于农林业及自然资源调查、环境及自然灾害监测评价、水文、气象、地质矿产、测绘、海洋、军事等领域，成为一门实用、先进的空间探测技术。

我国幅员辽阔，资源丰富，但自然条件复杂，长期以来缺乏详细而全面的资源调查。遥感技术自20世纪70年代引入我国林业应用中以来，为我国森林资源监测和信息获取技术水平的提高做出了重要贡献，遥感数据已成为森林资源和生态状况监测的重要数据源。目前，随着以遥感、地理信息系统及全球定位系统技术在林业中的普及应用，森林资源和生态状况信息的存储、查询、更新、分析、共享和传输更加完善，有力地推动了森林资源监测技术的发展，节省了大量的人力物力，提高了调查效率，更好地保证了森林资源监测数据的完备性和连续性。

2.1.1.1 遥感的概念

遥感(remote sensing)就字面含义可以解释为遥远的感知。人类通过大量的实践，发现地球上每一个物体都在不停地吸收、发射和反射信息和能量，其中有一种人类已经认识到的形式——电磁波，并且发现不同物体的电磁波特性是不同的。遥感就是根据这个原理来探测地表物体对电磁波的反射和其发射的电磁波，从而提取这些物体的信息，完成远距离识别物体。

遥感从广义上说，泛指一切无接触的远距离探测，包括对电磁场、力场、机械波(声波、地震波)等的探测。实际工作中，重力、磁力、声波、地震波等的探测被划为物理探测的范畴，只有电磁波的探测属于遥感的范畴。从狭义上说，遥感是借助对电磁波敏感的仪器(传感器)，从远处(不与探测目标相接触)记录目标物对电磁波的辐射、反射、散射等特征信息，然后对所获取的信息进行提取、判定、加工处理及应用分析的综合性技术。

现代遥感技术是以先进的对地观测探测器为技术手段，对目标物进行遥远感知的过程。地球上每一种物质作为其固有性质都会反射、吸收、透射及辐射电磁波。物体的这种对电磁波固有的播出特性，称为光谱特性(spectral characteristics)。一切物体，由于其种类及环境条件的不同，具有反射或辐射不同波长电磁波的特性。现代遥感技术便是利用这个原理完成基本作业过程的：在距地面几千米、几百千米甚至上千千米的高度，以飞机、卫星等为观测平台，使用光学、电子学和电子光学等探测仪器，接收目标物反射、散射和发射来的电磁辐射能量，以图像胶片或数字磁带作为载体进行数据记录，然后把这些数据传送到地面接收站。最后将接收到的数据加工处理成用户所需要的遥感资料产品。

2.1.1.2 遥感技术系统

通常把不同高度的平台使用传感器收集地物的电磁波信息，再将这些信息传输到地面并加以处理，从而达到对地物的识别与监测的全过程(图 2-1)，称为遥感技术。现代遥感技术系统一般由遥感平台、传感器、遥感数据接收与处理系统、遥感资料分析解译系统 4 个部分组成。其中遥感平台、传感器和数据接收与处理系统是决定遥感技术应用成败的 3 个主要技术因素，遥感分析工作人员必须对它们有所了解和掌握。

该部分详细内容可扫描本书数字资源二维码进行学习。

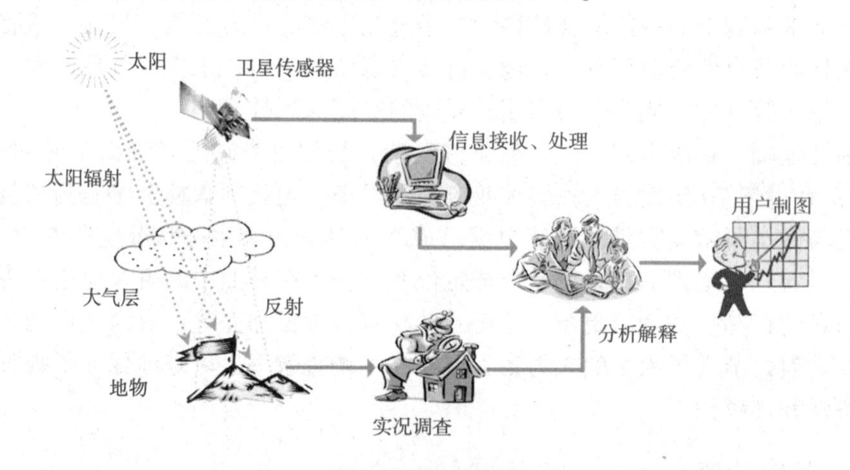

图 2-1 遥感过程

2.1.1.3 遥感的分类

根据遥感自身的特点及应用领域，可从以下几个角度对遥感技术进行分类：①按探测平台划分；②按探测的电磁波段划分；③按电磁辐射源划分；④按应用目的划分。

该部分详细内容可扫描本书数字资源二维码进行学习。

2.1.1.4 遥感的特点及发展趋势

从遥感传感器与遥感平台的发展来看，在性能、经济效益等方面遥感技术有以下的特点：探测范围广，获取信息的范围大，获取的信息内容丰富、新颖，能迅速反映动态变化，获取信息方便而且快速，综合性，成本低，高分辨率、高光谱遥感发展逐步成熟。

该部分详细内容可扫描本书数字资源二维码进行学习。

2.1.1.5 遥感技术在林业上的应用

遥感作为一门综合技术，是美国海军研究局的艾弗林·普鲁伊特(E. L. Pruitt)在1960年提出来的。此后，在世界范围内，遥感作为一门独立的新兴学科，获得了飞速的发展。自20世纪70年代以来，我国遥感事业也有了长足的进步。全国范围内的地形图更新普遍采用航空摄影测量，并在此基础上开展了不同目标的航空专题遥感试验与应用研究。我国成功研制了机载地物光谱仪、多光谱扫描仪、红外扫描仪、成像光谱仪、真实孔径和合成孔径侧视雷达、微波辐射计、激光高度计等传感器，为赶超世界先进水平、推动传感器的国产化作出了重要贡献。

该部分详细内容可扫描本书数学资源二维码进行学习。

2.1.2 遥感的物理基础

2.1.2.1 电磁波与电磁波谱

遥感技术是建立在物体电磁波辐射理论基础上的。不同物体具有各自的电磁辐射特性，才有可能应用遥感技术探测和研究远距离的物体。遥感的物理基础涉及面广，本任务简要介绍有关遥感应用中所涉及的主要物理基础知识，如电磁波与电磁波谱，太阳辐射与大气影响、地物的光谱特性等。

(1)电磁波及其特性

波是振动在空间的传播。如在空气中传播的声波，在水面传播的水波以及在地壳中传播的地震波等，它们都是由振源发出的振动在弹性介质中的传播，这些波统称为机械波。在机械波里，振动着的是弹性介质中质点的位移矢量。光波、热辐射、微波、无线电波等都是由振源发出的电磁振荡在空间的传播，这些波称为电磁波。在电磁波里，振荡的是空间电场矢量和磁场矢量。电场矢量和磁场矢量互相垂直，并且都垂直于电磁波传播方向。

电磁波是通过电场和磁场之间相互联系传播的。根据麦克斯韦电磁场理论，空间任何一处只要存在着场，也就存在着能量，变化着的电场能够在它的周围空间激起磁场，而变化的磁场又会在它的周围感应出变化的电场。这样，交变的电场和磁场是相互激发并向外传播，闭合的电力线和磁力线就像链条一样，一个一个地套连着，在空间传播开来，形成了电磁波。实际上电磁振荡是沿着各个不同方向传播的。这种电磁能量的传递过程(包括辐射、吸收、反射和透射等)称为电磁辐射。电磁波是物质存在的一种形式，它是以场的形式表现出来的。因此，电磁波的传播，即使在真空中也能传播。这一点与机械波有着本质的区别，但两者在运动形式上都是波动，波动的共性就是用特征量，如波长 λ、频率 υ、周期 T、波速 ν、振幅 A、位相 φ 等描述它们的共性。

基本的波动形式有两种：横波和纵波。横波是质点振动方向与传播方向相垂直的波，电磁波就是横波。纵波是质点振动方向与传播方向相同的波，声波就是一种纵波。波动的基本特点是时空周期性。时空周期性可以由波动方程的波函数来表示。

(2) 电磁波谱

实验证明，无线电波、微波、红外线、可见光、紫外线、γ 射线等都是电磁波，只是波源不同，波长(或频率)也各不同。将各种电磁波在真空中的波长(或频率)按其长短，依次排列制成的图表，称为电磁波谱(图 2-2)。

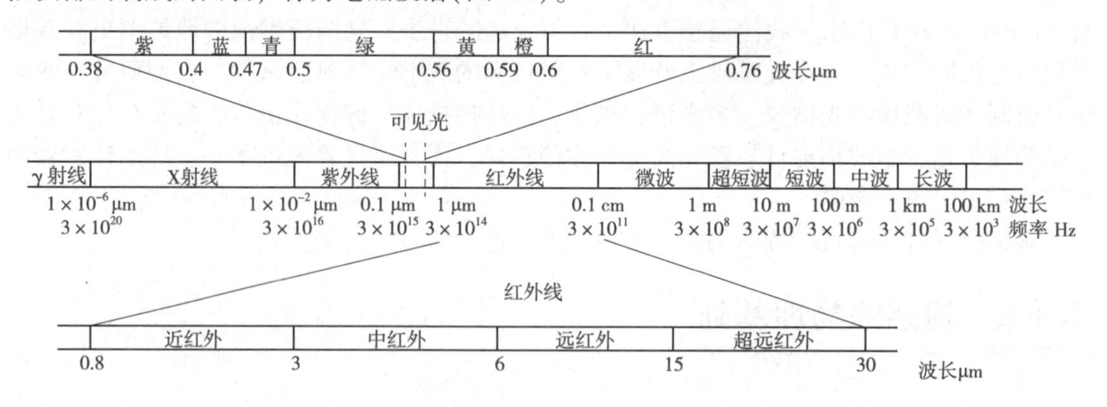

图 2-2 电磁波谱

在电磁波谱中，波长最长的是无线电波，无线电波又依波长不同分为长波、中波、短波、超短波和微波。其次是红外线、可见光、紫外线，再次是 X 射线。波长最短的是 γ 射线。整个电磁波谱形成了一个完整、连续的波谱图。各种电磁波的波长(或频率)之所以不同，是由于产生电磁波的波源不同。例如，无线电波是由电磁振荡发射的，微波是利用谐振腔及波导管激励与传输，通过微波天线向空间发射的；红外辐射是由于分子的振动和转动能级跃迁时产生的；可见光与近紫外辐射是由于原子、分子中的外层电子跃迁时产生的；紫外线、X 射线和 γ 射线是由于内层电子的跃迁和原子核内状态的变化产生的；宇宙射线则是来自宇宙空间。

在电磁波谱中，各种类型的电磁波，由于波长(或频率)的不同，它们的性质就有很大的差别(如传播的方向性、穿透性、可见性和颜色等方面的差别)。例如，可见光可被人眼直接感觉到，看到物体各种颜色；红外线能克服夜障；微波可穿透云、雾、烟、雨等。但它们也具有以下共同性。

①各种类型电磁波在真空(或空气)中传播的速度相同，都等于光速：$c=3\times10^8$ m/s。

②遵守相同的反射、折射、干涉、衍射及偏振定律。

目前，遥感技术所使用的电磁波集中在紫外线、可见光、红外线到微波的光谱段，各谱段划分界线在不同资料上采用光谱段的范围略有差异。

遥感常用的各光谱段的主要特性如下。

①紫外线。紫外线波长范围为 0.01~0.4 μm。太阳辐射通过大气层时，波长小于 0.3 μm 的紫外线几乎都被吸收，只有 0.3~0.4 μm 波长的紫外线部分能穿过大气层到达地面，且能量很少，并能使溴化银底片感光。紫外波段在遥感中主要应用于探测碳酸盐岩分布和水

面漂浮的油膜污染的监测。

②可见光。可见光波长范围为0.4~0.76 μm。由红、橙、黄、绿、青、蓝、紫色光组成，人眼对此可以感知，又称为可见光，是遥感中最常用的波段。在遥感技术中，常用光学摄影方式接收和记录地物对可见光的反射特征。也可将可见光分成若干个波段同一瞬间对同一景物、同步摄影获得不同波段的相片，也可采用扫描方式接收和记录地物对可见光的反射特征。

③红外线。红外线波长范围为0.76~1000 μm，为了实际应用方便，又将其划分为：近红外(0.76~3.0 μm)，中红外(3.0~6.0 μm)，远红外(6.0~15.0 μm)和超远红外(15~1000 μm)。近红外在性质上与可见光相似，所以又称为光红外。由于它主要是地表面反射太阳的红外辐射，因此又称为反射红外。在遥感技术中采用摄影方式和扫描方式，接收和记录地物对太阳辐射的红外反射。在摄影时，由于受到感光材料灵敏度的限制，目前只能感测0.76~1.3 μm波长范围。近红外波段在遥感技术中也是常用波段。中红外、远红外和超远红外是产生热感的原因，所以又称为热红外。自然界中任何物体，当温度高于绝对温度(-273.15℃)时，均能向外辐射红外线。物体在常温范围内发射红外线的波长多在3~4 μm，而15 μm以上的超远红外线易被大气和水分子吸收，所以在遥感技术中主要利用3~15 μm波段，更多的是利用3~5 μm和8~14 μm波段。红外遥感是采用热感应方式探测地物本身的辐射(如热污染、火山、森林火灾等)，所以工作时不仅白天可以进行，夜间也可以进行，能进行全天时遥感。

④微波。微波的波长范围为1 mm~1 m。微波又可分为：毫米波、厘米波和分米波，微波辐射和红外辐射两者都具有热辐射性质。由于微波的波长比可见光、红外线要长，能穿透云、雾而不受天气影响，所以能进行全天候全天时的遥感探测。微波遥感可以采用主动或被动方式成像，另外，微波对某些物质具有一定的穿透能力，能直接透过植被、冰雪、土壤等表层覆盖物。因此，微波在遥感技术中是一个很有发展潜力的遥感波段。

在电磁波谱中不同波段，习惯使用的波长单位也不相同，在无线电波段波长的单位取千米或米，在微波波段波长的单位取厘米或毫米；在红外线段常取的单位是微米，在可见光和紫外线常取的单位是纳米或微米。波长单位的换算如下：

$$1\ \text{nm} = 10^{-3}\ \mu\text{m} = 10^{-6}\text{mm} = 10^{-7}\ \text{cm} = 10^{-9}\ \text{m}$$

除了用波长来表示电磁波外，还可以用频率来表示，如无线电波常用的单位为吉赫(GHz)。习惯上常用波长表示短波(如γ射线、X射线、紫外线、可见光、红外线等)，用频率表示长波(如无线电波、微波等)。

2.1.2.2 电磁辐射源

自然界中一切物体在发射电磁波的同时，也被其他物体发射电磁波所辐射。遥感的辐射源可分自然电磁辐射源和人工电磁辐射源两类，它们之间没有区别。就像电磁波谱一样，从高频率到低频率是连续的，物质发射的电磁辐射也是连续的。

该部分详细内容可扫描本书数字资源二维码进行学习。

2.1.2.3 大气对电磁波辐射的影响

太阳辐射入射到地球表层，需经过大气层(即要经过大气外层、热层、中气层、平流层和对流层等）。而地物对太阳辐射的反射，会又一次经过大气层后，然后被遥感传感器所接收。

该部分详细内容可扫描本书数字资源二维码进行学习。

2.1.2.4 地物的光谱特性

自然界中任何地物都具有其自身的电磁辐射规律，如具有反射，吸收外来的紫外线、可见光、红外线和微波的某些波段的特性；它们又都具有发射某些红外线、微波的特性；少数地物还具有透射电磁波的特性，这种特性称为地物的光谱特性。

该部分详细内容可扫描本书数字资源二维码进行学习。

2.1.3 常见卫星系统

2.1.3.1 Landsat 卫星系统

美国的地球资源卫星（Landsat 系列）全名为地球资源技术卫星。由于它是以研究全球陆地资源为对象，而且另外有专门研究海洋的卫星，因此后来改名为陆地卫星。美国国家航空航天局于 1972 年 7 月 23 日发射了第 1 号地球资源卫星，以后又陆续发射了第 2~7 号，目前在轨运行的有陆地资源卫星 5 号和 7 号。陆地卫星是以探测地球资源为目的而设计的。它既要求对地面有较高的分辨率，又要求有较长的寿命，因此，是属于中高度、长寿命的卫星。

（1）陆地资源卫星的运行特征

美国陆地卫星具有近极地、近圆形轨道、按一定周期运行、轨道与太阳同步的特征，表 2-1 列出了陆地卫星的主要轨道参数。

表 2-1　陆地卫星轨道参数

卫星	传感器	发射时间	退役时间	轨道高度（km）	轨道倾角（°）	运行周期（min）	重复周期（d）	过境赤道时刻	景幅宽度（km^2）
Landsat-1	MSS/RBV	1972. 07. 23	1978. 01. 07	920	99. 20	103. 34	18	9:30	185×185
Landsat-2	MSS/RBV	1975. 01. 22	1982. 02. 25	920	99. 20	103. 34	18	9:30	185×185
Landsat-3	MSS/RBV	1978. 03. 05	1983. 03. 31	920	99. 20	103. 34	18	9:30	185×185
Landsat-4	MSS/TM	1982. 07. 16	2001. 06. 30	705	98. 20	98. 20	16	9:45	185×185
Landsat-5	MSS/TM	1984. 03. 01	在轨运行	705	98. 20	98. 20	16	9:45	185×185
Landsat-6	ETM	1993. 10. 05	发射失败	—	—	—	—	—	—
Landsat-7	ETM+	1999. 04. 15	在轨运行	705	98. 20	98. 20	16	10:00	185×185

(2)传感器特征

Landsat 1~5、7号卫星所载传感器有主要有4种，即反束光导管摄像机(return beam vidicon，RBV)、多光谱扫描仪(multispectral scanner，MSS)、专题制图仪(thematic mapper，TM)、再增强型专题成像仪(enhanced thematic mapper plus，ETM+)，各传感器波段划分、波段范围及空间分辨率见表2-2。

表2-2 Landsat 4、5、7号传感器参数

卫星	传感器	波段范围(μm)	空间分辨率(m^2)
Landsat-4	MSS	0.495~0.605	79×79
		0.603~0.696	
		0.701~0.813	
		0.808~1.023	
	TM	0.452~0.518	30×30
		0.529~0.609	
		0.624~0.693	
		0.776~0.905	
		1.568~1.784	
		10.42~11.66	120×120
		2.097~2.347	30×30
Landsat-5	MSS	0.497~0.607	79×79
		0.603~0.697	
		0.704~0.814	
		0.809~1.036	
	TM	0.452~0.518	30×30
		0.528~0.609	
		0.626~0.693	
		0.776~0.904	
		1.568~1.784	
		10.45~12.42	120×120
		2.097~2.349	30×30
Landsat-7	ETM+	0.452~0.514	30×30
		0.519~0.601	
		0.631~0.692	
		0.772~0.898	
		1.547~1.748	

（续）

卫星	传感器	波段范围(μm)	空间分辨率(m^2)
Landsat-7	ETM+	10.31 ~12.36	60×60
		2.065 ~ 2.346	30×30
		0.515 ~0.896 (Pan)	15×15

该部分详细内容可扫描本书数字资源二维码进行学习。

2.1.3.2 SPOT 卫星系统

SPOT 系列卫星是法国发射的地球观测实验卫星，最后发射的 SPOT 5 卫星的分辨率最高，其全色分辨率提高到 2.5 m，多光谱达到 10 m。SPOT 系列卫星采用的太阳同步准回归轨道，通过赤道时刻为地方时上午 10:30，回归天数(重复周期)为 26 d。由于采用倾斜观测，所以实际上可以对同一地区用 4~5 d 的时间进行观测。

(1)SPOT 卫星的轨道特征

SPOT 卫星与 Landsat 同属一类，以观测地球资源为主要目的。因此，它们的运行特征也具有近极地、近圆形轨道，按一定周期运行，轨道与太阳同步、同相位等特点，其参数见表 2-3。

表 2-3　地球观测实验卫星(SPOT)参数

项　目	参　数
轨道高度(km)	832
运行周期(min/圈)	101.4
每天绕地球运行圈数	14.9
重复周期(d)	26(369 圈)
轨道倾角(°)	98.72±0.08(除南、北纬 81.29°以南、以北地区以外，均可覆盖)
在赤道上轨道间距(km)	108.4
赤道降交点地方时	10:30±15 min

(2)SPOT 卫星的结构

SPOT 系列卫星传感器的参数见表 2-4。

表 2-4 SPOT 系列卫星传感器参数

参数名称	卫星名称	多光谱波段	全色波段	植被成像装置（VEG）	高分辨率立体成像装置(HRS)
波段设置（μm）	SPOT 1~3	0. 50~0. 59	0. 51~0. 73		
		0. 61~0. 68			
	SPOT 4	0. 79~0. 89	0. 61~0. 68		
		0. 50~0. 59		0. 43~0. 47	
		0. 61~0. 68		0. 50~0. 59	
		0. 79~0. 89		0. 61~0. 68	
		1. 58~1. 75		0. 79~0. 89	
	SPOT 5		0. 49~0. 69	1. 58~1. 75	0. 49~0. 69
		0. 49~0. 61		0. 43~0. 47	
		0. 61~0. 68		0. 61~0. 68	
		0. 78~0. 89		0. 78~0. 89	
		1. 58~1. 78		1. 58~1. 78	
空间分辨率（m^2）	SPOT 1~4	20×20	10×10	1. 15 km	
	SPOT 5	10×10 20×20(B4)	5×5 或 2. 5×2. 5	1 km	10×10
图幅尺寸（km^2）	SPOT 1~5	60×60	60×60	2250×2250	120×120

该部分详细内容可扫描本书数字资源二维码进行学习。

2. 1. 3. 3 QuickBird 卫星系统

QuickBird 卫星(快鸟卫星)于 2001 年 10 月 18 日由美国 DigitalGlobe 公司在美国范登堡空军基地发射，是目前世界上最先提供亚米级分辨率的商业卫星，卫星影像分辨率为 0. 61 m。

QuickBird 卫星是为高效、精确、大范围地获取地面高清晰度影像而设计制造的。其主要参数见表 2-5。

表 2-5 QuickBird 卫星有关参数

项　目	参　数
发射日期	2001 年 10 月 18 日
发射装置	波音 Delta Ⅱ运载火箭
发射地	加利福尼亚范登堡空军基地
轨道高度	450 km
轨道倾角	97. 2°

（续）

项 目	参 数
飞行速度	7.1 km/s
降交点时刻	10:30 am
轨道周期	93.5 min
条带宽度	垂直成像时为：16.5 km×16.5 km
平面精度	23 cm(CE90)
动态范围	11 位
空间分辨率	全色：0.61 m(星下点)；多光谱：2.44 m(星下点)
光谱响应范围	全色：450~900 nm B：450~520 nm；G：520~600 nm R：630~690 nm；NIR：760~900 nm

QuickBird 卫星根据纬度的不同，卫星的重访周期在 1~3.5 d。垂直摄影时 QuickBird 卫星影像的条带宽为 16.5 km，当传感器摆动 30°时，条带宽约为 19 km。

2.1.3.4 中巴地球资源卫星

中巴地球资源卫星(CBERS)是我国第一代传输型地球资源卫星，包含中巴地球资源卫星 01 星、中巴地球资源卫星 02 星和中巴地球资源卫星 02B 星 3 颗卫星。它的成功发射与运行开创了中国与巴西两国合作研制遥感卫星、应用资源卫星数据的广阔领域，结束了中巴两国长期单纯依赖国外对地观测卫星数据的历史。中国资源卫星应用中心负责资源卫星数据的接收、处理、归档、查询、分发和应用等业务。CBERS-01/02 卫星系统传感器参数详见表 2-6。

表 2-6 CBERS-01/02 卫星系统传感器参数

传感器名称	CCD 相机	宽视场成像仪(WFI)	红外多光谱扫描仪(IRMSS)
传感器类型	推扫式	推扫式(分立相机)	振荡扫描式(前向和反向)
可见/近红外波段(μm)	1：0.45~0.52 2：0.52~0.59 3：0.63~0.69 4：0.77~0.89 5：0.51~0.73	10：0.63~0.69 11：0.77~0.89	6：0.50~0.90
短波红外波段(μm)	无	无	7：1.55~1.75 8：2.08~2.35
热红外波段(μm)	无	无	9：10.4~12.5
辐射量化(bit)	8	8	8
扫描带宽(km)	113	890	119.5

（续）

空间分辨率(星下点)	19.5 m	258 m	波段6、7、8：78 m 波段9：156 m
侧视功能	有(-32°~+32°)	无	无
视场角	8.32°	59.6°	8.80°

该部分详细内容可扫描本书数字资源二维码进行学习。

2.1.3.5 IKONOS 卫星系统

IKONOS 是空间成像公司(Space Imaging)为满足高解析度和高精度空间信息获取而设计制造，是全球首颗高分辨率商业遥感卫星。IKONOS-1 于 1999 年 4 月 27 日发射失败，同年 9 月 24 日，IKONOS-2 发射成功，紧接着于 10 月 12 日成功接收到第一幅影像。IKONOS 卫星各级产品的基本信息见表 2-7。

表 2-7 IKONOS 卫星各级产品的基本信息

产品类型	定位精度			正射纠正	采集角度	构成立体
	CE90(m)	RMS(m)	NMAS			
Geo	≤50	N/A	N/A	否	60°~90°	否
Reference	≤25.4	≤11.8	1∶50 000	是	60°~90°	是
Pro	≤10.2	≤4.8	1∶12 000	是	66°~90°	否
Precision	≤4.1	≤1.9	1∶4800	是(GCP)	72°~90°	是
Precision Plus	≤2	≤0.9	1∶2400	是(GCP)	75°~90°	否

该部分详细内容可扫描本书数字资源二维码进行学习。

2.1.3.6 高景一号 01/02 卫星

高景一号 01/02 是国内首个具备高敏捷、多模式成像能力的商业卫星星座，具有专业级的图像质量、高敏捷的机动性能、丰富的成像模式和高集成的电子系统等技术特点。高景一号 01/02 卫星在轨应用后，改变了我国 0.5 m 级商业遥感数据被国外垄断的现状，也标志着国产商业遥感数据水平正式迈入国际一流行列。卫星参数见表 2-8。

表 2-8 高景一号 01/02 卫星参数

项　目	参　数
轨道	高度：530 km
	类型：太阳同步
	周期：97 min

（续）

项 目	参 数
设计寿命	8 a
重量	560 kg
波段	全色：450~890 nm 多光谱： 蓝：450~520 nm 绿：520~590 nm 红：630~690 nm 近红外：770~890 nm
分辨率	全色：0.5 m 多光谱：2 m
位深	11 bit
幅宽	12 km
存储空间	2.0 TB
重访周期	2 d
日采集能力	90×10^4 km^2
景面积	144 km^2

该部分详细内容可扫描本书数字资源二维码进行学习。

2.1.3.7 高分二号(GF-2)卫星

高分二号卫星是我国自主研制的首颗空间分辨率优于 1 m 的民用光学遥感卫星，具有亚米级空间分辨率、高定位精度和快速姿态机动能力等特点，有效地提升了卫星综合观测效能，达到了国际先进水平。卫星轨道参数见表 2-9，卫星有效荷载参数见表 2-10。

表 2-9 高分二号卫星轨道参数

参 数	指 标
轨道类型	太阳同步回归轨道
轨道高度	631 km
轨道倾角	97.9080°
降交点地方时	10:30 am
回归周期	69 d

表 2-10 高分二号卫星有效载荷参数

载荷	谱段号	谱段范围（μm）	空间分辨率（m）	幅宽（km）	侧摆能力	重访时间（d）
全色多光谱相机	1	0.45～0.90	1	45（2台相机组合）	±35°	5
	2	0.45～0.52	4			
	3	0.52～0.59				
	4	0.63～0.69				
	5	0.77～0.89				

该部分详细内容可扫描本书数字资源二维码进行学习。

2.1.3.8 资源三号卫星

资源三号卫星是我国高分辨率立体测图卫星，主要目标是获取三线阵立体影像和多光谱影像，实现1∶5万测绘产品生产能力以及1∶2.5万和更大比例尺地图的修测和更新能力。资源三号01星于2012年1月9日成功发射，是我国当时第一颗民用高分辨率光学传输型测绘卫星。卫星轨道参数见表2-11，卫星传感器参数见表2-12。

表 2-11 资源三号卫星轨道参数

项 目	参 数	
卫星标识	资源三号01星	资源三号02星
运载火箭	长征运载	长征运载
发射地点	中国太原卫星发射中心	中国太原卫星发射中心
卫星重量	2630 kg	不大于2700 kg
运行寿命	设计寿命5 a	设计寿命5 a
数据传输模式	图像实时传输模式 图像记录模式 边记边传 图像回放模式	图像实时传输模式 图像记录模式 边记边传 图像回放模式
轨道高度	约506 km	约505 km
轨道倾角/过境时间	97.421°/10:30 am	97.421°/10:30 am
轨道类型/轨道周期	太阳同步/98 min	太阳同步/98 min

表 2-12　资源三号卫星传感器参数

<table>
<tr><th colspan="2">项　目</th><th colspan="2">参　数</th></tr>
<tr><td colspan="2">相机模式</td><td colspan="2">全色正视；全色前视；全色后视；多光谱正视</td></tr>
<tr><td rowspan="2">分辨率</td><td>01 星</td><td colspan="2">星下点全色：2.1 m；
前、后视 22°全色：3.5 m；
星下点多光谱：5.8 m</td></tr>
<tr><td>02 星</td><td colspan="2">星下点全色：2.1 m；
前、后视 22°全色：优于 2.7 m；
星下点多光谱：5.8 m</td></tr>
<tr><td colspan="2" rowspan="5">波长</td><td colspan="2">全色：450~800 nm</td></tr>
<tr><td rowspan="4">多光谱</td><td>蓝：450~520 nm</td></tr>
<tr><td>绿：520~590 nm</td></tr>
<tr><td>红：630~690 nm</td></tr>
<tr><td>近红外：770~890 nm</td></tr>
<tr><td colspan="2">幅宽</td><td colspan="2">星下点全色：50 km，单景面积 2500 km^2
星下点多光谱：52 km，单景面积 2704 km^2</td></tr>
<tr><td colspan="2">重访周期</td><td colspan="2">一颗卫星 5 d；双星组网 3 d</td></tr>
<tr><td colspan="2">影像日获取能力</td><td colspan="2">全色：近 1 000 000 km^2/d
融合：近 1 000 000 km^2/d</td></tr>
</table>

该部分详细内容可扫描本书数字资源二维码进行学习。

2.1.4　无人机传感器简介

全数字航测相机系统 ADS40 是全球首台商业机载三线阵传感器，它由德国航空航天中心与徕卡公司联合研制。虽然许多国家包括我国在内已经购买了 ADS40 用于航测作业，且目前仍处在试验应用阶段，价格较为昂贵。ADS40 是一种能够同时获得立体影像和彩色多光谱影像的多功能、数字化的航空遥感传感器。其立体成像部分由全色波段的前视、后视和 R、G、B 任一波段的下视 3 组 CCD 线阵组成，全色波段每组 CCD 线阵均由两条线阵按照交叉像元的方式构成超分辨率模式，完成对同一地面区域 3 幅影像的立体覆盖。彩色成像部分由红、绿、蓝、近红外 4 条 CCD 线阵组成，可分别成像，经融合处理合成真彩色影像和彩红外多光谱影像。能同时提供黑白波段、彩色波段以及彩红外波段影像。其全新的成像机理及较高的自动化数据获取处理方式为摄影测量开辟了崭新的途径，并对传统的摄影测量作业方式形成优势。

(1) ADS40 相机的组成与技术优势

ADS40 推扫式数字航摄仪由传感器头 SH40、控制单元 CU40、大容量存储系统 MM40、操

作界面 OI40、导航界面 PI40 和 PAV30 陀螺稳定平台等部件组成。SH40 集成有高性能镜头系统和惯性测量装置 IMU，镜头焦平面上安置 8 条波段 CCD 阵列探测器，可以生成黑白、彩色及彩红外影像。相机采用单个镜头成像，相比数字航摄仪多镜头口径更大，镜头口径越大，镜头的畸变差越小，成像的质量也就越高；单镜头成像比多镜头成像在原理上更为简单，更易实现，故障率更低，检校也更加方便。数据后处理设备为徕卡数字摄影测量工作站。

（2）ADS40 与常规摄影测量的比较

①*外业控制及航空摄影方面*。一是，ADS40 相机在一定的基站范围内，可在无控制或少量控制点的情况下完成对地面目标的三维定位。有控制情况下无须内业空中三角测量选点加密，相比常规摄影测量，大大减轻生产单位的外业工作量。二是，ADS40 相机可以在飞机起飞之前输入有关技术参数，对飞行情况进行实时监控，协调。全自动化控制，操作简单，即时监控和修正航线，提高航摄质量与效率，大大减轻摄影员的操作压力。三是，ADS40 可航摄的天气条件要求大大低于常规光学相机，甚至可以在水平能见度小于 3 km 的云下进行大比例尺摄影。四是，ADS40 相机获取的是数字影像，当天摄影完毕，影像可以立即下载，供下工序使用；而常规航空摄影后处理所经历的周期太长，专业处理胶片人员和中间环节会影响影像质量。五是，ADS40 相机是三线阵推扫式的，获取的影像是以航线为单元的条带影像，其影像能构成 3 对立体以供观测，不考虑重叠度；常规框幅式相机需要考虑航向重叠度，增加经济成本。

②*数据处理方面*。一是，在 ADS40 摄影测量工作站进行数据后处理时，无内定向过程；常规框幅式影像需要进行人工内定向，处理较为复杂。二是，ADS40 相机影像是以每条航线为单位，传统框幅式相机影像是以单张相片为单位，各立体像对之间必须保证一定的重叠度。ADS40 影像在一条航线范围内，航向不需要接边，工作效率得以提高。三是，ADS40 空中三角测量在大面积测区平差时效率较高，人工干预较少，只需观测有限几个控制点，其他均由影像匹配自动完成。ADS40 成像机理的复杂性决定了数据后处理过程也较常规摄影测量复杂，选择高精度的 IMU/DGPS 和空中三角测量平差模型对于 ADS40 而言是十分重要的。

任务 2. 2 ERDAS IMAGINE 应用基础

任务描述

ERDAS IMAGINE 是美国 ERDAS 公司开发的遥感图像处理系统。它以其先进的图像处理技术，友好、灵活的用户界面和操作方式，为遥感及相关应用领域的用户提供了内容丰富而功能强大的图像处理工具。本次任务主要学习 ERDAS IMAGINE 的基本操作，学习内容包括：遥感影像的显示、量测、数据叠加和文件信息查询等操作。

任务目标

1. 掌握 ERDAS IMAGINE 视窗菜单的功能。

2. 学会遥感影像的显示、量测、数据叠加、文件信息查询等操作。

知识准备

ERDAS IMAGINE 是服务于不同层次用户的模型开发工具以及具有高度的 RS/GIS(遥感图像处理和地理信息系统)集成功能，为遥感及相关应用领域的用户提供了内容丰富而功能强大的图像处理工具，代表了遥感图像处理系统未来的发展趋势。

2.2.1　ERDAS IMAGINE 图标面板

ERDAS IMAGINE 启动后，首先看到 ERDAS IMAGINE 的图标面板(图 2-3)，包括菜单条和工具条两部分，其中提供了启动 ERDAS IMAGINE 软件模块的全部菜单和图标。

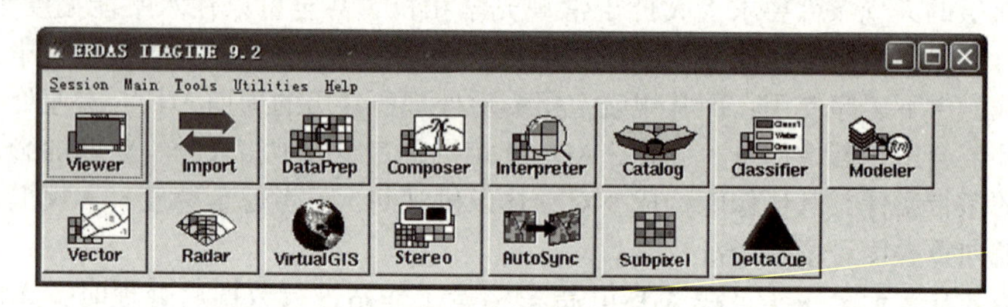

图 2-3　ERDAS IMAGINE 的图标面板

2.2.1.1　菜单命令及其功能

ERDAS IMAGINE 菜单条中包括 5 项下拉菜单(表 2-13)，每个菜单都是由一系列命令或选择项组成，这些命令或选择项及其功能分别见表 2-14 至表 2-17。

表 2-13　ERDAS IMAGINE 图标面板菜单条

菜　单	菜单功能
Session(综合菜单)	完成系统设置、面板布局、日志管理、启动命令工具、批处理过程、实用功能、联机帮助等
Main(主菜单)	启动 ERDAS 图标面板中包括的所有功能模块
Tools(工具菜单)	完成文本编辑、矢量及栅格数据属性编辑、图形图像文件坐标变换、注记及字体管理、二维动画制作
Utilities(实用菜单)	完成多种栅格数据格式的设置与转换、图像的比较
Help(帮助菜单)	启动关于图标面板的联机帮助，ERDAS IMAGINE 联机文档查看、动态链接库浏览等

表 2-14　综合菜单(Session)命令及其功能

命　令	功能描述
Preference	面向单个用户或全体用户，设置多数功能模块和系统默认值

（续）

命 令	功能描述
Configuration	为 ERDAS IMAGINE 配置各种外围设备，如打印机、磁带机
Session Log	查看 ERDAS IMAGINE 提示、命令及运行过程中的实时记录
Active Process List	查看与取消 ERDAS IMAGINE 系统当前正在运行的处理操作
Commands	启动命令工具，进入命令菜单状态，通过命令执行处理操作
Enter Log Message	向系统综合日志(Session Log)输入文本信息
Start Recording Batch Commands	开始记录一个多个最近使用的 ERDAS IMAGINE 命令
Open Batch Command File	打开批处理命令文件
View offline Batch Queue	打开批处理进程对话框，查看、编辑、删除批处理队列
Flip Icon	确定图标面板的水平或垂直显示状态
Tile Viewers	平铺排列两个以上已经打开的窗口
Close All Viewers	关闭当前打开的所有窗口
Main	进入主菜单，启动图标面板中包括的所有模块
Tools	进入工具菜单，显示和编辑文本及图像文件
Utilities	进入实用菜单，执行 ERDAS 的常用功能
Help	打开 ERDAS IMAGINE 联机帮助文档
Properties	打开 IMAGINE 系统特性对话框，查看和配置序列号与模块及环境变量
Exit IMAGINE	退出 ERDAS IMAGINE 软件环境

表 2-15 主菜单(Main)命令及其功能

命 令	功能描述	命 令	功能描述
Start IMAGINE Viewer	启动视窗	Vector	启动矢量功能模块
Import/Export	启动输入输出模块	Radar	启动雷达图像处理模块
Data Preparation	启动预处理模块	Virtual GIS	启动虚拟 GIS 模块
Map Composer	启动地图编制模块	Subpixel Classifier	启动子像元分类模块
Image Interpreter	启动图像解译模块	DeltaCue	启动智能变化检测模块
Image Catalog	启动图像库管理模块	Stereo Analyst	启动三维立体分析模块
Image Classification	启动图像分类模块	IMAGINE AutoSync	启动图像自动匹配模块
Spatial Modeler	启动空间建模工具		

表 2-16 工具菜单(Tools)命令及其功能

命 令	功能描述
Edit Text Files	建立和编辑 ASCII 码文本文件
Edit Raster Attributes	查看、编辑和分析栅格文件属性数据
View Binary Data	查看二进制文件的内容

命 令	功能描述
View IMAGINE HFA File Structure	查看 ERDAS IMAGINE 层次文件结构
Annotation Information	查看注记文件信息，包括元素数量与投影参数
Image Information	获取 ERDAS IMAGINE 栅格图像文件的所有信息
Vector Information	获取 ERDAS IMAGINE 矢量图形文件的所有信息
Image Commands Tool	打开图像命令对话框，进入 ERDAS 命令操作环境
NITF Metadata Viewer	查看 NITF 文件的元数据
Coordinate Calculator	将坐标系统从一种椭球体或参数转变为另外一种
Create/Display Movie Sequences	产生和显示一系列图像画面形成的动画
Create/Display Viewer Sequences	产生和显示一系列视窗画面形成的动画
Image Drape	以 DEM 为基础的三维图像显示与操作
DPPDB Workstation	输入和使用 DPPDB 产品

表 2-17 实用菜单(Utilities)命令及其功能

命 令	功能描述
JPEG Compress Image	应用 JPEG 压缩技术对栅格图像进行压缩，以便保存
Decompress JPEG Image	将应用 JPEG 压缩技术所生成的栅格图像进行解压缩
Convert Pixels to ASCII	将栅格图像文件数据转换成 ASCII 码文件
Convert ASCII to Pixels	以 ASCII 码文件为基础产生栅格图像文件
Convert Images to Annotation	将栅格图像文件转换成 IMAGINE 的多边形注记数据
Convert Annotation to Raster	将 IMAGINE 的多边形注记数据转换成栅格图像文件
Create/Update Image Chips	产生或更新栅格图像分块尺寸，以便于显示管理
Create Font Tables	以任一 ERDAS IMAGINE 的字体生成栅格字符映射表
Font to Symbol	将特定的字体转换为地图符号
Compare Images	打开图像比较对话框，比较两幅图像之间的某种属性
Oracle Spatial Table Tool	添加、删除和编辑在 Oracle 空间表里的行和列
CSM Plug-in Manager	设置 ERDAS IMAGINE 用到的 CSM 插件库
Reconfigure Raster Formats	重新配置系统中栅格图像数据格式
Reconfigure Vector Formats	重新配置系统中矢量图形数据格式
Reconfigure Resample Methods	重新设置系统中图像重采样方法
Reconfigure Geometric Models	重新设置系统中图像几何校正方法
Reconfigure PE GCS Code	计算投影引擎的地理坐标系统

2.2.1.2 工具图标及其功能

ERDAS IMAGINE 面板中各工具的功能见表 2-18。

表 2-18　图标面板功能介绍

图标	功能介绍
Viewer	该模块主要实现图形图像的显示，是人机对话的关键
Import	数据输入输出模块，主要实现外部数据的导入、外部数据与 ERDAS 支持数据的转换及 ERDAS 内部数据的导出
DataPrep	数据预处理模块，主要实现图像拼接、校正、投影变换、分幅裁剪、重采样等功能
Composer	专题制图模块，主要实现专题地图的制作
Interpreter	启动图像解译模块，主要实现图像增强、傅里叶变换、地形分析及地理信息系统分析等功能
Catalog	图像库管理模块，实现入库图像的统一管理，可方便地进行图像的存档与恢复
Classifier	图像分类模块，实现监督分类、非监督分类及专家分类等功能
Modeler	空间建模模块，主要是通过一组可以自行编制的指令集来实现地理信息和图像处理的操作功能
Vector	矢量功能模块，主要包括内置矢量模块及扩展矢量模块，该模块是基于 ESRI 的数据模型开发的，所以它直接支持 Coverage、Shapfile、Vector Layer 等格式数据
Radar	雷达图像处理模块，主要针对雷达影像进行图像处理、图像校正等操作
VirtualGIS	虚拟 GIS 模块，给用户提供一个在三维虚拟环境中操作空间影像数据的模块
Stereo	立体分析模块，提供针对三维要素进行采集、编辑及显示的模块
AutoSync	自动化影像校正模块，该模块提供工作站及向导驱动的工作流程机制，可实现影像的自动校正
Subpixel	启动智能变化检测模块
DeltaCue	启动面向对象信息提取模块

2.2.1.3　ERDAS IMAGINE 支持的数据格式

ERDAS IMAGINE 9.2 版本支持的数据格式达 150 多种，可以输出的数据格式有 50 多种，几乎包括所有常见的栅格数据和矢量数据格式，下面列出实际工作中常用的 ERDAS IMAGINE 所支持的数据格式。

(1) 支持输入数据格式

ArcInfo Coverage E00、ArcInfo GRID E00、ERDAS GIS/ERDAS LAN、Shapefile、DXF、DGN、Generic binary、Geo TIFF、TIFF、JPEG、USGS DEM、GRID、GRASS、TIGER、MSS Landsat、TM Landsat、Landsat-7、SPOT、AVHRR 和 RADARSAT 等。

(2) 支持输出数据格式

ArcInfo Coverage E00、ArcInfo GRID E00、ERDAS GIS、ERDAS LAN、Shapefile、DXF、DGN、IGDS、Generic binary、Geo TIFF、TIFF、JPEG、USGS DEM、GRID、GRASS、TIGER、DFAD、OLG、DOQ、PCX、SDTS、VPF 等。

2.2.1.4　视窗菜单功能

ERDAS IMAGINE 二维视窗是显示栅格图像、矢量图形、注记文件、AOI（感兴趣区域）等数据层的主要窗口。每次启动 ERDAS IMAGINE 时，系统都会自动打开一个二维视窗，当然，用户在操作过程中可以随时打开新的窗口，操作过程如下。

在 ERDAS 图标面板菜单条依次单击【Main】→【Start IMAGINE Viewer】命令，或者在 ERDAS IMAGINE 图标面板工具条单击【Viewer】图标，打开二维视窗，如图 2-4 所示。

图 2-4　二维视窗（打开栅格图像）

（1）视窗菜单功能

在视窗中如不打开任何文件，视窗菜单条中通常包含 5 个菜单：File、Utility、View、AOI 和 Help。如果在视窗中打开不同的文件时，则动态出现对应的命令，各命令对应的功能见表 2-19。

表 2-19　视窗菜单条命令与功能

命　令	功能描述	命　令	功能描述
File	文件操作	Vector	矢量操作
Utility	实用操作	Annotation	注记操作
View	显示操作	Raster	栅格操作
AOI	AOI 操作	Help	联机帮助

（2）文件菜单（File）功能

窗口菜单条中的 File 所对应的下拉菜单包含了 8 项命令，其中前 3 项命令又有相应的二级下拉菜单，菜单中各项命令及其功能见表 2-20。

表 2-20　文件菜单命令与功能

命　令	功能描述
New：	创建新文件：
AOI Layer	创建 AOI 文件
Vector Layer	创建矢量文件
Annotation Layer	创建注记文件
Viewer Specified	用一个指定的彩色模式创建一个视窗
Map Composition	创建地图制图编辑
Map Report	导出视窗内容到一个制图模板中
Classic Viewer	创建一个新的传统视窗

（续）

命　令	功能描述
Geospatial Light Table	创建一个新的 GLT 视窗
Footprint	创建视窗中文件的边框图层
IEE Layer	连接到 Oracle 的地理空间数据库
Open：	打开文件：
AOI Layer	打开 AOI 文件
Raster Layer	打开栅格文件
Vector Layer	打开矢量文件
Annotation Layer	打开注记文件
TerraModel Layer	打开地形模型文件
Web Service	连接到另一个服务器
View	打开视窗文件
Map Composition	打开地图编辑
Three Layer Arrangement	打开一个 3 个波段图像并分别用 3 个视窗显示每一波段
Multi-Layer Arrangement	打开多个波段图像并分别用视窗显示每个波段
Save：	保存文件：
Top Layer	保存上层文件
Top Layer As	另存上层文件
AOl Laver As	另存 AOl 文件
All Layers	保存所有文件
View	保存视窗内容
View to Image File	视窗内容转换为 3 波段的 RGB 文件
Print	打印视窗中的内容
Clear	清除视窗中的所有内容
Close	关闭当前视窗
Close Other Viewers	关闭其他视窗

2.2.2 ERDAS 2016 介绍

遥感处理软件 ERDAS 2016 是由美国 ERDAS 公司研发的，该版本推出之后受到了许多用户的欢迎，友好灵活的操作界面，使用户通过简单的操作即可完成需要的图像处理。此外，该软件还具有强大的图像处理能力，使图像处理效果更佳完美。软件适合使用的范围比较的宽广，包括自然资源管理、设施管理、土地利用等。相比于经典的 ERDAS 9.2 版本，界面更直观、大气，新增了多种算法，影像处理的速度有很大提升。

该部分详细内容可扫描本书数字资源二维码进行查看。

任务实施

ERDAS IMAGINE 基础应用

一、目的要求

通过遥感影像的显示、文件显示顺序的调整、量测功能及数据的叠加显示，使学生熟练掌握ERDAS IMAGIN遥感图像处理软件的基本操作。具体要求如下。

①视窗(Viewer)中对多波段影像数据进行真彩色显示时，使用不同波段组合分别显示。

②量测(Measure)工具测量的长度、周长、面积等结果进行保存。

③在另一视窗中打开多个影像文件，调整显示顺序并分别用混合显示工具(Blend)、卷帘工具(Swipe)和闪烁工具(Flicker)进行显示。

二、数据准备

某研究地区的TM、ETM、SPOT、TIFF等影像数据。

三、操作步骤

(一)显示遥感影像

(1)启动程序

在ERDAS图标面板中单击【Viewer】图标，或者在ERDAS图标面板的菜单栏中点击【Session】→【Tile Viewer】，或者在ERDAS图标面板的菜单栏中点击【Main】→【Start IMAGINE Viewer】，打开视窗Viewer #1。

(2)确定文件

在Viewer#1窗口菜单条中单击【File】→【Open】→【Raster Layer】命令，打开【Select To Add】对话框；或者在视窗工具条中单击打开文件图标，同样打开【Select To Add】对话框，如图2-5所示。在本对话框中，确定文件所在的文件夹、文件名和文件的类型等，各选项的具体内容见表2-21。

①影像所在文件夹(Look in)：...\ prj02 \ ERDAS应用基础 \ data。

②文件名(File name)：lc_tm. img。

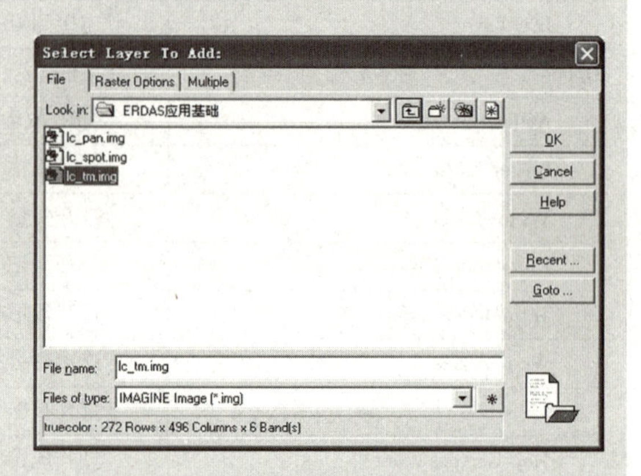

图2-5 【File】标签

表2-21 打开图像文件参数

参　数	含　义
Look in	选择图像文件所在的文件夹
File name	确定文件名
Files of type	选择文件类型
Recent	快速选择近期操作过的文件
Goto	改变文件路径

(3)设置显示参数

在【Select To Add】对话框中，单击【Raster Options】标签，进行参数设置，可以设置图像文件显示的各项参数如图2-6所示，其各选项的具体内容见表2-22。

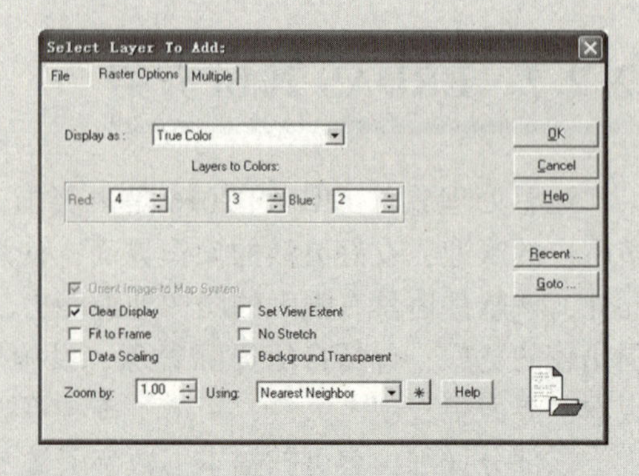

图2-6 【Raster Options】标签

表 2-22　图像文件显示参数

参　数	含　义
Display As：	图像显示方式：
True	真彩色(多波段图像)
Pseudo	假彩色(专题分类图)
Gray	灰色调(单波段图像)
Relief	地形图(DEM 数据)
Layers to Colors：	图像显示颜色：
Red：4	红色波段(4)
Green：3	绿色波段(3)
Blue：2	蓝色波段(2)
Clear Display	清除视窗中已有图像
Fit to Frame	按照窗口大小显示图像
Data Scaling	设置图像密度分割
Set View extent	设置图像显示范围
No Stretch	图像线性拉伸设置
Background Transparent	背景透明设置
Zoom by	定量缩放设置
Using：	重采样方法：
Nearest Neighbor	邻近像元插值
Bilinear Interpolation	双线性插值
Cubic Convolution	立方卷积插值
Bicubic Spline	三次样条插值

(4)设置 Multiple

在【Select To Add】对话框中，单击【Multiple】标签，就进入设置本参数界面(图 2-7)，本参数并不是每次打开图像文件都需要进行设置，只有在选择文件时，同时选择了多个文件，才需要设置【Multiple】标签，每个选项的具体含义见表 2-23。

(5)打开图像文件

在【Select To Add】对话框中，单击【OK】按钮，打开所确定的图像，在视窗中即可显示该图像，如图 2-8 所示。

(二)调整文件显示顺序

在实际工作中，有时候需要在同一个视窗中同时打开多个文件，可以包括影像文件、矢量文件、AOI 文件、注记文件等。打开多个文件时，最后打开的文件位于最上层，经常遮挡了下层文件，这时就需要通过调整文件的显示顺序，把下层文件调整到上层后才能浏览到图像。

表 2-23　打开多个图像文件选项

参　数	含　义
Multiple Independent Files	在不同的层中分别打开多个文件
Multiple Images in Virtual Mosaic	多个文件以一个逻辑文件的形式在一个层中打开
Multiple Images in Virtual Stack	多个文件在一个虚拟层中打开

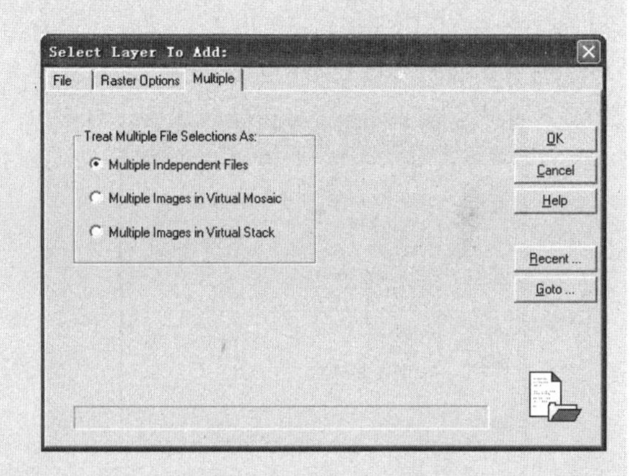

图 2-7　【Multiple】标签

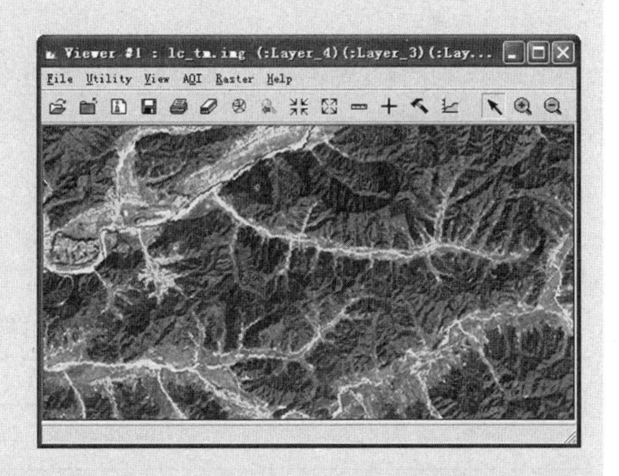

图 2-8　在视窗中打开的 TM 影像

①在同一视窗中依次打开 ...\ prj02 \ ERDAS 应用基础 \ data \ lc_ tm. img、lc_ spot. img 和 lc_ pan. img3 个文件，注意在打开上层文件时，不要清除视窗中已经打开的文件，即打开文件时在不

要选择【Clear Display】复选框。另外在选择文件时，可一次选择多个文件，按住 Shift 键加鼠标可选择连续的多个文件，按住 Ctrl 键加鼠标可选择不连续的多个文件。

②在视窗菜单中选择【View】→【Arrange Layers】命令，打开【Arrange Layers Viewer】对话框，如图 2-9 所示。在【Arrange Layers Viewer】对话框中点击鼠标左键或拖动文件，即可调整文件顺序。

③点击应用【Apply】，按照调整后的顺序显示。点击关闭【Close】，退出【Arrange Layers Viewer】对话框。

图 2-9 【Arrange Layers Viewer】对话框

(三)量测

①在视窗中打开...\ prj02 \ ERDAS 应用基础 \ data \ lc_tm. img。

②在菜单单击【Utility】→【Measure】命令，打开【Measurement Tool】视窗(图 2-10)，或者在视窗工具条中单击量测图标，打开【Measurement Tool】视窗。

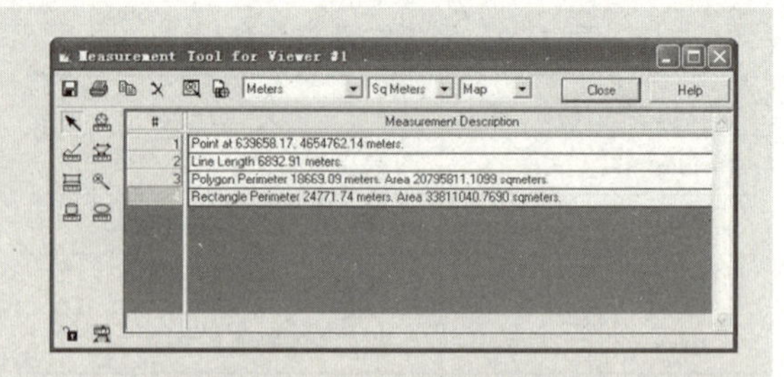

图 2-10 【Measurement Tool for Viewer】视窗

③在 Measurement Tool 视窗中使用相应的工具，可以量测点的坐标、线的长度及多边形的周长与面积。其主要量测工具的功能见表 2-24。

④测量结束后，在【Measurement Tool】对话框中点【Save】按钮保存测量结果，将测量结果保存在...\ prj02 \ ERDAS 应用基础 \ result 下，命名为：lcjg. mes。

(四)数据叠加显示

ERDAS IMAGINE 提供的数据叠加显示工具有 3 个，分别是混合显示工具(Blend)，卷帘工具(Swipe)和闪烁工具(Flicker)，是针对具有相同地理参考系统(地图投影和坐标系统)的两个文件进行操作的。

(1)混合显示工具(Blend)

通过控制上层图像显示的透明度，使得上下两层图像混合显示。

①在同一视窗中打开两个文件：lc_pan. img 和 lc_tm. img。

②在视窗菜单中选择【Utility】→【Blend】，打开【Viewer Blend/Fade】对话框，如图 2-11 所示。

表 2-24 量测工具栏主要图标与功能

图 标	命 令	功 能
	Disables Measurements	停止量测功能
	Measure Positions	量测点的坐标(位置)
	Measure Lengths and Angles	量测线的长度与角度
	Measure Perimeters and Areas	量测多边形周长与面积
	Measure Rectangular Areas	量测矩形面积
	Measure Ellipses	量测椭圆面积

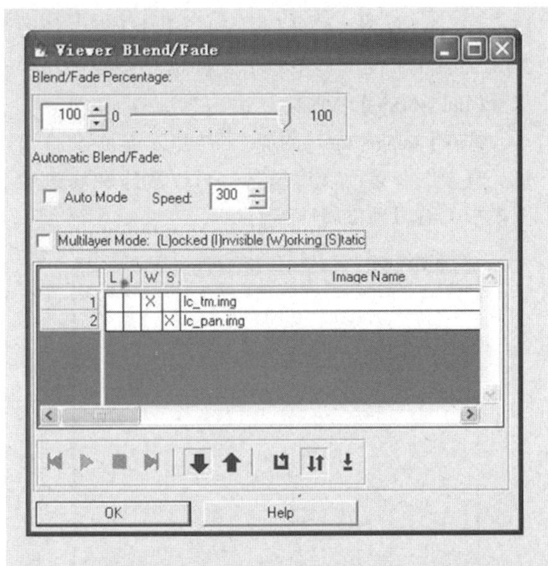

图 2-11　【Viewer Blend/Fade】对话框

③在【Viewer Blend/Fade】对话框中，用户既可以通过设置 Blend/Fade Percentage(0～100)达到混合显示效果，也可以通过在 Speed 微调框中定义数值和选中【Auto Mode】复选框自动显示文件混合效果。

(2)卷帘显示工具(Swipe)

卷帘显示工具通过一条位于窗口中部可实时控制和移动的过渡线，将窗口中的上层数据文件分为不透明和透明两个部分，移动过渡线就可以同时显示上下两层数据文件，查看其相互关系。

①在同一视窗中打开两个文件：lc_pan. img 和 lc_spot. img。

②在视窗菜单中选择【Utility】→【Swipe】，打开【Viewer Swipe】对话框，如图 2-12 所示。

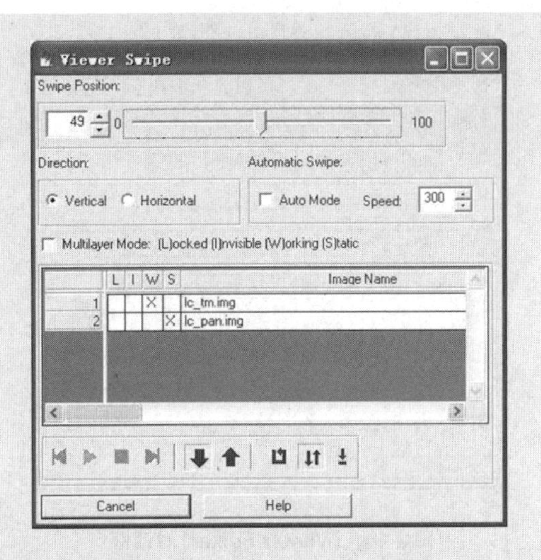

图 2-12　【Viewer Swipe】对话框

③在【Viewer Swipe】对话框中，可以手动卷帘(Manual Swipe)和自动卷帘(Automatic Swipe)两种模式，还可以设置水平卷帘(Horizontal)和垂直卷帘(Vertical)两种方向，两种卷帘效果如图 2-13 所示。

(3)闪烁显示工具(Flicker Tool)

主要用于自动比较上下两层图像的属性差异及其关系，典型应用实例是分类专题图像与原始图像之间的比较。

①在菜单条单击【Utility】→【Flicker】命令，打开【Viewer Flicker】对话框，如图 2-14 所示。

②在【Viewer Flicker】对话框中，可以设置自动闪烁与手动闪烁两种模式。自动闪烁是按照所设定的速度自动控制上层图像的显示与否；而手动闪烁则是手动控制上层图像的显示与否。

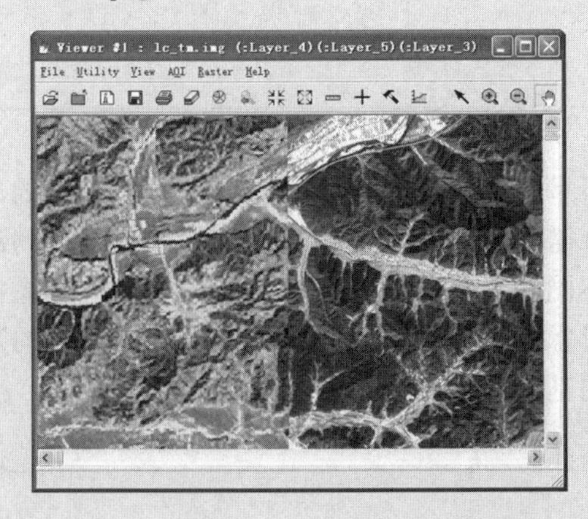

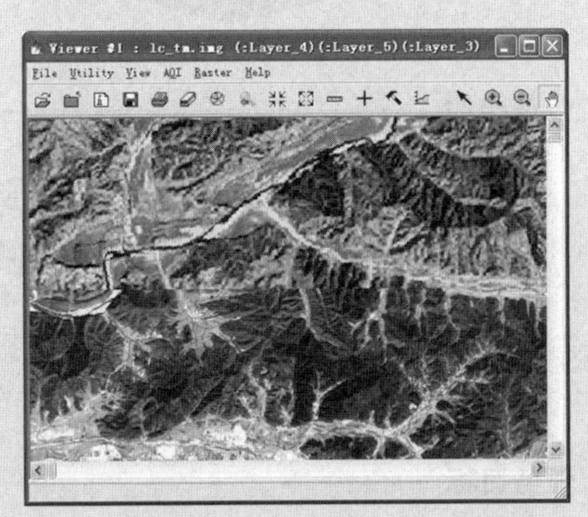

图 2-13　垂直卷帘(左)与水平卷帘(右)效果

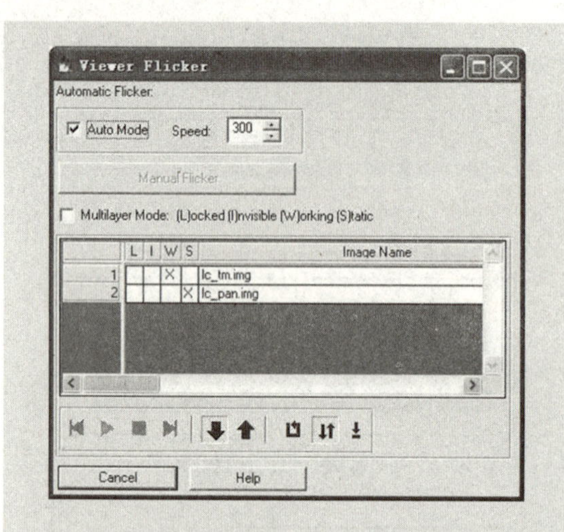

图 2-14 【Viewer Flicker】对话框

（五）图像信息显示

主要应用于查阅或修改图像文件的有关信息，如投影信息、统计信息和显示信息等。

①在打开遥感影像的视窗菜单条单击【Utility】→【Layer Info】命令，打开【ImageInfo】对话框，如图 2-15 所示。或在工具条单击文件信息图标，同样打开【Image Info】对话框。

②在【Image Info】对话框中可以查询投影信息、直方图、像元灰度值等，可以删除和修改地图投影、编辑栅格属性等。

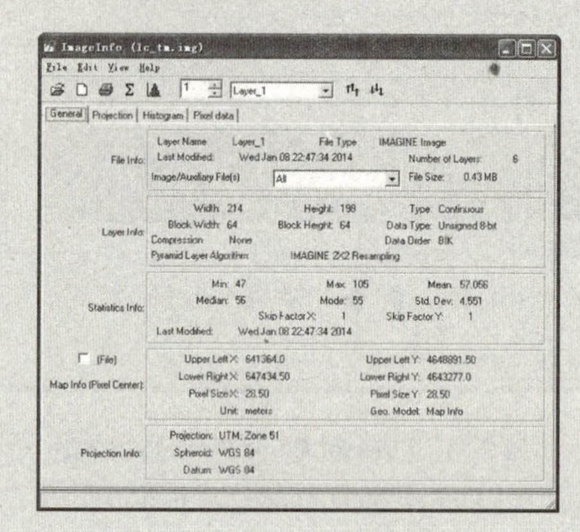

图 2-15 【Image Info】对话框

成果提交

1. 使用不同组合打开同一多波段影像数据屏幕截图。

2. 混合显示工具（Blend）、卷帘工具（Swipe）和闪烁工具（Flicker）3 种影像叠加显示成果数据。

3. 测量某一地区道路长度、水域面积，并提交结果数据。

任务 2.3 遥感影像格式转换

任务描述

目前国内外有众多的遥感卫星，由于其所携带的传感器类型不同，因此所获得的遥感影像的格式也不尽相同，用户接收或购买后，需要通过遥感影像处理软件进行一系列的处理后才能用于林业生产或科学研究。此外，不同的遥感图像处理软件所能处理的影像格式也不完全相同。因此在应用之前就要对遥感影像进行格式转换，将其转换为所需要的数据格式。本任务就是在了解遥感影像数据格式的基础上，对遥感数据进行格式转换。

任务目标

1. 了解遥感影像的常见格式。

2. 能对学会遥感影像进行格式转换。

知识准备

2.3.1 常见遥感数字图像格式

(1)遥感数据的通用格式

用户从遥感卫星地面站获得的遥感数据一般为通用二进制(generic binary)数据，外加一个说明性的头文件。其中，通用二进制数据主要包含3种数据类型：BSQ格式、BIP格式和BIL格式。

①BSQ(band sequential)数据格式。是按波段顺序依次排列的数据格式。第1波段位居第1位，第2波段位居第2位，第n波段位居第n位。在每个波段中，数据依据行号顺序依次排列，每一列内，数据按像素顺序排列(表2-25)。

表2-25 BSQ数据格式排列表

第1波段	(1, 1)	(1, 2)	(1, 3)	…	(1, n)
	(2, 1)	(2, 2)	(2, 3)	…	(2, n)
	…	…	…	…	…
	(m, 1)	(m, 2)	(m, 3)	…	(m, n)
第2波段	(1, 1)	(1, 2)	(1, 3)	…	(1, n)
	(2, 1)	(2, 2)	(2, 3)	…	(2, n)
	…	…	…	…	…
	(m, 1)	(m, 2)	(m, 3)	…	(m, n)
…	…	…	…	…	…
第n波段	(1, 1)	(1, 2)	(1, 3)	…	(1, n)
	(2, 1)	(2, 2)	(2, 3)	…	(2, n)
	…	…	…	…	…
	(m, 1)	(m, 2)	(m, 3)	…	(m, n)

②BIP(band interleaved by pixel)数据格式。格式中，每个像元按波段次序交叉排序。排序规律如下。

第1波段第1行第1个像素位居第1位，第2波段第1行第1个像素位居第2位，依次类推，第n波段第1行第1个像素位居第n位；然后第1波段第2个像素，位居第n+1位，第2波段第1行第2个像素位居第n+2位；其余数据排列依次类推，见表2-26。

表 2-26　BIP 数据格式排列表

行	第 1 波段	第 2 波段	…	第 n 波段	第 1 波段	第 2 波段	…
第 1 行	(1，1)	(1，1)	…	(1，1)	(1，2)	(1，2)	…
第 2 行	(2，1)	(2，1)	…	(2，1)	(2，2)	(2，2)	…
…	…	…	…	…	…	…	…
第 n 行	(n，1)	(n，1)	…	(n，1)	(n，2)	(n，2)	…

③BIL(band interleaved by line)数据格式。格式中，每个像元按波段次序交叉排序。第 1 波段第 1 行第 1 个像素位居第 1 位，第 2 波段第 1 行第 1 个像素位居第 2 位，依次类推，第 n 波段第 1 行第 1 个像素位居第 n 位；然后第 1 波段第 2 个像素，位居第 n+1 位，第 2 波段第 1 行第 2 个像素位居第 n+2 位；其余数据排列依次类推，见表 2-27。

表 2-27　BIL 数据排列表

第 1 波段	(1，1)	(1，2)	(1，3)	…	(1，n)
第 2 波段	(1，1)	(1，2)	(1，3)	…	(1，n)
…	…	…	…	…	…
第 n 波段	(1，1)	(1，2)	(1，3)		(1，n)
第 1 波段	(2，1)	(2，2)	(2，3)	…	(2，n)
第 2 波段	(2，1)	(2，2)	(2，3)	…	(2，n)
…	…	…	…	…	…

(2) IMG 格式

IMG 格式是 ERDAS IMAGINE 软件的专用文件格式，支持单波段和多波段遥感影像数据的存储。为方便影像存储、处理及分析，遥感数据源必须首先使用数据转换模块转换为 . img 格式进行存储。转换后的 . img 格式文件包括：图像对比度、色彩值、描述表、影像金字塔结构信息及文件属性信息。

ERDAS 能够自动根据 . img 的文件名，探测出同一个文件夹下的具有相同文件名的其他信息文件相关(. hdr 和 . rrd)，并调用其中的信息。

IMG 格式的设计非常灵活，由一系列节点构成，除了可以灵活地存储各种信息外，还有一个重要的特点是图像的分块存储，这种存储及显示模式称为金字塔式存储显示模式。塔式结构图像按分辨率分级存储与管理，最底层的分辨率最高，数据量最大。采用这种图像金字塔结构建立的遥感影像数据库，便于组织、存储、显示与管理多尺度、多数据源遥感影像数据，可实现跨分辨率的索引与浏览。

(3) Landsat 数据格式

①Landsat-5 数据。中国遥感卫星地面站所生产的 Landsat-5 卫星数字产品格式分为 EOSAT FAST、GEO TIFF 和 CCRSL GSOWG 三大类。

• EOSAT FAST 格式：辅助数据与图像数据分离，具有简便、易读的特点。辅助数据以 ASCII 码字符记录，图像数据只含图像信息，用户使用起来非常方便。该格式又可分为 FAST-B 和 FAST-C 两种。目前绝大多数用户选择订购都是 FAST-B 格式产品。

• FAST-B 格式：采用 BSQ 记录方式，存储介质上的每一个图像文件对应一个波段的数据，并且所有图像文件尺寸相同。EOSAT FAST-B 格式磁带上包括两类文件：头文件和图像文件。头文件是第 1 个文件，共 1536 Byte，全部为 ASCII 码字符；图像文件只含图像数据，不包括任何辅助数据信息。图像的行列数在带头文件中给出。

• GEO TIFF 格式：是在 TIFF 6.0 的基础上发展起来的，并且完全兼容于 TIFF 6.0 格式，目前的版本号为 1.0。在 TIFF 图像中有关图像的信息都是存放在 Tag 中，并且规定软件在读取 TIFF 格式图像时如果遇到非公开或者未定义的 Tag，一律作忽略处理，所以对于一般的图像软件来说，GEO TIFF 和一般的 TIFF 图像没有什么区别，不会影响到对图像的识别；对于可以识别 GEO TIFF 格式的图像软件，可以反映有关图像的一些地理信息。

使用 ERDAS 进行转换时，数据类型选择 TM Landsat EOSAT FAST FORMAT。

②Landsat-7 数据。Landsat-7 与 Landsat-5 的最主要差别有：增加了分辨率为 15 m 的全色波段(Pan 波段)；波段 6 的数据分低增益和高增益数据，分辨率从 120 m 提高到 60 m。Landsat-7 卫星所获得的数据按产品处理级别分为以下 4 类。

• 原始数据产品(Level 0)：是指卫星下行数据经过格式化同步、按景分幅、格式重整等处理后得到的产品，产品格式为 HDF 格式，其中包含用于辐射校正和几何校正处理所需的所有参数文件。原始数据产品可以在各个地面站之间进行交换并处理。

• 系统几何校正产品(Level 2)：是指经过辐射校正和系统级几何校正处理的产品，其地理定位精度误差为 250 m，一般可以达到 150 m 以内。如果用确定的星历数据代替卫星下行数据中的星历数据来进行几何校正处理，其地理定位精度将大大提高。几何校正产品的格式可以是 FAST-L7A 格式、HDF 格式或 Geo TIFF 格式。

• 几何精校正产品(Level 3)：是指采用地面控制点对几何校正模型进行修正，从而大大提高产品的几何精度，其地理定位精度可达一个像元以内，即 30 m。产品格式可以是 FAST-L7A 格式、HDF 格式或 Geo TIFF 格式。

• 高程校正产品(Level 4)：是指采用地面控制点和数字高程模型对几何校正模型进行修正，进一步消除高程的影响。产品格式可以是 FAST-L7A 格式、HDF 格式或 Geo TIFF 格式。要生成高程校正产品，要求用户提供数字高程模型数据。

(4)SPOT 5 数据格式

SPOT 5 卫星采用 DIMAP 格式。DIMAP 是开放的数据格式，既支持栅格数据，也支持矢量数据。SPOT 数据产品的 DIMAP 格式包含两部分：影像文件(image data)和参数文件(metadata)。影像文件为 Geo TIFF 格式，表达为 Imagery. tif，绝大多数商业软件或 GIS 软件均支持该数据格式。参数文件为 XML 格式，表达为 Metadata. dim，可以用任何网络浏览器阅读。

使用 ERDAS 进行转换时，数据类型选择 SPOT DIMAP(directly read)。

2.3.2 其他遥感数字图像格式

(1) BMP 格式

BMP 是英文 bitmap(位图)的简写，是 Windows 操作系统中的标准图像文件格式。这种格式的特点是包含的图像信息较丰富，几乎不进行压缩，因此占用的磁盘空间比较大。

BMP 文件的图像深度，也就是每个像素的位数有 1(单色)、4(16 色)、8(256 色)、16(64K 色，高彩色)、24(16M 色，真彩色)和 32(4096M 色，增强型真彩色)。BMP 文件存储数据时，图像的扫描方式按从左到右、从下到上的顺序。典型的 BMP 图像文件由 3 部分组成：①位图文件头数据结构，包含 BMP 图像文件的类型、显示内容等信息；②位图信息数据结构，包含 BMP 图像的宽、高、压缩方法，以及定义颜色等信息；③调色板。

(2) GIF 格式

GIF 格式是用来交换图片的，当初开发这种格式的目的就是解决当时网络传输带宽的限制。GIF 格式的特点是压缩比高，磁盘空间占用较少，所以这种图像格式迅速得到了广泛的应用。GIF 格式可以通过同时存储若干幅静止图像进而形成连续的动画，使之成为当时支持 2D 动画为数不多的格式之一。目前 Internet 上大量采用的彩色动画文件多为这种格式的文件。GIF 格式的缺点是不能存储超过 256 色的图像，所以通常用来显示简单图形及字体。它在压缩过程中，图像的像素资料不会丢失，然而丢失的却是图像的色彩。

(3) JPEG 格式

JPEG 也是常见的一种图像格式，其扩展名为 . tif 或 . jpeg。JPEG 压缩技术十分先进，压缩比率通常在 10∶1~40∶1。它采用有损压缩方式去除冗余的图像和色彩数据，在获取极高的压缩率的同时能够展现十分丰富生动的图像，可以用最少的磁盘空间得到较好的图像质量。JPEG 被广泛应用于网络和光盘读物上。

(4) TIFF 格式

TIFF(tag image file format)是 Mac 中广泛使用的图像格式。它的特点是图像格式复杂、存储信息多。正因为它存储的图像细微层次信息非常多，图像的质量也得以提高，故而非常有利于原稿的复制。

该格式有压缩和非压缩两种形式，其中压缩可采用 LZW 无损压缩方案存储。不过，由于 TIFF 格式结构较为复杂，兼容性较差，因此有时软件可能不能正确识别 TIFF 文件(现在绝大部分软件都已解决了这个问题)。目前在 Mac 与 PC 机之间复制 TIFF 文件也十分便捷，因而 TIFF 现在也是使用最广泛的图像文件格式之一。

(5) PSD 格式

PSD (photoshop document)是图像处理软件 Photoshop 的专用格式。在 Photoshop 所支持的各种图像格式中，PSD 的存取速度比其他格式快很多，功能也很强大。由于 Photoshop 越来越广泛的应用，这种格式也已被广泛采用。

(6) PNG 格式

PNG(portable network graphics)是一种新兴的网络图像格式。PNG 是目前保证最不失真的格式，它汲取了 GIF 和 JPG 的优点，存储形式丰富，兼有 GIF 和 JPG 的色彩模式；另一个特点是能把图像文件压缩到极限以利于网络传输，但又能保留所有与图像品质有关的信息，因为 PNG 是采用无损压缩方式来减少文件的大小，这一点与牺牲图像品质以换取高压缩率的 JPG 有所不同；第三个特点是显示速度很快，只需下载1/64 的图像信息就可以显示出低分辨率的预览图像；此外，PNG 同样支持透明图像的制作，透明图像在制作网页图像的时候很有用。PNG 的缺点是不支持动画应用效果。

2.3.3 数据的输入输出

ERDAS IMAGINE 的数据输入和输出(import/export)功能允许用户输入多种格式的数据供 IMAGINE 使用，同时允许用户将 IMAGINE 的文件格式转换成多种数据格式。

因此可以这样理解 ERDAS IMAGINE 的数据输入和输出功能：所谓输入就是将其他栅格格式的遥感影像数据转换为 ERDAS IMAGINE 软件默认的 IMG 格式，输出就是指将 ERDAS IMAGINE 默认的格式转换为其他栅格格式的数据。

任务实施

遥感影像格式转换

一、目的要求

通过对 Landsat、SPOT、JPEG、TIFF 影像数据的输入以及 IMG 数据的输出操作，使学生掌握遥感影像数据的格式转换。具体要求如下。

①将 Landsat、SPOT、JPEG、TIFF 等格式的影像数据转换为 ERDAS IMAGINE 默认的 IMG 格式。

②通过 ERDAS IMAGINE 的输出功能，将其默认的 IMG 格式转换为 TIF、JPEG 等通用的栅格格式。

二、数据准备

某研究区域 TM、ETM、SPOT、TIFF、JPEG 等栅格影像数据。

三、操作步骤

(一) 输入 Landsat-5 数据

用户从遥感卫星地面站购置的 TM 图像数据或其他图像数据，往往是经过转换以后的单波段普通二进制数据文件，外加一个说明头文件。头文件多命名为 header. dat，数据文件多命名为 band1. dat、band2. dat、band3. dat 等，对于这种数据，必须选择正确的格式来输入。下面以 Landsat-5 TM 数据的输入为例介绍其操作步骤。

①在 ERDAS 图标面板工具条单击【Import/Export】图标，打开【Import/Export】对话框。如图 2-16 所示。

②选择输入数据操作，即选择【Import】单选

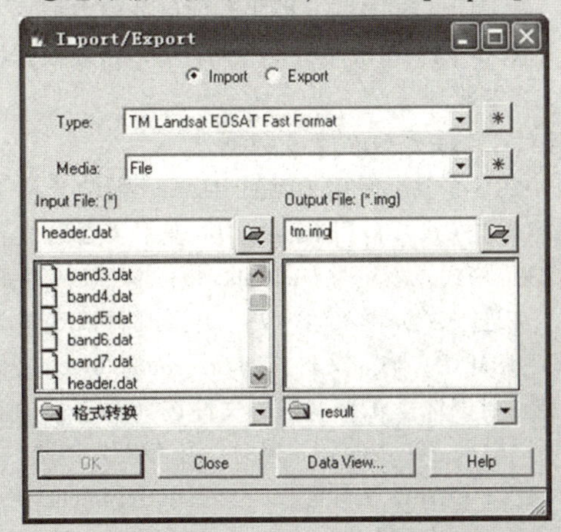

图 2-16 【Import/Export】对话框

按钮。

③选择输入数据类型(Type)：TM Landsat EOSAT Fast Format。

④选择输入数据媒体(Media)：File。

⑤确定输入(Input File)：...\ prj02 \ 格式转换 \ data \ header. dat。

⑥确定输出文件（Output File)：...\ prj02 \ 格式转换 \ result \ tm. img。

⑦单击【OK】按钮，关闭【Import/Export】对话框。同时打开【Landsat TM Fast Format】对话框(图2-17)。

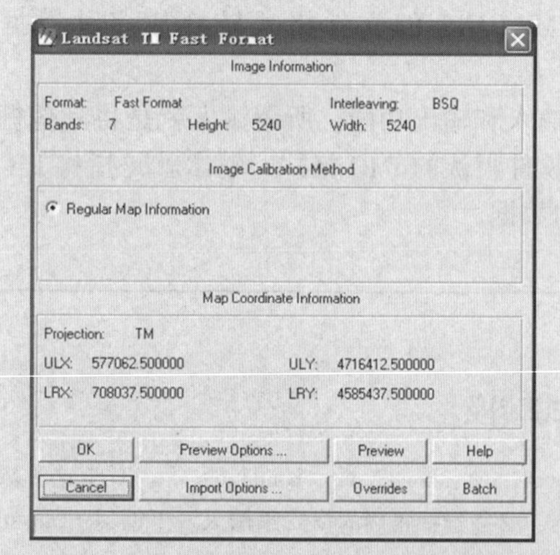

图 2-17 【Landsat TM Fast Format】对话框

⑧在【Landsat TM Fast Format】对话框中点击【Import Options】可以选择要导入 ERDAS 的波段，默认选择全部波段。

⑨最后点击【OK】，即将全部单波段数据导入为 ERDAS IMAGINE 格式的，同时将单波段数据组合为多波段。

(二)输入 SPOT-5 数据

SPOT-5 卫星采用 DIMAP 格式。影像文件为 Geo TIFF 格式，常用 Imagery. tif 表示，参数文件为 XML 格式，表达为 Metadata. dim。

在进行数据输入时，文件类型既可以选择为 SPOT DIMAP，输入文件选择 metadata. dim，文件类型也可以选择 TIFF，输入文件选择 Imagery. tif。下面以输入 metadata. dim 为例介绍其操作步骤。

①在 ERDAS 图标面板工具条单击【Import/Export】图标，打开【Import/Export】对话框，如图 2-18 所示。

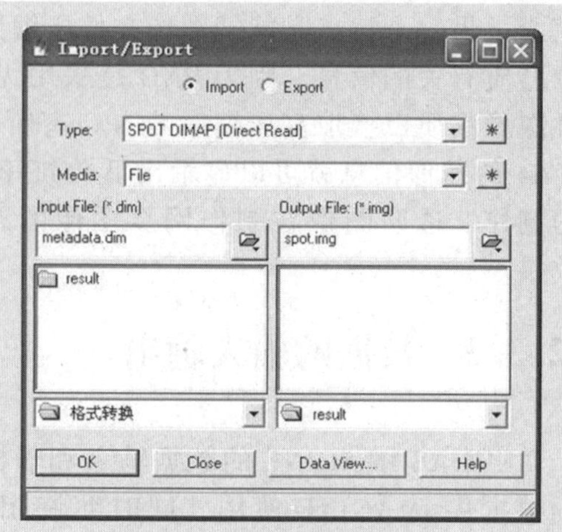

图 2-18 导入 DIMAP 数据时的【Import/Export】对话框

②选择输入数据操作，即选择【Import】单选按钮。

③选择输入数据类型(Type)：SPOT DIMAP (Direct Read)。

④选择输入数据媒体(Media)：File。

⑤确定输入文件（Input File)：...\ prj02 \ 格式转换 \ data \ metadata. dim。

⑥确定输出文件（Output File)：...\ prj02 \ 格式转换 \ result \ spot. img。

⑦单击【OK】按钮，转换为 ERDAS 默认的 spot. img 格式图像。

(三)输入/输出 JPEG 的数据

JPEG 图像数据是一种通用的图像文件格式，ERDAS 可以直接读取 JPG 图像数据，只要在打开图像文件时，将文件类型指定为 JFIF（*.tif）格式就可以直接在窗口中显示 JPG 图像，但操作处理速度比较慢。如果要对 JPG 图像做进一步的处理操作，最好将 JPG 图像数据转换为 IMG 图像数据。一种比较简单的途径是在打开 JPG 图像的窗口中，将 JPG 文件另存为 IMG 文件就可以了，当然也可以使用输入/输出模块来进行输入。

但是，如果要将 IMG 图像文件输出成 JPG 图像文件，供其他图像处理系统或办公软件使用，就必须按照下面介绍的转换过程进行。

① ERDAS 图标面板工具条单击【Import/Export】图标，打开【Import/Export】对话框，如图 2-19 所示。

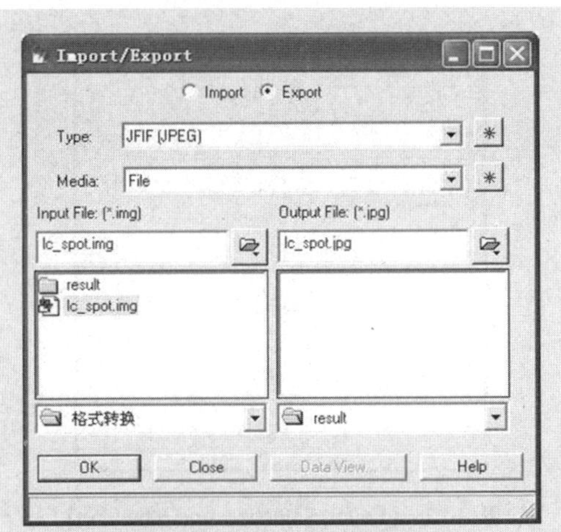
图 2-19 输出 JFIF 数据时的【Import Export】对话框

②选择输出数据操作，即选择【Export】单选按钮。

③选择输出数据类型：JFIF(JPEG)。

④选择输出数据媒体(Media)：File。

⑤确定输入文件路径和文件名：...\ prj02 \ 格式转换 \ data \ lc_spot. img。

⑥确定输出文件路径和文件名为：...\ prj02 \ 格式转换 \ result \ lc_spot. jpg。

⑦单击【OK】按钮，关闭【Import/Export】对话框，打开【Export JFIF Data】对话框，如图 2-20 所示。

在 Export JFIF Data 对话框中设置下列输出参数。

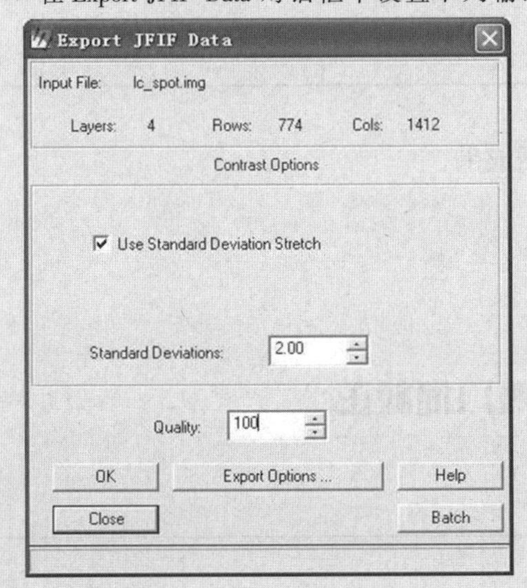
图 2-20 【Export JFIF Data】对话框

- 设置图像对比度调整(Contrast Option)：Use Standard Deviation Stretch。
- 设置标准差拉伸倍数(Standard Deviations)：2。
- 设置图像转换质量(Quality)：100。

在【Export JFIF Data】对话框中点击【Export Options】(输出设置)按钮，打开【Export Options】对话框，如图 2-21 所示。

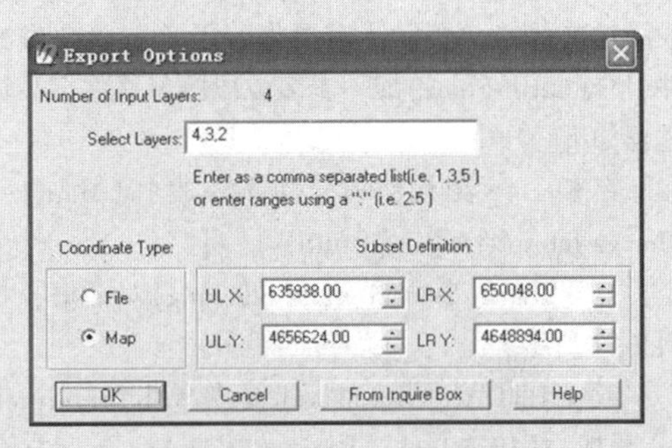
图 2-21 【Export Options】对话框

在 Export Options 对话框中，定义下列参数：

- 选择波段(Select Layers)：4，3，2。
- 坐标类型(Coordinate Type)：Map。
- 定义图像输出范围(Subset Definition) ULX、ULY、LRX、LRY：默认全部输出。
- 单击【OK】按钮，返回【Export JFIF Data】对话框。
- 单击【OK】按钮，执行 JPG 数据输出。

(四)输入/输出 TIFF 图像数据

TIFF 图像数据是非常通用的图像文件格式，从 8.4 版本起 ERDAS IMAGINE 系统便增加了一个 TIFF DLL 动态链接库，从而使 ERDAS IMAGINE 支持 6.0 版本的 TIFF 图像数据格式的直接读写，包括普通 TIFF 和 Geo TIFF。

用户在使用 TIFF 图像数据时，不需要再像以前那样通过 Import/Export 来转换 TIFF 文件，而是只要在打开图像文件时，将文件类型指定为 TIFF 格式就可以直接在窗口中显示 TIFF 图像，不过，操作 TIFF 文件的速度比操作 IMG 文件要慢一些。

如果要在图像解译器(Interpreter)或其他模块下对图像做进一步的处理操作，依然需要将 TIFF 文件转换为 IMG 文件，这种转换非常简单，只要在打开 TIFF 的窗口中将 TIFF 文件另存为 IMG 文件即可。

同样，如果 ERDAS IMAGINE 的 IMG 文件需要转换为 Geo TIFF 文件，只要在打开 IMG 图像文件的窗口中将 IMG 文件另存为 TIFF 文件就可以了。

（五）组合多波段数据

在实际工作中，不论是购买还是从网络下载的遥感影像往往是以单波段独立保存的 . dat 或 . tif 文件，而遥感图像的处理和分析多数是针对多波段图像进行的，所以还需要将若干单波段图像文件组合（Layer Stack）成一个多波段图像文件，具体过程如下。

在 ERDAS 图标面板菜单条单击打【Main】→【Image Interpreter】→【Utilities】→【Layer Stack】命令，打开【Layer Selection and Stacking】对话框，如图 2-22 所示。

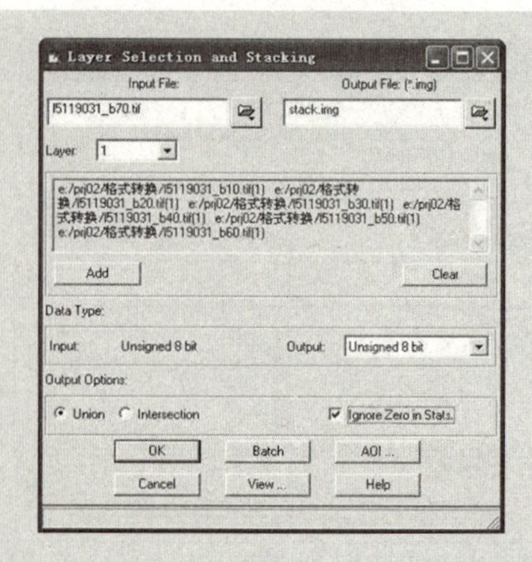

图 2-22 【Layer Selection and Stacking】对话框

或在 ERDAS 图标面板工具条单击【Interpreter】图标→【Utilities】→【Layer Stack】命令，打开【Layer Selection and Stacking】窗口。

所有单波段文件存放于：...\ prj02 \ 格式转换 \ data。

在【Layer Selection and Stacking】窗口中，依次选择并加载（Add）中波段图像。

①输入单波段文件（Input File）：选择 L5119031_B10. TIF 文件，单击【Add】按钮。

②输入单波段文件（Input File）：选择 L5119031_B20. TIF 文件，单击【Add】按钮。

③输入单波段文件（Input File）：选择 L5119031_B30. TIF 文件，单击【Add】按钮。

④重复上述步骤①~③，添加所有波段。

⑤输出多波段文件（Output File）：stack. img。

⑥输出数据类型（Output）：Unsigned 8 bit。

⑦波段组合（Output Options）：选择【Union】单选按钮。

⑧输出统计忽略零值，即选中【Ignore Zero in Stats】复选框。

⑨单击【OK】按钮，关闭【Layer Selection and Stacking】窗口，执行波段组合操作。

执行完毕后，就可将若干个单波段数据组合成为多波段数据文件。

成果提交

1. Landsat-5、SPOT 数据分别转换为 IMG 数据成果。
2. 单波段数据合成多波段数据成果。
3. 一幅 IMG 数据转换为 JPG 数据成果。
4. 一幅 TIFF 栅格数据转换为 IMG 数据成果。

任务 2. 4　遥感影像几何校正

任务描述

遥感图像在成像过程中，必然受到太阳辐射、大气传输、光电转换等一系列环节的影响，同时，还受到卫星的姿态与轨道、地球的运动与地表形态、传感器的结构与光学特性的影响，从而引起遥感图像出现辐射畸变与几何畸变。因此，遥感数据在接收之后、应用之前，必须进行辐射校正与几何校正。辐射校正通常由遥感数据接收与分发中心完成，而用户则根据需要进行几何校正，本次任务为完成辽宁生态工程职业学院实验林场遥感图像的几何校正。

任务目标

1. 了解遥感影像产生畸变的原因以及几何校正的概念。
2. 掌握遥感影像几何校正的方法步骤。

知识准备

2.4.1　几何校正的概念

几何校正（geometric correction）就是将遥感影像数据投影到平面上，使其符合地图投影系统的过程；而将地图坐标系统赋予遥感影像数据的过程称为地理参考（geo-referencing）。由于所有地图投影系统都遵从于一定的地图坐标系统，所以几何校正包含了地理参考。

遥感图像中包含的几何畸变，具体表征为图像上各像元的位置坐标与所采用的标准参照投影坐标系中目标地物坐标的差异。图像几何校正的目的是定量确定图像上的像元坐标与相应目标地物在选定的投影坐标系中的坐标变换，建立地面坐标系与图像坐标系间的对应关系。几何校正的一般流程如图 2-23 所示。

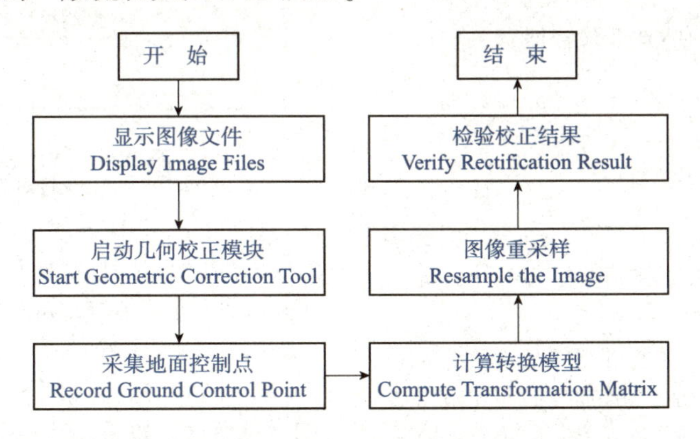

图 2-23　几何校正的流程图

2.4.2　几何校正的类型

(1) 几何粗校正

几何粗校正是指根据引起畸变原因而进行的几何校正。

(2)几何精校正

几何精校正是指利用控制点进行的几何校正。几何精校正实质上是用数学模型来近似描述遥感影像的几何畸变过程，并认为遥感影像的总体畸变可以看作是挤压、缩放、偏移以及更高次的基本变形的综合作用的结果，利用畸变的遥感影像与标准地图或影像之间的一些对应点(即控制点数据对)求得这个几何畸变模型，然后利用此模型进行几何畸变的校正，这种校正不考虑引起畸变的原因。

任务实施

遥感影像几何校正

一、目的要求

利用已有准确投影信息的 SPOT 数据作为参考，使用多项式来校正 Landsat TM 影像数据，使学生掌握遥感影像的几何校正方法和操作步骤。具体要求如下。

①控制点一般选择在道路交叉点，河流拐点等特征点。

②控制点不要选择太少也不要太集中，最好分布在整幅影像上。

③在定义控制点时，图像显示比例要尽量大。

二、数据准备

某研究区域 TM、SPOT 影像数据。

三、操作步骤

(一) 显示图像

(1)启动程序

在 ERDAS 图标面板中单击【Viewer】图标两次，打开两个视窗【Viewer #1】和【Viewer #2】。

(2)打开图像文件

在【Viewer #1】视窗中打开需要校正的 Landsat ETM+ 图像：...\ prj02 \ 几何校正 \ data \ lc_tm. img。

在【Viewer #2】视窗中打开具有准确投影信息的同一地区 SPOT 影像：...\ prj02 \ 几何校正 \ lc_spot. img 作为参考图像。

(二)启动几何校正模块

①在【Viewer #1】的菜单条中单击【Raster】→【Geometric Correction】命令，打开【Set Geometric Model】对话框，如图 2-24 所示。

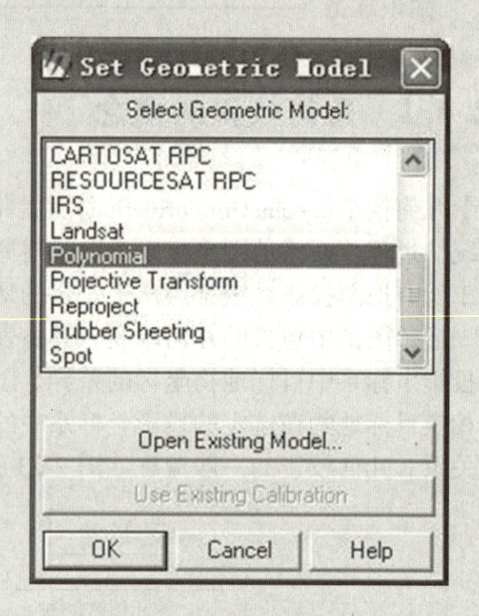

图 2-24 【Set Geoometric Model】对话框

说明： 在 ERDAS IMAGINE 系统中进行图像几何校正，也可以用以下两种途径启动几何校正模块。一种方法是在 ERDAS 图标面板菜单条单击【Main】→【Data Preparation】→【Image Geometric Correction】命令，打开【Set Geo Correction Input File】对话框，如图 2-25 所示。另一种方法是在 ERDAS 图标面板工具条单击【Data Prep】图标【Image Geometric Correction】命令，打开【Set Geo Correction Input File】对话框。然后选择【From Viewer】，点击【Select Viewer】，在打开的视窗中选择需要校正的图像文件，也可以选择【From Image File】，在磁盘找到需要校正的图像文件并打开，同时打开【Set Geoometric Model】对话框。

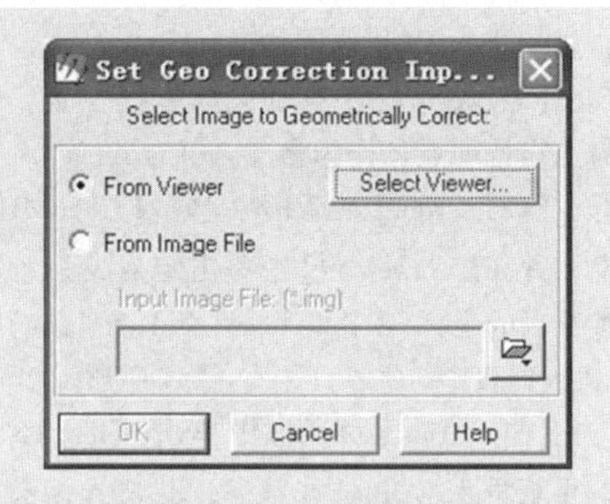

图 2-25 【Set Geo Correction Input File】对话框

②选择几何校正的计算模型为：Polynomial（多项式校正）。

③确定单击【OK】按钮，同时打开【Geo Correction Tools】对话框和【Polynomial Model Properties】窗口，如图 2-26 和图 2-27 所示。

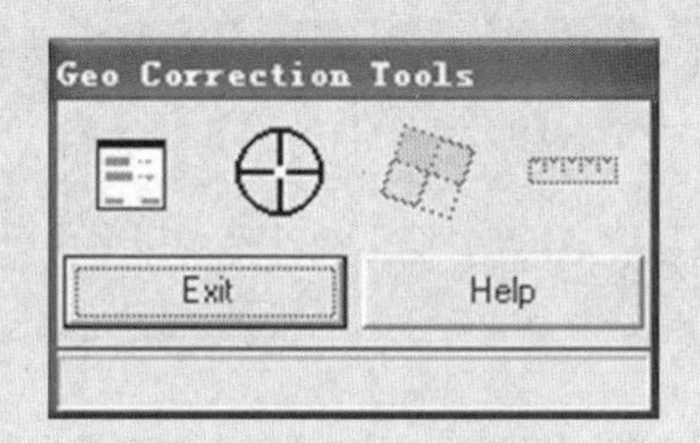

图 2-26 【Geo Correction Tools】对话框

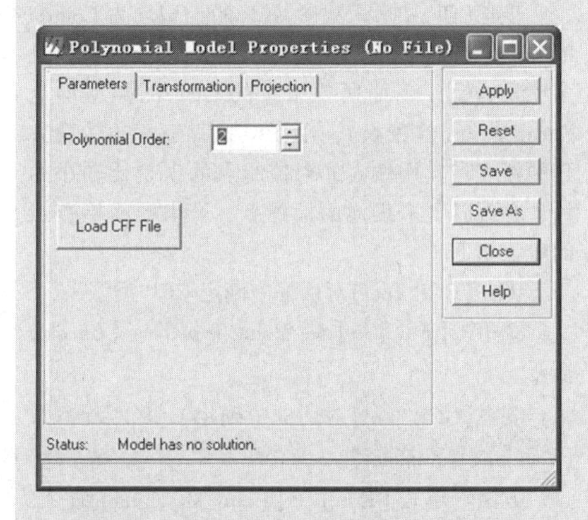

图 2-27 【Polynomial Model Properties】窗口

④在【Polynomial Model Properties】窗口定义以下多项式模型参数及投影参数。

- 定义多项式次方(Polynomial Order)：2。
- 定义投影参数(Projection)。
- 单击【Apply】按钮应用，再单击【Close】按钮关闭后，即打开【GCP Tool Reference Setup】对话框，如图 2-28 所示。

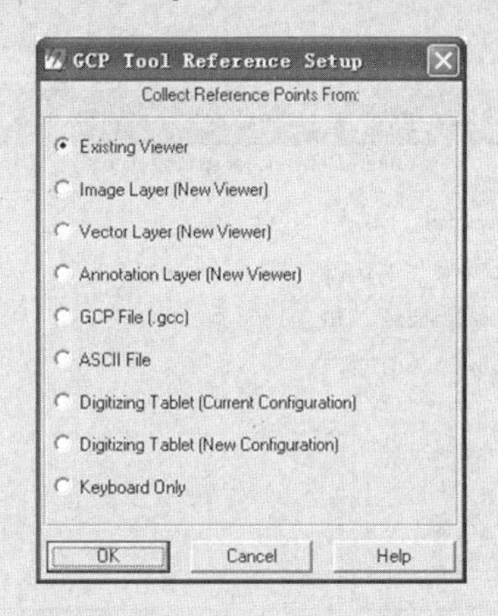

图 2-28 【GCP Tool Reference Setup】对话框

说明：

①多项式变换(Polynomial)在卫星图像校正过程中应用较多，在调用多项式模型时，需要确定多项式的次方数(Order)，通常整景图像选择三次方。次方数与所需要的最少控制点数是相关的，最少控制点数计算公式为$[(t+1)*(t+2)]/2$，式中t为次方数，即一次方最少需要 3 个控制点，二次方需要 6 个控制点，三次方需要 10 个控制点，依次类推。

②该实例是采用窗口采点模式，作为地理参考的 SPOT 图像已经含有投影信息，所以这里不需要定义投影参数。如果不是采用窗口采点模式，或者参考图像没有包含投影信息，则必须在这里定义投影信息，包括投影类型及其对应的投影参数。

(三)启动控制点工具

①在【GCP Tools Reference Setup】对话框中选择采点模式，即选择【Existing Viewer】单选按钮。

②单击【OK】按钮关闭【GCP Tools Reference Setup】对话框，同时打开了【Viewer Selection Instructions】指示器，如图 2-29 所示。

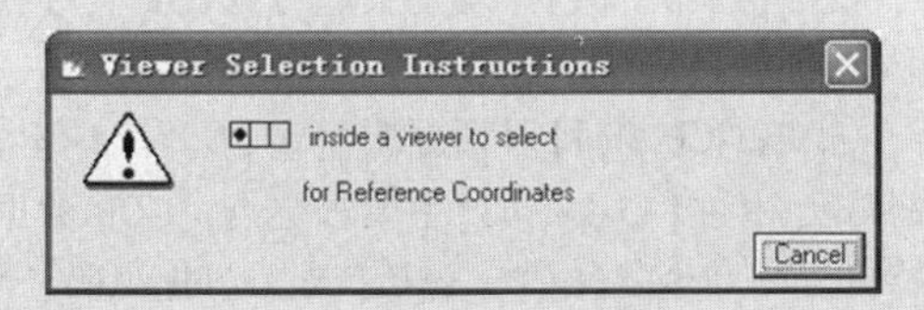

图 2-29 【Viewer Selection Instructions】指示器

③在显示作为地理参考图像 lc_spot.img 的【Viewer #2】中单击，打开【Reference Map Information】提示框，如图 2-30 所示，显示参考图像的投影信息。

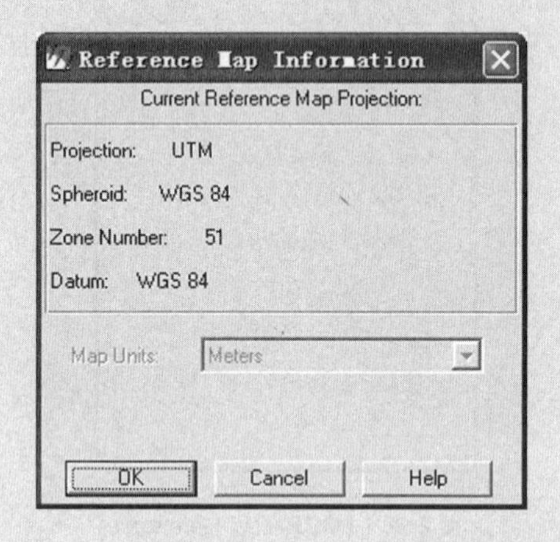

图 2-30 【Reference Map Information】提示框

④单击【OK】按钮，关闭【Reference Map Information】对话框，自动进入地面控制点采集模式，其中包含两个图像主窗口、两个放大窗口、两个关联方框(分别位于两个窗口中，指示放大窗口与主窗口的关系)、控制点工具对话框和几何校正工具等。进入控制点采集状态，如图 2-31 所示。

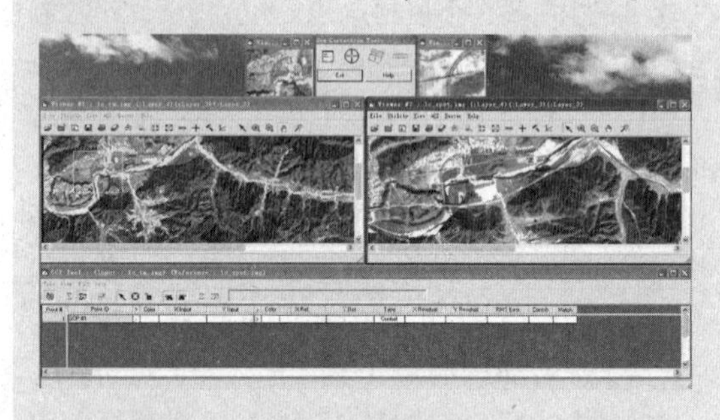

图 2-31 多项式校正地面控制点采集状态

(四) 采集地面控制点

①在【GCP Tool】对话框中单击【Select GCP】图标↖，进入 GCP 选择状态。

②在【Viewer #1】中移动关联方框位置，寻找明显的地物特征点，作为输入 GCP。

③在【GCP Tool】对话框中单击【Create GCP】图标⊕，并在【Viewer #3】中单击定点，GCP 数据表将记录一个输入 GCP，包括其编号、标识码、*X* 坐标、*Y* 坐标。

④在【GCP Tool】对话框中单击 Select GCP 图标↖，重新进入 GCP 选择状态。

⑤在【Viewer #2】中移动关联方框位置，寻找对应的地物特征点，作为参考 GCP。

⑥在【GCP Tool】对话框中单击【Create GCP】图标⊕，并在【Viewer #4】中单击定点，系统将自动把参考点的坐标(*X* Reference，*Y* Reference)显示在 GCP 数据表中。

⑦在【GCP Tool】对话框中单击 Select GCP 图标↖，重新进入 GCP 选择状态；并将光标移回到【Viewer #1】，准备采集另一个输入控制点。

⑧不断重复步骤①~⑦，采集若干 GCP，直到满足所选定的几何校正模型为止。采集 GCP 以后，GCP 数据表如图 2-32 所示。

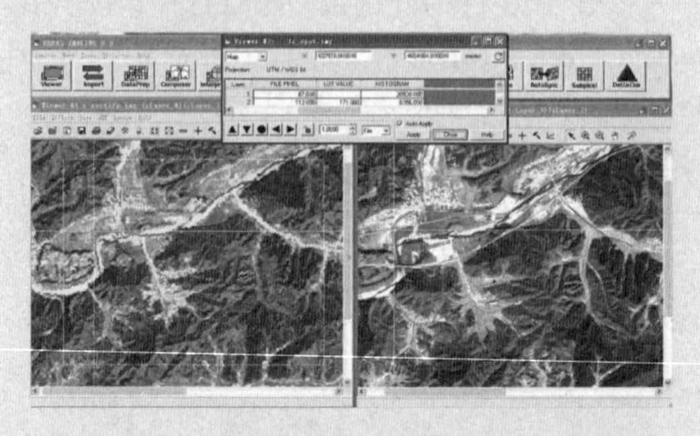

图 2-32 【GCP Tool】对话框与 GCP 数据表

(五) 采集地面检查点

步骤(四)中所采集的 GCP 的类型均为 Control Point(控制点)，用于控制计算、建立转换模型及多项式方程。下面所要采集的 GCP 的类型均是 Check Point(检查点)，用于检验所建立的转换方程的精度和实用性。如果控制点的误差比较小的话，也可以不采集地面检查点。采集地面检查点的步骤如下。

①在【GCP Tool】对话框中确定 GCP 类型。

②单击【Edit】→【Set Point Type】→【Check】命令。

③在【GCP Tool】对话框中确定 GCP 匹配参数(Matching Parameter)。

方法：单击【Edit】→【Point Matching】命令，打开【GCP Matching】对话框，在【GCP Matching】对话框中，需要定义下列参数。

• 在匹配参数(Matching Parameters)选项组中设置最大搜索半径(Max. Search Radius)为 3；搜索窗口大小(Search Window Size)：*X* 值 5、*Y* 值 5。

• 在约束参数(Threshold Parameters)选项组中设相关阈值(Correlation Threshold)：0.8；选择删除不匹配的点(Discard Unmatched Point)。

• 在匹配所有/选择点(Match All/Selected Point)选项组中设置从输入到参考(Reference from Input)或从参考到输入(Input from Reference)。

• 单击【Close】按钮，关闭【GCP Matching】对话框。

④确定地面检查点。在【GCP Tool】对话框中单击【Create GCP】图标，并将Lock图标打开，锁住Create GCP功能，如同选择控制点一样，分别在【Viewer #1】和【Viewer #2】中定义5个检查点，定义完毕后单击【Unlock】图标，解除Create GCP功能。

⑤计算检查点误差。在【GCP Tool】对话框中单击【Compute Error】图标，检查点的误差就会显示在【GCP Tool】对话框的上方，只有所有检查点的误差均小于一个像元，才能继续进行合理的重采样。一般来说，如果控制点(GCP)定位选择比较准确的话，检查点匹配会比较好，误差会在限差范围内，否则，若控制点定义不精确，检查点就无法匹配，误差会超标。

(六)图像重采样

重采样(resample)过程就是依据待校正影像像元值计算生成一幅校正图像的过程，原图像中所有栅格数据层都将进行重采样。

①在【Geo Correction Tools】对话框中单击【Image Resample】图标，打开【Resample】对话框，如图2-33所示。

②输出图像文件名(Output File)：rectify.img。

③选择重采样方法(Resample Method)：Nearest Neighbor。

④定义输出图像范围(Output Comers)：在ULX、ULY、LRX、LRY输出需要输出图像的范围，默认全部输出。

⑤定义输出像元大小(Output Cell Sizes)：X值30、Y值30。应该与原影像的像元相同。

⑥设置输出统计中忽略零值，即选中【Ignore Zero in Stats】复选框。

⑦设置重新计算输出默认值(Recalculate Output Defaults)，设【Skip Factor】为10。

⑧单击【OK】按钮，关闭【Resample】对话框，

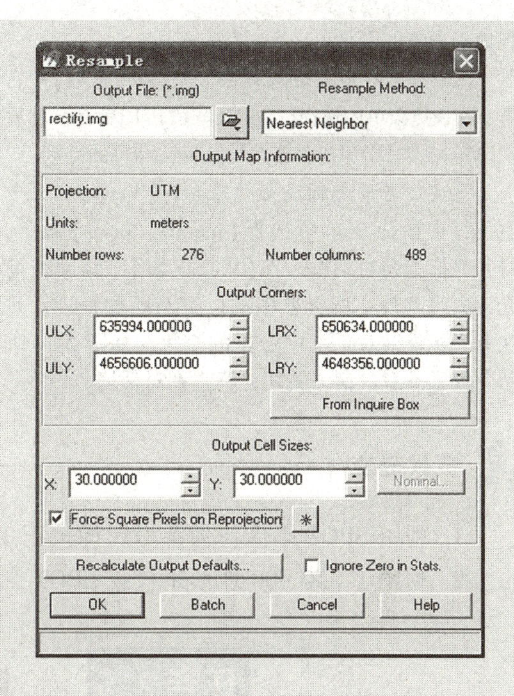

图2-33 【Resample】对话框

启动重采样进程。

说明：ERDAS IMAGINE提供了3种最常用的重采样方法。

①Nearest Neighbor：邻近点插值法，将最邻近像元值直接赋予输出像元。

②Bilinear Interpolation：双线性插值法，用双线性方程和2×2窗口计算输出像元值。

③Cubic Convolution：立方卷积插值法，用三次方程和4×4窗口计算输出像元值。

(七)保存几何校正模式

在【Geo Correction Tools】对话框中单击【Exit】按钮，退出图像几何校正过程，按照系统提示选择保存图像几何校正模式，并定义模式文件(.gms)，以便下次直接使用。

(八)检验校正结果

检验校正结果(Verify Rectification Result)的基本方法为：同时在两个窗口中打开两幅图像，其中一幅是校正以后的图像，另一幅是当时的参考图像，通过窗口地理连接(Geo Link/Unlink)功能及查询光标(Inquire Cursor)功能进行目视定性检验，具体过程如下。

①打开图像文件。在视窗【Viewer #1】中打开校正后的图像rectify.img，在【Viewer #2】中打开带

有地理参考的图像 lnlzy_spot. img。

②建立窗口地理链接关系。在【Viewer #1】中右击，在快捷菜单中选择【Geo Link/Unlink】命令。然后在【Viewer #2】中单击，建立与【Viewer #1】的链接。

③通过查询光标进行检验。在【Viewer #1】中右击，在快捷菜单中选择【Inquire Cursor】命令，打开光标查询对话框。在【Viewer #1】中移动查询光标，观测其在两屏幕中的位置及匹配程度，并注意光标查询对话框中数据的变化，如图 2-34 所示。如果满意的话，关闭光标查询对话框。

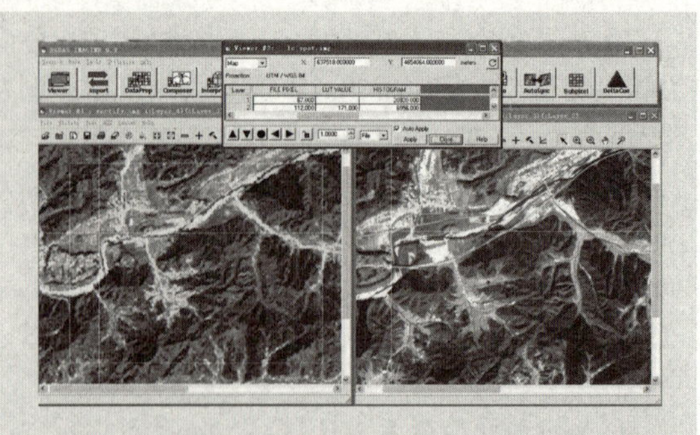

图 2-34 通过地理关联检验校正结果

成果提交

1. 利用 SPOT 影像作为参考影像校正 TM 影像成果数据。
2. 利用 1∶50 000 地形来校正 SPOT 影像成果数据。

任务 2.5 遥感影像裁剪

任务描述

在遥感图像处理的实际工作中，通过各种途径得到的遥感影像覆盖范围较大，而在该任务所需的数据只需要覆盖了辽宁生态工程职业学院实验林场的这一小部分，为节省磁盘存储的空间，减少数据处理时间，需要对影像进行分幅裁剪(subset)，来取得研究目标区域的遥感影像。在 ERDAS 中实现分幅裁剪，可以分为规则裁剪(rectangle subset)和不规则裁剪(polygon subset)。其中不规则裁剪可以直接利用 AOI 进行，也可以利用已有的矢量数据进行裁剪。

任务目标

1. 掌握 AOI 文件的建立、保存及使用。
2. 熟练掌握在 ERDAS 中使用规则裁剪和不规则裁剪等不同方法得到研究的目标区域。

知识准备

2.5.1 AOI 文件

AOI 是用户感兴趣区域(area of interest)的英文缩写，在 ERDAS 的 AOI 菜单中包含了 AOI 工具及其他的命令，分别应用于完成与 AOI 有关的文件操作。确定了一个 AOI 之后，可以使相关的 ERDAS IMAGNE 的处理操作针对 AOI 内的像元进行：AOI 区域可以保存为一个文件，便于在以后的多种场合调用，AOI 区域经常应用于图像裁剪、图像分类模版(signature)文件的定义等。需要说明的是，一个窗口只能打开或显示一个 AOI 数据层，当然，一个 AOI 数据层中可以包含若干个 AOI 区域。

2.5.2 裁剪方式

(1)规则分幅裁剪

规则分幅裁剪(rectangle subset)是指裁剪图像的边界范围是一个矩形区域，通过左上角和右下角两点的坐标或者通过矩形的 4 个顶点的坐标，就可以确定图像的裁剪范围，整个裁剪过程比较简单。

(2)不规则分幅裁剪

不规则分幅裁剪(polygon subset)是指裁剪图像的边界范围是任意多边形，无法通过左上角和右下角两点的坐标确定裁剪位置，而必须在裁剪之前生成一个完整的闭合多边形区域，可以是一个 AOI 多边形，也可以是 ArcInfo 的一个 Polygon Coverage 或 Shapefile，在实际工作中要根据不同的情况采用不同裁剪方法。

任务实施

遥感影像裁剪

一、目的要求

通过建立 AOI，对遥感影像进行规则裁剪和不规则裁剪，使学生掌握从范围较大的遥感影像中提目标区域的方法。

具体要求：能够使用多种方法对遥感影像进行不规则裁剪。

二、数据准备

某研究区域 TM、SPOT 影像数据。

三、操作步骤

(一) 建立 AOI 文件

(1)在视窗中打开影像文件

文件位于：...\ prj02 \ 影像裁剪 \ data \ lc_ tm. img。

(2) 打开 AOI 工具面板

①在菜单条单击【AOI】→【Tools】命令，打开 AOI 工具面板(图 2-35)。

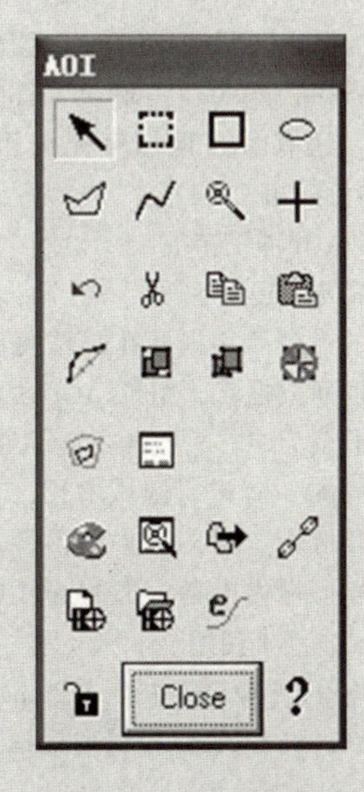

图 2-35 AOI 工具面板

②AOI 工具面板中几乎包含了所有的 AOI 菜单操作命令。AOI 具面板大致可以分为 3 个功能区，前两排图标是创建 AOI 与选择 AOI 功能区，

中间3排是编辑AOI功能区，而最后两排则是定义AOI属性功能区。掌握AOI工具面板中的命令功能，对于在图像处理工作中正确使用AOI功能、发挥AOI的作用是非常有意义的。

（3）定义AOI显示特性

①在菜单条单击【AOI】→【Style】→【AOI Styles】命令，打开【AOI Styles】对话框。或在AOI工具面板单击【Display AOI Styles】图标，打开【AOI Styles】对话框（图2-36）。

图2-36 【AOI Styles】对话框

②对话框说明了AOI显示特性（AOI Styles）的内容，既有AOI区域边线的线型（Foreground Width/Background Width）、颜色（Color）、粗细（Thickness），还有AOI区域填充与否（Fill复选框）及填充颜色（Fill Color）。

（4）定义AOI种子特征

AOI区域的创建有两种方式：其一是选择绘制AOI区域的命令后用鼠标在屏幕窗口或数字化仪上给定一系列数据点，组成AOI区域；其二是以给定的种子点为中心，按照所定义的AOI种子特征（Seed Properties）进行区域增长，自动创建任意边线的AOI区域。定义AOI种子特征就是为创建后一种AOI区域做准备，这种AOI区域在图像分类模板定义中经常使用。

在菜单条单击【AOI】→【Seed Properties】命令，打开【Region Growing Properties】对话框，如图2-37所示。

【Region Growing Properties】对话框中各项参数的具体含义见表2-28。实际操作中，根据需要设置好相关的参数之后，关闭对话框，参数就被应

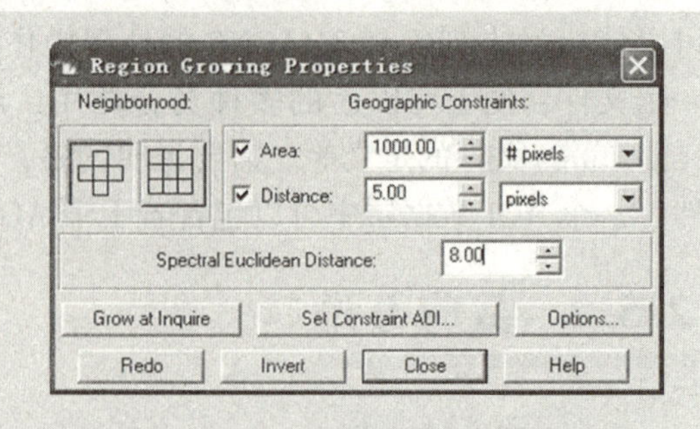

图2-37 【Region Growing Properties】对话框

表2-28　AOI种子特征参数及含义

参　数	含　义
Neighborhood：	种子增长模式：
4 Neighborhood Mode	4个相邻像元增长模式
8 Neighborhood Mode	8个相邻像元增长模式
Geographic Constraints：	种子增长的地理约束：
Area（Pixels/Hectares/Acres）	面积约束（像元个数、面积）
Distance（Pixels/Meters/Feet）	距离约束（像元个数、距离）
Spectral Euclidean Distance	光谱欧氏距离
Grow at Inquire	以查询光标为种子增长
Set Constraint AOI	以AOI区域为约束条件
Options：	选择项定义：
Include Island Polygons	允许岛状多边形存在
Update Region Mean	重新计算AOI区域均值
Buffer Region Boundary	对AOI区域进行Buffer

用于随后生成的AOI区域。

（5）保存AOI数据层

无论应用哪种方式在窗口中建立了多少个AOI区域，总是位于同一个AOI数据层中，可以将众多的AOI区域保存在一个AOI文件中，以便随后应用。

在菜单条单击【File】→【Save】→【AOI Layer as】命令，打开【Save AOI as】对话框，如图2-38所示。

在【Save AOI as】对话框中进行以下设置。

①确定文件路径：...\ prj02 \ 影像裁剪 \ re-

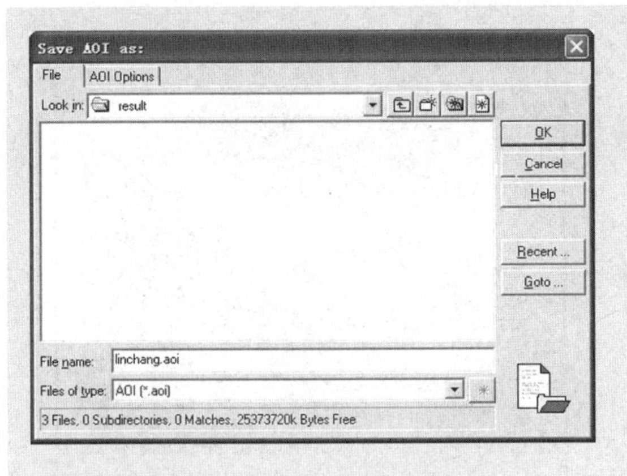

图 2-38 【Save AOI as】对话框

sult。

②确定文件名称(Save AOI as)：linchang. aoi。

③单击【OK 按钮】保存 AOI 文件，关闭【Save AOI as】对话框。

（二）规则分幅裁剪

(1)打开需要裁剪的遥感影像

①在【Viewer】窗口中选择【File】→【Open】→【Raster Layer】菜单，打开【Select Layer to Add】对话框，并选择需要裁剪的影像：...\ prj02 \ 影像裁剪 \ data \ lc_tm. img，点击【OK】按钮。

②在【Viewer】窗口中选择【AOI】→【Tools】菜单，打开 AOI 工具面板，使用【Create Rectangle AOI】工具，来选择需要裁剪的范围，建立 AOI 区域。也可以直接使用步骤(一)中保存的 AOI 文件。

说明：有时为了准确裁剪目标区域，也可以在【Viewer】窗口中选择【Utility】→【Inquire Box】菜单，打开查询框，并在【Viewer】工具条中点击↖拖动查询框到需要的范围，也可根据需要输入左上角和右下角点的坐标，如图 2-39 所示。

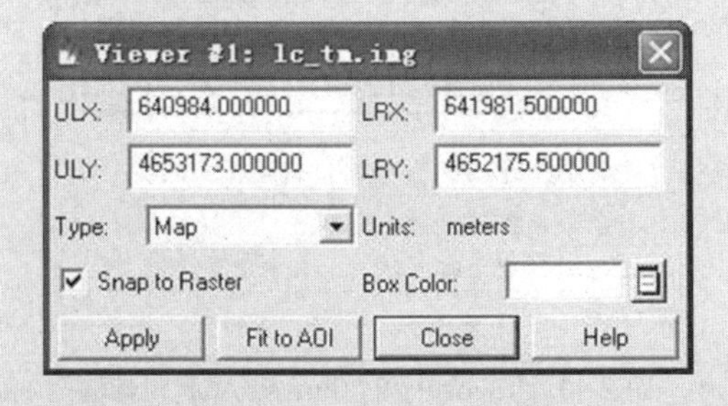

图 2-39 【Inquire Box】对话框

③点击【Apply】按钮，将查询框移动到设置的坐标范围处。

(2)对影像进行规则裁剪

①在 ERDAS 图标面板菜单条单击【Main】→【Data Preparation】→【Subset Image】命令，打开【Subset】对话框，如图 2-40 所示。或在 ERDAS 图标面板工具条单击【Data Prep】图标→选择【Subset Image】命令，打开【Subset】对话框。

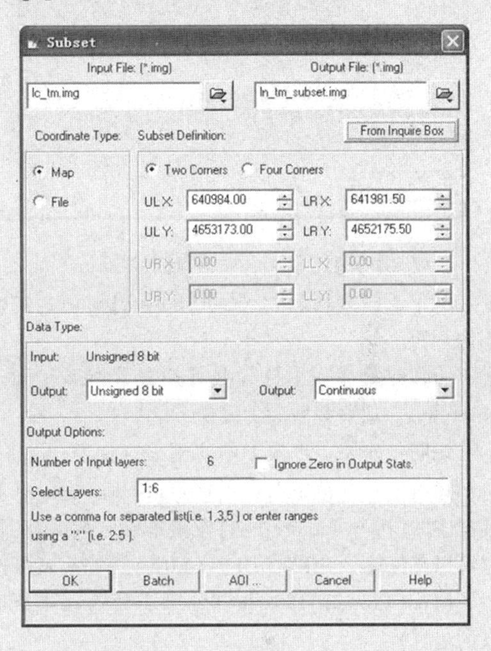

图 2-40 【Subset Image】对话框

在【Subset】对话框中需要设置下列参数。

②输入图像文件(Input File)：...\ prj02 \ 影像裁剪 \ data \ lc_ tm. img。

③输出图像文件名称(Output File)：...\ prj02 \ 影像裁剪 \ reslut \ lc_ tm_ subset. img。

④输出数据类型(Output Date Type)：Unsigned 8 bit。

⑤输出文件类型(Output Layer Type)：Continuous。

⑥输出统计忽略零值：即选中【Ignore Zero in Output Stats】复选框。

⑦输出波段(Select Layers)为 1∶6(表示 1，2，3，4，5，6 这 6 个波段)。

⑧裁剪范围(subset definition)：点下面的【AOI…】按钮，在弹出的【Choose AOI】对话框(图 2-41)中选择【Viewer】(如果保存了 AOI 文件，也可以选择【AOI File】)，再点击【OK】，即确定了裁剪的范围。

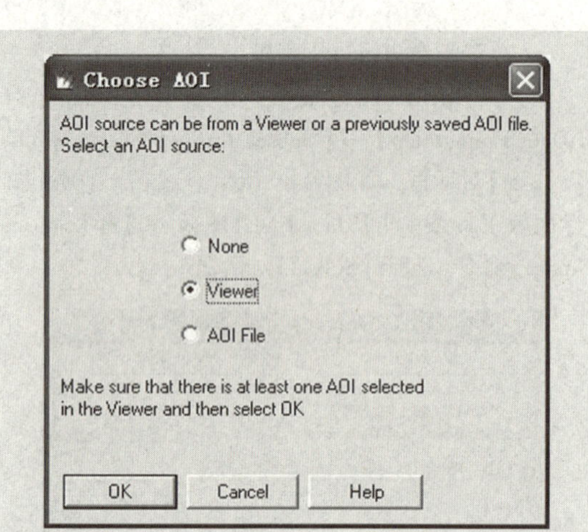

图 2-41　【Choose AOI】对话框

⑨单击【OK】按钮，关闭【Subset】对话，执行图像裁剪。

⑩裁剪完成后，打开裁剪后的影像 lc_tm_subset. img，观察裁剪后的结果。

说明：如果在步骤一中使用了查询框(Inquire Box)来确定裁剪范围时，直接点【Subset Image】对话框中的【From Inquire Box】按钮来确定裁剪范围，也可以直接输入 ULX、ULY、LRX、LRY(如果选中了【Four Corners】单选按钮，则需要输入 4 个顶点的坐标)。

(三)不规则分幅裁剪

方法一：使用 AOI 多边形裁剪

(1)建立 AOI 多边形区域

①在【Viewer】视窗打开需要进行裁剪的影像文件：. . .\ prj02 \ 影像裁剪 \ data \ lc_ spot. img。

②在【Viewer】视窗菜单中选择【AOI】→【Tools】菜单，打开 AOI 工具面板。

③利用 AOI 工具面板中的【Create Polygon AOI】工具来绘制多边形 AOI，并将多边形 AOI 保存为：. . .\ prj02 \ 影像裁剪 \ reslut \ lc1. aoi 文件，如图 2-42 所示。

(2)利用多边形 AOI 进行裁剪

在 ERDAS 图标面板菜单条中单击【Main】→【Data Preparation】→【Data Preparation】菜单，选择【Subset Image】选项，打开【Subset】对话框；或者在 ERDAS 图标面板工具条中单击【Data Prep】图标，打开【Data Preparation】菜单，选择【Subset Image】选项，打开【Subset】对话框。

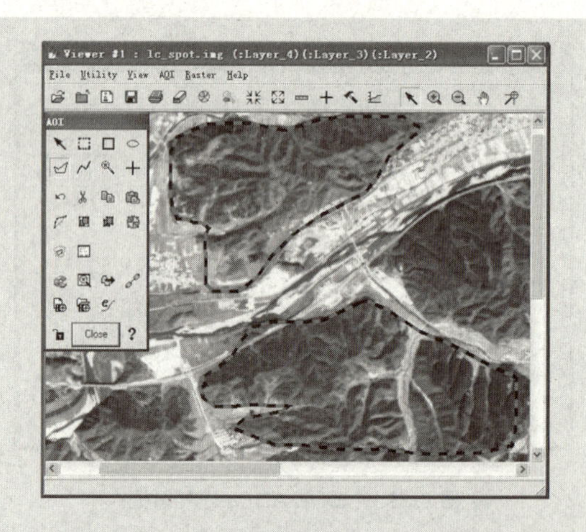

图 2-42　利用 Create Polygon AOI 建立的多边形 AOI

在【Subset】对话框中需要设置下列参数。

①输入文件名称(Input File)：. . .\ prj02 \ 影像裁剪 \ data \ lc_spot. img。

②输出文件名称(Output File)：. . .\ prj02 \ 影像裁剪 \ reslut \ lc_spot_subset. img。

③应用 AOI 确定裁剪范围：单击【AOI】按钮。

④打开【Choose AOI】对话框，如图 2-43 所示。

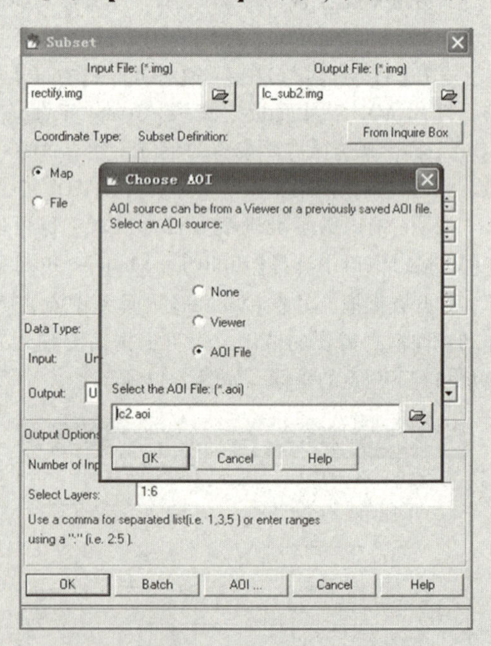

图 2-43　【Subset】及【Choose AOI】对话框

⑤在【Choose AOI】对话框中确定 AOI 的来源(AOI Source)：File(已经存在的 AOI 文件)或 Viewer(视窗中的 AOI)。

⑥如果选择了文件(File)，则进一步确定 AOI 文件，否则直接进入下一步。

⑦输出数据类型(Output Data Type)：Unsigned 8 bit。

⑧输出像元波段(Select Layers)：1：4(表示选择 1~4 共 4 个波段)。

⑨单击【OK】按钮，关闭【Subset Image】对话框，执行图像裁剪。

裁剪完成后，在一个新的【Viewer】中打开裁剪后的图像，结果如图 2-44 所示。

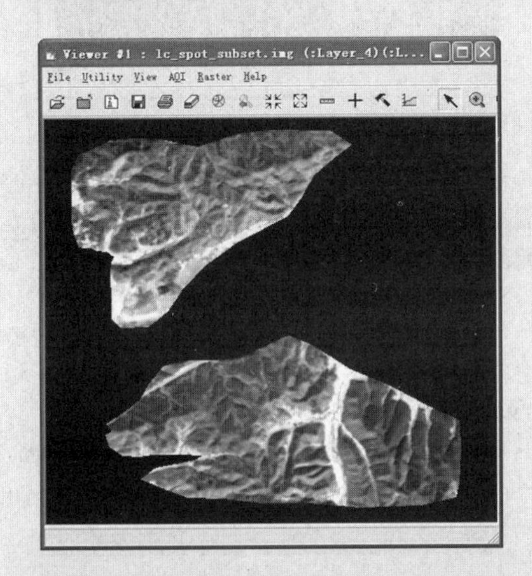

图 2-44 利用多边形 AOI 裁剪后的影像

方法二：将矢量多边形转为栅格后再使用掩膜裁剪

随着 GIS 的广泛应用，现在各个地区在林业、农业、自然资源、测绘等行业都有很多现成的矢量图，如果是按照行政区划边界或自然区划边界进行图像的裁剪，经常利用 ArcGIS 或 ERDAS 的 Vector 模块绘制精确的边界多边形(Polygon)，然后以 ArcGIS 的 Polygon 为边界条件进行图像裁剪。在 ERDAS 中可以直接使用的矢量文件类型有：Arc Coverage、ArcGIS Geodatabase (.gdb)、ORACLE Spatial Feature(.ogv)、SDE Vector Layer(.sdv)、Shapefile(.shp)等。对于这种情况，需要调用 ERDAS 其他模块的功能分两步完成。

(1)将 ArcGIS 多边形转换成栅格图像文件

①启动矢量转栅格程序。在 ERDAS 图标面板菜单条中单击【Main】→【Image Interpreter】→【Utilities】→【Vector to Raster】命令，打开【Vector to Raster】对话框；或者在 ERDAS 图标面板工具条中单击【Interpreter】图标→【Utilities】→【Vector to Raster】命令，打开【Vector to Raster】对话框，如图 2-45 所示。

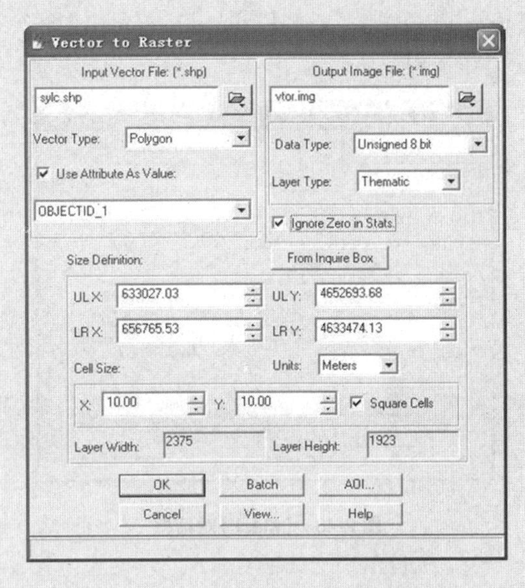

图 2-45 【Vector to Raster】对话框

②设置【Vector to Raster】对话框参数。

- 输入矢量文件名称(Input Vector File)：...\prj02\影像裁剪\data\sylc.shp。(为了减少计算机处理时间，本例选取的矢量范围只包括了学院实验林场的一部分)。
- 确定矢量文件类型(Vector Type)：Polygon。
- 使用矢量属性值(Use Attribute As Value)：OBJECT ID_1。
- 输出栅格文件名称(Output Image File)：...\prj02\影像裁剪\result\vtor.img。
- 栅格数据类型(Data Type)：Unsigned 8 bit。
- 栅格文件类型(Layer Type)：Thematic。
- 转换范围大小(Size Definition)：ULX、ULY、LRX、LRY。(默认为将全部矢量范围进行转换，如反转换一部分，可使用 AOI、Inquire Box 或者直接输入左上角和右下角的坐标值来确定范围)。
- 坐标单位(Units)：Meters。
- 输出像元大小(Cell Size)：*X*：10、*Y*：10。
- 选择正方形像元：Squire Cells。

最后，单击【OK】按钮，关闭【Vector to Raster】对话框，执行矢栅转换。

（2）通过掩膜运算（Mask）进行裁剪

①启动掩膜（Mask）程序。在 ERDAS 图标面板菜单条单击【Main】→【Image Interpreter】→【Utilities】→【Mask】命令，打开【Mask】对话框，如图 2-46 所示。或在 ERDAS 图标面板工具条单击【Interpreter】图标，选择【Utilities】→【Mask】命令，打开【Mask】对话框。

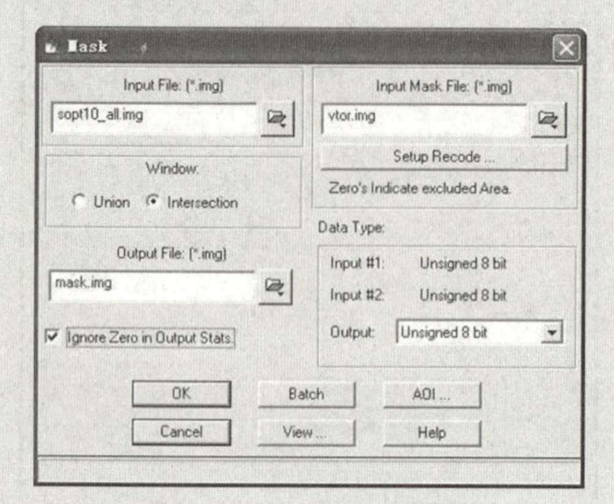

图 2-46 【Mask】对话框

②设置【Mask】对话框参数。

• 输入图像文件名（Input File）为需要进行裁剪的图像文件，此处输入：...\ prj02 \ 影像裁剪 \ data \ spot10_all. img。

• 输入掩膜文件名（Input Mask File）：...\ prj02 \ 影像裁剪 \ result \ vtor. img。

• 单击 Setup Recode 设置裁剪区域内新值（New Value）：1，区域外取 0 值。

• 确定掩膜区域做交集运算：Intersection。

• 输出图像文件名（Output File）：mask. img。

• 输出数据类型（Output Data Type）：Unsigned 8 bit。

• 输出统计忽略零值，即选中【Ignore Zero in Output Stats】复选框。

• 单击【OK】按钮，关闭【Mask】对话框，执行掩膜运算。

裁剪后结果如图 2-47 所示。

方法三：利用矢量多边形转换成 AOI 后进行裁剪

在遥感图像裁剪任务中，我们掌握了遥感图像的规则裁剪和不规则裁剪，在不规则裁剪中使用 AOI 多边形和矢量多边形进行裁剪。其中在使用矢量多边形进行裁剪时，首先把矢量文件转换

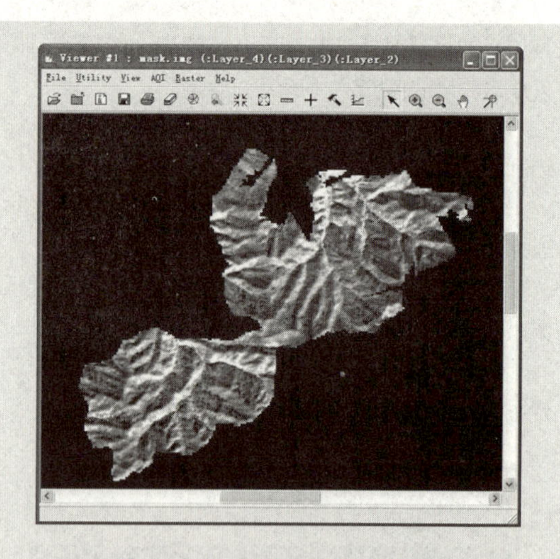

图 2-47 使用掩膜文件裁剪结果

为栅格文件，然后把此栅格文件作为掩膜文件进行裁剪。为了拓展能力，下面介绍另一种使用矢量多边形进行裁剪的方法。

（1）打开需要裁剪的图像和矢量文件

①启动 ERDAS，在【Viewer】窗口中打开需要进行裁剪的图像：...\ prj02 \ 影像裁剪 \ data \ TM_all. img。

②在同一视窗中打开学院实验林场的矢量图：sylc. shp，如图 2-48 所示。

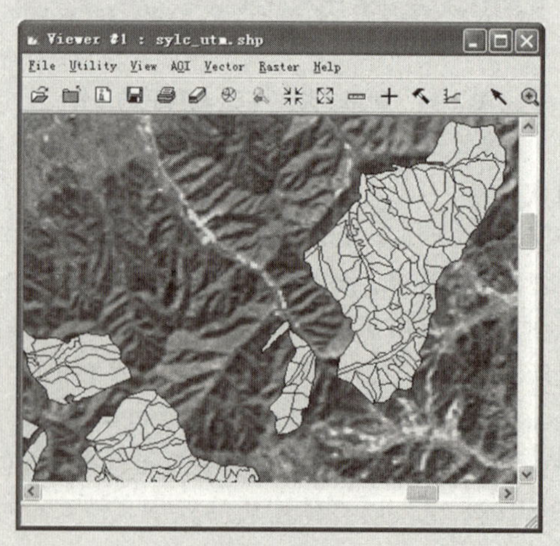

图 2-48 在同一窗口打开的栅格和矢量图像

（2）将 SHP 文件转成 AOI 文件

①在【Vector】菜单下，点击【Tools】命令，打开矢量工具面板。

②在面板中使用【Select Features With a Rectangle】工具选择矢量文件所覆盖的范围。

③在当前窗口新建一个 AOI 层。打开文件菜单【File】→【New】→【AOI layer】，这样就建立了一个新的 AOI 图层。

④在【AOI】菜单下选择【Copy Selection to AOI】，即把矢量图形转换成 AOI。

⑤在【File】菜单下【Save】→【AOI layers as】保存为 sylc.aoi 文件。注意在保存 AOI 文件时，有一个选项【AOI Options】，根据需要，决定是否选中【Save Only Selected AOI Elements】复选框。

说明：在进行矢量图层选择时，经常出现不能选择的情况，此时要注意调整图层的显示顺序，不论哪一个对象，只有在最上层时才能进行选择。调整图层顺序时，在视窗中打开【View】→【Arrange Layers】命令操作。

(3)进行裁剪

进行裁剪的操作步骤同前。只是在选择裁剪范围时，选择上一步保存的 AOI 文件。同时要选择【Ignore Zero in Output Stats】。裁剪后的结果如图 2-49 所示。

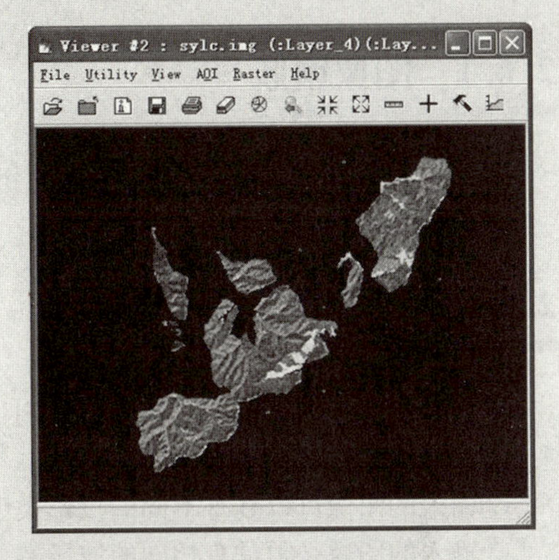

图 2-49　将矢量多边形转换 AOI 后的裁剪的结果

成果提交

1. 规则影像裁剪成果数据。
2. 使用 AOI 多边形裁剪的不规则影像成果数据。
3. 利用矢量多边形转 AOI 后进行裁剪的不规则影像成果数据。

任务 2.6　遥感影像镶嵌

任务描述

遥感影像镶嵌(mosaic image)又称影像的拼接，就是将具有地理参考的若干相邻图像合并成一幅图像或一组图像的过程，图像的镶嵌在遥感图像预处理中是一项经常需要完成的基础性工作，如果研究范围比较大的时候更是一项必不可少的工作，本次任务就是完成遥感影像的镶嵌处理。

任务目标

1. 掌握遥感影像镶嵌的条件。
2. 熟悉遥感图像镶嵌处理的操作方法。

知识准备

2.6.1 图像镶嵌

图像镶嵌(mosaic image)也称图像的拼接，就是将若干幅相邻图像合并成一幅图像或一组图像的过程。

2.6.2 图像镶嵌的条件

①需要拼接的输入图像必须含有地图投影信息，或者说输入图像必须经过几何校正处理或进行过校正标定。

②输入的图像可以具有不同的投影类型、不同的像元大小。

③输入的图像必须具有相同的波段数。

④进行图像拼接时，需要确定一幅参考图像，参考图像将作为输出拼接图像的基准，决定拼接图像的对比度匹配，以及输出图像的地图投影、像元大小和数据类型。

2.6.3 Mosaic Images 按钮面板介绍

Mosaic Images 按钮共有 4 个面板，分别是：Mosaic Pro(高级图像镶嵌)、Mosaic Tool(如图像镶嵌工具)、Mosaic Direct(如图像镶嵌工程参数设置)和 Mosaic Wizard(建立图像镶嵌工程向导)。下面重点介绍 Mosaic Tool 的菜单命令及工具图标。

Mosaic Tool 视窗菜单命令及功能见表 2-29。

表 2-29 Mosaic Tool 视窗菜单命令及功能

命 令	功能描述
File:	文件操作:
New	打开新的图像拼接工具
Open	打开图像拼接工程文件(.mos)
Save	保存图像拼接工程文件(.mos)
Save As	重新保存图像拼接工程文件
Annotation	将拼接图像轮廓保存为注记文件
Close	关闭当前图像拼接工具
Edit:	编辑操作:
Add Images	向图像拼接窗口加载图像

（续）

命 令	功能描述
Delete Image(s)	删除图像拼接工程中的图像
Color Correction	设置镶嵌图像的色彩校正参数
Set Overlay Function	设置镶嵌光滑和羽化参数
Output Options	设置输出图像参数
Delete Outputs	删除输出设置
Show Image Lists	是否显示图像文件列表窗口
Process:	处理操作:
Run Mosaic	执行图像镶嵌处理
Preview Mosaic	图像镶嵌效果预览
Help:	联机帮助:
Help for Mosaic Tool	关于图像拼接的联机帮助

Mosaic Tool 视窗工具图标及功能见表 2-30。

表 2-30 Mosaic Tool 视窗工具图标及功能

图标	命 令	功能描述
	Add Images	向图像镶嵌窗口加载图像
	Set Input Mode:	设置输入图像模式:
	Image Resample	打开图像重采样对话框
	Image Matching	打开图像色彩校正对话框
	Send Image to Top	将选择图像置于最上层
	Send Image Up One	将选择图像上移一层
	Send Image to Bottom	将选择图像置于最下层
	Send Image Down One	将选择图像下移一层
	Reverse Image Order	将选择图像次序颠倒
	Set Intersection Mode:	设置图像交接关系:
▼	Next Intersection	选择下一种相交方式
▲	Previous Intersection	选择前一种相交方式
fx	Overlap Function	打开叠加功能对话框

（续）

图标	命　令	功能描述
	Default Cutlines	设置默认相交截切线
	AOI Cutlines	设置 AOI 区域截切线
	Toggle Cutline	开关截切线的应用模式
	Delete Cutlins	删除相交区域截切线
	Cutline Selection Viewer	打开截切线选择窗口
	Auto Cutline Mode	设置截切线自动模式
	Set Output Mode：	设置输出图像模式：
	Output Options	打开输出图像设置对话框
	Run Mosaic Process	运行图像拼接过程
	Preview Mosaic	预览图像拼接效果
	Reset Canvas	改变图面尺寸以适应拼接图像
	Scale Canvas	改变图面比例以适应选择对象
	Select Point	选择一个点进行查询
	Select Area	选择一个区域进行查询
	Zoom Image In by 2	两倍放大图形窗口
	Zoom Image Out by 2	两倍缩小图形窗口
	Select Area for Zoom	选择一个区域进行放大
	Roam Canvas	图形窗口漫游
	Image List	显示/隐藏镶嵌图像列表

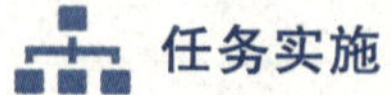

任务实施

遥感影像镶嵌

一、目的要求

通过将同一地区不同时相的几幅影像拼接在一起，使学生掌握遥感影像镶嵌的方法和操作。具体要求如下。

①镶嵌过程中要正确设置图像色彩校正，使不同时相的图像在颜色上相互协调一致。

②要镶嵌的相邻图幅间有一定的重复覆盖区。

③为了使镶嵌后的影像没有拼接的痕迹，有时需要在重叠区内选择一条连接两边图像的拼接线，使得根据这条拼接线拼接起来的新图像浑然一体。

二、数据准备

某研究区域不同时相的多幅 TM 或 SPOT 影像数据。

三、操作步骤

(一)启动图像拼接工具

本次任务是将辽宁生态工程职业学院实验林场范围内相邻的 3 幅 Landsat 影像 lc1. img、lc2. img、lc3. img 进行镶嵌处理，拼接为一幅图像。文件位于：...\ prj02 \ 影像镶嵌 \ data。

在 ERDAS 图标面板菜单条单击【Main】→【Data Preparation】菜单，选择【Mosaic Images】选项，打开【Mosaic Images】按钮面板，如图 2-50 所示，单击【Mosaic Tool】命令，打开【Mosaic Tool】窗口，如图 2-51 所示。或在 ERDAS 图标面板工具条单击【Data Prep】图标，打开【Data Preparation】菜单，单击【Mosaic Images】按钮，打开【Mosaic Images】按钮面板，单击【Mosaic Tool】按钮，打开【Mosaic Tool】窗口。

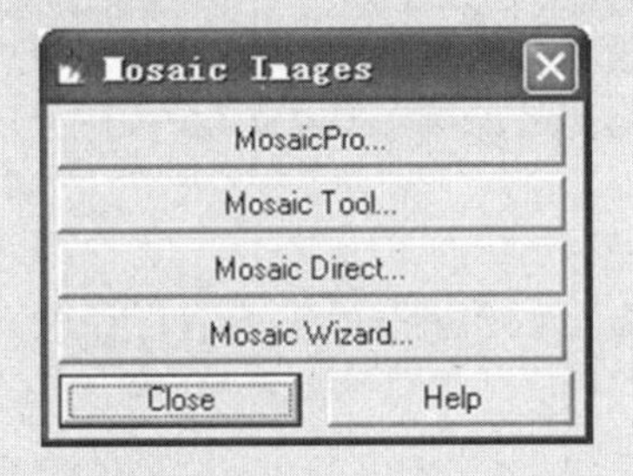

图 2-50 【Mosaic Images】按钮面板

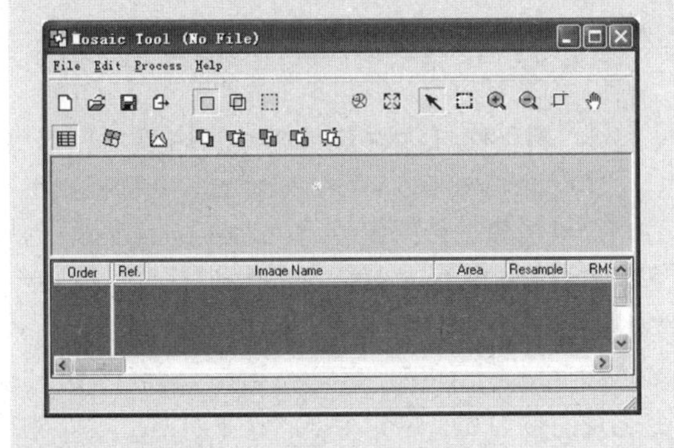

图 2-51 【Mosiac Tool】窗口

(二)加载 Mosaic 图像

在【Mosaic Tool】窗口单击【Edit】→【Add Images】命令，打开【Add Images】对话框，如图 2-52 所示。或在【Mosaic Tool】工具条单击【Add Images】图标 ，打开【Add Images】对话框。

在【Add Images】对话框中，需要设置以下参数。

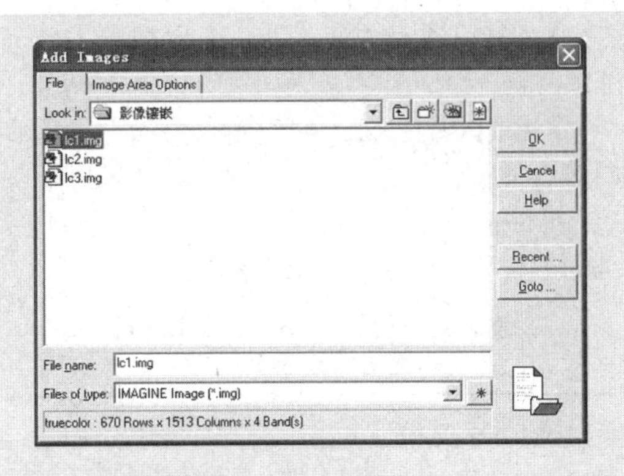

图 2-52 【Add Images】对话框

①选择拼接图像文件(File Name)：lc1. img。

②设置图像拼接区域(Image Area Options)：Compute Active Area(图 2-53)，再点击【Set】，在【Active Area Options】对话框(图 2-54)将其中的【Boundary Search Type】设为 Edge。

③单击【Add】按钮，将图像 lc1. img 被加载到【Mosaic】窗口中。

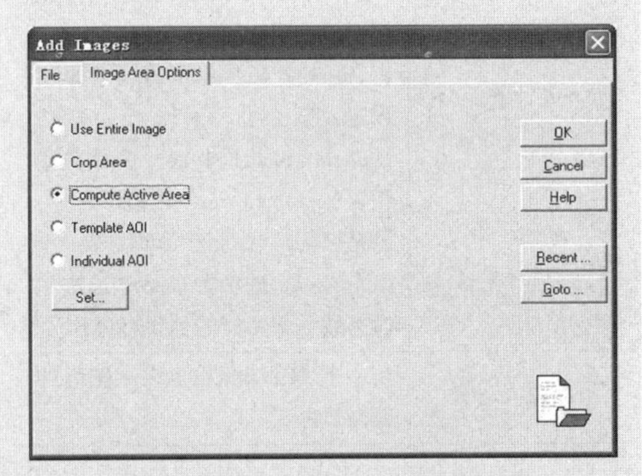

图 2-53 【Image Area Options】对话框

图 2-54 【Active Area Options】对话框

④重复前述操作①~③，依次加载 lc2. img 和 lc3. img。

⑤单击【OK】按钮，关闭【Add Images for Mosaic】对话框。

在 Image Area Options 标签中，可以设置图像镶嵌区域，各项设置的含义见表 2-31。

表 2-31 【Image Area Options】标签的设置及其功能

设置选项	功能
Use Entire Image	默认设置，图像全部区域设置为镶嵌区域
Crop Area	按百分比裁剪后将剩余的部分设置为镶嵌区域，需在【Image Area Option】标签中设置 Crop Percentage
Compute Active Area	将计算的激活区域设置为镶嵌区域，需在【Image Area Option】标签中进行设置(Set)； Select Search Layer：设置计算激活区域的数据层； Background Value Range：背景值设定； Boundary Search Type：边界类型设置，一是 Comer：四边形边界，二是 Edge：图像的全部边界； Crop Area：选中 Comer 单选按钮时有效，裁切掉的面积百分比
Template AOI	用一个 AOI 模板设定多个图像的镶嵌边界
Individual AOI	一个 AOI 只能用于一个图像的镶嵌边界设置

(三)设置图像叠置次序

在【Mosaic Tool】工具条单击【Set Input Mode】图标□，并在图形窗口单击选择需要调整的图像，进入设置输入图像模式的状态，【Mosaic Tool】工具条中会出现与该模式对应的调整图像叠置次序的编辑图标，充分利用系统所提供的编辑工具，根据需要进行上下层调整。调整工具如下。

①Send Image to Top：将选择图像置于最上层。

②Send Image Up One：将选择图像上移一层。

③Send Image to Bottom：将选择图像置于最下层。

④Send Image Down One：将选择图像下移一层。

⑤Reverse Image Order：将选择图像次序颠倒。

⑥调整完成后，在【Mosaic Tool】窗口单击，退出图像叠置组合状态。

(四)图像色彩校正设置

①在【Mosaic Tool】菜单条单击【Edit】→【Color Corrections】命令，打开【Color Corrections】对话框，如图 2-55 所示；或在【Mosaic Tool】工具条单击【Set Input Mode】图标□，进入设置输入图像模式。单击【Color Corrections】图标，打开【Color Corrections】对话框。

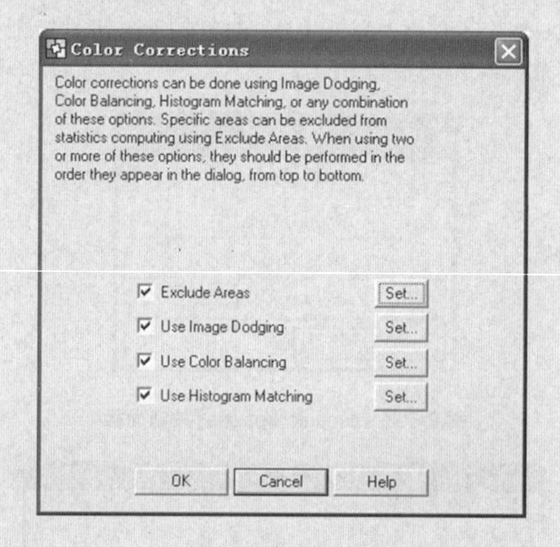

图 2-55 【Color Corrections】对话框

②Color Corrections 对话框给出 4 个选项：允许用户对图像进行图像匀光(Image Dodging)、色彩平衡(Color Balancing)、直方图匹配(Histogram Matching)等处理。在【Color Corrections】对话框中，Exclude Areas 允许用户建立一个感兴趣区(AOI)，从而使图像匀光、色彩平衡、直方图匹配等处理排除一定的区域。

③在【Mosaic Tool】视窗菜单条中单击【Edit】→【Set Overlap Function】命令，打开【Set Overlap Function】对话框，如图 2-56 所示；或在【Mosaic Tool】视窗工具条中单击【Set Intersection Mode】图标，进入设置图像关系模式。

④单击【Overlap Function】图标 *fx*。打开【Set Overlap Function】对话框。在【Set Overlap Function】

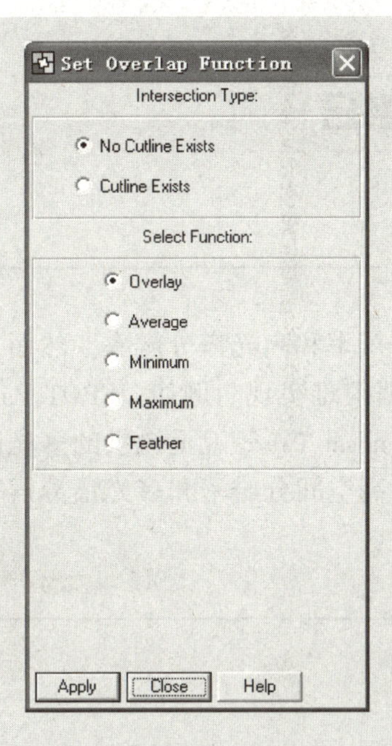

图 2-56　【Set Overlap Function】对话框

对话框中，设置以下参数。

• 设置相交关系（Intersection Method）：No Cutline Exists（没有裁切线）。

• 设置重叠区像元灰度计算（Select Function）：Average（均值）。

⑤单击【Apply】，保存设置，最后点击【Close】命令，关闭【Matching Options】对话框。

（五）运行 Mosaic 工具

①在【Mosaic Tool】菜单条单击【Process】→【Run Mosaic】命令，打开【Run Mosaic】对话框（图 2-57）。

在【Run Mosaic】对话框中，设置下列参数。

②确定输出文件名（Output File Name）：lc_mosaic. img。

③确定输出图像区域（Output）：All（图 2-58）。

④忽略输入图像值（Ignore Input Value）：0。

⑤输出图像背景值（Output Background Value）：0。

⑥忽略输出统计值（Stats Ignore Value）：0。

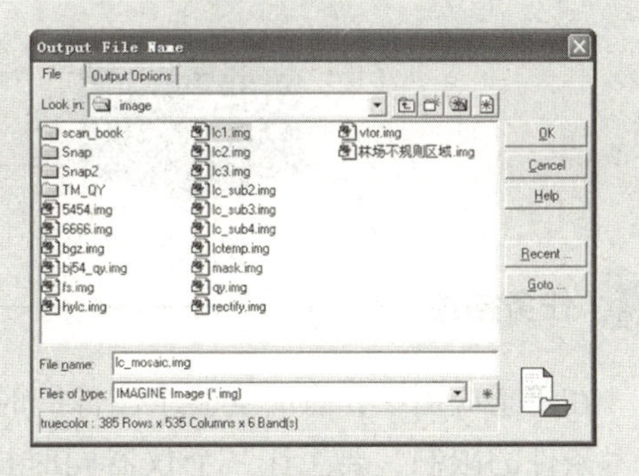

图 2-57　【Run Mosaic】对话框 File 标签

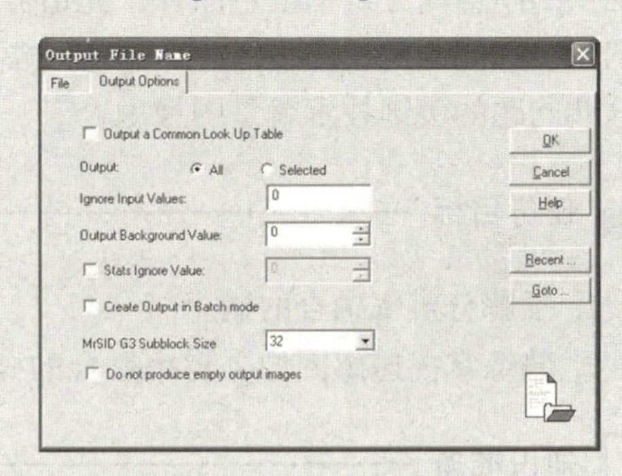

图 2-58　【Run Mosaic】对话框 Output Options 标签

⑦单击【OK】按钮，关闭【Run Mosaic】对话框，运行图像镶嵌。

（六）退出 Mosaic 工具

①在【Mosaic Tool】菜单条单击【File】→【Close】命令，系统提示是否保存 Mosaic 设置。

②单击【No】按钮，关闭【Mosaic Tool】窗口，退出 Mosaic 工具。镶嵌后的图像如图 2-59 所示。

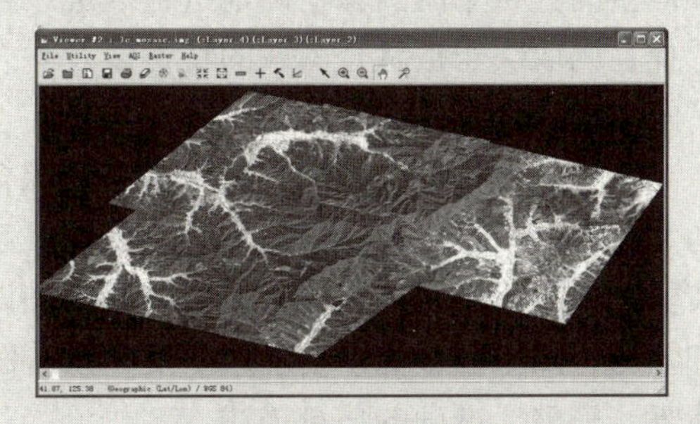

图 2-59　镶嵌完成结果图

成果提交

提交两幅以上遥感影像的镶嵌成果数据。

任务2.7　遥感影像融合

任务描述

在遥感应用中，有时会要求图像同时具有高空间分辨率和高光谱分辨率。然而，由于技术条件的限制，要想让一个仪器同时提供这样的数据很难实现。例如，SPOT Pan 等卫星提供的高空间分辨率全色图像，光谱分辨率很低；Landsat TM 等卫星提供的多光谱分辨率图像，空间分辨率却很低。要想使一幅图像同时具有高空间分辨率和多光谱分辨率，解决这些问题的关键技术就是图像融合。

任务目标

1. 了解分辨率融合的概念。
2. 熟练掌握遥感图像分辨率融合的操作方法。

知识准备

2.7.1　分辨率融合

分辨率融合，是指对不同空间分辨率遥感图像进行的处理，使处理后的遥感图像既具有较好的空间分辨率，又具有多光谱特征，从而达到图像增强的目的。

分辨率融合的关键是融合前两幅图像的配准以及处理过程中融合方法的选择。只有将不同空间分辨率的图像精确地进行配准，才可能达到满意的融合效果；而对于融合方法的选择，则取决于被融合图像的特性以及融合的目的，同时，需要对融合方法的原理有正确了解。

高效的图像融合方法可以根据需要综合处理多源通道的信息，从而有效提高图像信息的利用率、系统对目标探测识别可靠性及系统的自动化程度。其目的是将单一传感器的多波段信息或不同类传感器所提供的信息加以综合，消除多传感器信息之间可能存在的冗余和矛盾，以增强影像中信息透明度，改善解译的精度、可靠性和使用率，以形成对目标的清晰、完整、准确的信息描述。

2.7.2　分辨率融合的方法

模块所提供的图像融合方法有 3 种：主成分变换融合(principle component)、乘积变换融合(multiplicative)和比值变换融合(brovey transform)。

(1)主成分变换融合

主成分变换融合是建立在图像统计特征基础上的多维线性变换，具有方差信息浓缩、数据量压缩的作用，可以更准确地揭示多波段数据结构内部的遥感信息，常常是以高分辨率数据替代多波段数据变换以后的第一主成分来达到融合的目的。

具体过程是：首先对输入的多波段遥感数据进行主成分变换，然后以高空间分辨率遥感数据替代变换以后的第一主成分，最后再进行主成分逆变换，生成具有高空间分辨率的多波段融合图像。

(2)乘积变换融合

乘积变换融合是应用最基本的乘积组合算法直接对两种空间分辨率的遥感数据进行合成，即：

$$Bi\_new = Bi\_m \times B\_h$$

式中 Bi_new——融合以后的波段数值(i=1，2，3，…，n)；

Bi_m——多波段图像中的任意一个波段数值；

B_h——高分辨率遥感数据。

乘积变换是由 Crippen 的 4 种分析技术演变而来的，Crippen(1989)研究表明：将一定亮度的图像进行变换处理时，只有乘法变换可以使其色彩保持不变。

(3)比值变换融合

比值变换融合是将输入遥感数据的 3 个波段按照下列公式进行计算，获得融合以后各波段的数值，即：

$$Bi\_new = [Bi\_m / (Br\_m + Bg\_m + Bb\_m)] \times B\_h$$

式中 Bi_new——融合以后的波段数值(i=1，2，3)；

Br_m，Bg_m，Bb_m——代表多波段图像中的红、绿、蓝波段数值；

Bi_m——红、绿、蓝三波段中的任意一个；

B_h——高分辨率遥感数据。

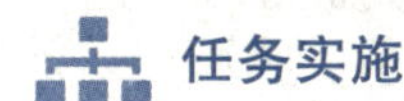

任务实施

遥感影像融合

一、目的要求

通过对一幅高分辨率影像和一幅多光谱影像进行分辨率融合，使之掌握分辨率融合的方法和操作。具体要求如下。

①掌握分辨率融合的方法。

②掌握分辨率融合的目的。

二、数据准备

某研究区域高分辨率影像和多光谱影像数据。

三、操作步骤

(1)启动分辨率融合界面

在 ERDAS 图标面板菜单条，选择【Main】→【Image Interpreter】→【Spatial Enhancement】→【Resolution Merge】菜单，打开【Resolution Merge】对话框(图 2-60)；或者在 ERDAS 图标面板工具条中单击【Interpreter】图标→【Spatial Enhancement】→【Resolution Merge】命令，打开【Resolution Merge】对话框。

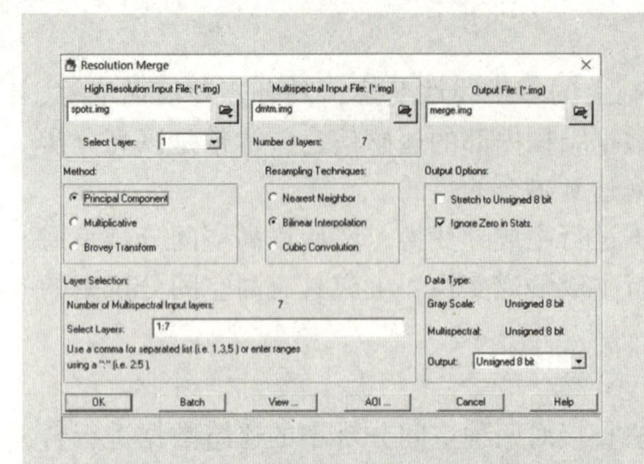

图 2-60　【Resolution Merge】对话框

（2）执行分辨率融合

在【Resolution Merge】对话框中，需要设置下列参数：

①确定高分辨率输入文件（High Resolution Input File）：spots. img，位于...\ prj02 \ 任务实施 2. 7 \ data。

②确定多光谱输入文件（Multispectral Input File）：dmtm. img，位于...\ prj02 \ 任务实施 2. 7 \ data。

③定义输出文件（Output File）：merge. img，位于...\ prj02 \ 任务实施 2. 7 \ result。

④选择融合方法（Method）：Principle Component（主成分变换法）系统提供的另外两种融合方法是：Multiplicative（乘积变换法）和 Brovey Transform（比值变换法）。

⑤选择重采样方法（Resampling Techniques）：Bilinear Interpolation。

⑥选择输出数据（Output Options）：Stretch to Unsigned 8 bit。

⑦选择输出波段（Layer Selection）：Select Layers 1 : 7。

⑧单击【OK】按钮，关闭【Resolution Merge】对话框，执行分辨率融合。原始数据及结果如图 2-61 所示。

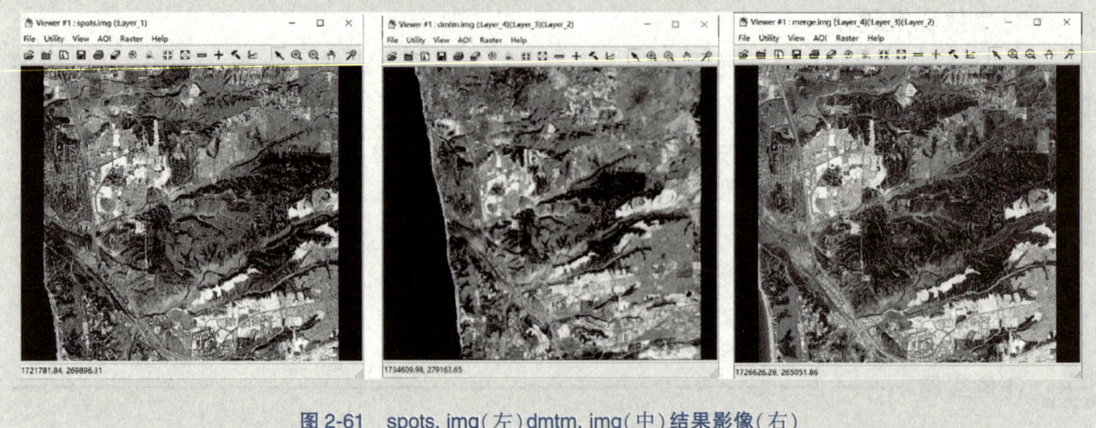

图 2-61　spots. img（左）dmtm. img（中）结果影像（右）

成果提交

提交分辨率融合后的成果数据。

任务 2.8　遥感影像投影转换

任务描述

地球是一个椭球体，其表面是个曲面，而地图通常是二维平面，因此在地图制图时首先要考虑把曲面转化成平面。然而，从几何意义上来说，球面是不可展平的曲面。要把它展开成平面，势必会产生破裂与褶皱。这种不连续的、破裂的平面是不适合制作地图的，所以必须采用特殊的方法来实现球面到平面的转化，这就是地图投影。

在遥感图像处理过程中，不同的遥感影像可能包含了各种各样的投影类型，我们要根据具体的工作任务将原来的投影类型转换成所需要的投影类型。本任务就是将原图像 UTM 投影，转换为北京 1954 坐标系所使用的高斯-克吕格投影。

任务目标

1. 了解地图投影的相关概念。
2. 学会遥感图像投影变换的方法。

知识准备

2.8.1 地图投影

地图投影(map projection)是指将地球表面的任意点，利用一定数学法则，转换到地图平面上的理论和方法。也可以概括为：地图投影就是指建立地球表面(或其他星球表面或天球面)上的点与投影平面(即地图平面)上点之间的一一对应关系的方法，即建立之间的数学转换公式。它将作为一个不可展平的曲面即地球表面投影到一个平面的基本方法，保证了空间信息在区域上的联系与完整。这个投影过程将产生投影变形，而且不同的投影方法具有不同性质和大小的投影变形。

2.8.2 林业上常用的投影

地图投影的分类方法很多，按照构成方法可以把地图投影分为两大类：几何投影和非几何投影。几何投影又分为方位投影、圆柱投影、圆锥投影；非几何投影又分为伪方位投影、伪圆柱投影、伪圆锥投影、多圆锥投影。

高斯-克吕格(Gauss-Kruger)投影是一种横轴等角切椭圆柱投影。我国规定 1∶1 万、1∶2.5 万、1∶5 万、1∶10 万、1∶25 万、1∶50 万比例尺地形图，均采用高斯-克吕格投影。其中 1∶2.5 至 1∶50 万比例尺地形图采用经差 6 度分带，1∶1 万比例尺地形图采用经差 3 度分带。在林业生产中广泛使用 1∶10 000 地形图，一般使用北京 1954 坐标或西安 1980 坐标系统均为高斯-克吕格投影，而购买的遥感数据通常使用 UTM 投影，因此在生产上使用时，经常需要进行投影转换。

任务实施

遥感影像投影转换

一、目的要求

将一幅使用 WGS84 坐标系统的遥感影像转换为北京 1954 坐标系统，使学生掌握遥感影像投影转换的方法和操作。具体要求如下。

①掌握北京 1954 坐标系统的相关参数。

②转换后影像的像元大小最好跟原来保持一致。

二、数据准备

某研究区域使用 WGS84 坐标系统的 TM 或 SPOT 影像数据。

三、操作步骤

（1）启动投影变换

图像投影变换功能既可以在数据预处理模块中启动（Reproiect Images），也可以在图像解译模块中启动。

①在数据预处理模块（Data Preparation）中可以通过以下两种途径启动。

• 在 ERDAS 图标面板菜单条单击【Main】→【Data Preparation】→【Reproject Images】命令，打开【Reproject Images】对话框，如图 2-62 所示。

• 在 ERDAS 图标面板工具条单击【Data Prep】图标→【Reproject Images】命令，打开【Reproject Images】对话框。

②在图像解译模块（Image Interpreter）中也可以通过以下两种途径启动。

• 在 ERDAS 图标面板菜单条单击【Main】→【Image Interpreter】→【Utilities】→【Reproject】命令，打开【Reproject Images】对话框。

• 在 ERDAS 图标面板工具条单击【Interpreter】图标→【Utilities】→【Reproject】命令，打开【Reproject Images】对话框。

（2）设置【Reproject Images】对话框参数

由于 ERDAS 中没有提供现成的北京 1954 坐标系统，所以在进行投影转换前应先建立该坐标系。

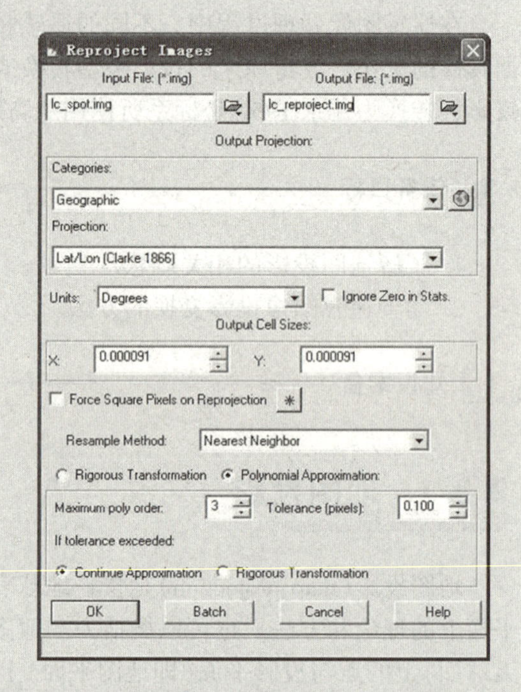

图 2-62 【Reproject Images】对话框

在【Reproject Images】对话框中必须设置下列参数，才可进行投影变换。

①确定输入图像文件（Input File）：...\ prj02 \ 几何校正 \ data \ lc_spot. img。该影像使用 WGS84 坐标系、UTM 投影。

②定义输出图像文件（Output File）：...\ prj02 \ 几何校正 \ result \ lc_reproject. img。

③定义输出图像投影（Output Projection）为包括投影类型和投影参数。

④定义投影类型（Categories），点击【Edit】→【Create Projections】按钮，打开【Projection Chooser】对话框，如图 2-63 所示，点击【Custom】标签，设置相关参数。

⑤设置投影类型（Projection Type）：Transverse Mercator（横轴墨卡托）。

⑥设置椭球体名称（Spheroid Name）：Krasovsky（克拉索夫斯基）。

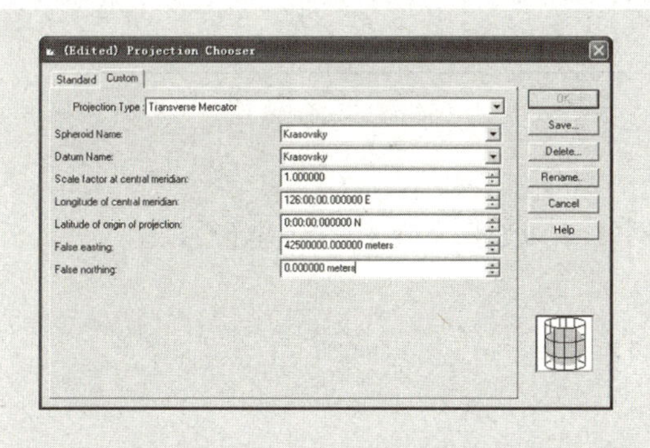

图 2-63　【Projection Chooser】对话框

⑦设置基准面名称（Datum Name）：Krasovsky（克拉索夫斯基）。

⑧设置中央经线的比例因子（Scale factor at central meridian）：1。

⑨设置中央经线的经度（Longitude of central meridian）：126E，中央经度的设置要根据图像所在的地理位置来决定。

⑩设置 Latitude of origin of projection）：0 N。

⑪设置 False easting：42 500 000 meters。如果不需要带号则设置为：500 000 meters。

⑫设置 False nothing：0 meters。

⑬点击【Save】按钮，进行保存，弹出【Save Projection】对话框。如图 2-64 所示。

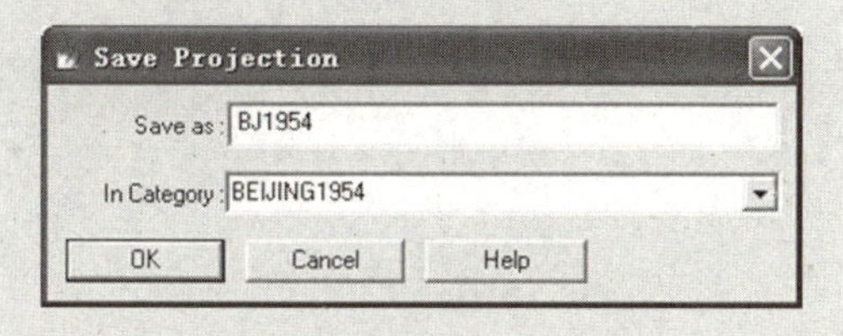

图 2-64　【Save Projection】对话框

⑭在另存为（Save as:）后输入自定义的投影名称，此处输入“BJ1954”。

⑮在保存类别（In Category）后，输入“BEIJING1954”，然后点击【OK】按钮，保存此自定义投影。返回到【Reproject Images】对话框。当然也可保存在其他类别中。

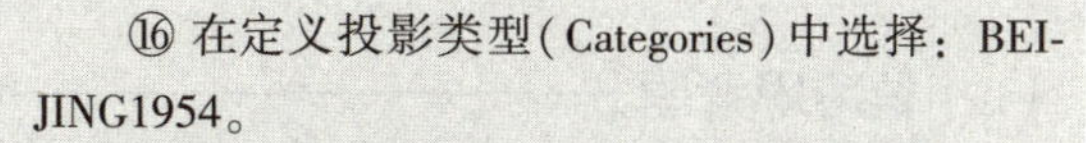

⑯在定义投影类型（Categories）中选择：BEIJING1954。

⑰在 Projection 中选择：BJ1954。

⑱定义输出图像单位（Units）：Meters。

⑲确定输出统计默认零值。即选中 Ignore Zero in Stats.

⑳定义输出像元大小（Output Cell Sizes）：*X* 值 10、*Y* 值 10。像元的大小最好保持跟原来的像元大小一致。

㉑选择重采样方法（Resample Method）：Nearest Neighbor。

㉒定义转换方法为 Rigorous Transformation（严格按照投影数学模型进行变换）或 Polynomial Approximation（应用多项式近似拟合实现变换）。

如果选择 Polynomial Approximation 转换方法，还需设置下列参数：

• 多项式最大次方（Maximum Poly Order）：3。

• 定义像元误差（Tolerance Pixels）：1。

• 如果在设置的最大次方内没有达到像元误差要求，则按照下列设置执行。

• 如果超出像元误差，依然应用多项式模型转换，严格按照投影模型转换。

• 单击【OK】按钮，关闭【Reproject Images】对话框，执行投影变换。

投影转换完成后，可见影像的投影已进行了转换，如图 2-65 所示。

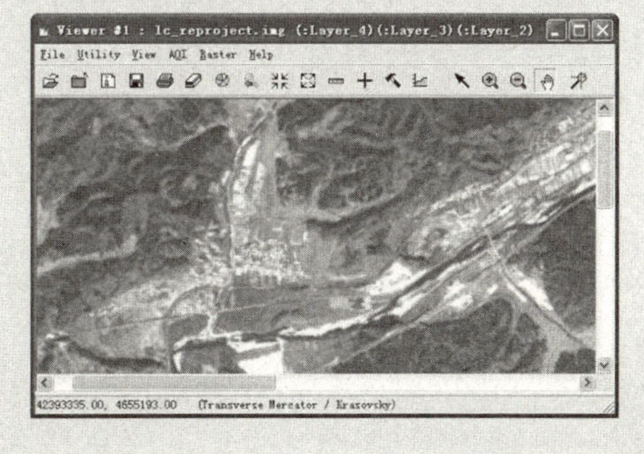

图 2-65　完成投影转换后的影像

成果提交

1. WGS84 坐标系统的遥感影像转换为北京 1954 坐标系统成果数据。
2. 地理坐标系统遥感影像转换为 WGS84 坐标系统成果数据。

复习思考题

一、名词解释

1. 遥感技术；2. 空间分辨率；3. 时间分辨率；4. 波谱分辨率；5. 电磁波谱。

二、简答题

1. 简述遥感技术系统的组成。

2. 遥感按照探测平台划分可以分成哪几类？

3. 常见的遥感卫星系统有哪些？

4. 在 ERDAS IMAGINE 软件的视窗里，如何使多幅遥感图像混合、卷帘和闪烁叠加显示？说明其方法步骤。

5. 简述遥感图像规则和不规则裁剪的方法步骤。

6. 什么是几何校正？简述其工作的流程。

7. 遥感影像镶嵌(拼接)的条件有哪些？

8. 什么是地图投影？简述将某 WGS84 坐标系统的遥感影像转换为北京 1954 坐标系统的方法步骤。

项目3 遥感影像增强

遥感影像在获取的过程中由于受到大气的散射、反射、折射，或者天气等的影响，致使获得的遥感影像对比度不够，遥感影像模糊，所需信息不够突出，或者遥感影像的波段较多，数据较大。因此，要求对遥感影像进行增强处理，以改善遥感影像质量，突出所需信息，增加遥感影像可辨识度、可读性。遥感影像增强方法主要包括：辐射增强、空间增强和光谱增强等。

知识目标

1. 了解遥感影像增强处理的目的和主要增强技术。
2. 熟悉辐射增强的含义及增强技术。
3. 熟悉空间增强的含义及增强技术。
4. 熟悉光谱增强的含义和增强技术。

技能目标

1. 能够掌握直方图均化、匹配、亮度反转、去霾处理和降噪处理等影像辐射增强技术。

2. 能够掌握卷积增强、锐化增强、非定向边缘增强、纹理分析和自适应滤波等空间增加技术。

3. 能够掌握主成分变换、色彩空间变换、缨帽变换、代数运算和色彩增强等光谱增强技术。

任务3.1 遥感影像辐射增强

任务描述

辐射增强是通过改变遥感影像中的灰度值来改变遥感影像的对比度，进而改善遥感影像视觉效果的遥感影像处理方法。灰度值是指色彩的浓淡程度，灰度直方图是指一幅数字图像中，对应每一个灰度值统计出具有该灰度值的像素值。辐射增强能提高遥感影像的对比度，改善视觉效果。ERDAS 中提供的辐射增强功能包括：查找表拉伸、直方图均衡化、直方图匹配、亮度反转、去霾处理、降噪处理、去条带处理等。该任务主要介绍直方图均衡化、直方图匹配、亮度反转、去霾处理、降噪处理的方法和操作步骤。

任务目标

1. 掌握不同辐射增强方法的基本操作方法和步骤，能熟练进行直方图均衡化、直方图匹配、亮度反转、去霾处理和降噪处理等遥感影像的辐射增强操作。

2. 根据遥感影像的具体情况，能够对遥感影像进行辐射增强处理。

知识准备

3.1.1 直方图均衡化

遥感影像直方图描述了遥感影像中每个亮度值 *DN*(digital number)的像元数量的统计分布，它通过每个亮度值的像元数除以遥感影像中总像元数得到。对遥感影像进行拉伸处理，重新分配像元，使亮度集中的遥感影像得到改善，增强遥感影像上大面积地物与周围地物的反差。

3.1.2 直方图匹配

经过数学变化，使遥感影像某一或者全部波段的直方图与另一遥感影像的某一或者全部的直方图对应类似。直方图匹配常作为相邻遥感影像拼接或者应用多时相遥感影像进行动态变化研究的预处理，可以部分消除因太阳高度角或者大气影响造成的相邻遥感影像效果的差异。

3.1.3 亮度反转

亮度反转是对遥感影像亮度范围进行线性或非线性取反，产生与原始遥感影像亮度相反的遥感影像，明暗反转，是线性拉伸的特殊情况。通过反转可以建立相片底片的效果。扫描一张底片，需要对底片进行处理时候，可以用亮度反转进行处理。亮度反转包括条件反转(inverse)和简单反转(reverse)两种算法，条件反转强调遥感影像中较暗的部分，而简单反转则是简单取反，均衡对待。

3.1.4 去霾处理

遥感影像时常受到雾霾的影响。由于雾霾对电磁波有吸收、折射、反射和散射作用，导致遥感影像清晰度降低。因此，尽可能地消除雾霾对遥感影像的影响，才能有效地提高遥感影像的质量。

去霾处理去除影像的模糊程度。对于多波段遥感影像，去霾处理是基于缨帽变换，对影像进行主成分变换，找出与模糊度相关的成分并剔除，然后进行主成分逆变换回到 RGB 彩色空间，达到去霾的目的。全色影像，去霾处理采用点扩展卷积反转(inverse point spread convolution)进行处理(卷积是分析数学中一种重要的运算)，并根据情况选择 5×5 或者 3×3 卷积算子分别进行高频模糊度(high-haze)和低频模糊度(low-haze)的去除。

3.1.5 降噪处理

噪声是遥感影像在摄取或传输时所受的随机信号干扰，是遥感影像中各种妨碍人们对其信息接受的因素，分为外部噪声和内部噪声。外部噪声，即指系统外部干扰以电磁波或经电源串进系统内部而引起的噪声。如电气设备，天体放电现象等引起的噪声；内部噪声，一般有 4 个来源：①由光和电的基本性质所引起的噪声；②电器的机械运动产生的噪声；③器材材料本身引起的噪声；④系统内部设备电路所引起的噪声，如电源引入的交流噪声。降噪处理(noise reduction)是指利用自适应滤波方法去除遥感影像中的噪声，降噪处理在沿着边缘或平坦区域去噪声的同时可以很好地保持遥感影像中一些微小的细节。

任务实施

辐射增强

一、目的要求

通过对遥感影像进行辐射增强处理，引导学生熟练掌握利用 ERDAS IMAGINE 进行直方图均衡化、直方图匹配、亮度反转、去霾处理、降噪处理等辐射增强方法，以改善视觉效果，便于对遥感影像的分析解译。操作严格步骤，掌握辐射增强操作，对照原图，查看、分析结果。

二、数据准备

所用数据材料分别为某地某林场 SPOT 遥感影像(图 3-1)，广西柳州 TM 遥感影像(图 3-14)。

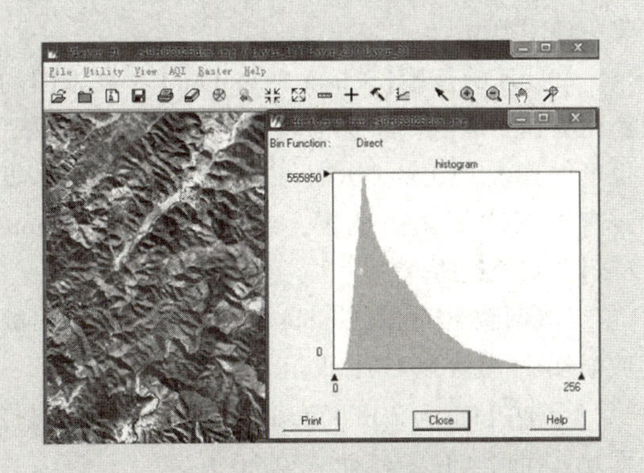

图 3-1 某地某林场 SPOT 遥感影像及其直方图

三、操作步骤

(一)直方图均衡化

(1)打开直方图均衡化对话框

单击 ERDAS 图标面板工具条中的【Interpreter】图标，在下拉菜单中点击【Radiometric Enhancement】→【Histogram Equalization】，如图 3-2 所示。

(2)输入输出设置

打开【Histogram Equalization】对话框，如图 3-3 所示。

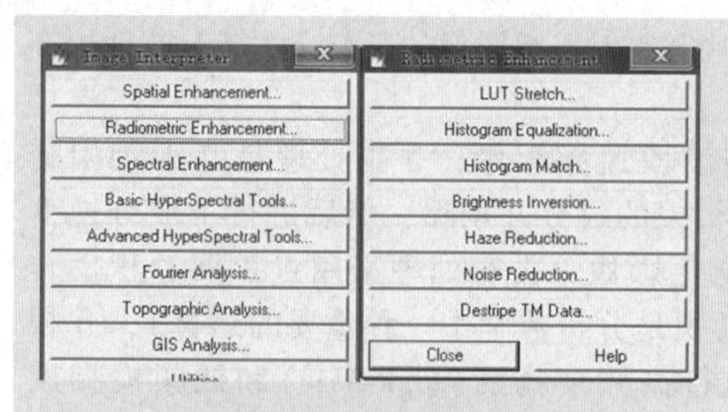

图 3-2　直方图均衡化步骤

Histogram Equalization
Input File: (*.img)　Output File: (*.img)
shanxi.img　equalization.img
Coordinate Type:　Subset Definition:　From Inquire Box
Map　ULX: 37349420.90　LRX: 37352379.90
File　ULY: 2810853.26　LRY: 2808406.26
Number of Bins: 256　Ignore Zero in Stats
OK　Batch　AOI ...
Cancel　View ...　Help

图 3-3　【Histogram Equalization】对话框

输入文件(Input File)：...\ prj03 \ data \ shanxi. img。

输出文件(Output File)：...\ prj03 \ 任务实施 3-1 \ results \ equalization. img。

(3)设置参数

①坐标类型【Coordinate Type】：Map，坐标类型为地图类型。

②处理的范围【Subset Definition】为直方图均衡化处理的范围：默认为整幅遥感影像的范围，也可在 ULX、ULY、URX、URY 中输入数值来设定直方图均衡化的范围，或者用【From Inquire Box】设定处理的范围。

③输出数据分段【Number of Bins】表示输出的数据分段(默认为 256，设定为小于 256 的数值)。

④选中【Ignore Zero in Stats】复选框，表示在进行直方图均衡化的数据统计中忽略 0 值。

⑤单击按钮【View...】打开模型生成器，浏览直方图均衡化的空间模型。

(4)进行直方图均衡化处理

单击【OK】按钮，进行直方图均衡化(Histogram Equalization)处理。直方图均衡化处理结果如图 3-4 所示。

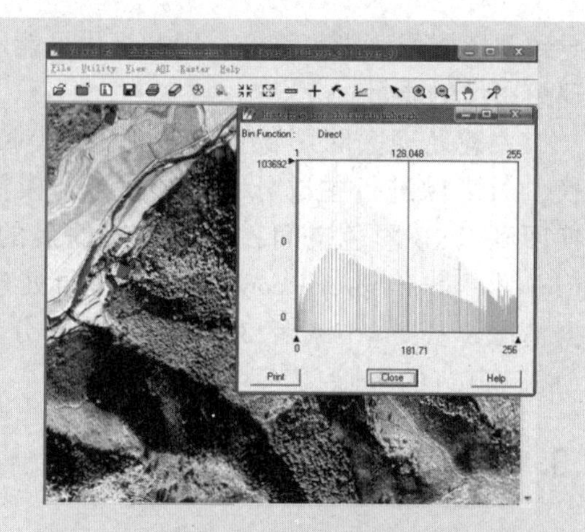

图 3-4　直方图均衡化处理结果

(二)直方图匹配(图 3-5)

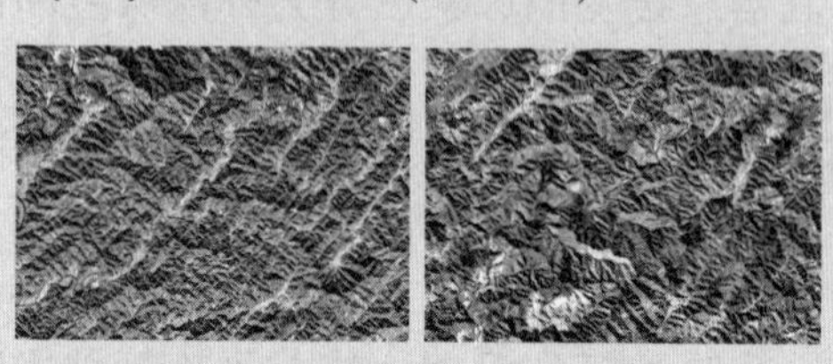

图 3-5　某地某林场 SPOT 遥感影像

(1)打开直方图匹配对话框

单击 ERDAS 图标面板工具条中的【Interpreter】图标，在下拉菜单中点击【Radiometric Enhancement】→【Histogram Equalization】，如图 3-6 所示。

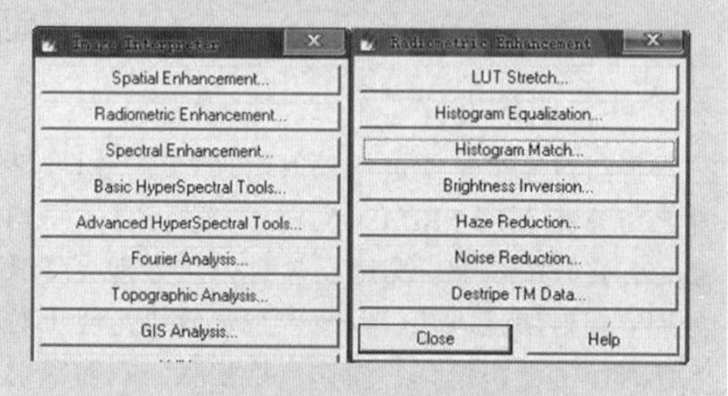

图 3-6　直方图匹配步骤

(2) 输入输出设置

打开【Histogram Matching】对话框，如图 3-7 所示。

输入文件(Input File)：...\ prj03 \ data \ shanxi. img。

输出文件(Output File)：..\ prj03 \ 任务实施 3-1 \ results \ matching. img。

(3)设置参数

①需要匹配的波段【Band to be Matched】为需

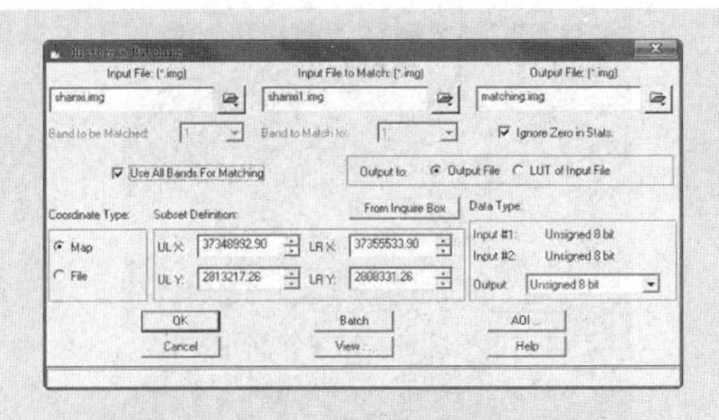

图 3-7 【Histogram Matching】对话框

要匹配的波段。

②匹配参考波段【Band to Match to】为匹配参考波段，也可以选择所有波段，本例中选择了所有波段。

③坐标类型【Coordinate Type】选择 Map，坐标类型为地图类型。

④处理的类型【Subset Definition】为直方图匹配处理的范围：默认为整幅遥感影像的范围，也可在 ULX、ULY、URX、URY 中输入数值来设定直方图匹配的范围，或者用【From Inquire Box】设定处理的范围。

⑤选中【Ignore Zero in Stats】复选框表示在进行直方图匹配的数据统计中忽略 0 值。

⑥单击按钮【View】打开模型生成器，浏览直方图匹配的空间模型。

(4)进行直方图匹配处理

单击【OK】按钮，进行直方图匹配(Histogram Matching)处理。直方图匹配处理结果如图 3-8 所示。

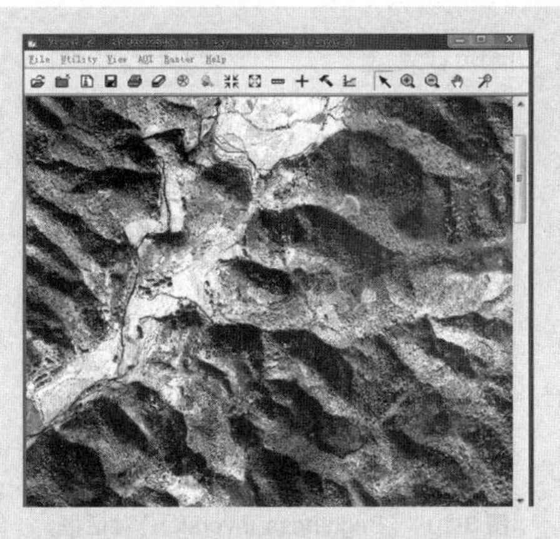

(a)原图

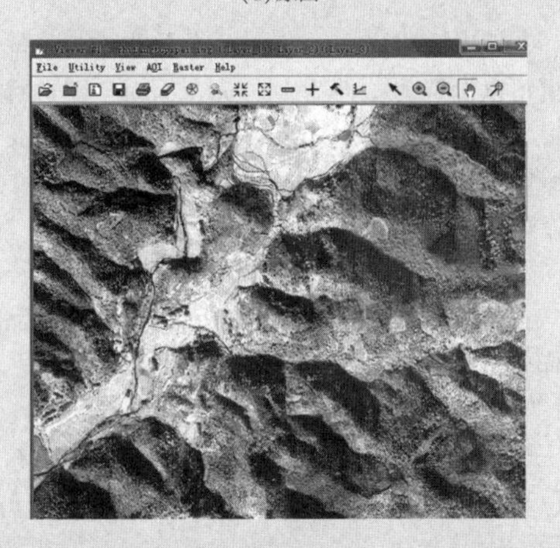

(b)匹配后

图 3-8　直方图匹配处理结果

(三)亮度反转

(1)打开亮度反转对话框

单击 ERDAS 图标面板工具条中的【Interpreter】图标，在下拉菜单中点击【Radiometric Enhancement】→【Brightness Inversion】命令，如图 3-9所示。

图 3-9　亮度反转步骤

(2)输入输出文件设置

打开【Brightness Inversion】对话窗口，如图 3-10 所示。

输入文件(Input File)：...\ prj03 \ data \ shanxi. img。

输出文件(Output File)：...\ prj03 \ results \ inversion. img。

(3)参数设置

①坐标的类型【Coordinate Type】选择 Map，坐标类型为地图类型。

②处理范围定义【Subset Definition】为亮度；反转处理的范围默认为整幅遥感影像的范围，也可在 ULX、ULY、URX、URY 中输入数值来设定亮度反转的范围，或者用 Inquire Box 设定处理的范围。

③数据类型【Data Type】Input：Unsigned 8 bit；Output：Unsigned 8 bit。

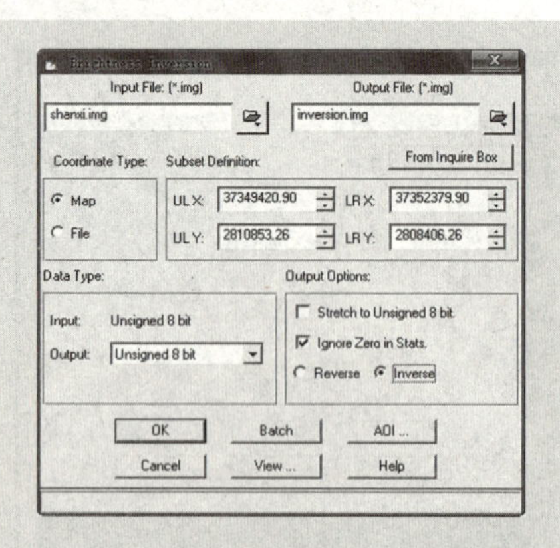

图 3-10　【Brightness Inversion】对话框

(a)原图

(b)反转后

图 3-11　亮度反转处理结果

④输出选项【Output Options】输出选择，输出数据可以设置为拉伸为 Unsigned 8 bit，则选择复选框 Stretch to Unsigned 8 bit；选中【Ignore Zero in Stats】复选框表示在进行亮度反转的数据统计中忽略 0 值。

(4)亮度反转方法

选择亮度反转的方法：以简单亮度反转为例，选择单选项【Inverse】。

(5)进行亮度反转处理

进行亮度反转处理：单击【OK】按钮，进行亮度反转(Brightness Inverse)处理，结果如图 3-11 所示。

(四)去霾处理

(1)打开去霾处理对话框

单击 ERDAS 图标面板工具条中的【Interpreter】图标，在下拉菜单中点击【Radiometric Enhancement】→【Haze Reduction】命令，如图 3-12 所示。

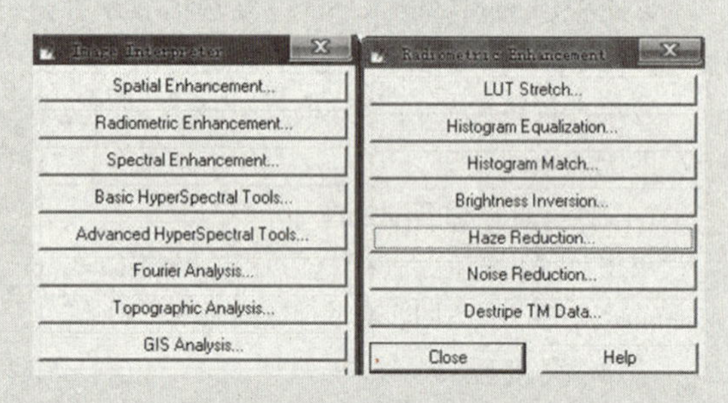

图 3-12　去霾处理步骤

(2)输出输入文件设置

打开【Haze Reduction】对话框，如图 3-13 所示。

输入文件(Input File)：...\ prj03 \ data \ liuzhou. img。

输出文件(Output File)：...\ prj03 \ 任务实施 3-1 \ results \ haze_ reduction. img。

(3)参数设置

①坐标类型【Coordinate Type】选择 Map，坐标类型为地图类型。

②处理的类型【Subset Definition】为去霾处理的范围：默认为整幅遥感影像的范围，也可

图 3-13　【Haze Reduction】对话框

在ULX、ULY、URX、URY中输入数值来设定去霾处理的范围，或者用【From Inquire Box】设定处理的范围，本例中使用查询框设定去霾处理的范围。

③统计中忽略零值，选中【Ignore Zero in Stats】复选框；去霾统计时忽略零值，选中【Ignore Zero in Input】复选框。

（4）去霾处理方法

去霾处理方法有Point Spread、Landsat 4和Landsat 5三种，Point Spread选项有High和Low两种，其中High采用的是5×5卷积计算，Low采用3×3卷积计算，适用任何数据源；Landsat 4和Landsat 5表示该方法所适用的数据源分别为Landsat 4和Landsat 5遥感数据，本例所使用的为Landsat 5的遥感影像，选择Landsat 5。

（5）进行去霾处理

单击【OK】按钮进行去霾（Noise Reduction）处理。结果如图3-14所示。

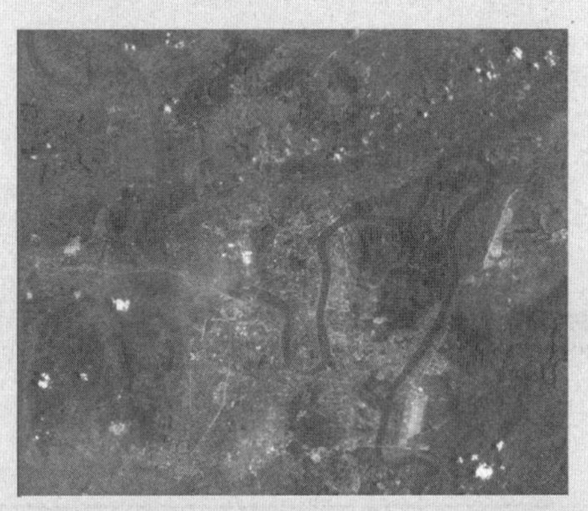

（a）原图

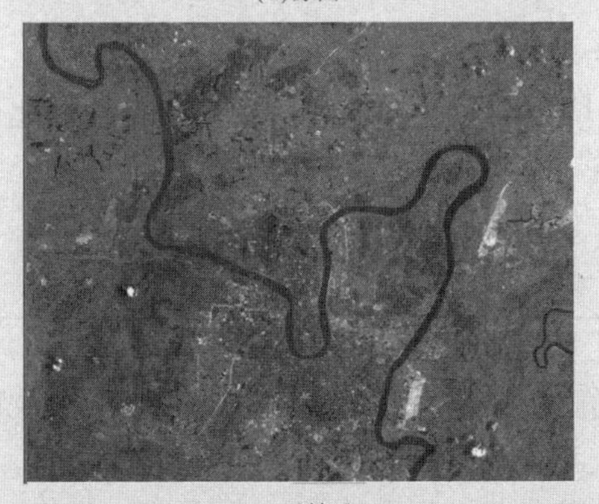

（b）反转后

图3-14　去霾处理结果

（五）降噪处理

（1）打开降噪处理对话框

单击ERDAS图标面板工具条中的【Interpreter】图标，在下拉菜单中点击【Radiometric Enhancement】→【Noise Reduction】命令，如图3-15所示。

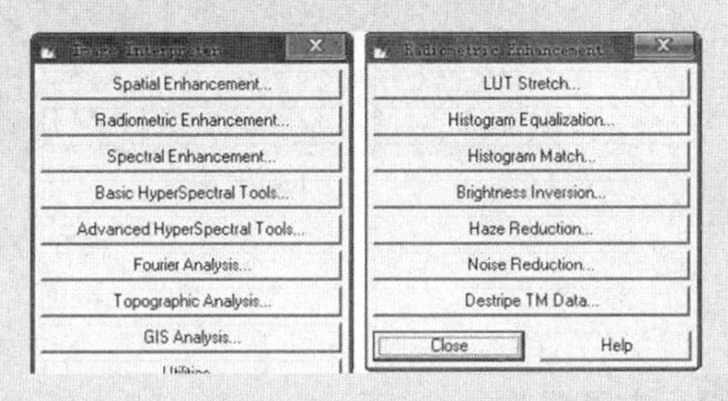

图3-15　降噪处理步骤

（2）输入输出文件设置

打开【Haze Reduction】对话框，如图3-16所示。

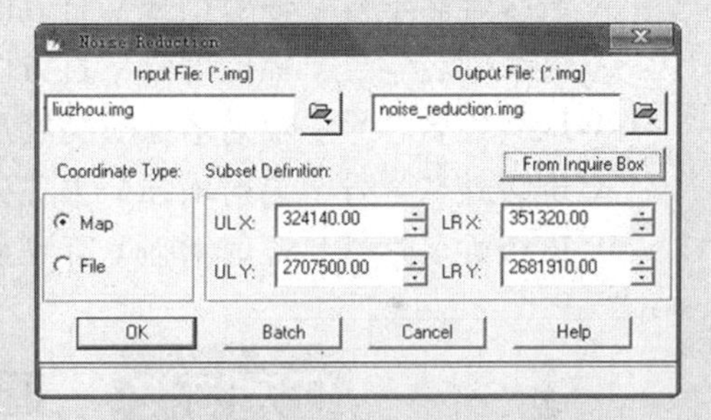

图3-16　【Noise Reduction】对话框

输入文件(Input File)：...\ prj03 \ data \ liuzhou. img。

输出文件(Output File)：...\ prj03 \ 任务实施3-1 \ results \ noise_ reduction. img。

（3）参数设置

①坐标的类型【Coordinate Type】选择Map，坐标类型为地图类型。

②处理的范围【Subset Definition】为降噪处理的范围：默认为整幅遥感影像的范围，也可在ULX、ULY、URX、URY中输入数值来设定直方图均衡化的范围，或者用【From Inquire Box】设定处理的范围，本例中，使用查询框（Inquire Box）设定降噪处理的范围。

（4）进行降噪处理

进行降噪处理：单击【OK】按钮，进行降噪（Noise Reduction）处理，结果如图3-17所示。

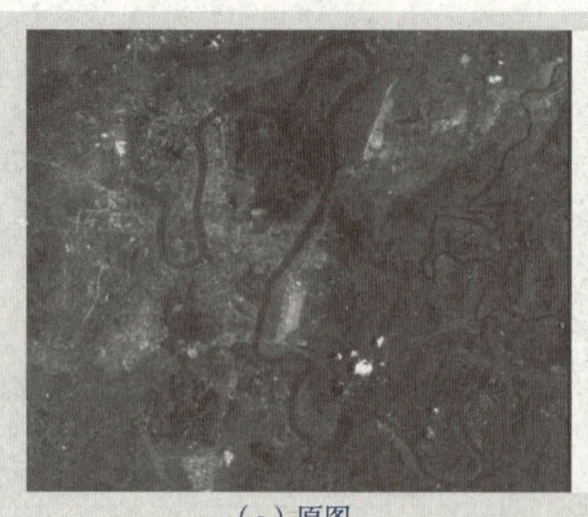
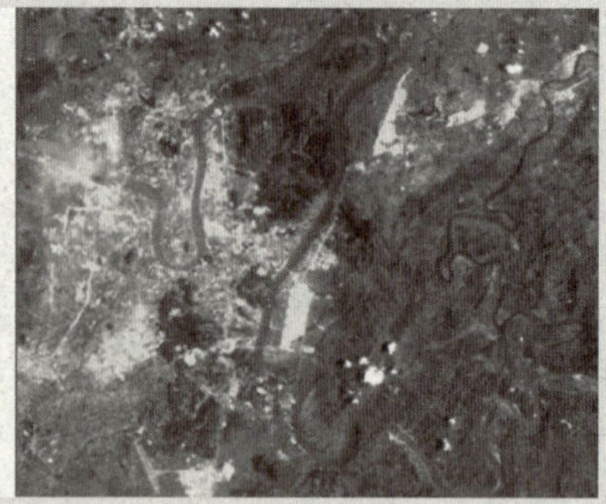

（a）原图　　（b）处理后

图 3-17 降噪处理结果

成果提交

分别提交遥感影像的直方图均衡化、直方图匹配、亮度反转、去霾处理、降噪处理等辐射增强结果到目录：

…\ 班级姓名学号 \ 辐射增强 \ 直方图均衡化

…\ 班级姓名学号 \ 辐射增强 \ 直方图匹配

…\ 班级姓名学号 \ 辐射增强 \ 亮度反转

…\ 班级姓名学号 \ 辐射增强 \ 去霾处理

…\ 班级姓名学号 \ 辐射增强 \ 降噪处理

任务 3.2 遥感影像空间增强

任务描述

空间域增强是有目的地突出或去除遥感影像上某些特征，如突出边缘或者线状物，抑制遥感影像产生的噪声。ERDAS 提供了几种空间增强的功能，例如，卷积增强、锐化增强、非定向边缘增强、聚焦分析、纹理分析、自适应滤波和统计滤波等。该任务主要介绍卷积增强、锐化增强、非定向边缘检测、纹理分析和自适应滤波的方法与操作步骤。

任务目标

能进行遥感影像的空间增强，熟练掌握卷积增强、锐化增强、非定向边缘增强、纹理分析和自适应滤波的空间增强操作。该任务分解及相关重要知识点如下。

1. 能进行遥感影像的空间增强，熟练掌握卷积增强、锐化增强、非定向边缘增强、纹理分析和自适应滤波的空间增强操作。

2. 根据遥感影像的具体情况，能对遥感影像进行不同方法的空间增强处理。

知识准备

3.2.1 卷积增强

卷积增强是通过卷积运算来改变遥感影像的空间频率特征。遥感影像的卷积运算是用“模板”(卷积函数)来实现的。卷积处理的关键是卷积算子的选择，也即卷积核(kernal)的选择。ERDAS 中提供了多种卷积算子，如 3×3、5×5 和 7×7 等组，这些算子存放在 default. klb 文件夹中，每组又包括边缘滤波(edge detect)、边缘增强(edge enhance)、低通滤波(low pass)、高通滤波(high pass)、水平检测(horizontal)、垂直检测(vertical)和交差检测(summary)等多种不同的处理方式，其中低通滤波起平滑作用，其他都起锐化作用。

3.2.2 锐化增强

锐化增强(crisp enhancement)是通过对遥感影像进行卷积滤波处理，以增强整幅遥感影像的亮度。锐化处理可以根据定义的矩阵直接对遥感影像进行处理，也可以通过对遥感影像先进行主成分变化的方法实现。

3.2.3 非定向边缘检测

非定向边缘检测(non-directional edge)是卷积增强的一个应用，目的是突出边缘、轮廓、线状目标信息，起到锐化的效果。非定向边缘检测常用 Sobel 和 Previtt 两个滤波器进行水平检测和垂直检测，然后将两个检测结果进行平均化处理。

3.2.4 纹理分析

纹理分析(texture analysis)是通过在一定的窗口内进行二次变异分析或者三次非对称分析，使雷达遥感影像或者其他遥感影像的纹理结构得到增强，纹理分析的关键是窗口大小的确定和操作函数的定义。

3.2.5 自适应滤波

自适应滤波(adapter filter)是应用 Wallis 自适应滤波(wallis adaptive filter)方法对遥感影像的感兴趣区进行对比度拉伸，从而达到影像增强的目的。自适应滤波主要设置问题是移动窗口和乘积倍数大小的定义。

任务实施

遥感影像空间增强处理

一、目的要求

通过对遥感影像进行空间增强处理，引导学生熟练掌握利用 ERDAS IMAGINE 进行卷积增强、锐化增强、非定向边缘增强、纹理分析、自适应滤波等空间增强方法，有目的地突出或去除遥感影像上某些特征，便于遥感影像的分析解译。

操作严格步骤，掌握辐射增强操作，对照原图，查看、分析结果。

二、数据准备

数据为山西林业职业技术学院试验林场 SPOT 遥感影像。

三、操作步骤

(一)卷积增强

(1)打开卷积增强处理对话框

单击 ERDAS 图标面板工具条中的【Interpreter】图标，在下拉菜单中点击【Spatial Enhancement】→【Convolution】，如图 3-18 所示。

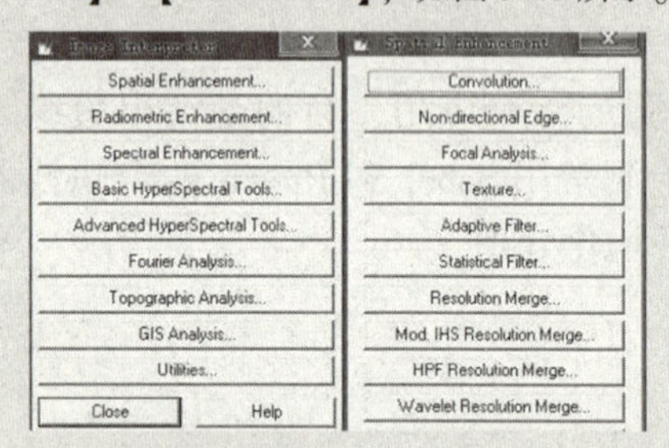

图 3-18 卷积增强步骤

(2)输入输出设置

打开【Convolution】对话框，如图 3-19 所示。

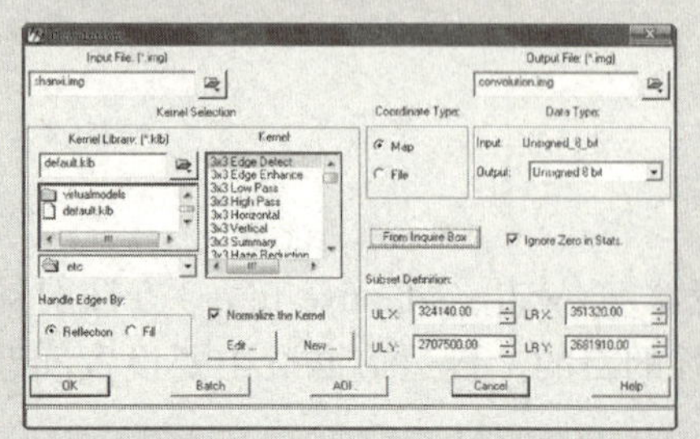

图 3-19 【Convolution】对话框

输入文件(Input File)：...\ prj03 \ data \ shanxi. img。

输出文件(Output File)：...\ prj03 \ 任务实施 3-2 \ results \ convolution. img。

(3)参数设置

①卷积核(Kernal)选择卷积核库(Kernal Library)中的 default. klb 中的 3×3 Edge Detect。

②边缘化处理方法(Handle Edges by)选择 Reflection 选项。

③选择【Normalize the Kernal】，进行卷积归一化处理。

④坐标的类型【Coordinate Type】：Map，坐标类型为地图类型。

⑤输出数据类型(Output Data Type)：Unsigned 8 bit。

(4)进行卷积增强处理

单击【OK】按钮，进行卷积增强(Convolution)处理，结果如图 3-20 所示。

(a)原图

(b)处理后

图 3-20 卷积增强处理结果

(二)锐化增强

(1)打开锐化增强对话框

单击 ERDAS 图标面板工具条中的【Interpreter】图标，在下拉菜单中点击【Spatial Enhancement】→【Crisp】，如图 3-21 所示。

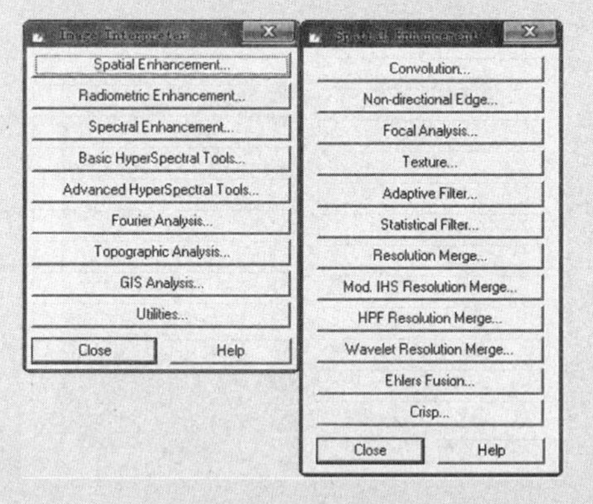

图 3-21　锐化增强步骤

(2)输入输出设置

打开【Crisp】对话框，如图 3-22 所示。

图 3-22　【Crisp】对话框

输入文件(Input File)：...\ prj03 \ data \ shanxi. img。

输出文件(Output File)：...\ prj03 \ results \ crisp. img。

(3)参数设置

①坐标类型【Coordinate Type】：Map，坐标类型为地图类型。

②处理的范围【Subset Definition】为锐化增强处理的范围：默认为整幅遥感影像的范围，也可在 ULX、ULY、URX、URY 中输入数值来设定锐化增强的范围，或者用【From Inquire Box】设定处理的范围。

③来源自查询框【From Inquire Box】按钮用视窗遥感影像中的 Inquire Box 来指定锐化的区域，在不使用该功能时，则默认为整幅图变换。

④输出数据类型(Output Data Type)：Unsigned 8 bit。

⑤输出选择(output options)：选择【Stretch to Unsigned 8 bit】表示将数据拉伸到 0 ~ 255；选中【Ignore Zero in Stats】复选框表示在进行锐化增强的数据统计中忽略 0 值。

(4)进行锐化增强处理

单击【OK】按钮进行锐化增强处理(Crisp)处理。锐化结果如图 3-23 所示。

(a)原图

(b)处理后

图 3-23　锐化处理结果

(三)非定向边缘检测

(1)打开锐化增强对话框

单击 ERDAS 图标面板工具条中的【Interpreter】图标，在下拉菜单中点击【SpatialEnhancement】→【Non-directional Edge】，如图 3-24 所示。

(2) 输入输出设置

打开【Non-directional Edge】对话框，如图 3-25 所示。

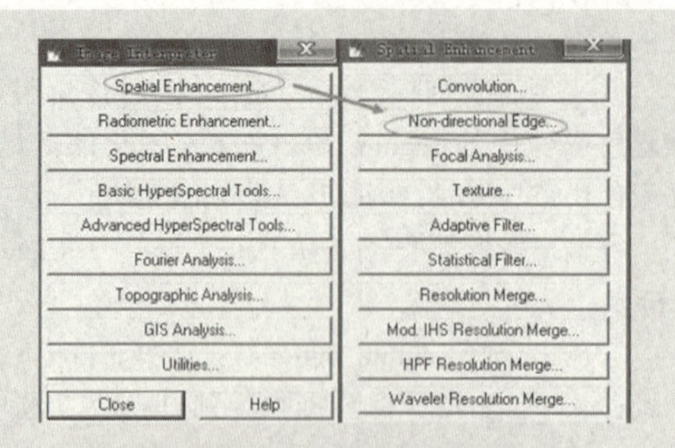

图 3-24 非定向边缘检测步骤

图 3-25 【Non-directional Edge】对话框

输入文件(Input File)：...\ prj03 \ data \ shanxi. img。

输出文件(Output File)：...\ prj03 \ 任务实施 3-2 \ results \ non_ directional. img。

(3)参数设置

①数据类型【Coordinate Type】：Map，标类型为地图类型。

②处理的范围定义【Subset Definition】为非定向边缘检测处理的范围：默认为整幅遥感影像的范围，也可在 ULX、数据 ULY、URX、URY 中输入数值来设定非定向边缘检测的范围，或者用 Inquire Box 设定处理的范围。

③数据源来自查询框【From Inquire Box】按钮，用视窗遥感影像中的 Inquire Box 来指定非定向边缘检测的区域，在不使用该功能时，则默认为整幅图变换。

④输出数据类型(Output Data Type)：Unsigned 8 bit。

⑤输出选择(Output Options)：选择滤波器为 Sobel；选中【Ignore Zero in Stats】复选框表示在进行非定向边缘检测的数据统计中忽略 0 值。

(4)进行非定向边缘检测处理

单击【OK】按钮，进行非定向边缘检测(Non-directional Edge)处理。非定向边缘检测结果如图 3-26 所示。

(a)原图

(b)处理后

图 3-26 非定向边缘检测处理结果

(四)纹理分析

(1)打开纹理分析对话框

单击 ERDAS 图标面板工具条中的【Interpreter】图标，在下拉菜单中点击【Spatial Enhancement】→【Texture】，如图 3-27 所示。

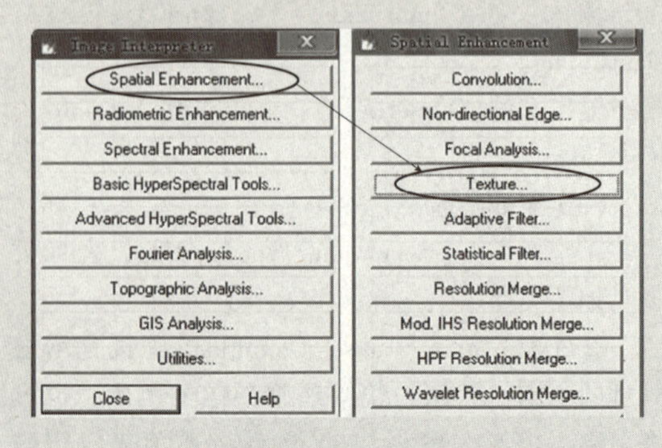

图 3-27 纹理分析

(2)输入输出设置

打开【Texture】对话框，如图 3-28 所示。

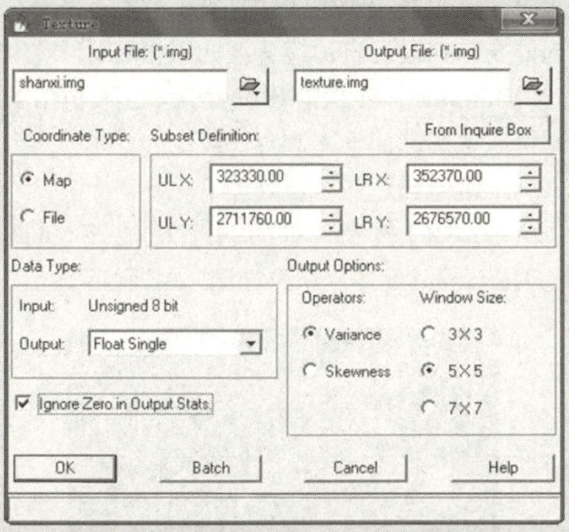

图 3-28 【Texture】对话框

输入文件(Input File)：...\ prj03 \ data \ shanxi. img。

输出文件(Output File)：...\ prj03 \ 任务实施 3-2 \ results \ texture. img。

(3)参数设置

①坐标类型【Coordinate Type】：Map，坐标类型为地图类型。

②处理的范围定义【Subset Definition】为纹理分析处理的范围：默认为整幅遥感影像的范围，也可在 ULX、ULY、URX、URY 中输入数值来设定纹理分析的范围，或者用 Inquire Box 设定处理的范围。

③数据源来自查询框【From Inquire Box】按钮，用视窗遥感影像中的查询框(Inquire Box)来指定纹理分析的区域，在不使用该功能时，则默认为整幅图变换。

④输出数据类型(Output Data Type)为默认的 Float Single。

⑤输出选择(Output Options)中，操作函数定义为 Variance 或者 Skewness，本例中选择 Variance 操作函数；确定窗口大小(Window Size)为 5×5。

⑥选中【Ignore Zero in Stats】复选框表示在进行纹理分析的数据统计中忽略 0 值。

(4)进行纹理分析处理

单击【OK】按钮，进行纹理分析(Texture)处理，结果如图 3-29 所示。

(a)原图

(b)处理后

图 3-29 纹理分析处理结果

(五)自适应滤波

(1)打开自适应滤波对话框

单击 ERDAS 图标面板工具条中的【Interpreter】图标，在下拉菜单中点击【Spatial Enhancement】→【Adaptive Filter】，如图 3-30 所示。

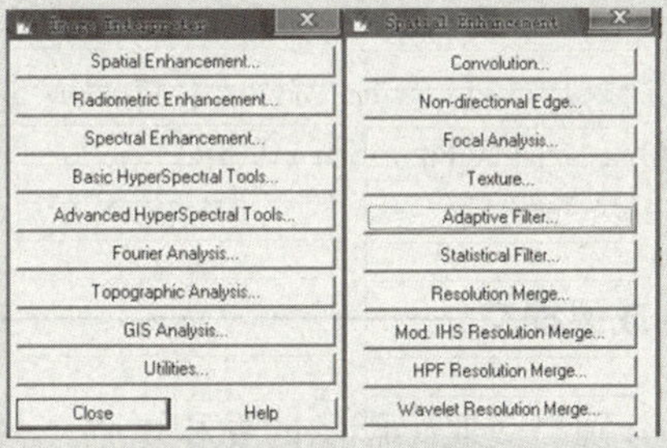

图 3-30 自适应滤波

(2)输入输出设置

点击【Texture】打开【Wallis Adaptive Filter】对话框，如图 3-31 所示。

输入文件(Input File)：...\ prj03 \ data \ shanxi. img。

输出文件(Output File)：...\ prj03 \ 任务实施 3-2 \ results \ adaptive_ filter. img。

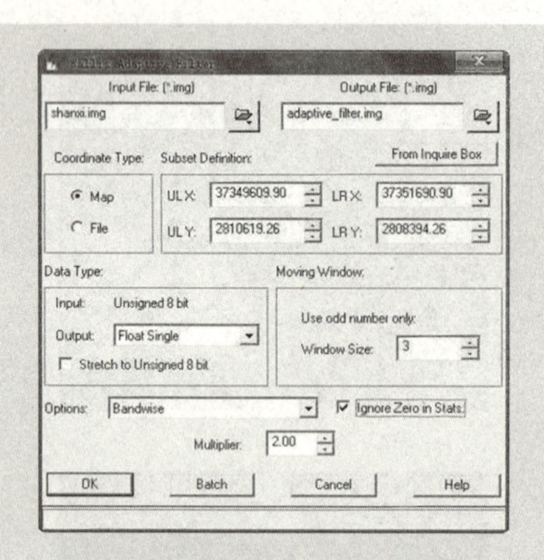

图 3-31　【Wallis Adaptive Filter】对话框

(3)参数设置

①坐标类型【Coordinate Type】：Map，坐标类型为地图类型。

②处理范围定义【Subset Definition】为自适应滤波处理的范围：默认为整幅遥感影像的范围，也可在ULX、ULY、URX、URY中输入数值来设定自适应滤波的范围，或者用Inquire Box设定处理的范围。

③数据源来自查询框【From Inquire Box】按钮，用视窗遥感影像中的查询框(Inquire Box)来指定自适应滤波的区域，在不使用该功能时，则默认为整幅图变换。

④输出数据类型(Output Data Type)为默认的Float Single。

⑤移动窗口【Moving Window】Window Size 3，表示窗口大小(Window Size)为3×3。

⑥选项【Options】输出文件选项默认为Bandwise。Bandwise：过滤每个波段；PC：使用于自适应滤波后的影像；选中【Ignore Zero in Stats】复选框表示在进行自适应滤波的数据统计中忽略0值；【Multiplier】乘积倍数设置为2，乘积倍数用于调整遥感影像的反差和对比度。

(4)进行自适应滤波处理

单击【OK】按钮，进行自适应滤波(Wallis Adaptive Filter)处理，结果如图3-32所示。

(a)原图

(b)处理后

图 3-32　自适应滤波处理结果

成果提交

分别提交遥感影像的卷积增强、锐化增强、非定向边缘检测、纹理分析、自适应滤波等空间增强结果到目录：

…\班级姓名学号\空间增强\卷积增强

…\班级姓名学号\空间增强\锐化增强

…\班级姓名学号\空间增强\非定向边缘检测

…\班级姓名学号\空间增强\纹理分析

…\班级姓名学号\空间增强\自适应滤波

任务 3.3　遥感影像光谱增强

任务描述

遥感影像光谱增强是基于多波段的遥感数据对波段进行变换，以达到遥感影像增强处理的目的，主要方法有主成分变换、色彩空间变换、缨帽变换、代数运算和色彩变换等。该任务介绍主成分变换、归一化植被指数、缨帽变换、色彩变换等增强方法和操作步骤。

任务目标

掌握遥感影像光谱增强的操作方法，能熟练进行主成分变换、缨帽变换、代数运算、色彩变换等光谱增强的操作。

知识准备

3.3.1　主成分变换

主成分变换(principal component analysis)，又称为 K-L 变换，是一种线性变换方法，主要用于数据的压缩和信息的增强。主成分变换是将遥感影像分解为一组主要成分的和，计算每个主成分占总量的百分数，百分数的大小反映了图中不同部分的相关性，按百分数的大小排序，选取最大的一个或者几个主成分，则恢复后的遥感影像相关性强；如果选取最小的一个或者几个主成分，则遥感影像恢复后相关性弱。

3.3.2　归一化植被指数

不同绿色植物对不同波长的吸收率不同。光线照射在植被上的时候，近红外波段的光大部分被植被反射，而可见光波段的光则大部分被植物吸收。植被指数是遥感测定地面植被生长和分布的一种方法，常用的为标准差植被指数，又称归一化植被指数(normalized difference vegetation index，NDVI)，它能根据地表覆被对不同波段光谱的吸收及反射差异来反映土地覆被的“绿度”。归一化植被指数定义为：$NDVI=(IR-R)/(IR+R)$ 。其中，IR 为多波段遥感影像中的近红外(infrared)波段，R 为红波段。

3.3.3　缨帽变换

缨帽变换是一种线性变换的方法。缨帽变换旋转坐标的空间，旋转之后的坐标所指的方向与地物有密切的关系，特别是与植物生长和土壤有关。缨帽变换既可以实现信息的压缩，又可以帮助解译分析农作物的特征，具有实际应用的意义。目前，缨帽变换主要用于 MSS 和 TM 等遥感影像的变换。

3.3.4　色彩变换

将图像从红(R)绿(G)蓝(B)彩色空间转换到亮度(I)、色度(H)、饱和度(S)彩色空间。

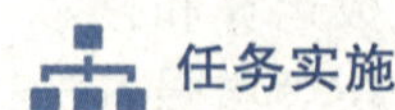

任务实施

光谱增强

一、目的要求

通过对遥感影像进行光谱增强处理，引导学生熟练掌握利用 ERDAS IMAGINE 进行卷积增强、锐化增强、非定向边缘增强、纹理分析和自适应滤波等空间增强方法，有目的地突出或去除遥感影像上某些特征，便于遥感影像的分析解译。

操作严格步骤，掌握辐射增强操作，对照原图，查看、分析结果。

二、数据准备

数据为山西林业职业技术学院试验林场 SPOT 遥感影像与广西柳州 TM 遥感影像。

三、操作步骤

(一)主成分变换

(1)打开主成分变换对话框

单击 ERDAS 图标面板工具条中的【Interpreter】图标，在下拉菜单中点击【Spectral Enhancement】→【Principal Components】，如图 3-33 所示。

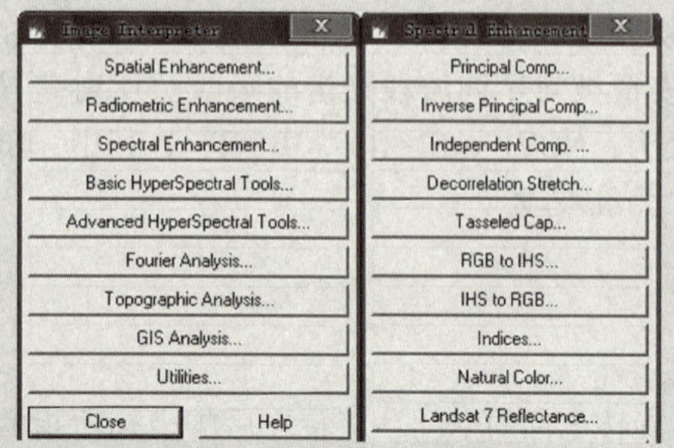

图 3-33　主成分变换步骤

(2)输入输出设置

打开【Principal Components】对话框，如图 3-34 所示。

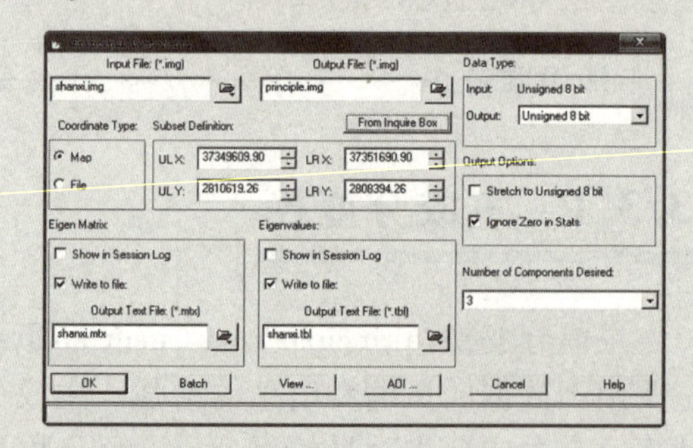

图 3-34　【Principal Components】对话框

输入文件(Input File)：...\ prj03 \ data \ shanxi. img。

输出文件(Output File)：...\ prj03 \ 任务实施 3-3 \ results \ principal. img。

(3)参数设置

①数据类型【Data Type】显示主成分变换遥感影像的数据类型及设置主成分变换后输出遥感影像的数据类型，本例中主成分变换遥感影像的数据类型为 Unsigned 8 bit，输出遥感影像数据类型设置为 Unsigned 8 bit。

②坐标类型【Coordinate Type】：Map；坐标类型：地图类型。

③处理范围定义【Subset Definition】为直方图均衡化处理的范围。默认为整幅遥感影像的范围，也可在 ULX、ULY、URX、URY 中输入数值来设定直方图均衡化的范围，或者用查询框(Inquire Box)设定处理的范围。

④数据源来自查询框【From Inquire Box】按钮：用视窗遥感影像中的查询框(Inquire Box)来指定主成分变换的区域；在不使用该功能时，则默认为整幅图变换。

⑤输出选项【Output Options】输出文件复选框，选中 Stretch to Unsigned 8 bit 表示将数据拉伸到 0~255；选中【Ignore Zero in Stats】复选框表示在进行主成分分析的数据统计中忽略 0 值。

⑥特征矩阵【Eigen Matrix】输出设置。选中【Show in Session Log】复选框表示需要在运行日志中显示。选中【Write to file】复选框表示需要写入特征矩阵文件中，在对应的 Output Text File 中输入保存特征矩阵文件的路径和文件名，本例中命名为 principal. img。

⑦特征数据【Eigen Value】输出设置。选中【Show in Session Log】复选框表示需要在运行日志中显示；选中【Write to file】复选框表示需要写入特征矩阵文件中，在对应的【Output Text File】中输入保存特征矩阵文件的路径和文件名，本例中默认命名为 shanxi。

⑧设置需要的成分数量【Number of Components Desired】，在下拉菜单中选择 3。

（4）进行主成分变换处理

单击【OK】按钮，进行主成分变换(Principal Components)处理。主成分变换结果如图 3-35 所示。

(a)原图

(b)处理后

图 3-35　主成分变换处理结果

(二)归一化植被指数运算

(1)打开归一化植被指数运算对话框

单击 ERDAS 图标面板工具条中的【Interpreter】图标，在下拉菜单中点击【Spectral Enhancement】→【Indices】，如图 3-36 所示。

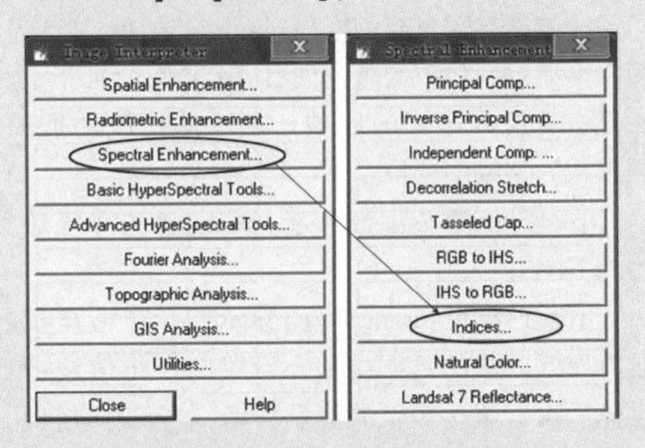

图 3-36　归一化植被指数运算步骤

(2)输入输出设置

打开【Indices】对话框，如图 3-37 所示。

图 3-37　【Indices】对话框

输入文件(Input File)：...\ prj03 \ data \ shanxi. img。

输出文件(Output File)：...\ prj03 \ 任务实施 3-3 \ results \ indices. img。

（3）参数设置

①传感器【Sensor】输入山西林业职业技术学院试验林场 SPOT 遥感影像时，传感器选项自动选择为 SPOTXS/XI。

②坐标类型【Coordinate Type】：Map；坐标类型：地图类型。

③处理范围定义【Subset Definition】为归一化植被指数运算的范围：默认为整幅遥感影像的范围，也可在 ULX、ULY、URX、URY 中输入数值来设定归一化植被指数运算的范围，或者用查询框(Inquire Box)设定处理的范围。

④数据源来自查询框【From Inquire Box 按钮】：用视窗遥感影像中的查询框(Inquire Box)来指定归一化植被指数运算的区域，在不使用该功能时，则默认为整幅图变换。

⑤选择函数类型【Select Function】选择函数类型为 NDVI。

⑥数据类型【Data Type】显示归一化植被指数运算遥感影像的数据类型及设置归一化植被指数运算后输出遥感影像的数据类型，本例中为 Float Single。

⑦所显示的 Select Function 为第⑤步所选函数的 NDVI 计算方法。

(4)进行归一化植被指数运算处理

点击【OK】按钮，执行归一化植被指数运算，如图 3-38 所示。

(a)原图

(b)结果

图 3-38　归一化植被指数运算

(三)缨帽变换

(1)打开缨帽变换对话框

单击 ERDAS 图标面板工具条中的【Interpreter】图标，在下拉菜单中点击【Spectral Enhancement】→【Tasseled Cap】，如图 3-39 所示。

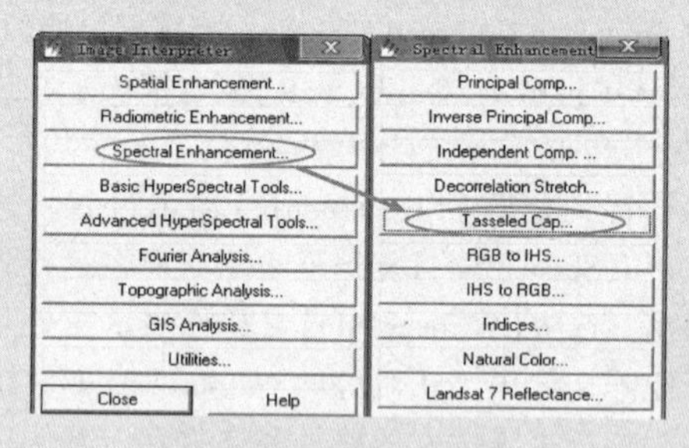

图 3-39　缨帽变换步骤

(2)输入输出设置

打开【Tasseled Cap】对话框，如图 3-40 所示。

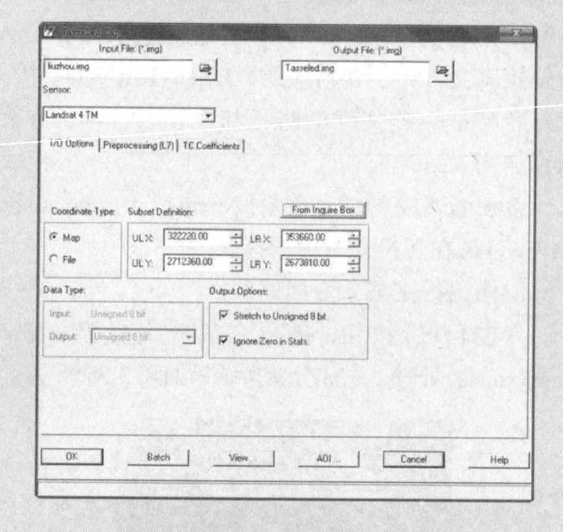

图 3-40　【Tasseled Cap】对话框

输入文件(Input File)：...\ prj03 \ data \ liuzhou. img。

输出文件(Output File)：...\ prj03 \ 任务实施 3-3 \ results \ tasseled. img。

(3)参数设置

①对 Landsat-7 数据进行设置【Processing (L7)】对话框，仅对 Landsat-7 数据进行设置。本例中为默认设置。

②系数矩阵【TC Coefficients】对话框 是进行缨帽变换的遥感影像各个图层的系数矩阵，可对系数进行改变。本例中为默认值。

③传感器【Sensor】输入广西柳州 TM 遥感影像，传感器类型选择为 Landsat-5。

④坐标类型【Coordinate Type】: Map；坐标类型：地图类型。

⑤处理范围定义【Subset Definition】为缨帽变换处理的范围：默认为整幅遥感影像的范围，也可在 ULX、ULY、URX、URY 中输入数值来设定缨帽变换的范围，或者用查询框(Inquire Box)设定处理的范围。

⑥数据源来自查询框【From Inquire Box】按钮：用视窗遥感影像中的查询框(Inquire Box)来指定缨帽变换的区域，在不使用该功能时，则默认为整幅图变换。

⑦数据类型【Data Type】显示缨帽变换遥感影像的数据类型及设置缨帽变换后输出遥感影像的数据类型，本例中为 Unsigned 8 bit。

⑧输出选项【Output Options】，选中 Stretch to Unsigned 8 bit 表示将数据拉伸到 0~255，选中【IgnoreZero in Stats】复选框表示在进行缨帽变换的数据统计中忽略 0 值。

(4)进行缨帽变换处理

点击【OK】按钮，执行缨帽变换【Tasseled Cap】处理，结果如图 3-41所示。

(四)色彩变换

(1)打开色彩变换对话框

单击 ERDAS 图标面板工具条中的【Interpreter】图标，在下拉菜单中点击【Spectral Enhancement】→【RGB to HIS】，如图 3-42 所示。

(2)输入输出设置

打开【RGB to HIS】对话框，如图 3-43 所示。

输入文件(Input File)：..\ prj03 \ data \ liuzhou. img。

输出文件(Output File)：..\ prj03 \ 任务实施 3-3 \ results \ rgb_ihs. img。

(3)参数设置

①坐标类型【Coordinate Type】选择 Map；坐标类型：地图类型。

②处理范围定义【Subset Definition】为色彩增强变换处理的范围：默认为整幅遥感影像的范围，也可在 ULX、ULY、URX、URY 中输入数值来设定色彩增强变换的范围，或者用查询框(Inquire Box)设定处理的范围。

③数据来源自查询框【From Inquire Box】按钮：用视窗遥感影像中的查询框(Inquire Box)来指定色彩增强变换的区域；在不使用该功能时，则默认为整幅图变换。

④图层号【No. of Layers】红绿蓝(RGB)的为默

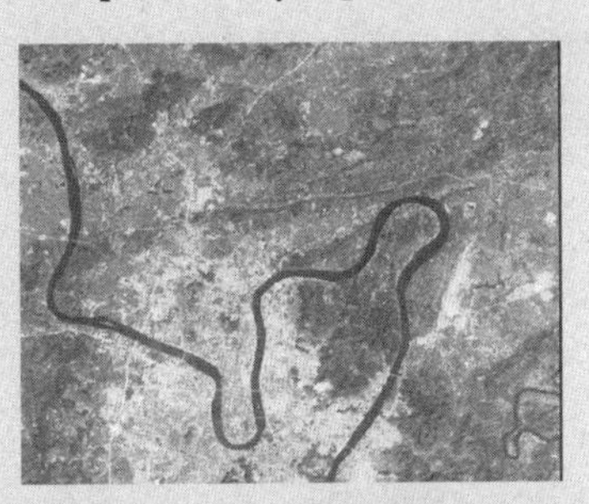

(a)原图

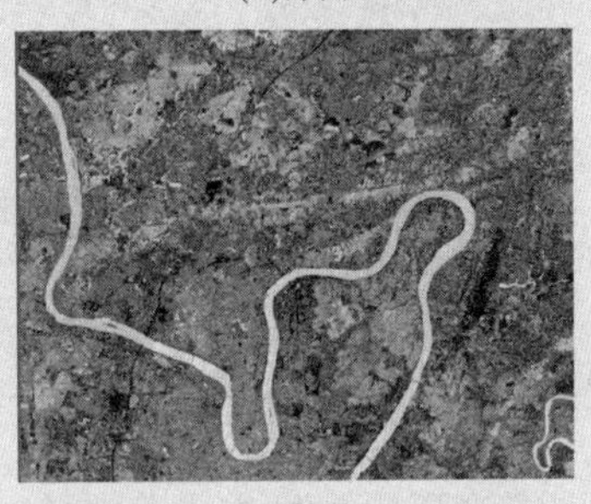

(b)结果

图 3-41 缨帽变换处理结果

图 3-42 色彩变换步骤

图 3-43 RGB to HIS 对话框

认值：Red 为 4，Green 为 3，Blue 为 2。

⑤选中【Ignore Zero in Stats】复选框表示在进行色彩增强变换的数据统计中忽略 0 值。

(4)进行色彩变换处理

单击【OK】按钮，进行色彩变换(RGB to IHS)处理，色彩变换结果如图 3-44 所示。

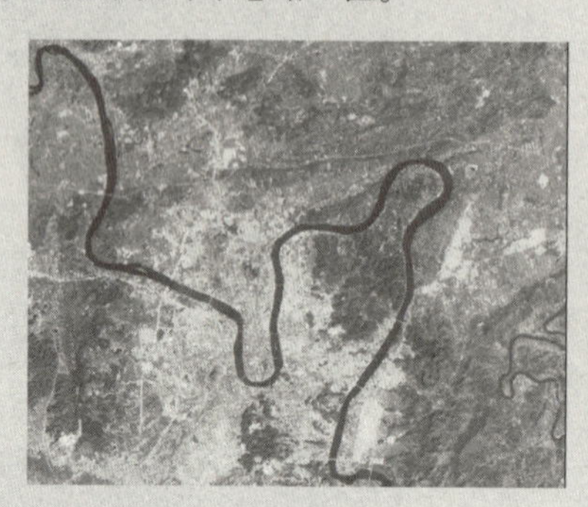

(a)原图

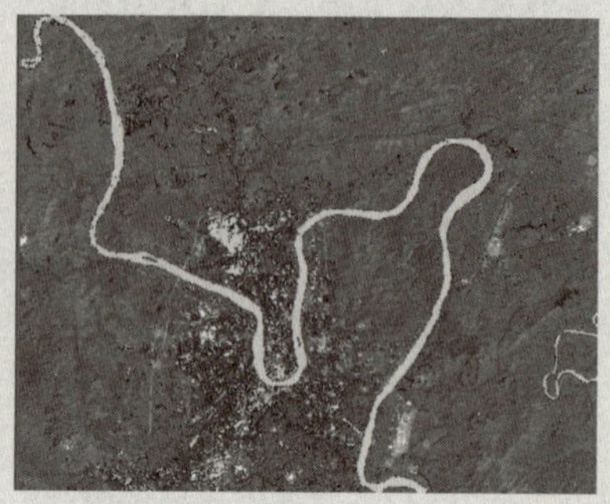

(b)结果

图 3-44　色彩变换处理结果

成果提交

分别提交遥感影像主成分变换、归一化植被指数运算、缨帽变换、色彩变换等光谱增强结果到目录：

…\ 班级姓名学号 \ 光谱增强 \ 主成分变换

…\ 班级姓名学号 \ 光谱增强 \ 归一化植被指数运算

…\ 班级姓名学号 \ 光谱增强 \ 缨帽变换

…\ 班级姓名学号 \ 光谱增强 \ 色彩变换

复习思考题

一、名词解释

1. 辐射增强；2. 空间增强；3. 光谱增强。

二、简答题

1. 简述遥感影像增强的含义。
2. 简述遥感影像辐射增强的主要方法以及主要操作步骤。
3. 简述遥感影像空间增强的主要方法以及主要操作步骤。
4. 简述遥感影像光谱增强的主要方法以及主要操作步骤。

项目4 遥感图像空间分析

遥感图像空间分析是以预处理后的遥感图像数据和栅格 DEM 数据为基础，对空间地理对象的空间位置、分布和演变等信息的分析技术，在遥感图像处理各个流程中处于核心的地位，是 GIS 的核心功能之一。本项目包括遥感图像地形分析(坡度、坡向、等高线生成、可视域分析等)、洪水淹没区域分析和虚拟 GIS 三维飞行 3 个任务。

知识目标

1. 了解遥感图像空间分析的范畴和内容。
2. 掌握坡度、坡向和等高线等地形因子的相关概念。
3. 熟悉常用的地形分析和 GIS 分析的操作方法和步骤。

技能目标

1. 能够完成项目区域遥感图像的地形分析，包括坡度、坡向分析、等高线生成和可视域分析等操作。
2. 能够建立虚拟 GIS 工程，并进行洪水淹没分析。
3. 能够定义飞行路线，完成研究区域虚拟 GIS 三维飞行。

任务 4.1 遥感图像地形分析

任务描述

地形分析的主要任务是提取反映地形的特征要素，获得地形的空间分布特征。地形分析的各项操作主要是以栅格 DEM 为基础，提取反映地形的各个因子：坡度、坡向、等高线等。其中坡度是制约生产力空间布局的重要因子；坡向是反映坡面姿态的另一个重要因子；等高线能科学地反映地面高程、山体、坡度、山脉等基本的地貌形态及其变化。本任务就是完成遥感图像主要地形因子的提取，并应用地形因子进行可视域分析。

任务目标

1. 掌握遥感图像的主要地形因子及其概念。
2. 掌握遥感图像地形因子分析的方法步骤。

知识准备

(1)坡度

坡度是用来表述局部地表坡面在空间的倾斜程度。坡度的大小直接影响地表物质的流动与能量转换的规模与强度，是制约生产力空间布局的重要因子。科学确定坡度具有重要意义。

(2)坡向

坡向是反映坡面姿态的另一个重要因子，它反映局部地表坡面在三维空间的朝向，是地表法线在水平面投影与某一基准方向的夹角。这个基准方向可以是人为的规定，也可以是某一默认的方向(一般默认为正北方向)，取逆时针方向为正值。因此，决定坡向的因素有两个：坡面法线和基准方向。坡面法向量在水平面内的投影与基准方向的逆时针夹角构成坡向。

(3)等高线

等高线是高程相等点的连线，是地形表达最为常见的形式，能比较科学地反映地面高程、山体、坡度、山脉等基本的地貌形态及其变化。从 DEM 上提取的等高线一直是计算机辅助制图的基本任务之一，也是 DEM 最为重要的应用之一。

(4)可视域

可视域是一个能充分反映特定特征的可视面，通过对可视面的进一步分析，不仅可以获得点与点之间的通视情况，还可以获得区域的各种地形特征。

任务实施

遥感图像地形分析

一、目的要求

通过了解坡度、坡向、等高线的概念。能够进行如下具体操作。

①能够进行坡度、坡向分析。

②能够进行等高线分析。

③能够进行可视域分析。

二、数据准备

某研究地区的 dem. img 影像数据。

三、操作步骤

(1)坡度分析

①在 ERDAS IMAGINE 9.2 主窗口中，选择【Interpreter】图标→【Topographic Analysis】→【Slope】命令，打开【Surface Slope】对话框(图 4-1)。

②选择输入的 DEM 文件(Input DEM File)项目区域的 DEM 文件：qy_dem. img(图 4-2)。

③选择输出文件(Output File)：slope. img。

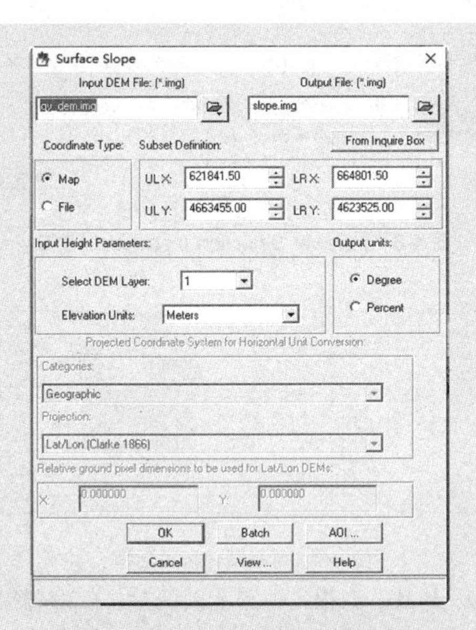

图 4-1 【Surface Slope】对话框

图 4-2 项目区域 DEM 文件

④点击【OK】按钮，依据设置的参数计算出DEM数据的项目区域坡度图(图4-3)。本项目统一采用Map坐标，输入图层选择1，单位为米，输出结果单位为角度。

(2)坡向分析

①在 ERDAS IMAGINE 9.2 主窗口中，选择【Interpreter】图标→【Topographic Analysis】→【Aspect】命令，打开【Surface Aspect】对话框(图4-4)。

②选择输入的 DEM 文件(Input DEM File)项目区域的 DEM 文件：qy_dem. img。

③选择输出文件(Output File)：aspect. img。

④点击【OK】按钮，依据设置的参数计算出DEM数据的项目区域坡向图(图4-5)。Output 属性选择 Continuous(连续灰度图像)。

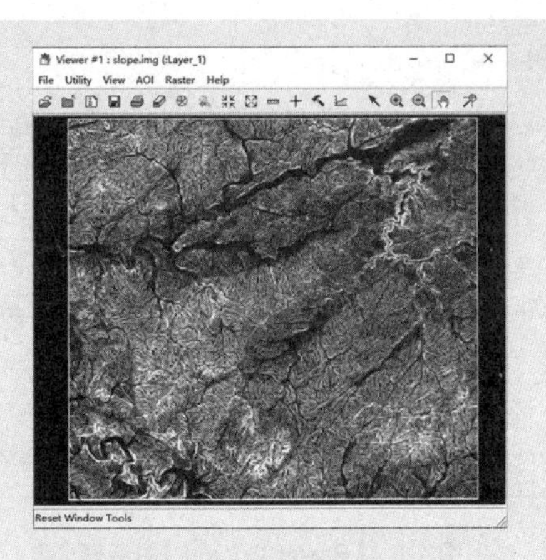

图 4-3 项目区域坡度图

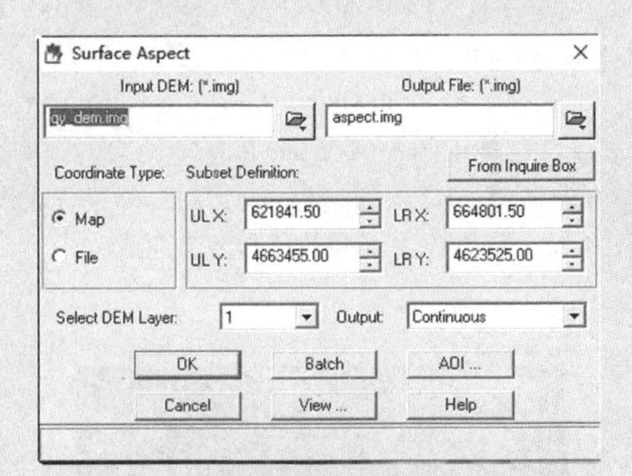

图 4-4 【Surface Aspect】对话框

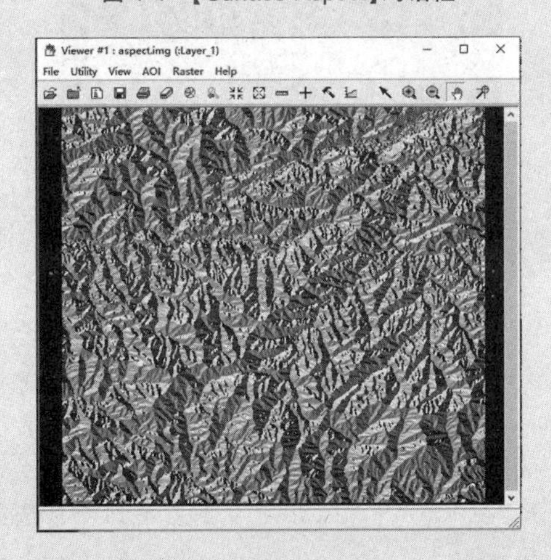

图 4-5 项目区域坡向图

(3)等高线生成

①在 ERDAS IMAGINE 9.2 主窗口中，选择【Interpreter】图标→【Topographic Analysis】→【Raster Contour】命令，打开【Raster Contour】对话框(图4-6)。

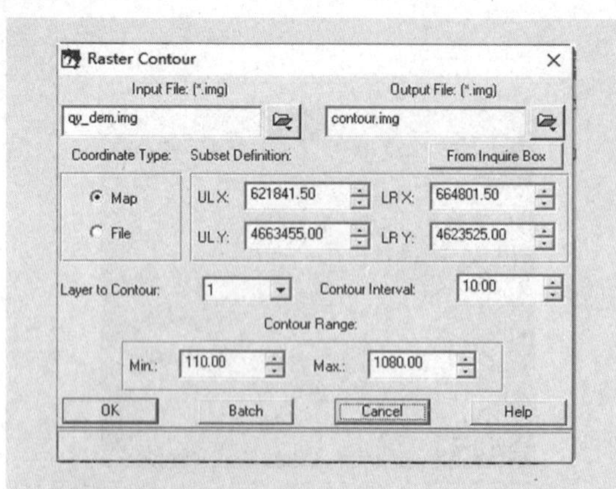

图 4-6 【Raster Contour】对话框

②选择输入的 DEM 文件(Input DEM File)项目区域的 DEM 文件：qy_dem. img。

③选择输出文件(Output File)：contour. img。

④等高线的间距(Contour Interval)：10。

⑤点击【OK】按钮，生成项目区域等高线图(图 4-7)，该数据由渐变的色彩渲染而成。

图 4-7 项目区域等高线图

(4)可视域分析

①在 ERDAS IMAGINE 9.2 主窗口中，选择【Viewer】图标，打开项目区域的 DEM 数据：qy_dem. img。

②在 ERDAS IMAGINE 9.2 主窗口中，选择【Interpreter】图标→【Topographic Analysis】→【Viewshed】命令，弹出【Viewer Selection Instruction】窗口(图 4-8)选择可视域分析的数据，将鼠标左键单击【Viewer 1】视窗中的 qy_dem. img。

③自动打开【Viewshed #1 linked to Viewer #1】对话框(图 4-9)。

④选择【Function】选项卡，设置可视域分析的

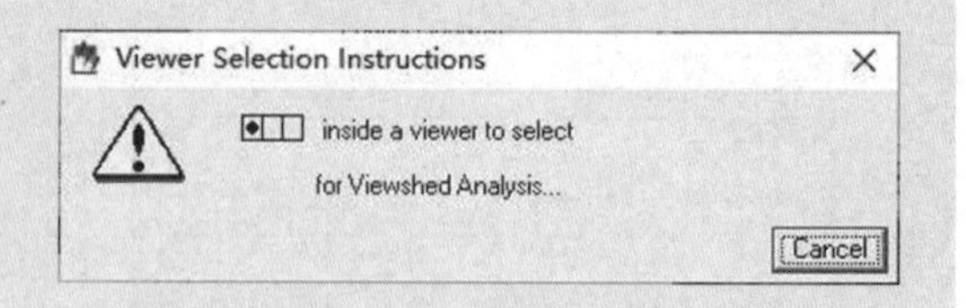

图 4-8 【Viewer Selection Instruction】窗口

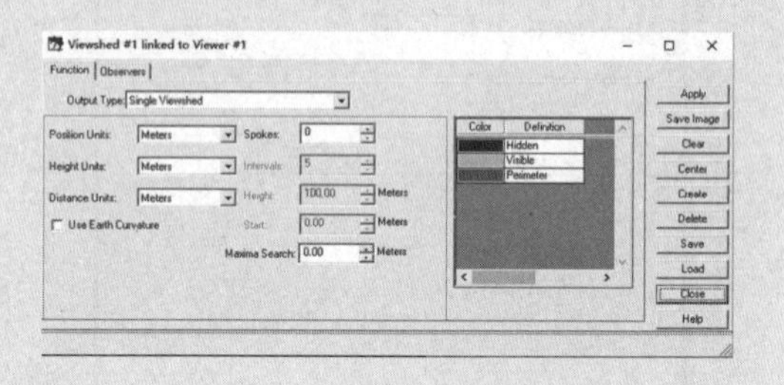

图 4-9 可视域分析对话框

类型，位置、高程、探测范围的单位。设置探测的最大范围，设置该范围内可视、隐藏、边界线的颜色。

⑤选择【Observers】选项卡，分别设置观测者 X，Y 位置、海拔(ASL)、相对地面高度(AGL)、搜索范围(Range)、方位角(Azimuth)、离地表面的高度等参数，这里都采用默认值。

⑥点击【Apply】按钮，即可在窗口中看见设定的最大探测范围内的可视域情况(图 4-10)。

⑦点击【Save】按钮，即可把可视域范围输出为 Dat 文件。

在结果中蓝色(暗色)部分是不可见的范围，红色(亮色)为边线范围，该范围内的其他区域为可视范围。

图 4-10 可视域分析结果

成果提交

1. 完成坡度、坡向分析，并提交坡度图、坡向图。
2. 完成等高线分析，并提交等高线图。
3. 完成可视域分析，并提交可视域分析图。

任务4.2 洪水淹没区域分析

任务描述

洪水淹没分析在项目林场区域防洪方面具有较高的实际应用价值，可以高效、全面、动态地监测项目林场区域范围的水土流失的状况，并能根据数字地面模型快速、准确地模拟洪水的影响范围，以确定洪水高危险区域，从宏观、直观上对抗洪救灾工作发挥指导作用，减少经济损失。本任务就是完成项目区域林场遥感图像的洪水淹没区域分析。

任务目标

1. 了解 VirtualGIS 的多种专题分析功能。
2. 掌握遥感图像的洪水淹没区域分析的方法步骤。

知识准备

ERDAS IMAGINE 的 VirtualGIS 模块可创建 VirtualGIS 工程(Virtual GIS Project)文件，在已经创建的 VirtualGIS 视景中，可以通过叠加多种属性数据层(Overlay Feature Layers)，如矢量层(Vector Layer)、注记层(Annotation Layer)、洪水层(Water Layer)、模拟雾气层(Mist Layer)、空间模型层(Model Layer)和互视分析层(Intervisibility Layer)等，进行多种专题分析，如洪水淹没分析、大雾天气分析、威胁性分析和通视性分析等。

任务实施

洪水淹没区域分析

一、目的要求

通过 VirtualGIS 模块可以创建 VirtualGIS 工程。具体要求如下。

①建立虚拟 GIS 工程，并会保存工程。

②进行洪水图层的建立，并且能够进行不同高度的洪水分析。

二、数据准备

某研究地区的 TM、DEM 等影像数据。

三、操作步骤

(一)创建虚拟 GIS 工程

生成 VirtualGIS 视景(Create VirtualGIS Scene)

是创建 VirtualGIS 工程(Setup Virtual GIS Project)的基础，也是 VirtualGIS 编辑的前提。最简单的 VirtualGIS 视景是由具有相同地图投影和坐标系统的数字高程模型 DEM 和遥感图像组成的。

(1)打开 DEM 文件

DEM 文件是由 ERDAS 地形表面功能(Surface)生成的具有地图投影坐标体系的 IMG 文件。

①在 ERDAS IMAGINE 9.2 主窗口中，选择【VirtualGIS】图标→【VirtualGIS Viewer】命令，打开【VirtualGIS Viewer】视窗。

②在【VirtualGIS】视窗的菜单条，单击【File】→【Open】→【DEM】→【Select Layer To Add】命令，打开【Select Layer To Add】对话框(图 4-11)。

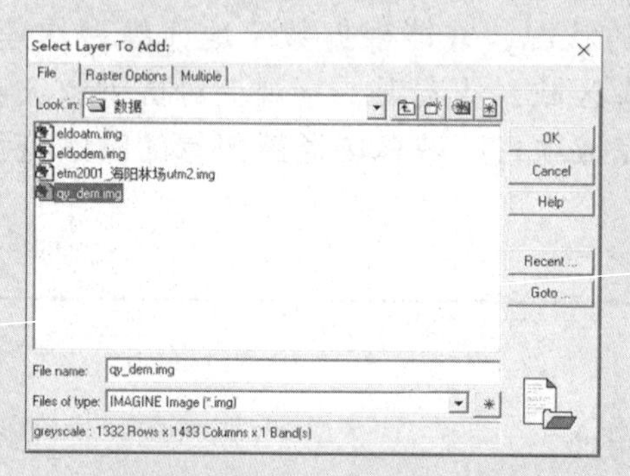

图 4-11 【Select Layer To Add】对话框(File 选项卡)

③在【Select Layer To Add】对话框中，选择文件并设置参数。

• 在【File】选项卡中(图 4-11)，选择 DEM 文件：qy_ dem. img。

• 在【Raster Options】选项卡中(图 4-12)：选择确定文件类型为 DEM；确定数据波段(Band #)为 1；DEM 显示详细程度【Level of Detail(%)】为 20；单击【OK】按钮(VirtualGIS 窗口中显示 DEM)。

(2)打开图像文件

将要打开的图像文件与已经打开的 DEM 文件必须具有相同的地图投影坐标系统。

①在 VirtualGIS 视窗的菜单条，单击【File】→【Open】→【Raster Layer】命令，打开【Select Layer To Add】对话框。

②在【Select Layer To Add】对话框中，选择文件并设置以下参数。

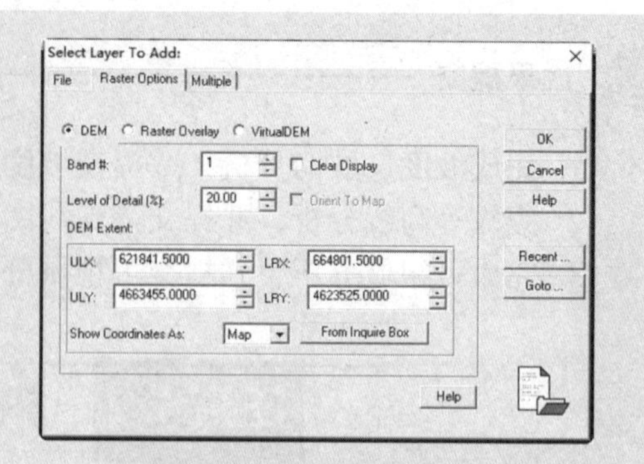

图 4-12 【Select Layer To Add】对话框(Raster Options 选项卡)(一)

• 在【File】选项卡中(图 4-11)，选择项目区域林场图像文件：etm2001_海阳林场 utm2. img。

• 在【Raster Options】选项卡中(图 4-13)：确定文件类型为 Raster Overlay。

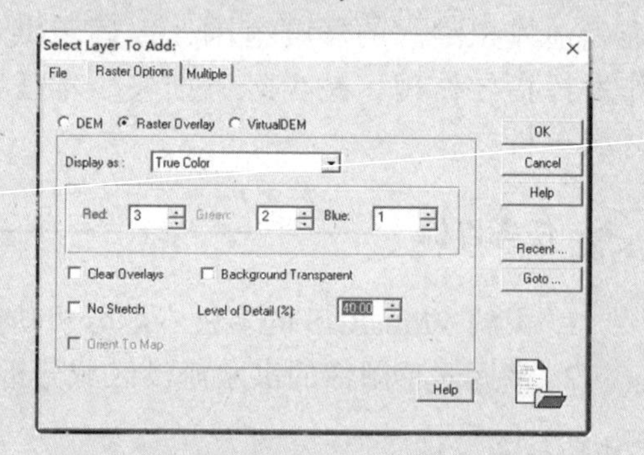

图 4-13 【Select Layer To Add】对话框(Raster Options 选项卡)(二)

• 图像以真彩色显示(Display as)：True Color。

• 确定彩色显示波段，Red：3/Green：2/Blue：1。

• 图像显示详细程度【Level of Detail(%)】：40。

• 不需要清除下层图像，取消选中【Clear Overlays】复选框。

• 不需要背景透明显示，取消选中【Background Transparent】复选框。

• 单击【OK】按钮(图像叠加在 DEM 之上)，产生 VirtualGIS 视景(图 4-14)。

说明：DEM 及图像显示的详细程度(Level Of Detail)用于确定 VirtualGIS 窗口中显示 DEM 与图像的分辨率高低，减小该参数有利于加快显示速度，但降低了分辨率；相反，增大该参数有利于

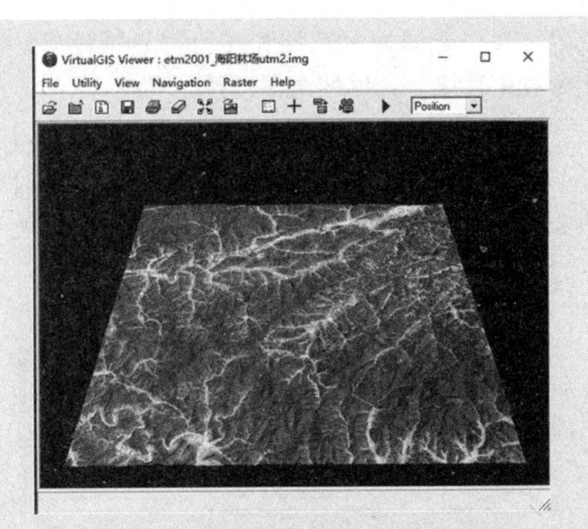

图 4-14　VirtualGIS 视景(已设置背景)

三维视景的效果表达，但影响交互编辑操作的速度。

(3)保存 VirtualGIS 工程

VirtualGIS 视景可以保存为一个 VirtualGIS 工程文件(＊.vwp)。VirtualGIS 工程文件是一个保存 VirtualGIS 视景的配置文件(Configuration File)。VirtualGIS 视景一旦保存为 VirtualGIS 工程，加载到视景中的所有数据层、显示参数、飞行路线等都将作为工程文件的参考值。如果工程文件被打开，其所有属性、包括视景图像空间分辨率和显示背景颜色，都将保持该文件产生时的 VirtualGIS 视景状态。VirtualGIS 工程的保存操作如下：

①在 VirtualGIS 菜单条，单击【File】→【Save】→【Project As】命令，打开【Save VirtualGIS Project】对话框(图 4-15)。

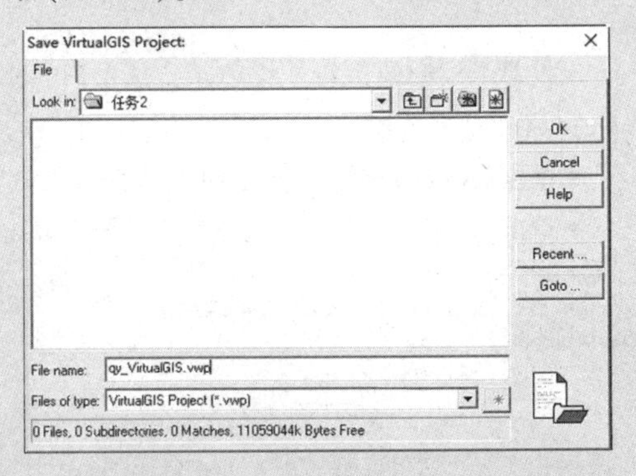

图 4-15　【Save VirtualGIS Project】对话框

②在 Save VirtualGIS Project 对话框中，需要设置以下参数。

• 文件保存路径(File Look In)。

• 工程文件名称(File Name)：qy_VirtualGIS.vwp。

• 单击【OK】按钮，关闭【Save VirtualGIS Project】对话框，保存 VirtualGIS 工程。

(二)编辑 VirtualGIS 视景

创建的 VirtualGIS 工程是由一个 VirtualGIS 视景组成的，其中的视景是一个基本的 VirtualGIS 视景，用户可以根据需要，应用 VirtualGIS 菜单条和工具条中所集成的大量编辑功能，对 VirtualGIS 视景进行编辑(Edit VirtualGIS Scene)。

(1)打开 VirtualGIS 工程文件

①在 VirtualGIS 视窗的菜单条，单击【File】→【Open】→【VirtualGIS Project】命令，打开【Select Layer To Add】对话框(图 4-16)。

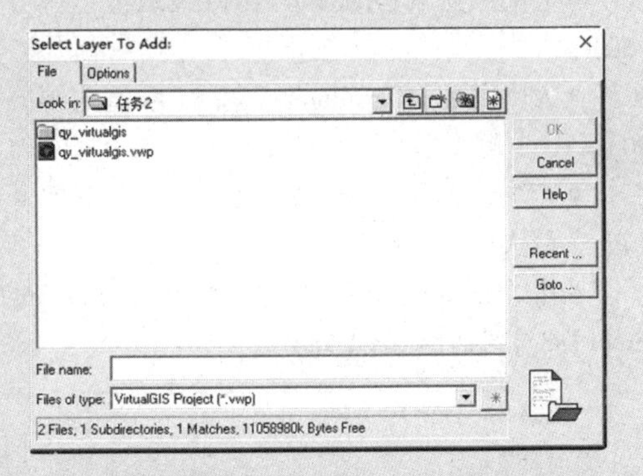

图 4-16　【Select Layer To Add】对话框

②在【Select Layer To Add】对话框设置以下参数。

• 确定文件路径为上节中保存的工程路径。

• 选择文件名称(File Name)：qy_VirtualGIS.vwp。

• 单击 OK 按钮，关闭【Select Layer To Add】对话框，打开 VirtualGIS 工程文件。

打开 VirtualGIS 工程文件以后，可以对其 VirtualGIS 视景分别进行编辑操作。

(2)调整太阳光源位置

太阳光源位置(Sun Position)包括太阳方位角、太阳高度，以及光线强度等参数，这些参数都可以直接由用户给定具体的数值。其中太阳方位角也可以通过确定时间(年、月、日、时)由系统自动计算获得，具体过程如下。

①在 VirtualGIS 视窗的菜单条，单击【View】→【Sun Positioning】命令，打开【Sun Positioning】对话框(图 4-17)。

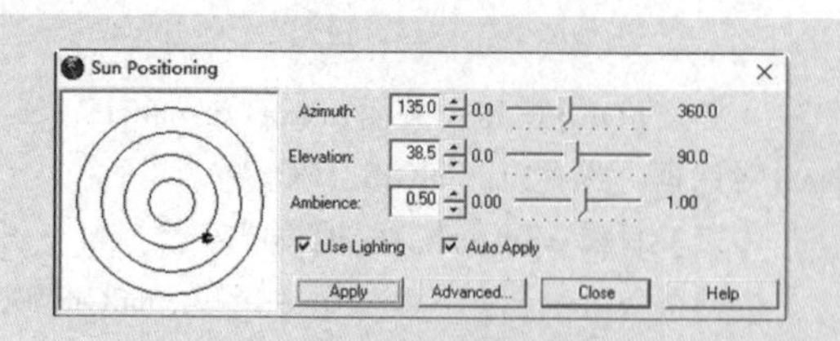

图 4-17 【Sun Positioning】对话框

②在【Sun Positioning】对话框中，可以输入数字或移动标尺来设置以下参数。

• 首先设置使用太阳光源，选中【Use Lighting】复选框。

• 设置自动应用参数模式，选中【Auto Apply】复选框。

• 太阳方位角(Azimuth)：135(取值范围 0~360)。

• 太阳高度(Elevation)：38.5(取值范围 0~90)。

• 光线强度(Ambience)：0.5(取值范围 0~1)，值越大，光照越强。

• 单击【Advanced】按钮，打开【Sun Angle From Date】对话框(图 4-18)。

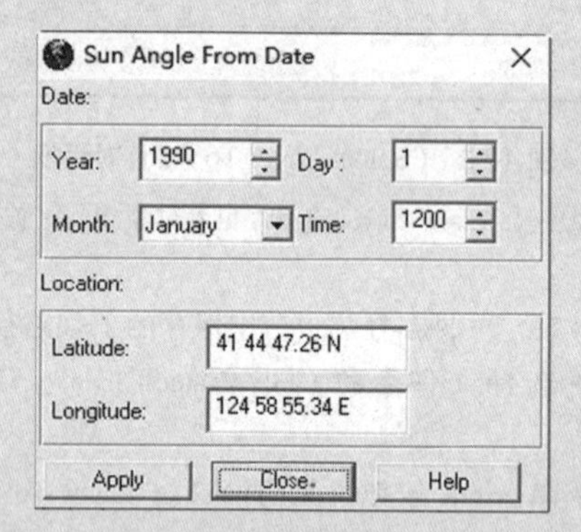

图 4-18 【Sun Angle From Date】对话框

• 确定日期与时间(Date)，Year：1990/Month：January/Day：1/Time：12：00。

• 确定位置(Location)，Latitude：414447.26N/Longitude：1245855.34E。

• 单击【Close】按钮，关闭【Sun Angle From Date】对话框。

• 单击【Apply】按钮，关闭【Sun Positioning】对话框。

(3)调整视景特性

VirtualGIS 视景特性(Scene Properties)包括多个方面，有 DEM 显示特性、背景显示特性、三维漫游特性、立体显示特性和注记符号特性等，特性参数比较多，具体的调整过程如下：

①在 VirtualGIS 视窗的菜单条，单击【View】→【Scene Properties】命令，打开【Scene Properties】对话框(图 4-19)。

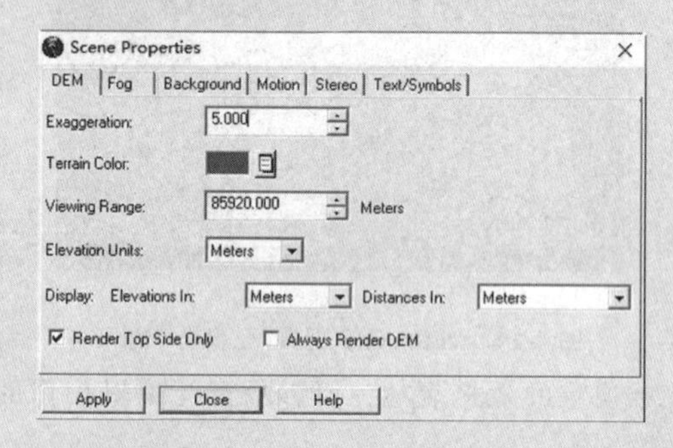

图 4-19 【Scene Properties】对话框(DEM 选项卡)

②在【Scene Properties】对话框(DEM 选项卡)中，设置 DEM 显示参数。

• DEM 垂直比例(Exaggeration)：5 表示5：1，夸大 5 倍显示，1 表示地面高程没有被拉伸，2 表示地面高程显示为原高程的两倍，依次类推。

• DEM 地面颜色(Terrain Color)：Dark Green(深绿色)。

• 视域范围(Viewing Range)：85920Meters。

• 高程单位(Elevation Uint)：Meters。

• 高度显示单位(Display Elevation In)：Meters。

• 距离显示单位(Display Distance In)：Meters。

• 仅对上层图像进行三维显示，选中【Render Top Side Only】复选框。

• 单击【Apply】按钮，应用 DEM 设置参数。

• 单击【Fog】标签进入 Fog 选项卡(图 4-20)。

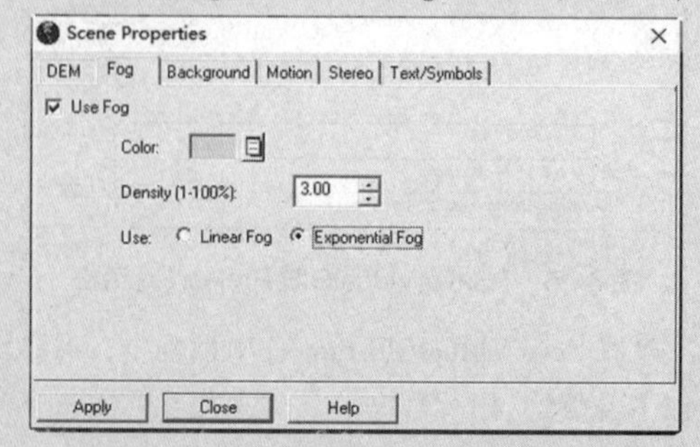

图 4-20 【Scene Properties】对话框(Fog 选项卡)

③在【Scene Properties】对话框(Fog 选项卡)中，设置 Fog 显示参数。

• 首先确定使用 Fog，选中【Use Fog】复选框。

• 确定 Fog 颜色(Color)：White Gray(浅灰色)。

• 确定 Fog 浓度(Density)：3(取值 1% ~ 100%)(数值越大，烟雾浓度越浓)。

• 确定 Fog 应用方式(Use)：Exponential Fog(指数方式)。

• 单击【Apply】按钮，应用 Fog 设置参数。

• 单击【Background】标签进入【Background】选项卡(图 4-21)。

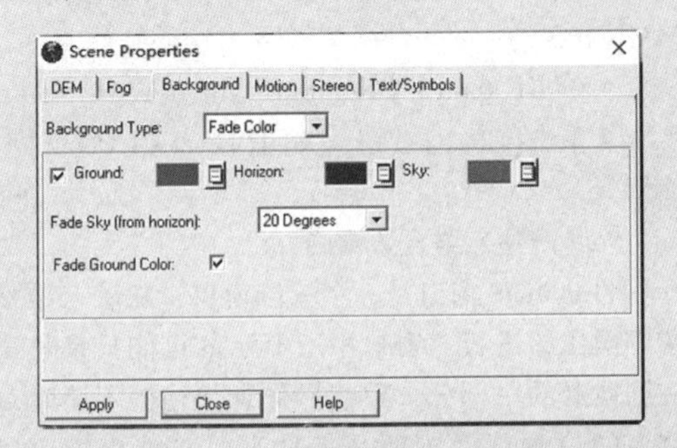

图 4-21 【Scene Properties】对话框【Background】选项卡

④在【Scene Properties】对话框【Background】选项卡中，设置 Background 显示参数。

• 确定背景类型(Background Type)：Fade Color(渐变颜色)。背景类型有 4 种：Solid Color(固定颜色)、Fade Color(渐变颜色)、Image(图像)和 Panorama(全景)。只有选择渐变颜色的模式才可以进一步对地面、地平线、天空的颜色和颜色渐变范围进行设置，该模式可以显示黎明、日出、日落的效果。

• 选择地面颜色(Ground)：Dark Green(深绿色)。

• 选择地平线颜色(Horizon)：Blue(淡蓝色)。

• 选择天空颜色(Sky)：Red(浅红色)。

• 颜色渐变范围【Fade Sky (from Horizon)】：20 Degrees(20 Degrees：Fade Point，所以天空渐变颜色范围设置高于地平面 20 Degrees 时才可以看出效果)。

• 地面颜色发生渐变，选中【Fade Ground Color】复选框。

• 单击【Apply】按钮，应用 Background 设置参数。

• 单击【Motion】标签进入【Motion】选项卡(图 4-22)。

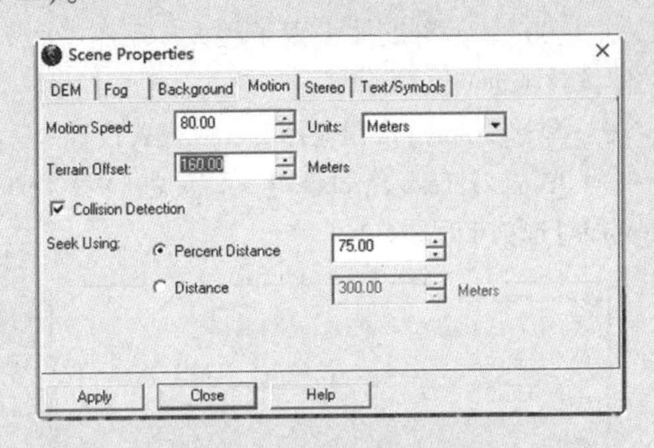

图 4-22 【Scene Properties】对话框(Motion 选项卡)

⑤在【Scene Properties】对话框【Motion】选项卡中设置 Motion 特性参数。

• 设置漫游速度(Motion Speed)：80 Meters。

• 距离地面高度(Terrain Offset)：160 Meters(数值越大，距离地面越高)。

• 自动进行冲突检测：Collision Detection。

• 选择漫游距离范围(Seek Using)：75 Percent Distance。

• 单击【Apply】按钮应用 Motion 设置参数。

• 单击【Stereo】标签进入 Stereo 选项卡(图 4-23)。

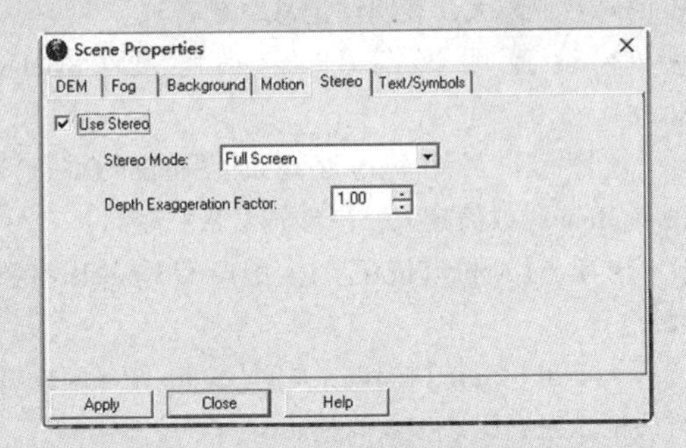

图 4-23 【Scene Properties】对话框(Stereo 选项卡)

⑥在【Scene Properties】对话框【Stereo】选项卡中，设置 Stereo 特性参数。

• 首先确定使用立体像对模式，选中【Use Stereo】复选框。

• 选择立体像对模式(Stereo Mode)为 Full Screen(整屏模式)：另两种模式是 Stereo-in-a-Window(窗口模式)和 Anaglyph(浮雕模式，一个简单的立体模式，只需佩戴简易的立体镜即可，无须其他高级设备)。

• 显示深度放大因子(Depth Exaggeration Factor)：1.00(显示深度放大因子越大，观测者距离立体像对越近)。

• 单击【Apply】按钮应用Stereo模式设置。

• 单击【Text/Symbols】标签进入【Text/Symbols】选项卡(图4-24)。

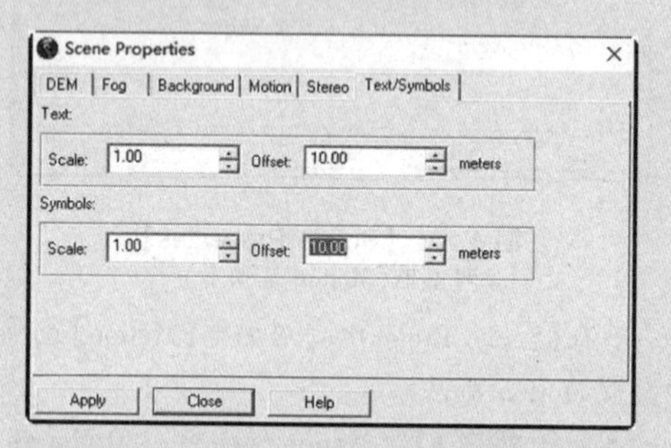

图4-24 【Scene Properties】对话框(Text/Symbols选项卡)

⑦在【Scene Properties】对话框【Text/Symbols】选项卡中设置Text/Symbols特性参数。

• 设置数字注记显示比例(Text Scale)：1.0(1表示注记显示比例没有夸大，2表示乘以两倍显示，依次类推)。

• 数字注记距离地面高度(Text Offset)：10.0 Meters(数值越大，表明注记悬空越高)。

• 设置图形符号显示比例(Symbol Scale)：1.0。

• 图形符号距离地面高度(Symbol Offset)：10.0 Meters(数值越大，图形符号悬空越高)。

• 单击【Apply】按钮，应用Text/Symbols参数设置。

• 单击【Close】按钮，关闭【Scene Properties】对话框，完成视景参数调整。

(4) 变换视景详细程度

VirtualGIS三维视景显示的详细程度(Level of Detail)，在产生VirtualGIS视景过程中已经进行过初步设置，在编辑操作过程中，还可以根据对视景质量和显示速度的需要随时进行变换调整。

①在VirtualGIS菜单条单击【View】→【Level Of Detail Control】命令，打开【Level Of Detail】对话框(图4-25)。

②在【Level Of Detail】对话框中，通过输入数

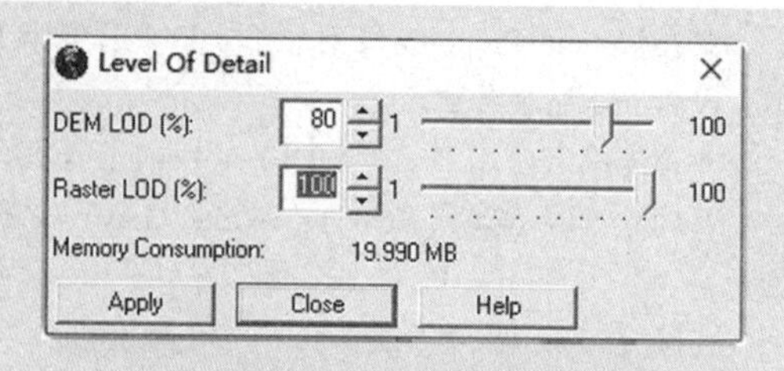

图4-25 【Level Of Detail】对话框

字或滑动标尺设置两个参数。

• DEM显示的详细程度(DEM LOD)：80%(1%~100%)(数值越大，详细程度越高，显示效果越好，但操作速度也越慢)。

• 图像显示的详细程度(Raster LOD)：100%(1%~100%)。

• 单击【Apply】按钮，应用设置参数。

• 单击【Close】按钮，关闭【Level Of Detail】对话框。

(5) 产生二维全景窗口

VirtualGIS窗口是一个三维窗口，随着三维漫游等操作的进行，窗口中所显示的可能只是整个三维视景的一部分，致使操作者往往搞不清楚观测点的位置以及观测目标状况，二维全景窗口(OverviewViewer)可以解决上述问题。

①在VirtualGIS菜单条，单击【View】→【Greate Overview Viewer】→【Linked】命令，打开ERDAS IMAGINE 9.2二维全景窗口(图4-26)。

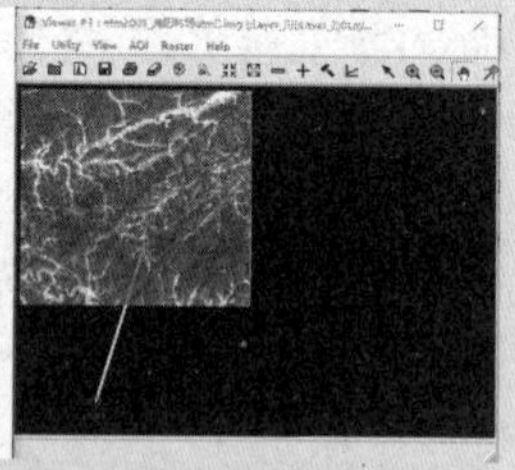

图4-26 ERDAS IMAGINE 9.2二维全景窗口

IMAGINE二维全景窗口中不仅包含Virtual GIS三维窗口中的全部数据层，更重要的是其中的定位工具(Positioning Tool)，由观测点位置(Eye)、观测目标(Target)以及连接观测点和观测目标的视线组成，观测点与观测目标可以任意移动，定位工具也可以整体移动。由于二维全景窗口与Virtual GIS三维窗口是互动连接的，只要定位工具中的任意一个部分发生位移，Virtual GIS窗口中的三维视景就会相应地漫游，非常直观、便于操作。

同时，在二维窗口中还可以编辑定位工具属性。

②在 IMAGINE 二维菜单条，单击【Utility】→【Selector Properties】命令，打开【Eye/Target Edit】对话框(图 4-27)。

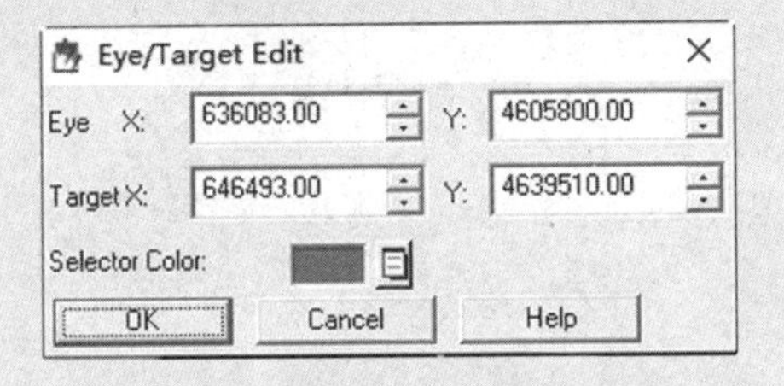

图 4-27 【Eye/Target Edit】对话框

③在【Eye/Target Edit】对话框中，可以确定下列参数。

• 观测点的确切位置(Eye)：*X* 坐标值、*Y* 坐标值。

• 观测目标的确切位置(Target)：*X* 坐标值、*Y* 坐标值。

• 观测点与观测目标的颜色(Selector Color)：Red(红色)。

• 单击【OK】按钮，关闭【Eye/Target Edit】对话框、应用参数。

(6) 编辑观测点位置

在上述的二维全景窗口中，用户只能在二维平面上移动观测点位置，而借助观测点位置编辑器(Position Editor)，则可以在三维空间中编辑观测点位置(Edit Eye Position)。

①在 Virtual GIS 菜单条，单击【Navigation】→【Position Editor】命令，打开【Position Editor】窗口(图 4-28)。

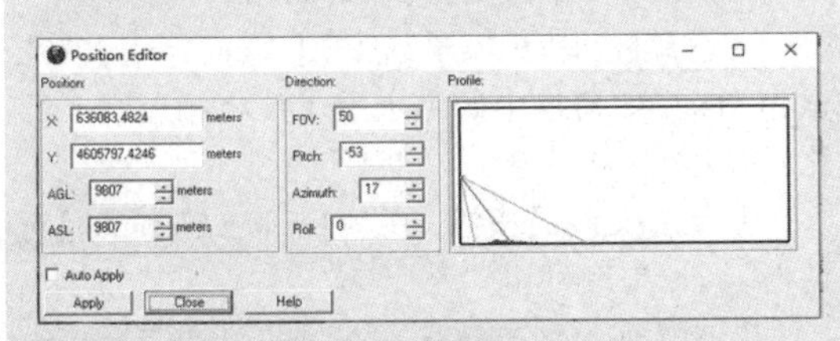

图 4-28 【Position Editor】窗口

②在 Position Editor 窗口中，可以确定下列位置参数。

• 观测点的平面位置(Position)：*X* 坐标值、*Y* 坐标值。

• 观测点的高度位置(Position)：AGL 数值、ASL 数值。AGL(Above Ground Level)：观测点距地平面的高度。ASL(Above Sea level)：观测点海拔。

• 观测点的方向参数(Direction)：用 4 个参数描述观测方向。FOV(Field of View)；观测视场角度；Pitch：观测俯视角度；Azimuth：观测方位角度；Roll：旋转角度。

• 观测点位置剖面(Profile)：任意拖动鼠标调整位置参数与方向参数(由 3 条线组成，一条红线，两条绿线。中间红线的左边端点表示观测者的高度位置，右边端点表示地面观测者视域范围中心点，两边的绿线代表视域范围的边界，可拖动两个红色端点调整位置参数和方向参数)。

• 设置自动应用设置参数，选中【AutoApply】复选框，或单击【Apply】按钮应用。

• 单击【Close】按钮，关闭【Position Editor】窗口。

(三)洪水淹没分析

在 VirtualGIS 窗口中可以叠加洪水层(Overlay Water Layers)，进行洪水淹没状况分析，系统提供了两种分析模式(Fill Entire Scene 和 Create Fill Area)进行操作。在 Fill Entire Scene 模式中，对整个可视范围增加一个洪水平面，可以调整水位的高度以模拟洪水的影响范围；在 Create Fill Area 模式中，可以选择点进行填充，VirtualGIS 将模拟比选择点低的地区所构成的“岛(Island)”的范围，并计算“岛”的表面积和体积。

1. 创建洪水层(Create Water Layer)

①在 VirtualGIS 菜单条，单击【File】→【New】→【Water Layer】命令，打开【Create Water Layer】对话框(图 4-29)。

②在【Create Water Layer】对话框中，可以确定下列位置参数。

• 确定文件路径。

• 确定文件名称：qy_waterlayer. fld。

• 单击【OK】按钮关闭【Create Water Layer】对话框，创建洪水层文件。洪水层文件建立以后，自动叠加在 VirtualGIS 视景之上，由于洪水层中还没有属性数据，所以现在 VirtualGIS 视景还没有什么变化。不过，在 VirtualGIS 菜单条中已经增加了一项 Water 菜单，其中包含了关于洪水层的各种操作命令和参数设置，具体功能见表 4-1。

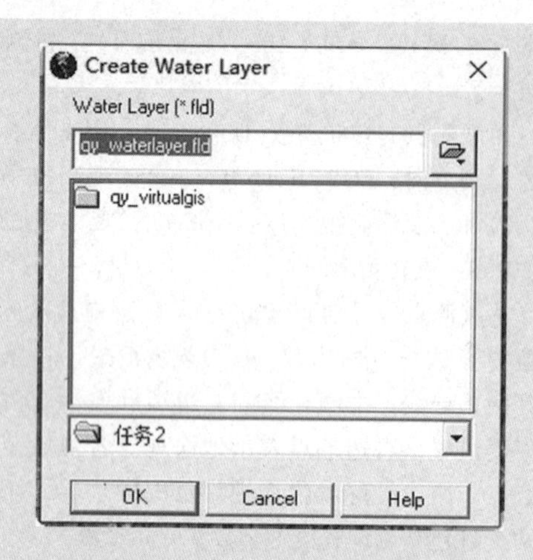

图 4-29 【Create Water Layer】对话框

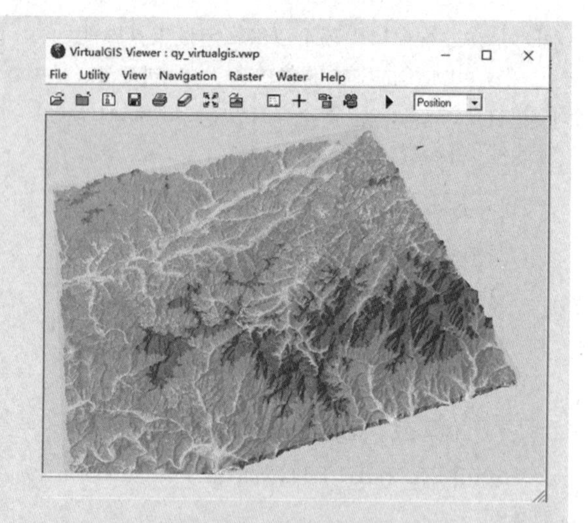

图 4-30 VirtualGIS 视景之上叠加洪水层(两层)

表 4-1 VirtualGIS Water 菜单命令与功能

命　令	功　能
Fill Entire Scene	洪水充满整个视景模式开关
Water Elevation Tool	洪水高度设置工具
Display Styles	洪水显示特性设置
Create Fill Areas	洪水区域填充模式开关
Fill Attributes	洪水填充属性表格
View Selected Areas	浏览选择洪水区域
Move to Selected Areas	移到选择洪水区域

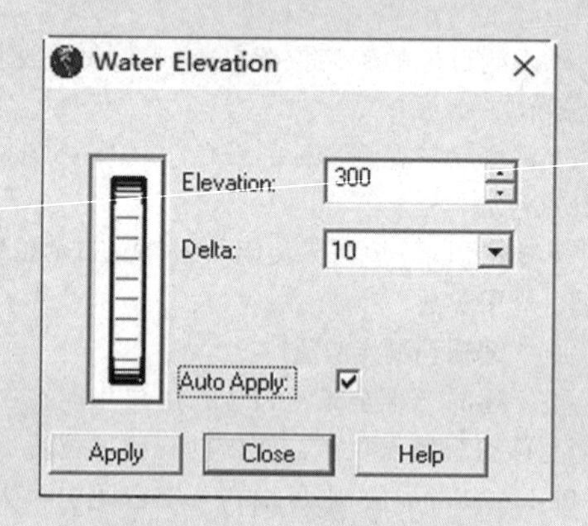

图 4-31 【Water Elevation】对话框

2. 编辑洪水层(Edit Water Layer)

应用表 4-1 所列的洪水层操作命令，可以对第一步所创建的洪水层进行各种属性编辑，以便在 VirtualGIS 视景中观测和显示洪水泛滥和淹没情况，下面将按照 Fill Entire Scene 和 Create Fill Area 两种模式进行说明。

(1) Fill Entire Scene 模式与参数

在 VirtualGIS 菜单条，单击【Water】→【Fill Entire Scene】→【VirtualGIS】命令，视景之上叠加一个具有默认属性的洪水层(图 4-30)。

对于 VirtualGIS 之上叠加的充满整个视景的洪水层，可以进一步编辑其属性。

①调整洪水的高度。在 VirtualGIS 菜单条，单击【Water】→【Water Elevation Tool】→【Water Elevation】命令，打开【Water Elevation】对话框(图 4-31)。

在【Water Elevation】对话框中，可以编辑下列参数。

• 调整洪水的高度(Elevation)：300。

• 调整洪水高度增量(Delta)：10。

• 设置自动应用模式，选中【Auto Apply】复选框(VirtualGIS 窗口中的洪水层水位将相应自动变化)。

• 单击【Close】按钮，关闭【Water Elevation】对话框。

②设置洪水显示特性。在 VirtualGIS 菜单条，单击【Water】→【Display Styles】命令，打开【Water Display Styles】对话框(图 4-32)。

在【Water】→【Display Styles】对话框中，可以编辑下列参数：

• 设置洪水表面特征(Surface Style)：Rippled(水波纹)，另外两种特征是 Solid(固定颜色)和 Textured(图像纹理)。

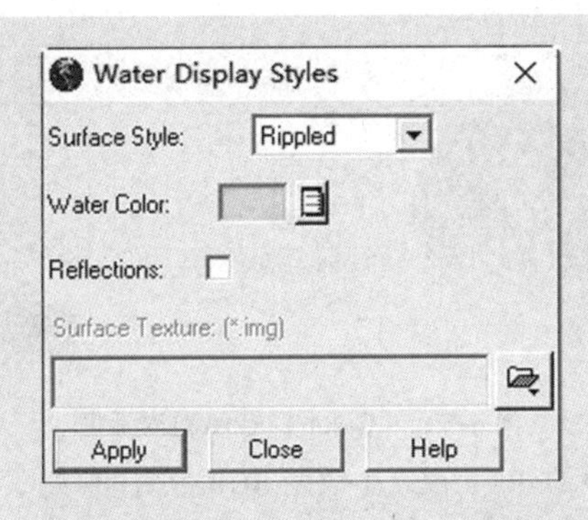

图 4-32 【Water Display Styles】对话框

• 设置洪水基础颜色（Water Color）：Light Blue（淡蓝色）。

• 设置洪水映像，选中【Reflections】复选框。

• 单击【Apply】按钮，应用洪水层设置参数，洪水层效果如图 4-33 所示。

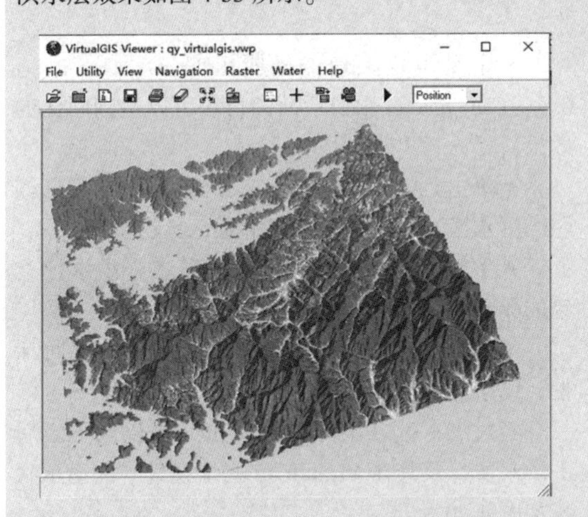

图 4-33 洪水高程为 300 m 淹没效果图

• 单击【Close】按钮，关闭【Water Display Styles】对话框。

（2）Create Fill Area 模式与参数

在 VirtualGIS 菜单条，单击【Water】→【Fill Entire Scene】，去除洪水层，再单击【Water】→【Create Fill Area】命令，打开【Water Properties】对话框（图 4-34）。

在【Water Properties】对话框中，选择填充洪水层的区域。

• 单击【Options】按钮，打开【Fill Area Options】对话框（图 4-35）。

• 在【Fill Area Options】对话框中设置产生岛选择项，选中【Create Islands】复选框。

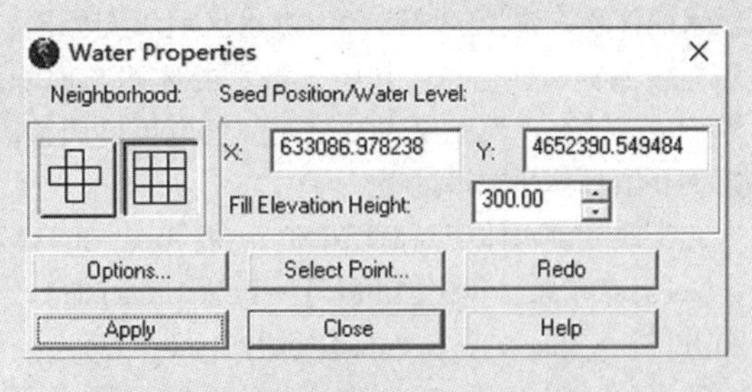

图 4-34 【Water Properties】对话框（选择区域之后）

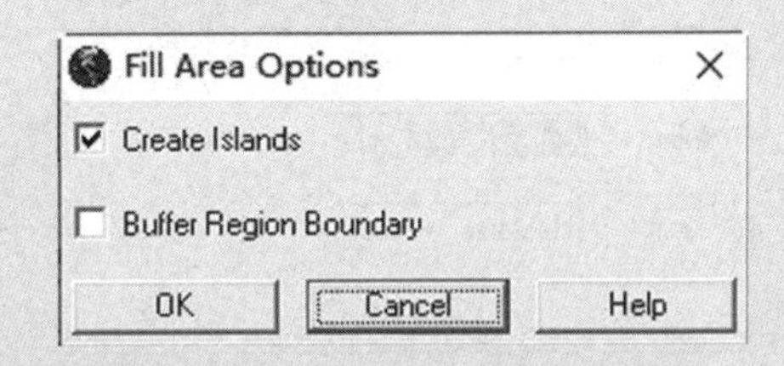

图 4-35 【Fill Area Options】对话框

• 单击【OK】按钮关闭【Fill Area Options】对话框，应用选择项设置。

• 单击【Select Point】按钮，并在 Virtual GIS 窗口中单击确定一点（该点的 *X*、*Y* 坐标与高程将分别显示在【Fill Area Options】对话框中）。

• 调整洪水层填充区域高度（Fill Elevation Height）：300。

• 单击【Apply】按钮，应用洪水层设置参数，产生洪水淹没区域并计算面积与体积。

• 重复执行上述操作，可以产生多个洪水淹没区域。

• 单击【Close】按钮，关闭【Water Properties】对话框，结束洪水淹没区域填充。

对于上述过程中所产生的洪水淹没填充区域，可以通过洪水填充属性表进行编辑：在 VirtualGIS 菜单条，单击【Water】→【Fill Attributes】命令，打开【Area Fill Attributes】窗口（图 4-36）。

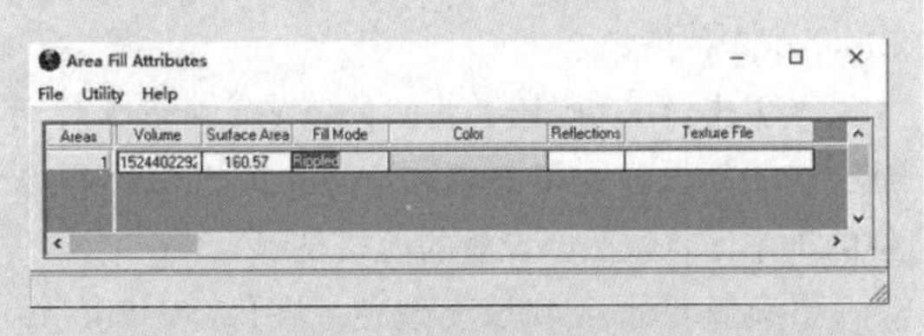

图 4-36 【Area Fill Attributes】窗口

【Area Fill Attributes】窗口由菜单条和洪水属性表（Attributes Cellarray）组成，属性表中的每一条记录对应一个洪水淹没区域，每一条记录都包含洪水的体积、淹没区域面积、洪水区域填充模式、填充颜色等属性信息。其中，洪水的体积与面积单位可以改变，填充模式与填充颜色也可以调整，下面介绍具体的编辑过程。

①改变洪水体积与面积单位。在【Area Fill Attributes】菜单条，单击【Utility】→【Set Units】命令，打开【Set Volume/Area Units】对话框(图 4-37)。

在【Set Volume/Area Units】对话框设置以下参数。

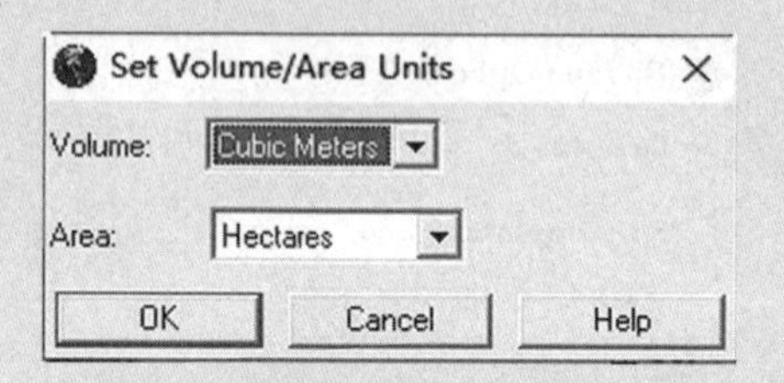

图 4-37　【Set Volume/Area Units】对话框

• 设置洪水体积单位(Volume)：Cubic Meters。

• 设置洪水面积单位(Area)：Hectares。

• 单击【OK】按钮，关闭【Set Volume/Area Units】对话框，应用新设置的单位(属性表格中的体积与面积统计数据将按照新设置的单位显示)。

②调整洪水区域填充模式。在【Area Fill Attributes】窗口属性表，单击【Fill Mode】→【Rippled】命令，打开【Set Fill Mode】对话框(图 4-38)。

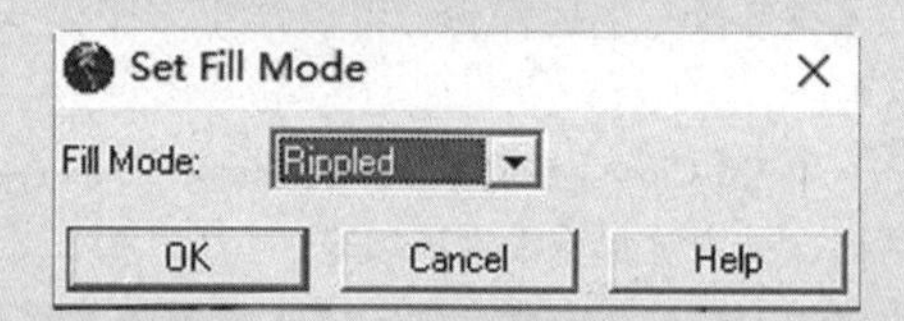

图 4-38　【Set Fill Mode】对话框

在【Set Fill Mode】对话框设置以下参数。

• 调整洪水区域填充模式(Fill Mode)：Rippled(3 种模式之一)。

• 单击【OK】按钮，关闭【Set Fill Mode】对话框，应用新设置的填充模式(VirtualGIS 三维视景中的洪水区将按照新设置的模式显示)。

③调整洪水区域填充颜色。在【Area Fill Attributes】窗口属性表进行以下操作。

• 单击【Color】按钮，弹出常用色标。

• 单击【Other】按钮，打开【Color Chooser】对话框(图 4-39)。

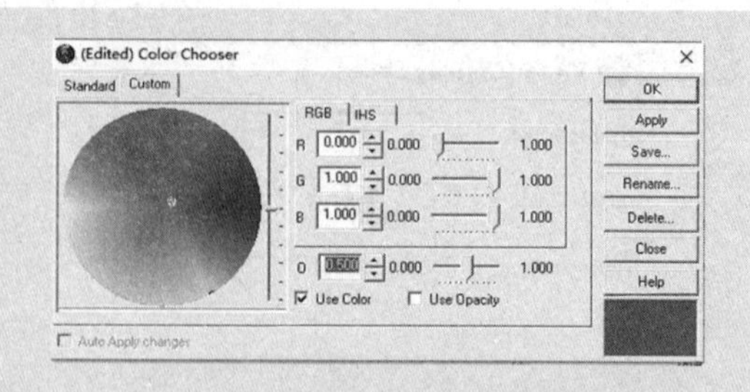

图 4-39　【Color Chooser】对话框

• 在 RGB 模式中改变 RGB 数值(0~1)，以达到调整颜色的目的(拖动 RGB 数值后面的滑块可以达到同样的效果)。

• 在 IHS 模式中改变 IHS 数值(0~1)，达到调整颜色的目的(拖动 IHS 数值后面的滑块可以达到同样的效果)。

• 选择使用透明颜色，选中【Use Opacity】复选框。

• 定量设置颜色的透明程度(O：Opacity)：0.5(拖动 Opacity 数值后面的滑块可以达到同样的效果)。

• 单击【Apply】按钮，应用新设置的填充颜色，洪水区域将按照新设置的颜色显示。

• 重复执行上述过程可以调整多个洪水填充区的颜色。

• 单击【OK】按钮，关闭【Color Chooser】对话框，结束颜色调整操作。

经过洪水区域填充模式和填充颜色调整之后的洪水层，及其在 VirtualGIS 三维视景中的显示状况如图 4-40 所示。

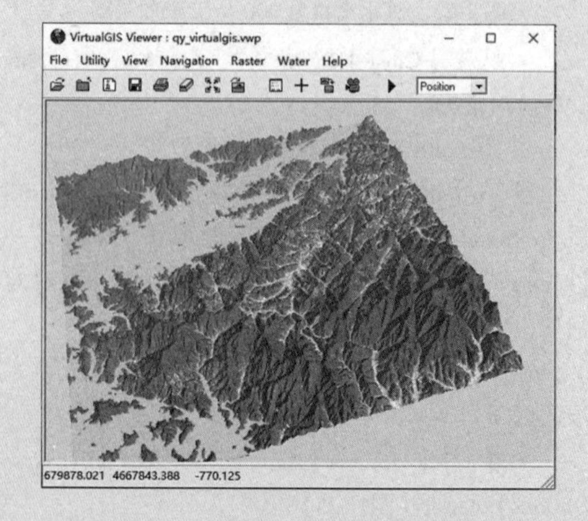

图 4-40　调整填充模式与填充颜色以后的洪水区域

成果提交

1. 建立虚拟地理信息系统工程，并提交工程文件。
2. 完成洪水淹没区域分析，并提交含有洪水层的工程文件。

任务4.3 虚拟 GIS 三维飞行

任务描述

在虚拟 GIS 三维飞行任务中，用户可以通过定制的飞行路线，并通过设置飞行的高度，沿着确定的路线在虚拟三维环境中飞行，体验三维景观的空间变化。

任务目标

1. 掌握建立虚拟 GIS 工程文件的基本步骤。
2. 掌握遥感图像虚拟 GIS 三维飞行的方法步骤。

知识准备

ERDAS IMAGINE 9.2 虚拟地理信息系统(VirtualGIS)是一个三维可视化工具，为用户提供了一种对大型数据库进行实时漫游操作的途径。在虚拟环境下，可以显示和查询多层栅格图像、矢量图形和注记数据。VirtualGIS 以 OpenGL 作为底层图形语言，由于 OpenGL 语言允许对几何或纹理的透视使用硬件加速设置，从而使 VirtualGIS 可以在 Unix 工作站及 PC 上运行。

ERDAS IMAGINE VirtualGIS 采用透视的手法，减少了三维视景中所需显示的数据，仅当图像的内容位于观测者视域范围时才被调入内存，并且远离观测者的对象比接近观测者的对象以较低的分辨率显示。同时，为了增加三维显示效果，对于地形变化较大的图像，采用较高的分辨率显示，而地形平缓的图像则以较低的分辨率显示。

任务实施

虚拟 GIS 三维飞行

一、目的要求

以任务 4.2 建立的虚拟 GIS 文件为基础，进行三维飞行操作。具体要求如下。

①打开虚拟 GIS 工程文件，进行飞行路线的绘制。

②设置飞行高度等相关参数，进行三维飞行。

二、数据准备

某研究地区的 TM、DEM 等影像数据。

三、操作步骤

(一)定义飞行路线

在 VirtualGIS 环境中，用户可以根据需要定义飞行路线，然后沿着确定的路线在虚拟三维环境中飞行。类似于 VirtualGIS 导航，VirtualGIS 飞行(Flight)也是以 VirtualGIS 工程为基础，所以，首先需要打开 VirtualGIS 工程文件 VirtualGIS. vwp，并且叠加注记属性层 Virtualannotat. ovr。

可以通过多种方式定义飞行路线(Create a Flight Path)：可以在 VirtualGIS 窗口中记录观测点位置(Record Position)形成飞行路线，也可以在 IMAGINE 二维窗口中数字化一条曲线(Polyline)作为飞行路线，还可以直接设置沿飞行路线上每个点的三维坐标来确定飞行路线。下面将介绍在 IMAGINE 二维窗口中定义飞行路线的方法和过程。

(1)打开二维全景窗口(Create Overview Viewer)

在 ERDAS IMAGINE 主窗口中，选择【VirtualGIS】图标→【VirtualGIS Viewer】命令，打开【VirtualGIS Viewer】视窗。在【VirtualGIS】视窗的菜单条，单击【File】→【Open】→【VirtualGIS Project】命令，打开【Select Layer To Add】对话框。在【Select Layer To Add】对话框，选择文件名称(FileName)：qy_VirtualGIS. vwp。

在 VirtualGIS 视窗工具条中，单击【Show Data Layer in IMAGINE Viewer】图标，打开二维全景窗口(包含 VirtualGIS 窗口中的全部内容)，对二维全景窗口进行缩放操作，把窗口内容放大到适当的比例。

(2)打开飞行路线编辑器(Open Flight Path Editor)

在 VirtualGIS 菜单条，单击【Navigation】→【Flight Path Editor】命令，打开【Flight Path Editor】对话框(图 4-41)。

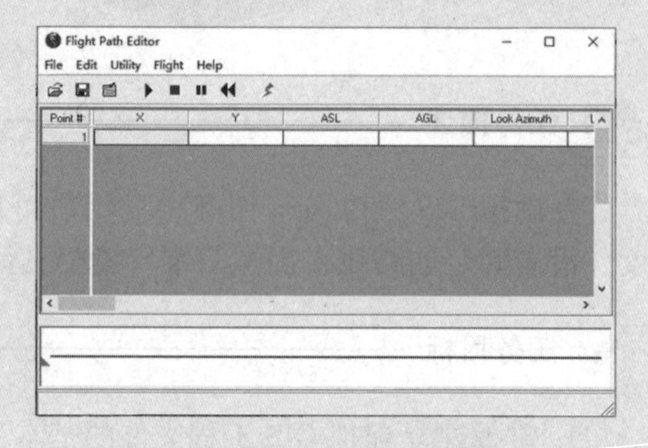

图 4-41 【Flight Path Editor】视窗

借助【Flight Path Editor】对话窗，用户可以在一个在 VirtualGIS 视窗中产生、编辑、保存、显示飞行路线，设置飞行参数，并执行飞行操作。飞行路线编辑器由菜单条、工具条、飞行路线数据表格、飞行路线图形窗口和状态条 5 个部分组成。【Flight Path Editor】集成了有关 VirtualGIS 飞行的多种命令菜单和操作工具，具体的命令和工具及其功能见表 4-2 和表 4-3。

表 4-2 VirtualGIS 飞行路线编辑器菜单命令与功能

命 令		功 能
File	Save As	保存新编辑的飞行路线文件
	Load Flight Path	向 VirtualGIS 加载飞行路线文件
	Load Positions File	向 VirtualGIS 加载位置记录文件
	Close	关闭 VirtualGIS 飞行路线编辑器
Edit	Apply/Undo Edits	应用/取消对飞行路线编辑操作
	Use Spline	平滑飞行路线
	Reset Look Direction	将所有点的俯视角和方位角设为 0
	Set Elevation	设置飞行路线的高程
	Calculate Roll Angles	计算飞行旋转角度
	Set Focal Point	设置飞行路线的聚焦点

（续）

命 令		功 能
Edit	Add Current Position	将当前的位置加载到飞行路线中
	Delete Selected Points	删除飞行路线上被选择的位置点
	Clear All Points	删除飞行路线中所有的位置点
Utility	Digitize Flight Path	在二维窗口中数字化飞行路线
	Flight Line Properties	编辑二维及三维窗口中飞行路线的特性
Flight	Start Flight	开始飞行
	Stop Flight	停止飞行
	Pause Flight	暂定飞行
	Reset Flight	使观测者回到初始位置
	Set Flight Mode	设置飞行模式
	Loop	循环飞行模式
	Swing	来回飞行模式
	Stopat End	一次飞行模式
	Use Flight Path Speed	使用飞行路线编辑器中设置的飞行速度
	Update Flight Path Graphic	以图形方式实时显示飞行路线位置
Help	Help for Fight Path Editor	关于飞行路线编辑器的联机帮助

表 4-3 VirtualGIS 飞行路线编辑器工具图标与功能

图标	命 令	功 能
	Open Flight Path	向 VirtualGIS 加载飞行路线文件
	Save Flight Path	保存新编辑的飞行路线文件
	Digitize Flight Path	在二维窗口中数字化飞行路线
	Start Flight	开始飞行
	Stop Flight	停止飞行
	Pause Flight	暂定飞行
	Reset to Beginning of Flight Path	使观测者回到初始位置
	Apply Changes to Flight Fach	应用飞行路线编辑操作

（3）数字化飞行路线（Digitizer Flight Path）

①在【Flight Path Editor】菜单条，单击【Utility】→【Digitizer Flight Path】命令，打开【Viewer Selection Instructions】指示器（图 4-42）。

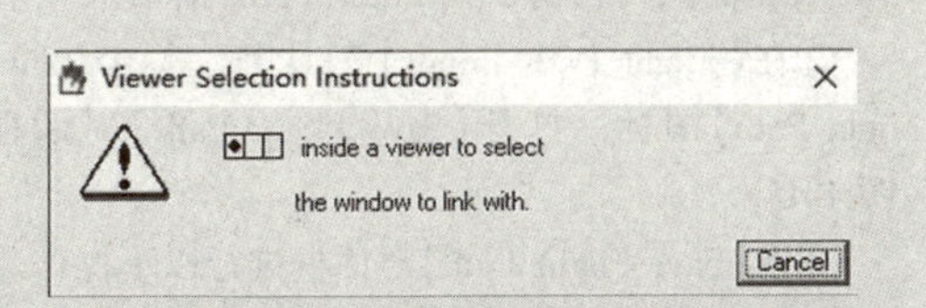

图 4-42 【Viewer Selection Instructions】指示器

②在打开的二维视窗中单击左键，在视窗中合适的位置依次单击定义飞行路线上的若干点。

③定义了足够的点之后，双击左键结束飞行路线定义（图 4-43）。

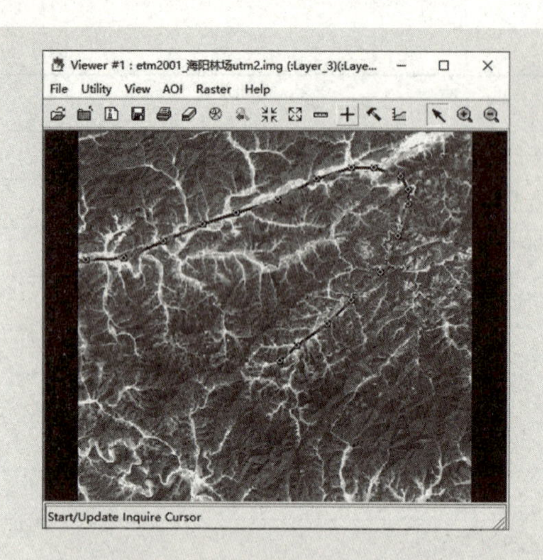

图 4-43 二维窗口中定义飞行路线

④飞行路线上各点的三维坐标显示在飞行路线数据表格(图 4-44)。

Flight Path Editor

File Edit Utility Flight Help

Point #	X	Y	ASL	AGL	Look Azimuth
1	622695.847826087	4649509.297	1084.00	880.00	0.00
2	626786.896	4649713.849	1084.00	870.00	0.00
3	631082.497	4651554.821	1084.00	872.00	0.00
4	635480.375	4653395.793	1084.00	872.00	0.00
5	639060.042	4654623.107	1084.00	884.00	0.00
6	643560.196	4656054.974	1084.00	884.00	0.00
7	647855.797	4658305.051	1084.00	889.00	0.00
8	651640.017	4659532.366	1084.00	879.00	0.00
9	654094.646	4659532.366	1084.00	859.00	0.00
10	657060.656	4658611.880	1084.00	683.00	0.00
11	657878.866	4657180.013	1084.00	822.00	0.00

1 2 3 4 5 6 7 8 9 10 11 12 13 14 15 16 17 18

图 4-44 【Flight Path Editor】(定义飞行路线之后)

⑤单击【Flight Path Editor】工具条中的【Apply】图标。

⑥飞行路线上各点的序列号将标注在飞行路线图形窗口。

(4)保存飞行路线文件

可以将所定义的飞行路线保存在文件中，以便下次三维飞行操作时直接加载。

①在【Flight Path Editor】菜单条，单击【File Save As】命令，打开【Save Flight Path】对话框。

②在【Flight Path Editor】工具条，单击【Save Flight Path】图标，打开【Save Flight Path】对话框(图 4-45)。

③在【Save Flight Path】对话框进行以下操作。

• 选择保存飞行路线文件的目录。

• 确定保存飞行路线文件的名称：qy_flight. fit。

图 4-45 【Save Flight Path】对话框

• 单击【OK】按钮，关闭【Save Flight Path】对话框，保存飞行路线文件。

(二)编辑飞行路线

前面所定义的飞行路线已经包含了一些默认的或者是在 Position Editor 中所定义的观测者的空间特性，在此基础上直接进行飞行操作是可以的。然而，为了使 VirtualGIS 的三维空间飞行更符合用户的需要，还需要对飞行路线进行一定的编辑(Edit Flight Path)。

(1)设置飞行路线高度(Set Flight Elevation)

在定义飞行路线过程中，各点的三维坐标中已经包含有飞行路线的高程(ASL)。不过，在飞行路线定义之后，用户还可以根据需要重新设置飞行路线高度，可以统一的高度，也可以是一组变化的高度。

在【Flight Path Editor】菜单条进行以下操作。

①单击【Edit】→【Set Elevation】命令。

②打开【Flight Path Elevation】对话框(图 4-46)。

③输入飞行路线高程值(Elevation)：1000. 00 Meters。

④选择绝对高程类型：Absolute(ASL)。

⑤单击【OK】按钮，关闭【Flight Path Elevation】对话框，执行飞行路线高度设置。

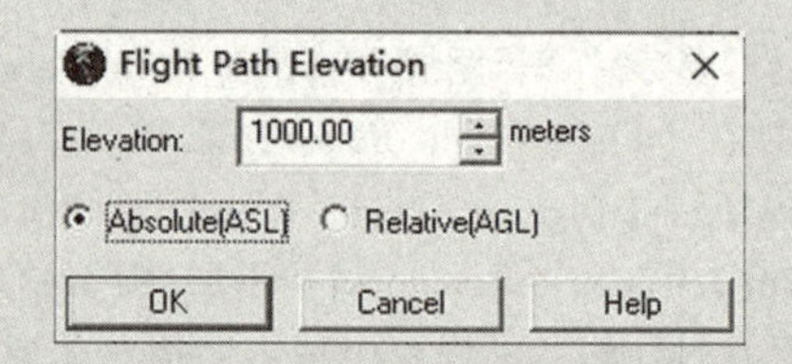

图 4-46 【Flight Path Elevation】对话框

说明：①可以通过上述步骤给飞行路线设置一个固定的高度，也可以直接更改【Flight Path Editor】菜单条中的 ASL 数据项值，使飞行路线上的各点具有不同的绝对高程。②在应用【Flight Path Elevation】对话框改变飞行路线高度值时，如果选择 Relative(AGL)单选按钮，则飞行路线上点的高度值是原有值与输入 Elevation 值之和。

(2)设置飞行路线特性(Flight Line Properties)

上述过程中所定义的飞行路线目前还只是显示在二维窗口和飞行路线编辑器中，下面的飞行路线编辑操作，将要使飞行路线按照用户所设置的特性显示在 VirtualGIS 三维窗口中。

在【Flight Path Editor】菜单条进行以下操作。

①单击【Utility】→【Flight Line Properties】命令。

②打开【Flight Line Properties】对话框(图 4-47)。

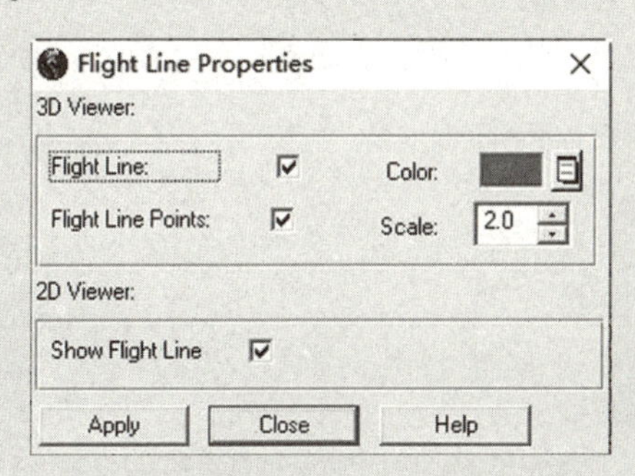

图 4-47 【Flight Line Properties】对话框

③设置三维窗口中飞行路线的特性：3D Viewer。

- 选择显示飞行路线：Flight Line。
- 设置显示飞行路线的颜色：Red(红色)。
- 选择显示飞行路线上的点：Flight Line Points。
- 设置显示飞行路线上点的大小(Scale)：2.0。

④设置二维窗口中飞行路线的特性：2D Viewer。

- 选择显示飞行路线：Show Flight Line。

⑤单击【Apply】按钮，执行飞行路线特性设置，三维窗口中显示飞行路线如图 4-48 所示。

⑥单击【Close】按钮，关闭【Flight Line Properties】对话框，结束飞行路线特性设置。

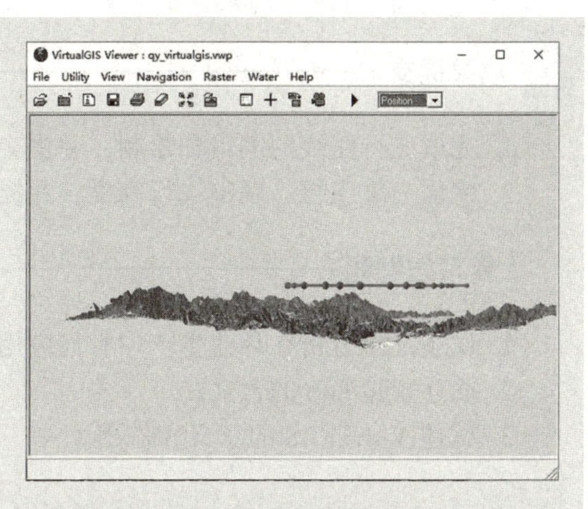

图 4-48 VirtualGIS 三维窗口中显示飞行路线

(3)设定飞行模式(Set Flight Mode)

在开始 VirtualGIS 三维飞行之前，可以根据需要设定飞行模式，操作过程如下。

①在【Flight Path Editor】工具条，单击【Flight】→【Set Flight Mode Swing(Loop/Stop at End)】命令。

②单击【Flight Path Editor】工具条中的【Apply】图标，应用模式设定。

(三)执行飞行操作

①在【Flight Path Editor】工具条，单击【Start Flight】图标开始飞行。三维飞行过程中，飞行路线编辑器中的飞行路线图形窗口将同步显示当前的空间位置(图 4-49)。

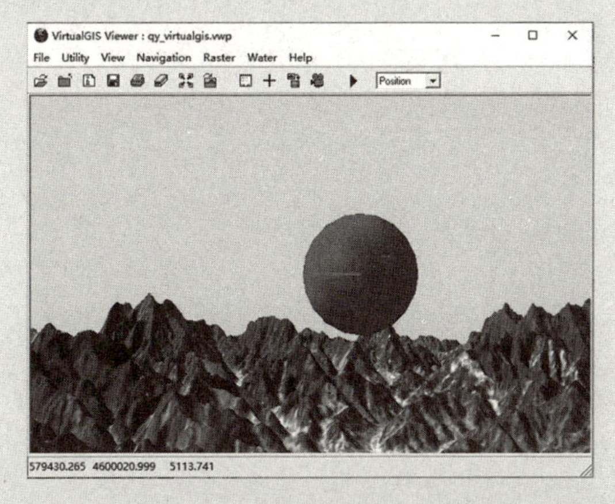

图 4-49 当前空间位置的三维飞行效果图

②在【Flight Path Editor】工具条，单击【Stop Flight】图标停止飞行。

成果提交

1. 完成飞行路线的编辑和绘制，并提交飞行路线文件。
2. 完成三维飞行，调整飞行高度，并提交三维飞行的工程文件。

复习思考题

1. 试述地形分析在林业生产中有何应用。
2. 简述虚拟 GIS 的含义。
3. 试述 VirtualGIS 的意义和作用。

项目5 遥感影像信息提取

遥感影像信息提取是遥感监测森林植被的实质内容，通过提取图像信息内容并进行分析，从而达到资源监测的目的。本项目通过遥感影像目视解译、遥感影像非监督分类、遥感影像监督分类和林地分类专题图制作4个任务的实施完成，使学生能够熟悉图像信息提取的流程，能够独立进行遥感影像目视解译、遥感影像非监督分类、监督分类和林地分类专题图制作等处理工作；能够根据需要选择合适的图像信息提取方法，进行森林资源的监测。

知识目标

1. 能够熟悉林地利用分类图的制作流程。
2. 能够掌握非监督分类与监督分类方法的原理。
3. 能够区分比较非监督分类与监督分类方法的异同。
4. 能够领会其他各种信息提取方法的原理。

技能目标

1. 熟悉 ERDAS 的操作。
2. 能够独立进行遥感影像非监督分类与监督分类。
3. 掌握林地利用分类图的制作。
4. 领会各种信息提取方法，根据林业生产实际的需要，选择合适的影像信息提取方法，满足实际生产需要。
5. 具备利用“3S”技术进行森林资源调查、监测与林业规划设计工作的基本业务素质。

任务5.1 遥感影像目视解译

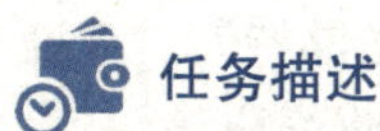

任务描述

遥感影像目视解译是遥感影像信息提取与林地利用专题图制作的前期基础，为后续影像信息提取与制作林业专题地图做准备。其基于遥感影像，通过图像解译图层、解译标志的建立，学会怎样利用ERDAS软件进行图像波段组合、彩色图像合成等，明确影像目视解译的原则，掌握影像目视解译的方法，实现对图像地物类别的大概划分，为图像分类奠定基础。

任务目标

1. 能够基于遥感影像判别常见地物类别。
2. 学会目视解译的基本方法。
3. 熟悉各种遥感影像的目视解译。

知识准备

5.1.1 森林遥感影像特征

遥感影像特征包括两个部分：一是物质特征，表征物体成分、结构、形状、大小的空间特征、时间分布以及与环境因素相关性；二是能量特征，表征物体能量流的成分、结构及特征状态。它蕴藏了时间、波谱(能量谱)、空间结构3方面内容。不同地物波谱的时间效应和空间效应不同，在影像上的表现形式也有所不同。

对多光谱影像来说，遥感影像解译的重要依据正是遥感影像上的这种变化和差别，即地物反映在各波段通道上的像元值，也就是地物的光谱信息。在遥感成像过程中，由于受传感器、大气状况、区域条件等复杂因素影响，再加上地物自身所表现的差异性和相似性、边界的模糊性，以及景观的多样性，往往会产生“同物异谱”“异物同谱”现象。相同地物的影像光谱特征常表现区域差异、季相差异等特征。不同的遥感传感器所记录的影像光谱也同样存在差异；不同时空尺度的遥感数据有着相对应的应用领域。因此，开展森林资源遥感信息提取时，必须对调查与监测总体的森林资源背景情况较为了解，同时也必须对森林的光谱特性、空间特征、时相特征，以及传感器波段有较深入的分析和了解，才能准确描述不同森林类型的影像特征，实现有效提取所需特征信息的目的。

5.1.1.1 光谱特性分析

地物的光谱特性既为传感器工作波段的选择提供依据，又是RS数据正确分析和判读的理论基础，同时也可作为利用电子计算机进行数字图像处理和分类时的参考标准。

自然界中的任何地物都具有本身的特有规律，如具有反射、吸收外来的紫外线、可见光、红外线和微波的某些波段的特性；具有发射红外线、微波的特性(都能进行热辐射)；少数地物具有透射电磁波的特性。

其中，地物的反射率随入射波长变化而变化的规律，称为地物的反射光谱特性。理论上讲，遥感影像上的光谱响应曲线与利用地面光谱仪测出的标准地物光谱曲线应该一致，同时相同地物应该表现出相同的光谱特性。但由于地物成分和结构的多变性，地物所处环境的复杂性，以及遥感成像中受传感器本身和大气状况的影响，使得影像的地物光谱响应呈现多重复杂的变化，在不同的时空会显示不同的特点。

5.1.1.2　空间特征分析

地物的各种几何形态为其空间特征，它与物体的空间坐标 X、Y、Z 密切相关。这种空间特征在遥感影像上由不同的色调表现出来，具体表现为不同的形状、大小、图形、阴影、位置、纹理、布局、图案等，这些构成目视判读的解译标志。

①色调。色调是指地物电磁辐射能量在影像上的模拟记录，在黑白相片上表现为灰阶，在彩色相片上表现为色别与色阶。

②阴影。阴影表现为一种深色调到黑色调的特殊色调，可造成立体感，根据阴影的形状可以判断地物的性质。

③形状。形状是指地物轮廓在影像平面上的投影，需要根据影像比例尺和分辨率具体分析地物形状，应注意畸变对形状分析的误导。

④大小。地物的尺寸、面积、体积等在影像上按比例缩小的相似记录。目视解译时，在不同比例尺的影像上能识别的地物是可以估算的。有些情况下可以在影像上量算地物的尺寸。应用这一标志也应注意投影方式和畸变影响。

⑤位置。位置是指地物之间彼此相互关联关系在影像上的反映。例如，沿海岸分布的滩涂、盐池、沙滩，湖边的芦苇，荒漠中的红柳，火山附近的熔岩，这种由生态和环境因素引起的相互印证的位置关系有时会成为判读的充分条件。此外，许多人为地物，如交通设施、军事目标等都可以根据位置作出判断。

⑥布局。布局是指景观各要素之间，或地物与地物之间相互存在一定的依存关系，或人类活动形成的格局反映在影像上形成规律性的展布，如植被分带、不同形态沙丘分布、城市建筑、土地利用等。

⑦图案。图案是指景观地物几何特征随影像比例尺变化在影像上的模型系列。例如，绕山分布的梯田在航片可清晰判读，但在卫星影像上则成为条带状图案。

⑧纹理或质地。纹理是地物影像轮廓内的色调变化频率。点状、粒状、线状、斑状的细部结构以不同的色调按一定的频率出现，组成轮廓内的影像特征，这常常是解译地物的主要标志。例如，沙漠中的纹理能表现沙丘的形状及主要风系的风向；能够通过岩石纹理或质地分析岩性。

5.1.1.3　时相特征分析

地物的时间特征具有明显的季节性和区域性。同一地区地物的时间特征表现在不同时间地面覆盖类型不同，地面景观发生很大变化。如冬天冰雪覆盖，初春为露土，春夏为植物或树林枝叶覆盖；同一种类型，尤其是植物，随着出芽、生长、茂盛、枯黄的自然生长过程，地物及景观也在发生巨大变化；不同地区，尤其是不同气候带地物自然分布和生长规律差异很大。地物的这种时间特征在图像上以光谱特征及空间特征的变化表现出来，出现卫星成像的时间效应。例如，森林砍伐随时间变化，砍伐区在扩大，形状发生变化等。因此，根据森林分布的地域性、生长的季节性特点，选择遥感最佳时相对于森林遥感就显得非常必要，可以达到强化森林植被信息及其类型的识别，并弱化其他因子干扰的目的。

在影响森林植被遥感提取的干扰信息中，与森林交错分布的其他植被、遥感平台及传感器、太阳高度角，以及背景土壤等直接影响对遥感最佳时相的选择。目前，森林遥感时相选择的常用方法是根据全国及各省森林类型分布进行森林植被遥感分区，通过对比分析同一区域不同植物的物候历，再参照太阳高度角和土壤光谱噪声对植物光谱的影响来确定。

包括农作物、牧草资源等在内的各种植物有其特有的光谱反射特性。不同的空间分布和物候，如高山草甸、北方草地，以及寒温性针叶林的分布等。选择其与森林植被光谱差异最大的时期是森林植被遥感识别的主要原则和常用依据。

太阳高度有明显的年变化和日变化，并因纬度而异。它通过多种途径间接影响地物反射光强度、反射率和反射光谱，从而使地物光谱差异、植被指数及其对植被群体参数的敏感度随太阳高度而变。其中，太阳高度年变化反映在不同季节对植被遥感识别的准确率的影响，其日变化反映在不同的时刻对植被遥感识别的影响。Gilabert(1993)研究表明，红外波段植被反射率随太阳高度的降低有较明显增大；在可见光波段，大气散射对这一规律有明显的干扰。当散射辐射与总辐射的比值小于0.2时，可见光反射率随散射辐射比重的增加而迅速上升；该比值大于0.2时，可见光反射率对散射辐射很不敏感。

土壤光谱噪声随森林郁闭度而发生变化。在森林郁闭度较小的地段内，土壤光谱噪声的干扰非常明显，并且因郁闭度而变化。研究表明，各种土壤都有一定的绿度值，只有当植物覆盖度大于25%～30%时，才能用绿度识别植物。结合近几年来我国人工造林情况，对幼龄林、疏林地或郁闭度较小的有林地选用适宜的遥感时相尤为关键。

5.1.2 影像波段组合

地物在各波段有不同的反射波谱特征信息，在遥感影像上呈现不同彩色灰度，而且各类型的反射波谱差异不一样。因此，基于多波段组合的遥感信息提取是必要的，能大大提高区分不同植被类型的能力。特别是对于森林资源目视解译来说，通常需要选择3个波段进行彩色合成，这样就产生了一个波段优化组合选择问题。对于森林资源监测来说，由于其地域广阔、植被丰富等特点，使得多光谱影像在林业上发挥了巨大的作用，因此下面以TM影像为例来介绍影像波段优化组合问题。

5.1.2.1 波段特征

对于TM影像来说，其共有7个波段，具体可分析为4个区段。

TM1、TM2、TM3处于可见光区，能反映出植物色素的不同程度。这3个波段中，TM2记录植物在绿光区反射峰的信息。不过，鉴于反射峰值的大小取决于叶绿素在蓝光和红光区吸收光能的强弱，因此TM2不能本质地决定可见光区植物反射波谱特性的叶绿素情况。TM1和TM3记录蓝光区和红光区的信息，由于蓝光在大气中散射强烈，TM1亮度值受大气状况影响显著；而TM3不仅反映植物叶绿素的信息，而且在秋季植物变色期，还可反映叶红素、叶黄素等色素信息，在遥感信息上，能使不同类型的植被在色彩上出现差异，有利于植被类型的识别。

TM4为近红外区。它获取植物强烈反射近红外的信息，且信息强弱与植物的生活力、叶面积指数和生物量等因子相关，对植物叶绿素的差异表现出较强的敏感性。因此，TM4是反映植被信息的重要波段。

TM5 和 TM7 属中红外区。两个通道获取的信息对植物叶子中的水分状况有良好的反映。研究表明，在 TM 的 7 个波段中，TM5 记录的光谱信息最为丰富，植被、水体、土壤 3 大类地物波段反射率相差十分明显，是区分森林反射率最理想的波段。此外，TM5 和 TM7 所包含的光谱信息有很大的相似性。

TM6 属热红外区，由于空间分辨率低，在植被调查、监测中应用很少，一般用于岩石识别和地质探矿等方面。

5.1.2.2　波段组合

波段组合的选择遵循两个原则：一是所选波段要物理意义良好并尽量处在不同光区；二是要选择信息量大、相关性小的波段。国内外学者对此研究很多，其主要方法有：最佳指数法、熵和联合熵法、方差-协方差矩阵特征值法等。按 RGB 合成方法，除 TM6 以外的 TM 波段可构成 20 种波段组合。根据施拥军等(2003)利用最佳指数因子法(OIF)，对 20 种波段组合进行量化排序的结果，TM 影像的最佳波段组合为 1、4、5 和 3、4、5。同时综合考虑 TM1 亮度值受大气状况影响显著，因此，TM3、4、5 组合是进行森林植被解译的最佳波段组合方案，也是目前全国森林资源清查所采用的 TM 波段组合，反映了理论与实践的高度一致性。

5.1.3　遥感影像解译标志建立

遥感影像特征与实地情况对应的逻辑关系是影像解译的依据。各种地物都有各自特有的逻辑关系，这种逻辑关系在影像上所能够反映和表现地物信息的各种特征称为解译标志，通常又称为判读标志，包括直接解译标志和间接解译标志。其中，直接解译标志是指目标地物的大小、形状、阴影、色调、纹理、图形和位置与周围的关系等；间接解译标志是指与地物有内在联系，通过相关分析能够间接反映和表现目标地物信息的遥感影像的各种特征，借助它可推断与目标地物的属性相关的其他现象。解译标志是遥感影像解译的主要标准，通过建立解译标志，能够帮助解译者识别遥感影像上的目标地物。这样不仅减少了野外工作量，节省人力财力，提高效率，而且也提高了解译工作的准确程度和质量。

5.1.3.1　解译标志建立的原则与方法

为了有效对各类地物进行分析判读，依据遥感影像特征和遥感影像判读解译的基本原理，可利用分层分类方法，建立影像解译标志。整个过程应遵循以下原则：遥感信息与地学资料相结合原则；室内解译与专家经验、野外调查相结合原则；综合分析与主导分析相结合原则；地物影像特征差异最大化、特征最清晰化原则；解译标志综合化原则，既要包括影像的色调、形状、大小、阴影等直接特征，也要涵盖纹理、位置布局和活动等间接特征。

遥感影像解译标志的建立采用野外调查与影像分析相结合的方法进行。通过对具体区域内的土地利用背景资料的整理分析，深入细致地了解和掌握研究区地形、地貌、气象、土壤、植被和土地利用等基本情况，在此基础上，结合全国森林资源清查样地资料、森林调查规划设计资料，开展野外踏勘调查，对影像的色调、纹理和形状等特征与野外实地土地利用特征进行比较分析，建立各种地类的遥感影像解译标志；同时，收集有关从影像上无法获取的信息资料，包括基础图件、地形图、土壤图、植被图等，通过专业知识的推理确定各地物类型的界线，作为室内目视解译的依据。

5.1.3.2　解译标志建立的过程

解译标志的建立主要有室内预判、样点采集、典型样地调查、建立解译标志、核查与修改5个步骤。

(1)室内预判

室内预判的目的是为了了解调查区概况、地貌类型、土地利用类型及各自时空分布规律。预判时首先应全面观察调查区遥感影像，了解调查区地形地貌特征及地类分布情况，在了解和掌握解译地区概况的基础上，根据解译任务的需要及遥感监测三阶调查的特点，制定统一的分类系统，并选择已知或典型地类先进行室内解译，以已知类型图斑的属性作为样地属性，此过程为室内预判。根据预判结果在计算机上分别将不同地类勾绘出来。预判的正确程度必须经过外业核实、建标、检验才能最终确定。对于同一地类不同的类型也应经过进一步的外业调查、内业解译与分析才能了解和掌握其影像特征。

(2)样点采集

采集样点是在室内预判的基础上进行，样点采集应具有代表性。代表性包括两种内涵：一是代表的种类全，是指包括该地区非常典型的地貌和难以解译的地类。按照“地貌—植被”的顺序，根据预判的大致情况，结合调查总体区域的自然条件，选择不同地类的样点；二是种类表现的特征全，是指需要从每一类型中选择出多个典型样点，使它们能包含该地类的所有特征。一个地区典型样点应涵盖不能判定地类的所有不同色调、不同形态、不同结构、不同纹理的影像以及根据专业调查及动态监测所需确定的更细的分类等级。采集样点需要借助遥感电子数据，遥感图像处理软件或地理信息系统软件，得到样点的经纬度，以便准确地进行实地勘察。

(3)典型样地调查

典型样地调查是将影像与其实际地类相结合的过程。带上事先采集样点的经纬度数据、预判区划过的卫星影像、地形图及相关的图面资料，根据事先已布设的样点，用地形图、GPS 现地定位，调查并记载已有的全国森林资源清查样地调查资料和所采集样点的地类、地貌因子、地理坐标、类型等信息，并用照相机拍摄现地影像。

(4)建立解译标志

解译标志建立将外业区划在卫星影像上不同地类的图斑在计算机上准确勾绘出来，并把卫星影像、实地照片、解译标志汇集成该类型的典型解译样片作为其解译标志。将计算机影像特征与实地情况相对照，建立实际类型与计算机影像之间的关系，即可获得不同色调、不同形态、不同纹理、不同地形、地貌等因子所对应的专业要素。根据卫星影像上看到所调查的地类与影像之间的对应关系，获得各地类在影像上的特征，将各地类影像的色调、光泽、质感、几何形状、地形地貌等因子记载下来，建立影像特征与实地情况的对应关系，即目视解译标志，并形成解译标准。

(5)核查与修改

建立的解译标志还应经过复核检查后才能确定。鉴定的方法是在所有样地中系统抽取15%~20%的样地进行现地调查和利用解译标志室内解译，根据对样地的实测和利用解译标志室内解译的结果进行对比分析，计算解译地类精度，如果正判率达到技术要求(地类95%，荒漠化85%)，则解译标志可以用于指导工作；否则进行错判分析，并重新建标或修正原有解译标志。

5.1.4　遥感影像目视解译

遥感影像目视解译是指通过对遥感图像的观察、分析和比较，判断和识别遥感资料所表示地物的类型、性质，获取其空间分布等的定性信息。

遥感影像的判读，应遵循“先图外、后图内，先整体、后局部，勤对比、多分析”的原则。

(1)先图外、后图内

“先图外、后图内”是指遥感影像判读时，首先要了解影像的相关信息，包括以下内容：图像的区域及其所处的地理位置、影像比例尺、影像重叠符号、影像注记和影像灰阶等。

(2)先整体、后局部

了解图外相关信息后，再对影像作认真观察，观察应遵循“先整体、后局部”的原则，即对影像作整体的观察，了解各种地理环境要素在空间上的联系，综合分析目标地物与周围环境的关系。有了区域整体概念后，就可以在区域背景与总体特征指导下对具体目标判读，这样可以避免盲目性和减少判读错误。

(3)勤对比、多分析

对于“勤对比、多分析”的判读原则，在判读过程中要进行以下对比分析。

①多个波段对比。同一种地物在不同波段往往有不同的反射率，当在不同波段扫描成像时，其色调存在着差异，色调的明暗程度取决于地物在该波段的反射率，若反射率高，影像上的色调浅，反射率低，则色调深，因此，同一种物体在不同波段影像中的色调一般是不同的。地物色调的变化往往造成同一地物在不同波段影像上的差异。这是因为影像色调差异是构成物体形状特征的基础。如同一目标地物，在一个波段，色调与背景反差大，地物边界形状清晰，其形状特征明显，但在另一个波段，色调与边界色调反差很小，有些地方甚至用肉眼难以区分，在这种情况下，地物边界形状难以辨认，由此导致了同一地物在不同波段上的灰度与形状的差异表现，对比不同波段消除不同地物在同一个波段的“同谱异质”现象，可有效地防止误判。

②不同时相对比。同一地物在不同季节成像时，即使采用同一波段，影像上也会存在色调的差异。如在温带与亚热带地区，一年四季太阳辐射不同，降水量不同，直接影响植被和土壤在扫描影像上的色调与形状的构象。不同时相对比，可以了解地物在不同季节的变化规律，也可以通过不同时相对比来选取最好的解译时相。

③不同地物对比。在同一波段影像上，不同地物类型的色调或形状存在差异。通过不

同地物的对比，可以将它们区分开来，这也是建立判读标志的重要依据。

影像判读过程中的“多分析”是指以一个解译标志为主，多方面综合运用其他解译标志，对遥感影像进行综合分析，特别是色调和颜色的运用。

5.1.5 解译图层建立

在本案例中，所采用的影像是TM影像，具有7个波段，其色彩丰富，可以组合多个波段建立解译图层。本案例采用波段组合为432假彩色和321真彩色组合。在实际应用中，可以根据需要，多个波段组合联合应用。

(1)打开要解译影像

①在ERDAS图标面板工具栏，单击【Viewer】图标，打开【Viewer】视窗。

②在【Viewer】视窗，单击图标，查找路径，打开要解译的影像：2000tm.img(...\prj05\遥感影像目视解译\data)。

(2)波段组合

①在影像2000tm.img视窗的菜单栏，单击【Raster】→【Band Combinations】命令→打开【Set Layer Combinations】对话框，如图5-1所示。

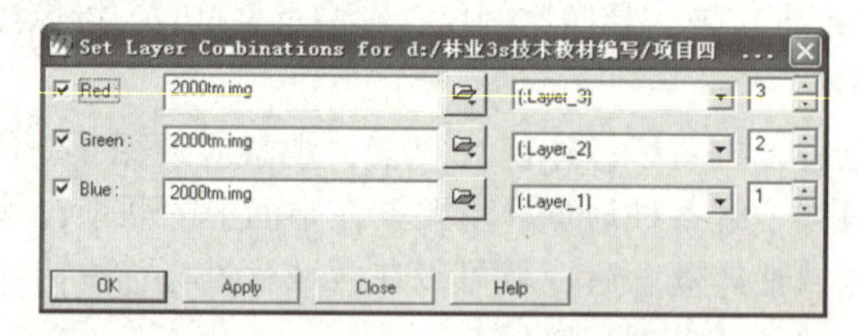

图5-1 【Set Layer Combinations】对话框

②在【Set Layer Combinations】对话框，根据需要，在Red、Green、Blue波段输入波段名称。

③设置完成，单击【OK】按钮，则波段组合图像实现(图5-2、图5-3)。

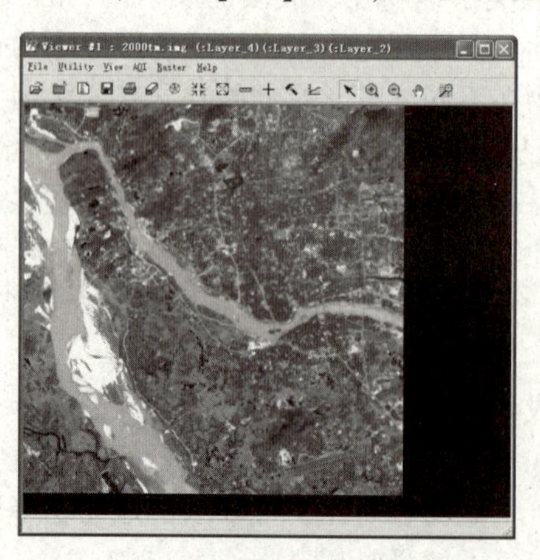

图5-2 432波段组合图像

图5-3 321波段组合图像

5.1.6 目视解译

在影像 2000tm. img 上，大概判读有道路、水体、农田、林地、城镇建设用地、沙滩 6 种地类，其判读解释标志见表 5-1。

①道路。色调多为灰白色，形状为不规则线状，纹理较均匀、平滑，地域分布具有明显规律，在城镇及沿着河流有分布。

②水体。色调为浅蓝色、深褐色或黑色，形状不规则，其中江与内河呈现不规则片带状、水库或小湖泊是不规则片状，纹理均匀光滑，地域分布没有明显规律，其中江是沿着山势蜿蜒，水库一般位于山脚下，内河则分布在城市里。

③农田。色调为淡红色，形状为不规则片状，纹理稍显粗糙，地域分布具有一定的规律性，多分布于山脚下、城镇边郊等有人居住的平地。

④林地。色调多为鲜红色，其随着郁闭度的增大，颜色也逐渐加深，形状为不规则形状，纹理粗糙、不均匀，地域分布规律，多分布于丘陵或山地。

⑤城镇建设用地。色调为灰蓝色，形状为不规则片状，纹理粗糙、不均匀，地域分布具有一定的规律性，多分布于平地。

⑥沙滩。色调为白色，形状为不规则片状，纹理均匀、平滑，地域分布规律，多分布于水体边缘。

表 5-1 遥感影像解译标志

类型	标志描述			
	色彩	形态	结构	地域分布
道路	灰白色	不规则线状	纹理较均匀、平滑	城镇及沿着河流
水体	浅蓝色、深褐色或黑色	不规则形状	纹理均匀光滑	规律不明显
农田	淡红色	不规则片状	纹理稍显粗糙	山脚下、城镇边郊等有人居住的平地
林地	鲜红色	不规则形状	纹理粗糙、不均匀	丘陵或山地
城镇建设用地	灰蓝色	不规则片状	纹理粗糙、不均匀	平地
沙滩	白色	不规则片状	纹理均匀、平滑	水体边缘

任务实施

林地遥感影像目视解译

一、目的要求

通过遥感影像林地利用的目视解译，明确林业遥感影像目视解译的方法和原则等，并深刻理解林业遥感影像目视解译的意义。通过影像波段组合、并结合其他相关资料，建立各地类的目视解译标志，包括色彩、形态、结构和地域分布，并截取各地类的解译样片。

二、数据准备

某林场 SPOT-5 遥感影像。

三、操作步骤

（1）建立解译图层

打开要解译影像 subset. img(...\ prj05 \ 任务实施 5-1 \ data)，并进行波段组合，其操作步骤参见“5. 1. 5 解译图层建立”，其波段组合图像，如图 5-4 所示。

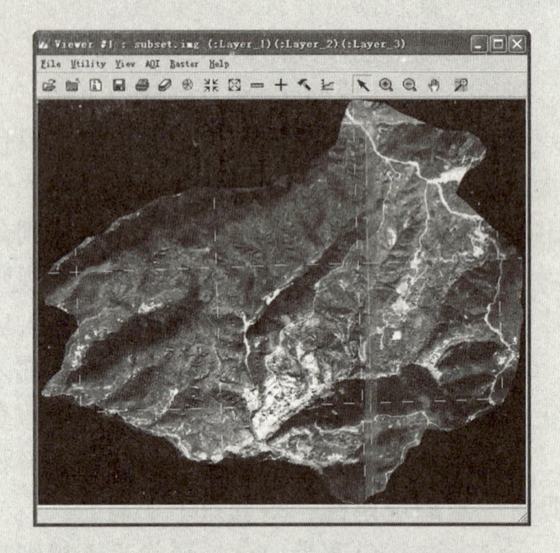

图 5-4　123 波段组合图像

（2）目视解译

根据《林地分类》(LY/T 1812—2009)，在此林场 SPOT-5 影像上，大概有纯林、混交林、其他灌木林地、人工造林未成林地、其他无立木林地、宜林荒山荒地、耕地、工矿建设用地、城乡居民点建设用地 9 种类型，其目视解译结果见表 5-2。

表 5-2　遥感影像目视解译标志

类型	标志描述			
	色彩	形态	结构	地域分布
纯林	红褐色	不规则片状	纹理粗糙、有小颗粒	山地、丘陵
混交林	褐蓝色或深褐红色	不规则形状	纹理粗糙、不均匀	山地、丘陵
其他灌木林地	褐紫色或蓝紫色	不规则片状	纹理较均匀	山地、丘陵
人工造林未成林地	淡紫绿色或紫白色	不规则形状	纹理不均匀、有小斑	丘陵、山地
其他无立木林地	淡褐紫色、浅蓝色或浅黄紫色	不规则片状	纹理不均匀、有小斑	山地、丘陵
宜林荒山荒地	蓝紫色或淡绿褐色	不规则片状	纹理较均匀	山地、丘陵
耕地	白色	不规则片状	纹理均匀	平地
工矿建设用地	白色或黄白色	不规则片状	纹理均匀	平地
城乡居民点建设用地	白色	不规则片状	纹理均匀、有小斑	平地

①纯林。色调多为红褐色，形状为不规则片状，纹理粗糙、有小颗粒，地域分布没有明显规律，多分布于山地、丘陵。

②混交林。色调多为褐蓝色或深褐红色，形状为不规则片状，纹理粗糙、不均匀，地域分布没有明显规律，多分布于山地、丘陵。

③其他灌木林地。色调多为褐紫色或蓝紫色，形状为不规则片状，纹理较均匀，地域分布没有明显规律，多分布于山地、丘陵。

④人工造林未成林地。色调多为淡紫绿色或紫白色，形状为不规则片状，纹理不均匀、有小斑，地域分布没有明显规律，多分布于山地、丘陵。

⑤其他无立木林地。色调多为淡褐紫色、浅蓝色或浅黄紫色，形状为不规则片状，纹理不均匀、有小斑，地域分布没有明显规律，多分布于山地、丘陵。

⑥宜林荒山荒地。色调多为蓝紫色或淡绿褐色，形状为不规则片状，纹理较均匀，地域分布没有明显规律，多分布于山地、丘陵。

⑦耕地。色调多为白色，形状为不规则片状，纹理均匀，地域分布规律明显，多分布于平地。

⑧工矿建设用地。色调多为白色或黄白色，形状为不规则片状，纹理均匀，地域分布具有规律，多分布于平地。

⑨城乡居民点建设用地。色调多为白色，形状为不规则形状，纹理均匀、有小斑，地域分布具有规律，多分布于平地。

成果提交

作出书面报告，包括任务实施过程和结果以及心得体会，具体内容如下。

1. 简述遥感影像目视解译的原则与方法及任务实施过程，并附上每一步的结果影像。
2. 提交建立的影像目视解译标志表及其描述。
3. 回顾任务实施过程中的心得体会，遇到的问题及解决方法。

任务5.2　遥感影像非监督分类

任务描述

本任务基于遥感影像，应用 ERDAS 9.2 软件对其进行非监督分类，获得该影像的非监督分类结果图并获取各地类相关信息，进一步理解非监督分类原理及方法，并与任务5.3 中监督分类结果图进行比较分析。

任务目标

1. 熟悉遥感软件 ERDAS 的操作。
2. 理解计算机图像分类的基本原理和方法以及非监督分类的过程。
3. 能够熟练地对遥感影像进行非监督分类。

知识准备

与目视判读解译不同，计算机自动解译的主要依据是地物的光谱特征进行统计判别，具体方法包括有监分类和无监分类方法，分类结果的可靠性需要通过严格的分类精度统计分析以及野外调查进行验证。

非监督分类是根据地物的光谱统计特性进行分类，直接利用像元灰度值的统计特征进行类别划分，适用于对分类区没有什么了解的情况。其分类前提是假设同类物体在相同的条件下具有相同的光谱特征，其不必对影像地物获取先验知识，仅是利用影像不同类地物光谱信息或者纹理信息进行特征提取，而后统计特征的差别来进行分类，最后再对已分出的各个类别的实际属性进行归属确认。所以，非监督分类方法的优点是，方法简单，对光谱特征差异大的地物类型分类效果好。但是当两个地物类型对应的光谱特征类差异很小时，效果不好。其常用的方法有分级集群法、动态聚类法等。

在实际操作中，非监督分类人为干预较少，自动化程度较高，比较常用 ISO-DATA 算法，其完全按照像元的光谱特性进行统计分类，图像的所有波段都参与分类运算，分类结果往往是各类别的像元数大体等比例。

ERDAS IMAGINE 使用 ISO-DATA 算法进行非监督分类。其聚类过程开始于任意聚类平均值或已有的一个分类模板的平均值，聚类每重复 1 次，其平均值就更新 1 次，新聚类的平均值再用于下次的聚类循环。如此，ISO-DATA 实用程序不断重复，直到最大循环次数达到设定好的阈值，或者两次聚类结果相比，其达到要求百分比的像元类别已经不再发生变化。

ERDAS 遥感图像非监督分类可分为初始分类、分类评价与方案调整、分类后处理 3 个步骤，下面以遥感影像 2000tm. img 为例介绍其基本操作。

5.2.1 初始分类

(1)调出非监督分类对话框

方法一： 单击【Classifier】图标→【Classification】菜单→【Unsupervised Classification】命令→【Unsupervised Classification】对话框。

方法二： 单击【Data Prep】图标→【Data Preparation】菜单→【Unsupervised Classification】命令→【Unsupervised Classification】对话框。

(2)进行非监督分类

逐项填写所调出的【Unsupervised Classification】对话框，如图 5-5 所示。

①确定输入文件(Input Raster File)：2000tm. img(被分类的图像，...\ prj05 \ 遥感影像非监督分类 \ data)。

②确定输出文件(Output Cluster Layer Filename)：Unsupervised. img(产生的分类图像，...\ prj05 \ 遥感影像非监督分类 \ data)。

③选择是否生成分类模板文件(Output Signature Set Filename)：如果生成模板文件，则

选中【Output Signature Set Filename】，并定义模板文件名称及保存位置；若不生成模板文件，则不选中【Output Signature Set Filename】。

④确定聚类参数(Clustering Options)：初始聚类方法选择【Initialize From Statistics】分类数(Number of Classes)为12。

注意： Initialize From Statistics 指按照图像的统计值产生自由聚类，Use Signature Means 是利用已有的模板文件进行分类；对于分类数的确定，实际工作中常将分类数目取为最终分类数目的两倍以上。

⑤确定处理参数(Processing Options)：定义最大循环次数(Maximum Iterations)为12，设置循环收敛阈值(Convergence Threshold)为0.95。

注意： 最大循环次数是指ISO-DATA重新聚类的最多次数，其设置的目的是为了避免程序运行时间太长或者由于没有达到聚类标准而导致死循环；在应用中一般将循环次数设置为6次以上，为避免死循环，此值也不可过大；收敛域值是指两次分类结果相比保持不变的像元所占最大百分比，其设置的目的也是为了避免ISO-DATA程序无限循环下去。

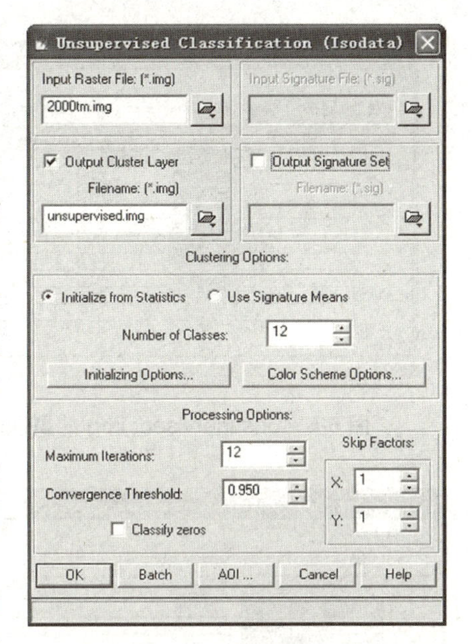

图5-5　【Unsupervised Classification】对话框

⑥单击【OK】按钮，执行非监督分类。

5.2.2　分类评价与方案调整

(1)显示原图像与分类图像

单击【Viewer】图标，打开两个【Viewer】窗口，分别显示分类图像unsupervised.img与原图像2000tm.img。

(2)调整分类图像属性字段显示顺序

①在分类图像unsupervised.img显示窗口菜单栏，单击【Raster】→【Attributes】命令，打开【Raster Attribute Editor】窗口，即初始分类图像unsupervised.img的属性表，如图5-6所示。

②在【Raster Attribute Editor】窗口菜单栏，单击【Edit】→【Column Properties】命令，打开【Column Properties】对话框，如图5-7所示。

③应用【Up】和【Down】等按钮，按照依次Class Names、Color、Opacity、Histogram字段的显示顺序排在前面，并通过【Display Width】设置每列字段的显示宽度，以利于编辑。

④设置完成后，单击【OK】按钮，关闭【Column Properties】对话框，获取设置后的unsupervised.img属性表，如图5-8所示。

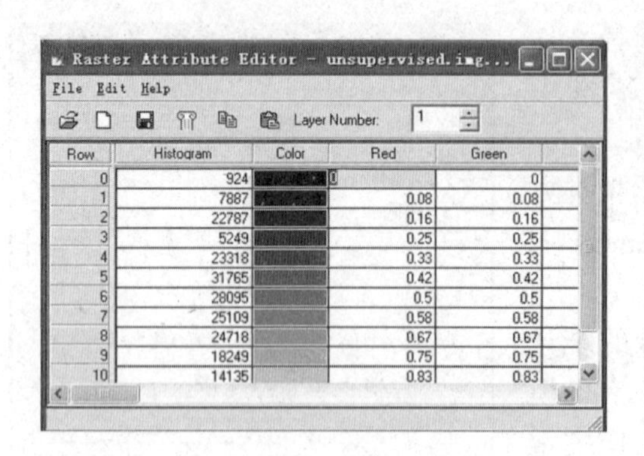

图 5-6 unsupervised. img 的属性表

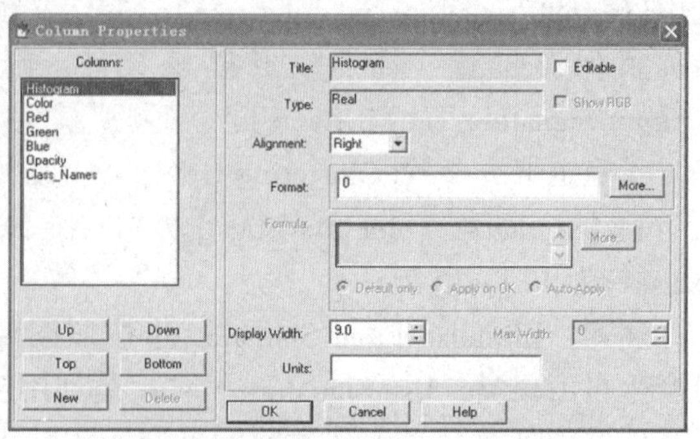

图 5-7 【Column Properties】对话框

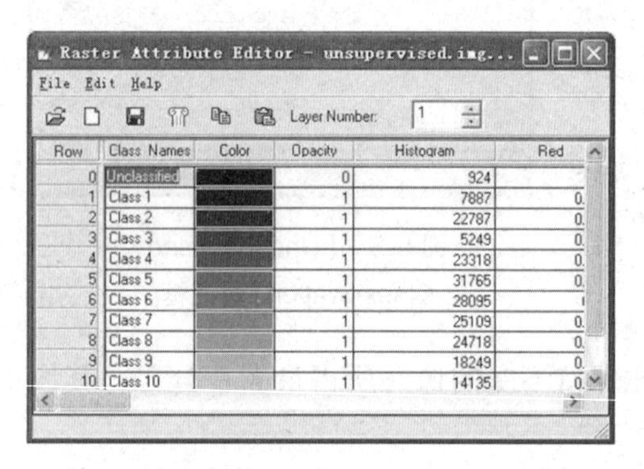

图 5-8 设置后的 unsupervised. img 属性表

(3)类别赋色

非监督分类第一步获得图像是灰度图像，其各类别的显示灰度是系统自动赋予的，不利于类别的区分。为了更好地区分各类别，需要给各个类别重新赋予相应的颜色。

①单击一个类别的【Color】字段，表示选中该类别。

②在【As Is】色表单中选择一种适合的颜色。

③重复以上操作，直到所有类别都赋予相应的颜色。

④在赋色过程中，可以根据需要进行类别的不透明度设置，1 为不透明，0 为透明。具体操作为：

- 鼠标单击一个类别的【Opacity】字段，表示选择该类别并进入输入状态。
- 设置透明度，输入 1 为不透明，输入 0 为透明。

(4)确定类别意义及精度，标注类别名称

①对照原先影像 2000tm. img，确定各类别专题意义，并分析其精度。

②在【Raster Attribute Editor】窗口，单击该类别的【Class Names】字段，进入输入状态。

③输入类别名称，按 Enter 键即可。

注意：在进行类别确定时，也可以采用叠加分析，即在一个窗口中，同时打开原先图像与初始分类图像，利用闪烁(Flicker)、卷帘显示(Swipe)、混合显示(Blend)等图像叠加显示工具，进行类别的判别分析。具体操作如下。

- 单击【Viewer】图标，打开一个【Viewer】窗口。
- 在窗口工具栏单击按钮，显示原图像 2000tm. img(...\ prj05 \ 遥感影像非监督分类 \ data)。
- 在窗口工具栏单击按钮，打开【Select Layer To Add】对话框。
- 选择【Raster Options】页面，取消选中【Clear Display】，如图 5-9 所示。
- 选择【File】页面，确定输入分类图像 unsupervised. img，则分类图像覆盖于原图像 2000tm. img 之上。

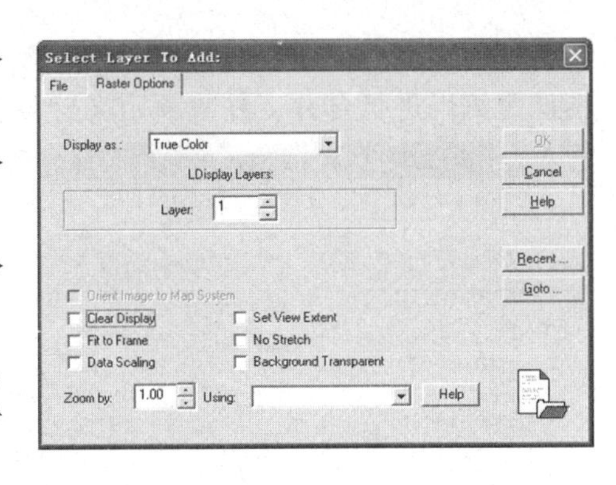

图 5-9　【Select Layer To Add】对话框

• 在显示图像窗口菜单栏，单击【Utility】→【Flicker】，则图像闪烁叠加显示。

• 在显示图像窗口菜单栏，单击【Utility】→【Swipe】，则图像卷帘叠加显示。

• 在显示图像窗口菜单栏，单击【Utility】→【Blend】，则图像混合叠加显示。

对于类别名称的输入，要用英文或者拼音，不能用中文，否则容易出现乱码或者在后续的专题图制作中图例也会出现乱码。

重复以上(3)(4)两步骤直到对所有类别都进行了分析与处理，如图 5-10 所示。同时也获取上色后的非监督分类初图，如图 5-11 所示。

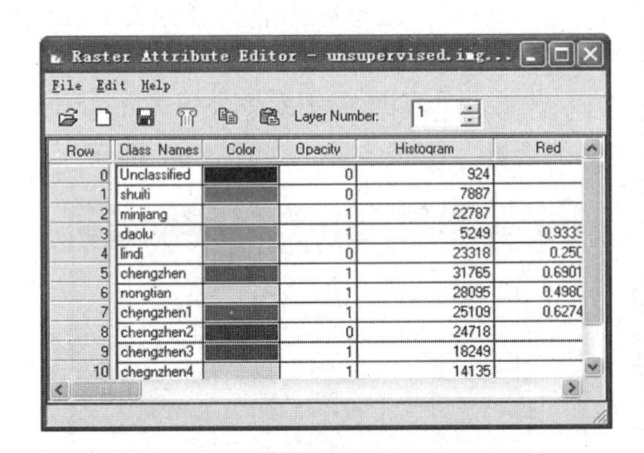

图 5-10　标注类别名称与赋色

图 5-11　类别赋色后的非监督分类初图

5.2.3　分类后处理

非监督分类或者监督分类，其分类原理是基于图像的光谱特征进行聚类分析，所以，不可避免带有一定的盲目性。要想获得比较理想的分类结果，还需要对分类后的结果图像进行一些后处理工作，这些处理操作统称为分类后处理。

基于 ERDAS 系统提供的分类后处理方法，主要有聚类统计(Clump)、过滤分析(Sieve)、去除分析(Eliminate)、分类重编码(Recode)等。在应用时，要根据具体情况，选择合适的分类后处理方法，可以单独使用一种分类后处理方法，也可以联合使用。

5.2.3.1　分类重编码（Recode）

分类重编码主要是针对非监督分类而言的。由于非监督分类之前，用户对分类地区没有什么了解，一般要定义比最终需要多一定数量的分类数，所以为了获取最终需要，则在非监督分类之后，需要对初始分类图像进行分类重编码处理，即对相近或类似的分类通过图像重编码进行合并，并重新定义分类名称和颜色。当然，分类重编码还可以用在很多其他方面，作用也有所不同。

图 5-12 【Recode】对话框

(1)打开【Recode】对话框

方法一：在 ERDAS 图标面板菜单栏单击【Main】→【Image Interpreter】命令→【Image Interpreter】对话框→【GIS Analysis】命令→【Recode】命令→【Recode】对话框，如图 5-12 所示。

方法二：在 ERDAS 图标面板工具栏单击【Interpreter】图标→【GIS Analysis】命令→【Recode】命令→【Recode】对话框。

(2)填写【Recode】对话框

①确定输入文件(Input File)：unsupervised. img(...\ prj05 \ 遥感影像非监督分类 \ data)。

②定义输出文件(Output File)：recode. img(...\ prj05 \ 遥感影像非监督分类 \ data)。

③单击【Setup Recode】按钮，设置新的分类编码(图 5-13)。

④打开【Thematic Recode】表格，进行重编码设置，即根据需要改变 New Value 字段的取值(直接输入)，在本例中，将原先的 12 类两两合并，形成 5 类，如图 5-14 所示。

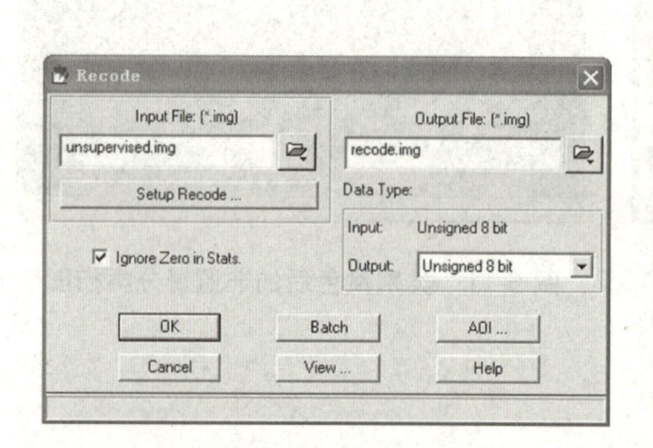

图 5-13 填写【Recode】对话框

Thematic Recode

Value	New Value	Histogram	Red	Green	Blue	
0	0	924.0	0.000	0.000	0.000	Unc
1	1	7887.0	1.000	0.000	0.000	shui
2	1	22787.0	1.000	0.843	0.000	minj
3	2	5249.0	0.933	0.510	0.933	dao
4	3	23318.0	0.251	0.878	0.816	lindi
5	2	31765.0	0.690	0.188	0.376	che
6	4	28095.0	0.498	1.000	0.000	non
7	2	25109.0	0.627	0.125	0.941	che
8	2	24718.0	0.000	0.000	1.000	che
9	2	18249.0	0.000	0.392	0.000	che
10	2	14135.0	0.000	1.000	1.000	che
11	5	7309.0	1.000	0.000	0.000	luoc
12	5	4355.0	0.000	0.000	1.000	luoc

New Value: 1　Change Selected Rows

OK　Cancel　Help

图 5-14 重编码设置

⑤单击【OK】按钮，关闭【Thematic Recode】表格，完成重编码输入。

(3)获取重编码图像

①在【Recode】对话框，选中【Ignore Zero in Stats】，即在图像重编码处理过程中，忽略 0 值，不统计在内，则图像亮度显示效果更好。

②单击【OK】按钮，执行图像分类重编码处理，获取重编码图像 recode. img，如图 5-15 所示。

(4)编辑重编码图像

①打开分类重编码图像。打开 recode. img(...\ prj05 \ 遥感影像非监督分类 \ data)。

②打开属性表。在图像窗口菜单栏单击【Raster】→【Attributes】命令，打开【Raster Attribute Editor】窗口，即重编码图像 recode. img 的属性表。

③进行类别颜色的设置。在【Raster Attribute Editor】窗口，单击一个类别的【Color】字段，在【As Is】色表单中选择一种适合的颜色，重复以上操作，直到所有类别都赋予相应合适的颜色。

④标注类别名称。在【Raster Attribute Editor】窗口菜单栏，单击【Edit】→【Add Class Names】命令，标注类别名称。具体操作为：在【Raster Attribute Editor】窗口，单击该类别的 Class Names 字段，进入输入状态；输入类别名称，按 Enter 键即可。

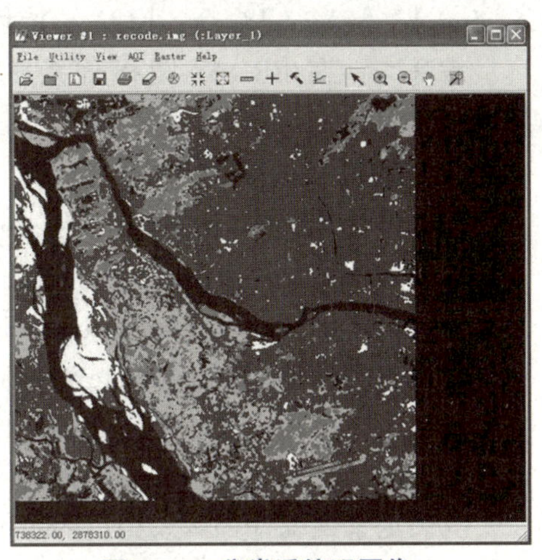

图 5-15　分类重编码图像

⑤获取类别面积。在【Raster Attribute Editor】窗口菜单栏，单击【Edit】→【Add Area Column】命令，单击【OK】按钮，则获取各类别的面积。

编辑好的重编码图像如图 5-16 所示，所获取的相关信息如图 5-17 所示。

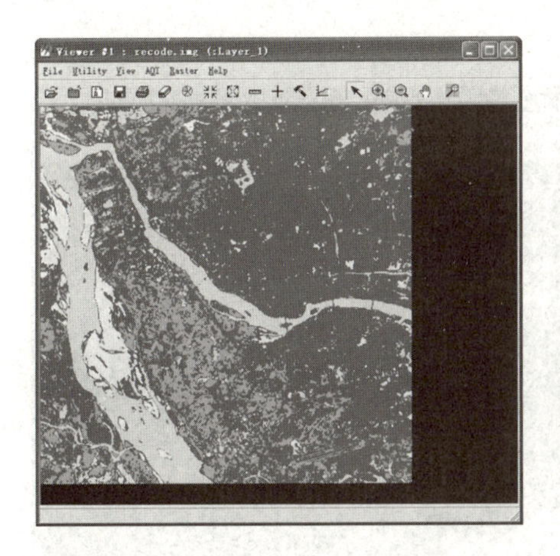

图 5-16　编辑好的重编码图像

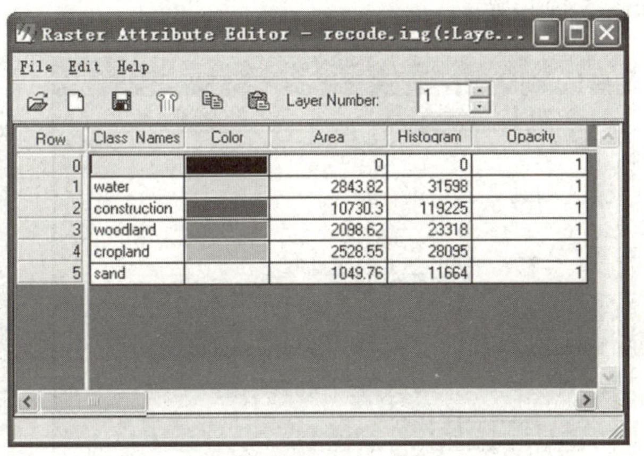

Row	Class Names	Color	Area	Histogram	Opacity
0			0	0	1
1	water		2843.82	31598	1
2	construction		10730.3	119225	1
3	woodland		2098.62	23318	1
4	cropland		2528.55	28095	1
5	sand		1049.76	11664	1

图 5-17　重编码图像 recode. img 的属性表

5. 2. 3. 2　聚类统计(Clump)

监督分类或者非监督分类，其分类结果中有一些面积很小的图斑，为了专题制图或者其他实际应用，都应该剔除这些小图斑。分类后处理中的聚类统计(Clump)、过滤分析(Sieve)、去除分析(Eliminate)等方法则可以完成这项工作。在本案例中联合应用聚类统计、去除分析命令来进行小图斑的剔除工作。

聚类统计是指通过计算分类专题图像中每个分类图斑的面积、记录相邻区域中最大图斑面积的分类值等操作，产生一个 Clump 类组输出图像，其中每个图斑都包含 Clump 类组属性。该图像是一个中间文件，用于进行下一步处理。

(1)打开【Clump】对话框

方法一：在 ERDAS 图标面板菜单栏，单击【Main】→【Image Interpreter】→【GIS

Analysis】→【Clump】命令→【Clump】对话框。

方法二：在 ERDAS 图标面板工具栏，单击【Interpreter】图标→【GIS Analysis】→【Clump】命令→【Clump】对话框。

(2)填写【Clump】对话框

①确定输入文件(Input File)：recode. img(...\ prj05 \ 遥感影像非监督分类 \ data)，如图 5-18 所示。

②定义输出文件(Output File)：clump. img(...\ prj05 \ 遥感影像非监督分类 \ data)。

③文件坐标类型(Coordinate Type)选择 Map。

④根据需要确定处理范围(Subset Definition)：即在 ULX/Y、LRX/Y 微调框中输入所需要的数值，缺省状态为整个图像范围，也可以应用【From Inquire Box】按钮定义子区。

⑤确定聚类统计邻域大小(Connect Neighbors)：8(指统计分析将对每个像元四周的 8 个相邻像元进行)。

注意：因为 Clump 聚类统计需要较长时间，所以若图像本身非常大，建议统计邻域选择 4。

⑥单击【OK】按钮，关闭【Clump】对话框，执行聚类统计分析，获得聚类统计分析图，如图 5-19 所示。

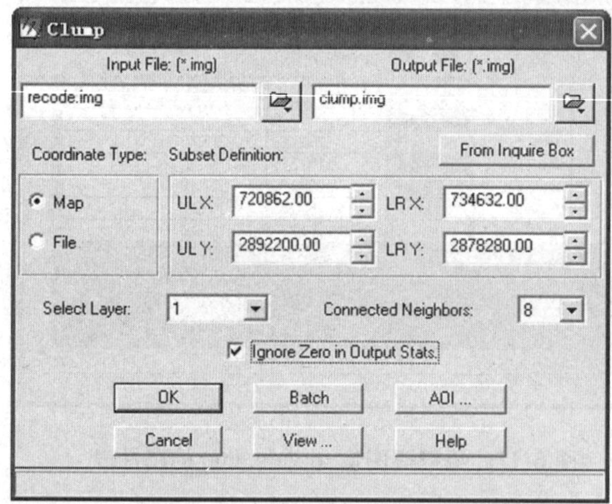

图 5-18 填写【Clump】对话框

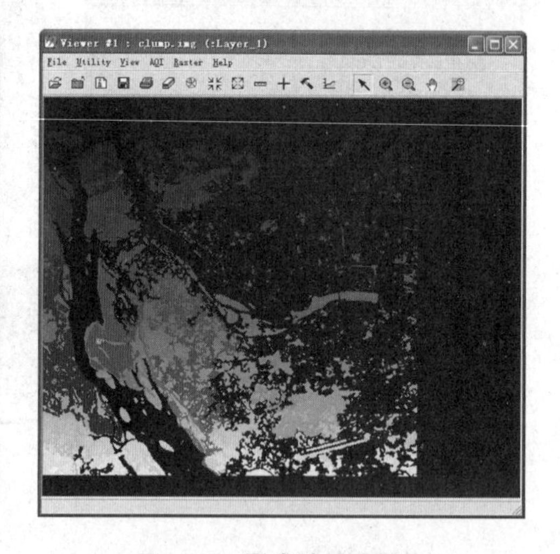

图 5-19 聚类统计分析图

5.2.3.3 过滤分析(Sieve)

过滤分析是指对经 Clump 处理后的 Clump 类组图像进行处理，按照定义的数值大小，删除 Clump 图像中较小的类组图斑，并给所有小图斑赋予新的属性值 0。对于无须考虑小图斑归属的应用问题，Sieve 与 Clump 命令配合使用，有很好的作用。对于要考虑小图斑的归属问题时，可以与原分类图对比确定其新属性，也可以通过空间建模方法、调用 Delerows 或 Zonel 工具进行处理。其操作过程如下。

(1)打开【Sieve】对话框

方法一：在 ERDAS 图标面板菜单栏单击【Main】→【lmage Interpreter】→【GIS Analysis】→

【Sieve】命令→【Sieve】对话框。

方法二：在 ERDAS 图标面板工具栏单击【Interpreter】图标→【GIS Analysis】→【Sieve】→【Sieve】对话框。

(2)填写【Sieve】对话框

①确定输入文件(Input File)：Clump. img (...\prj05\遥感影像非监督分类\data)。

②定义输出文件(Output File)：Sieve. img (...\prj05\遥感影像非监督分类\data)。

③文件坐标类型(Coordinate Type)选择 Map。

④根据需要确定处理范围(Subset Definition)：即在 ULX/Y、LRX/Y 微调框中输入所需要的数值，缺省状态为整个图像范围，也可以应用【From Inquire Box】按钮定义子区。

⑤确定最小图斑大小(Minimum Size)：16 pixels。

⑥单击【OK】按钮，关闭【Sieve】对话框，执行过滤分析，获取过滤分析图，如图 5-20 所示。

图 5-20 过滤分析图

5.2.3.4 去除分析(Eliminate)

去除分析是指是用于删除原始分类图像中的小图斑或 Clump 聚类图像中的小 Clump 类组，与 Sieve 命令不同，其将删除的小图斑合并到相邻的最大的分类当中，而且，如果输入图像是 Clump 聚类图像的话，经过 Eliminate 处理后，将小类图斑的属性值自动恢复为 Clump 处理前的原始分类编码。所以，也可以说Eliminate处理后的输出图像是简化了的分类图像。

(1)打开【Eliminate】对话框

方法一：在 ERDAS 图标面板菜单栏：单击【Main】→【Image Interpreter】→【GIS Analysis】→【Eliminate】命令→【Eliminate】对话框。

方法二：在 ERDAS 图标面板工具栏：单击【Interpreter】图标→【GIS Analysis】→【Eliminate】命令→【Eliminate】对话框。

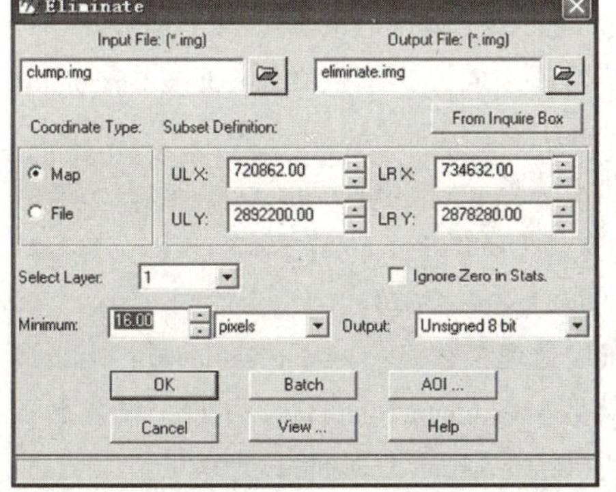

图 5-21 填写【Eliminate】对话框

(2)填写【Eliminate】对话框

①确定输入文件(Input File)：clump. img(...\prj05\遥感影像非监督分类\data)，如图 5-21 所示。

②定义输出文件(Output File)：eliminate. img(...\prj05\遥感影像非监督分类\data)。

③文件坐标类型(Coordinate Type)选择 Map。

④根据需要确定处理范围(Subset Definition)：即在 ULX/Y、LRX/Y 微调框中输入所需要的数值，缺省状态为整个图像范围，也可以应用【From Inquire Box】按钮定义子区。

⑤确定最小图斑大小(Minimum)：16 pixels。

⑥单击【OK】按钮，关闭【Eliminate】对话框，执行过滤分析，获得去除分析图，如图5-22和图5-23所示。

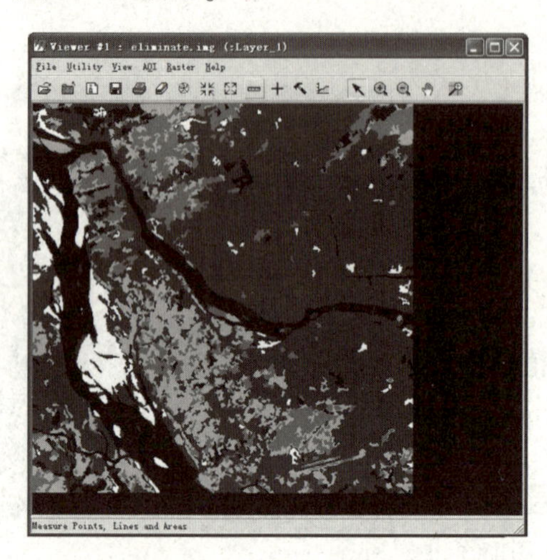

图 5-22 去除分析未赋色图

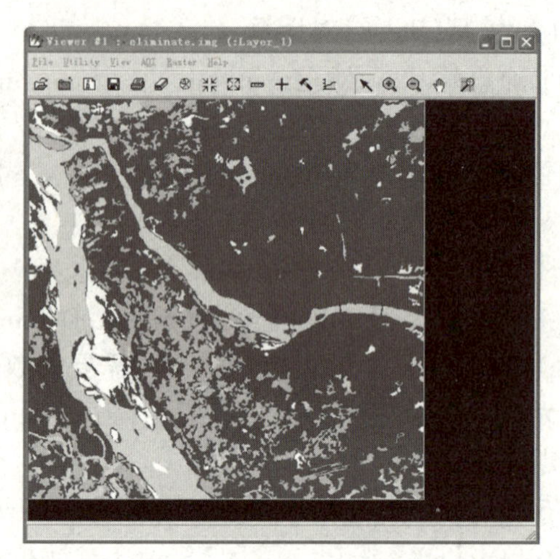

图 5-23 去除分析赋色图

通过与最初的非监督分类图比较可以看出(图5-11)，经过分类后处理，其分类图的专题效果明显提高了。当然，对于分类后处理的图像来说，除了进行类别赋色，也可以进行类别名称的标注与类别面积的增加，获取各类别的相关信息，其操作步骤参见“5.2.3.1 分类重编码(Recode)：(4)编辑重编码图像”。

任务实施

林地遥感影像非监督分类

一、目的要求

通过林地遥感影像非监督分类，明确非监督分类方法原理，并掌握其操作，熟悉林业遥感影像非监督分类的意义。对影像进行非监督分类，获取林地分类图及各类别林地相关信息。

二、数据准备

某林场SPOT-5遥感影像。

三、操作步骤

(1)进行非监督分类

①调出非监督分类对话框：单击【Classifier】图标→【Classification】对话框→【Unsupervised Classification】按钮→【Unsupervised Classification】对话框。

②填写非监督分类对话框，执行非监督分类。

• 确定输入文件(Input Raster File)：Subset.img(...\ prj05 \ 任务实施5-2 \ data)。

• 定义输出文件(Output Cluster Layer Filename)：un-subset.img(...\ prj05 \ 任务实施5-2 \ data)。

• 不勾选生成分类模板文件(Output Signature Set Filename)。

• 确定聚类参数(Clustering Options)，初始聚类方法选择【Initialize From Statistics】，分类数(Number of Classes)为20。

• 确定处理参数(Processing Options)：定义最大循环次数(Maximum Iterations)为12，设置循环收敛阈值(Convergence Threshold)为0.95。

• 单击【OK】按钮，执行非监督分类，获取非监督分类初图，如图5-24所示。

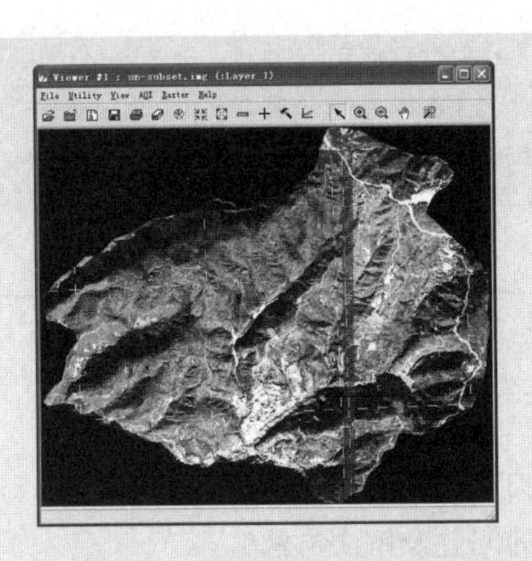

图 5-24 非监督分类未赋色图

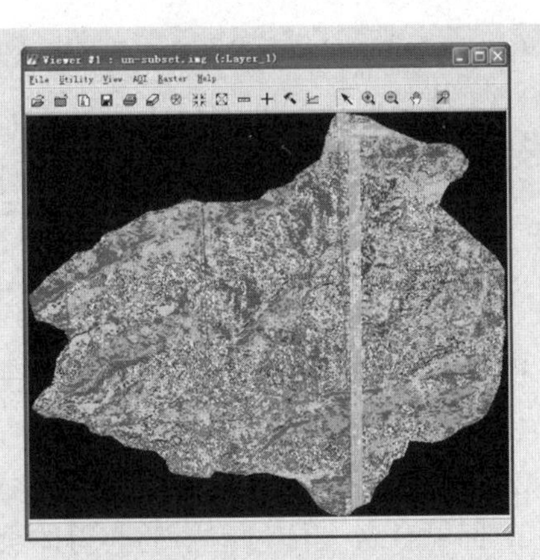

图 5-25 非监督分类赋色图

(2)分类方案调整

①打开原图像与分类图像：单击【Viewer】图标，打开两个【Viewer】窗口，分别显示分类图像 un-subset. img 与原图像 Subset. img。

②打开分类图像的属性表并调整其属性字段显示顺序，操作步骤如下：

• 在分类图像显示窗口菜单栏，单击【Raster】→【Attributes】命令，打开【Raster Attribute Editor】窗口，即初始分类图像 un-subset. img 的属性表，如图 5-6 所示。

• 在【Raster Attribute Editor】窗口菜单栏，单击【Edit】→【Column Properties】命令，打开【Column Properties】对话框，如图 5-7 所示。

• 应用【Up】【Down】等按钮，按照依次 Class Names、Color、Opacity、Histogram 字段的显示顺序排在前面，并通过【Display Width】设置每列字段的显示宽度，以利于编辑。

• 单击【OK】按钮，设置完成。

③定义类别颜色，操作步骤如下：

• 鼠标单击一个类别的【Color】字段，选中该类别。

• 在【As Is】色表单中选择一种适合的颜色。

• 重复以上操作，直到所有类别都赋予相应的颜色。

④标注类别名称，操作步骤如下：

• 对照原先影像 subset. img，确定各类别专题意义，并分析其精度。

• 在【Raster Attribute Editor】窗口，单击该类别的【Class Names】字段，进入输入状态。

• 输入类别名称，按 Enter 键即可。

⑤重复以上③④两步骤，直到所有类别都上色及进行了名称的确定，如图 5-25 所示。

(3)分类后处理

本任务根据情况需要，进行分类重编码、聚类统计和去除分析 3 步操作。

①分类重编码(Recode)，具体操作如下：

• 确定新分类数目：根据 2017 年 11 月 1 日发布《土地利用现状分类》，在本例中，将原先的 20 类两两合并，形成 9 类。

• 打开【Recode】对话框，进行重编码设置，执行分类重编码，其操作步骤参见“5. 2. 3. 1 分类重编码(Recode)”。

②聚类统计(Clump)，其操作步骤参见“5. 2. 3. 2 聚类统计(Clump)”。

③去除分析(Eliminate)，其操作步骤参见“5. 2. 3. 4 去除分析(Eliminate)”。

经过上述 3 步的分类后处理，获得分类后处理的最终非监督分类图 un-eliminate. img(...\ prj05 \ 任务实施 5-2 \ data)，如图 5-26 所示。

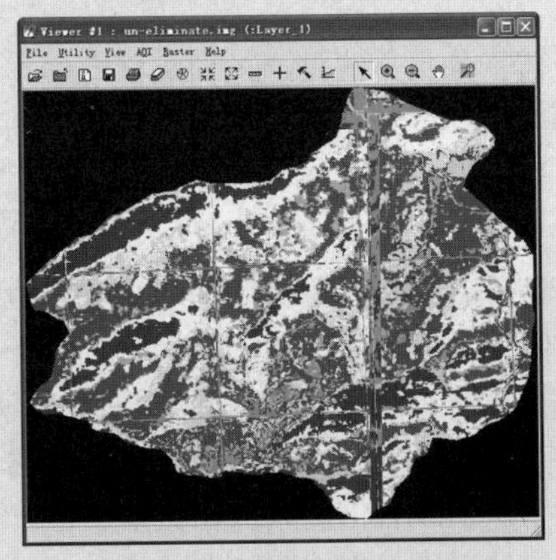

图 5-26 分类后处理图像

（4）编辑去除分析后的图像，获取相关信息

①类别赋色。

②标注类别名称。

③获取类别面积。

以上3步的操作步骤参见“5.2.3.1 分类重编码(Recode)：(4)编辑重编码图像”。

成果提交

作出书面报告，包括任务实施过程和结果以及心得体会，具体内容如下。

1. 简述非监督分类的任务实施过程，并附上每一步的结果影像。
2. 提取出各类别林地的面积，并分析其误差原因。
3. 回顾任务实施过程中的心得体会，梳理遇到的问题及解决方法。

任务5.3　遥感影像监督分类

任务描述

本任务是林地利用专题图制作的前提基础，基于遥感影像，应用ERDAS 9.2软件对其进行监督分类，获得该影像的监督分类结果图，作为林地利用专题图制作的底图，同时获取各地类相关信息。

任务目标

1. 理解计算机图像分类的基本原理和方法以及监督分类的过程。
2. 能熟练地对遥感图像进行监督分类。
3. 深刻理解监督分类与非监督分类的区别，思考林业遥感影像信息提取的关键所在。

知识准备

监督分类方法是通过训练区内样本的光谱数据计算各类别的统计特征参数，作为各类型的度量标准，然后根据判别规则将图像的各像元分到一定的类别中。常用的判别规则有贝叶斯判别、最大似然判别和最小距离判别等。训练场地的选择是监督分类的关键，常用于对分类区比较熟悉的情况。

监督分类是利用训练场地获取先验的类别知识，其优点是地物类型对应的光谱特征差异小时效果好。但是其工作量大，由于训练场地有代表性，训练样本的选择要考虑地物光谱特征，样本数目能满足分类要求，且需要实地资料比较多，因此要求苛刻，不易做到。

在实际操作中，相比于非监督分类，监督分类更多地需要用户来控制。其首先选择用户可以识别或者借助其他相关信息可以判断其类型的像元建立模板，然后基于该像元，计算机自动识别具有相同特性的像元，进行分类。分类完成后，进行分类结果评价，如果对分类结果不满意，再修改模板，如此反复，建立一个比较准确的模板，进行最终的分类。

ERDAS 遥感图像监督分类可分为定义分类模板、评价分类模板、执行监督分类、评价分类结果及分类后处理 5 个步骤。在此，以影像 2000tm. img 为源数据，详细介绍上述 5 个步骤。在实际应用中，可以根据需要进行其中的部分操作。

5.3.1 定义分类模板

(1)打开分类图像

在【Viewer】视窗中打开需要分类的图像 2000tm. img(...\ prj05 \ 遥感影像监督分类 \ data)。

(2)打开模板编辑器并调整属性字段

方法一： 在 ERDAS 图标面板工具栏，单击【Classifier】图标→【Classification】菜单→【Signature Editor】命令→【Signature Editor】对话框，如图 5-27 所示。

方法二： 在 ERDAS 图标面板菜单栏，单击【Main】→【 Image Classification】命令→【Classification】菜单→【Signature Editor】命令→【Signature Editor】对话框。

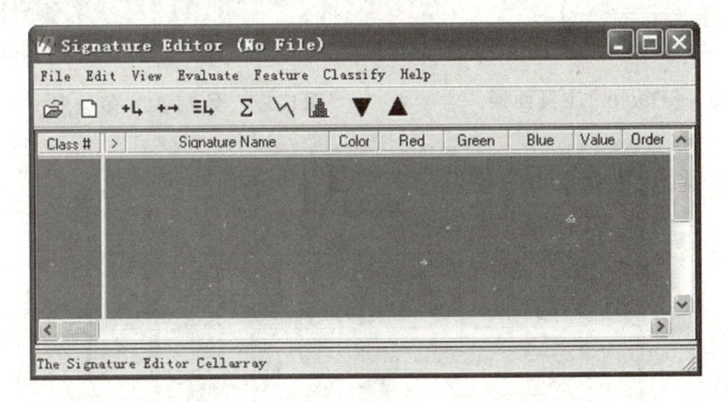

图 5-27 【Signature Editor】对话框

在【Signature Editor】窗口菜单栏，单击【View】→【Columns】命令，打开【View Signature Columns】对话框，根据需要调整字段显示。或者在【Signature Editor】窗口，鼠标单击选中分类属性字段列，按住鼠标不放拖动列宽，进而调整字段显示。

(3)获取分类模板信息

基于 ERDAS 系统，提供了 AOI 绘图工具、AOI 扩展工具、查询光标、生成特征空间图像应用 AOI 工具 4 种方法来建立分类模板，在实际工作中，可能只用其中的一种方法即可，也可能需要几种方法联合应用。

方法一： 应用 AOI 绘图工具在原始图像获取分类模板信息。

①在原始图像 2000tm. img 视窗，在菜单栏单击【Raster】→【Tools】命令，或者在工具栏单击【Tools】图标，打开【Raster】工具面板，如图 5-28 所示。

②在【Raster】工具面板，单击【绘制多边形】图标，绘制 AOI 多边形。

③在图像窗口中，选择蓝色区域(水体)，绘制一个 AOI 多边形。

④在【Signature Editor】对话框，单击【Create New Signature】图标，将多边形 AOI 区域

加载到【Signature Editor】分类模板属性表中。

⑤重复上述步骤②~④操作过程，绘制多个蓝色区域AOI多边形，如图5-29所示，并将其作为新的模板加入【Signature Editor】分类模板属性表中，如图5-30所示。

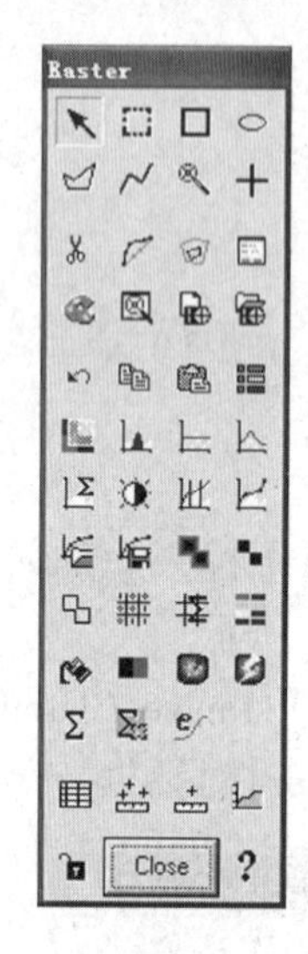

图5-28 【Raster】工具面板

图5-29 绘制AOI多边形

Signature Editor (No File)

File Edit View Evaluate Feature Classify Help

Class #	>	Signature Name	Color	Red	Green	Blue	Value	Order
1		Class 1		0.010	0.837	0.896	1	1
2		Class 2		0.013	0.842	0.901	2	2
3		Class 3		0.027	0.847	0.902	3	3
4		Class 4		0.021	0.825	0.898	4	4
5		Class 5		0.039	0.813	0.862	5	5
6		Class 6		0.043	0.815	0.862	6	6
7		Class 7		0.007	0.137	0.097	7	7
8		Class 8		0.030	0.347	0.457	8	8

图5-30 加载分类模板

⑥合并属性模板，如果对同一个专题类型(如水体)采集了全面且足够多的AOI并分别加入模板中，可以将这些AOI模板合并，生成一个综合的新AOI模板，其中包含了合并前的所有模板像元属性。具体操作如下。

• 在【Signature Editor】对话框中【Class#】字段下面的分类编号单击，按住鼠标左键下拉，将该类的AOI模板全部选定。

• 在工具栏单击【合并】图标，生成一个新模板，此新模板包含了合并前的所有模板像元属性。

• 右键单击，在下拉菜单项，选择【Delete Selection】，删除合并前的多个模板。

⑦在【Signature Editor】属性表，改变合并生成的分类模板的属性，包括名称与颜色。分类名称(Signature Name)：水体；颜色(Color)：蓝色。

⑧重复上述②~⑦步骤操作过程，绘制其他地类的AOI，确定分类模板名称和颜色，

直到所有的地类都建立了分类模板，就可以保存分类模板。

⑨保存分类模板。如果在建立分类模板过程中，想随时保存分类模板或者建好后保存起来备用，具体步骤如下。

• 【Signature Editor】窗口菜单栏，单击【File】→【Save】命令。

• 打开【Save Signature File As】对话框，如图 5-31 所示。

• 确定保存分类模板的目录，输入文件名，单击【OK】按钮即可。

注意：在【Which Signatures】选项中，All 是指保存所有模板，Selected 是指保存被选中的模板。

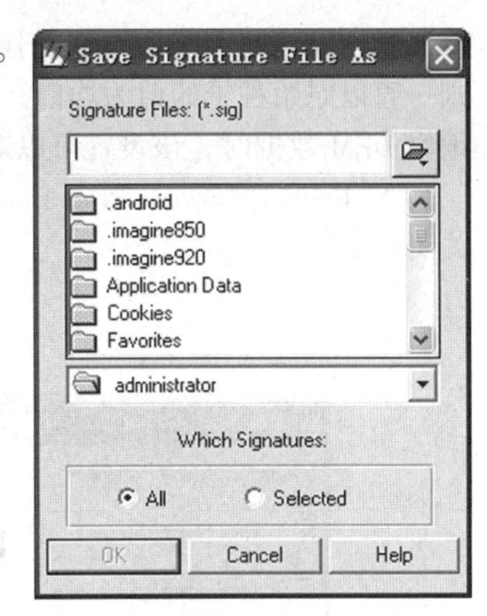

图 5-31　【Save Signature File As】对话框

方法二： 应用 AOI 扩展工具在原始图像获取分类模板信息。

应用 AOI 扩展工具生成 AOI，首先是选中一个种子像元，然后按照各种约束条件(如空间距离、光谱距离等)来考察相邻的像元，如果符合条件，则该相邻的像元就被接受，与种子像元一起组成新的像元组，并重新计算新的种子像元平均值(当然也可以设置一直沿用原始种子的值)，随后的相邻像元就以此新的种子像元平均值来计算光谱距离，执行下一步的计算判断。

注意：在这过程中，空间距离的量算始终是以最初的种子像元为原点来计算的。

①设置种子像元特性，具体步骤如下。

• 在原始图像 2000tm. img 窗口菜单栏，单击【AOI】→【Seed Properties】命令，打开【Region Growing Properties】对话框，进行相关参数设置。

• 选择相邻像元扩展方式(Neighborhood)：单击图标⊞，按 4 个相邻像元扩展。

注意：此处包括了 2 种扩展方式，⊞表示以上、下、左、右 4 个像元作为相邻像元进行扩展。▦表示种子像元周围的 9 个像元都是扩展的相邻像元。

• 设置区域扩展地理约束条件(Geographic Constrains)：包括面积约束(Area)、距离约束(Distance)。

注意：面积约束(Area)是确定每个 AOI 所包含的最多像元数(或者面积)，距离约束(Distance)是确定 AOI 所包含像元距种子像元的最大距离，这两个约束可以不设置，也可以设置一个或者两个。

• 设置波谱欧氏距离(Spectral Euclidean Distance)：10。

注意：此处的距离是判断相邻像元与种子像元平均值之间的最大波谱欧氏距离，大于该距离的相邻像元则不被接受。

• 单击【Options】按钮，打开【Region Grow Options】对话框，设置区域扩展过程中的算法，选择【Include Island Polygons】和【Update Region Mean】，如图 5-32 所示。

注意：此处系统提供了 3 种算法。Include Island Polygons 是以岛的形式剔除不符合条件的像元，在种子扩展过程中，有时会有些不符合条件的像元被符合条件的像元包围，该算法就剔除这些不符合条件的像元。Update Region Mean 是重新计算种子平均值，若不选则一直以原始种子的值为均值。Buffer Region Boundary 是对 AOI 产生缓冲区，在利用 AOI 编辑 DEM 数据时，该设置可以避免高程的突然变化。

•【Region Growing Properties】对话框相关参数设置完成(图 5-33)，单击【Close】按钮，关闭对话框。

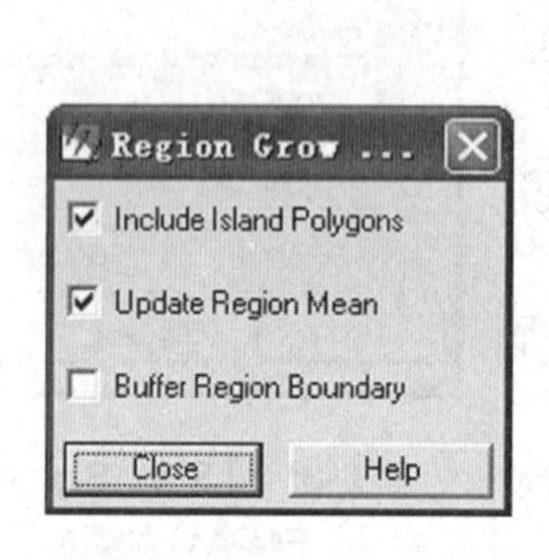

图 5-32 【Region Grow Options】对话框

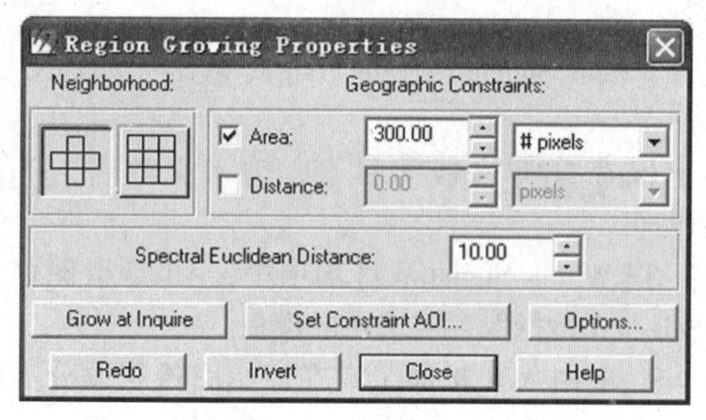

图 5-33 【Region Growing Properties】对话框

②应用 AOI 扩展工具生成 AOI，具体步骤如下。

•在原始图像 2000tm. img 视窗，在菜单栏单击【Raster】→【Tools】命令，或者在工具栏单击【Tools】图标，打开【Raster】工具面板。

•在【Raster】工具面板，单击图标，进入 AOI 生成状态。

•在图像窗口中，选择蓝色区域(水体)，单击确定种子像元。

•系统将根据上述设置的区域扩展条件自动扩展生成一个 AOI。

•如果生成的 AOI 不符合所需要，可以修改【Region Grow Options】对话框参数，直到符合需要为止；如果对生成的 AOI 比较满意，就继续进行下面的操作。

•在【Signature Editor】对话框，单击【Create New Signature】图标，将多边形 AOI 区域加载到【Signature Editor】分类模板属性表中。

•重复上述步骤②~⑥操作过程，绘制多个蓝色区域 AOI 多边形，并将其作为新的模板加入【Signature Editor】分类模板属性表中。

•合并属性模板，其操作步骤同方法一(应用 AOI 绘图工具在原始图像获取分类模板信息)中的操作相同。

•重复上述步骤②~⑧操作过程，绘制其他地类的 AOI，确定分类模板名称和颜色，直到所有的地类都建立了分类模板，就可以保存分类模板。

•保存分类模板，其操作步骤同方法一(应用 AOI 绘图工具在原始图像获取分类模板信息)中的操作相同。

方法三： 应用查询光标扩展方法获取分类模板信息。

本方法与方法二(应用 AOI 扩展工具在原始图像获取分类模板信息)大同小异，不同的是种子像元的确定。方法二是在图像上单击确定种子像元，本方法是用查询光标确定种子像元。

①设置种子像元特性。其操作步骤同方法二(应用 AOI 扩展工具在原始图像获取分类模板信息)的“设置种子像元特性”。

②在原始图像 2000tm. img 窗口工具栏，单击【Inquire Cursor】图标，或者在窗口菜单栏，单击【Utility】→【Inquire Cursor】命令，打开【Viewer】对话框，如图 5-34 所示，则图像窗口中出现相应的十字查询光标，十字交点可以准确定位一个种子像元。

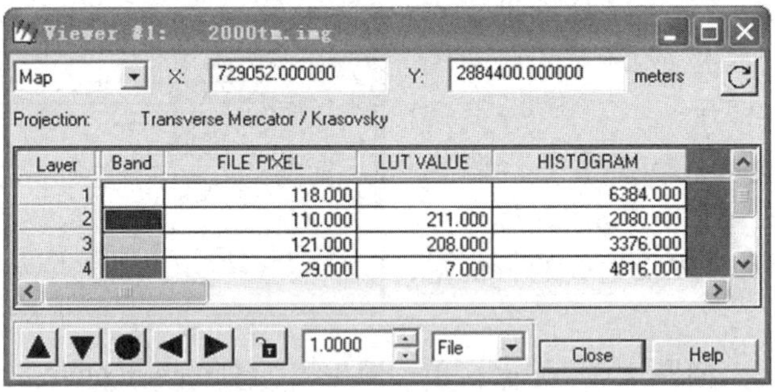

图 5-34　【Viewer】对话框

③在原始图像 2000tm. img 窗口，选择蓝色区域(水体)，将十字查询光标交点移动到种子像元上，【Inquire Cursor】对话框中光标对应像元的坐标值与各波段数值相应变化。

④在【Region Growing Properties】对话框(图 5-33)，单击【Grow at Inquire】按钮，2000tm. img 图像窗口中自动产生一个新的扩展 AOI。

⑤在【Signature Editor】对话框，单击【Create New Signature】图标，将多边形 AOI 区域加载到【Signature Editor】分类模板属性表中。

⑥重复上述③~⑤步骤操作过程，绘制多个蓝色区域 AOI 多边形，并将其作为新的模板加入【Signature Editor】分类模板属性表中。

⑦合并属性模板，其操作步骤同方法一(应用 AOI 绘图工具在原始图像获取分类模板信息)中的操作相同。

⑧重复上述③~⑦步骤所有操作过程，绘制其他地类的 AOI，确定分类模板名称和颜色，直到所有的地类都建立了分类模板，就可以保存分类模板。

⑨保存分类模板，其操作步骤同方法一(应用 AOI 绘图工具在原始图像获取分类模板信息)中的操作相同。

方法四： 生成特征空间图像应用 AOI 工具生成分类模板。

前面所述的 3 种方法，都是在原始图像上应用 AOI 区域产生分类模板，此类模板是参数型模板，而在特征空间图像应用 AOI 工具生成分类模板则属于非参数型模板，其大概操作流程是：生成特征空间图像，关联原始图像与特征空间图像，确定图像类型在特征空间的位置，在特征空间图像绘制 AOI 区域，将 AOI 区域添加到分类模板中。

①生成特征空间图像，具体步骤如下。

• 在【Signature Editor】窗口菜单栏，单击【Feature】→【Create】→【Feature Space Layers】命令，打开【Create Feature Space Images】窗口，进行参数设置。

• 在【Create Feature Space Images】窗口，确定原始图像(Input Raster Layer)为 2000tm. img。

• 定义输出图像文件根名(Output Root Name)为2000TM。

• 在【Level Slice】选项组中，选择Color单选按钮，确定生成彩色图像。注意：在此处，如果选择产生了黑白图像，可以通过修改属性表而变为彩色。

• 选中【Output To Viewer】复选框，表示选择输出到窗口，则生成的特征空间图像自动在一个窗口中打开。

• 在【Feature Space Layer】中，选择【2000tm_2_5. fsp. img】(2000tm_2_5. fsp. img是由第2波段和第5波段生成的特征空间图像)。

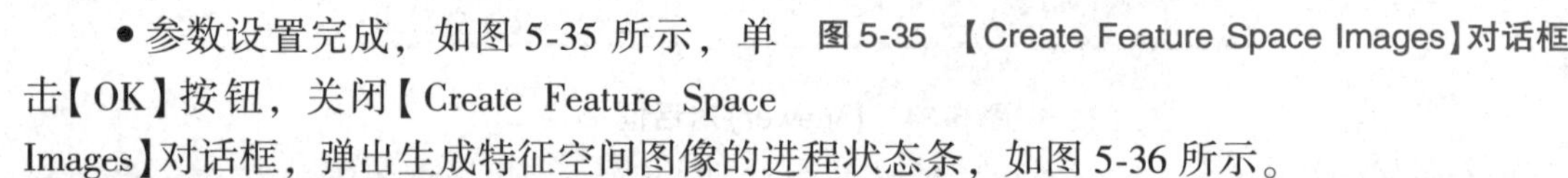

FS Image	Output File Names	X Axis Layer	Y Axis Layer	Columns
6	2000tm_1_7.fsp.img	(:Layer 1)	(:Layer 7)	9
7	2000tm_2_3.fsp.img	(:Layer 2)	(:Layer 3)	11
8	2000tm_2_4.fsp.img	(:Layer 2)	(:Layer 4)	11
9	2000tm_2_5.fsp.img	(:Layer 2)	(:Layer 5)	11
10	2000tm_2_6.fsp.img	(:Layer 2)	(:Layer 6)	11
11	2000tm_2_7.fsp.img	(:Layer 2)	(:Layer 7)	11

图5-35　【Create Feature Space Images】对话框

• 参数设置完成，如图5-35所示，单击【OK】按钮，关闭【Create Feature Space Images】对话框，弹出生成特征空间图像的进程状态条，如图5-36所示。

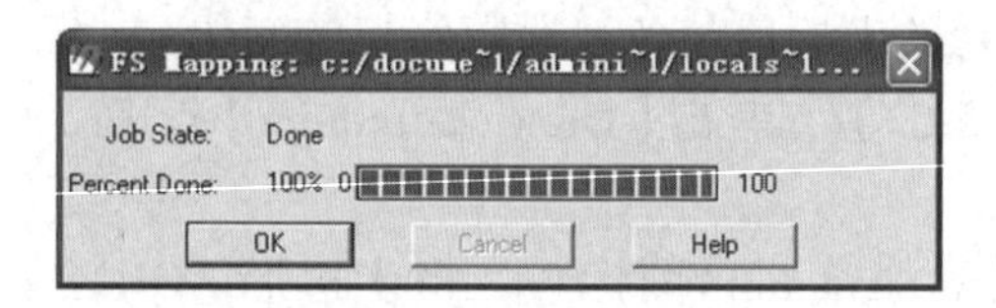

图5-36　特征空间图像的进程状态条

• 进程结束，系统自动打开特征空间图像窗口，如图5-37所示。

注意：【Create Feature Space Images】对话框中的【Feature Space Layers】表中(图5-35)，列出了图像2000tm. img的所有7个波段两两组合生成特征空间图像的文件名。这些文件名是由输出图像的文件根名和该图像所使用的波段数组成，如2000tm_2_5. fsp. img。

"2000tm"是文件根名，编号"2""5"是指使用的波段数(在前的数字表示产生的图像X轴为该波段的值，单击【Create Feature Space Images】对话框中的【Reverse Axes】按钮，可以改变两个波段数的前后顺序)，fsp为Feature Space的简写。在进行波段选择产生特征空间图像时，可以选择一个或者多个波段组合，从而产生一个或者多个特征空间图像。在本例中，只选择第2波段和第5波段来产生特征空间图像，是由于下面是针对水体建立分类模板，这两个波段组合反映水体比较明显。

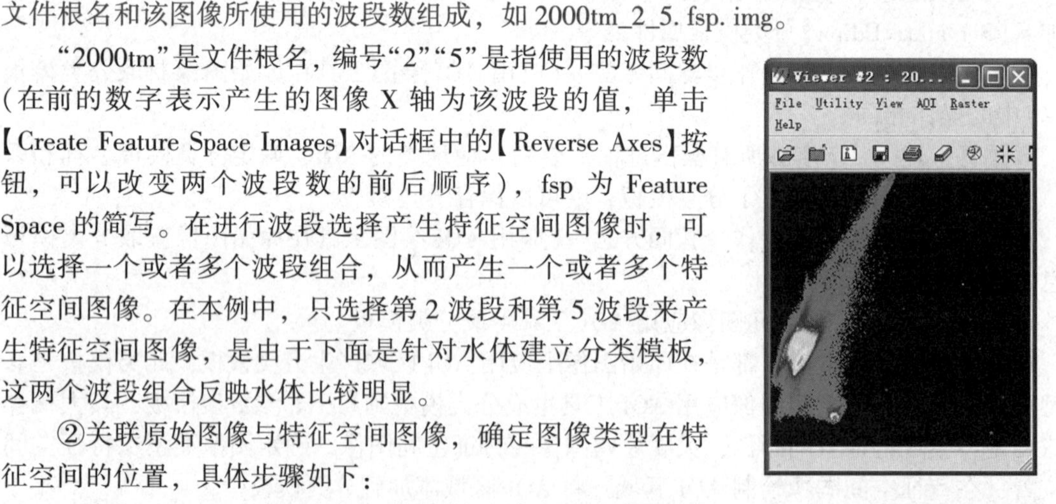

图5-37　特征空间图像窗口

②关联原始图像与特征空间图像，确定图像类型在特征空间的位置，具体步骤如下：

• 在【Signature Editor】窗口菜单栏，单击【Feature】→【View】→【Linked Cursors】命令，打开【Linked Cursors】对话框，设置相关参数，如图5-38所示。

• 在【Viewer】微调框中输入"2"，表示特征空间图像显示在【Viewer #2】窗口中，或者单击【Select】按钮，再根据系统提示在显示特征空间图像2000tm_2_5. fsp. img的窗口中单击一下，则【Viewer】微调框中，则自动出现显示特征空间图像的窗口编号“2”。

注意：如果是有多幅特征空间图像，则选中【All Feature Space Viewers】复选框，将使原始图像与所有的特征空间图像关联起来。

• 设置查询光标的显示颜色(Set Cursor Colors)，单击按钮，在弹出的【AS IS】色表选择颜色，图像查询光标的显示颜色(Image)选择红色，特征空间图像查询光标显示颜色(Feature Space)选择蓝色。

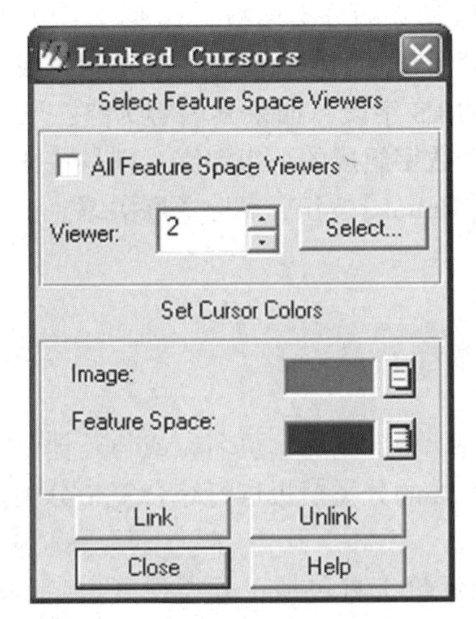

图 5-38 【Linked Cursors】对话框

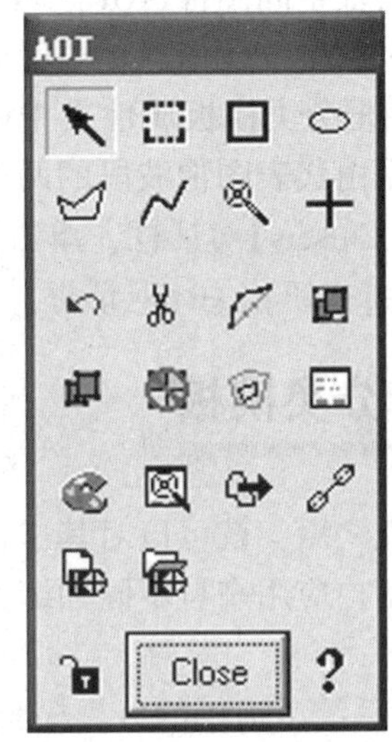

图 5-39 AOI 工具面板

• 单击【Link】按钮，根据系统提示，在原始图像显示窗口单击一下，将两个窗口关联起来，两个窗口中同时出现十字查询光标。

• 在原始图像 2000tm. img 的显示窗口【Viewer #1】中，拖动十字光标在水体上移动，则特征空间图像窗口【Viewer #2】的十字光标随之移动，从而查看水体像元在特征空间图像【Viewer #2】中的位置，从而确定水体在特征空间图像中的范围。

③在特征空间图像绘制 AOI 区域，将 AOI 区域添加到分类模板中，具体操作如下。

• 在特征空间图像窗口【Viewer #2】菜单栏，单击【AOI】→【Tools】命令，打开 AOI 工具面板，如图 5-39 所示。

• 在 AOI 工具面板，单击绘制多边形图标，进入绘制多边形 AOI 状态。

• 在特征空间图像窗口，选择与水体对应的区域，绘制一个多边形 AOI。

注意：在特征空间中选择 AOI 区域时，要力求准确，不可大概绘制，只有准确绘制AOI，所建立的分类模板才科学，获得精确的分类结果。为了精确绘制 AOI，关联原始图像与特征空间图像两个窗口，在特征空间进行类别定位时，可以在特征空间图像与类别对应的像元标记一系列点状 AOI，后面绘制类别 AOI 多边形时，把这些点都准确地包含进去。

• 在【Signature Editor】对话框，单击【Create New Signature】图标，将多边形 AOI 区域加载到【Signature Editor】分类模板属性表中。

• 在【Signature Editor】对话框，标注水体分类模板的属性：包括名称和颜色，分类名称(Signature Name)：水体/颜色(Color)：蓝色。

• 重复上述操作步骤，获取更多的分类模板信息。当然，不同的分类模板信息需要借助不同波段生成的不同的特征空间图像来获取。

• 所有类别模板加载完成，在【Signature Editor】对话框菜单栏，单击【Feature】→【Statistics】命令，生成AOI统计特性。

注意：基于特征空间图像AOI区域所建立的分类模板，其本身不包含任何统计信息，必须要重新统计来产生统计信息。要区分所建立的模板是否特征空间模板，可以查看【Signature Editor】对话框分类模板属性表中的FS字段，如果其内容为空，则是非特征空间模板；如果其内容是由代表图像波段的两个数字组成的一组数字，则是特征空间模板。

• 在【Linked Cursors】对话框，单击【Unlink】按钮，解除关联关系。

• 单击【Close】按钮，关闭对话框。

5.3.2　评价分类模板

分类模板建立之后，就可以对其进行评价，删除、更名、或与其他分类模板合并等操作。这样有利于用户应用来自不同训练方法的分类模板进行综合复杂分类，获得比较理想的结果。

基于ERDAS系统，提供的分类模板评价工具包括：分类预警(Alarms)，可能性矩阵(Contingency Matrix)，特征对象(Feature Objects)，特征空间到图像掩模(Feature Space to Image Masking)，直方图方法(Histograms)，分离性分析(Signature Separability)和分类统计分析(Statistics)等。这些不同的评价方法各有各的应用范围。

5.3.2.1　分类预警(Alarms)

分类预警评价的依据是平行六面体分割规则(Parallelepiped Division Rule)，其基于属于或者可能属于某一类别的像元生成一个预警掩膜，然后叠加在图像窗口显示，以示预警。一次预警评价可以针对一个类别或者多个类别进行，如果没有在【Signature Editor】对话框中选择类别，则当前活动类别(即【Signature Editor】对话框中“ > ”旁边的类别)都被用于进行分类预警。

(1)产生分类预警掩膜

①在【Viewer】窗口中，打开原始图像2000tm.img(...\ prj05 \ 遥感影像监督分类 \ data)，打开【Signature Editor】对话框，导入原始图像分类模板。

②在【Signature Editor】对话框中，单击【Class#】字段下的分类号，选择一个类别或者多个类别模板。

③在菜单栏，单击【View】→【Image Alarm】命令，打开【Signature Alarm】对话框。

④选中【Indicate Overlap】复选框，使同时属于两个及两个以上分类的像元叠加预警显示，在复选框后面的色框中设置像元叠加预警显示的颜色：红色，如图5-40所示。

⑤单击【Edit Parallelepiped Limits】按钮，打开【Limits】对话框，如图5-41所示。

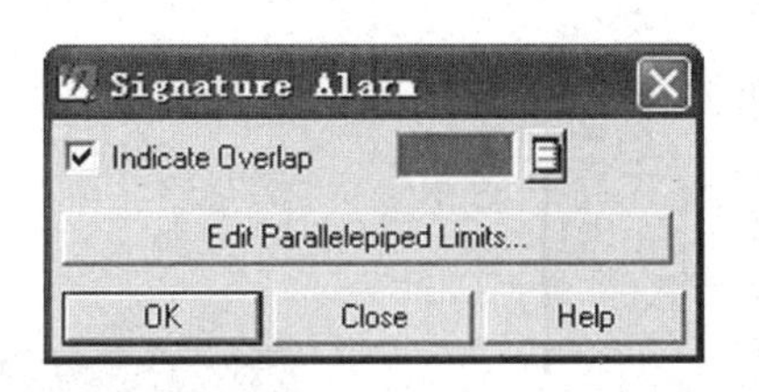

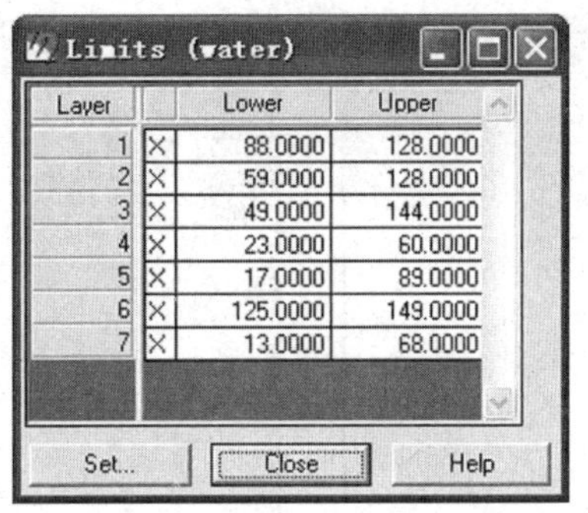

图 5-40 【Signature Alarm】对话框　　　图 5-41 【Limits】对话框

⑥在【Limits】对话框，单击【Set】按钮，打开【Set Parallelepiped Limits】对话框。

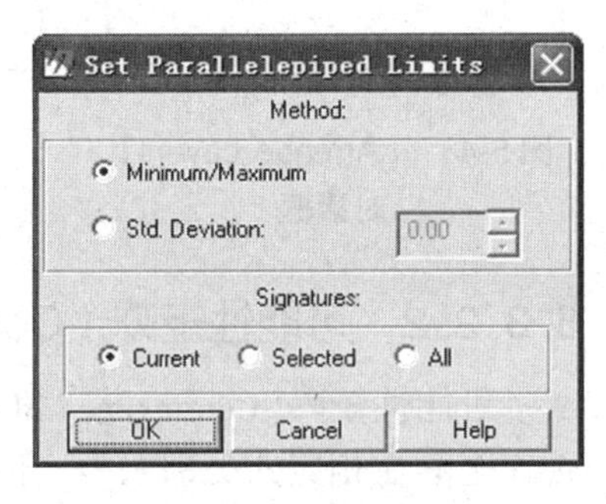

图 5-42 【Set Parallelepiped Limits】对话框

⑦设置【Set Parallelepiped Limits】对话框，如图 5-42 所示，计算方法【Method】选择“Minimum/Maximum”，模板【Signatures】选择使用当前模板“Current”。

⑧单击【OK】按钮，关闭【Set Parallelepiped Limits】对话框，返回【Limits】对话框(图 5-41)。

⑨单击【Close】按钮，关闭【Limits】对话框，返回【Signature Alarm】对话框(图 5-40)。

⑩单击【OK】按钮，根据系统提示，在显示原始图像 2000tm. img 的窗口中单击一下，执行分类预警评价，在原始图像形成预警掩膜，掩膜的颜色与模板颜色一致。单击【Close】按钮，关闭【Signature Alarm】对话框。

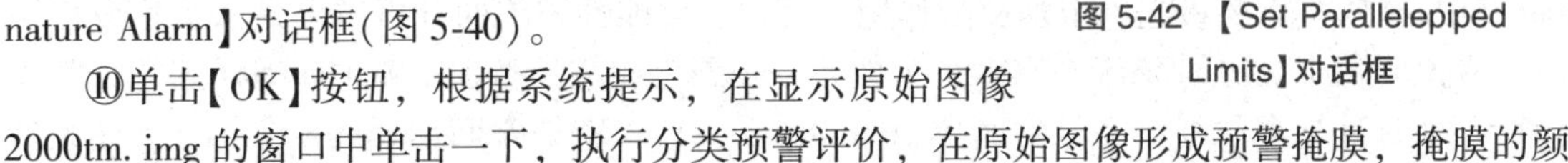

(2)查看分类预警掩膜

应用图像叠加显示功能，如闪烁显示、混合显示、卷帘显示等，来查看分类预警掩膜与图像之间关系。具体操作如下。

①在显示图像窗口菜单栏，单击【Utility】→【Flicker】，则图像闪烁叠加显示。

②在显示图像窗口菜单栏，单击【Utility】→【Swipe】，则图像卷帘叠加显示。

③在显示图像窗口菜单栏，单击【Utility】→【Blend】，则图像混合叠加显示。

(3)删除分类预警掩膜

①在原始图像 2000tm. img 显示窗口菜单栏，单击【View】→【Arrange Layers】命令，打开【Arrange Layers】对话框，如图 5-43 所示。

②右击【Alarm Mask】预警掩膜图层，弹出【Layer Options】快捷菜单，如图 5-44 所示。

③在【Layer Options】快捷菜单，单击【Delete Layer】命令，删除【Alarm Mask】图层。

④在【Arrange Layers】对话框，单击【Apply】按钮，在原始图像窗口删除预警图层，弹出提示对话框，如图 5-45 所示，提示“Save Changes before Closing?”。

⑤单击【否】按钮，关闭【Verify Save on Close】提示对话框，原始图像窗口的预警图层被删除。

⑥在【Arrange Layers】对话框，单击【Close】按钮，关闭【Arrange Layers】对话框。

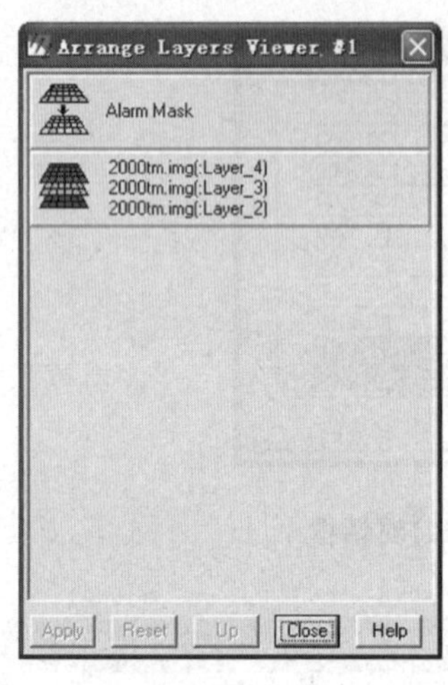

图 5-43 【Arrange Layers】对话框

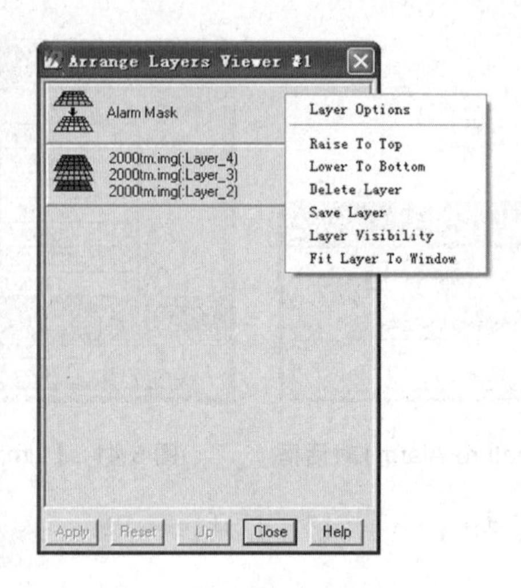

图 5-44 【Layer Options】快捷菜单

图 5-45 【Verify Save on Close】提示框

5. 3. 2. 2 可能性矩阵（Contingency Matrix）

可能性矩阵(Contingency Matrix)评价工具是根据分类模板，分析 AOI 训练区的像元是否完全落在相应的类别之中。但是实际上 AOI 中的像元对各个类都有一个权重值，AOI 训练样区只是对类别模板起一个加权的作用。所以，可能性矩阵的分析结果是一个百分比矩阵，它说明每个 AOI 训练区中有多少个像元分别属于相应的类别。AOI 训练样区的分类可应用下列几种分类原则：平行六面体(Parallelepiped)、特征空间(Feature Space)、最大似然(Maximum Likelihood)、马氏距离(Mahalanobis Distance)。其具体操作如下。

①打开【Signature Editor】对话框，导入分类模板。

②在【Signature Editor】窗口菜单栏，单击【Evaluation】→【Contingency】命令，打开【Contingency Matrix】对话框，如图 5-46 所示。

③填写【Contingency Matrix】对话框，如图 5-47 所示。

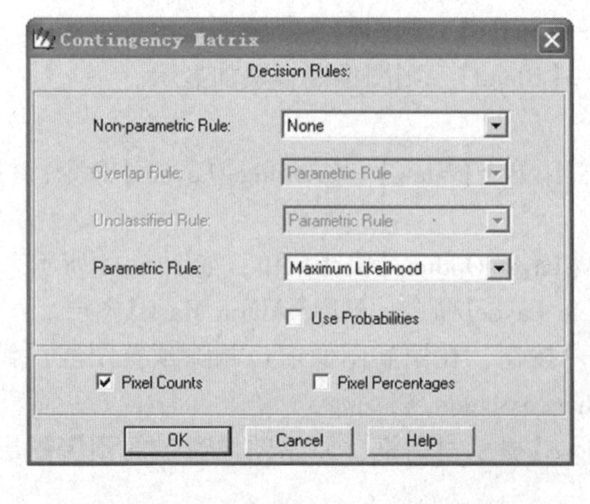

图 5-46 【Contingency Matrix】对话框

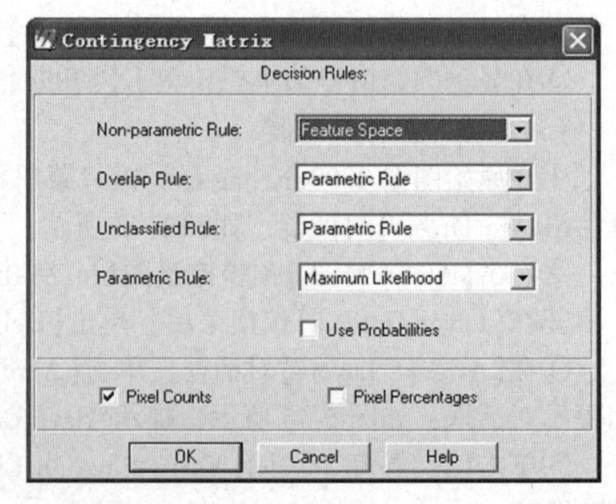

图 5-47 填写【Contingency Matrix】对话框

- 非参数规则(Non-parametric Rule)：Feature Space。
- 叠加规则(Overlay Rule)：Parametric Rule。
- 未分类规则(Unclassified Rule)：Parametric Rule。
- 参数规则(Parametric Rule)：Maximum Likelihood。
- 选择像元总数作为评价输出统计：Pixel Counts。
- 单击【OK】按钮，关闭【Contingency Matrix】对话框，获取分类误差矩阵，如图5-48所示。

Editor: , Dir:

File Edit View Find Help

ERROR MATRIX

Reference Data

Classified Data	water	road	woodland	constructi
water	6086	1	0	0
road	40	142	0	311
woodland	18	0	4877	1
constructi	6	7	61	8785
sand	0	0	0	10
cropland	0	1	390	211
Column Total	6150	151	5328	9318

Reference Data

Classified Data	sand	cropland	Row Total
water	0	0	6087
road	2	0	495
woodland	0	105	5001
constructi	1	35	8895
sand	2356	0	2366
cropland	0	1829	2431
Column Total	2359	1969	25275

----- End of Error Matrix -----

图5-48 模板分类误差矩阵

分析此误差矩阵，水体有40个像元分到了道路中，18个像元分到了林地中，6个分到了城镇用地中，依次分析其他类别，其结果是令人满意的。

注意：从分类误差总的百分比来说，如果误差矩阵值小于85%，则分类模板的精度太低，需要重新建立。

5.3.2.3 特征对象(Feature Objects)

此方法是通过显示各个类别模板的统计图，从而比较不同的类别。统计图基于类别的平均值及其标准差，以椭圆的形式显示在特征空间图像中。在进行统计分析时，可以基于一个类别或者多个类别，如果没有选择类别，则处于当前活动状态(即位于【Signature Editor】对话框模板属性表符号“>”旁边)的类别模板都将被使用。

注意：在应用此法时，其椭圆是绘制在特征空间图像中，所以必须首先打开特征空间图像。

其操作如下：

①打开特征空间图像，打开【Signature Editor】对话框，导入原始图像的分类模板。

②在【Signature Editor】对话框中，单击【Class#】字段下的分类号，选择要分析的类别模板。

注意：此处可以选择一个类别或者多个类别模板。

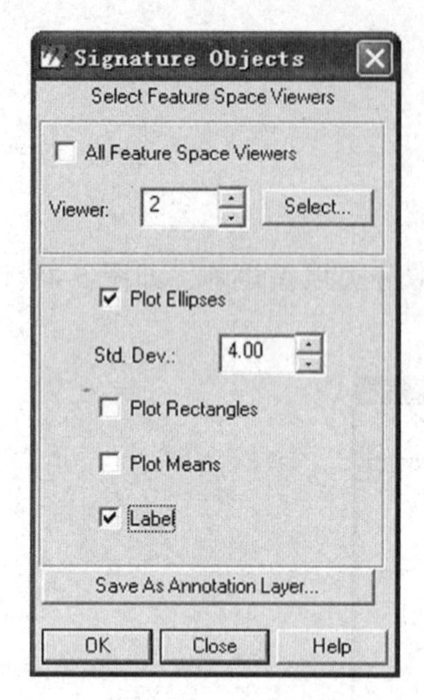

图 5-49 【Signature Objects】对话框

③在【Signature Editor】窗口菜单栏，单击【Feature】→【Objects】命令，打开【Signature Objects】对话框。

④填写【Signature Objects】对话框，如图 5-49 所示。

• 确定特征空间图像窗口(Viewer)：2(Viewer #2)。直接输入数字 2 或者单击【Select】按钮，根据系统提示，在特征空间图像单击一下，则数字 2 自动输入框中。

注意：如果是多个特征空间模板，则选中【All Feature Space Viewers】复选框。

• 选中【Plot Ellipses】复选框，确定绘制分类统计椭圆。注意：除此之外，此方法还可以同时显示两个波段类别均值、平行六面体和标识等信息(图 5-49)。

• 确定统计标准差(Std. Dev)：4。

⑤单击【OK】按钮，执行模板对象图示，绘制分类椭圆。

注意：执行模板对象图示后，特征空间图像窗口显示所选类别的统计椭圆，其椭圆的重叠程度反映了类别的相似性。如果两个椭圆不重叠或者重叠一点点，则表明两个类别相互独立，分类较好。但如果椭圆完全重叠或者重叠太多，就说明两个类别是相似的，分类不理想。

5.3.2.4 特征空间到图像掩膜(Feature Space to Image Masking)

本工具只针对特征空间模板，且图像窗口中的图像要与特征空间图像相对应，可以基于一个或者多个类别的特征空间模板使用，如果没有选择类别，则处于当前活动状态(即位于【Signature Editor】对话框模板属性表符号“>”旁边)的类别模板都将被使用。在使用时，其显示结果类似于分类预警评价，可以把特征空间模板定义为一个掩膜，则图像文件就会对该掩膜下的像元做标记，在窗口中这些像元就被高亮度显示出来，从而可以直观地知道哪些像元会被分在特征空间模板所确定的类别之中。具体操作如下。

①打开【Signature Editor】对话框，导入原始图像的特征空间分类模板。

②在【Signature Editor】对话框中，单击【Class#】字段下的分类号，选择要分析的特征空间分类模板。

注意：此处可以选择一个类别或者多个类别模板。

③在【Signature Editor】窗口菜单栏，单击【Feature】→【Masking】→【Feature Space to Image】命令。

④打开【FS to Image Masking】对话框，不选中【Indicate Overlay】复选框。

⑤单击【Apply】按钮，应用参数设置，产生分类预警。

⑥单击【Close】按钮，关闭【FS to Image Masking】对话框。

⑦在原始图像窗口中，生成被选择的分类图像掩膜。

⑧通过图像叠加显示功能评价分类模板，其操作参见 5.3.2.1 分类预警：(2)查看分类预警掩膜。

5.3.2.5　直方图方法（Histograms）

本方法是通过分析类别的直方图对模板进行评价和比较，其可以同时对一个或者多个类别制作直方图，从而分析类别的特征。具体操作如下。

①打开【Signature Editor】对话框，导入原始图像的分类模板。

②在【Signature Editor】对话框中，单击【Class#】字段下的分类号，选择要分析的类别。

注意：此处可以选择一个类别或者多个类别模板。

③在【Signature Editor】窗口菜单栏，单击【View】→【Histograms】命令，打开【Histograms Plot Control Panel】对话框。

④填写对话框，设置相关参数，如图 5-50 所示。

- 确定分类模板数量（Signature）：Single Signature。
- 确定分类波段数量（Bands）：Single Band。
- 确定应用的波段（Band No）：1。

⑤单击【Plot】按钮，绘制分类直方图并显示，如图 5-51 所示。

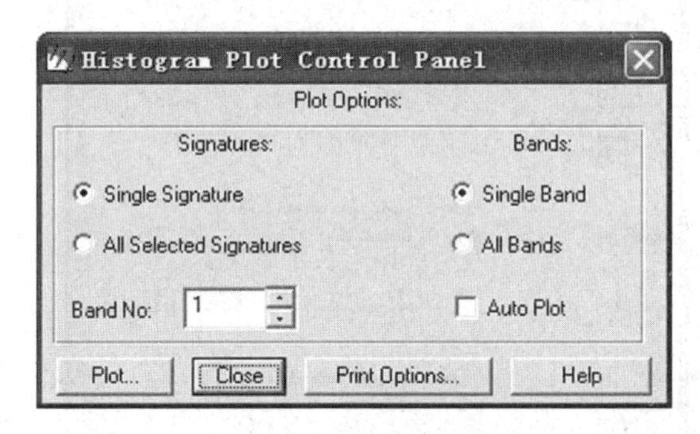

图 5-50　【Histogram Plot Control Panel】对话框

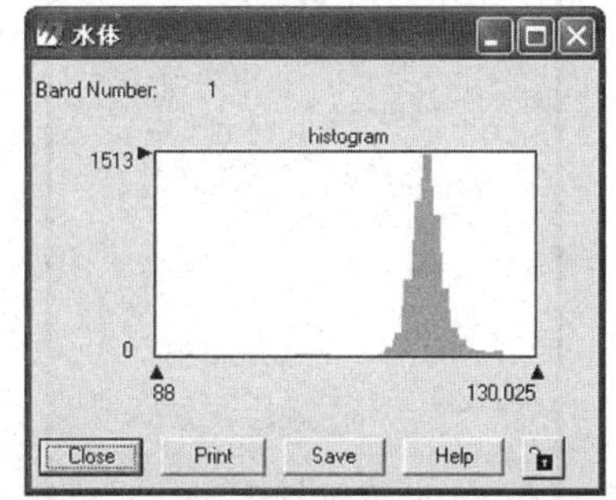

图 5-51　水体第 1 波段的直方图

5.3.2.6　分离性分析（Signature Separability）

此方法是通过计算任意类别间的统计距离，从而确定两个类别之间的差异性程度，也可用于确定在分类中效果最好的数据层。此方法可以同时对多个类别进行分析，如果没有选择类别，则此方法对模板所有类别进行分析。具体操作如下。

①打开【Signature Editor】对话框，导入原始图像的分类模板。

②在【Signature Editor】对话框中，单击【Class#】字段下的分类号，选择要分析的类别。

注意：此处可以选择一个类别或者多个类别模板。

③在【Signature Editor】窗口菜单栏，单击【Evaluate】→【Separability】命令，打开【Signature separability】对话框。

④填写【Signature separability】对话框，设置相关参数，如图 5-52 所示。

- 确定组合数据层数（Layers Per Combination）：7，即表示此工具将基于 7 个波段来计算类别间的距离，从而确定所选择类别在 7 个波段上的分离性大小。
- 选择计算距离的方法（Distance Measure）：Transformed Divergence。

注意： 此处系统提供了4种计算距离的方法，为欧氏光谱距离、Jeffries-Matusta距离、分类的分离度(Divergence)和转换分离度(Transformed Divergence)如图5-52所示。

- 选择输出数据格式(Output Form)：ASCII。
- 选择输出统计结果报告方式(Report Type)：Summary Report。

注意： 此处系统提供了两种方式，Summary Report只显示分离性最好的两个波段组合的情况，分别对应最小分离性最大和平均分离性最大；Complete Report不仅显示分离性最好的两个波段组合，还要显示所有波段组合的情况。

⑤单击【OK】按钮，执行分析，计算结果显示在ERDAS文本编辑器窗口，如图5-53所示，此计算结果也可以保存为文本文件。

⑥单击【Close】按钮，关闭【Signature Separability】对话框。

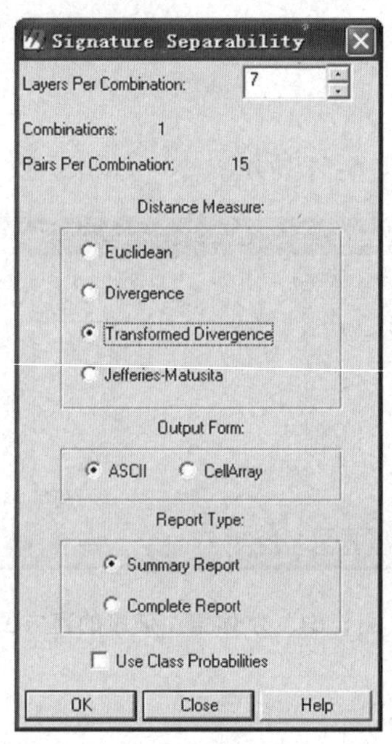

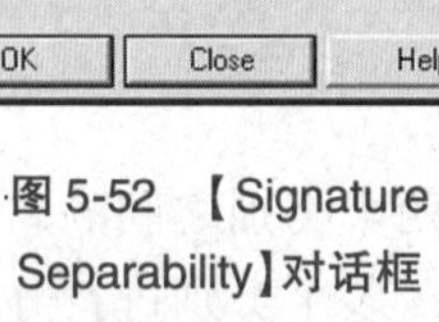
图5-52 【Signature Separability】对话框

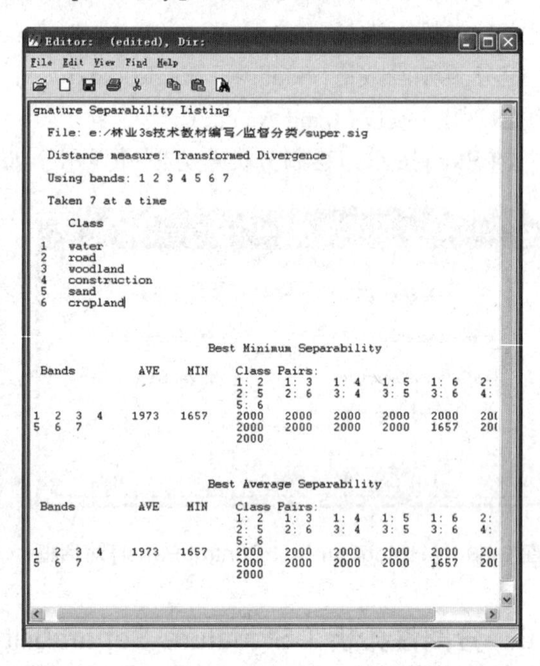

图5-53 分离性分析结果(所有类别基于7个波段)

5.3.2.7 分类统计分析(Statistics)

该功能通过对类别专题层的统计，进而做出评价和比较。

注意： 此方法每次只能对一个类别进行分析，在进行分析前，要保证此类别处于当前活动状态。

①打开【Signature Editor】对话框，导入原始图像的分类模板。

②在【Signature Editor】对话框中，单击某一类别的“>”字段，将该类别处于当前活动状态。

③在菜单栏，单击【View】→【Statistics】命令，打开【Statistics】窗口，如图5-54所示，该窗口中的统计结果表包含了该类别模板的基本统计信息。

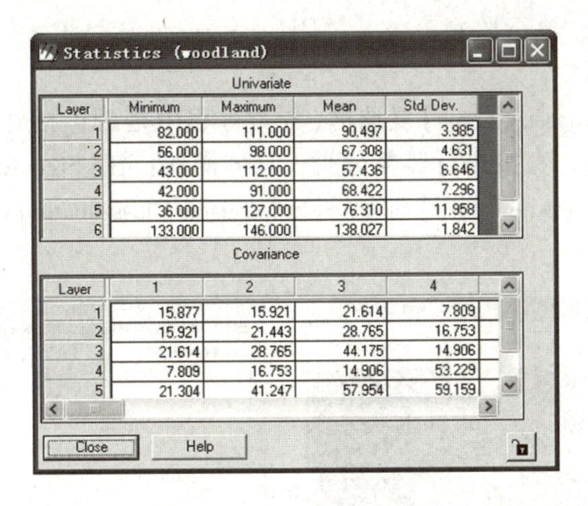

图 5-54 【Statistics】窗口

5.3.3 执行监督分类

(1)打开【Supervised Classification】对话框

方法一： 在 ERDAS 图标面板菜单条，单击【Main】→【Image Classification】→【Supervised Classification】命令→【Supervised Classification】对话框。

方法二： 在 ERDAS 图标面板工具条，单击【Classifier】图标→【Supervised Classification】命令→【Supervised Classification】对话框。

(2)填写【Supervised Classification】对话框

①确定输入原始文件(Input Raster File)：2000tm. img(...\ prj05 \ 遥感影像监督分类 \ data)，如图 5-55 所示。

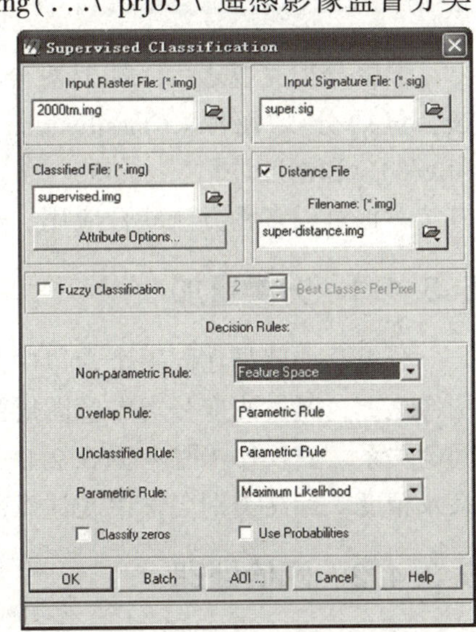

图 5-55 填写【Supervised Classification】对话框

②定义输出分类文件(Classified File)：supervised. img(...\ prj05 \ 遥感影像监督分类 \ data)。

③输入分类模板文件(Input Signature File)：super. sig(...\ prj05 \ 遥感影像监督分类 \ data)。

④选择输出分类距离文件(OutputDistance File)：super-distance(用于分类结果进行阈值处理)。

⑤定义分类距离文件(Filename)：super-distance. img(...\ prj05 \ 遥感影像监督分类 \ data)。

⑥非参数规则(Non-parametric Rule)：Feature Space。

⑦叠加规则(Overlay Rule)：Parametric Rule。

⑧未分类规则(Unclassified Rule)：Parametric Rule。

⑨参数规则(Parametric Rule)：Maximum Likelihood。

⑩单击【OK】按钮，执行监督分类，关闭【supervised Classification】对话框，获取分类结果图，如图 5-56 所示。

注意：不要选中【Classify zeros】复选框(分类过程中是否包括 0 值)。还有一种情况，是在分类模板建立好后，直接进行监督分类，具体操作：在【Signature Editor】对话框菜单栏中，单击【Classify】→【Supervised】命令→【Supervised Classification】对话框，如图 5-57 所示，填写对话框即可。

图 5-56 监督分类结果赋色图

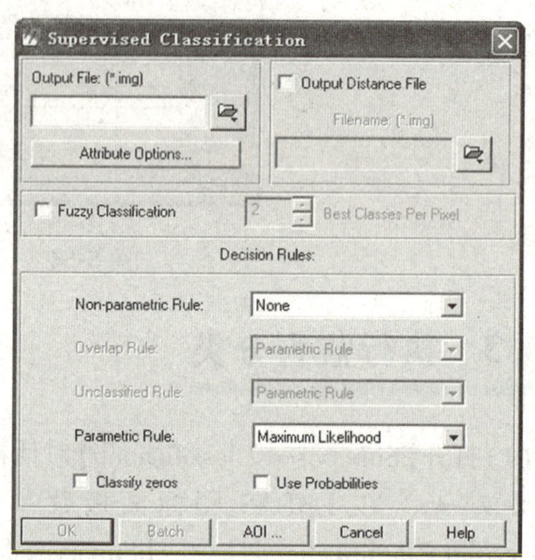

图 5-57 【Supervised Classification】对话框

5.3.4 评价分类结果

监督分类完成之后，需要对分类效果进行评价，ERDAS 系统提供了多种分类评价方法，包括分类叠加(Classification Overlay)、阈值处理(Thresholding)、分类重编码(Recode)和精度评估(Accuracy Assessment)等。在具体应用时，可以根据情况选择不同的方法，也可以多种方法联合应用，进行多种形式的分类效果评价。

5.3.4.1 分类叠加

分类叠加就是在同一个窗口中同时打开原始图像与分类图像，并将分类图像置于原始图像之上，通过改变分类专题图层的透明度及颜色等属性，来查看分类图像与原始图像之间的关系。其操作步骤参见 5.2.2 分类评价与方案调整：(3)类别赋色、(4)确定类别意义及精度，标注类别名称中的注意部分内容。

5.3.4.2 阈值处理

此方法是通过确定可能没有被正确分类的像元，进而对分类的初步结果进行优化。其基本操作是，用户对每个类别设置一个距离阈值，将可能不属于该类别的像元(即在距离文件中的值大于设定阈值的像元)剔除出去，这些剔除出去的像元在分类图像中被赋予另

一个类别值。该方法具体操作如下。

(1)打开分类图像并启动阈值处理

①在 ERDAS 图标面板工具栏，单击【Viewer】图标，打开监督分类图像(...\ prj05 \ 遥感影像监督分类 \ data)。

②在 ERDAS 图标面板工具栏，单击【Classifier】图标→【Classification】菜单→【Threshold】命令→【Threshold】对话框，或者 ERDAS 图标面板菜单栏，单击【Main】→【Image Classification】命令→【Classification】菜单→【Threshold】命令→【Threshold】对话框，如图 5-58 所示。

(2)设置【Threshold】对话框，确定分类图像和距离图像

①在【Threshold】窗口菜单栏，单击【File】→【Open】命令，或者在工具栏，单击打开图标，打开【Open Files】对话框，并填写此对话框，如图 5-59 所示。

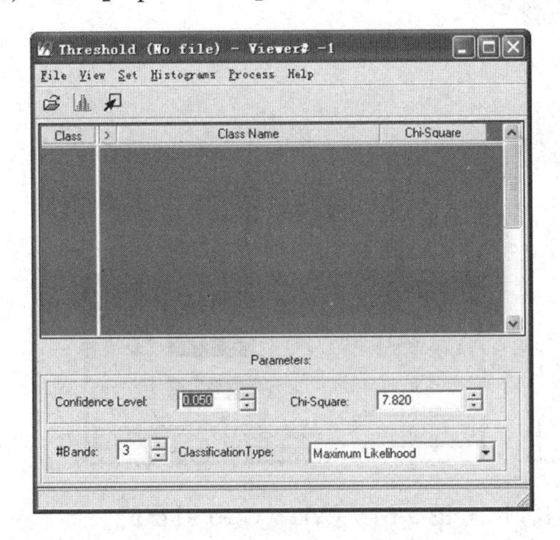

图 5-58 【Threshold】对话框

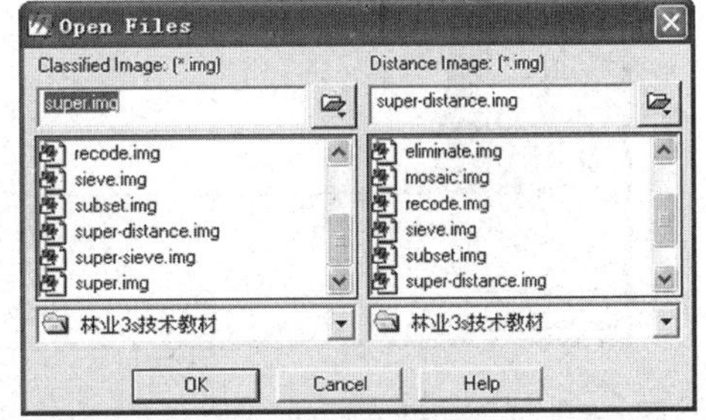

图 5-59 填写【Open Files】对话框

②确定分类专题图像(Classified Image)：super. img(...\ prj05 \ 遥感影像监督分类 \ data)。

③确定分类距离文件(Distance Image)：super-distance. img(...\ prj05 \ 遥感影像监督分类 \ data)。

④单击【OK】按钮，关闭【Open Files】对话框，返回【Threshold】窗口。

(3)选择视图及计算直方图

①在【Threshold】窗口菜单栏，单击【View】→【Select Viewer】命令，根据系统提示，在显示分类专题图像的窗口单击一下。

②在【Threshold】窗口菜单栏，单击【Histograms】→【Compute】命令，计算各个类别的距离直方图。

③保存直方图，如果有需要，在【Threshold】窗口菜单栏，单击【Histograms】→【Save】命令，则该直方图保存为一个模板文件(. sig 文件)。

(4)选择类别并设定阈值

①在【Threshold】窗口分类属性表格中，在“>”符号栏下单击，则“>”符号右边的类别，

则被选中。

②在【Threshold】窗口菜单栏，单击【Histograms】→【View】命令，则被选择类别的Distance Histogram显示出来，如图5-60所示。

③在【Distance Histogram】窗口，拖动Histogram X轴上的箭头，到某一合适的位置，即想设为阈值的位置，此时【Threshold】窗口中的Chi-square值自动发生变化，则该类别的阈值设定完毕。

④重复上述步骤，依次设定每一个类别的阈值。

(5)显示阈值处理图像

①在【Threshold】窗口菜单栏，单击【View】→【View Colors】→【Custom Colors】命令，打开【View Colors】窗口，进行环境设置，如图5-61所示。

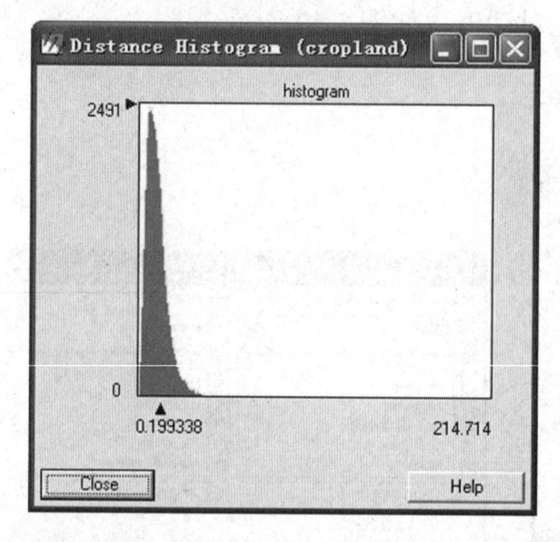

图5-60　【Distance Histogram(cropland)】窗口

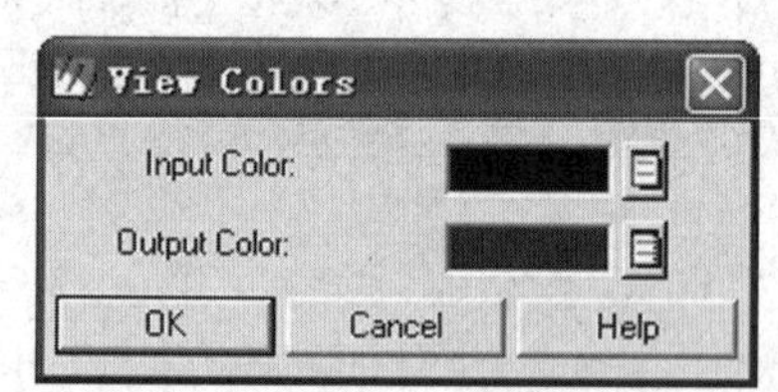

图5-61　【View Colors】窗口

②在【View Colors】窗口【Input Color】框中，设置阈值以外的像元颜色，在【Output Color】框，设置阈值之内的像元颜色。

③在【Threshold】窗口菜单栏，单击【Process】→【To Viewer】命令，则形成一个阈值掩膜，阈值处理图像则显示在分类图像之上。

(6)查看阈值处理图像

利用闪烁(Flicker)、卷帘显示(Swipe)、混合显示(Blend)等图像叠加显示工具，直观查看处理前后的图像变化。

①在显示图像窗口菜单栏，单击【Utility】→【Flicker】，则图像闪烁叠加显示。

②在显示图像窗口菜单栏，单击【Utility】→【Swipe】，则图像卷帘叠加显示。

③在显示图像窗口菜单栏，单击【Utility】→【Blend】，则图像混合叠加显示。

(7)保存阈值处理图像

①在【Threshold】窗口菜单栏，单击【Process】→【To File】命令，打开【Threshold to File】对话框。

②在【Threshold to File】对话框的【Output Image】框中，定义输出文件名字和目录，如图5-62所示。

③单击【OK】按钮，关闭【Threshold to File】对话框，保存图像。

图 5-62　【Threshold to File】对话框

5.3.4.3　分类重编码

对于初步监督分类图像，进行分析之后，有时可能需要对原来的分类进行重新组合，并赋予新的分类值，产生新的分类专题层，此时就需要分类重编码来完成这个任务。在本案例中，通过监督分类图像分析可看出，道路分类效果不是很理想，且道路也属于城镇建设用地，故把道路和城镇用地归为一类城镇建设用地。

其关于分类重编码的具体操作步骤，参见 5.2.3.1 分类重编码(Recode)。在本例中，其分类重编码图 supervised-recode.img(...\ prj05 \ 遥感影像监督分类 \ data)如图 5-63 所示。

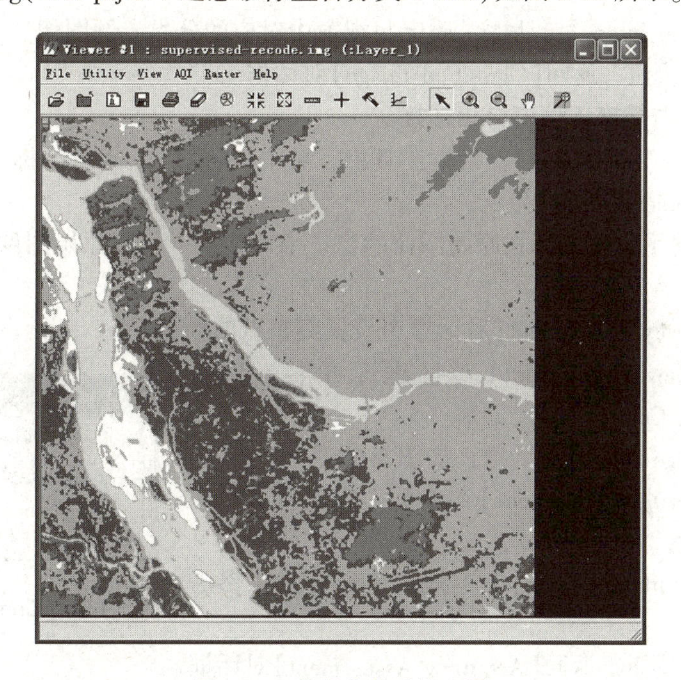

图 5-63　监督分类重编码图

5.3.4.4　分类精度评估

分类精度评估是随机设点，将分类图像中的设点像元与已知分类的参考像元进行比较，从而统计分析分类精度。实际工作中，是利用现实资料，将分类数据与地面真值进行比对。

(1)打开分类前原始图像

在【Viewer】窗口中打开分类前的原始图像(...\ prj05 \ 遥感影像监督分类 \ data)，以便进行精度评估。

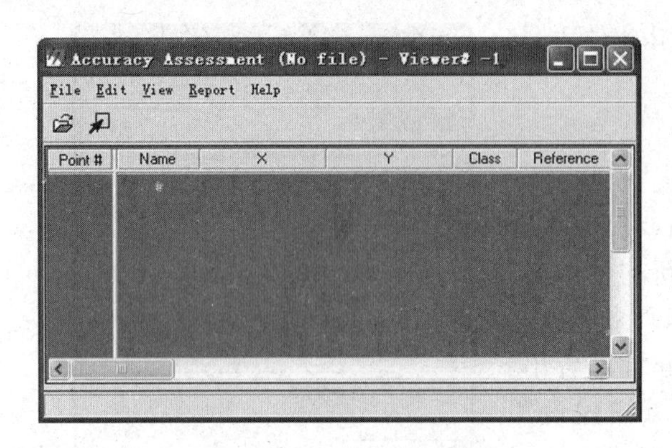

图 5-64 精度评估对话框

(2)打开精度评估对话框

方法一：ERDAS 图标面板菜单栏，单击【Main】→【Image Classification】→【Accuracy Assessment】命令→打开【Accuracy Assessment】对话框，如图 5-64 所示。

方法二：ERDAS 图标面板工具栏，单击【Classifier】图标→【Classification】菜单→【Accuracy Assessment】命令→打开【Accuracy Assessment】对话框。

(3)打开分类专题图像

①在【Accuracy Assessment】对话框菜单栏，单击【File】→【Open】命令，打开【Classified Image】对话框。

②在【Classified Image】对话框，确定与视窗中对应的分类专题图像。

③单击【OK】按钮，返回【Classified Image】对话框。

(4)原始图像与精度评估窗口相连接

①在【Accuracy Assessment】对话框工具栏，单击【Select Viewer】图标，或者在菜单栏，单击【View】→【Select Viewer】命令。

②根据系统提示，将光标在原始图像的窗口中单击一下，则原始图像窗口与精度评估窗口相连接。

(5)在【Accuracy Assessment】对话框中设置随机点的颜色

①在【Accuracy Assessment】对话框菜单栏，单击【View】→【Change Colors】命令。

②打开【Change colors】对话框，如图 5-65 所示。

③在【Points with no reference】文本框，定义没有真实参考值的点的颜色。

④在【Points with reference】文本框，定义有真实参考值的点的颜色。

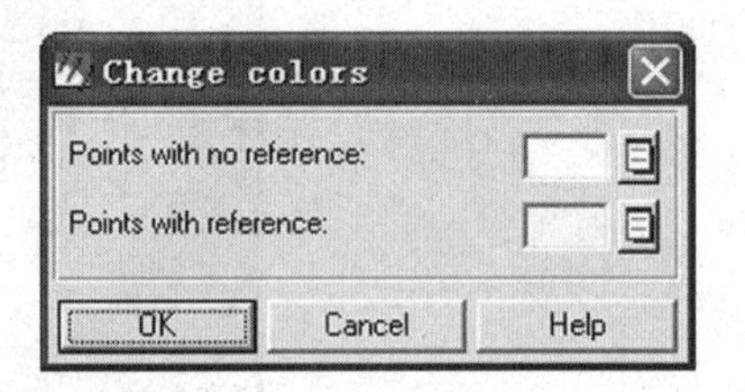

图 5-65 【Change colors】对话框

⑤单击【OK】按钮，返回【Accuracy Assessment】对话框。

(6)设置随机点

①在【Accuracy Assessment】对话框菜单栏，单击【Edit】→【Create/Add Random Points】命令。

②打开【Add Random Points】对话框，如图 5-66 所示。

③在【search Count】框中输入 1024。

④在【Number of Points】框中输入 65。

⑤在【Distribution Parameters】选项中，选择【Random】单选框。

⑥单击【OK】按钮，按照参数设置产主随机点，返回【Accuracy Assessment】对话框，如图 5-67 所示。

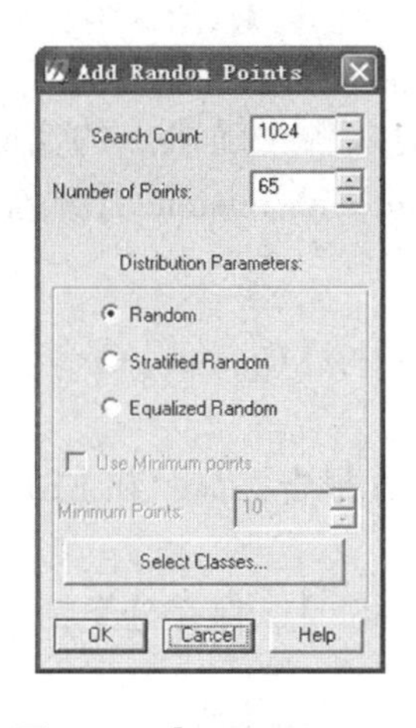

图 5-66 【Add Random Points】对话框

Accuracy Assessment (supervised.img) - View...

File Edit View Report Help

Point #	Name	X	Y	Class	Reference
1	ID#1	726022.000	2882840.000		
2	ID#2	721282.000	2882210.000		
3	ID#3	734332.000	2891240.000		
4	ID#4	728872.000	2889950.000		
5	ID#5	730162.000	2879990.000		
6	ID#6	721282.000	2879780.000		
7	ID#7	725632.000	2890340.000		
8	ID#8	726202.000	2878910.000		
9	ID#9	725302.000	2886020.000		

图 5-67 随机点生成对话框

注意：在【Add Random Point】对话框中，【Search Count】是指确定随机点过程中使用的最多分析像元数，【Number of Points】是指产生的随机点数，一般情况下，【Search Count】中的数目比【Number of Points】中的数目大很多。在本案例中，【Number of Points】为 65，则是产生 65 个随机点。如果是做一个正式的分类评价，必须产生 250 个以上的随机点。在【Distribution Parameters】选项中，【Random】是指不使用任何强制性规则而产生绝对随机的点位，【Equalized Random】是指每个类的比较点的数目相同，【Stratified Random】是指设置点数与类别涉及的像元数成比例，但选择该复选框后要确定一个最小点数，即选中【Use Minimum Points】复选框，以保证小类别也有足够的分析点。

(7) 显示随机点及其类别

①在【AccuracyAssessment】对话框菜单栏，单击【View】→【Show All】命令，所有随机点均以第(5)步设置的颜色显示在原始图像窗口中，如图 5-68 所示。

②单击【Edit】→【Show Class Values】命令，则各点的类别号出现在数据表的【Class】字段中(图 5-69)。

图 5-68 随机点分布图

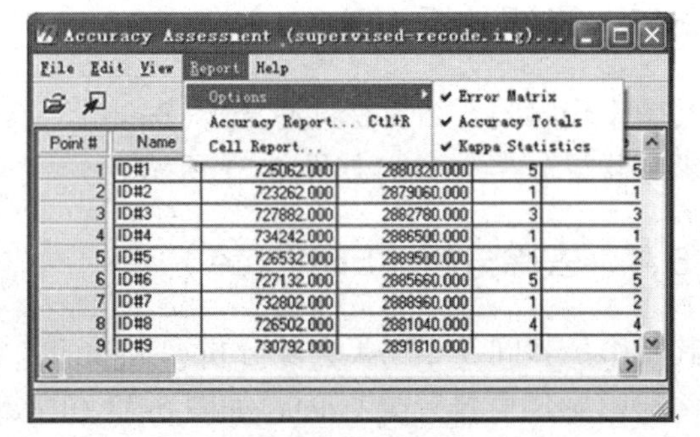

Point #	Name	X	Y	Class	Reference
1	ID#1	725062.000	2880320.000	5	5
2	ID#2	723262.000	2879060.000	1	1
3	ID#3	727882.000	2882780.000	3	3
4	ID#4	734242.000	2886500.000	1	1
5	ID#5	726532.000	2889500.000	1	2
6	ID#6	727132.000	2885660.000	5	5
7	ID#7	732802.000	2888960.000	1	2
8	ID#8	726502.000	2881040.000	4	4
9	ID#9	730792.000	2891810.000	1	1

图 5-69 设置输出参数

(8)输入参考点的实际类别值

在【AccuracyAssessment】对话框，在【Reference】字段输入各个随机点的实际类别值，则原始图像窗口中随机点的颜色就变为第(5)步设置的【Point with reference】颜色。

(9)生成分类评价报告

①在【AccuracyAssessment】对话框菜单栏，单击【Report】→【Options】命令，选择输出参数，如图 5-69 所示。

②单击【Report】→【Accuracy Report】命令，生成分类精度报告，显示在 ERDAS 文本编辑器窗口。

③在精度报告编辑器窗口菜单栏，单击【File】→【Save Table】，保存分类精度评价数据表为文本文件。

④单击【File】→【Close】命令，关闭【Accuracy Assessment】对话框。

通过对分类的评价分析，如果对分类精度满意，保存结果；如果不满意，则进行进一步修改调整，如进行分类模板修改或应用其他功能进行调整。

5.3.5 分类后处理

对于分类后处理，在 5.1.3 分类后处理中已有介绍，在此不再赘述，只提供处理后的图像。

5.3.5.1 分类重编码（Recode）

其操作步骤同 5.2.3.1 分类重编码(Recode)，其重编码图 supervised-recode. img(...\ prj05 \ 遥感影像监督分类 \ data)如图 5-63 所示。

5.3.5.2 聚类统计(Clump)

其操作步骤同 5.2.3.2 聚类统计(Clump)，其 Clump 分析图 super-clump. img(...\ prj05 \ 遥感影像监督分类 \ data)如图 5-70 所示。

5.3.5.3 过滤分析（Sieve）

其操作步骤同 5.2.3.3 过滤分析(Sieve)，其过滤分析图 super-sieve. img(...\ prj05 \ 遥感影像监督分类 \ data)如图 5-71 所示。

5.3.5.4 去除分析（Eliminate）

其操作步骤同 5.2.3.4 去除分析(Eliminate)，其去除分析图 super-eliminate. img(...\ prj05 \ 遥感影像监督分类 \ data)如图 5-72 和图 5-73 所示。

通过与最初的监督分类结果赋色图(图 5-56)比较，可以看出，经过分类后处理，监督分类图的专题效果明显提升。当然，对于分类后处理的监督分类图像来说，除了进行类别赋色，也可以进行类别名称的标注与类别面积的增加，获取各类别的相关信息，其操作步骤同5.2.3.1分类重编码(Recode)：(4)编辑重编码图像。

图5-70　Super-Clump分析图

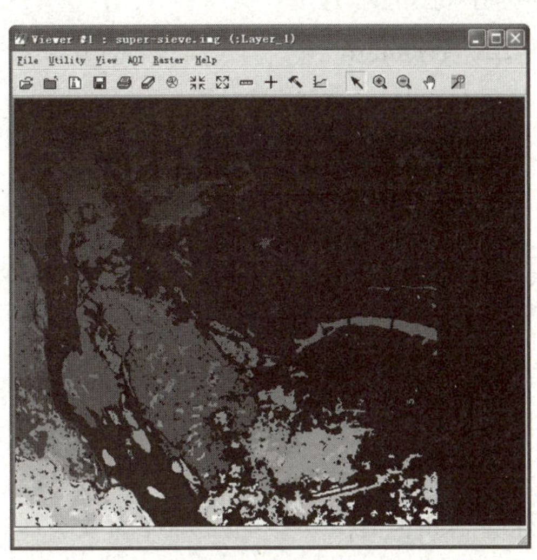

图5-71　Super-Sieve分析图

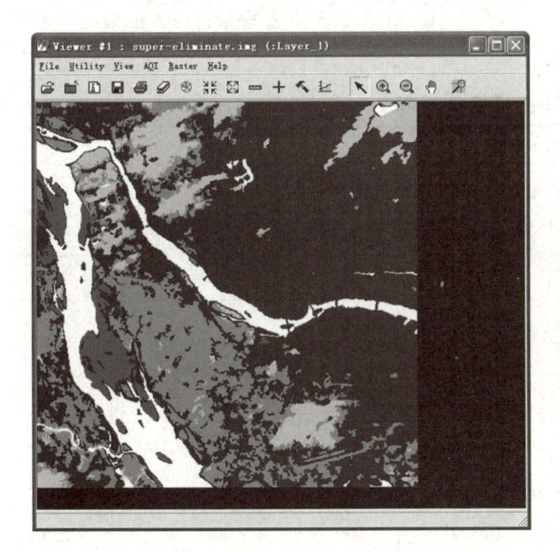

图5-72　去除分析未赋色图

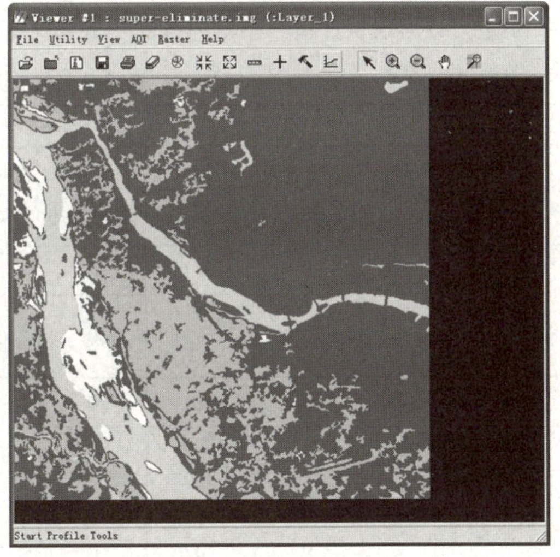

图5-73　去除分析赋色图

任务实施

林地遥感影像监督分类

一、目的要求

通过林地遥感影像监督分类，明确监督分类方法原理及其与非监督分类方法区别，掌握遥感影像监督分类操作，深刻理解林业遥感影像监督分类的意义。

对影像进行监督分类，获取林地监督分类图及各类别林地相关信息。

二、数据准备

某林场 SPOT-5 遥感影像。

三、操作步骤

（1）定义分类模板

在本任务中，采用 AOI 绘图工具在原始图像获取分类模板信息，具体步骤如下：

①在【Viewer】视窗中打开需要分类的图像 subset. img(...\ prj05 \ 任务实施 5-3 \ data)。

②打开模板编辑器并调整属性字段。

③应用 AOI 绘图工具在原始图像获取分类模板信息。

以上各步的操作步骤参见 5.3.1 定义分类模板。

（2）评价分类模板

本任务采用常用的可能性矩阵(Contingency Matrix)进行分类模板评价，其具体操作步骤参见 5.3.2.2 可能性矩阵(Contingency Matrix)，获取的模板可能性矩阵见表 5-3。

分析表 5-3，从各类别分类误差及分类误差总体百分比来说，其精度大于 90%，符合精度要求。

（3）进行监督分类

具体操作步骤参见 5.3.3 执行监督分类，获取的监督分类图 super-subset. img(...\ prj05 \ 任务实施 5-3 \ data)如图 5-74 所示。

（4）评价分类结果

本任务采取常用的精度评估(Accuracy Assessment)方法进行分类结果的评价，其操作步骤参见 5.3.4.4 精度评估，获取的精度评价报告见表 5-4。

总体精度达 93.41%，Kappa 系数为 0.9568，精度满意，达到精度要求。

（5）分类后处理

本任务根据实际情况，采用聚类统计及去除分析进行处理，其操作步骤参见 5.2.3.2 聚类统计(Clump)和 5.2.3.4 去除分析(Eliminate)，获取

表 5-3 模板评价可能性矩阵

Classified	Reference Data									
	纯林	其他灌木林地	混交林	工矿建设用地	其他无立木林地	宜林荒山荒地	人工造林未成林地	耕地	城乡居民点建设用地	Total
纯林	296	0	0	0	0	0	0	0	0	296
其他灌木林地	0	33	0	0	0	0	0	3	0	36
混交林	0	0	221	0	0	0	0	0	0	221
工矿建设用地	0	0	0	51	0	0	1	0	0	52
其他无立木林地	0	0	0	0	255	0	0	0	0	255
宜林荒山荒地	0	0	0	0	0	390	0	0	0	390
人工造林未成林地	0	0	0	1	0	7	93	0	0	101
耕地	0	0	0	0	0	0	0	178	0	178
城乡居民点建设用地	0	0	0	8	0	0	0	0	89	97
Column	296	33	221	60	255	397	94	181	89	1626

图 5-74 监督分类图

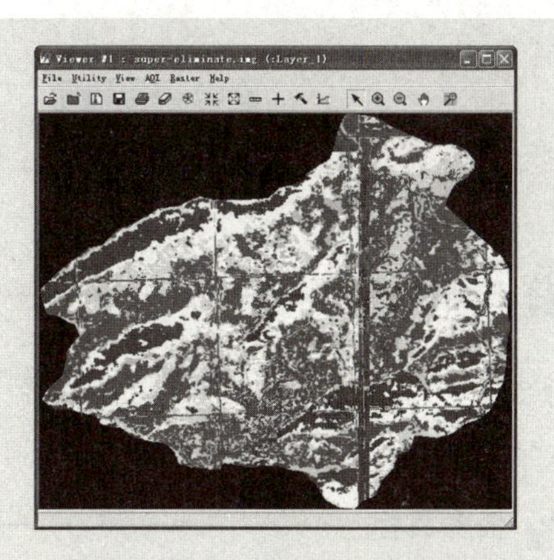

图 5-75 分类后处理图像

最终分类结果图 super-eliminate. img(...\ prj05\ 任务实施 5-3\ data)如图 5-75 所示。

(6)编辑分类后处理的图像，获取相关信息

①类别赋色。

②标注类别名称。

③获取类别面积。

上述具体操作步骤参见 5.2.3.1 分类重编码(Recode)编辑重编码图像。

表 5-4 精度评价报告表

Class Name	Reference Totals	Classified Totals	Number Correct	Producers Accuracy	Users Accuracy
纯林	27	30	27	100.00%	90.00 %
其他灌木林地	13	13	13	100.00%	100.00%
混交林	6	5	5	83.33%	100.00%
工矿建设用地	4	5	4	100.00%	80.00%
其他无立木林地	19	16	16	84.21%	100.00%
宜林荒山荒地	2	2	2	100.00%	100.00%
人工造林未成林地	5	5	5	100.00%	100.00%
耕地	7	7	6	85.71%	100.00%
城乡居民点建设用地	8	8	7	87.5%	100.00%
total	91	91	85	—	—

成果提交

作出书面报告，包括任务实施过程和结果以及心得体会，具体内容如下：

1. 简述监督分类的任务实施过程，并附上每一步的结果影像。
2. 提取出各类别林地的面积，并分析其误差原因。
3. 回顾任务实施过程中的心得体会，遇到的问题及解决方法。

任务 5.4　林地分类专题图制作

任务描述

以任务 5.3 中的监督分类图作为制图数据源，进行林地利用专题图的制作，并进行图面的整饰美化。

任务目标

能够独立进行基于 ERDAS 的专题图制作，并进行图面的整饰美化。

知识准备

专题图是突出反映一种或几种主体要素的地图。这些主体要素是根据专门用途来确定的，其表达得很详细，其他地理要素则根据主体表达的需要作为地理基础进行迭绘。除了主体要素外，作为一幅完整的专题图，还包括图名、比例尺、图例、公里格网线、符号、图廓线、指北针等整饰内容。

基于 ERDAS 系统制作专题图，一般包括如下步骤：准备专题制图数据、生成专题制图文件、确定专题制图范围、放置图面整饰要素、专题地图打印输出或保存。

5.4.1　打开分类图，　作为专题制图数据源

在 ERDAS 图标面板工具栏，单击【Viewer】图标，打开分类好的图像：super-eliminate. img(...\ prj05 \ 林地分类专题图制作 \ data)。

5.4.2　生成专题制图文件

(1)打开【New Map Composition】对话框

方法一：在 ERDAS 图标面板工具栏，单击【Composer】图标→【Map Composer】菜单→【New Map Composition】命令→打开【New Map Composition】对话框。

方法二：　在 ERDAS 图标面板菜单栏，单击【Main】→【Map Composer】→【New Map Composition】命令→打开【New Map Composition】对话框。

(2)填写【New Map Composition】对话框

①确定专题制图文件目录，输入文件名(New Name)：themetic. map(...\ prj05 \ 林地分类专题图制作 \ data)，如图 5-76 所示。

②设置输出图幅宽度(Map Width)：28；图幅高度(Map Height)：38。

③确定地图显示比例(Display Scale)：1。

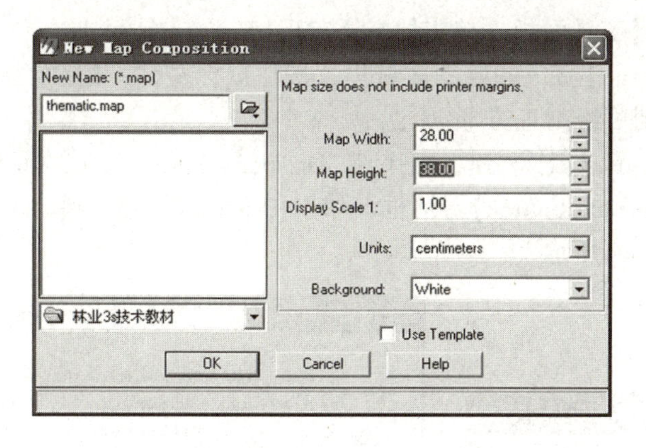

图 5-76　填写【New Map Composition】对话框

④选择图幅尺寸单位(Units)：centimeters。

⑤确定地图背景颜色(Background)：White(此处也可以选中【Use Template】复选框，则使用已有的模板文件)。

⑥单击【OK】按钮，关闭【New Map Composition】对话框。

⑦打开【Map Composer】窗口(图 5-77)和【Annotation】工具面板(图 5-78)。

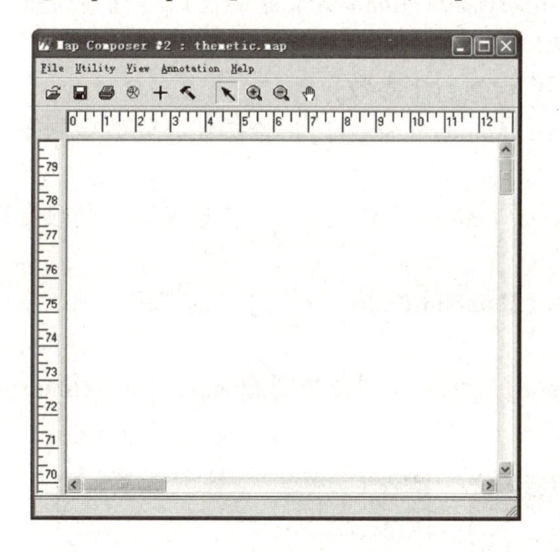

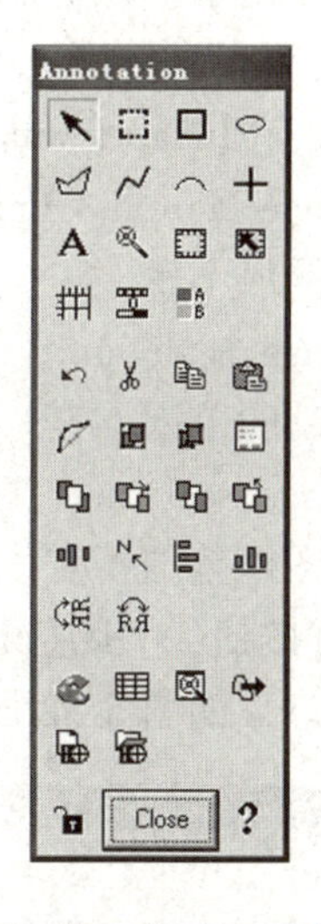

图 5-77　Map Composer 窗口　　　　图 5-78　Annotation 工具面板

5.4.3　设置制图范围

设置制图范围即是设置地图图框，地图图框的大小取决于 3 个要素：制图范围(Map Area)、图纸范围(Frame Area)和地图比例(Scale)。其中，制图范围是指图框所包含的图像面积(实地面积)，使用地面实际距离单位；图纸范围是指图框所占地图的面积(图面面积)，使用图纸尺寸单位；地图比例是指图框距离与所代表的实际距离的比值，其实质就是制图比例尺。

①在【Annotation】工具面板，单击【Create Map Frame】图标。

②在【Map Composer】窗口的绘图区域里，按住鼠标左键，拖动绘制一个矩形框。若拖动时按住 Shift 键，则可绘制正方形。

③图框绘制完成，释放鼠标左键，则弹出【Map Frame Data Source】对话框，如图 5-79 所示。

④在【Map Frame Data Source】对话框，单击【Viewer】按钮，弹出【Create Frame Instruction】指示器，如图 5-80 所示。

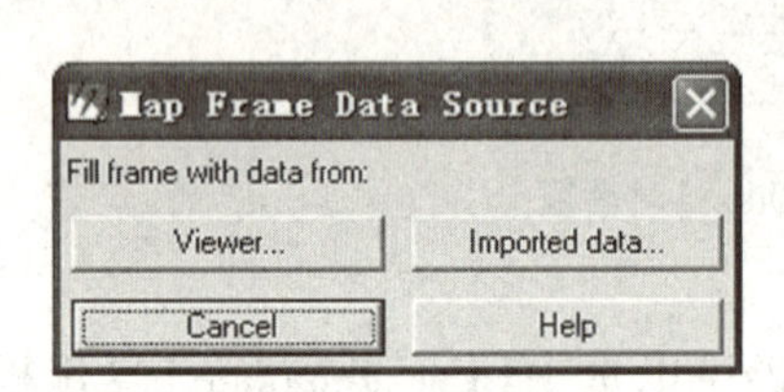

图 5-79 【Map Frame Data Source】对话框

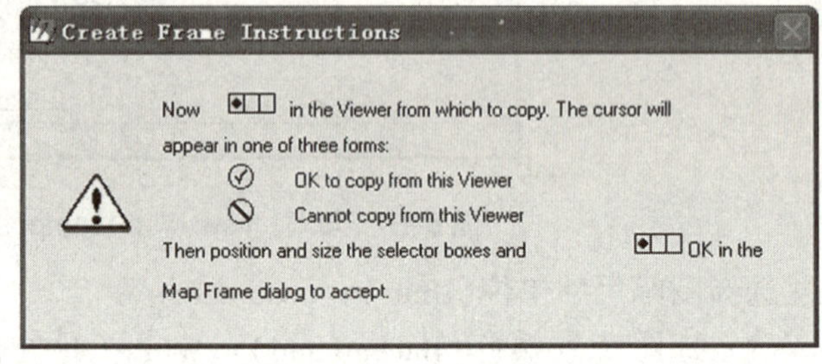

图 5-80 【Create Frame Instruction】指示器

⑤根据指示器提示，在显示图像 supervised-eliminate. img 的窗口中任意位置单击一下(表示对该图像进行专题制图)，弹出【Map Frame】对话框，如图 5-81 所示。

⑥根据需要，在【Map Frame】对话框设置以下参数：

• 选择【Change Map and Frame Area(Maintain Scale)】单选按钮，则改变制图范围和图框范围，保持比例尺不变。

• 选择【Change Scale and Frame Area(Maintain Map Area)】单选按钮，则改变比例尺和图框范围，保持制图范围不变。

• 选择【Change Scale and Map Area(Maintain Frame Area)】单选按钮，则改变比例尺和制图范围，保持图框范围不变。

⑦单击【OK】按钮，关闭【Map Frame】对话框，则分类图像 supervised-eliminate. img 显示在制图编辑窗口，如图 5-82 所示。

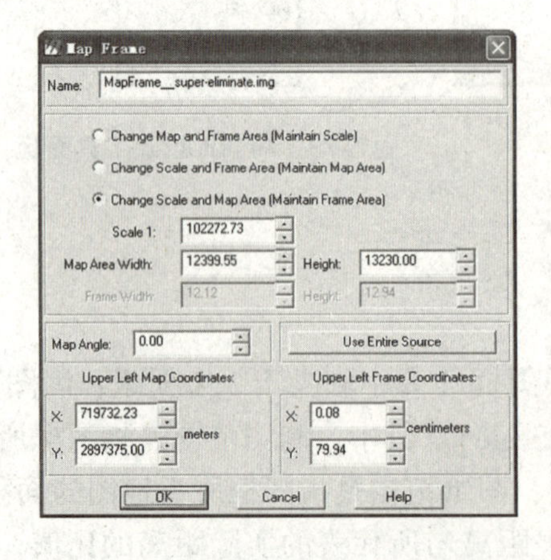

图 5-81 【Map Frame】对话框

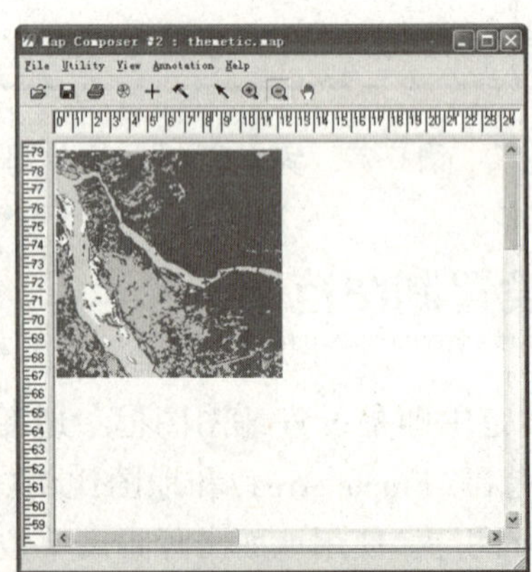

图 5-82 专题制图图面

5.4.4　修饰专题图，放置整饰要素

(1)绘制格网线与坐标注记

①在【Annotation】工具面板，单击 Create Grid/Ticks 图标。

②在【Map Composer】对话框的制图图框内，在分类图像 supervised-eliminate. img 上单击一下，则弹出【Set Grid/Tick Info】对话框。

③根据需要，设置对话框参数，如图 5-83 所示，在本案例中采用默认状态参数。

注意：此处对话框参数设置一般采用默认状态数据即可。

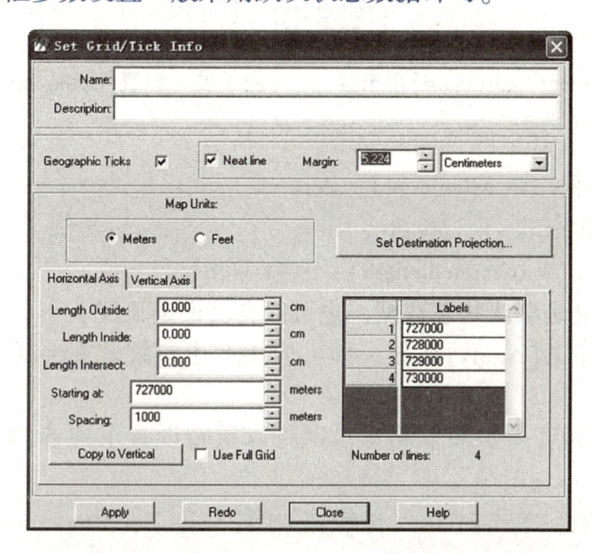

图 5-83　设置【Set Grid/Tick Info】对话框参数

④设置完成后，单击【Apply】按钮，则应用设置参数、格网线、图廓线与坐标注记全部显示在图像窗口。

⑤若对制图效果满意，则单击【Close】按钮，关闭对话框。若对制图效果不满意，则进行修改调整。

(2)绘制地图比例尺

①在 Annotation 工具面板，单击【Create Scale Bar】图标。

②按住鼠标左键，在 Map Composer 窗口的制图区域里合适的位置拖动，绘制比例尺放置框。

③绘制完成后，松开鼠标左键，则弹出【Scale Bar Instructions】指示器，如图 5-84 所示。

④根据指示器指示，在 Map Composer 窗口的制图图框内，在分类图像 supervised-eliminate. img 上单击一下，则弹出【Scale Bar Properties】对话框。

⑤根据需要，在【Scale Bar Properties】对话框确定各参数，如图 5-85 所示。在本案例中采用默认状态参数。

注意：此处对话框参数设置一般采用默认状态数据即可。

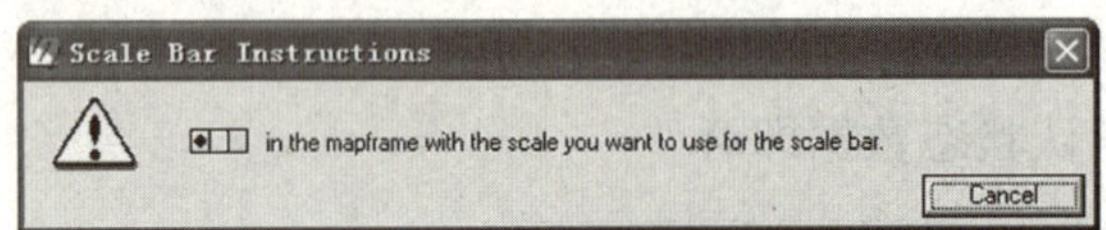

图 5-84 【Scale Bar Instruction】指示器

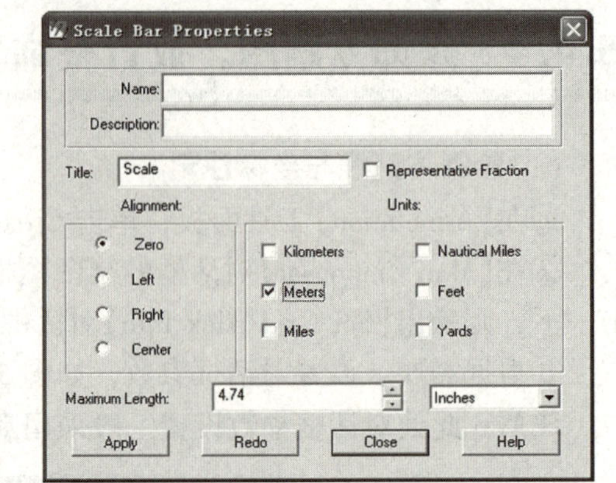

图 5-85 设置【Scale Bar Properties】对话框参数

- 定义比例尺标题(Title)：Scale。
- 选择比例尺排列方式(Alignment)：Zero。
- 确定比例尺单位(Units)：Meters。
- 定义比例尺长度(Maximum Length)：3. 41 Inches。

注意：此处的长度是默认状态数据，也可以自己设定长度。

⑥设置完成后，单击【Apply】按钮，即可应用上述参数设置绘制比例尺，并保留对话框状态。

⑦查看显示的比例尺，如果不满意，则可以重新设置上述参数，单击【Redo】按钮，更新比例尺。

⑧设置满意完成后，单击【Close】按钮，关闭【Scale Bar Properties】对话框，则比例尺绘制完成。

(3)绘制地图图例

①在 Annotation 工具面板，单击【Create Legend】图标。

②在 Map Composer 窗口的制图区域里合适的位置单击一下(表示图例放在此处)，弹出【Legend Instructions】指示器，如图 5-86 所示。

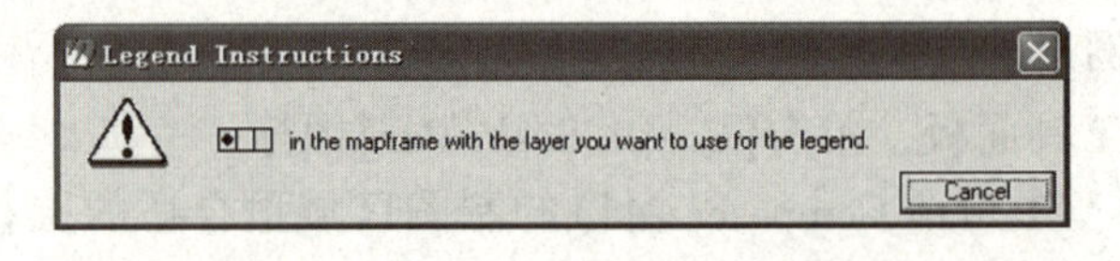

图 5-86 【Legend Instructions】指示器

③根据系统提示，在 Map Composer 窗口的制图图框内，在分类图像 supervised-eliminate. img 上单击一下，指定绘制图例的依据，弹出【Legend Properties】对话框。

④根据需要，在【Legend Properties】对话框设置参数，如图 5-87 所示。在本案例中采用默认状态参数。

注意：此处对话框参数设置一般采用默认状态数据。

⑤单击【Apply】按钮，即可按照上述参数放置图例，并保留对话框状态。

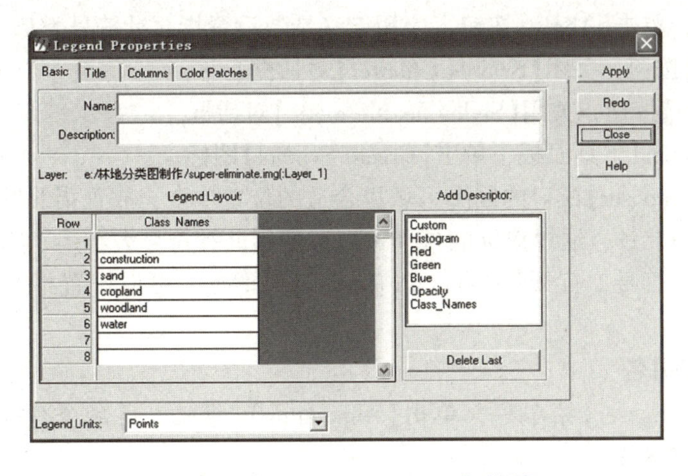

图 5-87 【Legend Properties】对话框

⑥查看显示的图例，如果不满意，则可以重新设置上述参数，单击【Redo】按钮，更新图例。

⑦设置满意完成后，单击【Close】按钮，关闭【Legend Properties】对话框，则图例设置完成。

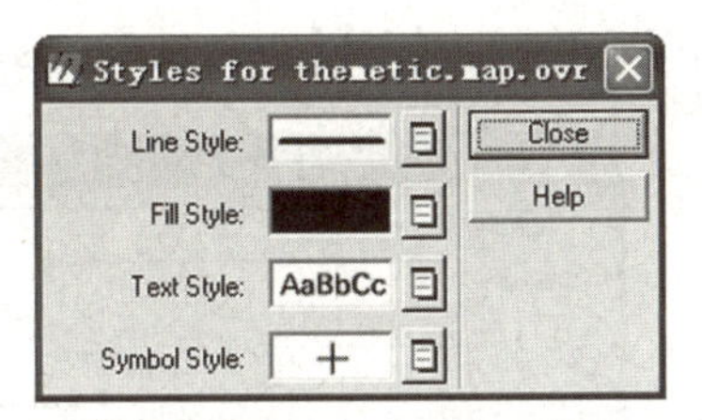

图 5-88 【Styles for the metic】对话框

(4)绘制指北针

①在【Map Composer】菜单栏，单击【Annotation】→【Styles】命令，打开【Styles for the metic】对话框，如图 5-88 所示。

②在【Styles forthemetic】对话框，单击【Symbol Style】图标，弹出下拉菜单，选择【Other】，打开【Symbol Chooser】对话框。

③在【Symbol Chooser】对话框，确定指北针类型，如图 5-89 所示。

- 选择【Standard】→【North Arrows】→【north arrow2】。
- 选中【Use Color】复选框，定义指北针颜色。
- 确定指北针符号大小(Size)：50。
- 确定指北针符号单位(Units)：paper pts。

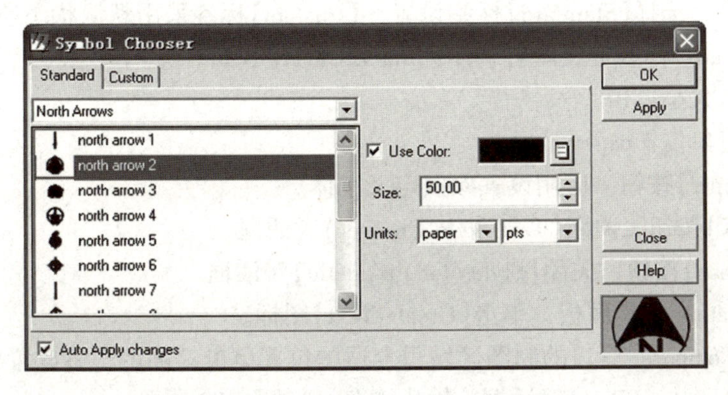

图 5-89 设置指北针符号类型

④设置完成，单击【Apply】按钮，应用定义参数设置指北针符号类型。

⑤单击【OK】按钮，关闭【Symbol Chooser】对话框。

⑥单击【Close】按钮，关闭【Styles for the metic】对话框。

⑦在【Annotation】工具面板，单击【Create Symbol】图标。

⑧在【Map Composer】窗口的制图区域里合适的位置单击，放置指北针。

⑨单击选中指北针，通过鼠标的拉伸可以改变指北针符号大小。

⑩双击指北针符号，打开【Symbol Properties】对话框，可以设置指北针要素特性，如图 5-90 所示。

(5)设置地图图名

①在【Map Composer】菜单栏，单击【Annotation】→【Styles】命令，打开【Styles for the metic】对话框(图 5-88)。

②在【Styles for thematic】对话框，单击【Text Style】图标，弹出下拉菜单，选择【Other】，打开【Text Style Chooser】对话框，如图 5-91 所示。

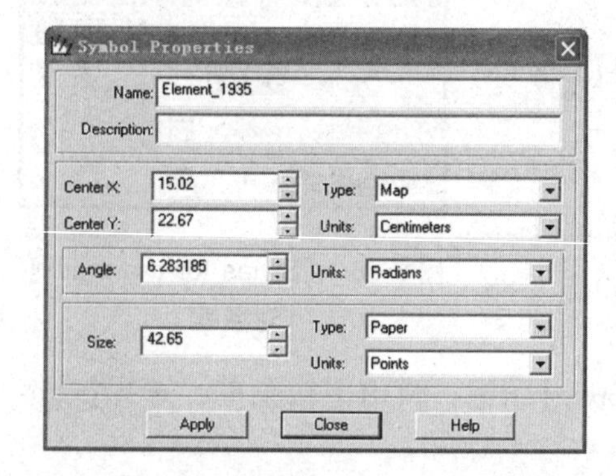

图 5-90　【Symbol Properties】对话框

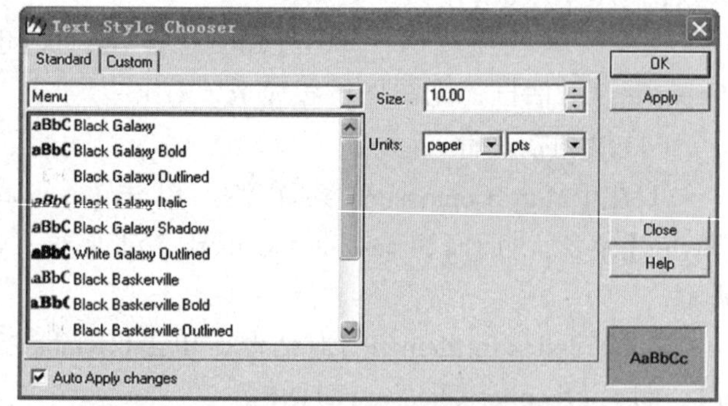

图 5-91　【Text Style Chooser】对话框

③【Text Style Chooser】对话框包括【Standard】和【Custom】两个选项卡。根据需要，分别设置参数。

注意：此处【Standard】标签是标准设置，【Custom】标签是自定义设置。

在本案例中，选择【Standard】标签设置，【Custom】标签采用默认状态参数。

- 在【Standard】标签定义图名字体：Black Galaxy Bold。
- 定义字体大小：10。
- 定义字符单位：paper pts。

④单击【Apply】按钮，应用设置参数定义字体。

⑤单击【OK】按钮，关闭【Text Style Chooser】对话框。

⑥单击【Close】按钮，关闭【Styles for the metic】对话框。

⑦在 Annotation 工具面板，单击【Create Text】图标。

⑧在 Map Composer 窗口的制图区域里合适的位置单击，确定图名放置位置。

⑨弹出【Annotation Text】对话框，输入图名，如图 5-92 所示。

⑩单击【OK】按钮，则图名设置完成。

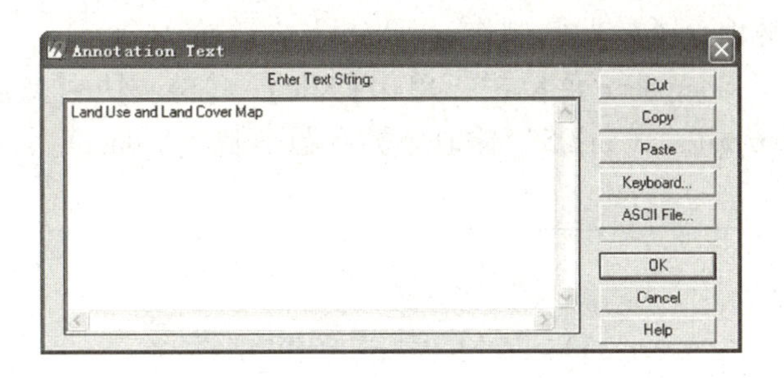

图 5-92　【Annotation Text】对话框

⑪单击选中图名，通过鼠标的拉伸可以改变图名大小或者鼠标的拖动改变图名放置位置。

⑫双击图名，打开【Text Properties】对话框，可以编辑修改图名，如图 5-93 所示。

至此，专题图的图面整饰工作完成，获取土地利用专题图，如图 5-94 所示。

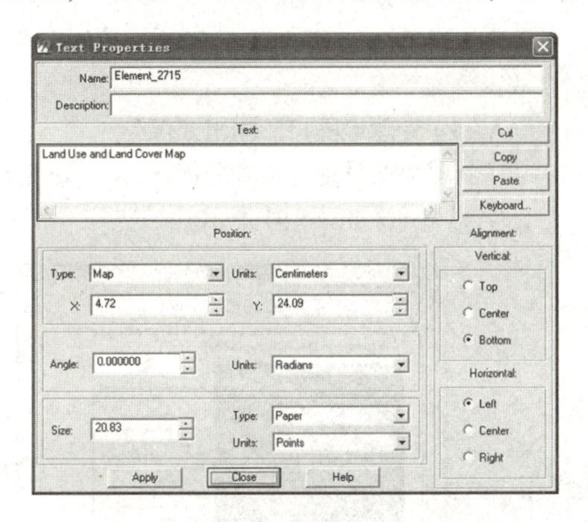

图 5-93　【Text Properties】对话框

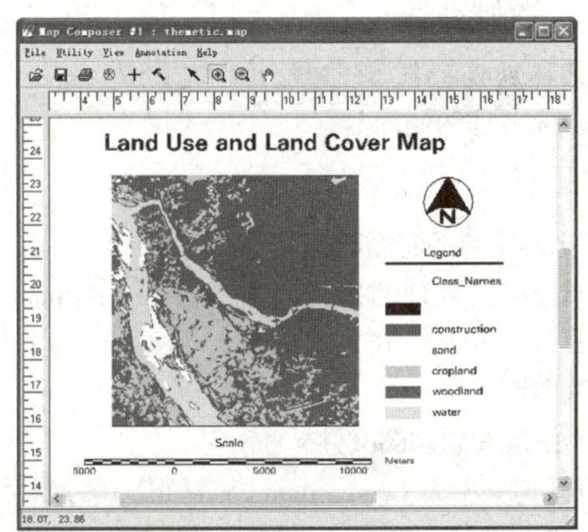

图 5-94　土地利用专题图

注意：在专题图面的整饰美化过程中，其中，格网线、坐标注记、图廓线、比例尺、图例都是组合要素，可以对其进行解散或重组，其操作如下。

①解散。

• 在 Map Composer 窗口图形窗口内，单击选中要解散的组合要素。

• 在 Map Composer 窗口菜单栏，单击【Annotation】→【Ungroup】命令，则解散组合要素，对单一对象进行编辑。

②组合。

• 单击一个对象，然后按住 Shift 键选择其他对象，直至选中全部对象。

• 在 Map Composer 窗口菜单栏，单击【Annotation】→【Group】命令，则选中对象组合为一个要素。

5.4.5　保存专题图

方法一：　在 Map Composer 工具栏，单击【Save Composition】图标，保存专题图 themetic. map(...\ prj05 \ 林地分类专题图制作 \ data)。

方法二： 在 Map Composer 菜单栏，单击【File】→【Save】→【Map Composition】命令，保存专题图 thewetic. map(...\ prj05 \ 林地分类专题图制作 \ data)。

任务实施

林地分类专题图的制作

一、目的要求

制作林地利用专题图，并进行图面的整饰美化，包括绘制比例尺、地图图例、指北针、地图图名等，获取林地利用专题图，掌握利用 ERDAS 软件制作专题图的操作。

二、数据准备

以某林地遥感影像监督分类结果图(super-eliminate. img)作为制图数据。

三、操作步骤

（1）准备专题制图数据

打开分类后处理的监督分类图像 super-eliminate. img(...\ prj05 \ 任务实施 5-3 \ data)作为专题制图数据源。

（2）生成专题制图文件

打开【New Map Composition】对话框，设置相关参数，并打开【Map Composer】窗口和【Annotation】工具面板，具体操作步骤参见 5. 4. 2 生成专题制图文件。

（3）确定专题制图范围

具体操作步骤参见 5. 4. 3 设置制图范围。

（4）放置图面整饰要素

①绘制格网线与坐标注记。

②绘制地图比例尺。

③绘制地图图例。

④绘制指北针。

⑤设置地图图名。

上述具体操作步骤参见 5. 4. 4 修饰专题图，放置整饰要素。

（5）专题地图打印输出或保存

其建立的林地分类专题图(...\ prj05 \ 任务实施 4-4 \ data)如图 5-95 所示。

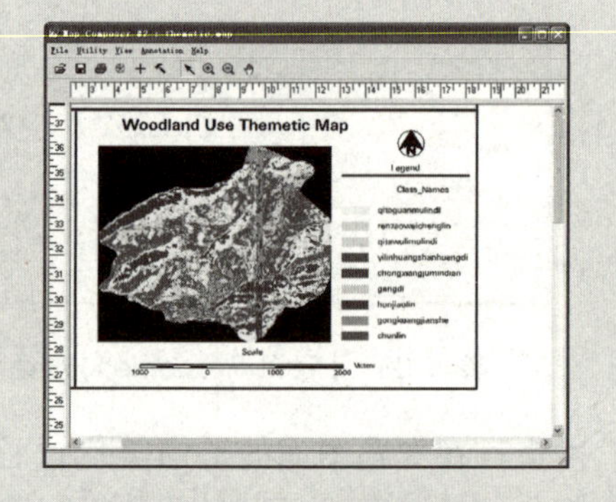

图 5-95　林地分类专题图

成果提交

作出书面报告，包括任务实施过程和结果以及心得体会，具体内容如下。

1. 简述林地分类专题图制作的任务实施过程，并附上每一步的结果影像。
2. 进行专题图面的装饰美化，上交制作好的林地分类专题图。
3. 回顾任务实施过程中的心得体会，遇到的问题及解决方法。

复习思考题

1. 简述遥感影像解译标志建立的原则与方法。
2. 简述遥感影像解译标志建立的过程。

3. 遥感影像目视解译标志有哪些?
4. 非监督分类的特点是什么?
5. 监督分类的特点是什么?
6. 非监督分类与监督分类的区别是什么?
7. 简述林地分类图的制作步骤。

模块三

GIS在林业中的应用

随着信息技术的发展及应用领域的不断扩大，尤其是计算机技术以前所未有的速度快速发展，地理信息系统(geographic information system，GIS)技术也得到了飞速的发展。林业工作者广泛应用GIS进行资源与环境的变化监测，以及森林资源管理、综合评价和规划决策服务。目前，地理信息系统软件ArcGIS已成为全世界用户群体最大、应用领域最广泛的GIS软件平台。本模块详细介绍了地理信息系统与ArcGIS 10.6软件的基本操作和在林业上的应用操作，包括ArcGIS Desktop应用基础、林业空间数据采集、林业空间数据编辑与处理、林业专题地图制图、林业数据空间分析5个项目，设置17个任务。

项目6 ArcGIS Desktop 应用基础

ArcGIS Desktop 是一个集成了众多高级 GIS 应用的软件套件，其中 ArcMap、ArcCatalog、ArcToolbox 是用户应用 ArcGIS Desktop 软件的基础。ArcMap 提供数据的显示、查询和分析；ArcCatalog 提供空间和非空间的数据管理、创建和组织；ArcToolbox 提供空间数据的分析与处理。

知识目标

1. 了解 GIS 的概念及其组成。
2. 掌握 GIS 在林业生产中的应用。
3. 掌握 ArcMap 的窗口功能及使用方法。
4. 掌握 ArcCatalog 的窗口功能及使用方法。
5. 掌握 ArcToolbox 的使用方法。

技能目标

1. 能够熟练运用 ArcMap、ArcCatalog 和 ArcToolbox。
2. 能够掌握空间数据符号化设置。
3. 能够掌握空间数据与属性数据的关系。
4. 能够掌握 GIS 两种基本查询操作。

任务描述

GIS 作为获取、处理、管理和分析地理空间数据的重要工具、技术和学科，近年来得到了广泛关注和迅猛发展。本任务将从 GIS 的概念、组成、功能、在林业生产中的应用，以及 ArcGIS 10.6 软件的产品构成等方面来认识 GIS。

任务目标

1. 掌握地理信息系统的概念、组成、功能，以及 GIS 在林业生产中的应用。
2. 了解 ArcGIS 10.6 软件的产品构成，为下一步软件的学习奠定基础。

知识准备

6.1.1 GIS 概念、组成及功能

6.1.1.1 GIS 概念

地理信息系统(geographic information system，GIS)是一门集计算机科学、信息学、地理学等多门科学为一体的新兴学科，是在计算机软件和硬件支持下，对整个或部分地球表层的各类空间数据及属性数据进行采集、储存、管理、运算、分析、显示和描述的技术系统。

地理信息系统处理、管理的对象是多种地理空间实体数据及其关系，包括空间定位数据、图形数据、遥感图像数据、属性数据等，用于分析和处理在一定地理区域内分布的各种现象和过程，解决复杂的规划、决策和管理问题。

6.1.1.2 GIS 组成

典型的 GIS 应包括 4 个基本部分：计算机硬件系统、计算机软件系统、地理信息系统的空间数据库和系统管理应用人员。

(1)计算机硬件系统

该系统是 GIS 的核心，包括主机和输入输出设备。主机部分不再赘述，输入输出设备包括扫描仪、测绘仪器、绘图仪、数字化仪、解析测图仪、硬盘、打印机等。

(2)计算机软件系统

该系统也是 GIS 的核心，包括计算机系统软件与地理信息系统软件和其他支持程序。地理信息系统软件一般由以下 5 个基本的技术模块组成。即数据输入和检查、数据存储和数据库管理、数据处理和分析、数据传输与显示、用户界面等。

(3)地理信息系统的空间数据库

它是 GIS 应用的基础。地理信息系统的地理数据分为图形数据和属性数据。数据表达可以采用矢量和栅格两种形式，图形数据表现了地理空间实体的位置、大小、形状、方向及拓扑关系，属性数据是对地理空间实体性质或数量的描述。空间数据库系统由数据库实体和空间数据库管理系统组成。

(4)系统管理应用人员

它是地理信息系统应用成功的关键。计算机软硬件和数据不能构成完整的地理信息系统，需要人进行系统组织、管理、维护、数据更新、系统完善扩充、应用程序开发，并灵

活采用地理分析模型提取多种信息，为研究和决策服务。

6.1.1.3　GIS 功能

地理信息系统的核心问题可归纳为 5 个方面：位置、条件、变化趋势、模式和模型。依据这些问题，可以把 GIS 功能概括划分为以下几个方面。

(1)数据的采集、检验与编辑

主要用于获取数据，保证地理信息系统数据库中的数据在内容与空间上的完整性、数值逻辑一致性与正确性等，将所需的各种数据通过一定的数据模型和数据结构输入并转换为计算机所要求的格式进行存储。目前，可用于地理信息系统数据采集的方法与技术很多，其中自动化扫描输入与遥感数据集是人们最为关注的方法。扫描技术的应用与改进、实现扫描数据的自动化编辑与处理仍是地理信息系统数据获取研究的技术关键。

(2)数据处理

地理信息系统有自身的数据结构，同时也要与其他系统的数据格式兼容，这就存在不同数据结构之间的数据格式转换问题。GIS 内部也有矢量和栅格数据相互转换的问题。初步的数据处理主要包括数据格式化、转换、概括。数据的格式化是指不同数据结构的数据间变换，是一种耗时、易错、需要大计算量的工作，应尽可能避免；数据转换包括数据格式转化、数据比例尺的变化等。在数据格式的转换方式上，矢量到栅格的转换要比其逆运算快速、简单。数据比例尺的变换涉及数据比例尺缩放、平移、旋转等方面，其中最为重要的是投影变换。目前，地理信息系统所提供的数据概括功能极弱，与地图综合的要求还有很大差距，需要进一步发展。

(3)空间数据库的管理

这是组织 GIS 项目的基础，涉及空间数据(图形图像数据)和属性数据。栅格模型、矢量模型或栅格/矢量混合模型是常用的空间组织方法。空间数据结构的选择在一定程度上决定了系统所能执行的数据与分析的功能；在地理数据组织与管理中，最为关键的是如何将空间数据与属性数据融合为一体。目前，大多数系统都是将二者分开存储，通过公共项(一般定义为地物标识码)来联接。这种组织方式的缺点是数据的定义与数据操作相分离，无法有效记录地物在时间域上的变化属性。

(4)基本空间分析

它是 GIS 的核心功能，也是 GIS 与其他计算机软件的根本区别。基本空间分析包括图层空间变换、再分类、叠加、邻域分析、网络分析等。

(5)应用模型的构建方法

GIS 除了提供基本空间分析功能外，还应提供构建专业模型的手段，如二次开发工具、相关控件或数据库接口等。

(6)结果显示与输出

GIS 的处理分析结果需要输出给用户，输出数据的种类很多，可能有地图、表格、文字、图像等。一个好的 GIS 应能提供一种良好的、交互式的制图环境，以供 GIS 的使用者能够设计和制作出高品质的地图。

6.1.2 GIS 在林业生产中的应用

由于林业自身有诸如森林生长的长期性、森林资源分布的地域辽阔性、森林资源的再生性、森林成熟的不确定性等特点，用传统的手段来管理和展现森林资源信息并以此来指导林业生产已日益暴露其严重的弊端。因此，采用 GIS 等技术使特定区域林业经营管理实现数字化、集成化、智能化、网络化已成为必然趋势，为林业的可持续发展提供技术支撑，为林业现代化建设提供新的管理手段。

GIS 的应用从根本上改变了传统的森林资源信息管理的方式，成为现代林业经营管理的重要工具。近年来，GIS 技术在林业领域的应用非常活跃和普及，林业工作者将 GIS 广泛应用于森林资源信息管理、森林分类经营区划、林业专题制图、营造林规划设计、森林保护、森林防火、林权管理等诸多方面。

(1)在森林资源管理与动态监测中的应用

用 GIS 的数字地形模型(DTM)，地面模型，坡位、坡面模型可表现资源的水平分布和垂直分布，利用栅格数据的融合，再分类和矢量图的叠加，区域和邻边分析等操作，产生各种地图显示和地理信息，用于分析林分、树种、林种、蓄积等因子的空间分布。使用这些技术，研究各树种在一定范围内的空间分布现状与形式，根据不同地理位置、立地条件、林种、树种、交通状况对现有资源实行全面规划，优化结构，确定空间利用能力，提高森林的商品价值。各地(林业局、林场)森林面积、森林蓄积量、森林类型、林种分布、树种结构、林龄结构及变动情况等，过去只能从森林资源档案数据库中了解情况，应用地理信息系统可以做到图上动态管理和监测，从而可以做到更真实、更直观地把握森林资源的状况及变化。

(2)在森林分类经营管理中的应用

利用 GIS 可以做到以林班、林场、林业局、地区及全省为单位的森林分类经营管理，能够做到分类更为科学、更为客观，为各级领导及林业管理部门、生产部门提供可操作的森林分类经营方案及科学依据。

(3)在编制各类林业专题图中的应用

GIS 在林业制图上的应用具有强大的生命力。以往我国通过“二类调查”获取森林资源数据，建立小班档案及绘制林相图等林业用图。这些工作要花费大量的时间、人力和财力，并且图面材料和小班数据库资料是分离的，难以长期有效地重复利用。GIS 强大的空间数据分析和制图功能简化了林业专题图的制作过程，经过收集整理制图信息，经数字化处理，建立坐标投影和拓扑关系，作编辑修改，建立图形与属性的关联，最终完成多种林业专题图的编制，达到一次投入、多次产出的效果。用户不仅可以利用 GIS 输出全要素森林资源信息图，而且可以根据需要分层输出各种专题图(如林相图、土壤图、森林立地类型图、植被分布图等)。这在林业生产实践中已有广泛应用。

(4)在抚育间伐、速生丰产林培育及更新造林管理中的应用

利用 GIS 强大的数据库和模型库功能，检索提取符合抚育间伐的小班，制作抚育间伐图并进行 GIS 的空间地理信息和林分状况数据结合，依据模型提供林分状况数据如生产力、蓄积量等值区划和相关数据，据此可按林分生产力进行基地建设。GIS 可通过分析提供森林立地类型图表、宜林地数据图表、适生优势树种和林种资料；运用坡位、坡面分析，按坡度、坡向划分的地貌类型结合立地类型选择造林树种和规划林种，指导科学造林。

(5)在森林病虫害管理中的应用

森林病虫害是林业生产中极具破坏性的生物自然灾害，它们的发生和影响总是与一定的地理空间相关。因此需要对调查所获的病虫害发生及生态因子等数据进行分析和管理，以便对林业病虫害的控制管理活动作出正确的决策。利用 GIS 结合生物地理统计学可以进行害虫空间分布和空间相关分析；对害虫发生动态的时空进行模拟并作大尺度数据库的管理。其应用潜力十分巨大。

(6)在森林防火中的应用

森林草原火灾是林业生产的重大灾害之一，及时的火险预警在林业生产中具有十分重大的意义。随着现代计算机网络和“3S”等技术的不断发展，其应用的日趋广泛，使森林防火的方法和所采用的技术手段发生了深刻变化。用 GIS 技术进行林区信息管理，防火点建设规划，提供林火扑救辅助决策，较大程度提高了灭火的效率，减少经济损失，同时比较准确评估由火灾造成的经济损失。

(7)在林权管理中的应用

权属分国家、集体、个人三种形式，不同权属的森林实行“谁管谁有”的原则，大部分权属明确，产权清晰，界线分明，标志明显，山地林权与实地、图面相符，少数地方界线难以确定，可用邻边分析暂定未定界区域。从而减少或避免各种林权纠纷。

(8)在林业地理信息系统中的应用

基于 GIS 强大的空间分析能力和在林业上的良好应用前景，各种应用型林业地理信息系统纷纷涌现。这些林业 GIS 以林场或县为单位，通过把各种林业图表和自然地理数据数字化输入计算机后，应用通用的 GIS 平台或采用组件开发技术，使林业资源信息的输入、存储、显示、处理、查询、分析和应用等功能得以实现，通过空间信息与属性信息的结合，为林业生产的科学规划及管理，林业资源属性数据和空间数据的管理及信息发布，项目评估，工程规划与实施、检查验收和辅助决策的制定提供了服务。例如，四川省宜宾市建立的林业管理信息系统，可提供强大的林业专题管理集成扩展功能，为天然林资源保护工程管理、退耕还林工程管理、森林防火管理、森林病虫害管理、造林规划设计、林分经营管理、林业分类经营、野生动物栖息地调查与变化监测等提供了一体化解决方案，体现了 GIS 技术在市（州）、县（区）、乡（镇）三级林业管理上的综合应用。

6.1.3 ArcGIS 10.6 软件简介

ArcGIS 10.6 是美国 ESRI 公司在 2018 年开发推出的一套完整的 GIS 平台产品，具有强大的地图制作、空间数据管理、空间分析、空间信息整合、发布与共享的能力。它全面整合了 GIS 与数据库、软件工程、人工智能、网络技术、移动技术、云技术及其他的计算机主流技术，旨在为用户提供一套完整的、开放的企业级 GIS 解决方案，是目前最流行的地理信息系统平台软件。ArcGIS 10.6 带来更完善的产品体系框架，同时全面融入前沿 IT 技术，升级平台大数据、三维、影像等核心能力，为我们打造了一个功能强大，性能卓越、稳定性高的 Web GIS 平台。

ArcGIS 10.6 主要包含四大核心组成，分别是公有云产品 ArcGIS Online、新一代服务器产品 ArcGIS Enterprise、即用型 Apps 以及用于平台扩展开发的 SDKs/APIs。如图 6-1 所示。

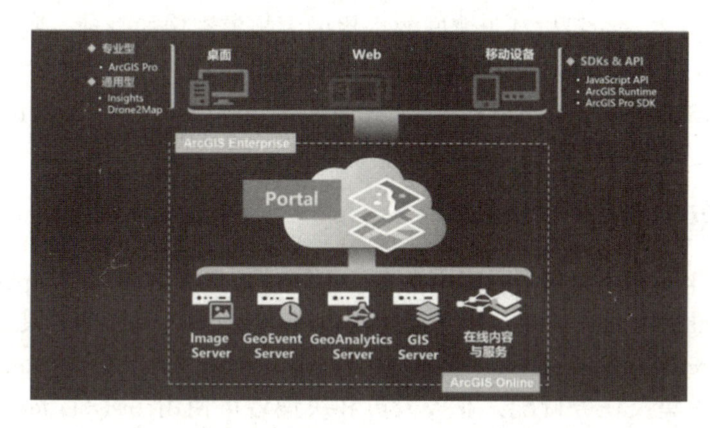

图 6-1 ArcGIS 平台核心产品组成

6.1.3.1 ArcGIS Online

ArcGIS Online 是 ESRI 建设的公有云平台，为用户提供了在云端运行的 Web GIS 平台。ArcGIS Online 是基于公有云的制图可视化、分析、协作和应用创建的平台，允许组织成员在 Esri 的安全云中使用、创建和共享数据、地图和应用程序，以及访问权威性底图和 ArcGIS 的应用程序，将数据作为发布的 Web 图层进行创建、管理和存储等；允许组织机构的管理员管理组织机构的成员和群组，为成员配置角色和应用权限、管理组织机构的配额、管理组织机构的账户等各种信息。

ArcGIS Online 是 ArcGIS 平台的组成部分，用户还可以通过与 ArcGIS Desktop、ArcGIS Pro、ArcGIS Enterprise、ArcGIS Web APIs 和 ArcGIS Runtime SDKs 等 ArcGIS 平台的其他产品组合使用，来体验 ArcGIS 平台的更多功能。

6.1.3.2 ArcGIS Enterprise

ArcGIS Enterprise 是新一代的 ArcGIS 服务器产品，是在用户自有环境中打造 Web GIS 平台的核心产品，它提供了强大的空间数据管理、分析、制图可视化与共享协作能力。它以 Web 为中心，使得任何角色任何组织在任何时间、任何地点，通过任何设备去获得地理信息、分享地理信息；使用户可以基于服务器进行影像和大数据的分析处理，以及物联网实时数据的持续接入和处理，并在各种终端(桌面、Web、移动设备)访问地图和应用；同时还以全新方式开启了地理空间信息协作和共享的新篇章，使得 Web GIS 应用模式更加生动鲜活。

ArcGIS Enterprise 主要由四大组件组成，分别是 ArcGIS Server、Portal for ArcGIS、Arc-

GIS Data Store 和 ArcGIS Web Adaptor。其中 ArcGIS Server 是 ArcGIS Enterprise 的核心组件，又分为 5 种不同的服务器产品，分别提供以下 5 种不同的能力。

①ArcGIS GIS Server 提供基础 GIS 服务资源，如地图服务、要素服务和地理处理服务等。

②ArcGIS GeoAnalytics Server 提供分布式矢量和表格大数据分析处理能力。

③ArcGIS GeoEvent Server 提供物联网实时数据持续接入和处理分析的能力。

④ArcGIS Image Server 提供基于镶嵌数据集的大规模影像的管理、服务发布、信息提取、共享与应用的能力，并提供栅格大数据分析能力。

⑤ArcGIS Business Analyst Server 提供基于人口、经济等各种数据进行商业分析的能力。

6.1.3.3 即用型 Apps

ESRI 提供了丰富的、面向不同应用场景、不同角色人群的即用型 Apps，如 GIS 专家使用 ArcGIS Desktop 和 ArcGIS Pro 等专业型 Apps 制作地图、模型和工具；外业人员可使用 Collector for ArcGIS、Navigator for ArcGIS、Workforce for ArcGIS、Drone2Map for ArcGIS 等进行外业数据采集及任务调配；业务人员和决策者可使用 Insights for ArcGIS、ArcGIS Maps for Office、Operations Dashboard 等进行办公决策；公众可使用地图故事系列模板、ArcGIS Open Data 等方便获取地理数据、使用 ArcGIS 平台；另外，结合业务需求，合作伙伴为用户提供了多款实用的业务型 Apps。

(1) ArcGIS Desktop

这是供 GIS 专业人员使用的 ArcGIS 软件。它是一款适合 Windows 操作系统的计算机使用的功能强大的综合性 GIS 软件，可用于处理各种日常 GIS 功能，如制图、数据编辑和管理、空间分析以及创建可供所有用户使用的地图和地理信息及其服务。根据用户的伸缩性需求，ArcGIS 桌面分为 4 个产品级别：ArcReader、ArcView、ArcEditor 和 ArcInfo。

- ArcReader：免费的地图数据(PMF)浏览、查询以及打印出版工具。
- ArcView：主要用于综合性数据使用、制图和分析。
- ArcEditor：在 ArcView 基础上增加了高级的地理数据库编辑和数据创建功能。
- ArcInfo：是 ArcGIS Desktop 的旗舰产品，作为完整的 GIS 桌面应用包含复杂 GIS 的功能和丰富的空间处理工具。

ArcGIS Desktop 是一个系列软件套件，它包含了一套带有用户界面的 Windows 桌面应用：ArcMap、ArcCatalog、ArcGlobe、ArcScene、ArcToolbox 和 Model Builder。每一个应用都具有丰富的 GIS 工具。

①ArcMap。ArcMap 是 ArcGIS Desktop 中一个主要的应用程序，承担所有制图和编辑任务，也包括基于地图的查询和分析功能。对 ArcGIS 桌面来说，地图设计是依靠 ArcMap 完成的。

②ArcCatalog。应用该模块帮助用户组织和管理所有的 GIS 信息，如地图、球体、数据文件、Geodatabase，空间处理工具箱、元数据、服务等。用户可以使用 ArcCatalog 来组织、查找和使用 GIS 数据，同时也可以利用基于标准的元数据来描述数据。GIS 数据库的

管理员使用 ArcCatalog 来定义和建立 Geodatabase。GIS 服务器管理员则使用 ArcCatalog 来管理 GIS 服务器框架。

③ArcGlobe。ArcGlobe 是 ArcGIS 桌面系统中 3D 分析扩展模块中的一个部分，提供了全球地理信息连续、多分辨率的交互式浏览功能，支持海量数据的快速浏览。与 ArcMap 一样，ArcGlobe 也是使用 GIS 数据层来组织数据，显示 Geodatabase 和所有支持的 GIS 数据格式中的信息。ArcGlobe 具有地理信息的动态 3D 视图。

④ArcScene。ArcScene 是 ArcGIS 桌面系统中 3D 分析扩展模块中的一个部分，是一个适合于展示三维透视场景的平台，可以在三维场景中漫游并与三维矢量与栅格数据进行交互，适用于数据量比较小的场景进行 3D 分析显示。ArcScene 是基于 OpenGL 的，支持 TIN 数据显示。显示场景时，ArcScene 会将所有数据加载到场景中，矢量数据以矢量形式显示。

(2) ArcGIS Pro

ArcGIS Pro 是为新一代 Web GIS 平台，面向 GIS 专业人士(如 GIS 工程师、GIS 科研人员、地理设计人员、地理数据分析师等)，全新打造的一款高效、具有强大生产力的桌面应用程序。ArcGIS Pro 除了良好地继承了传统桌面软件(ArcMap)的强大的数据管理、制图、空间分析等能力，还具有其独有的特色功能，例如，二三维融合、大数据、矢量切片制作及发布、任务工作流、时空立方体等。

ArcGIS Pro 根据用户的伸缩性需求，提供了 3 个产品级别，每个产品提供不同层次的功能。ArcGIS Pro 是 ArcGIS Desktop 的一部分，分为基础版、标准版和高级版。从基础版到高级版功能逐渐增强。

①ArcGIS Pro 基础版。该版本提供了全面的基础数据编辑、转换和共享工具，强大的空间统计、地理编码功能，以及地图创建、交互式可视化，还有基础的数据管理和空间分析工具。ArcGIS Pro 的主要功能包含以下几方面：基础数据编辑、转换和共享、创建交互式地图和场景及可视化、基本空间分析及统计管理工具、Python 脚本编写及地理处理，以及矢量切片制作及发布、创建，配置和打印页面布局等。

②ArcGIS Pro 标准版。该版本在 ArcGIS Pro 基础版的基础上，主要增加了关于 Geodatabase 及第三方数据库链接的一些相关功能，极大地增强了数据管理能力。而且，影像方面支持镶嵌数据集，为大规模影像处理提供了解决方案。ArcGIS Pro 标准版提供了完整的 GIS 数据编辑功能、自动化质量控制功能、工作流管理和作业分配等功能。

③ArcGIS Pro 高级版。该版本提供了 ArcGIS Pro 基础版和 ArcGIS Pro 标准版的所有功能。除此之外，它具有高级 GIS 数据分析和建模功能，能够提供完整的空间分析解决方案。而且，ArcGIS Pro 高级版可以实现高级制图，可以生成出版级别的地图，并且还支持高级数据转换和创建、高级要素操作和处理，能够实现多种格式的数据转换以及广泛的数据库管理，成为一个完整的 GIS 数据创建、更新、查询、制图和分析的系统。

6.1.3.4 开发 SDKs/APIs

ArcGIS 平台具有多种跨平台、跨设备的开发产品，用户可根据需要开发定制与业务深度结合的应用系统，如 ArcGIS JavaScript API 开发定制基于 HTML 5 的 Web 端应用；Arc-

GIS Runtime SDKs 可定制桌面端和移动端的应用等。

任务 6.2 ArcMap 应用基础

任务描述

任何软件的学习都是从最简单、最基础的开始，ArcGIS 软件的学习也不例外。ArcMap 是一个可用于数据输入、编辑、查询、分析等功能的应用程序，具有基于地图的所有功能，实现如地图制图、地图编辑、地图分析等功能。本任务将从 ArcMap 的启动与关闭、窗口组成、快捷菜单以及基本操作等方面学习 ArcMap。

任务目标

能够熟练运用 ArcMap 软件对现有地理数据进行数据的添加、删除，图形的放大、缩小，数据符号化的设置、空间数据与属性数据的互查等操作，为下一步软件的学习奠定基础。

知识准备

ArcMap 是地理信息系统中最重要的桌面操作系统和制图工具，是 ArcGIS 软件的核心模块，它主要用于完成数据的输入、编辑、查询、分析等操作。

6.2.1 ArcMap 启动与保存

6.2.1.1 启动 ArcMap

启动 ArcMap 可采用以下几种方法。

①如果在软件安装过程中已经创建了桌面快捷方式，直接双击 ArcMap 快捷方式，启动应用程序。

②如果没有创建桌面快捷方式，则需要单击 Windows 任务栏的【开始】→【程序】→【ArcGIS】→【ArcMap10】，启动应用程序。

③还有一种启动方式就是在 ArcCatalog 工具栏中单击 ArcMap 图标按钮。

3 种启动方式都将首先打开【ArcMap 启动】对话框，如图 6-2 所示。

6.2.1.2 创建空白地图文档

创建空白地图文档主要有以下几种方式。

(1)通过【ArcMap 启动】对话框创建

在【ArcMap 启动】对话框中，单击【我的模板】，在右边空白区域选择【空白地图】，单

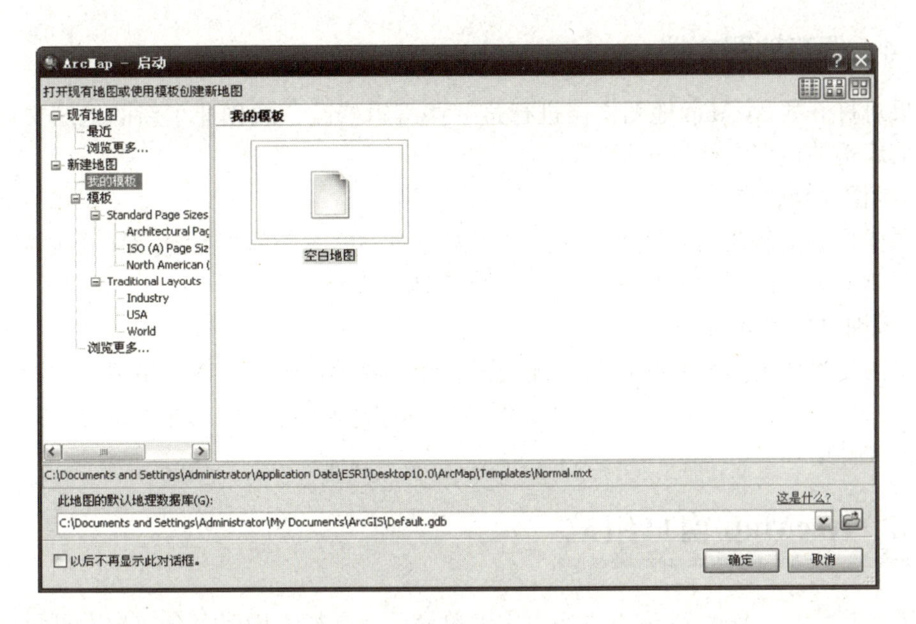

图 6-2 【ArcMap-启动】对话框

击【确定】按钮，完成空白地图文档的创建。

(2)通过【文件】菜单创建

在 ArcMap 中，单击【文件】菜单下的【新建】按钮，打开【新建文档】对话框，在右边空白区域选择【空白地图】，单击【确定】按钮，完成空白地图文档的创建。

(3)通过工具栏创建

在 ArcMap 中，单击工具栏上的【新建】按钮，打开【新建文档】对话框，在右边空白区域选择【空白地图】，单击【确定】按钮，完成空白地图文档的创建。

6.2.1.3 打开地图文档

打开已创建的地图文档主要有以下几种方式。

(1)通过【ArcMap 启动】对话框打开

在【ArcMap 启动】对话框中，单击【现有地图】→【最近】来打开最近使用的地图文档，也可以单击【浏览更多】，定位到地图文档所在文件夹，打开地图文档。

(2)通过菜单栏打开

在 ArcMap 中，单击【文件】菜单下的【打开】按钮，打开【打开】对话框，选择一个已创建的地图文档，单击【打开】按钮，完成地图文档的打开。

(3)通过工具栏打开

在 ArcMap 中，单击工具栏上的【打开】按钮，打开【打开】对话框，选择一个已创建的地图文档，单击【打开】按钮，完成地图文档的打开。

(4)直接打开已创建的地图文档

直接双击现有的地图文档打开地图文档，这是最常用的打开地图文档的方式。

6.2.1.4 保存地图文档

如果对打开的ArcMap地图文档进行过一些编辑修改，或创建了新的地图文档，就需要对当前编辑的地图文档进行保存。

(1)地图文档保存

如果要将编辑修改的内容保存在原来的文件中，单击工具栏上的【保存】按钮或在ArcMap主菜单中单击【文件】→【保存】，即可保存地图文档。

(2)地图文档另存为

如果需要将地图内容保存在新的地图文档中，在ArcMap主菜单中单击【文件】→【另存为】，打开【另存为】对话框，输入【文件名】，单击【确定】按钮，即可将地图文档保存在一个新的文件中。

6.2.2 ArcMap窗口组成

如图6-3所示，ArcMap窗口主要由主菜单栏、工具栏、内容列表、地图显示窗口、目录、搜索、状态栏7部分组成，其中目录和搜索是ArcMap 10新增的内容，与ArcCatalog中的目录树和搜索窗口功能相同。

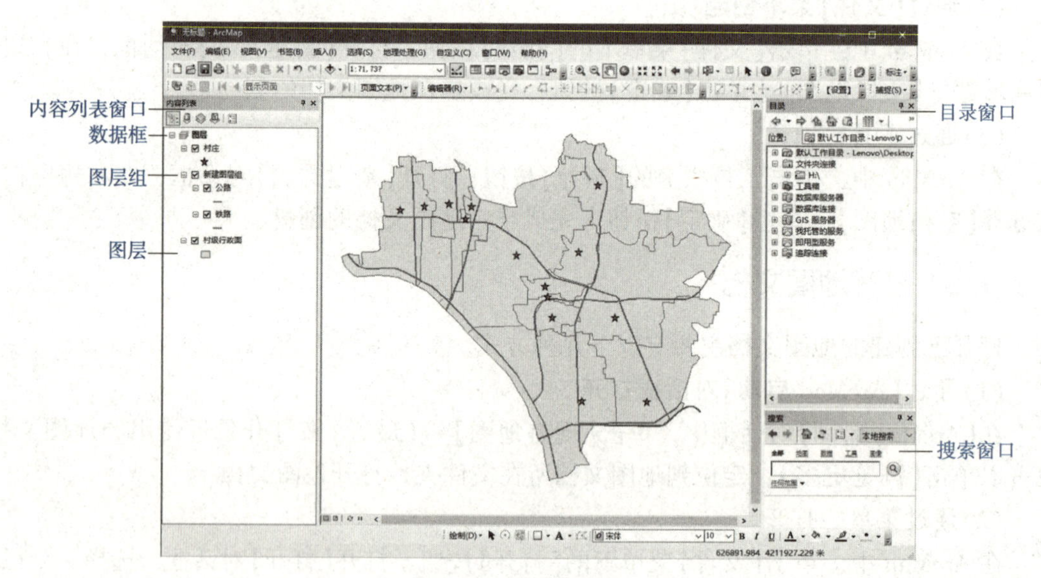

图6-3 ArcMap窗口

6.2.2.1 主菜单栏

主菜单栏包括【文件】、【编辑】、【视图】、【书签】、【插入】、【选择】、【地理处理】、【自定义】、【窗口】、【帮助】10个菜单。

(1)【文件】菜单

【文件】下拉菜单中各菜单及其功能见表6-1。

表 6-1 【文件】菜单中的各菜单及功能

图标	名称	功能描述
	新建	新建一个空白地图文档
	打开	打开一个已有的地图文档
	保存	保存当前地图文档
	另存为	另存地图文档
	保存副本	将地图文档保存为 ArcGIS 10 或以前的版本
	添加数据	向地图中添加数据
	登陆	登录到 ArcGIS Online 共享地图和地理信息
	ArcGIS Online	ArcGIS 系统的在线帮助
	页面和打印设置	页面设置和打印设置
	打印预览	预览打印效果
	打印	打印地图文档
	创建地图包	将当前文档以及地图文档所引用数据创建为地图包，方便与其他用户共享地图文档
	导出地图	将当前地图文档输出为其他格式文件
	地图文档属性	设置地图文档的属性信息
	退出	退出 ArcMap 应用程序

(2)【编辑】菜单

【编辑】下拉菜单中各菜单及其功能见表 6-2。

表 6-2 【编辑】菜单中的各菜单及功能

图标	名称	功能描述
	撤销	取消前一操作
	恢复	恢复前一操作
	剪切	剪切选择内容
	复制	复制选择内容
	粘贴	粘贴选择内容
	选择性粘贴	将剪贴板上的内容以指定的格式粘贴或链接到地图中
	删除	删除所选内容
	复制地图到粘贴板	将地图文档作为图形复制到粘贴板
	选择所有元素	选择所有元素
	取消选择所有元素	取消选择所有元素
	缩放至所选元素	将所选择元素居中最大化显示

(3)【视图】菜单

【视图】下拉菜单中各菜单及其功能见表6-3。

表6-3　【视图】菜单中的各菜单及功能

图标	名称	功能描述
	数据视图	切换到数据视图
	布局视图	切换到布局视图
	图	创建和管理图
	报表	创建、加载、运行报表
	滚动条	勾选启动滚动条
	状态栏	勾选启动状态栏
	标尺	控制标尺开与关
	参考线	控制参考线开与关
	格网	控制格网开与关
	数据框属性	打开【数据框属性】对话框
	刷新	修改地图后刷新地图
	暂停绘制	对地图修改时不刷新地图
	暂停标注	在处理数据的过程中暂停绘制标注

(4)【书签】菜单

【书签】下拉菜单中各菜单及其功能见表6-4。

表6-4　【书签】菜单中的各菜单及功能

图标	名称	功能描述
	创建	创建书签
	管理	管理书签

(5)【插入】菜单

【插入】下拉菜单中各菜单及其功能见表6-5。

表6-5　【插入】菜单中的各菜单及功能

图标	名称	功能描述
	数据框	向地图文档插入一个新的数据框
Title	标题	为地图添加标题
A	文本	为地图添加文本文字
	动态文本	为地图添加文本，如日期、坐标系等信息
	内图廓线	为地图添加内图廓线

（续）

图标	名称	功能描述
	图例	在地图上添加图例
	指北针	在地图上添加指北针
	比例尺	在地图上添加比例尺
1:n	比例文本	在地图上添加文本比例尺
	图片	在地图上添加图片
	对象	在地图上添加图表、文档等对象

(6)【选择】菜单

【选择】下拉菜单中各菜单及其功能见表 6-6。

表 6-6 【选择】菜单中的各菜单及功能

图标	名称	功能描述
	按属性选择	使用 SQL 按照属性信息选择要素
	按位置选择	按照空间位置选择要素
	按图形选择	使用所绘图形选择要素
	缩放至所选要素	在地图显示窗口中将选择要素居中最大化显示在显示窗口的中心
	平移至所选要素	在地图显示窗口中将选择要素居中显示在显示窗口的中心
Σ	统计数据	对所选要素进行统计
	清除所选要素	清除对所选要素的选择
	交互式选择方法	设置选择集创建方式
	选择选项	打开【选择选项】对话框，设置选择的相关属性

(7)【地理处理】菜单

【地理处理】下拉菜单中各菜单及其功能见表 6-7。

表 6-7 【地理处理】菜单中的各菜单及功能

图标	名称	功能描述
	缓冲区	打开【缓冲区】工具创建缓冲区
	裁剪	打开【裁剪】工具裁剪要素
	相交	打开【相交】工具用于要素求交
	联合	打开【联合】工具用于要素联合
	合并	打开【合并】工具用于要素合并
	融合	打开【融合】工具用于要素融合

（续）

图标	名称	功能描述
	搜索工具	打开【搜索】窗口搜索指定的工具
	ArcToolbox	打开【ArcToolbox】窗口
	环境	打开【环境设置】对话框，以设置当前地图环境
	结果	打开【结果】窗口显示地理处理结果
	模型构建器	打开【模型】构建器窗口用于建模
	Python	打开【Python】窗口编辑命令
	地理处理资源中心	ArcGIS 在线帮助地理处理资源中心
	地理处理选项	打开【地理处理选项】对话框，用于地理处理各项设置

(8)【自定义】菜单

【自定义】下拉菜单中各菜单及其功能见表 6-8。

表 6-8 【自定义】菜单中的各菜单及功能

名称	功能描述
工具条	加载需要的工具条
扩展模块	打开【扩展模块】对话框，启用 ArcGIS 扩展功能
加载项管理器	打开【加载项管理器】对话框，管理加载项
自定义模式	打开【自定义】对话框，添加自定义命令
样式管理器	打开【样式管理器】对话框，管理样式
ArcMap 选项	打开【ArcMap 选项】对话框，对 ArcMap 进行设置

(9)【窗口】菜单

【窗口】下拉菜单中各菜单及其功能见表 6-9。

表 6-9 【窗口】菜单中的各菜单及功能

图标	名称	功能描述
	总览	查看当前地图总体范围
	放大镜	将当前位置视图放大显示
	查看器	查看当前地图文档内容
	内容列表	打开【内容列表】窗口
	目录	打开【目录】窗口
	搜索	打开【搜索】窗口
	影像分析	打开【影像分析】对话框，对影像进行显示及各项处理操作

(10)【帮助】菜单

【窗口】下拉菜单中各菜单及其功能见表 6-10。

表 6-10 【帮助】菜单中的各菜单及功能

图标	名称	功能描述
	ArcGIS Desktop 帮助	打开【帮助】对话框获取相关帮助
	ArcGIS Desktop 资源中心	打开 ArcGIS 网站，获取相关帮助
	这是什么?	调用实时帮助
	关于 ArcMap	查看 ArcMap 的版本与版权等信息

6.2.2.2 工具栏

在工具栏上任意位置点击鼠标右键，在弹出菜单中勾选用户需要的工具条，常用的工具栏有【标准】工具条、【工具】工具条和【布局】工具条。

(1)【标准】工具条

【标准】工具条中共有 20 个工具，包含了有关地图数据层操作的主要工具，各按钮对应的功能见表 6-11。

表 6-11 【标准】工具条功能

图标	名称	功能描述
	新建地图文档	新建一个空白地图文档
	打开	打开一个已有的地图文档
	保存	保存当前地图文档
	打印	打印地图文档
	剪切	剪切选择内容
	复制	复制选择内容
	粘贴	粘贴选择内容
×	删除	删除所选内容
	撤销	取消前一操作
	恢复	恢复前一操作
	添加数据	添加数据
1:40,000	比例尺	设置显示比例尺
	编辑器工具条	启动、关闭【编辑器】工具条
	内容列表窗口	打开【内容列表】窗口
	目录窗口	打开【目录】窗口
	搜索窗口	打开【搜索】窗口
	ArcToolbox 窗口	打开【ArcToolbox】窗口

（续）

图标	名称	功能描述
	Python 窗口	打开【Python】窗口编辑命令
	模型构建器窗口	打开【模型】构建器窗口用于建模
	这是什么?	调用实时帮助

(2)【工具】工具条

【工具】工具条中共有20个工具，包含了对地图数据进行视图、查询、检索、分析等操作的主要工具，各按钮对应的功能见表6-12。

表6-12 【工具】工具条功能

图标	名称	功能描述
	放大	单击或拉框任意放大视图
	缩小	单击或拉框任意缩小视图
	平移	平移视图
	全图	缩放至全图
	固定比例放大	以数据框中心点为中心，按固定比例放大地图
	固定比例缩小	以数据框中心点为中心，按固定比例缩小地图
	返回到上一视图	返回到上一视图
	转到下一视图	前进到下一视图
	通过矩形选择要素	选择要素
	清除所选要素	清除对所选要素的选择
	选择元素	选择、调整以及移动地图上的文本、图形和其他对象
	识别	识别单击的地理要素或地点
	超链接	触发要素中的超链接
	HTML 弹出窗口	触发要素中的 HTML 弹出窗口
	测量	测量距离和面积
	查找	打开【查找】对话框，用于在地图中查找要素和设置线性参考
	查找路径	打开【查找路径】对话框，计算点与点之间的路径及行驶方向
	转到 XY	打开【转到 XY】对话框，输入某个(X、Y)，并导航到该位置
	打开“时间滑块”窗口	打开【时间滑块】窗口，以便处理时间数据图层和表
	创建查看器窗口	通过拖拽出一个矩形创建新的查看器窗口

(3)【布局】工具条

【布局】工具条中共有14个工具，借助这些工具可以完成大量在布局视图下可以完成

表 6-13 【布局】工具条功能

图标	名称	功能描述
	放大	单击或拉框任意放大布局视图
	缩小	单击或拉框任意缩小布局视图
	平移	平移视图
	缩放到整个页面	缩放至布局的全图
	缩放至 100%	缩放至 100%视图
	固定比例放大	以数据框中心点为中心，按固定比例放大布局视图
	固定比例缩小	以数据框中心点为中心，按固定比例缩小布局视图
	返回到范围	返回至前一视图范围
	前进至范围	前进至下一视图范围
72%	缩放控制	当前地图显示百分比
	切换描绘模式	切换至描绘模式
	焦点数据框	使数据框在有无焦点之间切换
	更改布局	打开【选择模板】对话框，选择合适的模板更改布局
	数据驱动页面工具条	打开【数据驱动页面】工具条，设置数据驱动页面

的数据操作，各按钮对应的功能见表 6-13。

6.2.2.3　内容列表

内容列表中将列出地图上的所有图层并显示各图层中要素所代表的内容。地图的内容列表有助于管理地图图层的显示顺序和符号分配，还有助于设置各地图图层的显示和其他属性。

一个地图文档至少包含一个数据框，如果地图文档中包含两个或两个以上数据框，内容列表将依次显示所有数据框，但只有一个数据框是当前数据框，其名称以加粗方式显示。每个数据框都由若干图层组成，图层在内容列表中显示的顺序将决定在地图显示窗口中的上下层叠加顺序，系统默认是按照点、线、面的顺序显示。每个图层前面有两个小方框，其中一个方框为“+/-”号，用于显示更多图层信息与否；另一个小方框为“√”号，用于控制图层在地图显示窗口的显示与否。可以按住 Ctrl 键并进行单击可同时打开或关闭所有地图图层。

内容列表有 4 种图层的列出方式。

①按绘制顺序列出。如图 6-4(a)所示，用于表示所有图层地理要素的类型与比表示方法。

②按源列出。如图 6-4(b)所示，除了表示所有图层地理要素的类型与比表示方法外，还能显示数据的存放位置与储存格式，即数据源信息。

③按可见性列出。如图 6-4(c)所示，除了表示所有图层地理要素的类型与比表示方法外，还将图层按照可见与不可见进行分组列出。

④按选择列出。如图 6-4(d)所示，按照图层是否有要素被选中，对图层进行分组显示，同时标识当前处于选中状态的要素的数量。

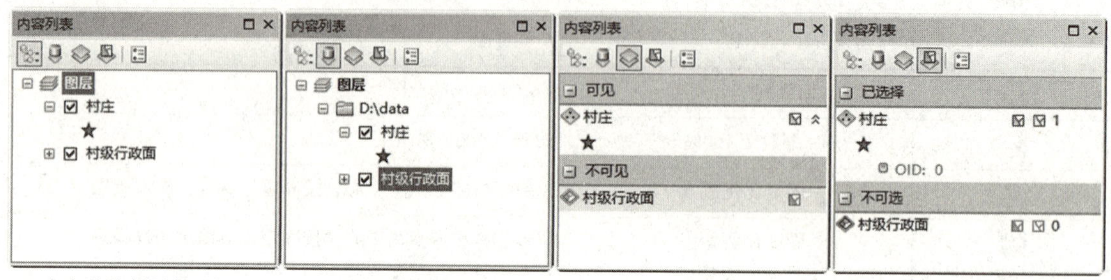

(a) 按绘制顺序列出　(b) 按源列出　(c) 按可见性列出　(d) 按选择列出

图 6-4　内容列表的 4 种图层列出方式

6.2.2.4　目录窗口

目录窗口主要用于组织和管理地图文档、图层、地理数据库、地理处理模型和工具、基于文件的数据等。如图 6-2 中的目录窗口所示，使用目录窗口中的树视图与使用 Windows 资源管理器非常相似，只是目录窗口更侧重于查看和处理 GIS 信息。它将以列表的形式显示文件夹连接、地理数据库和 GIS 服务。可以使用位置控件和树视图导航到各个工作空间文件夹和地理数据库。搜索窗口可对本地磁盘中的地图、数据、工具进行搜索。

6.2.2.5　地图显示窗口

地图显示窗口用于显示地图所包括的所有地理要素，ArcMap 提供了两种地图显示方式：一种是数据视图，另一种是布局视图。在数据视图状态下，可以借助数据显示工具对地图数据进行查询、检索、编辑和分析等各种操作；在布局视图状态下，可以在地图上加载图名、图例、比例尺和指北针等地图辅助要素。两种地图显示方式可以借助地图显示窗口左下角的两个按钮进行切换，也可以通过单击【视图】菜单下的【数据视图】和【布局视图】子菜单进行切换。

6.2.3　ArcMap 中的快捷菜单

在 ArcMap 窗口的不同部位单击鼠标右键，会弹出不同的快捷菜单。在实际操作中经常调用的快捷菜单有以下几种。

6.2.3.1　数据框操作快捷菜单

在内容列表中的数据框上单击鼠标右键，弹出数据框操作的快捷菜单。各菜单的功能见表 6-14。

表 6-14 数据框操作快捷菜单中的各菜单及功能

图标	名称	功能描述
	添加数据	向数据框中添加数据
	新建图层组	新建一个图层组
	新建底图图层	新建一个底图图层来存放底图数据
	复制	复制图层
	粘贴图层	粘贴已复制的图层
	移除	移除图层
	打开所有图层	显示数据框中的所有图层
	关闭所有图层	关闭数据框中所有图层的显示
	选择所有图层	选择数据框下的全部图层
	展开所有图层	将数据框下的所有图层展开
	折叠所有图层	将数据框下的所有图层折叠
	参考比例尺	设置数据框下的所有图层的参考比例尺
	高级绘制选项	对地图中面状要素掩盖的其他要素进行设置
	标记	标注管理包括标注管理器、设置标注优先级、标注权重等级、锁定标注、暂停标注、查看未放置的标注等
	将标注转换为标记	将数据框中已标注图层中的标注转换为标记
	将要素转换为图形	将要素转换为图形
	将图形转换为要素	将图像转换为要素
	激活	激活当前选中的数据框
	属性	打开【数据框属性】对话框，设置数据框的相关属性

6.2.3.2 数据层操作快捷菜单

在内容列表中的任意图层上单击鼠标右键，弹出图层操作的快捷菜单，每个菜单分别用于对当前选中的图层及其要素的属性进行操作。各菜单的功能见表 6-15。

表 6-15 数据层操作快捷菜单中的各菜单及功能

图标	名称	功能描述
	复制	复制当前选中的图层
	移除	移除当前选中的图层
	打开属性表	打开图层的属性表
	连接和关联	将当前属性表链接、关联到其他表或基于空间位置连接
	缩放至图层	缩放至选中图层视图
	缩放至可见	将当前视图缩放到可见比例尺

（续）

图标	名称	功能描述
	可见比例范围	设置当前图层可见的最大和最小比例尺
	使用符号级别	对当前图层启用符号级别功能
	选择	选择图层中的要素并进行操作
	标注要素	勾选时在要素上显示标注
	编辑要素	对要素进行编辑
	将标注转换为注记	将此图层中的标注转换为注记
	将要素转换为图形	将要素转换为图形
	将符号系统转换为制图表达	将此图层中的符号系统转换为制图表达
	数据	导出、修复数据等
	另存为图层文件	将当前图层另存为图层文件
	创建图层包	创建包括图层属性和图层所引用的数据集的图层包，可以保存和共享与图层相关的所有信息，如图层的符号、标注和数据等
	属性	设置当前图层的属性

6.2.3.3 数据视图操作快捷菜单

在数据视图下，当编辑器处于非编辑状态时，在地图显示窗口中单击鼠标右键，弹出数据视图操作的快捷菜单。数据视图操作快捷菜单用于对数据视图中当前数据框进行操作。各菜单的功能见表6-16。

表6-16 数据视图操作快捷菜单中的各菜单及功能

图标	名称	功能描述
	全图	缩放至地图全图
	返回到上一视图	返回到上一视图
	转到下一视图	前进到下一视图
	固定比例放大	以数据框中心点为中心，按固定比例放大地图
	固定比例缩小	以数据框中心点为中心，按固定比例缩小地图
	居中	视图居中显示
	选择要素	选择单击的要素
	识别	识别单击的地理要素或地点
	缩放至所选要素	缩放至所选要素视图
	平移至所选要素	平移至所选要素视图
	清除所选要素	清除对所选要素的选择

（续）

图标	名称	功能描述
	粘贴	粘贴在内容列表中复制的图层，在地图显示窗口中复制的图形或注记，在【表】窗口中复制的记录
	属性	设置数据框的相关属性

6.2.3.4 布局视图操作快捷菜单

在布局视图下，在当前数据框内单击鼠标右键，弹出针对数据框内部数据的布局视图操作快捷菜单，其功能见表6-17；在当前数据框外单击鼠标右键，弹出针对整个页面的布局视图操作快捷菜单，其功能见表6-18。

表6-17　数据框内布局视图操作快捷菜单中的各菜单及功能

图标	名称	功　能
	添加数据	向数据框中添加数据
	全图	缩放至地图全图
	焦点数据框	使数据框在有无焦点之间切换
	缩放整个页面	对布局视图的整个页面缩放
	缩放至所选元素	缩放至所选元素视图
	剪切、复制、粘贴	剪切、复制、粘贴所选内容
	组	当图例转换为图形后，对已取消分组的图形元素创建组合
	取消分组	对转换成图形后的图例取消组合，以便更精确地修改该图例各部分
	顺序	改变数据框的排列顺序
	微移	对数据框、图例、比例尺等的位置上、下、左、右进行微调
	对齐	设置数据框的对齐方式
	分布	设置数据框的分布方式
	旋转或翻转	旋转或翻转图形
	属性	设置数据框属性

表6-18　数据框外布局视图操作快捷菜单中的各菜单及功能

图标	名称	功　能
	缩放整个页面	对布局视图的整个页面缩放
	返回到范围	返回至前一视图范围
	前进至范围	前进至下一视图范围

（续）

图标	名称	功　能
	页面和打印设置	设置打印页面的各个参数
	切换描绘模式	切换至描绘模式
	剪切、复制、粘贴、删除	剪切、复制、粘贴、删除所选内容
	选择所有元素	选择所有的元素
	取消所有元素	取消对所有元素的选择
	缩放至所选元素	缩放至所选元素视图
	标尺	设置标尺
	参考线	设置参考线
	格网	设置格网
	页边距	设置页边距
	ArcMap 选项	设置 ArcMap 选项

任务实施

ArcMap 基本操作

一、目的与要求

通过图层数据的加载、图层数据显示顺序的调整、查询地理要素信息等操作，使学生熟练掌握 ArcMap 软件的基本操作。

二、数据准备

公路、铁路、村庄、村级行政面等矢量数据。

三、操作步骤

（1）启动 ArcMap

双击桌面 ArcMap 快捷方式，在【ArcMap 启动】对话框中，单击【我的模板】，在右边空白区域选择【空白地图】，单击【确定】按钮，完成 ArcMap 的启动。

（2）加载图层数据

①在【标准】工具条上单击【添加数据】按钮，打开【添加数据】对话框，如图 6-5 所示。

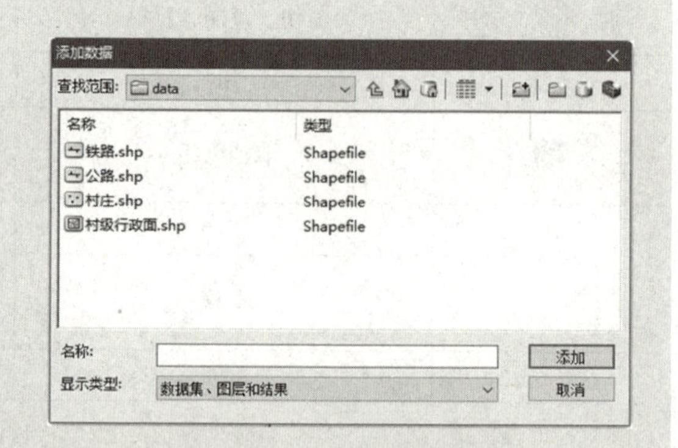

图 6-5 【添加数据】对话框

②单击【查找范围】下拉框，浏览 prj06 \ data 文件夹，在列表框中选中所有要素类，单击【添加】按钮，完成图层数据的添加，结果如图 6-6 所示。

（3）更改图层图名和显示顺序

默认情况下，添加进地图文档中的图层是以数据源的名字命名的，可以根据需要更改图层的名称。

①在“公路”图层上单击左键，选中图层，再次单击左键，图层名称进入编辑状态，输入新名称“gonglu”；双击“铁路”图层打开【图层属性】对话框，在【常规】选项卡下【图层名称】文本框中输入新名称“tielu”。

图层在内容列表中的排列顺序决定了图层在

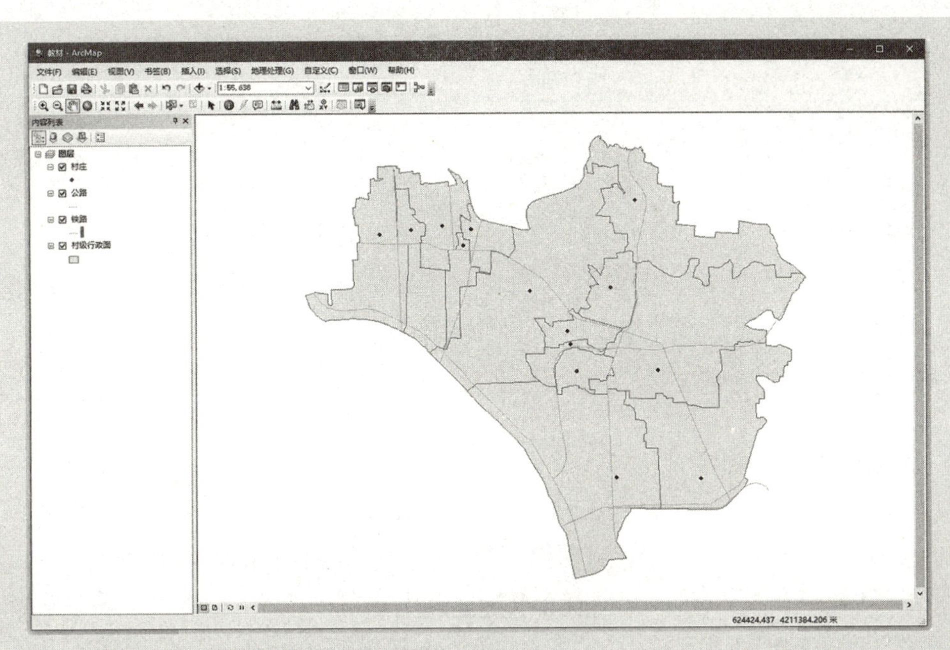

图 6-6 【添加数据】结果

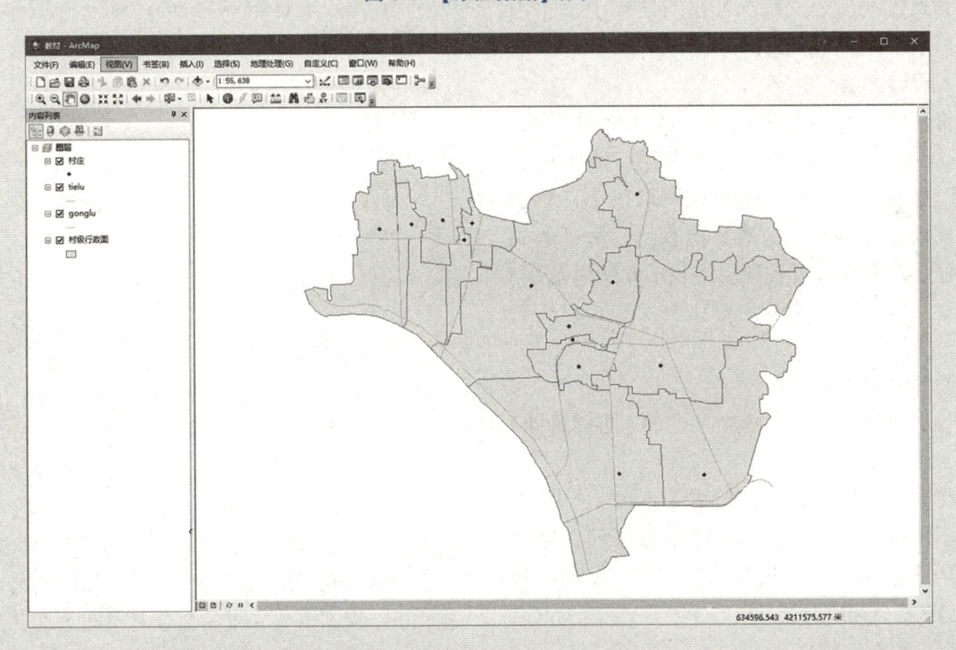

图 6-7 更改图层名称及显示顺序结果

地图中的绘制顺序，图层的排列顺序按照点、线、面要素类型以及要素重要程度的高低依次由上而下进行排列。

②在内容列表中单击选中“tielu”图层，按住鼠标向上拖动至“gonglu”上面释放左键完成图层顺序调整，结果如图 6-7 所示。

（4）创建图层组

当需要把多个图层当作一个图层来处理时，可将多个相同类别的图层组成一个图层组。

①在内容列表中，同时选中“gonglu”和“tielu”两个图层，单击鼠标右键，然后单击【组】，即可创建包含这两个图层的图层组。更改图层组的名称

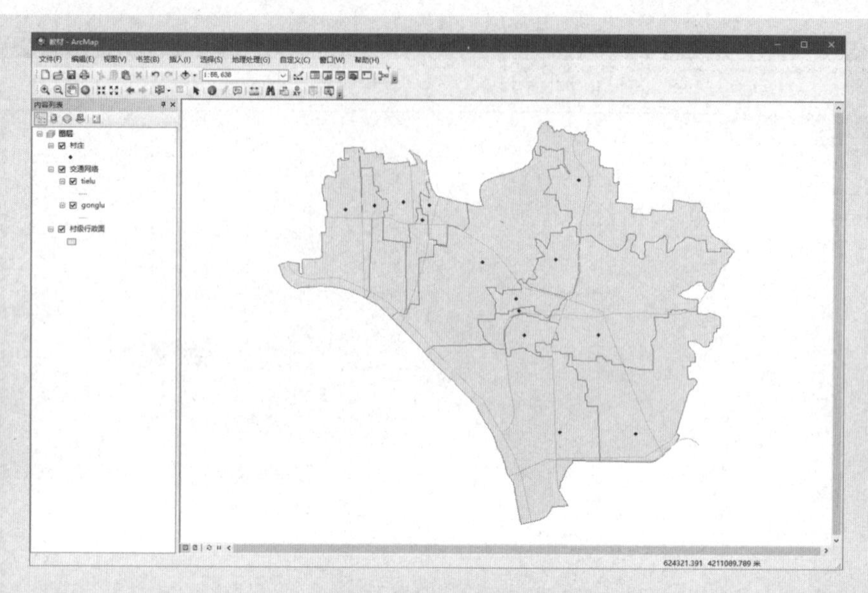

图 6-8　创建图层组结果

为“交通网络”，结果如图 6-8 所示。

②如果想取消图层组，可在图层组上单击右键，然后单击【取消分组】即可取消分组。

（5）设置图层比例尺

通常情况下，不论地图显示的比例尺多大，只要在 ArcMap 内容列表中勾选图层，该图层就始终处于显示状态。如果地图比例尺很小，就会因为地图内容过多而无法清楚地表达。为了解决这个问题，就需要设置各图层的显示比例尺范围。显示比例尺范围的设置分绝对比例尺和相对比例尺两种。

①设置绝对比例尺。

• 双击“村级行政面”图层，打开【图层属性】对话框，如图 6-9 所示。

• 在【常规】选项卡【比例范围】下单击选中【缩放超过下列限制时不显示图层】单选按钮，输入【缩小超过】为 100 000，和【放大超过】为 25 000，单击【确定】按钮，完成设置。

②设置相对比例尺。

• 在地图显示窗口中，将视图缩小到一个合适的范围，在“村级行政面”图层上单击右键，然后单击【可见比例范围】→【设置最小比例】，设置该图层的最小相对比例尺。

• 放到视图到一个合适的范围，单击【可见比例范围】→【设置最大比例】，设置该图层的最大相对比例尺。

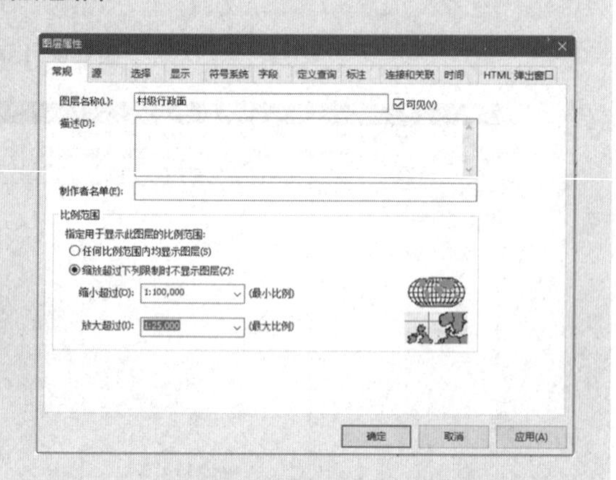

图 6-9　【图层属性常规选项卡】对话框

（6）创建书签

书签可以将某个工作区域或感兴趣区域的视图保存起来，以便在 ArcMap 视图缩放和漫游等操作过程中，可以随时回到该区域的视图窗口状态。视图书签是与数据组对应的，每一个数据组都可以创建若干个视图书签，书签只针对空间数据，所以又称为空间书签，在布局视图中不能创建书签。

①在地图显示窗口中，将视图缩放或平移到适当的范围，在 ArcMap 主菜单中单击【书签】→【创建】，打开【空间书签】对话框，在【书签名称】文本框中输入书签名称“西村”，如图 6-10 所示。

②单击【确定】按钮，保存书签。通过漫游和缩放等操作重新设置视图区域或状态，重复上述步骤，可以创建多个视图书签。

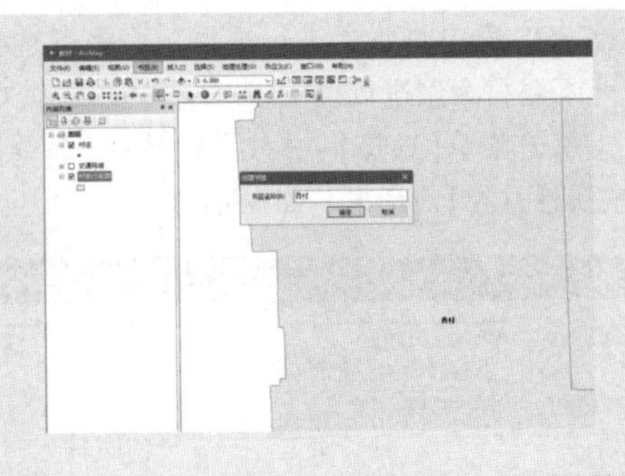

图 6-10 【书签】下拉菜单与【空间书签】对话框

③如果要把创建的书签保存到地图文档中，需要在【标准】工具条上单击【保存】按钮。

（7）设置地图提示信息

地图提示以文本方式显示某个要素的某一属性，当将鼠标放在某个要素上时，将会显示地图提示。

①在内容列表中，双击“村庄”图层，打开【图层属性】对话框，如图 6-11 所示。

②在【显示】选项卡下单击选中【使用显示表达式显示地图提示】单选按钮，单击【字段】下拉框选择“村名”字段，单击【确定】按钮，完成设置。

③将鼠标保持在“村庄”图层中的任意一个要素上，这个要素的“村名”字段内容就会作为地图提示信息显示出来。

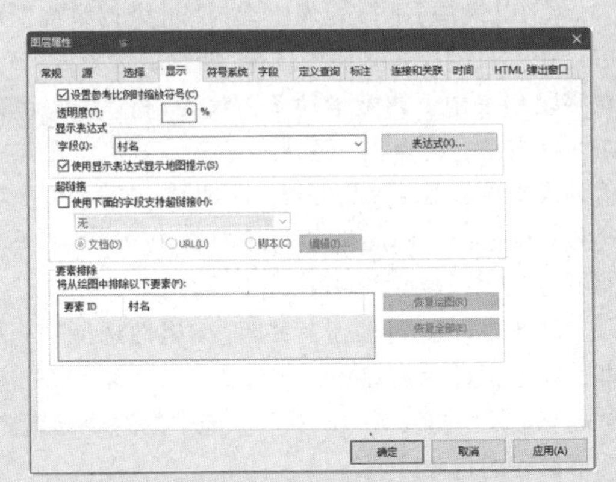

图 6-11 【图层属性显示选项卡】对话框

（8）查询地理要素信息

在 ArcMap 中，可以通过点击【工具】工具条上的按钮，在地图显示窗口查询任意一个要素的属性。

①在地图显示窗口中，点击表示“西村”的点要素，打开【识别】结果对话框，如图 6-12 所示。

②在【识别】结果对话框中显示数据库中名为

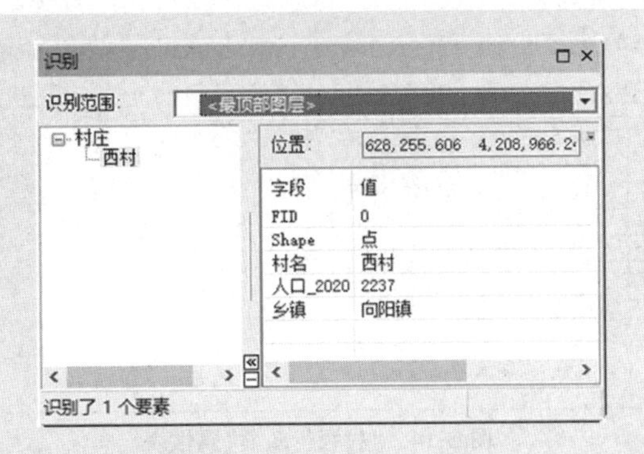

图 6-12 【识别】结果对话框

“西村”的所有属性。

③单击【识别】结果对话框左边的“村庄”或“西村”，在地图显示窗口可以看到这个要素在闪烁显示。

④从【识别范围】下拉列表框中选择【所有图层】，然后在地图显示窗口中再次点击任一位置。在【识别】结果对话框左边显示出“tielu”“gonglu”“村级行政面”图层中与选中位置相交的线和面。

⑤点击【村级行政面】下的“009”，选定面的所有属性都在右边的窗口显示出来，如图 6-13 所示。

⑥点击【识别】结果对话框右上角的【关闭】按钮，关闭【识别】结果对话框，结束查询。

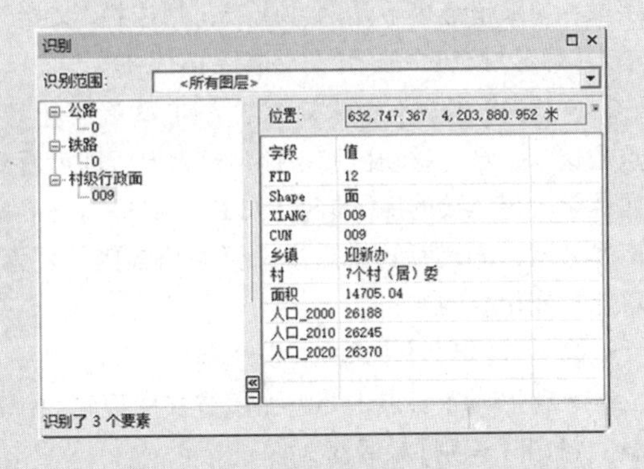

图 6-13 【识别】所有图层结果对话框

（9）查询其他属性信息

在内容列表中，右击“村级行政面”图层，在弹出菜单中单击【打开属性表】，打开【表】对话框，结果如图 6-14 所示。其中包含了有关“村级行政面”图层的多项属性数据。这个表中的每一行是一个记录，每个记录表示“村级行政面”图层中的一个要素。图层中要素的数量也就是数据表中记录的个数，显示在属性表窗口的底部。用同样的方法，查看其他图层的属性表。

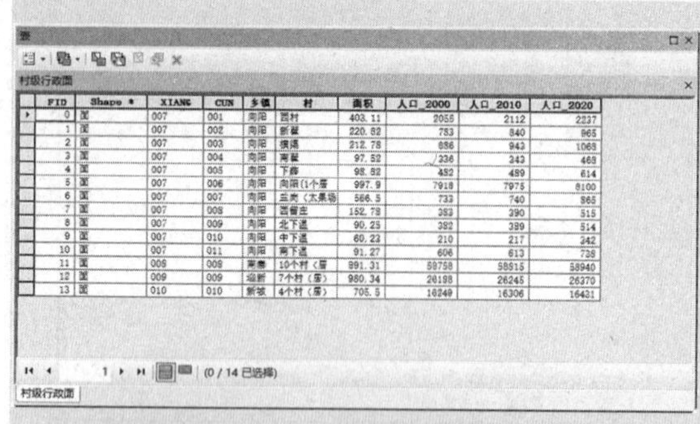

FID	Shape *	XIANG	CUN	乡镇	村	面积	人口_2000	人口_2010	人口_2020
0	面	007	001	向阳	西村	403.11	2055	2112	2237
1	面	007	002	向阳	新堡	220.82	783	840	965
2	面	007	003	向阳	横渠	212.78	836	943	1068
3	面	007	004	向阳	南堡	97.52	336	343	468
4	面	007	005	向阳	下薛	98.82	482	489	614
5	面	007	006	向阳	向阳(1个居	997.9	7918	7975	8100
6	面	007	007	向阳	兰岗（太果场	566.5	733	740	865
7	面	007	008	向阳	西留庄	152.78	383	390	515
8	面	007	009	向阳	北下温	90.25	382	389	514
9	面	007	010	向阳	中下温	60.23	210	217	242
10	面	007	011	向阳	南下温	91.27	606	613	738
11	面	008	009	南寨	10个村（居	891.31	58758	58815	58940
12	面	009	009	迎新	7个村（居）	980.34	26188	26245	26370
13	面	010	010	新城	4个村（居）	705.5	16249	16306	16431

(0 / 14 已选择)

图 6-14　“村级行政面”属性表

(10) 超链接

ArcGIS 中超链接有两种形式：字段属性值设置和利用【识别】工具添加超链接。

①设置字段属性值。

• 在内容列表中“村庄”图层上单击右键，在弹出的快捷菜单中，单击【打开属性表】，打开【表】窗口。

• 添加一文本型字段“超链接”，字段值设为要添加的超链接路径。

• 双击“村庄”图层，打开【图层属性】对话框，单击【显示】标签，在【超链接】区域中选中【使用下面的字段支持超链接】复选框，然后选择“超链接”字段，如果超链接不是网址或宏，则选择“文档”，单击【确定】按钮，关闭【图层属性】对话框。

• 这时【工具】工具条中的工具就可用了，点击这个工具，移动鼠标指针到要素上，即可看到属性字段超链接的提示信息(如 E：\ prj06 \ data \ 南寨公园 . tif)然后再去点击设置了超链接的要素，就能打开相应的文档。

②利用【识别】工具添加超链接。

• 利用工具点击要添加超链接的要素“南下温”，打开【识别】对话框。

• 右击【识别】对话框左边的“南下温”，在弹出的菜单中选择【添加超链接】，打开【添加超链接】对话框，选择【链接 URL】，输入网址(如 http：//www. taiyuan. gov. cn)，即可将此要素同网址建立链接，单击【确定】按钮，完成设置。

• 单击【工具】工具条中的按钮，在地图显示窗口中单击添加了超链接的要素“南下温”，即可打开设置的网址。

(11) 按属性选择要素

如果需要显示满足特定条件的要素，就可以通过构建 SQL 语句对要素进行选择，这里以选择及定位北下温村为例进行说明。

①单击菜单【选择】→【按属性选择】命令，打开【按属性选择】对话框，如图 6-15 所示。

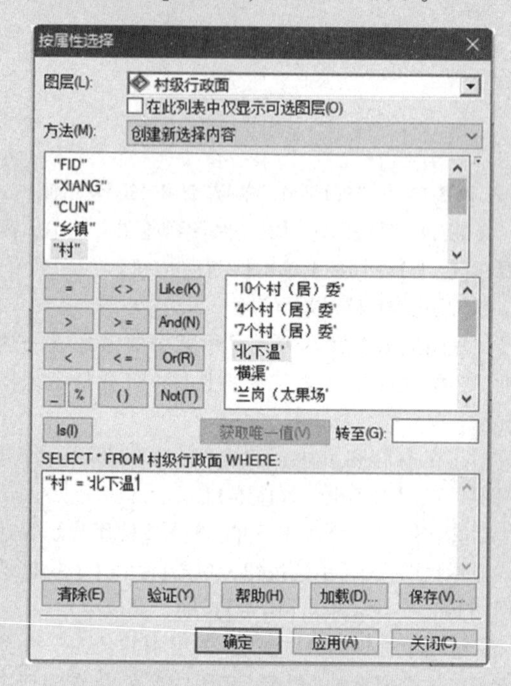

图 6-15　【按属性选择】对话框

②在【图层】下拉列表中选择“村级行政面”图层，在【方法】下拉列表中选择“创建新选择内容”；在字段列表中，调整滚动条，双击“村”，然后单击“=”按钮，再点击“得到唯一值”按钮，在唯一值列表框中，找到“北下温”后双击，通过构造表达式：Select * From 村级行政面 WHERE “村”=”北下温”，从数据库中找出北下温村。

③单击【确认】按钮，关闭【按属性选择】对话框，在地图显示窗口中，属性为“北下温”的村庄被高亮显示，如图 6-16 所示。选中的这个面就是北下温村的行政区域。

(12) 按空间关系选择要素

通过位置选择要素是根据要素相对于同一图层要素或另一图层要素的位置来进行的选择，现在以选择与北下温相邻的村庄为例进行说明。

①单击菜单【选择】→【按位置选择】命令，打开【按位置选择】对话框，如图 6-17 所示。

②在【选择方法】下拉列表中选择“从以下图层中选择要素”；在【目标图层】中选择“村级行政面”

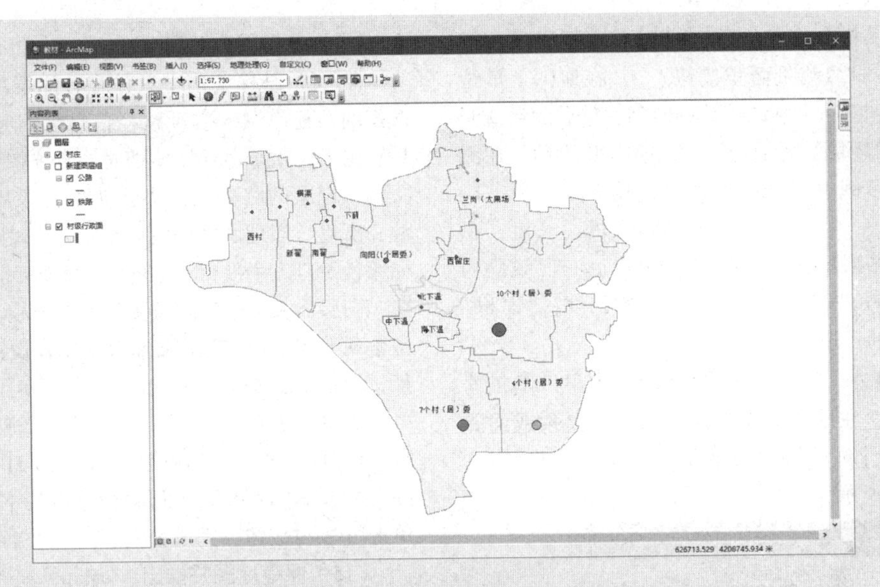

图 6-16 【按属性选择】结果

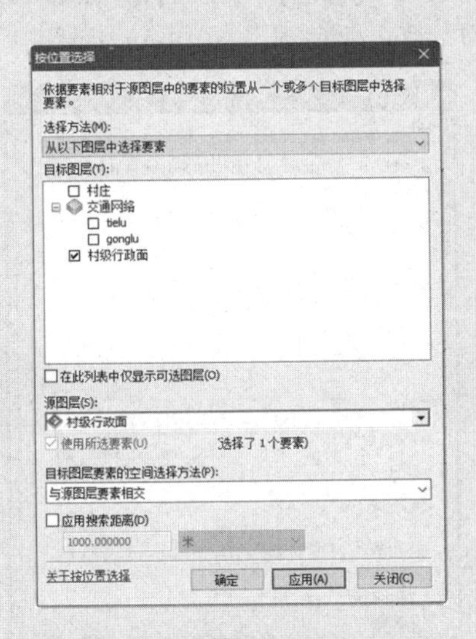

图 6-17 【按位置选择】对话框

的复选框；在【源数据】下拉列表中选择“村级行政面”；在【空间选择方法】下拉列表中选择“目标图层要素与原图层要素相交”。

③单击【确定】按钮，在地图显示窗口中，与北下温相邻的村庄就会被高亮显示，如图 6-18 所示。

④在内容列表中，右击“村级行政面”图层，打开属性表，在属性表中与北下温相邻的村的信息记录也被高亮显示出来，如图 6-19 所示。

(13) 测量距离和面积

通过测量工具可以对地图中的线和面进行测量。也可以使用此工具在地图上绘制一条线或一个面，然后获取线的长度与面的面积，也可以直接单击要素然后该要素的测量信息。在【工具】工具条中单击测量按钮，打开【测量】对话框，如图 6-19 所示，选择测量工具进行测量，具体步骤如下。

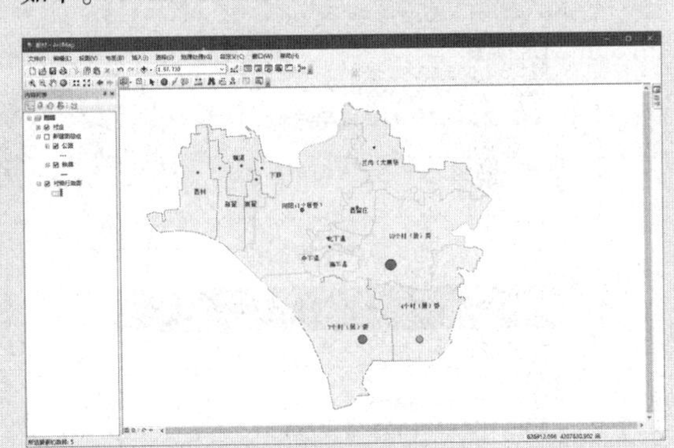

图 6-18 【按位置选择】结果

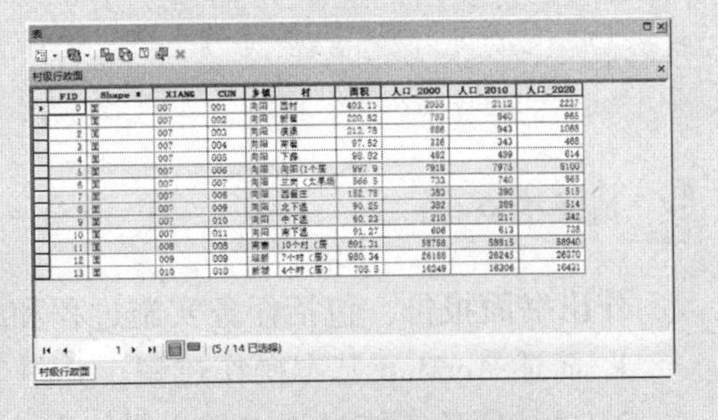

FID	Shape *	XIANG	CUN	乡镇	村	面积	人口_2000	人口_2010	人口_2020
0	面	007	001	向阳	西村	403.11	2055	2112	2237
1	面	007	002	向阳	新留	220.82	783	940	965
2	面	007	003	向阳	横渠	212.78	886	943	1068
3	面	007	004	向阳	南留	97.52	336	343	466
4	面	007	005	向阳	下鑫	98.82	482	439	614
5	面	007	006	向阳	向阳(1个居	997.9	7915	7976	8100
6	面	007	007	向阳	兰岗（太平场	566.5	733	740	965
7	面	007	008	向阳	西留庄	152.78	383	390	515
8	面	007	009	向阳	北下温	90.25	382	389	514
9	面	007	010	向阳	中下温	60.23	210	217	342
10	面	007	011	向阳	南下温	91.27	606	613	738
11	面	008	008	南堡	10个村（居	891.31	58758	58815	58940
12	面	009	009	福新	7个村（居）	980.34	26188	26245	26370
13	面	010	010	新城	4个村（居）	705.3	16249	16306	16431

(5 / 14 已选择)

图 6-19 “村级行政面”属性表

①测量线和面积。在【测量】对话框中单击测量线按钮或测量面积按钮，在地图上草绘所需形状，双击鼠标结束线的绘制，然后测量值便会显示在【测量】对话框中，如图 6-20 所示。在测量线结果示例中“线段”后面的数据表示最后一段线段的长度，“长度”表示绘制线段的总长度；在测量面积结果示例中“线段”表示最后一段线段的长度，“周长”表示绘制的多边形的长度，“面积”表示绘制的多边形的面积。

②测量要素。在【测量】对话框中单击测量要素按钮，在地图上单击点要素、线要素或面要素，【测量】对话框中便会显示对应的测量结果，如图 6-20 所示。

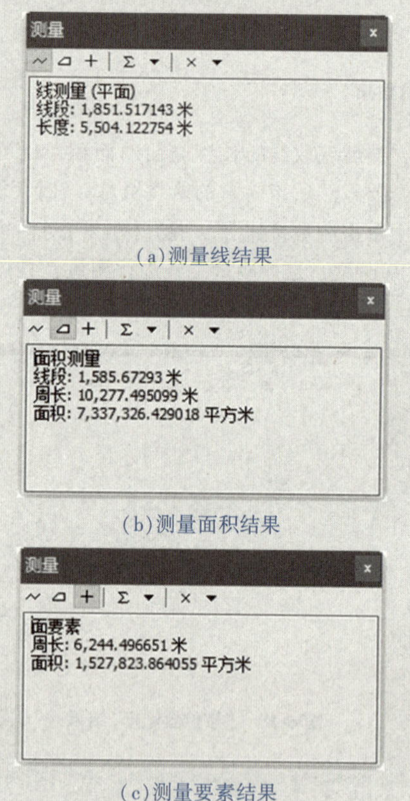

(a)测量线结果

(b)测量面积结果

(c)测量要素结果

图 6-20　测量线、面积、要素结果

(14)设置数据路径

ArcMap 地图文档中只保存各图层所对应的源数据的路径信息，通过路径信息实时地调用源数据。由于每次加载地图文档时，系统都会根据地图文档中记录的路径信息去指定的目录中读取数据源，所以，当地图文档数据存储为绝对路径时，存储路径一旦发生变化，地图中将不显示该图层的信息，图层面板上会出现很多红色感叹号。如果不希望出现上述情况，就需要将存储路径设置为相对路径，设置步骤如下：

①单击菜单【文件】→【地图文档属性】命令，打开【地图文档属性】对话框，如图 6-21 所示。

②选中【存储数据源的相对路径名】复选框，单击【确定】按钮，完成设置。

(15)保存地图并推出 ArcMap

单击菜单【文件】→【退出】命令，如果系统提示保存修改，点击“是”，关闭 ArcMap 窗口。

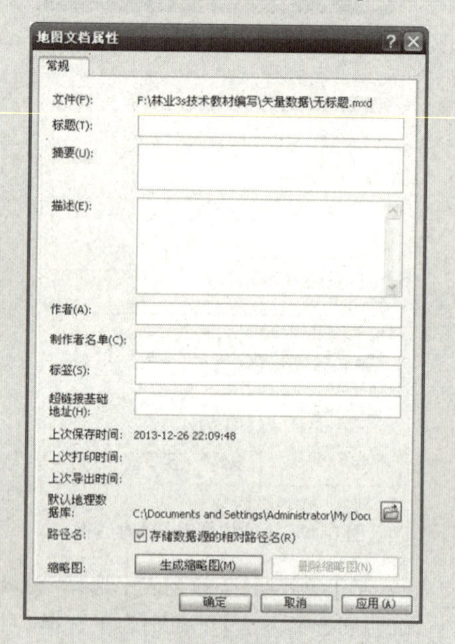

图 6-21　【地图文档属性】对话框

成果提交

作出书面报告，包括任务实施过程和结果以及心得体会，具体内容如下。

1. 简述 AcrMap 基本操作过程，并附上每一步的结果图片。
2. 总结任务实施过程中的心得体会、遇到的问题及解决方法。

任务6.3　ArcCatalog 应用基础

任务描述

ArcCatalog 是 ArcGIS Desktop 中最常用的应用程序之一，它是地理数据的资源管理器，用户通过 ArcCatalog 来组织、管理和创建 GIS 数据。本任务将从 ArcCatalog 启动与关闭、窗口组成以及基本操作等方面来学习 ArcCatalog。

任务目标

能够熟练运用 ArcCatalog 软件对现有地理数据进行浏览和管理，创建和管理空间数据库，创建图层文件等操作，为下一步软件的学习奠定基础。

知识准备

ArcCatalog 是以数据管理为核心，是 ArcGIS 桌面软件的核心模块，主要用于定位、浏览和管理空间数据，创建和管理空间数据库，创建图层文件等操作。

6.3.1　ArcCatalog 启动与关闭

(1)启动 ArcCatalog

启动 ArcCatalog 有以下两种方式。

①双击桌面上的 ArcCatalog 的图标，启动 ArcCatalog。

②单击 Windows 任务栏上的【开始】→【所有程序】→【ArcGIS】→【ArcCatalog10】，启动 ArcCatalog，启动后，就会出现如图 6-22 所示的 ArcCatalog 窗口。

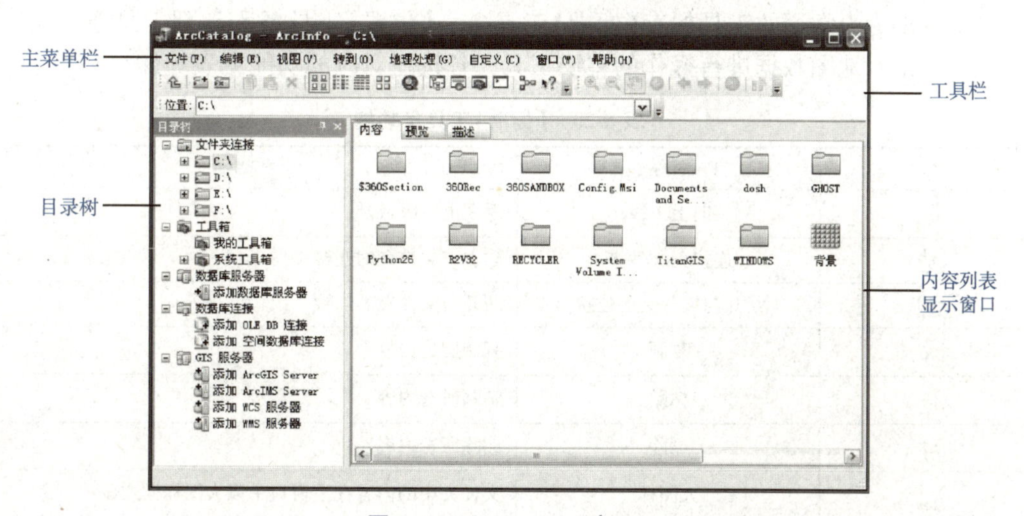

图 6-22　ArcCatalog 窗口

(2)关闭 ArcCatalog

①单击 ArcCatalog 窗口【关闭】按钮，关闭 ArcCatalog。

②在 ArcCatalog 主菜单中单击【文件】→【退出】，退出 ArcCatalog。关闭 ArcCatalog 后，ArcCatalog 会自动记忆 ArcCatalog 中已经链接的文件夹、可见的工具栏，以及 ArcCatalog 窗口中各元素的位置，ArcCatalog 还会记住关闭目录树前选择的数据项，并且在下一次启动 ArcCatalog 后再次选择它。

6.3.2 ArcCatalog 窗口组成

ArcCatalog 窗口主要由主菜单栏、工具栏、状态栏、目录树、内容显示窗口组成。

(1)主菜单栏

ArcCatalog 窗口主菜单栏由【文件】、【编辑】、【视图】、【转到】、【地理处理】、【自定义】、【窗口】和【帮助】8 个菜单组成。其中除【文件】菜单外，其他菜单功能与 ArcMap 基本一致，这里只介绍【文件】菜单，其下拉菜单中各菜单及其功能见表 6-19。

表 6-19 【文件】菜单中的各菜单及功能

图标	名称	功能描述
	新建	新建文件夹、个人和文件地理数据库、Shapefile 文件、图层等
	连接文件夹	建立与文件夹的连接
	断开文件夹	断开与文件夹的连接
	删除	删除选中的内容
	重命名	重新命名选中的内容
	属性	查看选中内容的属性信息
	退出	退出 ArcCatalog 应用程序

(2)工具栏

ArcCatalog 中常用的工具栏有【标准】工具条、【位置】工具条和地理工具条，其中【标准】工具条是对地图数据进行操作的主要工具，各按钮对应的功能见表 6-20。

表 6-20 【标准】工具条功能

图标	名称	功能描述
	向上一级	返回上一级目录
	连接到文件夹	建立与文件夹的连接
	断开与文件夹的连接	断开与文件夹的连接
	复制	复制所选内容
	粘贴	粘贴所选内容
	删除	删除所选内容
	大图标	文件夹中的内容在主窗口中以大图标样式显示

（续）

图标	名称	功能描述
	列表	文件夹中的内容在主窗口中以列表样式显示
	详细信息	文件夹中的内容在主窗口中以详细信息样式显示
	缩略图	文件夹中的内容在主窗口中以缩略图样式显示
	启动 ArcMap	启动 ArcMap 应用程序
	目录树窗口	打开目录树窗口
	搜索窗口	打开搜索窗口
	ArcToolbox 窗口	打开 ArcToolbox 窗口
	Python 窗口	打开 Python 窗口
	模型建构器窗口	打开模型建构器窗口
	这是什么？	调用实时帮助

(3) 目录树

ArcCatalog 通过目录树管理所有地理信息项，通过它可以查看本地或网络上连接的文件和文件夹，如图 6-23 所示。选中目录树中的元素后，您可在右侧的内容显示窗口中查看其特性、地理信息以及属性。也可以在目录树中对内容进行编排、建立新连接、添加新元素（如数据集）、移除元素、重命名元素等。

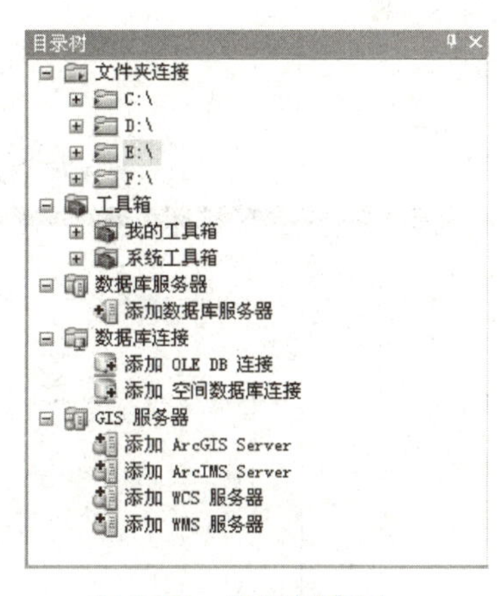

图 6-23 目录树窗口

(4) 内容显示窗口

内容显示窗口是信息浏览区域，包括【内容】、【预览】和【描述】3 个选项卡，在这里可以显示选中文件夹中包含的内容、预览数据的空间信息、属性信息和元数据信息。

任务实施

ArcCatalog 基本操作

一、目的与要求

通过图连接文件夹、浏览数据、创建图层文件等操作，使学生熟练掌握 ArcCatalog 软件的基本操作。

二、数据准备

公路、铁路、村庄、村级行政面等矢量数据。

三、操作步骤

（1）启动 ArcCatalog

在 Windows 菜单中单击【开始】→【程序】→【ArcGIS】→【ArcCatalog10】，或在桌面上直接双击 ArcCatalog 图标，启动 ArcCatalog。

（2）连接文件夹

ArcCatalog 不会自动将所有物理盘符添加至目录树，若要访问本地磁盘的地理数据，就需要手动地连接到文件夹。

①在【标准】工具条上，单击【连接文件夹】按钮，打开【连接到文件夹】对话框，选择要访问的文件夹，单击【确定】按钮，建立连接，该连接将出现在 ArcCatalog 目录树中。

②若要断开连接，首先选中要取消连接的文件夹，然后单击【标准】工具条上的【断开文件夹】

按钮，或者直接点击右键，再弹出菜单中选择“断开文件夹连接”，断开与文件夹的连接。

（3）浏览数据

①内容浏览。在目录树中选择一个文件夹或数据库，在【内容】选项卡中就会列出选中文件夹或者数据库中的内容，我们可以根据自己的要求选择大图标、列表、详细信息和缩略图的排列显示方式察看地理内容，如图 6-24 所示。

②数据预览。在目录树中选中需要查看的数据，在内容显示窗口调整为【预览】选项卡，即可预览到相应的信息。可以通过界面下方的【预览】下拉列表选择预览的内容。若界面下方的【预览】选择“地理”，则预览的是该数据的空间信息，若选择“表”，则预览的是其属性信息，如图 6-25 所示。

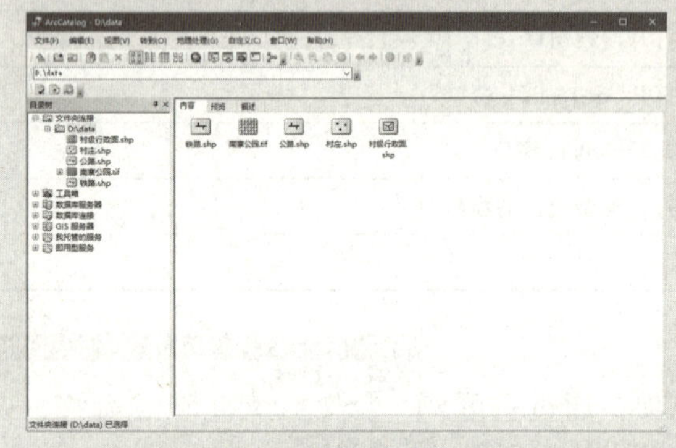

（a）大图标方式排列

（b）列表方式排列

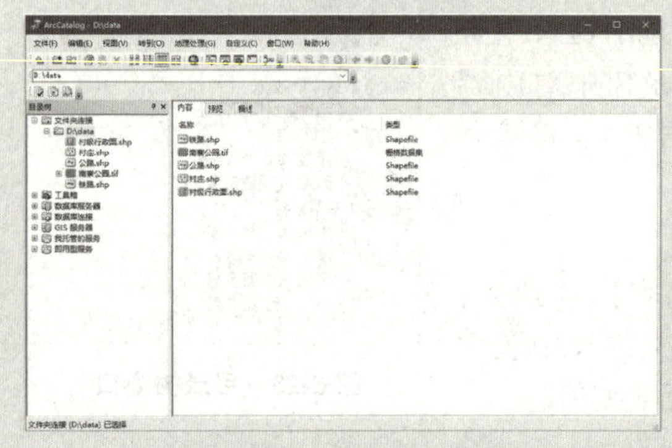

（c）详细信息方式排列

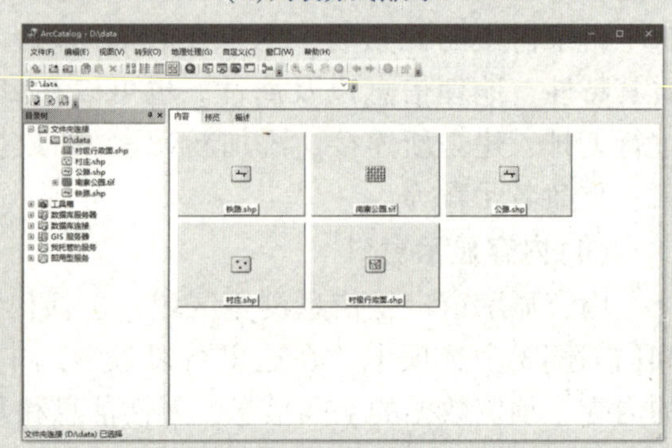

（d）缩略图方式排列

图 6-24　内容显示窗口中的 4 种预览方式

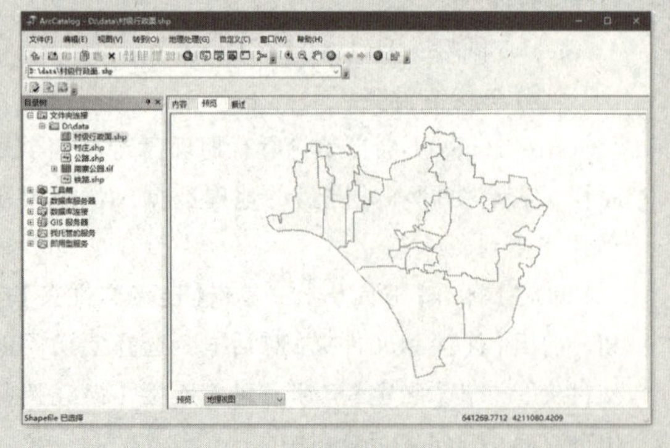

（a）地理数据

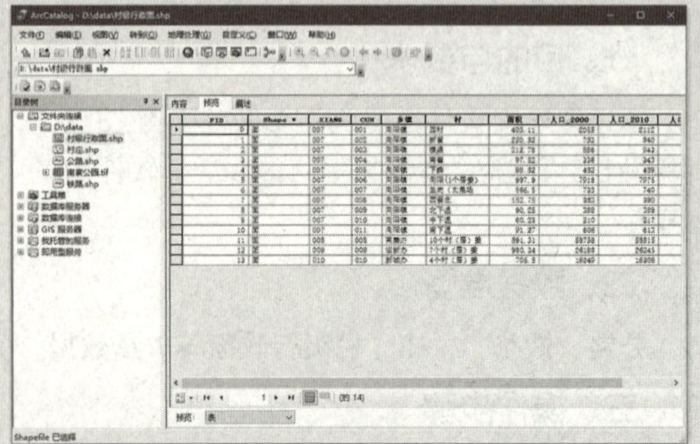

（b）表数据预览

图 6-25　数据预览

③元数据信息浏览。所谓元数据，即是对数据基本属性的说明。ArcGIS 使用标准的元数据格式记录了空间数据的一些基本信息，例如，数据的主题、关键字、成图目的、成图单位、成图时间、完成或更新状态、坐标系统、属性字段等。元数据是对数据的说明，通过元数据，我们可以更方便地进行数据的共享与交流。在目录树选中需要查看的数据，在内容显示窗口调整为【描述】选项卡，就可以查看数据的元数据信息，如图 6-26 所示。

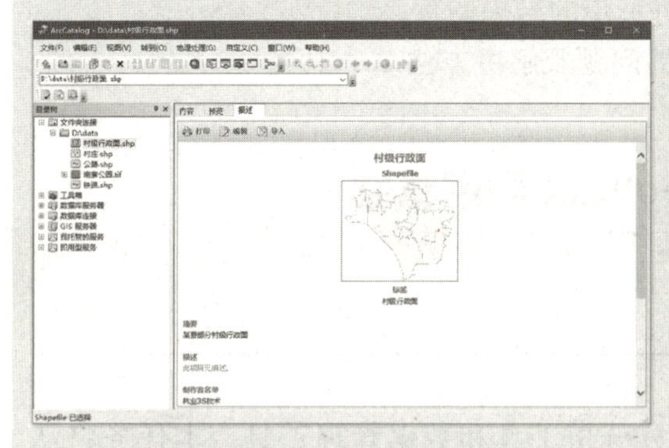

图 6-26　元数据信息浏览

（4）创建图层文件

在 ArcMap 中制作的图层是与地图文档一起保存的，在完成了图层的标注和符号设置后，通过【数据层操作】快捷菜单另存一个独立于地图文档之外的图层文件，以便在其他地图中使用。在 ArcCatalog 中，也可以创建图层文件，创建图层文件有两种途径。

①通过菜单创建图层文件，具体操作如下。

• 在目录树窗口中，选中要创建图层文件的文件夹，单击【文件】→【新建】→【创建图层】命令，打开【创建新图层】对话框，如图 6-27 所示。

• 在【为图层指定一个名称】文本框中输入图层文件名“行政区”，单击【浏览数据】按钮，打开【浏览数据】对话框，选定创建图层文件的地理数据，单击【添加】按钮，关闭【浏览数据】对话框。

• 单击选中【创建缩略图】和【存储相对路径名】复选框，单击【确定】按钮，完成图层文件的创建。

• 双击行政区图层文件，在打开的【图层属性】对话框中可以设置图层的名称、标注、符号等属性。

②通过数据创建图层文件，具体操作如下。

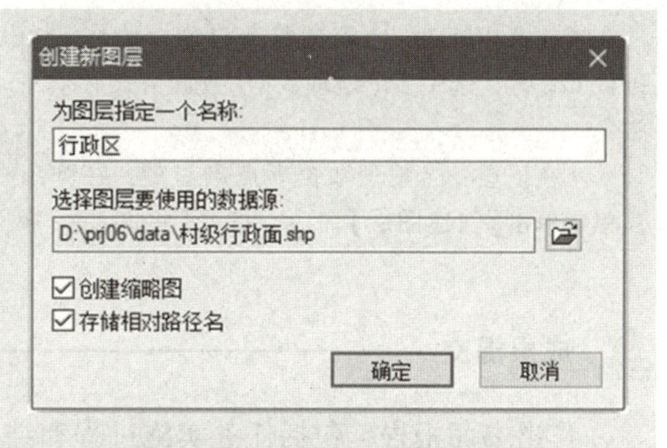

图 6-27　【创建新图层】对话框

在目录树窗口中，在需要创建图层文件的数据源上点击右键，在弹出菜单中，单击【创建图层】命令，打开【将图层另存为】对话框，指定保存位置和输入图层文件名，单击【保存】按钮，完成图层文件的保存。

（5）创建图层组文件

创建图层组文件也有两种途径。

①通过菜单创建图层组文件，具体操作如下：

• 在目录树窗口中，在要创建图层文件的文件夹上点右键，在弹出菜单中，单击【新建】→【创建图层组】命令，在内容浏览窗口新建图层组文本框中输入文件名“交通网络”，并按 Enter 键。

• 双击该图层组，打开【图层属性】对话框，如图 6-28 所示。

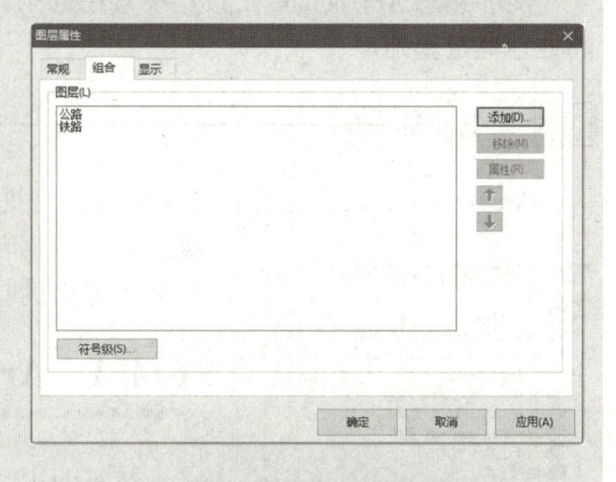

图 6-28　【图层属性】对话框

• 在【组合】选项卡中，单击【添加】按钮，添加“公路”和“铁路”两个图层，双击上述两个图层，在打开的【图层属性】对话框中可以设置图层的名称、标注、符号等属性。

• 单击【确定】按钮，完成图层组文件的创建。

②通过数据创建图层组文件，具体操作如下。

●在 ArcCatalog 内容浏览窗口中，按住 Shift 键或 Ctrl 键，选中多个地理数据(数据格式必须一致)。

●在任意一个地理数据上点击右键，在弹出菜单中单击【创建图层】命令，打开【将图层另存为】对话框，指定保存位置和输入图层组文件名，单击【保存】按钮，完成图层组文件的保存。

(6) 退出 ArcCatalog

单击 ArcCatalog 窗口【关闭】按钮，退出 ArcCatalog。

成果提交

作出书面报告，包括任务实施过程和结果以及心得体会，具体内容如下。

1. 简述 ArcCatalog 基本操作过程，并附上每一步的结果图片。
2. 回顾任务实施过程中的心得体会，遇到的问题及解决方法。

任务 6.4　ArcToolbox 应用基础

任务描述

ArcToolbox 包含了 ArcGIS 地理处理的大部分分析工具和数据管理工具。本任务将从 ArcToolbox 工具集的介绍、环境设置以及基本操作等来学习 ArcToolbox。

任务目标

能够熟悉 ArcToolbox 工具箱中常用的工具，创建个人工具箱，为下一步学习地理数据的处理奠定基础。

知识准备

ArcToolbox，顾名思义就是工具箱，它提供了极其丰富的地理数据处理工具，涵盖数据管理、数据转换、矢量数据分析、栅格数据分析、统计分析等多方面的功能。

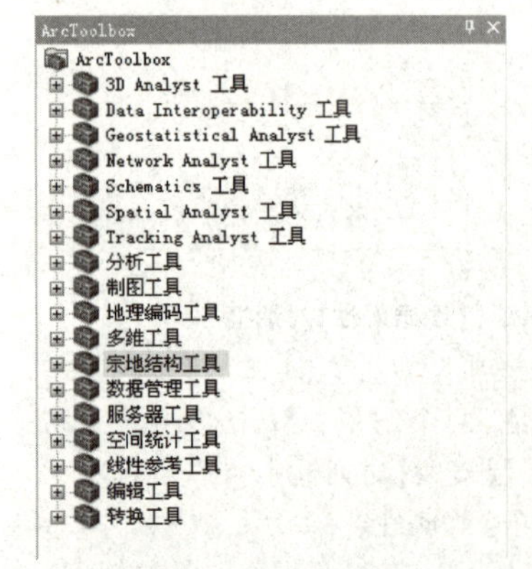

图 6-29　ArcToolbox 窗口

6.4.1　ArcToolbox 简介

从 ArcGIS 9.0 版本开始，ArcToolbox 变成 ArcMap、ArcCatalog、ArcScene 和 ArcGlobe 中一个可停靠的窗口，如图 6-29 所示。

ArcToolbox 的空间处理框架可以跨 ArcView、ArcEditor 和 ArcInfo 环境，ArcView 中的 ArcToolbox 工具超过 80 种，ArcEditor 超过 90 种，ArcInfo 则提供了大约 250 种工具。

ArcGIS 具有可扩展性，如 ArcGIS 3D Analyst 和 ArcGIS Spatial Analyst 扩展了 ArcToolbox，提供了超过 200 个额外工具。使用 ArcToolbox 中的工具，能够在 GIS 数据库中建立并集成多种数据格式，进行高级 GIS 分析，处理 GIS 数据等；使用 ArcToolbox 可以将所有常用的空间数据格式与 ArcInfo 的 Coverage，Grids，TIN 进行互相转换；在 ArcToolbox 中可进行拓扑处理，可以合并、剪贴、分割图幅，以及使用各种高级的空间分析工具等。

6.4.2　ArcToolbox 工具集介绍

ArcToolbox 的空间处理工具条目众多，为了便于管理和使用，一些功能接近或者属于同一种类型的工具被集合在一起形成工具的集合，这样的集合被称为工具集。按照功能与类型的不同，工具集主要分为以下几方面。

(1)3D 分析工具

使用 3D 分析工具可以创建和修改 TIN 以及三维表面，并从中抽象出相关信息和属性。创建表面和三维数据可以帮助看清二维形态中并不明确的信息。

(2)分析工具

对于所有类型的矢量数据、分析工具提供了一整套的方法，来运行多种地理处理框架。主要实现联合、剪裁、相交、判别、拆分、缓冲区、近邻、点距离、频度、加和统计等。

(3)制图工具

制图工具与 ArcGIS 中其他大多数工具有着明显的目的性差异，它是根据特定的制图标准来设计的，包含了 3 种掩膜工具。

(4)转换工具

包含了一系列不同数据格式的转换工具，主要有栅格数据、Shapefile、Coverage、table、dBase、数字高程模型，以及 CAD 到空间数据库(Geodatabase)的转换等。

(5)数据管理工具

提供了丰富且种类繁多的工具用来管理和维护要素类，数据集，数据层以及栅格数据结构。

(6)地理编码工具

地理编码又称地址匹配，是一个建立地理位置坐标与给定地址一致性的过程。使用该工具可以给各个地理要素进行编码操作、建立索引等。

(7)地统计分析工具

地统计分析工具提供了广泛全面的工具，用它可以创建一个连续表面或地图，用于可视化及分析，并且可以更清晰了解空间现象。

(8)线性要素工具

生成和维护实现由线状 Coverage 到路径的转换，由路径事件属性表到地理要素类的转换等。

(9)空间分析工具

空间分析工具提供了很丰富的工具来实现基于栅格的分析。在 GIS 三大数据类型中，栅格数据结构提供了用于空间分析最全面的模型环境。

(10)空间统计工具

空间统计工具包含了分析地理要素分布状态的一系列统计工具，这些工具能够实现多种适用于地理数据的统计分析。

6.4.3 ArcToolbox 环境设置

在 ArcToolbox 中，任意打开一个工具，在对话框右下方便有一个【环境】按钮，对于一些特别的模型或者有特殊目的的计算，需要对输出数据的范围，格式等进行调整的时候，单击【环境】按钮，打开【环境设置】对话框。该对话框提供了常用的环境设置，包括工作空间的设定，输出坐标系、处理范围的设置，分辨率、M 值、Z 值的设置，数据库、制图以及栅格分析等设置。

任务实施

ArcToolbox 基本操作

一、目的与要求

通过激活扩展工具、创建个人工具箱、管理工具等操作，使学生熟练掌握 ArcToolbox 软件的基本操作。

二、数据准备

公路、铁路、村庄、村级行政面等矢量数据。

三、操作步骤

(1)启动 ArcToolbox

在 ArcMap、ArcCatalog、ArcScene 和 ArcGlobe 中单击 ArcToolbox 窗口按钮，打开 ArcToolbox 窗口。

(2)激活扩展工具

打开 ArcToolbox 窗口，在【自定义】菜单下有一个【扩展模块】命令，这是一个激活 ArcGIS 扩展工具的命令。这些扩展工具提供了额外的 GIS 功能，大多数扩展工具是拥有独立许可证的可选产品。用户可以选择安装这些扩展工具。

①单击菜单【自定义】→【扩展模块】命令，打开【扩展模块】对话框，如图 6-30 所示。

②选中 3D Analyst 前面的复选框，安装 3D Analyst 工具。

③单击 3D Analyst 工具箱中的工具，这些工具都可以被打开运行，如果没有加载这个扩展工具，3D Analyst 工具箱其中的工具是不可被执行的。

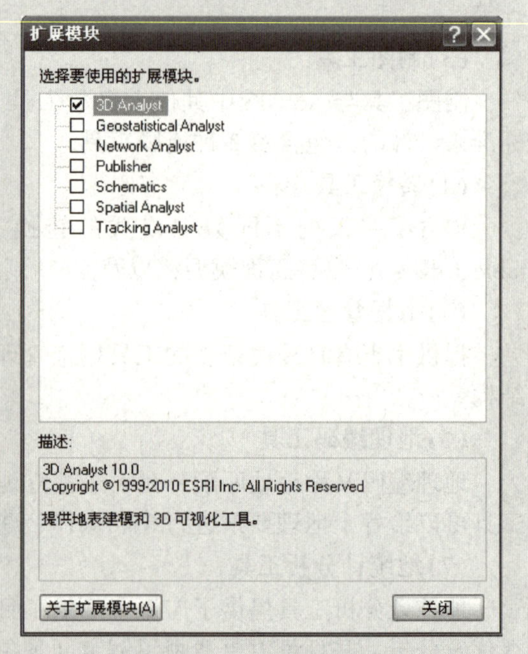

图 6-30 【扩展模块】对话框

(3)创建个人工具箱

ArcGIS 允许用户创建自己的工具箱，在个人工具箱里用户可以放入感兴趣的工具集或工具，具体操作如下：

①在 ArcCatalog 目录树窗口中选择【工具箱】中的【我的工具箱】，单击右键，在弹出的快捷菜单中点击【新建】→【工具箱】，则生成一个新的工具箱。

②右击新生成的工具箱，在弹出的快捷菜单中，点击【新建】→【工具集】，给工具箱添加工具子集。

③右击工具集，在弹出的快捷菜单中，单击【添加】→【工具】，点击目标工具集或工具前的复选框，点击【确定】按钮，添加工具。

④在 ArcToolbox 窗口的空白处右击，在弹出的快捷菜单中，点击【添加工具箱】选项，打开【添加工具箱】对话框，找到刚才建立的工具箱加入 ArcToolbox 中，即可在 ArcToolbox 窗口中看到该工具箱。

（4）管理工具

在任意一个 ArcToolbox 工具箱上右击，打开快捷菜单，菜单中常用的菜单及其提供的功能主要有：

①复制命令。复制一个工具箱或者工具(仅在自定义工具箱)。

②粘贴命令。将复制的工具箱或者工具粘贴到其他工具箱里。

③移除命令。将不需要的工具箱或者工具移除。

④重命名命令。重命名工具箱或者工具。

⑤新建命令。在自定义工具箱或工具集中新建工具集或模型。

⑥添加命令。向自定义工具箱或工具集中添加脚本和工具。

（5）关闭 ArcToolbox

单击 ArcToolbox 窗口【关闭】按钮，关闭 ArcToolbox 窗口。

成果提交

作出书面报告，包括任务实施过程和结果以及心得体会，具体内容如下。

1. 简述 ArcToolbox 基本操作过程，并附上每一步的结果图片。
2. 回顾任务实施过程中的心得体会，遇到的问题及解决方法。

拓展知识

国内外主要 GIS 软件平台

名　称	开发单位	简　介
ArcGIS	美国环境系统研究所(ESRI)	影响广、功能强、市场占有率高。ARC/INFO 可运行于各种平台上，包括 SUN Solaris、SGI IRIX、Digital Unix、HP UX、IBM AIX、Windows NT(Intel/Alpha)等。在各种平台上可直接共享数据及应用。ARC/INFO 实行全方位的汉化，包括图形、界面，数据库，并支持 NLS(Native Language System)，实现可重定义的自动语言本地化
MapInfo	美国 MapInfo Corporation	完善丰富的产品线；稳定的产品性能；广泛的业界支持；广大的用户群体；良好的易用性，产品贴近用户；与其他技术的良好融合；良好的可持续发展；极高的新技术敏感度；良好的本地化技术支持；极高的性价比
Titan GIS	加拿大阿波罗科技集团、北京东方泰坦科技有限公司	加拿大阿波罗科技集团面向中国市场推出的一套功能先进、算法新颖、使用灵活和完善的地理信息系统开发软件。集中了目前国际上优秀的地学软件的优势，广泛使用了目前国际上先进的软件技术及工具。泰坦(Titan)不但是一套运行效率高、性能稳定、算法先进的通用 GIS 软件，而且针对中国用户使用 GIS 的特点，专门提供了一系列灵活方便的开发工具，为不同领域的 GIS 用户提供了极大方便

（续）

名 称	开发单位	简 介
MapGIS	中国地质大学信息工程学院、武汉中地信息工程有限公司	MapGIS是一个工具型地理信息系统，具备完善的数据采集、处理、输出、建库、检索、分析等功能。其中，数据采集手段包括了数字化、矢量化、GPS输入、电子平板测图、开放式数据转换等；数据处理包括编辑、自动拓扑处理、投影、变换、误差校正、图框生成、图例符号整饰、图像镶嵌配准等方面的几百个功能；数据输出既能够进行常规的数据交换、打印，也能够进行版面编排、挂网、分色、印刷出高质量的图件；数据建库可建立海量地图库、影像地图库、高程模型库，实现三库合一；分析功能既包括矢量空间分析，也包括对遥感影像、DEM、网络等数据的常规分析和专业分析。MapGIS不仅功能齐全，而且具有处理大数据量的能力，MapGIS可以输出印刷超大幅面图件，各种数量(如点数、线数、结点数、区数、地图库中的图幅数等)均可超过20亿个，对数据量的唯一限制可能是磁盘的存储容量。MapGIS还具有二次开发能力，提供了丰富的API函数、C++类、组件供二次开发用户选择
GeoStar	武汉武大吉奥信息工程技术有限公司	武大吉奥信息工程公司所开发的地理信息系统基础软件吉奥之星系列软件的核心(基本)板块。用于空间数据的输入、显示、编辑、分析、输出和构建与管理大型空间数据库。GeoStar最独特的优点在于矢量数据、属性数据、影像数据、DEM数据高度集成。这种集成面向企业级的大型空间数据库。矢量数据、属性数据、影像数据和DEM数据可以单独建库，并可进行分布式管理。通过集成化界面，可以将4种数据统一调度，无缝漫游，任意开窗放大，实现各种空间查询与处理
SuperMap GIS	北京超图地理信息技术有限公司	SuperMap GIS由多个软件组成，形成适合各种应用需求的完整的产品系列。SuperMap GIS提供了包括空间数据管理、数据采集、数据处理、大型应用系统开发、地理空间信息发布和移动/嵌入式应用开发在内的全方位的产品，涵盖了GIS应用工程建设全过程
GeoBeans	北京中遥地网信息技术有限公司	采用目前国际上的主流计算机技术，独立开发的具有自主版权的网络GIS开发平台软件，能为不同用户提供一体化的网络GIS解决方案。基于当前最先进的Internet/Intranet的分布式计算环境，考虑GIS未来发展方向，参考OpenGIS规范，地网GeoBeans采用与平台无关的Java语言JavaBeans构件模型以及Com组件模型，可在多种系统平台上运行

复习思考题

1. 什么是GIS？
2. GIS由哪些内容组成？
3. GIS有哪些功能？
4. GIS在林业生产中有哪些应用？

项目7 林业空间数据采集

数据采集是指将现有的地图、航片、遥感图像、外业调查成果等不同来源的数据转成计算机可以处理与接收的数字形式，为将来建立数据库，进行空间数据编辑、处理和分析做准备。本项目通过林业空间数据采集方式、地理配准、ArcScan 矢量化、空间校正 4 个任务的实施完成，使同学们熟悉林业空间数据、地理配准、空间校正和图形矢量化的相关概念、原理和工作流程，能够独立完成栅格数据(图形)和矢量数据采集。对所给图形资料进行地理配准、空间校正，赋予正确的坐标系统，将图形(栅格数据)使用 ArcScan 进行矢量化处理，使其成为符合要求的数据。

知识目标

1. 了解空间数据概念、来源和采集方式。

2. 理解空间参考中地理坐标系统和投影坐标系统类别，掌握在 ArcGIS 中坐标系统表达方式。

3. 理解要素投影变换预处理的含义、类别，使用 ArcToolbox 应用程序进行投影预处理操作的流程。

4. 掌握地理配准、图形矢量化、空间校正的概念、种类，掌握在 ArcMap 应用程序中使用相应工具条进行操作的工作流程。

技能目标

1. 能够熟练使用 ArcMap 应用程序加载要素，利用 ArcToolbox 应用程序对要素进行定义坐标系统，具备矢量数据和栅格数据的投影变换操作能力。

2. 能够理解地理配准要求的条件，具备在 ArcMap 中利用地理配准工具条对地形图和遥感影像进行地理配准操作能力。

3. 能够掌握使用 ArcScan 根据进行栅格数据矢量化的前提条件，具备使用 ArcScan 工具对图形进行矢量化处理操作能力。

4. 能够使用地理配准工具熟练对地形图、遥感影像图形进行地理配准。

5. 能够根据所给数据和要求选择合适的空间校正方式，熟练对数据进行不同类型空间校正。

任务 7.1 林业空间数据采集方式

任务描述

地理信息系统空间数据采集的核心是将非数字化形式的各种信息数据通过某种方式使其数字化，经过编辑处理后变为可以储存管理和分析的形式。通常，数据采集分为属性数据采集和图形数据采集。属性数据的采集经常是通过键盘直接输入，图形数据的采集是通过矢量化形式使得图形数字化的过程。本任务将从数据来源、投影变换预处理等方面学习林业空间数据的采集基础知识。

任务目标

1. 能够理解空间数据的来源和采集方法，掌握空间数据空间参考与地图投影的种类和来源方式。

2. 具备熟练使用 ArcGIS 软件对空间数据进行定义投影和不同坐标系的转换的能力。

知识准备

7.1.1 空间数据

7.1.1.1 空间数据的基本概念

空间数据是指用于确定具有自然特征或者人工建筑特征的地理实体地理位置、属性及其边界的信息。它是用来描述有关空间实体的位置、形状和相互关系的数据，以坐标和拓扑关系的形式进行存储。而所有的 GIS 应用软件，也都是以空间数据的处理为核心来进行开发研制的。

要想完整地描述空间实体或现象的状态，一般需要同时具有空间数据和属性数据。如果要描述空间实体的变化，则还需记录空间实体或现象在某一个时间的状态。因此，一般认为空间数据具有以下 3 个基本特征。

①空间特征表示现象的空间位置或现在所处的地理位置。空间特征又称为几何特征或定位特征，一般以坐标数据表示。

②属性特征表示现象的特征，如变量、分类、数量特征和名称等。

③时间特征表示现象或物体随时间的变化。

位置数据和属性数据相对于时间来说，常呈相互独立的变化，即在不同的时间，空间位置不变，但是属性类型可能已经发生变化。因此，空间数据的管理是十分复杂。

在地理信息系统中用空间数据对地理实体表述(即将空间数据存入计算机)时：首先从

逻辑上将空间数据抽象为不同的专题或层，如土地利用、地形、道路、居民区、土壤单元、森林分布等，一个专题层包含指定区域内地理要素的位置数据和属性数据；其次，将一个专题层的地理要素或实体分解为点、线或面、体状目标，其中地理实体相邻两个结点间的一个弧段是基本的存储目标，每个目标的数据由定位数据、属性数据和拓扑数据组成。

7.1.1.2 空间数据的来源

GIS 系统中数据来源和数据类型繁多，概括起来主要有以下几种类型。

(1)地图数据

地图数据主要来源于各种类型的普通地图和专题地图。地图的内容丰富，实体间的空间关系直观，实体的类别或属性清晰，可以用各种不同的符号加以识别和表示。在图上还具有参考坐标系统和投影系统，用它表示地理位置准确，精度较高。该类数据主要用于生成 DLG、DRG 或 DEM 数据。

(2)遥感影像数据

主要来源于航天(卫星)、航空遥感和无人机遥感的遥感影像数据，是 GIS 的最有效的数据源之一。其特点是可以快速准确地获得面积大、综合性强、有一定周期性(主要指卫片)的各种专题信息。遥感影像数据经识别处理可以直接进入地理信息系统数据库。该类数据主要用于生成数字正射影像数据以及 DEM 数据等。

(3)数字化测绘数据

数字化测绘数据来源于测绘仪器工具的实测数据，也称为地形数据。如 RTK 测量的 GPS 点位数据、地籍测量数据、无人机测绘数据等，是 GIS 的一个很准确和现实的资料，可以通过转换直接进入 GIS 的地理数据库，便于进行实时的分析和进一步的应用。

(4)统计数据

统计数据来源于国家许多部门和机构不同领域(如人口数量、人口构成、国民生产总值、基础设施建设、主要地物等)的大量统计资料，是 GIS 属性数据的重要来源。

(5)数字资料

数字资料来源于各种专题图件。对数字数据的采用需注意数据格式的转换和数据精度、可信度的问题。

(6)文本资料

文本资料来源于各行业部门的有关法律文档、行业规范、技术标准、条文条例等。在土地资源管理信息系统、灾害监测信息系统、水质信息系统、森林资源管理信息系统等专题信息系统中，各种文字说明资料对确定专题内容的属性特征起着重要的作用。

以上 6 类数据中的统计数据、数字资料和文本资料也称为属性数据。

根据反映对象特征的不同，空间数据可分为：图形数据(图形位置关系)、关系数据(数据之间的关联)、属性数据(地理现象的特征)和元数据(各类纯数据，通过调查、推理、分析和总结得到的有关数据的数据，如数据来源、数据权属、数据产生的时间、数据精度数据分辨率、源数据比例尺、数据转换方法等)等，不同类型的空间数据在计算机中是以不同的空间数据结构存储的。

空间数据在使用过程中常见的格式：ArcGIS 空间数据的表现形式是点、线、面及其组合体。表现方式是：矢量数据和栅格数据。矢量数据用于表达既有大小又有方向的地理要素，是用离散的坐标来描述现实世界的各种几何形状的实物。常见的数据格式有 Shpefile 文件、Geodatabase 文件等。栅格数据是按照网格模块的行与列排列的阵列数据，在网格中存储一定的像元值来模拟现实世界。常见数据格式有 . grid、. img、. tiff 等影像格式。

林业生产中，将空间数据分类(即指根据系统功能及国家规范和标准，将具有不同属性或特征的要素区别开来的过程，以便从逻辑上将空间数据组织为不同的信息层)为林业资源调查、林业资源更新、林业规划设计和林业决策支持 4 类数据，见表 7-1。

表 7-1　林业空间数据种类和所含内容

林业空间数据种类	林业空间数据包含内容
林业资源调查	森林资源调查数据、基础数据(行政区划、居民点数据河流、道路、土地利用等)
林业资源更新	现有林业资源数据、遥感数据
林业规划设计	地形数据、气候气象数据、土地利用数据、已有的退耕还林和天然林保护区数据、林业资源数据
林业决策支持	森林火灾分布数据、瞭望站点分布数据、气候气象数据、道路数据、地形数据、林业资源分布数据

7. 1. 1. 3　空间数据的采集

空间数据采集的任务是将地理实体的图形数据、属性数据输入到地图数据库中。图形数据采集大多数采用矢量化的方法，属性数据采集主要使用键盘输入、属性数据表的链接等方式。

(1)图形数据的采集

图形数据的采集大多采用扫描跟踪矢量化法。其工作过程是：首先使用扫描仪及相关软件对纸质地图扫描成栅格图像，然后经过几何校正、噪声消除、线细化、地理配准等一系列处理后，即可进行矢量化。

(2)属性数据的采集

属性数据的采集主要采用键盘输入、属性数据表连接等方法。当数据量较小时，可将属性数据与实体图形数据记录在一起，而当数据量较大时，属性数据与图形数据应分别输入并分别存储，检查无误后转入到数据库中。在进行属性数据输入时，一般使用商品化关系型数据库管理系统如 Microsoft SQL、Oracle、FoxPro 等，根据实体属性的内容定义数据库结构，再按表格一个实体一条记录的输入。

在实体图形数据和属性数据分别组织和存储时，为了提高工作效率给每个空间实体赋予一个唯一标识符(即进行编码)，该标识符分别存储在实体图形数据记录与属性数据记录中，以便于这两者的有效连接。

空间数据的编码是指将数据分类的结果，用一种易于被计算机和人识别的符号系统表示出来的过程，编码的结果是形成代码。代码由数字或字符组成。

7.1.1.4　空间参考与地图投影

(1)空间参考

空间参考是用于存储各要素类和栅格数据集坐标属性的坐标系(包含 *X*、*Y*、*Z* 值，标识符即 ID)。它是 GIS 数据的骨骼框架，能够将数据定位到相应的位置，为地图中的每一点提供准确的坐标。在同一个地图上显示的地图数据的空间参考必须是一致的，如果两个图层的空间参考不一致，往往会导致两幅地图无法正确拼合。

(2)坐标系统

坐标系统是一个二维或三维的参照系，用于定位坐标点。通过坐标系统可以确定要素在地球上的位置。常用的坐标系统有两种：地理坐标系(大地坐标系，坐标值为经度、纬度)和投影坐标系(坐标值为 *X*、*Y* 值)。在 ArcGIS 软件中，所有要素、要素类在处理过程中，都要对其赋予一定坐标值(*X*、*Y*)。

(3)坐标域

坐标域是一个要素类中，*X*、*Y*、*Z* 和 *M* 坐标的允许取值范围。一般来说，定位地理位置只需要 *X* 和 *Y* 坐标。可选的 *Z* 和 *M* 坐标用来存储高程值和里程值(高程值 *Z* 可用于 3D 分析，里程值 *M* 可用于线性参考等)。

在 Geodatabase 中，空间参考是独立要素类和要素集的属性，要素集中的要素类必须应用要素集的空间参考。空间参考必须在要素类或要素集的创建过程中设置，一旦设置完成，只能修改坐标系统，而无法修改坐标域。

在 Geodatabase 的坐标系中，有以下几个重要参数：Precision，*X*、*Y* domain，*Z* domain，*M* domain，Resolution 等。为提高存储和处理效率，要素的坐标值存储整数。Precision 是要素坐标值的放大倍数，决定了要素坐标的小数点后的位数，或者说决定了要素坐标的有效位数。*X*、*Y* domain 是要素的 *X*、*Y* 坐标值可允许的输入范围。*Z* domain 和 *M* domain 分别是 *Z* 坐标和 *M* 坐标可允许的输入范围。其中，min*X* 、min*Y*、min*Z* 和 min*M* 是坐标偏移量的起算位置。Precision 参数由软件自动计算用户只需设置 Resolution 参数。Resolution 是指分辨率，表示当前地图范围内 1 像素代表多少地图单位，地图单位取决于数据本身的空间参考，一般来说，使用默认值即可。

(4)ArcGIS 中的坐标系统

坐标系统有地理坐标系和投影坐标系两大类。地理坐标系是以经纬度为单位的地球坐标系统，即地球上某点位置用经度、纬度、高程来表示；投影坐标系是利用一定的数学法则把地球表面上的经纬线网投影到平面上，属于平面坐标系，使用 *X*、*Y* 值来描述地球上某个点所处的位置。

在 ArcGIS 软件中给某一要素赋予坐标时，先赋予地理坐标系，再赋予投影坐标系。

我国常用的地理坐标系(Geographical Coordinate System)在 ArcGIS 10.6 软件中有 4 种坐标的命名方式：地理坐标系/Asia/Beijing 1954、China Geodetic Coordinate System 2000、Xian 1980、地理坐标系/World/WGS 1984。

投影坐标系(Projected Coordinate System)在 ArcGIS 10.6 软件中有 5 种坐标的命名方式：即投影坐标系/Gauss-Kruger/Beijing 1954、CGCS2000、New Beijing 1954、Xian 1980;

投影坐标系/UTM/WGS 1984/Northern Hemisphere。

在投影坐标系中 Gauss-Kruger(高斯-克吕格投影)常见的几种投影坐标含义如下。

①在 Coordinate Systems \ Projected Coordinate Systems \ Gauss Kruger \ Beijing 1954 目录中，可以看到以下 4 种不同的命名方式。

• Beijing 1954 3 Degree GK CM111E. prj，表示 3°分带法的北京 54 坐标系，中央经线在东经 102°的分带坐标(分带号为 37)，横坐标前不加带号。

• Beijing 1954 3 Degree GK Zone 37. prj，表示 3°分带法的北京 54 坐标系，分带号为 37，横坐标前加带号。

• Beijing 1954 GK Zone 19. prj，表示 6°分带法的北京 54 坐标系，分带号为 19，横坐标前加带号。

• Beijing 1954 GK Zone 19N. prj，表示 6°分带法的北京 54 坐标系，分带号为 19，横坐标前加不加带号。

②在 Coordinate Systems \ Projected Coordinate Systems \ Gauss Kruger \ CGCS2000 目录中，可以看到以下 4 种不同的命名方式。

• CGCS2000 3Degree GK CM 111E. prj，表示 3°分带法的 2000 坐标系，中央经线在东经 111°的分带坐标(带号为 37)，横坐标前不加带号。

• CGCS2000 3Degree GK Zone 37. prj，表示 3°分带法的 2000 坐标系，分带号为 37，横坐标前加带号。

• CGCS2000 GK CM 111E. prj，表示 6°分带法的 2000 坐标系，中央经线在东经 111°的分带坐标(带号为 19)，横坐标前不加带号。

• CGCS2000 GK Zone 19. prj，表示 6°分带法的新 2000 坐标系，分带号为 19，横坐标前加带号。

③在 Coordinate Systems \ Projected Coordinate Systems \ Gauss Kruger \ New Beijing 目录中，可以看到以下 4 种不同的命名方式。

• New Beijing Gauss-Kruger 3 Degree CM 111E. prj，表示 3°分带法的新北京高斯-克吕格坐标系，中央经线在东经 111°的分带(带号为 37)坐标，横坐标前不加带号。

• New Beijing Gauss-Kruger 3 Degree Zone 37. prj，表示 3°分带法的新北京高斯-克吕格坐标系，分带号为 37，横坐标前加带号。

• New Beijing Gauss-Kruger CM 111E. prj，表示 6°分带法的新北京高斯-克吕格坐标系，中央经线在东经 111°的分带(分带号为 19)坐标，横坐标前不加带号。

• New Beijing Gauss-Kruger Zone 19. prj，表示 6°分带法的新北京高斯-克吕格坐标系，分带号为 19，横坐标前加带号。

④在 Coordinate Systems \ Projected Coordinate Systems \ Gauss Kruger \ xian1980 目录中，可以看到以下 4 种不同的命名方式。

• Xian 1980 3 Degree GK CM 111E. prj，表示 3°分带法的西安 80 坐标系，中央经线在东经 111°的分带(分带号 37)坐标，横坐标前不加带号。

• Xian 1980 3 Degree GK Zone 37. prj，表示 3°分带法的西安 80 坐标系，分带号为 37，横坐标前加带号。

• Xian 1980 GK CM 111E. prj，表示 6°分带法的西安 80 坐标系，中央经线在 111°的分带坐标，横坐标前不加带号。

• Xian 1980 GK Zone 19. prj，表示 6°分带法的西安 80 坐标系，分带号为 19，横坐标前加带号。

7.1.2　投影变换预处理

当数据的空间参考系统(坐标系、投影方式等)与用户需求不一致时，需要进行投影变换。在投影变换前，需要进行一些预处理，如利用定义投影工具为数据预先定义投影，或利用创建自定义地理坐标变换工具，创建需要的坐标转换方法等。

(1)定义投影

地图图层中的所有要素(元素)都有特定的地理位置和范围与地球表面相应的位置对应，空间参考即是用于定义要素位置的框架。利用空间参考可以准确描述一个地物在地球上的真实位置。

坐标系的信息通常从数据源获得。如果数据源具有已经定义的坐标系，ArcMap 可以将其动态投影到不同的坐标系中，反之，则无法对其进行动态投影。对于未知坐标系的数据进行投影时，需要预先使用定义投影工具为其添加正确的坐标信息。

启动 ArcCatog，查看 prj07 中定义投影文件中"道路"要素的坐标，发现其没有坐标系。想给它定义一个新坐标系——Xian80，操作方法如下。

①启动 ArcMap，在其工具栏中，启动 ArcToolbox，双击【数据管理工具】→【投影和变换】→【投影】→【定义投影】，打开【定义投影】对话框。

②在【定义投影】对话框中，【输入数据集或要素类】中输入数据，如位于 E：...\ prj07 \ 投影变换预处理 \ data \ 道路 . shp，如图 7-1 所示。

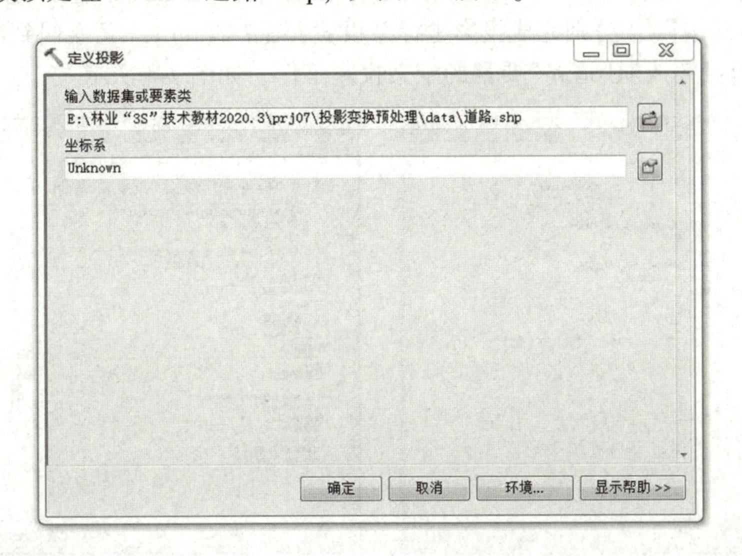

图 7-1　【定义投影】对话框

可以看到【*XY* 坐标系】的名称为“Unkown”，表明原始数据没有定义坐标，点击下面【添加坐标系】旁边的倒三角符号，下拉中有“新建”（有地理坐标系、投影坐标系、未知坐标系3个选项）中【地理坐标系】，则打开【新建地理坐标】对话框，给其命名名称（道路）、选择基准面（D_Xian_1980）、角度单位（Degree），按【确定】则完成地理坐标设置[图7-2(a)]。

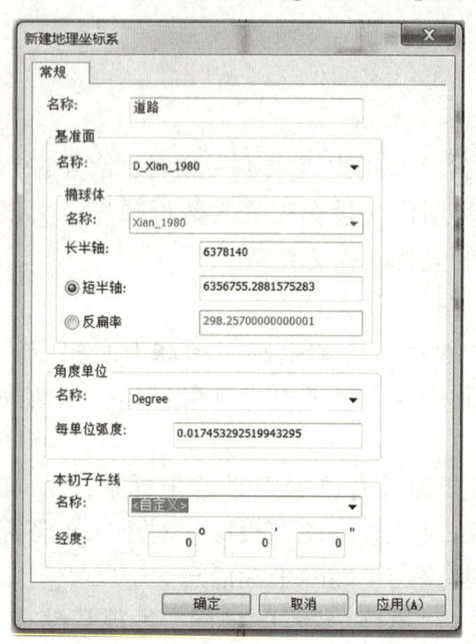

(a)新建地理坐标系

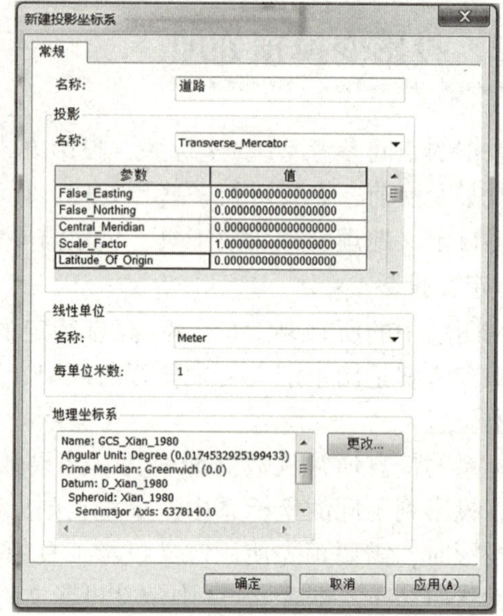

(b)新建投影坐标系

图7-2 新建地理坐标系和投影坐标系

再次点击【空间参考属性】中【添加坐标系】旁边的倒三角符号“新建”中【投影坐标系】，则打开【新建投影坐标系】对话框，如图7-3所示，在【空间参考属性】对话框给其命名名称、选择投影名称（Transverse_Mercator）、线性单位（Meter），选择地理坐标系（GCS_Xian_1980），按【确定】则完成投影坐标系设置[图7-2(b)]，又返回到起始的【定义投影】，按【确定】则完成对“道路”要素的定义投影工作，如图7-4所示。

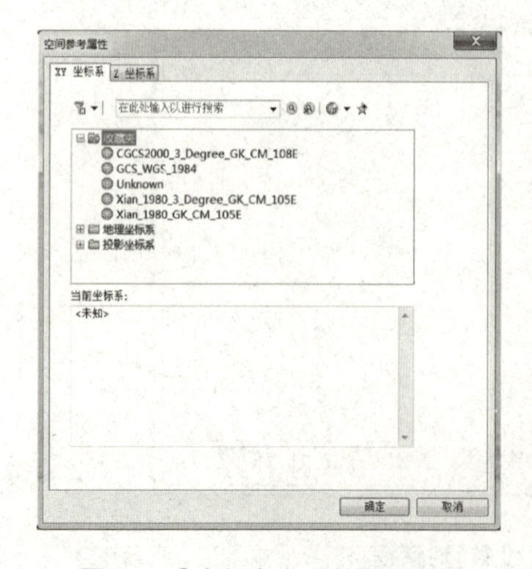

图7-3 【空间参考属性】对话框

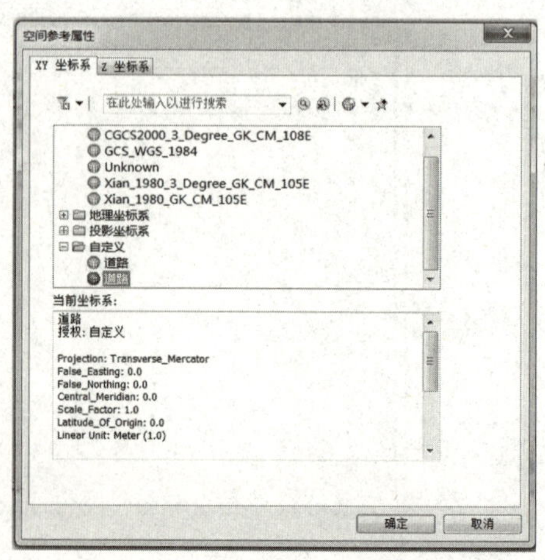

图7-4 定义投影结果

③在 ArcCatlog 目录树中，打开“道路”的属性对话框，查看其坐标系，则可以看见其坐标为刚才定义的坐标系统。

或者在 ArcMap 中添加“道路”要素，在左侧的目录列表里，单击【道路】→单击鼠标右键，查看【属性】，打开【图层属性】对话框→点击【源】，可以看到“道路”要素的地理坐标系和投影坐标系为刚才定义的 Xian_ 80。

(2)创建自定义地理(坐标)变换

假若某要素已经有了一个投影，想将其转换成另一种投影，此工作称为投影转换。分为矢量要素和栅格要素投影转换，以某矢量要素投影转换(Beijing_54 to Xian_80)为例，说明其转换方法：

①启动 ArcToolbox，双击【数据管理工具】→【投影和变换】→【创建自定义地理(坐标)变换】，打开【创建自定义地理(坐标)变换】对话框。

②在【创建自定义地理(坐标)变换】对话框中，输入【地理变换名称】(如 Beijing_54_to_2000)，地理坐标系(GCS_Beijing1954)和输出地理坐标系(GCS_Xian1980)、自定义地理(坐标)变换的方法和参数(有三参数和七参数之分，不同地区确定不同的参数数值。本例以三参数为例，如图 7-5 所示)，点击【确定】即可。

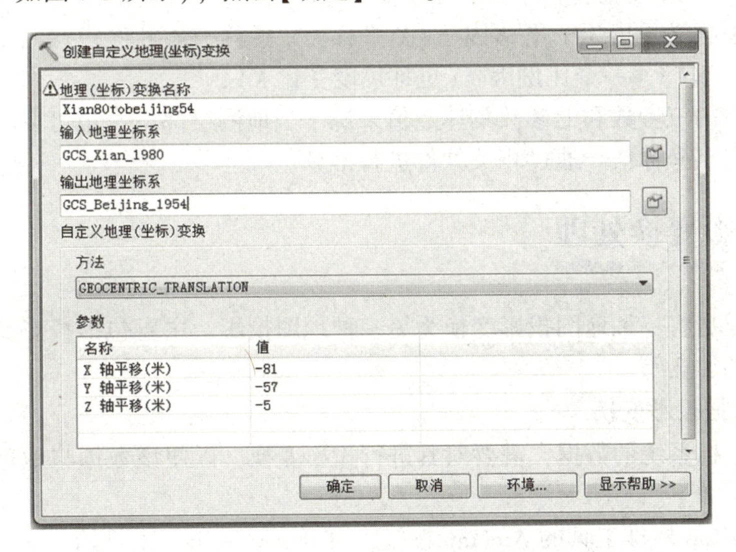

图 7-5　【创建自定义地理(坐标)变换】对话框

③在 ArcToolbox 中双击【数据管理工具】→【投影和变换】→【要素】→【投影】，打开【投影转换】对话框：在其中输入要素集或要素类、输入坐标系(该要素没有坐标系必须输入坐标系，如果已经有坐标系，则不需要输入)、输出数据集或要素类、输出坐标系，选择地理(坐标)变换(Xian80 to Beijing54)，如图 7-6 所示，点击【确定】即可。回到原来要素位置，查看其坐标变换结果。

栅格要素坐标转换的方式与矢量要素转换的方式是一样的，都要经过“创建自定义地理坐标变换”和“投影变换”两个过程。不同之处是，在“投影变换”时，在 ArcToolbox 中双击【数据管理工具】→【投影和变换】→【栅格】→【投影】。

注意：三参数转换含义是指 *X* 平移，*Y* 平移，*Z* 平移[如果区域范围不大，最远点间

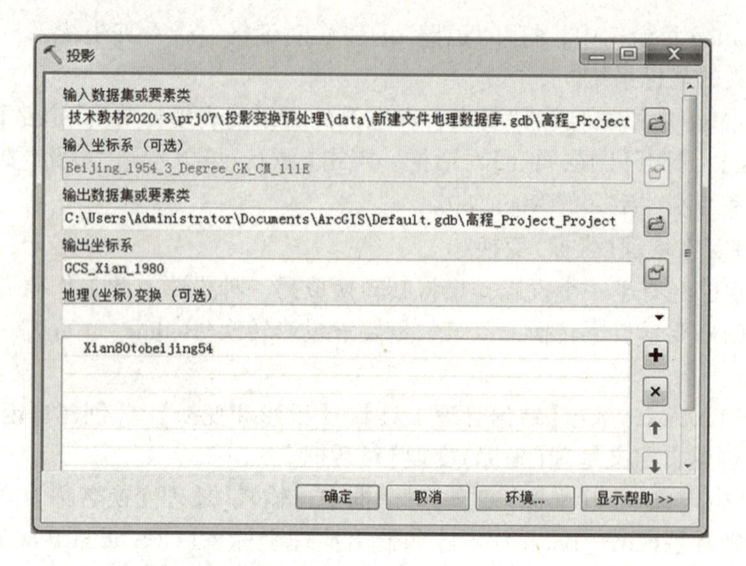

图 7-6　投影变换结果

的距离不大于 30 km(经验值)]。

七参数转换含义是指 3 个平移因子(X 平移，Y 平移，Z 平移)，3 个旋转因子(X 旋转，Y 旋转，Z 旋转)，一个比例因子(也称尺度变化 K)。

不同坐标系的三参数和七参数具体数值来源于当地测绘部门。也可以根据 3 个以上不同坐标系的同名点坐标值，通过相关软件进行推算。

7.1.3　投影变换处理

投影变换是指将一种地图投影变换为另一种地图投影，主要包括投影类型、投影参数和椭球体参数的改变等。

(1)矢量数据投影变换

不同投影坐标系统的数据，需要对其进行投影变换，以便该数据与地理数据的集成和使用。操作方法如下。

①启动 ArcMap 标准工具的 ArcMap 按钮，打开 ArcToolbox 工具箱。

②在 ArcToolbox 工具箱双击【数据管理工具】→【投影和变换】→【栅格】→【投影】，打开【投影】对话框。

③在【投影】对话框中，在【输入数据集或要素类】列表中选择需要投影转换的数据。

④在【输出数据集合要素类】文本框中输入需要输出要素的文件名和保存路径。

⑤在【地理(坐标)变换(可选)】中，当输入和输出坐标的基准面相同时，地理(坐标)变换为可选参数；如果输入和输出坐标的基准面不同，则必须制定地理(坐标)变换。

⑥单击【确定】按钮，完成投影变换操作。

(2)栅格数据投影变换

栅格变换是将栅格数据集从一种投影方式变换为另一种投影方式的操作。

①启动 ArcMap 标准工具的 ArcMap 按钮，打开 ArcToolbox 工具箱。

②在 ArcToolbox 工具箱双击【Data Mangement Tool. tbx】→【投影和变换】→【栅格】→【投影栅格】，打开【投影栅格】对话框。

③在【输入栅格】列表中选择需要投影转换的数据。

④在【输出坐标系】文本框中输入需要输出数据的坐标系。

⑤在【地理(坐标)变换(可选)】中，当输入和输出坐标的基准面相同时，地理(坐标)变换为可选参数；如果输入和输出坐标的基准面不同，则必须制定地理(坐标)变换。

注意： ArcGIS 10. 6 中【投影栅格】位置与 ArcGIS 10. 2 不同，在 ArcToolbox 的【数据管理工具】中不能直接找到【投影栅格】，只有在 ArcMap 右边的“搜索”中输入【投影栅格】，才能找到【Data Mangement Tool. tbx】，【Data Mangement Tool. tbx】下面的【投影和变换】/【栅格】/【投影栅格】。

栅格数据其他变换是指在 ArcToolbox 工具集将栅格数据(图像)进行平移、扭曲、旋转、翻转等变换。操作方法为：打开 ArcToolbox 工具箱双击【Data Mangement Tool. tbx】→【投影和变换】→【栅格】→【平移】/【扭曲】/【旋转】/【翻转】，打开【平移】/【扭曲】/【旋转】/【翻转】对话框，进行相关设置。

任务实施

要素投影变换处理

一、目的与要求

①进一步理解空间数据的含义、属性、类型和来源。

②掌握空间数据投投影变换预处理的概念和方法。

③具备对某一空间数据定义投影和进行投影变换的技能。

二、数据准备

使用所给矢量数据，对某地栅格图形扫描完毕后，保存格式为 . tiff 或 . img。

三、操作步骤

(1) 定义坐标系统

打开 ArcMap 应用程序，创建新文档，具体操作如下。

①启动 ArcMap。执行菜单命令：开始/所有程序/ ArcGIS/ArcMap/创建新文档，点击【确定】创建一个未命名的空文档，将此文档保存，给其命名，如“地图投影”。

②启动 ArcToolbox。双击【数据管理工具】→【投影和变换】→【栅格】→【定义投影】，打开【定义投影】对话框，对某数据定义一个新投影，在 ArcCatlog 目录树中，打开该数据的属性对话框，查看其坐标系，则可以看见其坐标为刚才定义的坐标系统。

(2) 矢量数据的投影变换

①在 ArcToolbox 中双击【数据管理工具】→【投影和变换】→【栅格】→【投影】，打开【投影】对话框。

②在【投影】投影对话框中，输入【输入数据集或要素类】数据“. . .\ prj07\ 任务 7-1 任务实施(投影预处理)\ data\ test. shp”，指定【输出数据集或要素类】的保存路径和名称(C：\ Users\ Administrator\ Documents\ ArcGIS\ Default. gdb\ test_ Project)，然后在【输出坐标系】文本框中输入输出数据的坐标系统【GCS_ WGS_ 1984】，如图 7-7 所示。

【地理(坐标)变换】是可选项，用于实现两个地理坐标系或基准面之间的变换。当输入和输出坐标系的基准面相同时，地理(坐标)变换为可选参数。如果输入和输出的基准面不同时，则必须制定地理(坐标)变换。

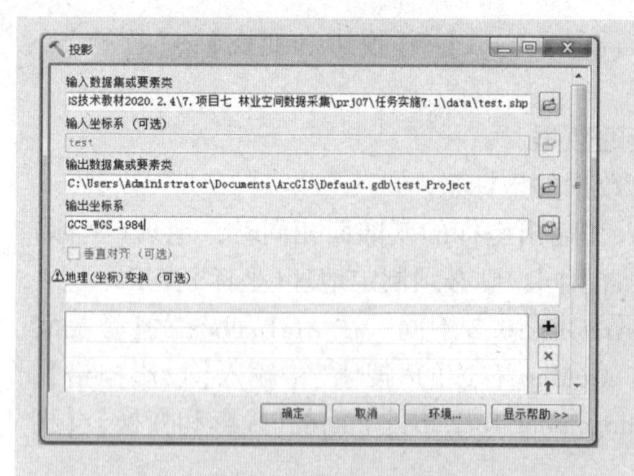

图 7-7　【投影】对话框

③单击【确定】按钮，完成操作。则在 ArcMap 中自动加载了"test 要素"，如图 7-8 所示。

图 7-8　ArcMap 中自动加载 test 要素

如果输入的数据是多个时，可以采用该工具中【批量投影】完成投影变换。

（3）栅格数据的投影变换

栅格数据的投影变换是指将栅格数据集从一种地图投影变换到另一种地图投影。其操作步骤如下。

①启动 ArcMap，在右边的"搜索"中输入【投影栅格】→点击搜索结果【Data Mangement Tool. tbx】。

②双击【Data Mangement Tool. tbx】→【投影和变换】→【栅格】→【投影栅格】，打开【投影栅格】对话框，如图 7-9 所示。

③在【投影栅格】投影对话框中，输入【输入栅格】数据位于"...\ prj07 \ 任务 7-1　任务实施（投影预处理）\ data \ Stowe. gdb \ landuse"，指定【输出栅格数据集】的保存路径和名称（C：\ Users \ Administrator \ Documents \ ArcGIS \ Default. gdb \ landuse

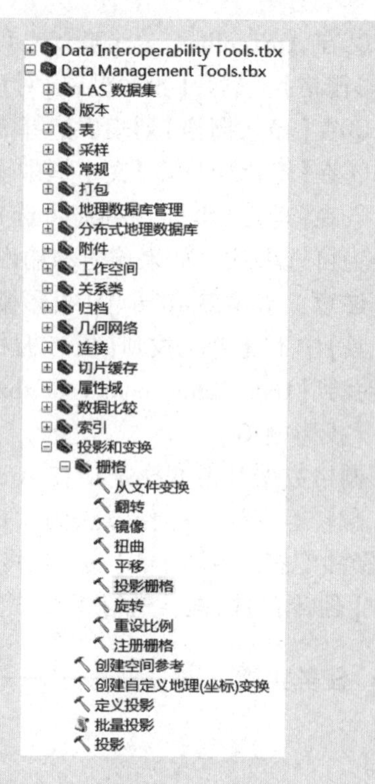

图 7-9　ArcToolbox 中【投影栅格】位置

ProjectRaster2），然后在【输出坐标系】文本框中输入输出数据的坐标系统（GCS WGS_ 1984）。

④【地理（坐标）变换（可选）】用于实现两个地理坐标系或基准面之间的变换（图 7-10），本例为：WGS_ 1984_（ITRFOO）_ TO_ NAD_ 1983。

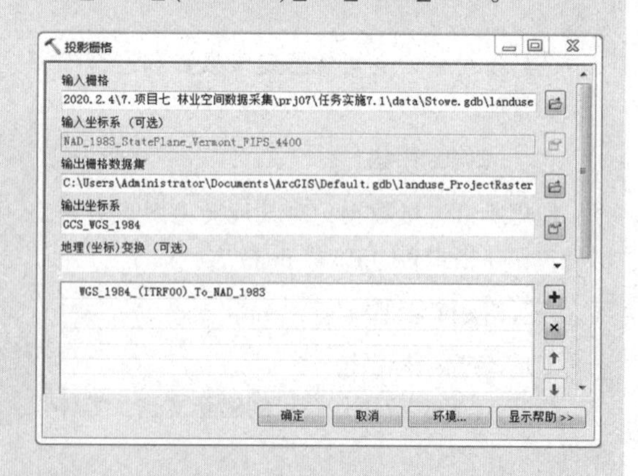

图 7-10　【投影栅格】对话框

⑤单击【确定】按钮，完成操作。则在 ArcMap 中会自动加载【landuse_ProjectRaster2】图形，如图 7-11 所示。

（4）栅格数据变换

栅格数据变换是指对数据进行平移、扭曲、

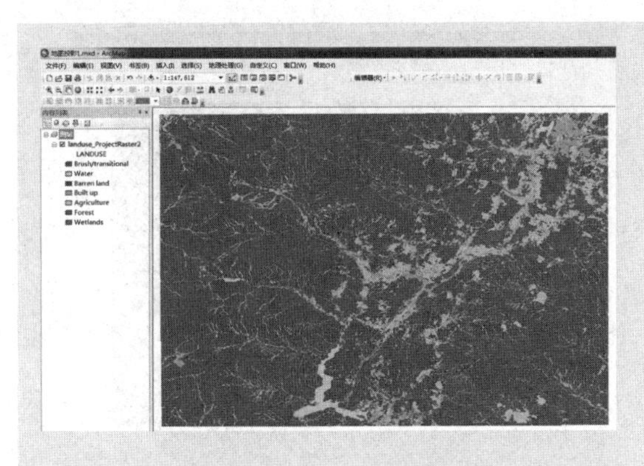

图 7-11 ArcMap 中自动加载【landuse_ProjectRaster2】图层要素

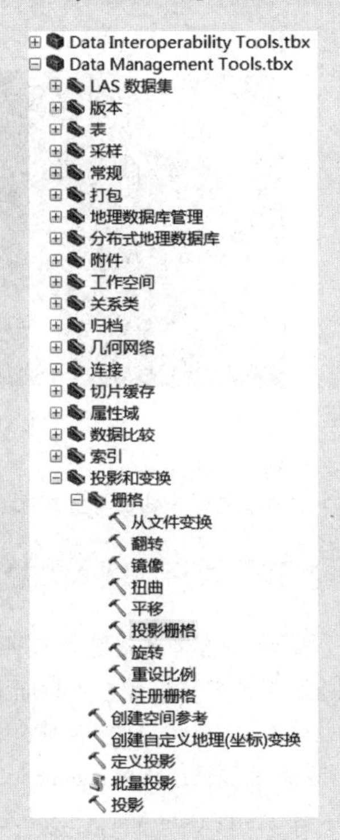

图 7-12 【平移】对话框位置

旋转和翻转等位置、形状和方位的改变等操作。

①平移。平移是指根据 *X*、*Y* 平移值将栅格数据移动(滑动)到新位置。操作步骤如下。

• 启动 ArcMap，在右边的“搜索”中输入【平移】，点击“搜索”结果【Data Mangement Tool. tbx】。

• 双击【Data Mangement Tool. tbx】→【投影和变换】→【栅格】→【平移】，打开【平移】对话框，如图 7-12 所示。

• 在【平移】对话框中，输入【输入栅格】数据(...\ prj07 \ data \ Stowe. gdb \ elevation)，指定【输出栅格数据集】的保存路径和名称，在【*X* 坐标平移值】、【*Y* 坐标平移值】文本框中输入沿 *X*、*Y* 方向的移动距离：500 m、600 m。

• 【输入捕捉栅格(可选)】可以浏览某一栅格数据集，用于对齐输出栅格数据集，如图 7-13 所示。

• 单击【确定】按钮，完成操作。

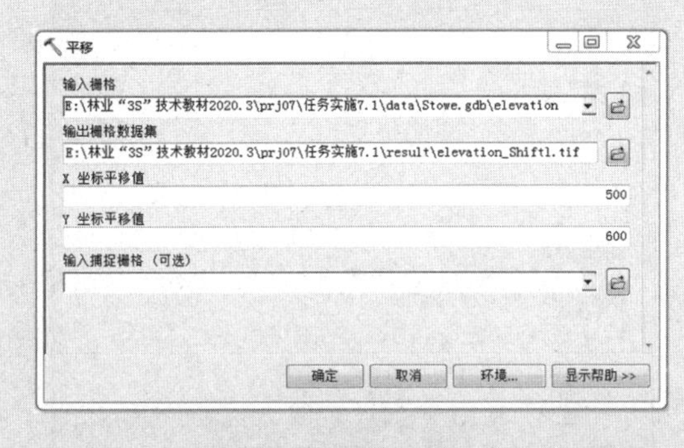

图 7-13 【平移】对话框

将平移处理后的栅格图形和没有处理的图形同时添加到 ArcMap 中，可以看见处理后效果，如图 7-14 所示。

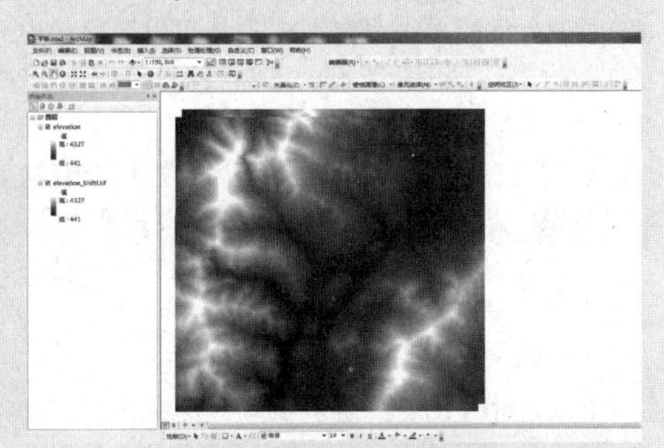

图 7-14 栅格图形平移后效果

②扭曲。扭曲是指将栅格数据通过输入的控制点进行多项式变换。操作步骤如下。

• 启动 ArcMap，在右边的“搜索”中输入【扭曲】，点击“搜索”结果【Data Mangement Tool. tbx】。在 ArcToolbox 中双击【Data Mangement Tool. tbx】→【投影和变换】→【栅格】→【扭曲】，打开【扭曲】对话框，如图 7-15 所示。

• 在【扭曲】对话框中，输入【输入栅格】数据(...\ prj07 \ data \ elevation)，指定【输出栅格数据集】的保存路径和名称。

• 在【源控制点】区域中的【*X* 坐标】和【*Y* 坐

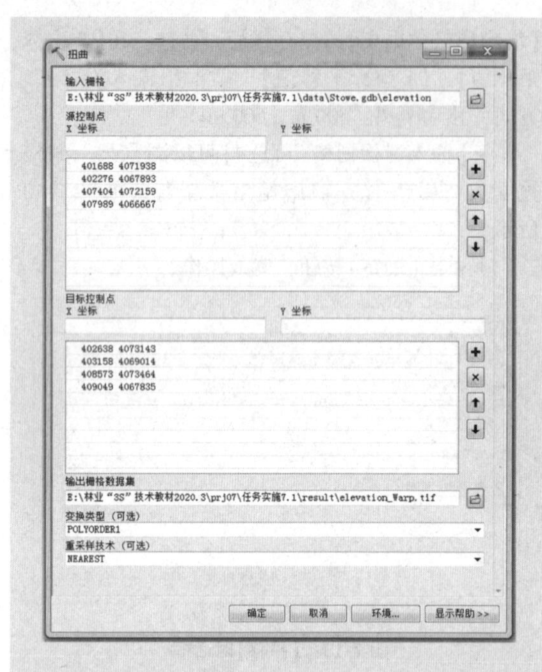

图 7-15 【扭曲】对话框

标】文本框中分别输入源控制点 X、Y 坐标，单击"加号"，将输入值添加到【扭曲】窗口列表中，以便于多次输入；单击"删除 X"按钮可以删除选中的 X、Y 坐标；单击"上升、下降"按钮可以将 XY 坐标上下移动。

【目标控制点】区域中坐标值的增添和删除、移动等操作方式与【源控制点】的操作方式是一样。

- 【输入捕捉栅格(可选)】可以浏览某一栅格数据集，用于对齐输出栅格数据集。
- 【变换类型(节选)】有以下 5 种选择。

POLYORDER1：一阶多项式，将输入点拟合成平面，这是默认。

POLYORDER2：二阶多项式，将输入点拟合为稍微复杂一些的曲面。

POLYORDER3：三阶多项式，将输入点拟合成更为复杂一些的曲面平面。

ADJUST：对全局和局部精度都进行优化。先执行一次多项式变换，然后使用不规则的三角网(TIN)插值方法局部校正控制点。

SPLINE：此变换可以将源控制点准确变换为目标控制点。控制点是准确的，只是控制点之间的栅格像素不准确。

- 【重采样技术(可选)】默认为 NEAREST。
- 单击【确定】按钮，完成操作。将未进行扭

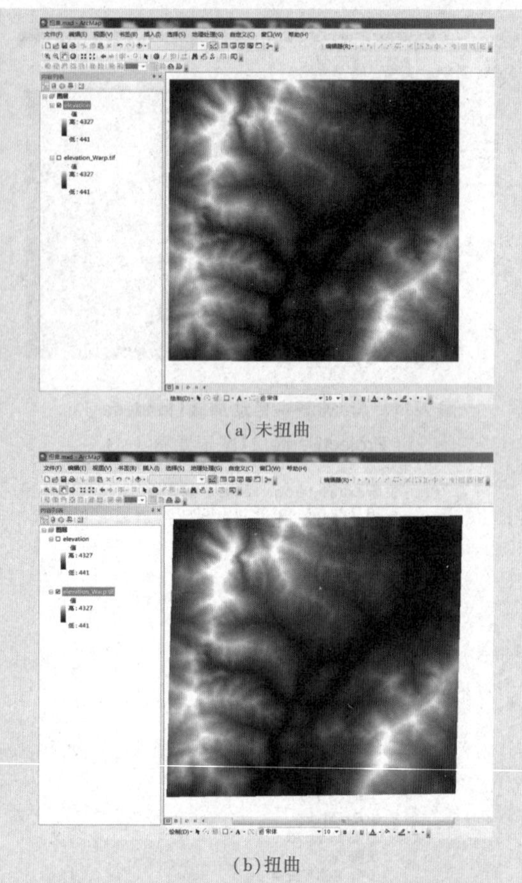

(a)未扭曲

(b)扭曲

图 7-16 栅格图形未扭曲与扭曲对照图

曲和扭曲处理到 ArcMap 后，对照图加载如图 7-16 所示。

③旋转。旋转是指将栅格数据按照指定的角度，围绕制定枢轴点转动。操作步骤如下。

- 启动 ArcMap，在右边的"搜索"中输入【旋转】，点击"搜索"结果【Data Mangement Tool. tbx】。在 ArcToolbox 中双击【Data Mangement Tool. tbx】→【投影和变换】→【栅格】→【旋转】，打开【旋转】对话框，如图 7-17 所示。
- 在【旋转】对话框中，输入【输入栅格】数据(...\ prj07 \ data)，指定【输出栅格数据集】的保存路径和名称。
- 在【枢轴点(可选)】用于设置旋转中线点的 X、Y 坐标，默认栅格的左下角坐标。
- 【重采样技术(可选)】默认 NEAREST。
- 单击【确定】按钮，完成操作。将未进行扭曲和扭曲处理到 ArcMap 后，对照图加载如图 7-18 所示。

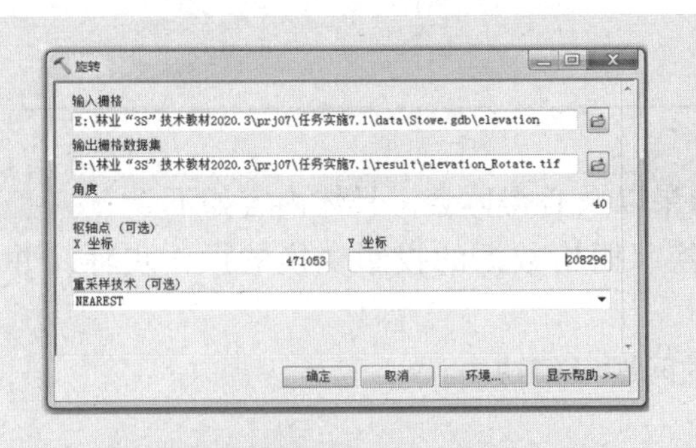

图 7-17 【旋转】对话框

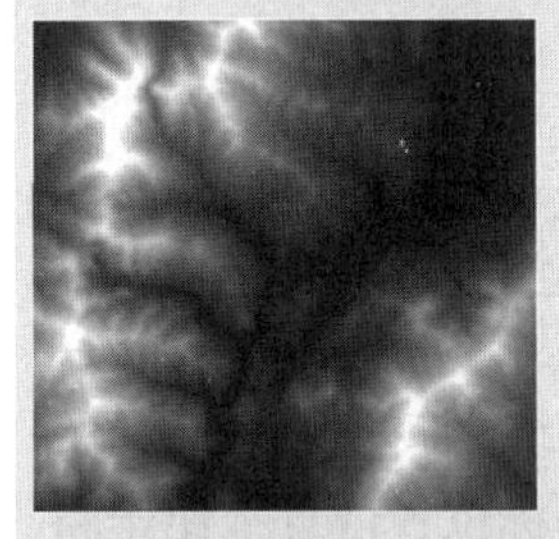

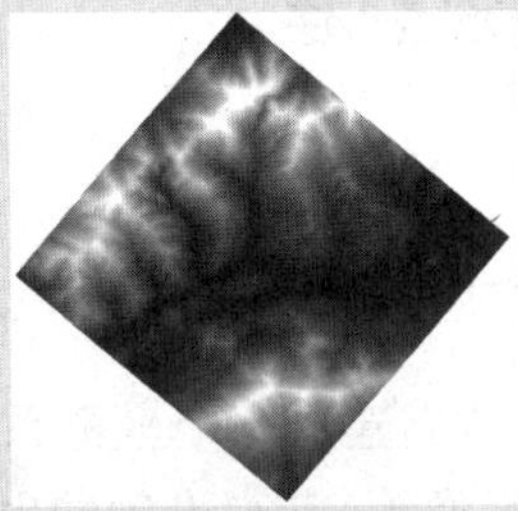

(a)未旋转　　(b)旋转 40°

图 7-18 栅格图形未旋转与旋转对照图

④翻转。翻转是指将栅格数据沿穿过区域中心的水平轴从上到下翻转，它在校正倒置的栅格数据集时经常使用。操作步骤如下。

• 启动 ArcMap，在右边的"搜索"中输入【翻转】，点击"搜索"结果【Data Mangement Tool. tbx】。在 ArcToolbox 中双击【Data Mangement Tool. tbx】→【投影和变换】→【栅格】→【翻转】，打开【翻转】对话框，如图 7-19 所示。

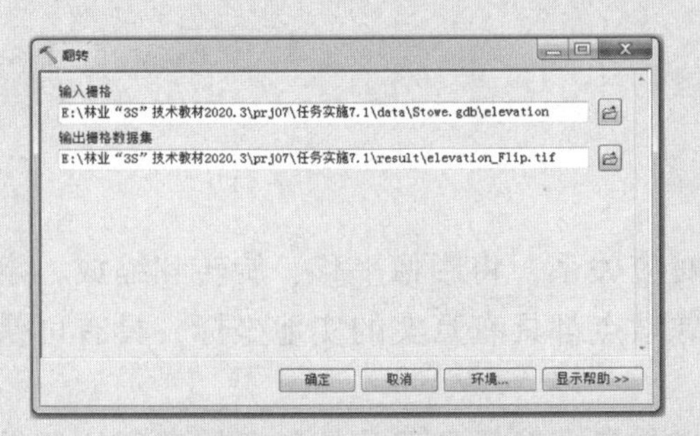

图 7-19 【翻转】对话框

• 在【翻转】对话框中，输入【输入栅格】数据(...\ prj07 \ data)，指定【输出栅格数据集】的保存路径和名称。

• 单击【确定】按钮，完成操作，如图 7-20 所示。

⑤重设比例。重设比例是指将栅格数据按照指定的 X 和 Y 比例因子来调整栅格的大小。如果比例因子大于 1，则图像被调整到较大尺寸大小；反之，则图像被调整到较小尺寸大小。操作步骤如下：

• 启动 ArcMap，在右边的"搜索"中输入【重设比例】，点击"搜索"结果【Data Mangement Tool. tbx】。在 ArcToolbox 中双击【Data Mangement Tool. tbx】→【投影和变换】→【栅格】→【重设比例】，打开【重设比例】对话框，如图 7-21 所示。

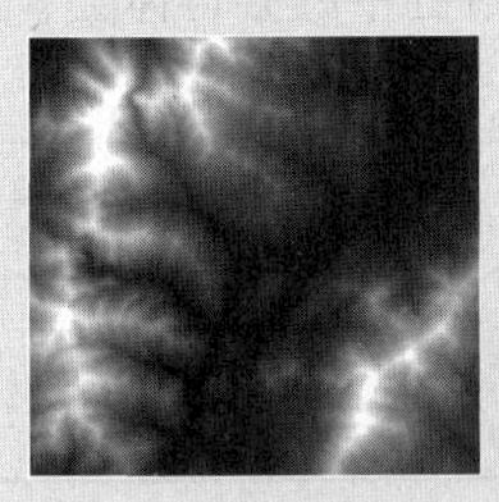

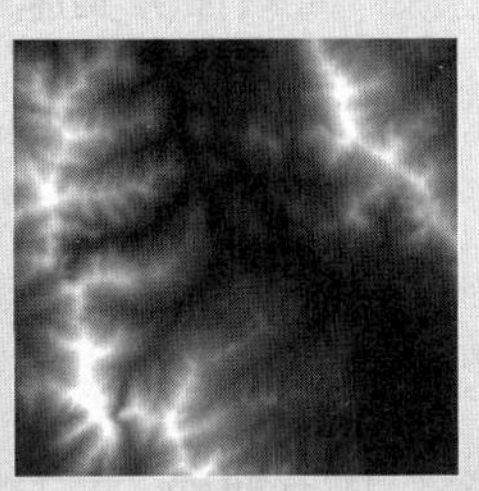

(a)未翻转　　(b)翻转

图 7-20 栅格图形未翻转与翻转对照图

重设比例
输入栅格
E:\林业"3S"技术教材2020.3\prj07\任务实施7.1\data\Stowe.gdb\elevation
输出栅格数据集
E:\林业"3S"技术教材2020.3\prj07\任务实施7.1\result\elevation_Rescale.tif
X 比例因子
.5
Y 比例因子
.6
确定　取消　环境...　显示帮助 >>

图 7-21 【重设比例】对话框

• 在【重设比例】对话框中，输入【输入栅格】数据(...\ prj06 \ data)，指定【输出栅格数据集】的保存路径和名称。

• 在【X 比例因子】、【Y 比例因子】文本框中输入数据在 X、Y 方向上的缩放因子，其值必须大于 0。

• 单击【确定】按钮，完成操作，如图 7-22 所示。

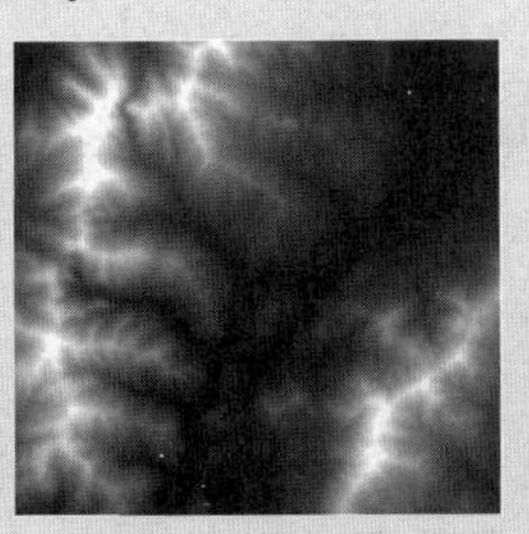

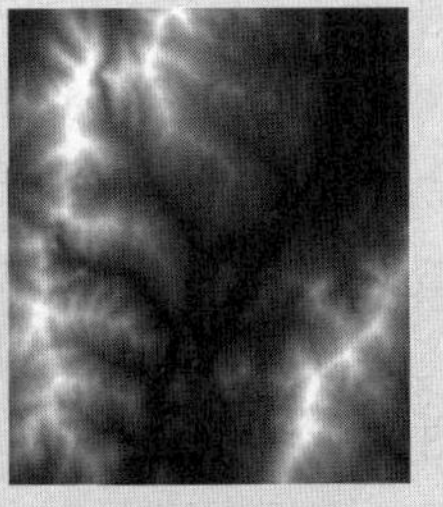

(a)未设比例　　(b)重设比例

图 7-22 栅格图形未设比例与重设比例对照图

成果提交

每人提交一份书面报告，包括操作过程和结果以及心得体会。具体内容如下。

1. 简述定义坐标系统、矢量数据的投影变换、栅格数据的投影变换的操作步骤，并附上每一步的结果影像。

2. 回顾任务实施过程中的心得体会，遇到的问题及解决方法。

任务7.2 地理配准

任务描述

地理配准是将控制点配准为参考点的位置，从而建立两个坐标系统之间一一对应的关系。从而使得没有参考信息的图形(地图、遥感影像等)获得准确的坐标位置信息，便于将来对图形进行矢量化等处理。本任务从地理配准的概念、工作流程，学习对图形文件具体地理配准的方法。

任务目标

1. 熟悉地理配准工具条及其使用方法。

2. 能够熟练掌握在 ArcMap 应用程序中，使用地理配准工具完成对所给图形进行地理配准，形成一个符合要求的图形文件。

知识准备

7.2.1 地理配准概述

地理配准是指用影像上参考点和控制点建立对应关系，将影像平移、旋转和缩放，定位到给定的平面坐标系统中去，使影像的每一个像素点都具有真实的实地坐标，具有可量测性。

通过扫描得到的地图数据通常不包含空间参考信息，航片和卫片的位置精度往往不符合精度，这时就需要通过较高位置精度的控制点将这些数据校正匹配到用户指定的地理坐标系中，这个过程就是地理配准。

地理配准分为影像配准和空间配准(空间校正)。影像配准的对象是栅格图(扫描地图、航片、卫片等)，配准后的图可以保存为 ESRI GRID，TIEF，或 ERDAS IMAGINE 格式，空间配准是对矢量数据进行配准。

地理配准是在 ArcMap 应用程序里借助地理配准工具进行。工作时必须打开地理配准工具，在编辑器处于开始编辑的状态下进行。其的基本过程是在栅格图像中选取一定数量(3~7个)的控制点，将它们的坐标指定为矢量数据中对应点的坐标(在空间数据中，这些点的坐标是已知的，坐标系统为地图坐标系)。

控制点选取时，通常是选择地图中经纬线网格的交点、公里网格的交点或者一些典型地物的坐标，也可以将手持GPS采集的点坐标作为控制点。在进行地理配准时，控制点的坐标可以输入*X*、*Y*坐标，也可以输入经纬度坐标。选择控制点时，要尽可能使控制点均匀分布于整个图像，而不是只在图像的某个较小区域选择控制点，最好成三角形或者四边形。通常，先在图像的四个角选择4个控制点，然后在中间的位置有规律地选择一些控制点能得到较好的效果。

7.2.2　地理配准的工具条

启动ArcMap，在主菜单中单击【自定义】→【工具条】→【地理配准】，加载【地理配准】工具条，如图7-23所示。工具条中对应的功能见表7-2。

地理配准(G)▾ 9-48-72-丙（局部）

图7-23　【地理配准】工具条

表7-2　【地理配准】工具条功能

图标	名称	功能描述
地理配准(G)▾	地理配准	包括更新地理配准、纠正、适应显示范围等选项
9-48-72-丙（局部）	图层	选择要配准的图层
	添加控制点	添加控制点
	自动对位	自动对位
	选择链接	选择链接
	缩放至所选链接	缩放至所选链接
	删除链接	删除链接
	查看器	查看器
	查看链接表	查看控制点的链接表
	旋转	旋转要配准的图像
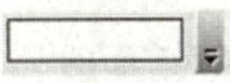	测量	输入旋转、平移或重设比例值
 自定义(C)...	自定义	根据需要新建、添加工具条和命令

如果想给【地理配准】工具条中添加更多工具，可在【自定义】工具条中自行添加，如图 7-24 所示。

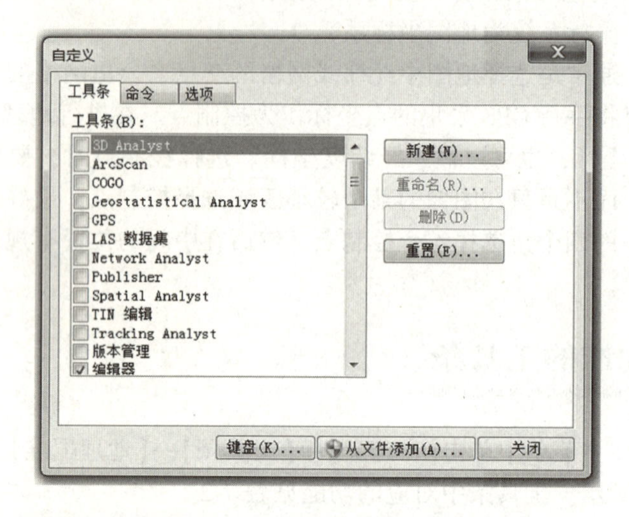

图 7-24　地理配准中【自定义】工具条

任务实施

图形地理配准

一、目的与要求

①理解地理配准的概念、工作原理。

②熟悉并掌握地理配准工作流程。

③具备使用地理配准工具对所给地形图进行地理配准的技能。

二、数据准备

某地区地形图的扫描图形(局部)，图形保存格式为 . tif。

三、操作步骤

以某地区某张 1∶5 万的地形图为例进行地理配准：

(1)加载数据(图形和遥感影像)及地理配准工具

打开 ArcMap 应用程序，建立一个未命名的空文档，然后命名，鼠标右键单击图层/属性/常规，给新图层命名(如地理配准)；在 ArcMap 中在图标位置点击右键，加载地理配准工具，如图 7-25 所示。

在 ArcMap 中按( )加载图面材料(要配准的地形图或遥感影像)。打开地理配准旁边的倒三角下拉菜单，取消“自动校正”前面的“√”，意思是取消自动校正，如图 7-26 所示。

图 7-25　【地理配准】工具条

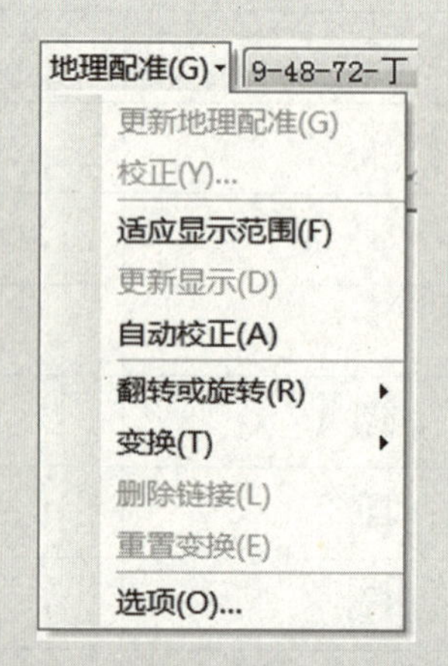

图 7-26　取消“自动校正”前面的“√”

(2)输入控制点

通过读图，在图中找到一些控件点——公里网格的交点(或者图形四角点)。必须从图中均匀的取3个以上点(最好是7个以上点，点越多则配准的越精确)，这些点应该能够均匀分布(但是点也不能太多，否则不仅工作量太大，还影响配准效果)。

在【地理配准】工具栏上，点击【地理配准】侧面的倒三角符号，出现下拉菜单，将【自动校正】前的“√”点击一下，去掉“√”(目的是取消自动校正)。点击【添加控制点】按钮，在图上相应位置找到控制点，点击右键输入 X(经线直角坐标)、Y(纬线直角坐标)坐标(也可以输入经纬度坐标，如果输入地理坐标时，在未选择控制点前给数据框要定义坐标系统，使地图显示单位是米，或者度分秒)，如图7-27所示。

连续输够4个以上控制点，然后再点【添加控制点】右边的【查看连接表】，检查控制点的残差和RMS，删除残差特别大的控制点并重新选取控制点。转换方式设定为“一次多项式(仿射)”[如果控制点在7个以上，转换方式设定为“二次多项式(仿射)”]；再点击自动校正的“√”，然后则图形会自动校正，如图7-28所示。单击【保存】按钮，将当前的控制点保存为文本文件，以备使用。

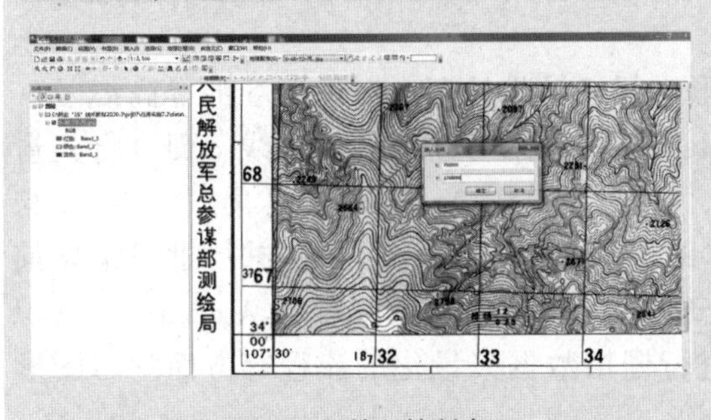

图7-27　输入控制点

链接

RMS 总误差(E):　Forward:1.30642

链接	X 源	Y 源	X 地图	Y 地图	残差_x	残差_y	残差
1	364.901935	-3040.537937	732000.000...	3768000.00...	-0.930902	-0.354467	0.996105
2	400.921500	-1774.874573	732000.000...	3776000.00...	1.86353	0.70959	1.99405
3	436.926072	-510.491794	732000.000...	3784000.00...	-0.932123	-0.354932	0.997412
4	3584.882074	-596.980378	752000.000...	3784000.00...	0.934654	0.355896	1.00012
5	3550.285088	-1859.519007	752000.000...	3776000.00...	-1.86605	-0.710549	1.99675
6	3513.887168	-3123.958230	752000.000...	3768000.00...	0.932936	0.355241	0.998281
7	1971.850084	-1817.400784	742000.000...	3776000.00...	0	0	0

自动校正(A)　变换(T): 二阶多项式

度分秒　Forward Residual Unit : Unknown

图7-28　地理配准【链接】表

注意：在链接表对话框中点击【保存】按钮，可以将当前的控制点保存为磁盘上的文件，以备使用。

(3)设定图层(数据框)的坐标系

点击【视图】→【数据框属性(图层)】→【坐标系】，给图层(数据框)设置与地理配准的图以相同的地理和投影坐标系，如图7-29所示。

图7-29　图层【坐标系】选项卡

在【地理配准】菜单下，点击【地理配准】→【更新地理配准】，则配准好的图形就会有一个坐标，在图上任意移动鼠标在屏幕右下角就可以看见该图形的坐标。

(4)校正并重采样栅格生成新的栅格文件

在【地理配准】菜单下，点击【校正】，对配准的影像根据设定的变换公式重新采样，另存为一个新的影像文件，并给影像重新命名，则形成一个新栅格数据，如图7-30所示。重复以上步骤，将其余地形图也进行地理配准。

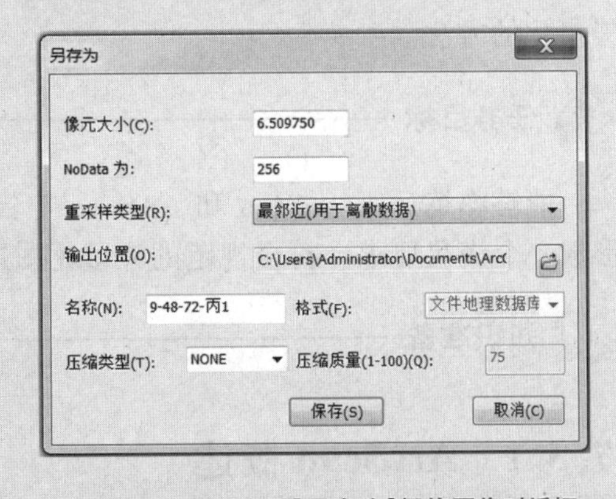

图7-30　地理配准后【另存为】栅格图像对话框

(5)将地形图和遥感影像地理配准

在 ArcMap 中依次加载地形图和遥感影像，用前面讲过的方法打开【地理配准】工具条。在遥感影像不同位置选择要配准的控制点，右键输入各点坐标，采取与前面相同方法进行地理配准。

注意：所输入的坐标一定要和地形图上对应点的坐标一致。

四、操作过程注意事项

①配准前应备份原数据。

②为图层(数据框)的设立坐标系，坐标系应该和原图一致。特别注意投影系中横坐标前是否加带号，因为它将来关系到输入控制点 X 坐标和经度坐标前是否加带号。

③在输入控制点之前，一定要将【自动校正】前的“√”点击一下，去掉“√”。

④控制点输入结束后，一定要在【地理配准】工具条右边点击【查看链接表】，检查控制点的残差和RMS，删除残差特别大的控制点并重新选取控制点。

成果提交

每人提交一份书面报告，包括操作过程和结果以及心得体会。具体内容如下。

1. 简述图形地理配准的操作方法步骤，并附上每一步的结果影像。
2. 回顾任务实施过程中的心得体会，遇到的问题及解决方法。

任务 7.3 ArcScan 矢量化

任务描述

在林业生产中，制作图面材料往往要将图形进行矢量化处理。对地形图的等高线及一些复杂图形等进行快速矢量化，除可使用 ArcMap 中编辑器对图形的点、线、面进行矢量化外(详见项目 8 中任务 8.2 空间数据编辑)，还常常使用 ArcScan 工具集。ArcScan 与 ArcMap 编辑环境完全集成在一起，提供了简单的栅格编辑工具，可以在进行批矢量化前擦除和填充栅格区域，提高工作效率，减少处理后工作量。本任务将从 ArcScan 工具识别、图形矢量化前提条件要求和使用 ArcScan 进行栅格数据矢量化的流程等方面学习图形矢量化的方法。

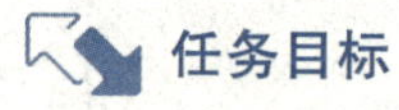

任务目标

能够熟练运用 ArcMap 和 ArcScan 工具对所给的某一具体图形进行图形矢量化处理，形成一个满足要求、符合规范的矢量化图形。

知识准备

7.3.1 ArcScan 概述

ArcScan 是 ArcGIS 中一个把扫描的栅格文件(图形文件)转化为矢量 GIS 图层的一套

工具集，是 ArcGIS Desktop 的扩展模块。在图层矢量化过程中可以交互或者自动进行，使用它可以通过捕捉栅格要素，以交互追踪或自动的方式直接通过栅格影像创建矢量数据。

7.3.2　ArcScan 矢量化工具

在 ArcMap 主要菜单中单击【自定义】→【工具条】→【ArcScan】，加载【ArcScan】工具条，如图 7-31 所示。其对应的各选项功能见表 7-3。

j-49-82-121.img | 矢量化(Z) | 栅格清理(C) | 像元选择(N)

图 7-31　【ArcScan】工具条

表 7-3　【ArcScan】工具条功能

图标	名称	功能描述
栅格: j-49-82-121.img	栅格	选择栅格图层
	编辑栅格捕捉选项	设置栅格颜色、栅格线段宽度、栅格实体直径等选项
矢量化(Z)	矢量化	矢量化设置、显示预览、生成要素及选项设置
	在区域内部生成要素	在选定区域内部生成要素
	矢量化追踪	单击鼠标进行矢量化追踪
	点间矢量化追踪	在点之间进行矢量化追踪
	形状识别	自动识别栅格图像上地物的形状并生成对应的矢量化要素
栅格清理(C)	栅格清理	生成要素前对栅格图像进行编辑，包括开始清理、停止清理、栅格绘画工具条、擦除所选像元、填充所选像元等选项
像元选择(N)	像元选择	栅格图像像元的选择，一般与栅格清理菜单中的工具结合使用，包括选择已经连接像元、交互选择目标、清除所选像元、将选择另存为等选项
	选择已连接像元	选择已连接像元
	查找已连接像元的区域	查找已连接像元的面积(以像素为单位)
	查找已连接像元包络矩形的对角线	查找从单元范围的一角到另一角的对角线距离
	栅格线宽度	显示栅格线的宽度，以便确定一个适当的最大线宽度值设置

7.3.3 使用 ArcScan 工具将栅格数据矢量化的前提

①栅格图像必须经过地理配准或空间校正，激活 ArcScan 扩展模块，打开【ArcScan】工具条。

②ArcMap 中添加了至少一个栅格数据层(.tiff 或 .img 格式图像)和至少一个矢量要素数据层(可以是点线面等)。

③栅格数据必须进行过二值化处理(将栅格图像的符号化方案设置成黑白两种颜色的图片)。

④编辑器处于开始编辑状态。

7.3.4 ArcScan 进行栅格数据矢量化的方法

7.3.4.1 对要进行图形矢量化的要素进行栅格清理处理

在使用 ArcScan 对扫描的图形进行矢量化处理过程中，经常会遇到图形中有许多黑点或者不必要的数值、文字等，或者线条不清晰等问题。针对此问题，可以使用 ArcScan 工具中的【栅格清理】进行擦除处理。其操作的方法步骤如下：

(1)加载数据

启动 ArcMap，在中 ArcMap 添加图层数据(...\ prj07 \ 任务实施 7-3 \ data \ ArcScan)，如图 7-32 所示，由 3 个线文件和 1 个面文件组成。仔细看会发现面文件(Parcel Scan. img)上由很多线条组成的方块，方块里面又有许多数值。现在任务是将方块中数值擦除，只留下边界线。

(2)启动【ArcScan】工具条

在 ArcMap 中，在主菜单栏，点击→【自定义】→【扩展模块】，在【ArcScan】前勾选“√”，表示将 ArcScan 模块打开。点击【自定义】→【工具条】，在【ArcScan】前勾选“√”，将【ArcScan】工具条加载到 ArcMap 中。

(3)对图形进行二值化处理

在 ArcMap 的内容列表中选中【Parcel Scan. img】图形文件→右键→【属性】→【符号系统】，在左边的【显示】列中选择【已分类】，【类别】选择将栅格数据分作“2”类，【色带】选择“黑白”，如图 7-33 所示。

(4)激活【ArcScan】工具条

点击【自定义】→【工具条】，在【编辑器】前勾选“√”，将【编辑器】工具条加载到 ArcMap 中。在【编辑器】工具条上，单击【编辑器】→【开始编辑】，选中要编辑的线要素(如 BordLine)，如图 7-34(a)所示。在【编辑器】→【编辑窗口】→【创建要素】，打开【创建要素】对话框，可以看到要编辑的创建要素，如图 7-34(b)所示。

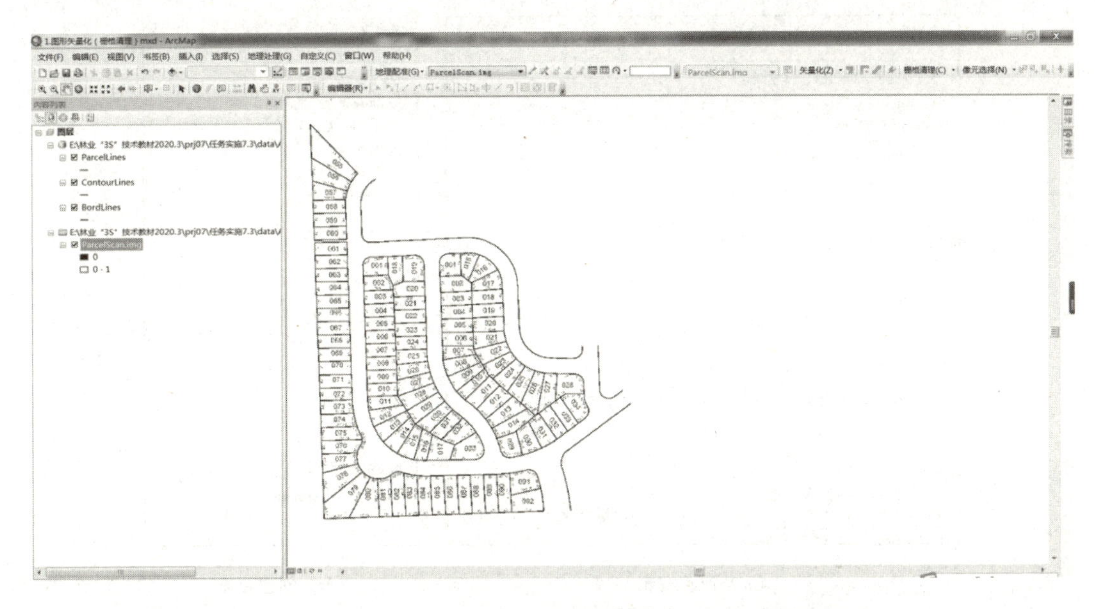

图 7-32　在 ArcMap 中加载数据和【ArcScan】工具条

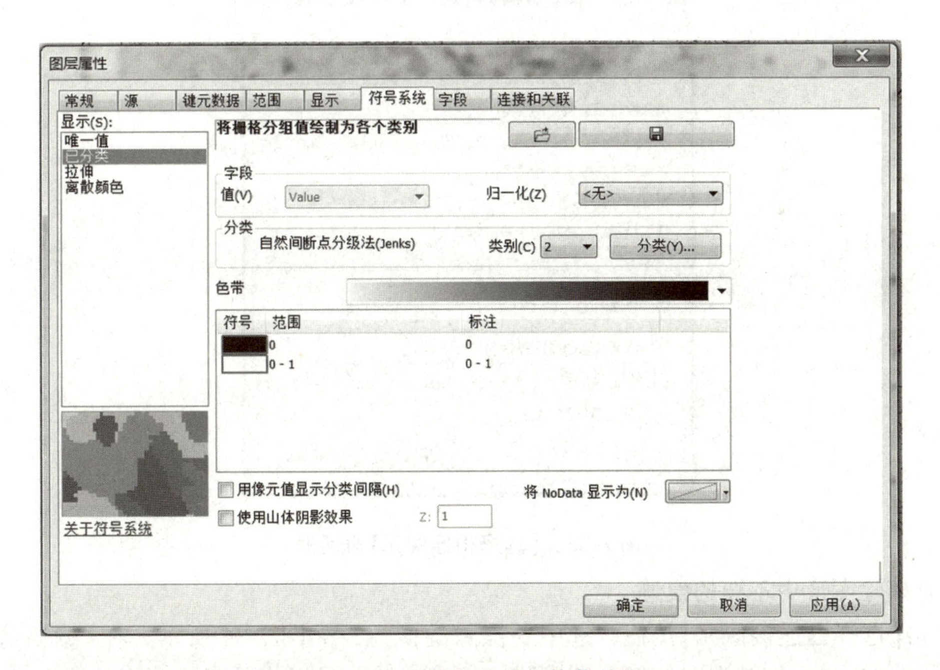

图 7-33　对图形进行二值化处理

(5) 进行图形【栅格清理】设置

在【ArcScan】工具条上，单击【栅格清理】→【开始清理】，启动栅格清理，单击【选择已连接像元】，打开【选择相连像元】对话框，如图 7-35 所示，按照图设置相关参数。单击【确定】按钮。

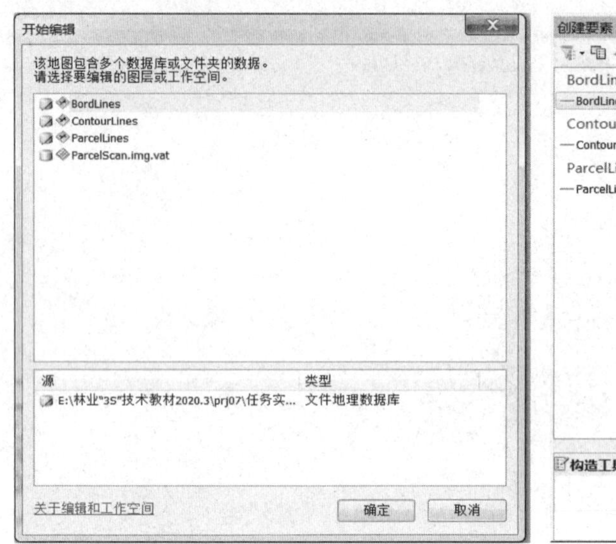

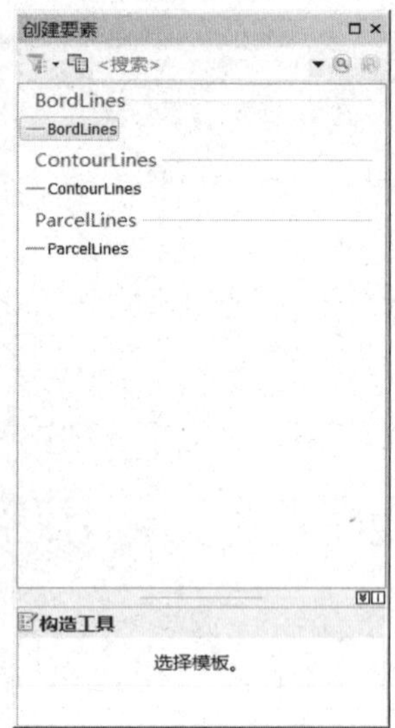

（a）开始编辑　　　　（b）创建要素

图 7-34　在【编辑器】选中要编辑的线要素

图 7-35　【选择相连像元】对话框

(6)擦除图形中不要的痕迹

单击【选择已连接像元】按钮，选中要擦除的像元，如图 7-36 所示。在【栅格清理】→【擦除所选像元】，则被选中的像元即删除。依次方法，可以将所有要擦除的所有文字、数字标记等像元全部擦除，结果如图 7-37 所示。也可以使用【栅格清理】→【栅格绘画工具条】，利用其中的【擦除】和【魔术擦除】，也可以对栅格图像进行处理。

7.3.4.2　对图像矢量化后线条平滑处理

(1)图像平滑处理

将要进行矢量化处理的栅格图像去除图像中的随机噪声(通常表现为图面上不干净的

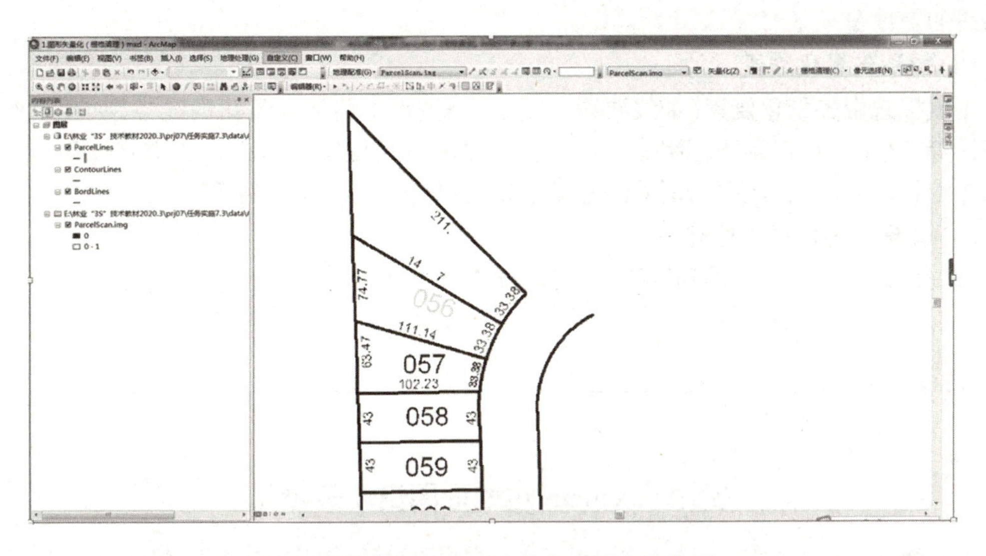

图 7-36 【ArcScan】中选中要擦除的像元

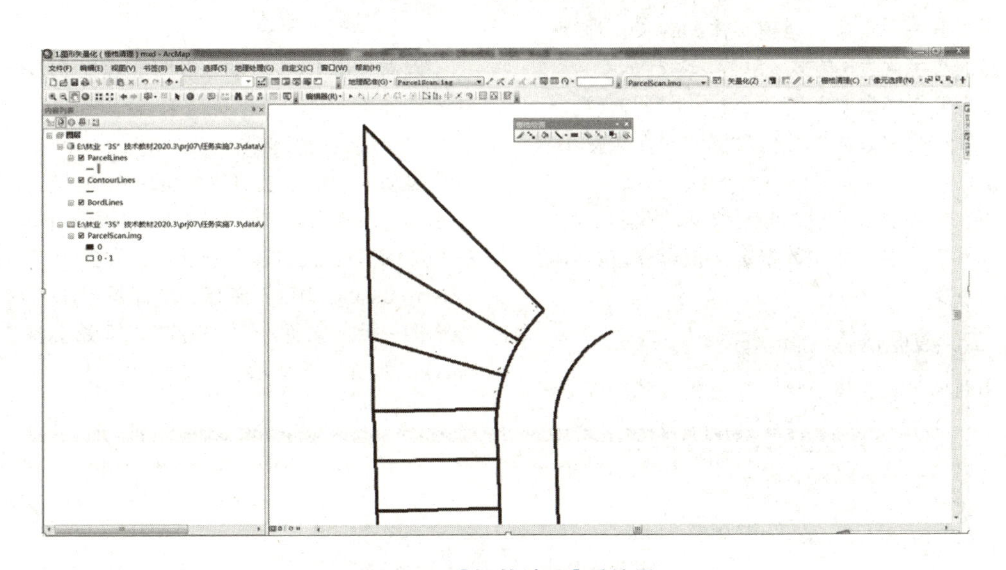

图 7-37 【栅格清理】后结果

斑点)，操作步骤为：打开矢量化工具条中的栅格清理/开始清理，像元选择/选择已连接像元，打开其对话框，输入像元面积的数值，如 200(100~500)，目的是选中清除斑点均选中，以便清除不必要的图像随机噪声。如果还有一些栅格不能擦除，则点击【栅格清理】→【栅格绘画】工具条，打开该工具条，使用其中的【擦除】和【魔术擦除】中的橡皮擦工具，将一些像元(线条、黑点、数值注记等内容)擦除。

(2)设置矢量化线条宽度

将一条矢量化线条的粗细进行设置，目的是让矢量化的线条将原来栅格图像上线条能够选中。操作步骤为：在 ArcScan 工具条中，打开【矢量化】下拉菜单→【矢量化设置】(设置矢量化中参数)对话框，填入相应数值。在选择宽度前也可以点击【栅格线宽度】将图上栅格线的宽度量一下。

(3)提取矢量化线段

用鼠标选中矢量化要素(如线要素)，在栅格图形上将要矢量化的线条(如地形图中的等高线等)选中，可以用屏幕跟踪工具，也可以用自动跟踪工具，二者交互使用均可。最后保存编辑内容，则可以在ArcMap显示窗里看见已经矢量化好的图形。

(4)矢量化线条平滑处理

对矢量化的线条，可以利用【矢量化设置】对话框中“平滑权重”数值设置，使得线条平滑。

任务实施

使用ArcScan对地形图自动矢量化

一、目的与要求

①了解地理现象、地理实体的含义，地理空间信息的数字化表述方式。

②理解空间数据含义、属性、类型和来源。

③理解空间数据中几何数据和属性数据采集的方法。

④掌握空间数据投投影变换预处理的概念和方法。

⑤具备对某一空间数据定义投影和进行投影变化的技能。

二、数据准备

山西林业职业技术学院东山实验林场部分地形图，并对图形扫描完毕，保存格式.tiff或.img。

三、操作步骤

以对某市1∶1万的地形图地理配准为例，具体操作如下：

(1)加载图形文件

启动ArcMap，打开一幅空白文档。在ArcMap中添加图层数据(一幅用于矢量化的栅格图形)(前提是该图形已经完成地理配准)，线要素“等高线”(在ArcCatalog中已经新建，坐标系与所要加载的地形图一致)文件(...\ prj07 \ 任务实施 7-3 \ data)，如图7-38所示。

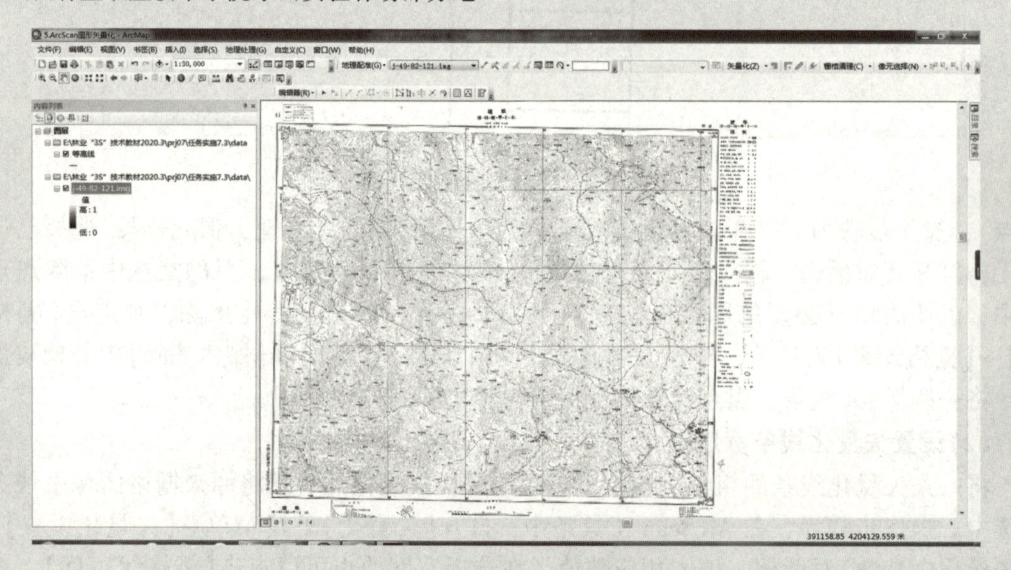

图7-38　在ArcMap中加载数据

（2）加载 ArcScan 图形矢量化工具

启动 ArcMap，打开一幅空白文档。在主菜单栏点击【自定义】→【扩展模块】，在【ArcScan】前勾选“√”，表示将 ArcScan 模块打开，如图 7-39 所示。

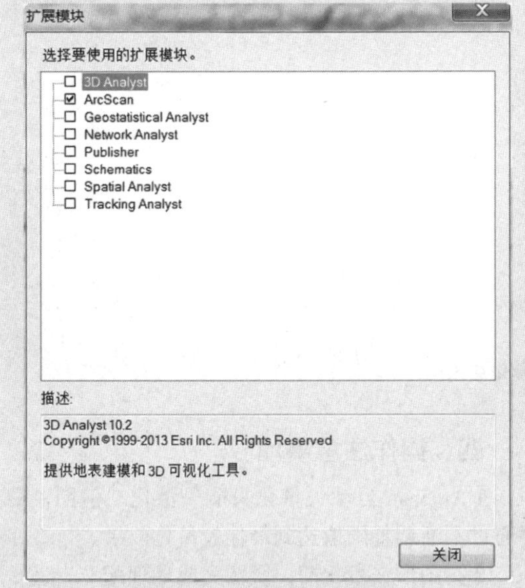

图 7-39 【扩展模块】对话框

点击【自定义】→【工具条】，在【ArcScan】前勾选“√”，将 ArcScan 工具条加载到 ArcMap 中。

（3）图形二值化处理

在 ArcMap 的内容列表中选中地形图，点击右键→【属性】→【符号系统】，在左边的【显示】列中，选择【已分类】，【类别】选择将栅格数据分作“2”类，【色带】选择“黑白”。

（4）图形矢量化

①点击【自定义】→【工具条】，打开编辑器。在【编辑器】工具条上单击【编辑器】→【开始编辑】，选中【等高线】这个线要素类，单击【确定】按钮，使得矢量图层（等高线）处于编辑状态。同时启动并激活 ArcScan 工具条。

②打开【编辑器】→【开始编辑】，选中等高线，在地形图将调查地区等高线进行矢量化操作。在操作时为了加快工作速度，可用屏幕跟踪矢量化（用鼠标逐点跟踪线段，一般速度较慢，但易操作）和自动跟踪矢量化（鼠标点上某一段，只要前面没有要素、节点，则线段会自动很快跟踪）结合使用，二者切换用键盘上 Ctrl+X（撤销）进行，结果如图 7-40 所示。

如果调查区域范围较大，牵扯好几张栅格图形，则将它们裁剪合并（拼接）后，在图上再进行矢量化，最后得到调查地区总的总矢量化结果，如图 7-41 所示。

③矢量化完成后，点击【矢量化】旁边的倒三角符号，可以看到下拉工具【显示预览】，点击它后可以查看预览效果。如果符合要求，则点击【生成要素】，则 ArcScan 则自动生成矢量化。

④在【编辑器】工具条上，单击【编辑器】→【保存编辑内容】保存矢量化结果。单击【编辑器】→【停止编辑】，停止编辑要素。

⑤属性的录入。单击【编辑器】工具条上的【选择已经连接像元】按钮，单击【编辑器】工具条上的【属性】按钮，打开【属性】对话框，可以输入要素的属性值，使得图形数据与属性要素数据相匹配。

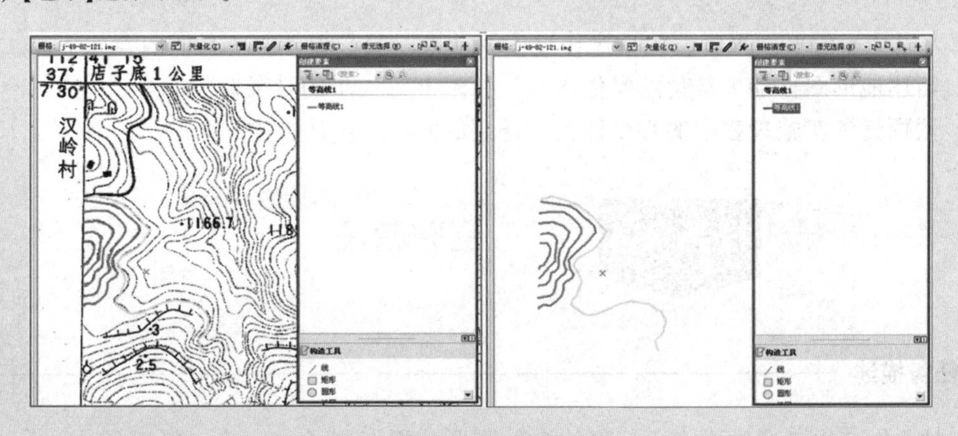

图 7-40 图形矢量化过程

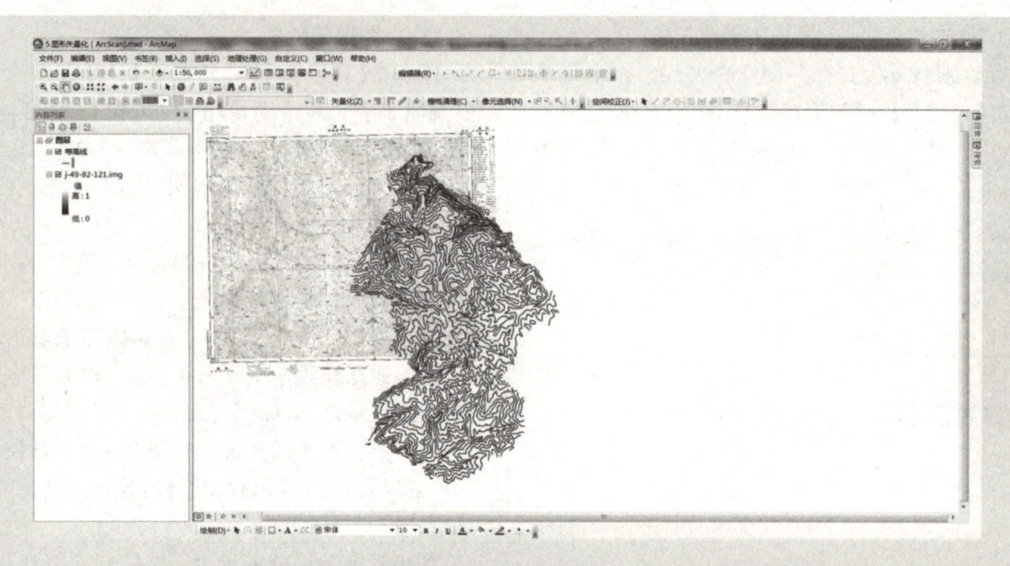

图 7-41 图形矢量化结果

⑥等高线提取。在 ArcToolbox 中选择【Spatial Analyst 工具】→【表面分析】→【等值线】，打开等值线对话框：在【输入栅格】中选择用来生成等高线的栅格数据集（带有高程信息，如 DEM），在【等值线间距】中设置等高距。

⑦等高线平滑处理。在 ArcToolbox 中选择【制图工具】→【制图综合】→【平滑线】，打开对话框，在【输入要素】中选择用来平滑的等高线数据，在【输出要素类】中设置输出要素，选择【平滑算法】，设置【平滑容差】。等高线进行平滑处理。

四、操作注意事项

①ArcScan 自动矢量化只能矢量化二值图，需要通过不断调整阈值达到最佳矢量化效果。

②在图形矢量化前，图像完成地理配准，进行图形二值化处理，编辑器处于开始编辑状态。

③在图形矢量化前，对图形进行【栅格清理】，使得图像变得干净整洁，减少后期图形矢量化中误差。

成果提交

每人提交一份书面报告，包括操作过程和结果以及心得体会。具体内容如下。

1. 简述地形图自动矢量化的操作步骤，并附上每一步的结果截图。
2. 回顾任务实施过程中的心得体会，遇到的问题及解决方法。

任务 7.4 空间校正

任务描述

在林业生产中，通常要将所搜集的多种图形数据资料放在一个 GIS 系统中进行处理。这些数据由于来源不同，放在一起时个别数据会发生变形或旋转，影响结果，因此必须进行空间校正。本任务从空间校正变换、橡皮页变换、边匹配、属性传递等几个方面学习空间校正的方法。

 **任务目标**

能够使用 ArcMap 应用程序和空间校正工具，针对不同数据变形情况，选择合适的空间校正工具进行数据处理，形成一个符合要求的数据。

 **知识准备**

7.4.1　空间校正概述

GIS 数据通常源来自多个部门。当这些数据源的空间位置不能匹配，甚至数据根本没有坐标信息时，有时需要执行额外的操作以将新数据集与原数据集进行整合。在整合过程中，相对于基础数据而言，一些数据会在几何上发生变形、扭曲或旋转。为了解决此问题，可以用 ArcGIS 中空间校正工具对数据进行对齐和整合。

空间校正又称三维偏移校正，可以将数据从一个坐标系中转换到另一个坐标系中，校正几何形变；也可以将沿着某一图层的边的要素与邻接图层的要素进行对齐，甚至还能通过【属性传递工具】在图层之间复制属性，将属性从一个要素传递到另一个要素。结合使用编辑工具(如捕捉)、校正工具和属性传递功能可以提高数据质量。

地理配准和空间校正的不同之处在于地理配准针对的是栅格数据，而空间校正的是针对矢量数据，它会修改原始数据的坐标信息，可能还会在几何上发生变形或旋转，所以要在编辑会话中进行。空间校正的典型应用是对图形矢量化后数据的结果进行处理。

7.4.2　空间校正工具条

在 ArcMap 主菜单中，单击【自定义】→【工具条】→【空间校正】，打开【空间校正】工具条，如图 7-42 所示，【空间校正】工具条上各选项及其功能见表 7-4。

空间校正(J)▾

图 7-42　【空间校正】工具条

表 7-4　【空间校正】工具条功能

图标	名　称	功能描述
空间校正(J)▾	空间校正	包括设置校正数据、校正方法、校正、校正预览、链接线、属性传递映射和选项设置 7 个子菜单
	选择要素	选择要素

（续）

图标	名 称	功能描述
	新建位移链接	添加控制点的链接
	修改链接线	对控制点的链接进行修改
	多位移链接	创建多个位移链接，适合于曲线要素
	新建标识链接	将要素正确地固定在指定的位置上
	新建受限校正区域	限制校正区域范围，只适用于橡皮页变换校正方法
	清除受限校正区域	清除校正时受限制的范围
	查看链接表	通过查看链接表中的 RMS 误差，可以对校正的精度进行检查
	边匹配	沿某个要素范围的边将要素与相邻范围内相应要素对齐
	属性传递工具	将数据源的属性信息传递给目标数据

7.4.3 空间校正方法

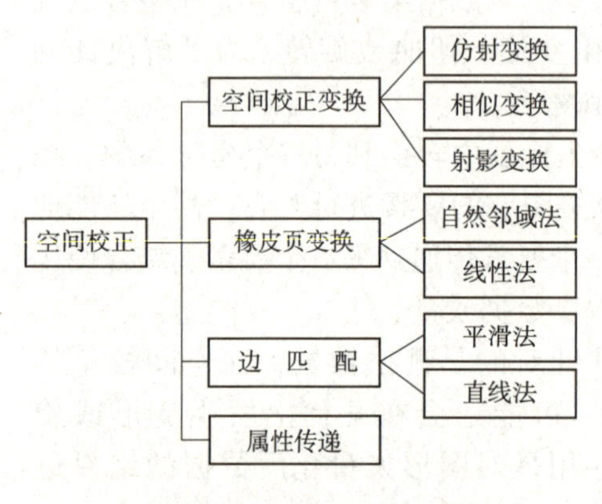

图 7-43 空间校正方法

在 ArcGIS 10.6 中常见的 4 种空间校正的方法如图 7-43 所示。空间校正变换用于在坐标系内移动、平移数据或者转换单位。如果要在坐标系之间转换数据，则应该先对数据进行投影。橡皮页变换用于纠正几何变形。边匹配是沿着某一图层的边要素与相邻图层的要素对齐。属性传递是在图层之间复制属性。

(1)空间校正变换

空间校正变换主要用于在坐标系内移动、平移数据或者转换单位。主要的变换名称有仿射变换、相似变换、射影变换 3 种。它们的功能和特点见表 7-5。

表 7-5 空间校正变换方法

变换名称	变换功能	最少位移链接数	特 点
仿射变换	缩放、旋转、平移、倾斜	≥3	仿射变换可以不同程度地对数据进行缩放、旋转、平移和倾斜
相似变换	缩放、旋转、平移	≥2（如果计算 RMS 误差，则至少≥3）	相似变换可以缩放、旋转和平移数据，但不会单独对轴进行缩放，也不会产生任何倾斜；相似变换可使变换后的要素保持原有的横纵比，如果要保持要素的相对形状，这一点就显得非常重要
射影变换	主要用于对航空相片中采集的数据直接进行变换	≥4	变换前后共点、共线、交比、相切、拐点，以及切线的不连续性保持不变

(2)橡皮页变换

橡皮页变换常用于对数据进行小型的几何校正。在橡皮页的校正中，经常将一个图层与另外一个与之十分靠近的图层对齐，调整源图层以适应更精准的目标图层。在橡皮页变换中，表面逐渐被拉伸，并使用保留直线的分段变换方法来移动要素。其变换方法有线性法、自然邻域法两种。两种方法的特点见表 7-6。

表 7-6　橡皮页变换方法

方法	特　点
线方法	1. 用于快速创建 TIN 表面； 2. 线性法选项执行速度较快； 3. 当许多连线均匀分布在校正数据上时可以生成不错的结果
自然邻域法	1. 自然邻域法(与反距离权重法相似)执行速度稍慢； 2. 当位移链接不是很多，数据的集中较为分散时，得出的结果会更加准确； 3. 在一些间距很远的链接时使用自然邻域法

(3)边匹配

边匹配俗称“接边”，软件界面也成为“边捕捉”。主要用于多幅地形图拼图时的接边。因为相邻地图之间直接拼接往往有误差。如果原始地图是分图幅输入，在图幅相邻处，双方的坐标即使满足精度要求，也会有少量错位。边捕捉处理使得要素少量移动后对准，消除拼接处的错位，不但使得显示、制图美观，而且可以使得不同图层上的要素进一步合并，建立多边形、网络，满足拓扑规则。因此，边匹配用于沿相邻图层的边缘将要素对齐。通常在对包含较低精度的要素图层进行调整，而将精度高的要素图层用作目标图层时使用该法。边匹配有两种计算方法：平滑和线。平滑使链接线附近的点也发生移动，较常用；线仅使用链接线端点(指定点)发生位移，其余点保持原位。两种方法的特点见表 7-7。

表 7-7　边匹配方法

方法	特　点
平滑	位于链接线源点的折点将被移动到目标点，其余折点也会被移动，从而产生整体平滑效果。此项大多数为默认设置
线	只有位于链接线源点的折点会被移动到目标点，要素上的其余折点保持不变

(4)属性传递

属性传递通常用于将属性从精度较低的图层复制到精度较高的图层。例如，将地形图中某些要素的名称从先前数字化的比例尺为 1∶5 万的高度概化传递到比例尺为 1∶2.5 万的更为详细地形图。在具体操作时，可以指定要在图层间传递那些属性要素，然后以交互方式选择源要素和目标要素。

7.4.4 空间校正操作步骤

在 ArcGIS 中执行空间校正的一般操作步骤如下。

①启动 ArcMap，加载数据即创建新地图或者打开现有地图，将要编辑的数据添加到地图上。

②加载【空间校正】工具条。

③打开【编辑器】为开始编辑状态，则启动【空间校正】工具条和要编辑的数据。

④在【空间校正】下拉菜单下，选择【设置校正数据】，对要校正数据进行选择设置。

⑤在【空间校正】下拉菜单下，选择【校正方法】，选择该数据空间校正的方法。

⑥创建位移链接(不同校正方法选择的位移链接方法不同)。

⑦在【空间校正】下拉菜单下，选择【校正预览】，查看无误后执行校正。

⑧在【编辑器】下拉菜单下，选择【保存编辑内容】和【停止编辑】。

任务实施

要素空间校正处理

一、目的要求

①理解几种空间校正含义、异同。

②理解几种空间校正处理过程的原理。

③掌握几种空间校正操作过程的流程和方法步骤。

④熟练识别空间校正工具条上各个图标及图标的功能，具有对某一具体数据选择具体方法并进行空间校正的能力。

二、数据准备

准备将要进行空间校正的矢量数据。

三、操作步骤

(1)空间校正变换

①*启动要空间校正的数据*。启动 ArcMap，打开地图文档 Transform. mxd(...\ prj07 \ 任务实施 7. 4 \ data)，如图 7-44 所示。

由图 7-44 可以看出，该数据框架中有 roadcenter(线)、plan(多边形)和 design(线)3 个图层，其中 roadcenter(线)、plan(多边形)是已经完成的某地区规划道路中心线和规划地块，它们的位置基本准确(即是高精度坐标位置)。design(线)是其他单位完成的规划设计图(即精度稍微低点坐标位置)，这两者的位置有明显偏差，design(线)需要移动、旋转、拉伸，才能和 roadcenter(线)、plan(多边形)相匹配。

②*加载【空间校正】工具条*。在 ArcMap 主菜单中，单击【自定义】→【工具条】→【空间校正】，加载【空间校正】工具条。

③*启动【编辑】状态*。打开【编辑器】工具条，在【编辑器】→【开始编辑】，使软件处于编辑状态，进而启动数据编辑。

④*空间校正数据设置*。在【空间校正】工具条上单击【空间校正】→【设置校正数据】，打开【选择要校正的输入】对话框，选中“以下图层中的所有要素(A)”，使用单选按钮，选择校正数据“design”(即在该数据前方框中打上“√”)，单击【确定】按钮，如图 7-45 所示。

注意：

• 在【空间校正】中【自动校正】前面“√”去掉。

• 两种校正方式：一种是对所选要素进行空间校正；另一种是通过勾选图层对整个中要素进行空间校正。本例采用对所选要素进行空间校正。

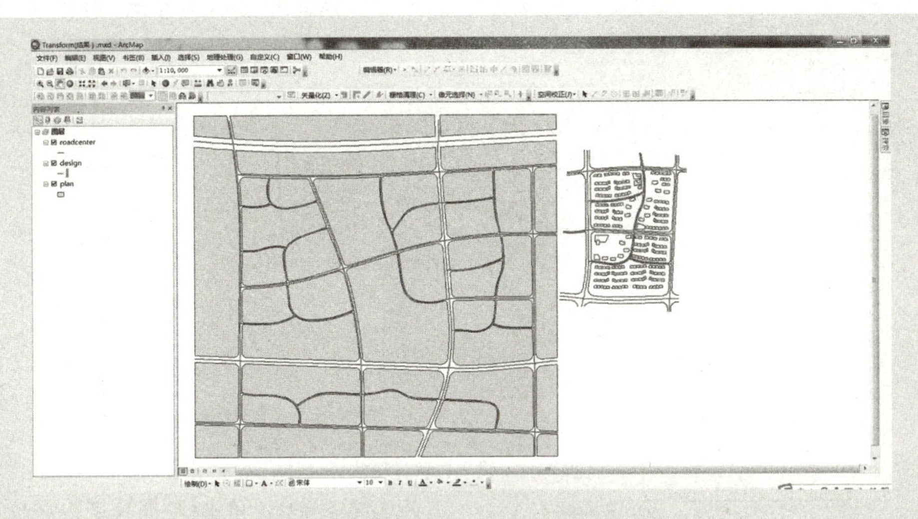

图 7-44　ArcMap 中的 Transform. mxd 文件

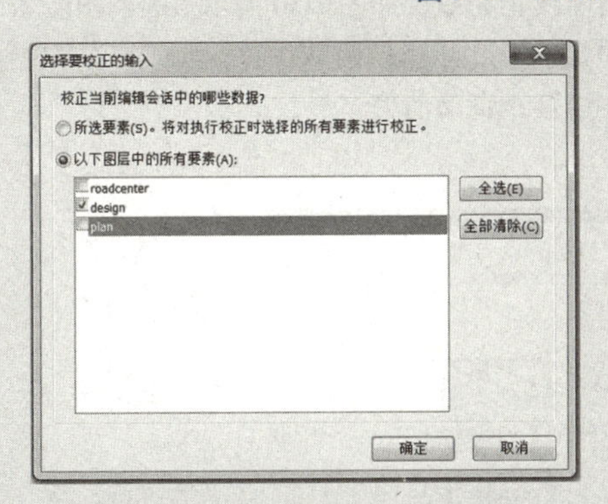

图 7-45　Transform. mxd 文件中【选择要校正的输入】对话框

图 7-46　【捕捉】设置

⑤选择校正方法。单击【空间校正】→【校正方法】→下拉选择【变换-仿射】，选择出【变换-仿射】校正方法。

⑥设置捕捉。在【编辑器】工具条上，单击【编辑器】→【捕捉】→【捕捉工具】，打开【捕捉工具条】，选择端点、折点、边 3 种捕捉方式，在【捕捉(S)】→【选项】中设置【捕捉容差】，将容差像素设置为 10. 0，以便于准确建立校正链接。如图 7-46 所示。

⑦建立位移链接线。单击【空间校正】工具条上的【新建位移链接】按钮，先用鼠标单击被校正要素图层 design 上的某点(主要道路中心线的某一交叉特征点)，再点击 roadcenter 图层(基准要素图层)上的对应点(要校正的正确位置)。建立了一条位移链接线，即起点是被校正要素(design)上的某点，终点是基准要素(roadcenter)上的对应点。用同样方法建立足够多的链接(至少 3 个以上链接)。如图 7-47 所示。

⑧查看位移链接属性表。在【空间校正】工具条上，单击【查看链接表】按钮，查看各个位移链接的坐标值和 RMS 误差，如图 7-48 所示。对于残差较大的链接点删除或者重新设置。要求所建立的链接点分布均匀，尤其是拐角位置必须要有链接点，这样校正效果才较好。

⑨校正效果预览。单击【空间校正】→【空间校正】预览，预览校正效果，如图 7-49 所示。若对校正效果符合要求，便可以执行；若不满意校正效果，则应该返回(图 7-47)，检查位移链接设置是否符合要求。在此过程中，删除 RMS 误差较大的链接线，重新建立位移链接。

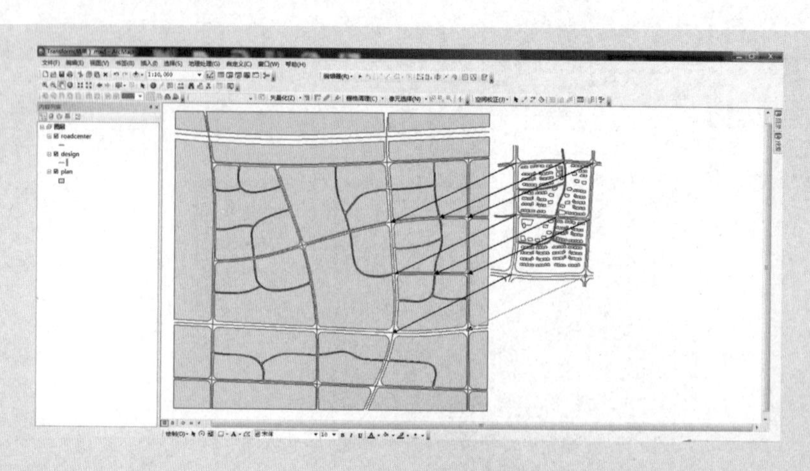

图 7-47　设置位移链接线

链接表

X源	Y源	X目标	Y目标	残差
496247.684209	3398461.301877	495588.987658	3398162.692935	0.00137
495823.227086	3398159.431859	495184.175460	3397834.953708	0.00152
496230.431489	3398155.373690	495590.836677	3397856.284234	0.00484

删除链接(D)　关闭

RMS 误差:　0.005350

图 7-48　位移链接表

⑩完成操作。单击【空间校正】→【校正】，确定空间校正完成，如图 7-50 所示。表明图层 design 中的要素经过计算，调整位置，实现了仿射变换，位移链接线自动消失。

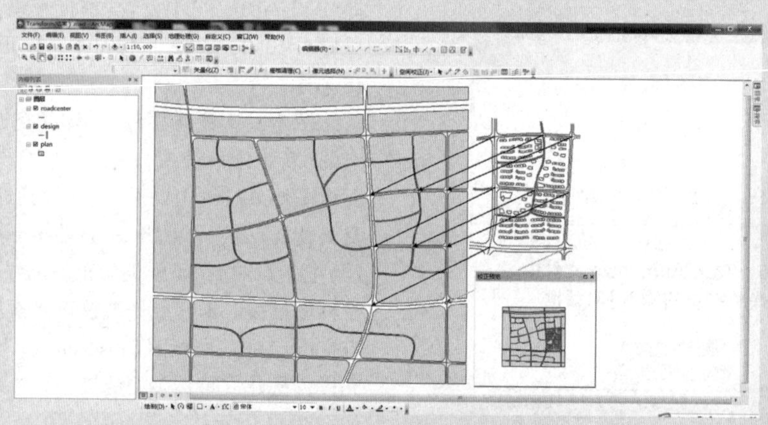

图 7-49　【空间校正】预览

图 7-50　【空间校正】结果

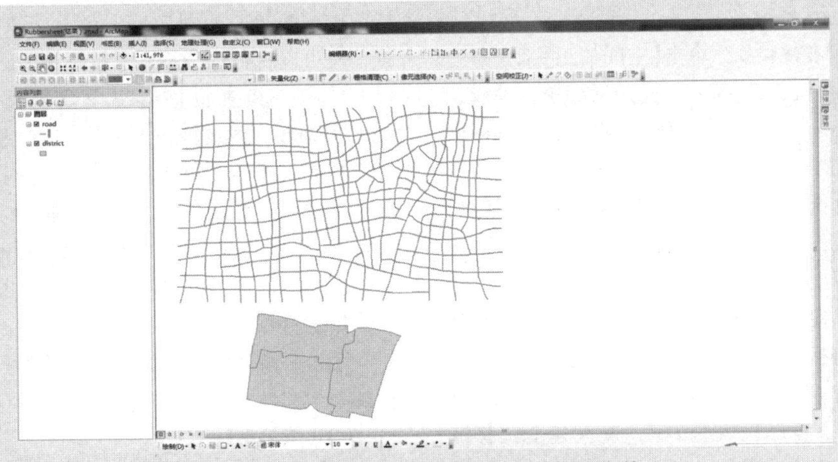

图 7-51　ArcMap 中的 Rubbersheet. mxd 文件

注意：如果知道被校正图上的关键点的真实坐标，可以通过这些关键点进行变换。具体方法：首先建立链接文件，格式为文本文件，第一列是关键点的屏幕 X 坐标，第二列是关键点的屏幕 Y 坐标，中间用空格分开，每个关键点一行。在【空间校正】工具条上，单击【空间校正】→【链接线】→【打开链接线文件】，进行空间校正变换。

⑪保存编辑内容。如果是练习则不保存，或另存为一个文件，停止编辑。

(2)橡皮页变换

①启动要空间校正的数据框。启动 ArcMap，打开地图文档 Rubbersheet. mxd(...\ prj07 \ 任务实施 7. 4 \ data)，如图 7-51 所示。

从图 7-51 中可以看出有 road(道路，线)、district(行政区划，多边形)两个图层要素。从图层数据框 \ 属性 \ 坐标系的对话框中可以看出，三者的坐标系是一致的。road(道路，线)为某地区已有的道路线，位置较为准确；district(行政区划，多边形)由扫描后数字化得到，不但距离、方位偏差明显，而且各方向的变形也不均匀，上部宽、下部窄。因此，本例以 road(道路)为参照，校正 district(行政区划形)，使后者的空间位置与前者基本匹配，采用橡皮页变换方法。

②启动【编辑】状态。打开【编辑器】工具条，使其处于打开编辑状态，进而启动数据编辑。单击【编辑器】→【捕捉】→【捕捉工具条】，打开【捕捉工具条】，设置捕捉环境，本例中设置折点捕捉，捕捉的容差像素设置为 10. 0，以便于准确建立校正链接。

③选择【设置校正数据】。加载【空间校正】工具条，在【空间校正】工具条上，单击【空间校正】→【设置校正数据】，打开【选择要校正的输入】对话框，选中【以下图层中的所有要素】单选按钮，选择校正数据 district(即在该数据前方框中打上“√”)，如图 7-52 所示。

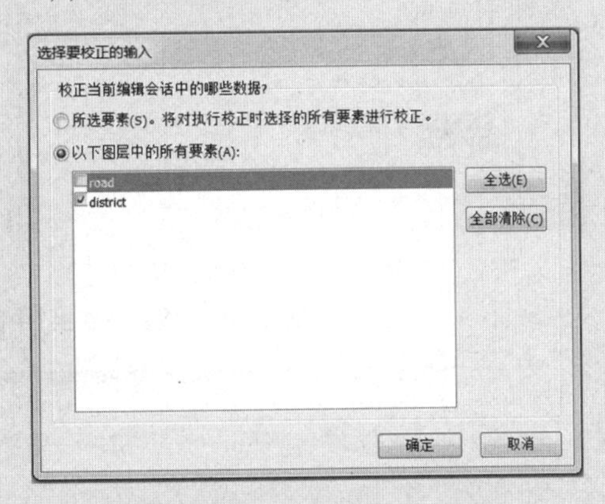

图 7-52　Rubbersheet. mxd 文件中【选择要校正的输入】对话框

④选择校正方法。单击【空间校正】→【校正方法】→下拉选择【橡皮页变换】，选择出【橡皮页变换】校正方法。

⑤校正设置。单击【空间校正】→【选项】，打开【校正属性】对话框，单击【常规】选项卡，在【校正方法】下拉框中选择【橡皮页变换】，再单击【选项】按钮。打开【橡皮页变换】对话框，选中【自然领域法】单选按钮，单击【确定】按钮，返回【校正属性】对话框，再次单击【确定】按钮，完成设置。

如图 7-53 所示。

⑥输入位移链接线。单击【空间校正】工具条上的【新建位移链接工具】按钮，先用鼠标单击被校正要素图层 district 上的某个关键点，再点击 road 图层上的对应点(要校正的正确位置)，则建立了一条位移链接线，即起点是被校正要素 district 上的某点，终点是基准要素(road)上的对应点。用同样方法建立至少 3 个以上链接线，如图 7-54 所示。

注意：一定要将链接线的起点、终点位置对齐、对准，链接线在图上必须分布均匀。

⑦查看位移链接属性表。在【空间校正】工具条上，单击【查看属性表】按钮，查看各个位移链接的坐标值和 RMS 误差。对于残差较大的链接点删除或者重新设置。要求所建立的链接点分布均匀，尤其是拐角位置必须要有链接点，这样校正效果才较好。

⑧预览。单击【空间校正】→【空间校正】预览，预览校正效果，如图 7-55 所示。若对校正效果满意，便可以执行；若不满意校正效果，则应该返回(图 7-54)，检查位移链接设置是否恰当。删除 RMS 误差较大的链接线，重新建立位移链接。

⑨完成操作。单击【空间校正】→【校正】，确定空间校正完成，如图 7-56 所示。表明图层 districtd 要素经过不同方向的拉伸、压缩处理，校正到合适的位置，位移链接线消失，校正目标点上显示特别符号。

⑩保存编辑内容。如果是练习则不保存，或另存为一个文件，停止编辑。

(3)边匹配

①启动要空间校正的数据框。启动 ArcMap，打开地图文档 EdgeMatch. mxd(...\ prj07 \ 任务实施 7. 4 \ data)，如图 7-57 所示。

从图 7-57 中可以看出，有 roda1(线)、roda2(线)两个图层要素，它们的坐标系一致。roda1(线)

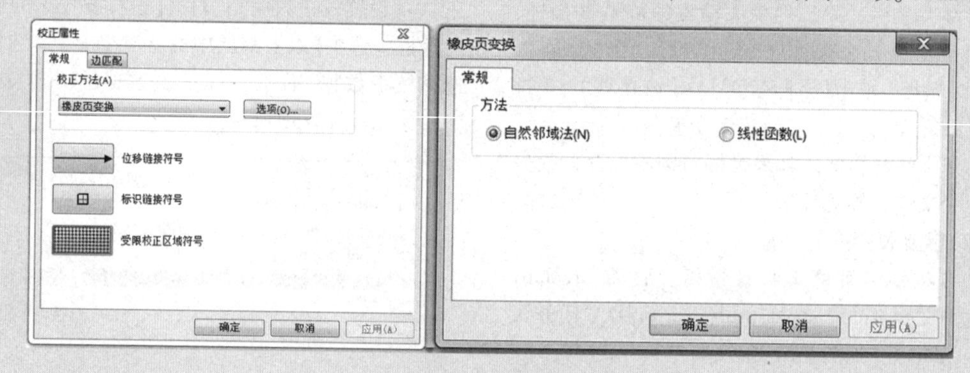

图 7-53 【橡皮页变换】中【校正属性】和【橡皮页变换】对话框

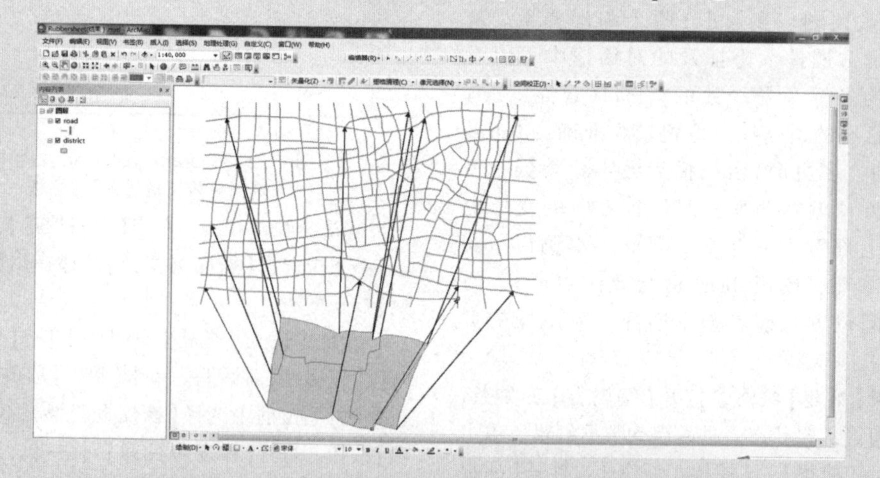

图 7-54 Rubbersheet. mxd 文件中【空间校正】设置对话框

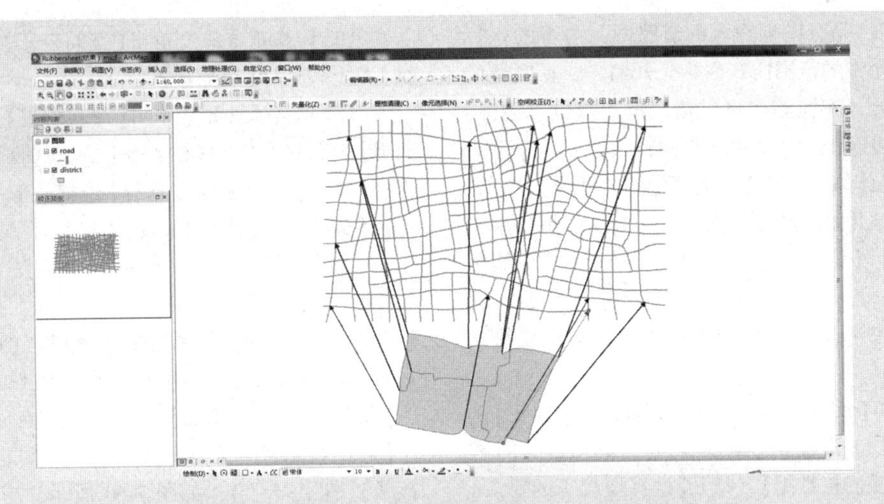

图 7-55 Rubbersheet. mxd 文件中【空间校正】预览对话框

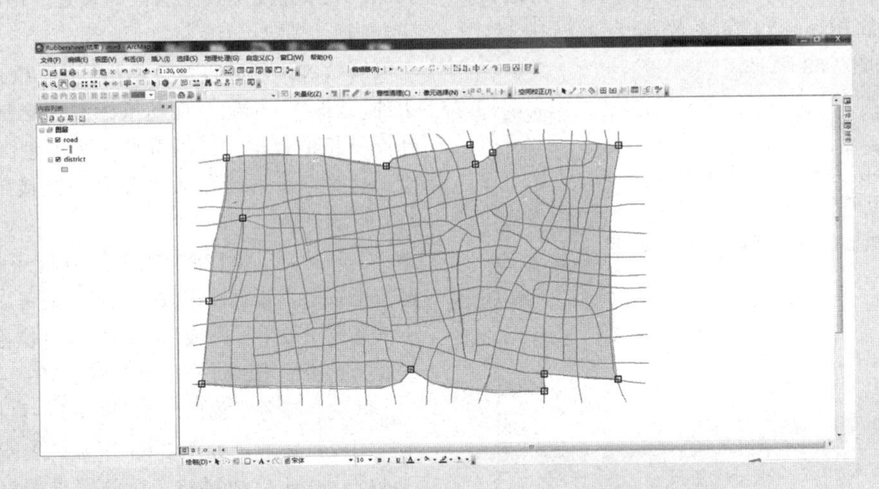

图 7-56 Rubbersheet. mxd 文件中【空间校正】结果对话框

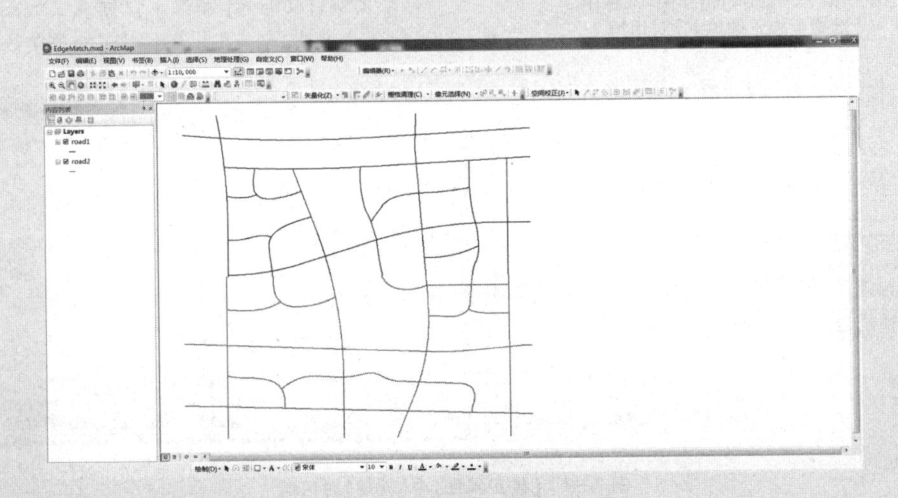

图 7-57 ArcMap 中的 EdgeMatch. mxd 文件

与 roda2(线)是分图幅输入的道路网，两者的坐标误差均在允许的范围内。因为分开输入，在图幅的边缘拼接处，不能够严格对接，稍有错位。因此，需要采用边匹配的方式进行空间校正。

②启动【编辑】状态。打开【编辑器】工具条，使其处于打开编辑状态，进而启动数据编辑。单击【编辑器】→【捕捉】→【捕捉工具条】，打开【捕捉工具条】，设置捕捉环境。本例设置折点捕捉，捕捉的容差像素设置为 20.0，以便于准确建立校正链接。

③选择【设置校正数据】。加载【空间校正】工具条，在【空间校正】工具条上，单击【空间校正】→【设置校正数据】，打开【选择要校正的输入】对话框，选中【以下图层中的所有要素】单选按钮，选择校正数据 road2（在该数据前方框中打上"√"），如图 7-58 所示。

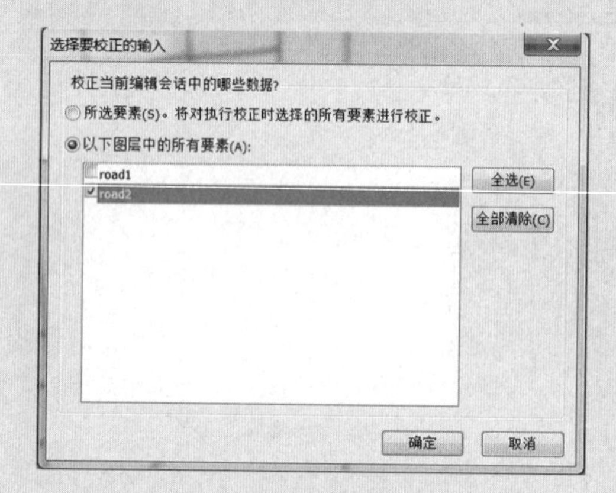

图 7-58　EdgeMatch. mxd 文件中【选择要校正的输入】对话框

④选择校正方法。单击【空间校正】→【校正方法】→下拉选择【边捕捉】。

⑤校正属性设置。单击【空间校正】→【选项】，打开【校正属性】对话框。在【校正属性】对话框中选择【常规】，校正方法选择【边捕捉】，点击其右边的【选项】，打开【边捕捉】对话框，方法选择【平滑】，选中【校正到链接中点(M)】，如图 7-59 所示。

在【校正属性】对话框中选择点击【边匹配】对话框，在对话框中，【源图层】下拉框中选择"road2"，在【目标图层】下拉框中选择"road1"，选中【避免重复链接线】复选框和【每个目标点一条链接线】(打上"√")，如图 7-60 所示，单击【确定】按钮，完成边匹配校正属性的设置。再次单击【确定】按钮，完成设置。

⑥输入位移链接线。单击【空间校正】工具条上的【边匹配】按钮，拖动鼠标左键绘制矩形框选择要链接的范围，可以看见 3 个黑色圆点标记的点，这些点经过计算后将要自动链接节点(图 7-61)。

⑦预览。单击【空间校正】→【校正预览】，预览校正效果。若对校正效果满意，便可以执行；若不满意校正效果，则应该返回，检查位移链接设置或者为是否恰当，进一步重新修改(图 7-62)。

⑧完成操作。单击【空间校正】→【 校正】，确定空间校正完成，如图 7-63 所示。表明图层要素 road2 与 road1 完成拼接，线的端点严格对齐，位移链接线自动消失【即校正目标点上显示特别符号(绿色小方块)消失】，上下对应的链接线对齐。

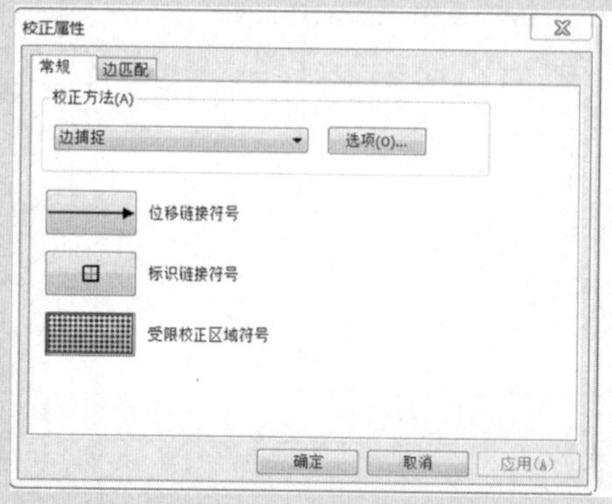

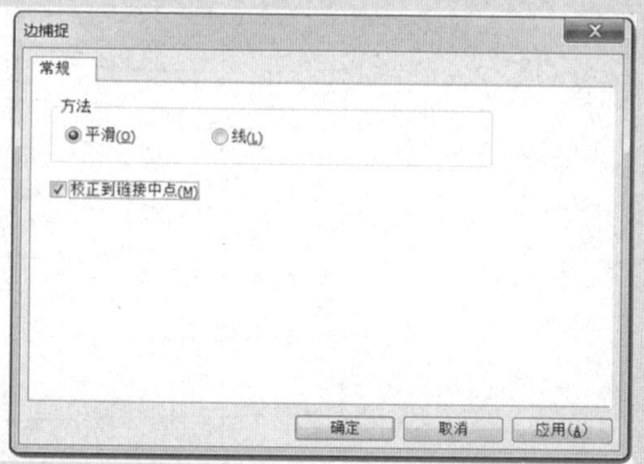

图 7-59　【校正属性】中【常规】对话框

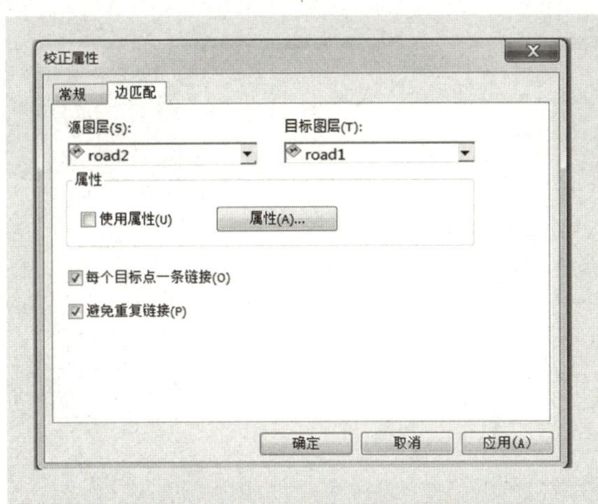

图 7-60　【校正属性】中【边匹配】设置对话框

⑨保存编辑内容。如果是练习则不保存，或另存为一个文件，停止编辑。

（4）属性传递

①启动要空间校正的数据框。启动 ArcMap，打开地图文档 AttributeTransfer. mxd(...\ prj07 \ 任务实施 7.4 \ data)，启动数据编辑，如图 7-64 所示。

从图 7-64 中可以看出，有 Streets(线)(源图层)、NewStreets(线)(目标要素)两个图层要素，它们的坐标系一致。NewStreets(线)(目标要素)是新建立的，缺少部分属性信息。为了提高工作效率需要将 Streets(线)(源图层)的属性信息传递到 NewStreets(线)(目标要素)中。

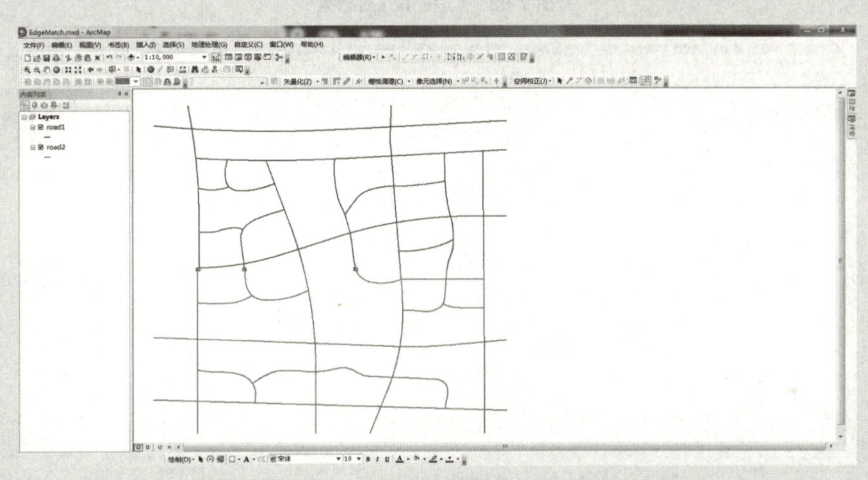

图 7-61　【边匹配】后自动生成的位移链接

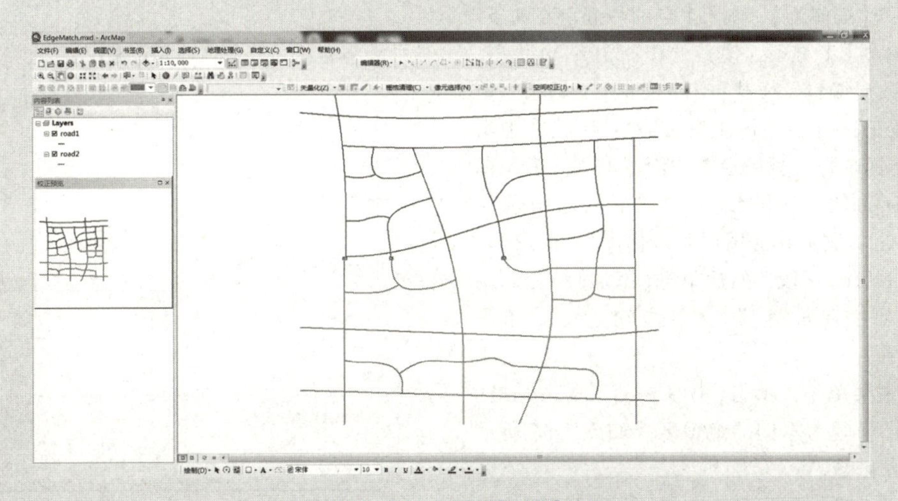

图 7-62　【边匹配】后【预览】结果

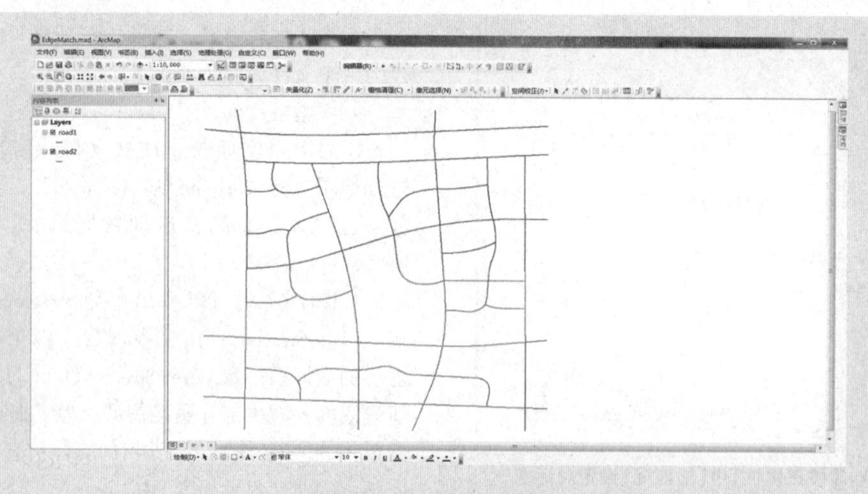

图 7-63　【边匹配】后结果

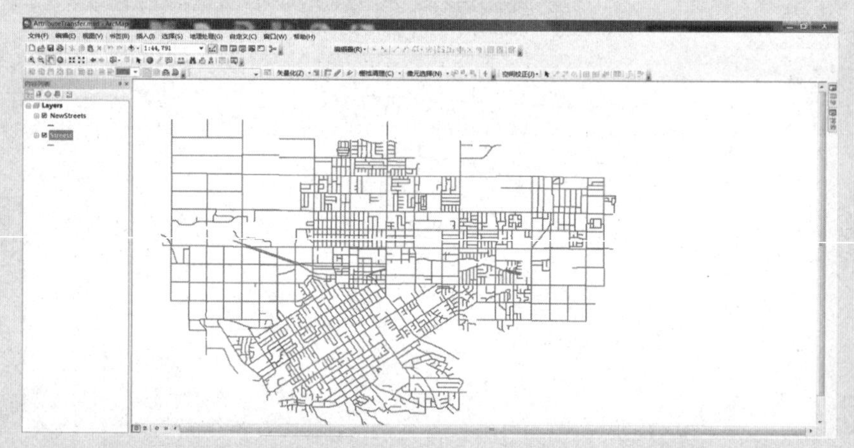

图 7-64　ArcMap 中加载 AttributeTransfer. mxd 文件

②打开【编辑器】，加载【空间校正】工具条。打开【编辑器】工具条，使其处于打开编辑状态，进而启动数据编辑。加载【空间校正】工具条。单击【空间校正】→【属性传递映射】对话框。在弹出的【属性传递映射】对话框中，在【源图层】下拉框中选择“Streets”，在【目标图层】下拉框中选择“NewStreets”。先后在源图层和目标图层字段列表框中单击 NAME 字段，然后单击【添加】按钮。用同样方法添加 Type 字段，如图 7-65 所示，单击【确定】按钮。

图 7-65　【属性传递映射】对话框

③在主菜单中，单击【书签】→【NewStreets】，将当前视图设置为本例的编辑区。如图 7-66 所示的中间线条区域。

④设置【捕捉】环境。单击【编辑器】→【捕捉】→【捕捉工具条】，打开【捕捉工具条】，设置捕

捉环境，该例子中设置折点捕捉，捕捉的容差像素设置为 10.0，以便于准确建立校正链接。

⑤单击【基础工具】工具条上的【识别】按钮，先后单击源图层 Streets 和目标图层 NewStreets，查看两者之间的 NAME 和 Type 字段的差异，如图 7-67 所示。

由图 7-67 可知，源图层 Streets 中每条线段都有名字(NAME)和自己的样式(Type)，而目标图层 NewStreets 则没有。

⑥单击【空间校正】工具条中【属性传递工具】按钮，捕捉到源要素(Streets)的边后单击，再捕捉到目标要素(NewStreets)的边后单击，则将源要素(Streets)的属性信息传递到目标要素中了(此时，可以用 单击目标要素，会发现目标要素的已经有了 NAME 和 Type 信息)。如在选择目标要素的同时按住 Shift 键，可以将源要素的属性传递到多个目标要素中，如图 7-68 所示。

⑦对所传递属性的目标要素进行验证，验证方法是用单击【识别】目标要素 NewStreets，查看其 NAME 和 Type 字段上是否有资料。过程同于步骤⑤。

⑧保存编辑内容并停止对数据的编辑。

图 7-66 【属性传递映射】编辑区

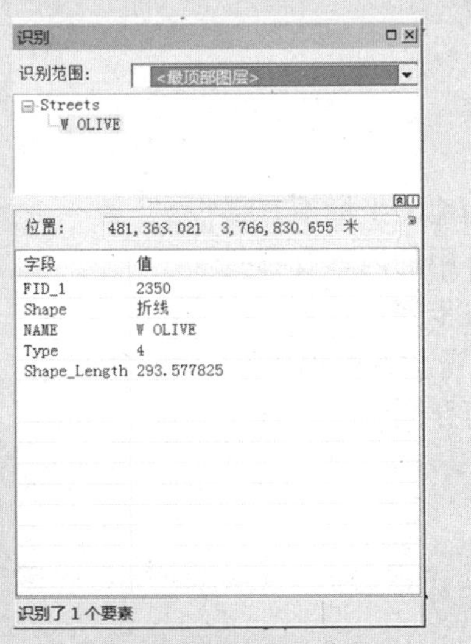

(a)源图层

(b)目标图层

图 7-67 源图层 Streets 和目标图层 NewStreets 识别结果

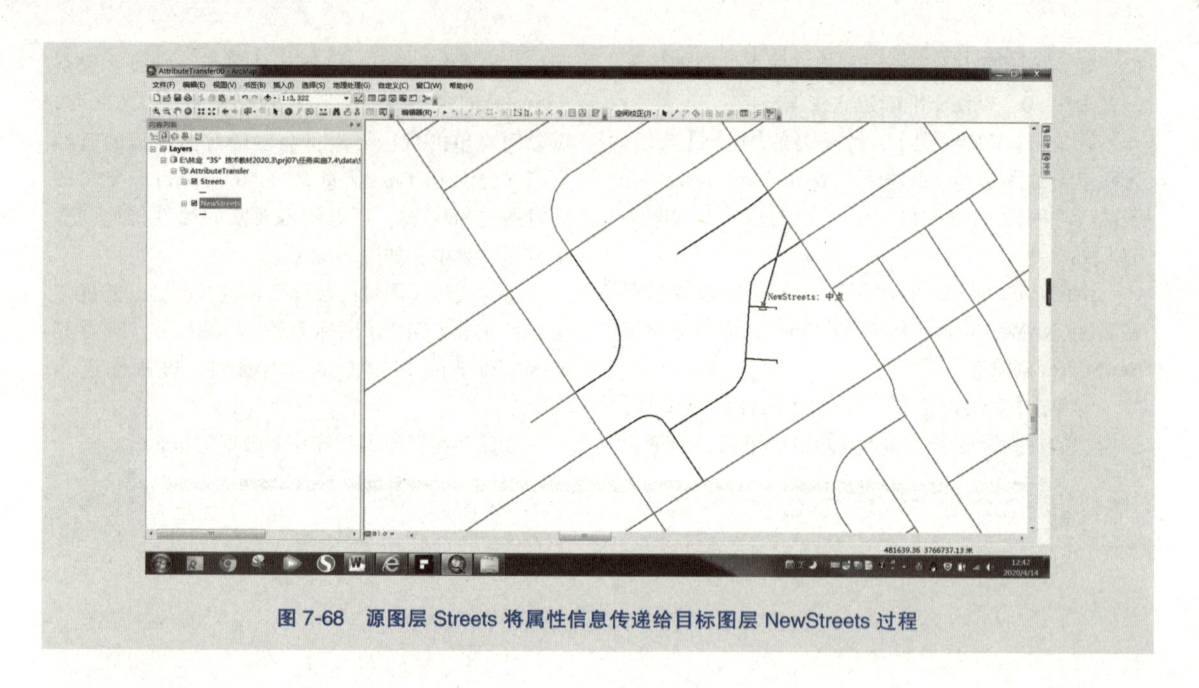

图 7-68 源图层 Streets 将属性信息传递给目标图层 NewStreets 过程

成果提交

每人提交一份书面报告，包括操作过程和结果以及心得体会。具体内容如下。

1. 简述空间校正变换、橡皮页变换、边匹配、属性传递的操作步骤，并附上每一步的结果影像。

2. 回顾任务实施过程中的心得体会，遇到的问题及解决方法。

复习思考题

1. 什么是空间数据？数据源种类有哪些？
2. 空间数据采集的方法有哪些？
3. 什么是空间参考、坐标系？我国常用地图坐标系有哪些？
4. 为什么要进行投影变换预处理？它常用的内容有哪些？
5. 什么是地理配准？简述其操作的方法步骤？
6. 简述使用 ArcScan 工具将栅格数据矢量化的前提条件。
7. 什么是空间校正？其与地理配准有何异同？

项目8 林业空间数据编辑与处理

使用 ArcCatalog 和 ArcMap 进行数据的编辑和处理，利用 ArcCatalog 和 ArcMap 建立地理数据库是 GIS 的主要工作内容。本项目通过地理数据库的建立、空间数据编辑、林业空间数据拓扑处理、ArcGIS 数据与其他数据的转换输入 4 个任务的实施完成，使学生熟悉数据库建立的工作流程，独立完成利用 ArcMap 中的编辑器进行图形矢量化处理，对地理数据库中各要素进行要素注记等属性编辑，利用 ArcCatalog 和 ArcMap 建立拓扑，对数据结果进行拓扑检查，利用 ArcCatalog 和 ArcMap 实现 ArcGIS 与 CAD 数据、KML 数据等数据格式转换处理等工作任务。

知识目标

1. 理解地理数据库含义，Shapefile 文件、空间拓扑等的含义及这些文件在建立时应该包括的文件类型。

2. 掌握空间数据(矢量数据、栅格数据)的含义、结构类型，使用 ArcCatalog 进行空间数据采集，在 ArcMap 中建立地理数据库的方法步骤。

3. 掌握数据的编辑、裁剪、合并、数据属性、拓扑、ArcGIS 数据格式与其他数据格式等的含义，操作方法，它们之间的关系及其在操作时的先后顺序。

技能目标

1. 能够熟练使用编辑器、高级编辑工具、捕捉工具等各个工具的功能、操作方式(是左键还是右键操作)。

2. 能够熟练使用 ArcCatalog 创建地理数据库(Geodatabase)文件，创建拓扑、属性域、关系等。

3. 能够熟练使用 ArcMap 进行图形数据和属性数据的编辑、要素注记和标注的编辑、裁剪与合并等。

4. 能够在 ArcMap 中对数据进行拓扑检查及拓扑错误的修订。

5. 能够熟练使用 ArcMap、ArcToolbox 进行 ArcGIS 数据格式与其他数据格式的转换。

任务8.1 地理数据库的建立

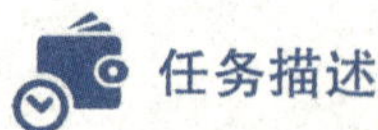

任务描述

在森林资源调查前，必须根据要求在遥感影像或地形图上进行森林区划，即划分调查范围，求算其面积，区划小班，标注清楚相应林业局，或者县、乡、村界限，道路、河流、建筑物位置，然后再对林班或小班进行森林资源调查，将调查结果在相应图上标注出来。目前完成这些工作任务大多数采用 ArcGIS 软件建立相应数据库，对调查结果的属性资源进行编辑标注。要注意必须按照工作程序和规范进行，并对结果检查分析。

任务目标

1. 能够理解地理数据库的含义、类别，掌握建立 Shapefile、Geoddatabase 文件。
2. 学会根据所给资料建立完整林业地理数据库的方法。

知识准备

8.1.1 Geodatabase 的数据管理

数据采集后，如何将其在数据库中进行组织，以反映客观事物及其联系，这是数据模型要解决的问题。GIS 就是根据地理数据模型实现在计算机上存储、组织、处理和表示地理数据的。储存数据主要有 Shapefile 和 Geodatabase 两种文件格式。目前在 ArcGIS 10.6 中可以直接创建 Shapefile 文件和 Geodatabase 文件。Geodatabase 是一种被所有 ArcGIS 产品及应用程序共享的通用框架，是建立在标准关系型数据库(RDBMS)之上，按照一定的模型和规则组合地理要素集，提供对要素类及其拓扑关系、复合网络、要素间关系以及其他面向对象要素的支持。

8.1.1.1 Shapefile 文件创建

(1)空间数据采集基本概念

①要素(feature)。要素是指空间矢量数据最基本的、不可分割的单位，具有一定的几何特征和属性。矢量数据有点、线、面、体几种类型。

②要素类(feature class)。要素类是指在 ArcGIS 中是指具有相同的几何特征的要素集合，如点、线、面、体等的集合，表现为 Shapefile 或 Geodatabase 中的 feature class。

③要素数据集(feature dataset)。要素数据集是指 ArcGIS 中相同要素类的集合，表现为 Geodatabase 中的 feature dataset，在一个数据集中所有的 feature class 都具有相同的坐标系统，一般也是在相同的区域。

④数据框架(data frame)。数据框架又称图层，是 feature class 的表现，由多个要素数据集和要素组成，相当于装载要素数据集和要素的容器。

⑤表(table)。表是指表示要素各种属性的表(dBASE)，里面有许多字段。

(2) Shapefile 文件创建方法

Shapefile 文件是指要素，是一种基于文件方式存储空间数据的数据格式，其文件类型有点、多点、线、面、立体面几种类型。其至少由 . shp、. shx 和 . dbf 3 个文件组成。

. shp(主文件)：储存地理要素的几何关系的文件。

. shx(索引文件)：储存图形要素的几何索引的文件。

. dbf(dBASE 表文件)：储存要素属性信息的 dBASE 文件(关系数据库文件)。

Shapefile 是一种开放格式，没有存储矢量要素间的拓扑关系，需要时通过计算提取。有时还会出现以下文件。

. sbn：当执行类似选择"主题之主题""空间连接"等操作，或者对一个主题(属性表)的 shape 字段创建过一个索引，就会出现这个文件。

. ain 和 . aih：储存地理要素主体属性表或其他表的活动字段的属性索引信息的文件。当执行"表格链接(link)"操作，. prj(坐标系定义文件)和 . shp. xml(元数据文件)就会出现。

创建 Shapefile 文件前应该设计好文件中点、线、面文件对应的数据要素，它将有哪些属性字段？便于将这些不同类型属性内容添加到属性表的字段中。

可以使用 ArcCatlog 和 ArcMap 两种方法创建新的 Shapefile 文件和 dBASE 表。

①用 ArcCatalog 创建新的 Shapefile 文件和 dBASE 表。打开 ArcCatalog→【新建文件夹】→【右键】→【新建】→【Shapefile】，打开其对话框：命名→【选择其文件类型】(如点、线、面、立体面几种类型)→【在属性中定义坐标系统】，【添加空间索引】→【在属性表中添加不同属性的字段名称和选择字段类型】。以某点文件为例说明其过程。

a. 打开 ArcCatlog 应用程序/链接文件夹到想要建立文件的文件夹中，如：. . .\ prj08 \ 任务 1 地理数据库的创建 \ 任务 1-1 数据库建立方法 \ 1. 创建 Shapefile 和 dBASE 表 \ result。

b. 在目录树中，左键选中【Result】→右键→【新建】→【Shapefile(s)】，打开【创建新 Shapefile】对话框，如图 8-1(a)所示。在【Shapefile 属性】对话框中设置相关属性。

• 名称：点文件，别名：点；选择文件类型：点文件，如图 8-1(a)所示。

• 空间参考(*XY* 坐标系)：点击【编辑】，打开【空间参考属性】对话框，如图 8-1(b)所示。根据所要工作地方的地理位置(当地经纬度，或者地形图投影情况)选择合适的地理坐标和投影坐标，如果已经知道某地区某文件投影，直接导入即可，如图 8-1(b)和图 8-1(c)所示。

注意：在 ArcCatlog 中建立相应的点、线、面文件，它们的坐标系统一定要和图面材料的坐标系统一致。

• 字段：选中点文件右击→【属性】，打开【属性】对话框，点击【字段】选项板，如图 8-1(d)所示。根据需要创建不同的字段名称，如在二类森林资源调查中，设 ID 号、权属性质、县代码、乡镇名、乡镇代码、村代码、组名称、行政村、地类、小班号、照片号

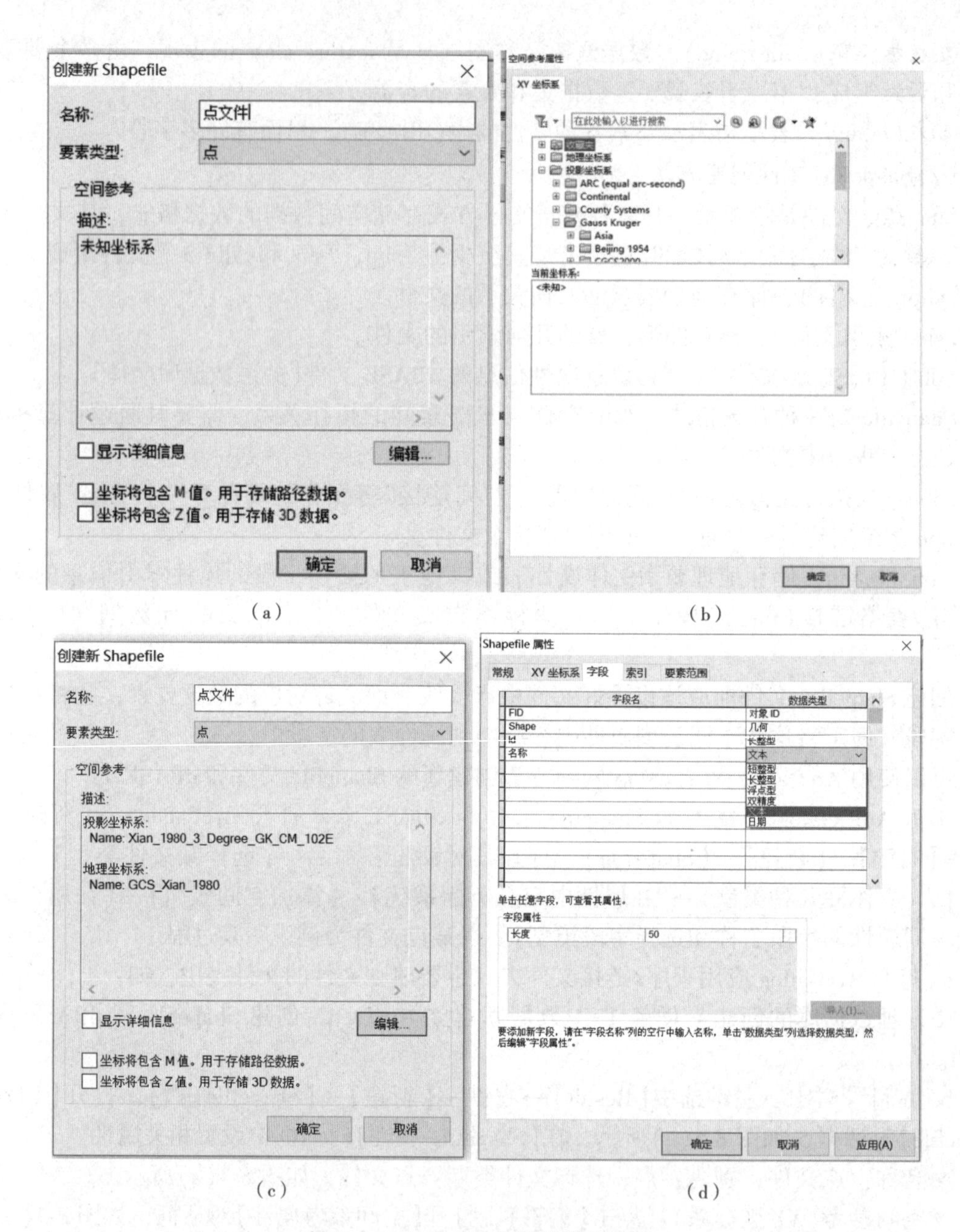

（a）　（b）　（c）　（d）

图 8-1　Shapefile 文件的建立过程

等，每个不同字段名选择不同数据类型，如文本、长整型、短整型、双精度等。

字段类型包括长整型、短整型、浮点型、双精度、文本、日期等，其含义和使用的范围如下。

- 短整型：为有符号型的数值形式，取值范围介于-32 768～32 767，一旦超过 32 767 的值就会变成负值。
- 长整型：也是有符号型的数值形式，取值范围为-2 147 483 648～2 147 483 647（约为 21 亿），适用于字符长度较长。

• 浮点型：专指占用32位存储空间，约为-3. 4E38~1. 2E384特定数值范围内包含小数值的数值，对精度要求不高时，用此比双精度运行速度快。

• 双精度(双精度型)：用来表示带有小数部分的实数，一般用于科学计算，用8个字节(64位)存储空间，其数值范围为-1. 7E308~1. 7E308，双精度浮点数最多有15或16位十进制有效数字，双精度浮点数的指数用“D”或“d”表示，如double i = 0 d；约为-2. 2E308~1. 8E3088。

• 文本：指书面语言的表现形式，通常具体的名称类多选择文本。

• 日期：日期值基于标准时间格式存储。

用上述方法将需要的点、线、面文件全部建立好。

• 索引：可增加或删除索引字段，勾选字段则增加该索引，不勾选即为删除索引。还可以在ArcCatalog中新建单独的dBASE表，做法与Shapefile文件创建方法相同。

注意：如果要将某文件夹中Shapefile文件复制到其他文件夹中，必须要将Shapefile文件中4个文件全部复制过去，不能只复制一个或者两个文件。

②使用ArcMap创建新的Shapefile和dBASE表。打开ArcMap→窗口→目录→文件夹链接，链接到想要建立Shapefile文件的文件夹，在此位置→右键→【新建】→【Shapefile(s)】，打开其对话框进行新建Shapefile，做法同于ArcCatalog创建新的Shapefile和dBASE表。可以将此Shapefile文件直接加载到ArcMap中。注意新建的Shapefile文件与图层的坐标系应该一致，如果不一致，必须将图层的坐标系定义成和Shapefile文件的坐标系一致。

8. 1. 1. 2　Geodatabase数据库创建

(1)空间数据库的概念

数据库指为了一定的目的，在计算机系统中以特定的结构组织、存储和应用相关联的数据集合。数据库是一个信息系统的重要组成部分，是数据库系统的简称。

空间数据库是关于某一区域内一定地理要素特征的数据集合，是地理信息系统在计算机物理存储与应用相关的地理空间数据的总和。一般是以一系列特定结构的文件形式组织在存储介质之上的。

地理数据库(Geodatabase)是为了更好的管理和使用地理要素数据，而按照一定的模型和规则组合起来的存储空间数据和属性数据的容器。是一种面向对象的空间数据模型，地理数据库是按照层次型的数据对象来组织地理数据，这些数据对象包括对象类(object class)、要素类(feature classes)、要素数据集(feature dataset)和关系类(relationship classes)，如图8-2所示。

Geodatabase是ArcGIS数据模型发展的第三代产物，是面向对象的数据模型，能够表示要素的自然行为和要素之间的关系。

Geodatabase类型包括个人地理数据库(. mdb)和文件地理数据库(. gdb)两种类型，大型企业有时也会建立企业地理数据库，三者的区别如图8-3所示。Geodatabase是一种数据格式，将矢量、栅格、地址、网络和投影信息等数据一体化存储和管理。

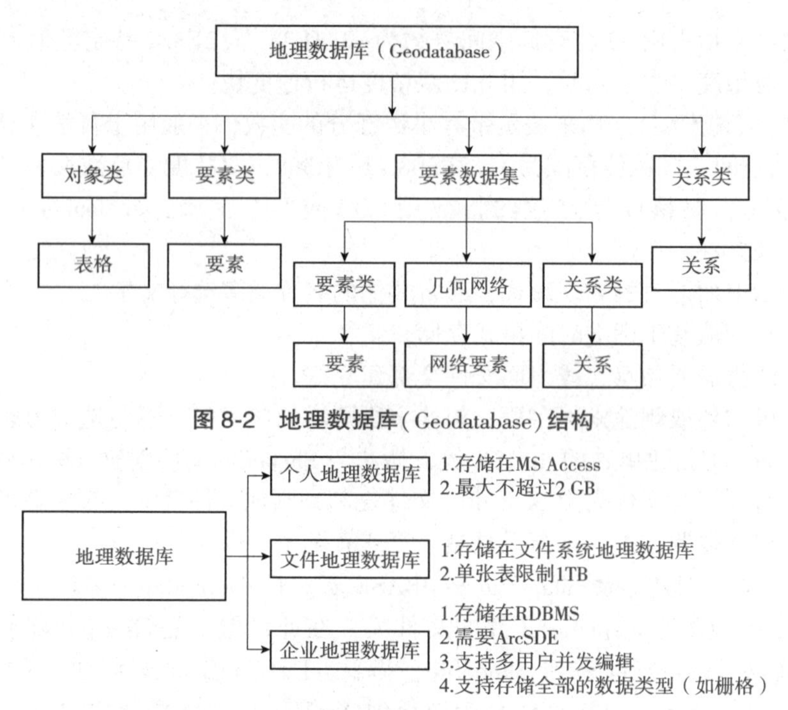

图 8-2　地理数据库(Geodatabase)结构

图 8-3　地理数据库(Geodatabase)类型

(2)空间数据库的创建方法

①地理数据库(Goedatabase)设计。是指将地理空间实体以一定的组织形式在数据库系统中加以表达的过程，也就是地理信息系统中空间课题数据的模型化问题。它是建立地理数据库的第一步，主要设计地理数据库将要包含的地理要素、要素类、要素数据集、非空间对象表、几何网络类、关系类以及空间参考系统等。如在林业生产中根据此思路，建立的地理数据库(Geodatabase)的数据层次和类型如图 8-4 所示，可知建立的地理数据库主要包含空间数据和属性数据两类。在进行地理数据库的设计时，应该根据项目的需要进行规划设计一个地理数据库的投影、是否需要建立数据的修改规则、如何组织对象类和子类、是否需要在不同类型对象间维护特殊的关系、数据库中是否包含网络、数据库是否存储定制对象等。

②地理数据库(Goedatabase)的建立。借助 ArcGIS 10. 6 中的 ArcCatalog，可以采用从头开始建立一个新的地理数据库、移植已经存在数据到地理数据库、用 CASE 工具建立地理数据库 3 种方法创建一个新的地理数据库，选择何种方法将取决于建立地理数据库中的数据源、是否在地理数据库中存放定制对象。实际操作中，经常联合几种或全部方法来创建地理数据库。

一个空的地理数据库，其基本组成项包括要素类、要素数据集、属性表、关系类，以及工具箱、栅格目录、镶嵌数据集、栅格数据集等。当数据库中建立了要素类、要素数据集、属性表 3 项，并加载数据后，一个简单的地理数据库就建成了。具体操作如下。

a. 创建地理数据库：在 ArcCatalog 目录树中，右击要建立地理数据库的文件夹，在弹

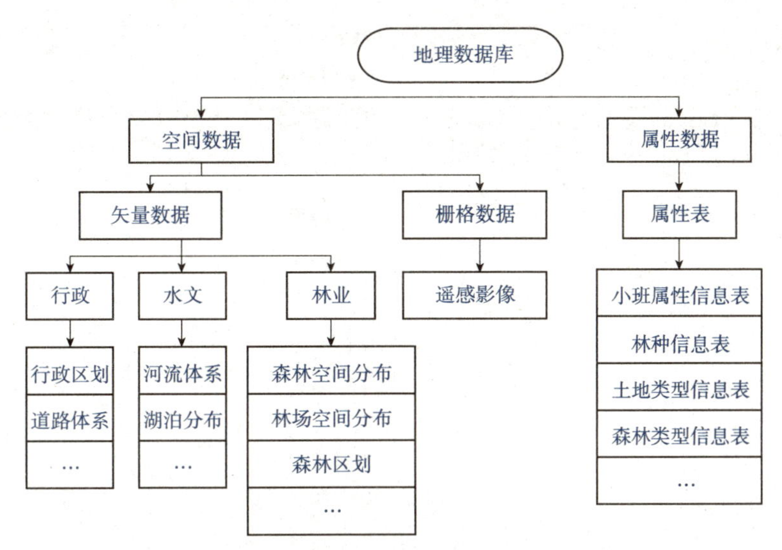

图 8-4 林业地理数据库包含内容

出菜单中，单击【新建】→【文件地理数据库(.gdb)】或【个人地理数据库(.mdb)】，则创建了一个新的地理数据库，文件存放位置：...prj08\任务1地理数据库的建立\任务实施1-1数据库建立方法\2.新建文件地理数据库\新建个人地理数据库.gdb。

b. 建立一个要素数据集：在ArcCatalog目录树中，在需要建立新要素集的地理数据库(...prj08\任务1地理数据库的建立\任务实施1-1数据库建立方法\2.新建文件地理数据库\新建个人地理数据库.gdb)上单击右键【新建】→【要素数据集】，打开【新建要素数据集】对话框[图8-5(a)]，确定其名称"新建数据集"。

- 点击【下一步】打开坐标系设置对话框[图8-5(b)和(c)]，进行数据集坐标系统设置。
- 点击【下一步】打开 *XY* 容差、*Z* 容差和 *M* 容差范围值域及其精度设置对话框[图8-5(d)]，一般为默认值。
- 点击【完成】，完成要素数据的创建。

c. 建立要素类：要素类分为简单要素类和独立要素类。简单要素类存放在要素集中，使用要素数据集坐标，不需要重新定义空间参考。在ArcCatalog目录树中，在需要建立要素类的要素数据集(...\prj08\任务1地理数据库的建立\任务1-1数据库建立方法\2.新建地理数据库\新建个人地理数据库.mdb\新建数据集)上单击右键【新建】→【要素类】，打开【新建要素类】对话框，如图8-6(a)所示，设置要素类名称及别名(别名是对真名的进一步描述，在ArcMap窗口内容表中显示数据层的别名)。

- 点击【下一步】，打开要素类字段名及类型与属性设置对话框，如图8-6(b)所示，根据需要添加字段名，并设置字段类型。

注意：因为正在要素数据集中建立要素类，所以不能修改空间参考。

- 点击【完成】，完成数据集中要素类的创建。
- ArcCatalog目录树中可以查看其建立的个人地理数据库，如图8-6(c)所示。

独立要素类是指在Geodatabase中不属于任何要素数据集的要素类。独立要素类的建

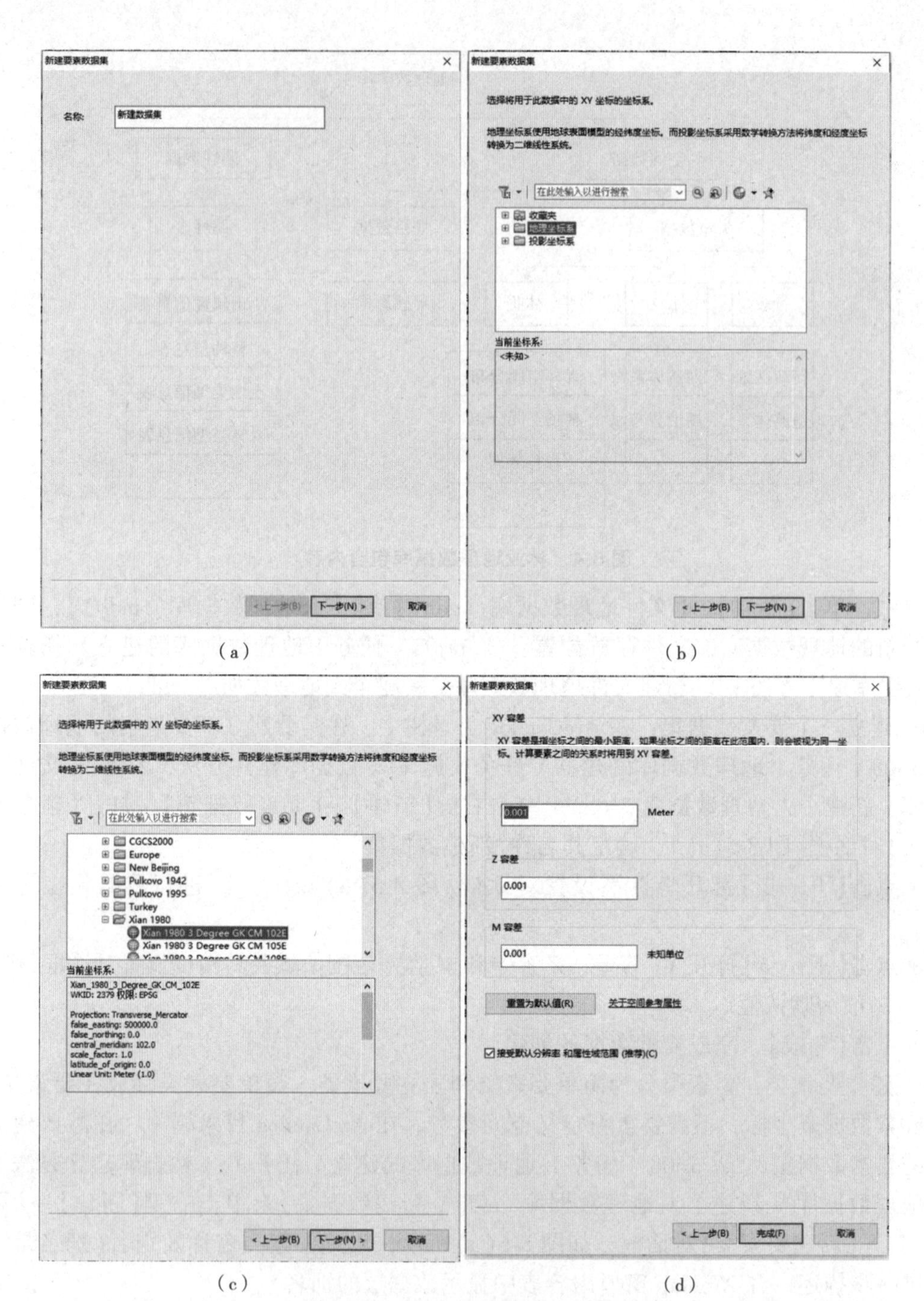

图 8-5 【新建要素数据集】对话框

立方法与在数据集中建立简单要素类相似，不同的是必须重新定义自己的空间参考坐标系统和坐标值域。

d. 创建表：表用于显示、查询和分析数据。行和列分别称为记录和记段。每个字段可以储存一个特定的数据类型，如数字、日期和文本等。要素类实际上就是带有特定字段的表。这些字段可以用于储存点、线和多边形几何图形的 shape 字段。创建表的方法如下。

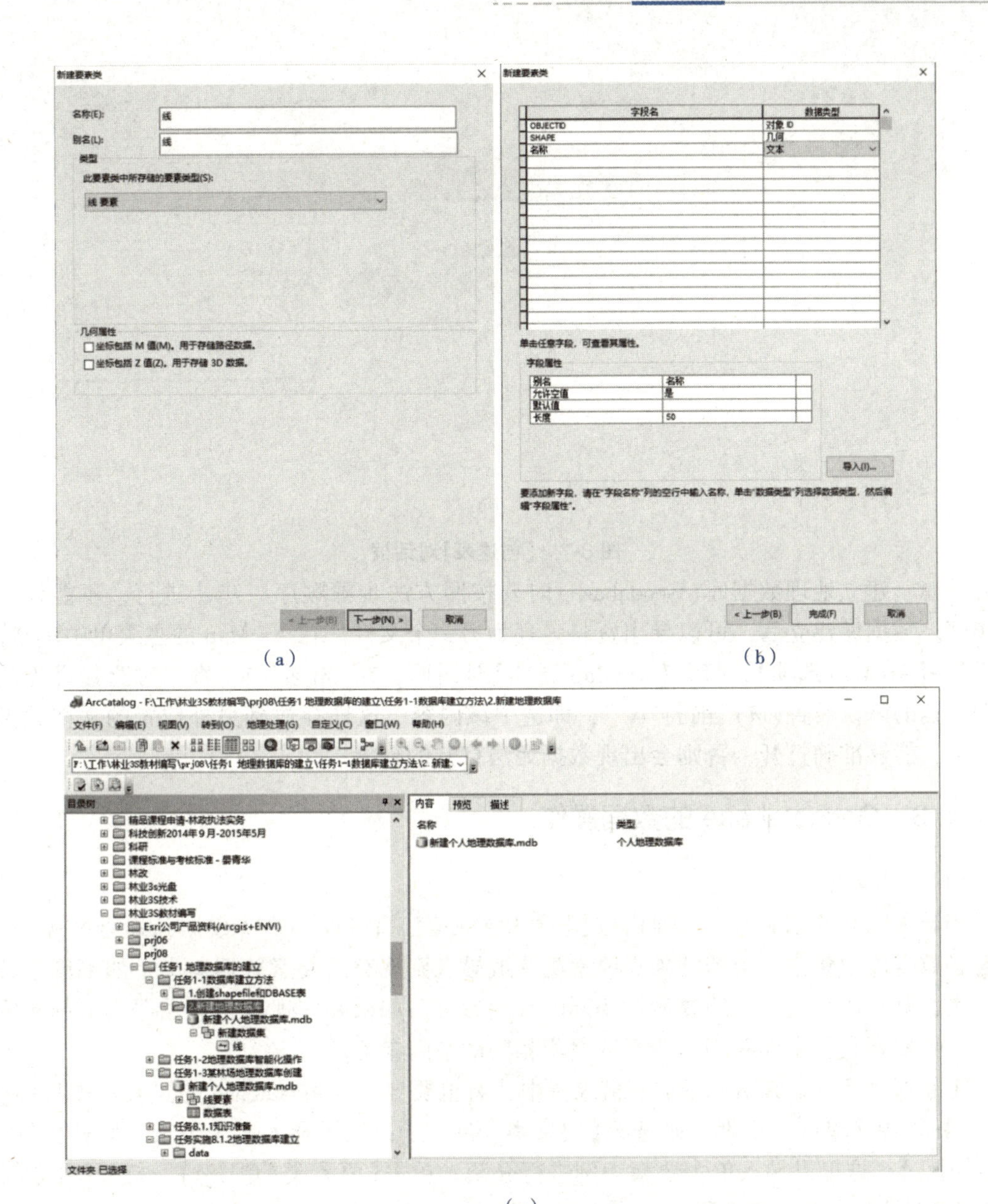

(a) (b)

(c)

图 8-6 【新建要素类】对话框

• 在 ArcCatalog 目录树中，右键单击需要建立关系表的 Geodatabase→【新建】→【表】，打开【新建表】对话框，设置新建表的名称和别名，如图 8-7(a)所示。

• 单击【下一步】按钮，在打开的数据库存储的关键字配置对话框中选择【默认】(或【使用配置关键字】，选择关键字名称)，如图 8-7(b)所示。

• 单击【下一步】，在打开的属性字段编辑对话框中设置表字段名及类型与属性对话框，如图 8-7(c)所示。

另外，在建立了数据库的基本组成项后，可以进一步建立更高级的项，例如，空间要素的几何网络、空间要素或非空间要素类之间的关系类等。一个地理数据库只有定义了这些高级项后，才能显出地理数据库在数据组织和应用上的强大优势。

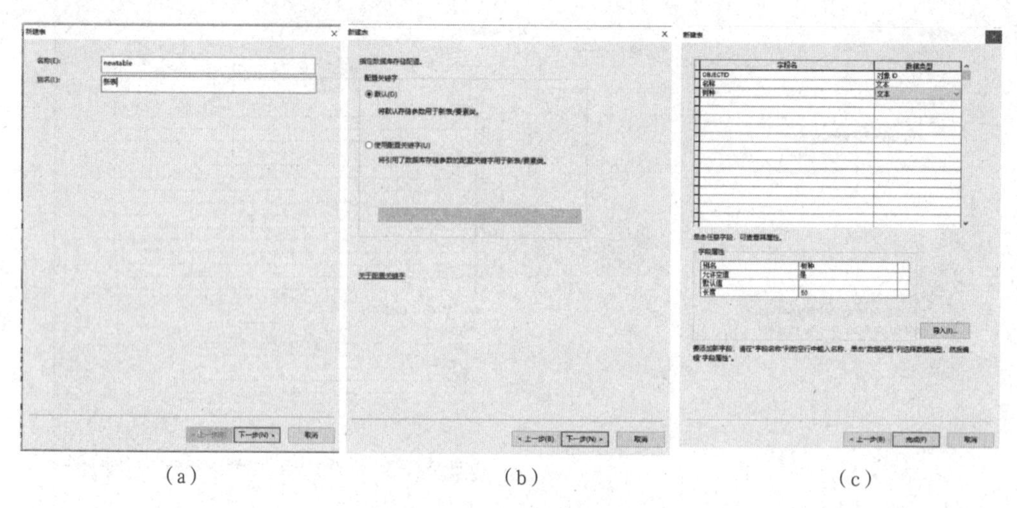

(a) (b) (c)

图 8-7 【创建表】对话框

注意：建立地理数据库(Geodabase)时要按照方法步骤顺序一步步进行，不能任意颠倒步骤。数据库建立后，可以导出资料另存为另一个文件。在 ArcMap 的主菜单中单击【自定义】→【ArcMap 选项】，打开【ArcMap 选项】对话框，在“常规”中“将相对路径设为新建地图文档的默认设置(M)”前打“√”，即选中该内容。这样存放到另外位置的文档数据不会丢失，能够准确打开，否则会出现数据无法打开的现象。

8.1.1.3 Geodatabase 的数据操作

(1)导入数据

当导入已有的 Shapefile、栅格数据或 dBASE 表 \ INFO、CAD 数据到地理数据库时，就会在数据库中建立一个新的独立要素类，或导入到现有的要素数据集中，如果创建独立要素类，则使用与要导入的要素类相同的空间参考。如果要在现有要素数据集中创建要素类，则新要素类会自动采用与要素数据集相同的空间参考。

①导入要素类。在 ArcCatalog 目录树中，右击要导入 Geodatabase 的要素数据集→【导入】。如果导入单位个要素，则选择【要素类(单个)】；如果导入多个要素，则选择【要素类(多个)】。这里以导入单个要素为例进行介绍。单击【要素类(单个)】，打开【要素类至要素类】对话框，如图 8-8 所示。

•【输入要素】文本框中输入要转入的要素“xiaoban”(...\ prj08 \ 任务 1 地理数据库的建立 \ 任务 1-2 地理数据库智能化操作 \ 小班调查 . gdb)。

•【输出位置】文本框中指定输出路径，在【输出要素类】文本框中指定名称。单击【确定】按钮，完成要素类的导入。

②导入栅格数据。在 ArcCatalog 目录树中，右击要导入栅格数据的地理数据库，在弹出的菜单中，单击【导入】→【栅格数据集】，打开【栅格数据至地理数据库(批量)】对话框，如图 8-9 所示。在【输入栅格】文本框中添加要转入的栅格数据(...\ prj08 \ 任务 1 地理数据库的建立 \ 任务 1-1 数据库建立方法 \ 3. Geodatabase 数据操作 \ 数据)。单击【确定】按钮，完成栅格数据的导入。

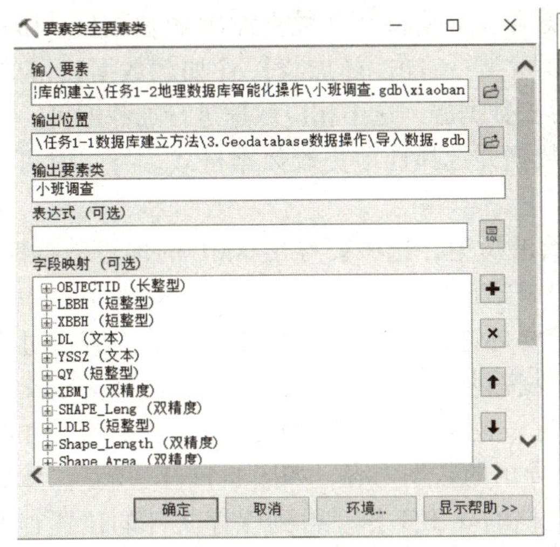

图 8-8 【要素类至要素类】对话框

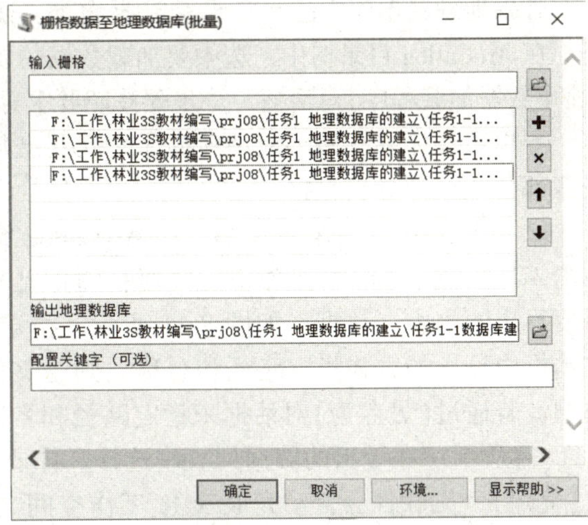

图 8-9 【栅格数据至地理数据库(批量)】对话框

(2)导出数据

①导出要素类至其他地理数据库。导出要素类并将其导入到其他地理数据库，与在 ArcCatlog 目录树中使用【复制并粘贴】命令将数据从一个地理数据库复制到另一个地理数据库是等效的。这两种方法都会创建新的要素数据集、要素类和表，并传输所有相关数据。

a. 多个要素类导出步骤：在 ArcCatlog 目录树中，选中要导出数据的地理数据库、数据集→右键→【导出】→【转出至地理数据库(批量)】；打开【要素类至地理数据库(批量)】对话框，如图 8-10(a)所示，原数据库中的要素类默认全部选中导出，在【输出地理数据库】中设置其地理数据库名称；单击【确定】，则完成导出操作。

b. 单个要素类的导出步骤：选择地理数据库中具体要素类→右键→【导出】→转出至地理数据库(单个)；打开【要素类至要素类】对话框，如图 8-10(b)所示，完成输出位置和输出要素类的设置；点击【确定】，则完成导出操作。

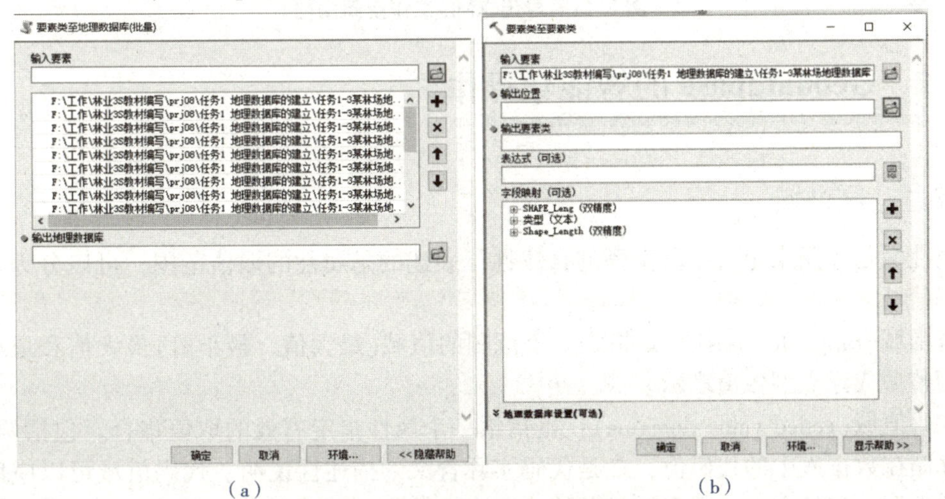

图 8-10 导出要素类到其他地理数据库

如果地理数据库中已经有要素或要素类，还可以继续将地理数据库中加载数据。做法是：在 ArcCatlog 目录树中，选中要加载数据的要素类→右击→【加载】→【加载数据】，打开【简单数据加载程序】对话框，分步骤按照要求寻找数据源，选中相应数据进行加载即可。

导出数据能够在多个地理数据库之间共享数据并选择性地更改数据格式。导出时可以任意部分或全部导出数据。

②导出 XML 工作空间文档。在 ArcCatlog 目录树中，选中要导出 XML 的地理数据库，右击→【导出】→【XML 工作空间文档】，打开【XML 工作空间文档】对话框，在对话框中选择要导出的内容、数据，如图 8-11 所示。指定要导出的新文件的路径和名称。若通过在文本框中输入的方式指定路径和名称，则为文件提供 . xml、. zip 或 . z 扩展名来指定文件类型；若通过【另存为】对话框来指定路径和名称，也需要在对话框中指定文件类型，如图 8-11(a)所示。在导出的数据列表中选择具体要导出的数据内容，如图 8-11(b)所示。然后按【完成】，则软件会自动完成 XML 工作空间文档的导出工作。再到保存文件的位置查看已经保存好的文档。

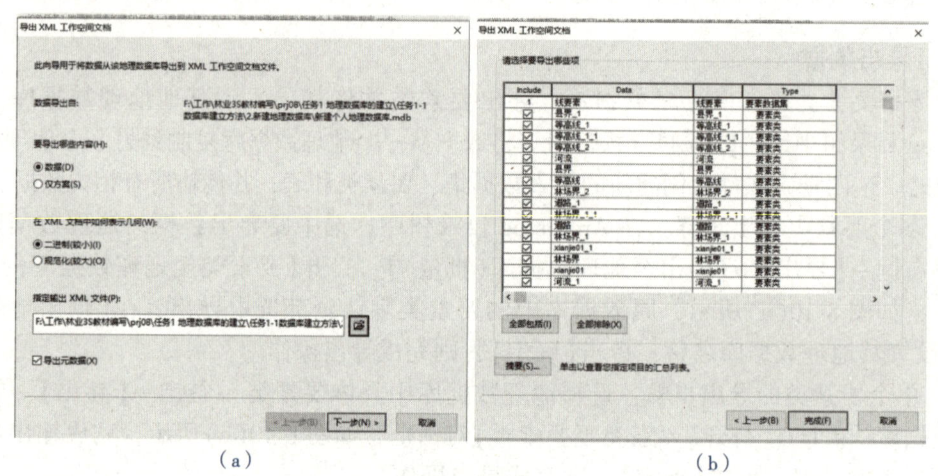

(a)　　　　　　　　　　(b)

图 8-11　导出 XML 工作空间文档

8. 1. 2　Geodatabase 的智能化操作

8. 1. 2. 1　属性域

属性域是指用来定义字段类型的合法性，表述的是属性的取值范围，可以分为范围域和代码值域。

范围域(range domains)：是指定一个范围的值域(最大值、最小值)最大值和最小值可以使用整型或浮点型数值表示。

代码值域(coded value domains)：是指给一个属性指定有效的取值集合。包括两部分，一是存储在数据库中的代码值，二是代码实际含义的描述性说明。代码值域可以应用于任何属性类型，包括文本、数字、日期等。如在森林资源调查中，不同的小班因子用不同的代码来表示，实际就可以利用属性域实现。属性域创建后可利用要素字段属性进行关联。

在 Geodatabase 中，可以将属性域的默认值与表或要素类的字段关联起来。属性域与一个要素类或表建立关联后，在 Geodatabase 中一个属性有效规则就建立起来了。同一个属性域可以与一个表或要素类或子类型的多个字段关联，也可以与多个要素类或多个表的多个字段关联。

在森林资源调查时，为了快速完成小班因子的录入，可以利用属性域提前将小班调查表设计好，以便在录入因子时通过选择的方式快速准确地完成调查因子的录入。以小班因子表中的地类为例，见表 8-1(部分地类)，列出了地类类别(描述)和编码(编码以云南省森林资源数据字典为依据)，进行属性域设置。

表 8-1　地类编码(部分地类)

名称	描述	字段类型	属性域类型	分割策略	合并策略	编码	描　述
地类	DL	短整型	编码值	默认值	默认值	0100	林　地
						0110	有林地
						0111	乔木林
						0112	红树林
						0113	竹　林
						0120	疏林地
						0130	灌木林地
						0140	未成林地
						0150	苗圃地
						0160	无立木林地
						0170	宜林地
						0180	林业辅助生产用地
						0200	非林地

(1)属性域创建

创建属性域的操作步骤如下。

①在 ArcCatalog 目录树中，右击新建文件地理数据库(...\ prj08 \ 任务 1 地理数据库的建立 \ 任务 1-2 地理数据库智能化操作 \ 创建属性域 . gdb)，在弹出的菜单中，单击【属性】，打开【数据库属性】对话框，单击【属性域】标签，切换到【属性域】选项卡，如图 8-12(a)所示。

②单击【属性域名称】列表框下的空字段输入新域的名称：DL；单击新域的【描述】列表框，然后输入此域的描述：地类。

③在【属性域属性】区域，设置如下参数。

字段类型：短整型(默认值是长整型)。

属性域类型有“范围”和“编码的值”两种选择。若选择“范围”，则会出现“最小值”和“最大值”；若选择“编码的值”，则需在【编码值】区域，填写编码和对应的描述，这里为“编码值”，在【编码值】中按表 8-1 输入编码和描述。

分割策略和合并策略选择默认值。

④单击【确定】按钮，完成属性域的创建。

(2)属性域删除与修改

在 Geodatabase 属性域对话框中，可以进行属性域的删除或修改，包括属性域的名称、类型、有效值等。在属性域的建立过程中，建立属性域的用户被记录在数据库中。中有属性域的拥有者才能删除和修改属性域。属性域还可以与要素类、表、子类型的特定字段关联，当一个属性域被一个要素类或表应用时，就不能被删除和修改。属性域的删除与修改的操作步骤如下。

①在 ArcCatalog 目录树中，右击要删除或修改属性域的地理数据库，在弹出的菜单中单击中【属性】，打开【数据库属性】对话框，单击【属性域】标签，切换到【属性域】选项卡。

②单击选择属性域名称方本框中某一行，如果要删除，直接按 Delete 键；如果要修改，则和上述新建方法一样改变其设置。

③单击【确定】按钮，完成属性域的删除或修改。

(3)属性域关联

在 Geodatabase 中，一旦建立了一个属性域后，就可以将其默认值与表或要素类中的字段相关联。属性域与一个要素类或表建立关联以后，就在数据库中建立了一个属性有效规则。同一属性域可与同一表、要素类或子类型的多个字段相关联，也可以与多个表和要素类中的多个字段相关联。属性域的关联操作步骤如下。

①在 ArcCatalog 目录树中，右击要关联的要素类“xiaoban”(...\ prj08 \ 任务 1 地理数据库的建立 \ 任务 8-1 地理数据库智能化操作 \ 创建属性域 . gdb)，在弹出的菜单中单击【属性】，打开【要素类属性】对话框，单击【字段】标签，切换到【字段】选项卡，如图 8-12(b)所示。

②在【字段名】中选中设置属性域的字段 DL，在【字段属性】区域中单击【属性域】下拉框，选择设置的属性域 DL。

③单击【确定】按钮，完成属性域的关联。

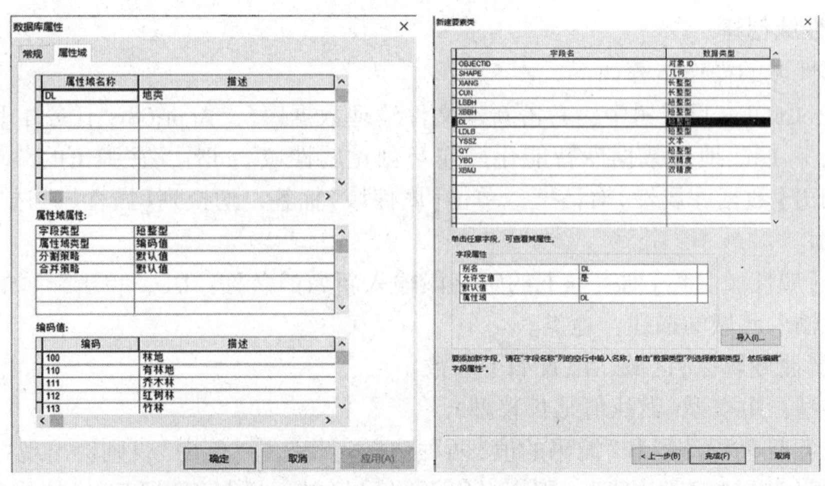

(a)【属性域】选项卡　　(b)【新建要素类】对话框

图 8-12 【数据库属性】对话框

8.1.2.2 子类型

子类是指根据要素类的属性值，将要素划分为更小的分类。例如，小班因子中的起源，可划分为人工、天然。当需要通过默认值、属性域、连接规则、关系规则区分对象时，就需要对单一的类型或表建立不同的子类型。

在编辑数据时，常常需要把一个要素分割成两个要素，或把两个要素合并成一个要素。在 ArcGIS 中，一个要素被分割时，属性值的分割由分割规则来控制；当要素合并时，属性值的合并由合并规则来控制。当一个要素被分割或合并时，ArcGIS 根据这些规则来决定其结果要素属性取值。

创建子类型的字段，其类型一定是整型。子类型创建步骤如下(以小班起源为例)。

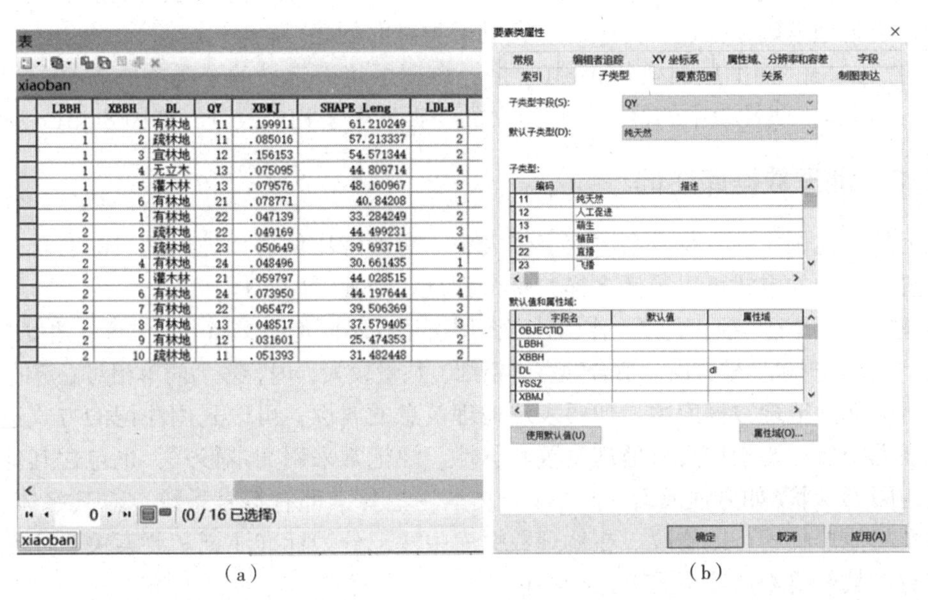

LBBH	XBBH	DL	QY	XBMJ	SHAPE_Leng	LDLB
1	1	有林地	11	.199911	61.210249	1
1	2	疏林地	11	.085016	57.213337	2
1	3	宜林地	12	.156153	54.571344	2
1	4	无立木	13	.075095	44.809714	4
1	5	灌木林	13	.079576	48.160967	3
1	6	有林地	21	.078771	40.84208	1
2	1	有林地	22	.047139	33.284249	2
2	2	疏林地	22	.049169	44.499231	3
2	3	疏林地	23	.050649	39.693715	4
2	4	有林地	24	.048496	30.661435	1
2	5	灌木林	21	.059797	44.028515	2
2	6	有林地	24	.073950	44.197644	4
2	7	有林地	22	.065472	39.506369	3
2	8	有林地	13	.048517	37.579405	3
2	9	有林地	12	.031601	25.474353	2
2	10	疏林地	11	.051393	31.482448	2

(a) (b)

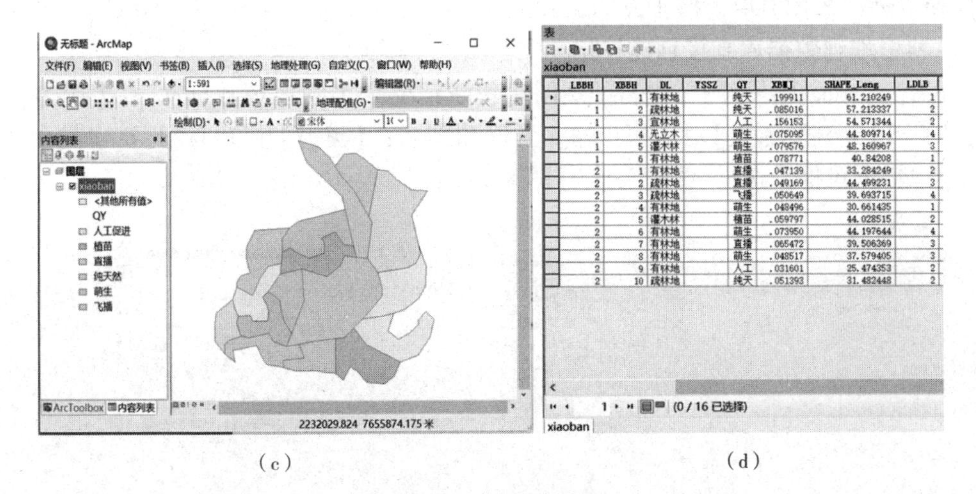

LBBH	XBBH	DL	YSSZ	QY	XBMJ	SHAPE_Leng	LDLB
1	1	有林地		纯天	.199911	61.210249	1
1	2	疏林地		纯天	.085016	57.213337	2
1	3	宜林地		人工	.156153	54.571344	2
1	4	无立木		萌生	.075095	44.809714	4
1	5	灌木林		萌生	.079576	48.160967	3
1	6	有林地		植苗	.078771	40.84208	1
2	1	有林地		直播	.047139	33.284249	2
2	2	疏林地		直播	.049169	44.499231	3
2	3	疏林地		飞播	.050649	39.693715	4
2	4	有林地		萌生	.048496	30.661435	1
2	5	灌木林		植苗	.059797	44.028515	2
2	6	有林地		萌生	.073950	44.197644	4
2	7	有林地		直播	.065472	39.506369	3
2	8	有林地		萌生	.048517	37.579405	3
2	9	有林地		人工	.031601	25.474353	2
2	10	疏林地		纯天	.051393	31.482448	2

(c) (d)

图 8-13 子类型设置

①在 ArcCatalog 目录下选择文件夹，鼠标右击→【新建】→【文件地理数据库/个人地理数据库】，新建“小班调查表 . gdb”。

②选中“小班调查表 . gdb”，右击→【新建】→【要素类】，弹出【新建要素类】对话框，按照提示，新建“xiaoban”面图层，并在字段创建对话框中新建“QY”字段，类型为短整型。

③将“xiaoban”面图层添加至 ArcMap 中，打开编辑器录入几何数据和属性数据。在属性表中，按照森林资源调查数据字典中的起源(10-天然，11-纯天然，12-人工促进，13-萌生，20-人工，21-植苗，22-直播，23-飞播，24-萌生)对“QY”分别输入不同地类的数值，如图 8-13(a)所示，分别用 11、12、13、21、22 等值表示。

④在 ArcCatalog 目录中选择地理数据库下的“xiaoban”面图层，右键→【属性】，弹出【要素类对话框】，选择【子类型】选项卡，如图 8-13(b)所示，进行子类型设置，包括子类型字段、子类型编码及描述，并确定。完成子类型的创建。

⑤将“xiaoban”面图层加载到 ArcMap 中，该图层将以定义的子类的方式显示出来，如图 8-13(c)所示。属性表中的值也根据定义的子类发生了相应改变，如图 8-13(d)所示。

8.1.2.3 地理数据库注记

注记随着比例尺的变化，会改变字体大小。有参考比例尺，随比例尺的变化，改变标注的位置。注记的方式可以灵活多样，每个都是一个独立的实体。

地理数据库注记是独立要素，作为独立图层可用在不同地图文档中。位置、角度的定位比较准确，字体选择也比较自由，适合静态、精细、数量较大、内容较为简单相对稳定的注记。

在所建立的地理数据库中，如要表现地理信息的属性，可以采用注记的方式进行。其注记要素类中所有要素均具有地理位置和属性。注记常采用文本形式，也包含其他类型符号系统的图形形状(如方框或箭头)，每个文本注记要素都有符号系统，对其字体、大小、颜色以及其他形状均可以修改。在地理数据库中注记分为标准注记和要素关联注记两种类型，有时对某些要素尺寸也需要进行注记。

地理数据库注记有以下两种方法。

(1)利用地理数据库直接创建注记

①在 ArcCatlog 目录树中，右击“要创建新注记要素类的地理数据库”→【新建】→【要素类】，打开【新建要素类】对话框：输入名称和别名；【类型】中单击“此要素类中所存储的要素类型”下拉框，选择“注记要素”[图 8-14(a)]。

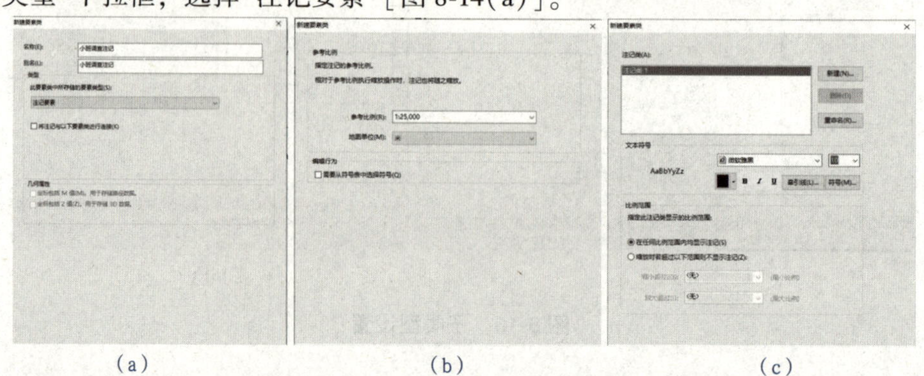

(a) (b) (c)

图 8-14 标准注记要素类创建

②单击【下一步】，为注记要素类指定空间参考。

③单击【下一步】，设置【XY 容差】或接受默认值。

④单击【下一步】，进入【设置比例尺】对话框，输入参考比例(如 1：25 000)，在【地图单位】下拉框中选择注记所用的单位(此单位应与坐标系指定的单位相匹配)，设置是否“需要从符号表中选择符号”，如图 8-14(b)所示。

⑤单击【下一步】，打开设置注记要素中的注记属性对话框，如图 8-14(c)所示。在该对话框中，设置“注记类 1”的文本符号属性及比例范围，其中【文本符号】为第一个注记类设置的默认文本符号属性，通过选择可以设置字体、字号、颜色等；在【比例范围】中选择“在任何比例范围内均显示注记”或“缩放时超过以下范围则不显示注记”；当需要建立关联注记时，进入【文本符号设置】对话框时，指定包含第一个注记类文本的关联要素类字段，可选择一个【标注字段】或单击【表达式】来指定多个字段，为注记类设置默认的“文本符号”和“放置属性”，也可以单击【标注样式】按钮来加载现有的标注样式，通过选择可以设置字体、字号、颜色等。单击【比例范围】来指定所显示的注记比例尺范围，然后单击【SQL 查询】按钮制定该注记类将只标注关联要素类中的某些要素。如果想标注其他注记类，单击【新建】按钮并指定注记类的名称。

⑥单击【下一步】，打开【配置关键字】对话框。在该对话框中，单击【使用配置关键字】单选按钮，然后从下拉框中选择要使用的关键字。如果不想使用自定义存储关键，请选择【默认】按钮。

⑦单击【下一步】，添加字段。

⑧单击【完成】按钮，完成地理数据库注记创建。

(2)利用标注转换为地理数据库注记

①在 ArcMap 中加载需要标注的图层，选中右击→【属性】→【标注】，进入【图层属性】对话框，打开【标注】选项卡，如图 8-15(a)所示，点击选择“标注该图层中的要素”，设置标注的方法、标注字段(或点击【表达式】进行多字段标注)、标注的字体、大小、颜色及显示范围等，并点击【确定】。

②在内容列表中选中该图层，右击→选择“将标注转换为注记”，打开【将标注转换为注记】对话框，选择【存储注记】为“在数据库中”，【为以下选项创建注记】为“所有要素”，并进行要素关联的设置，点击【转换】，即完成地理数据库注记的创建，如图 8-15(b)所示。

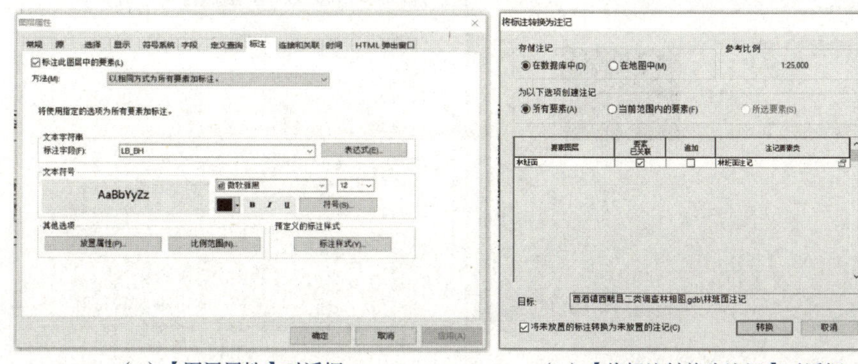

(a)【图层属性】对话框　　(b)【将标注转换为注记】对话框

图 8-15　标注转为地理数据库注记创建

8.1.2.4　关系类

(1)相关知识

关系类是指定义两个不同要素类或对象类之间的关联关系。关系类中存储的可以是两个要素类之间的关系(如建筑物与宗地)，或一个要素类与非空间属性表(如林地与林农)。关系分为简单关系和复合关系，一般很少建立复合关系，因为复合关系中如果从源类中删除对象，目标类中相关联的对象也会被删除。简单关系即两个或多个对象之间的关系，对象是独立存在的，在进行对象操作时不会影响其他要素类或对象类中的对象，简单关系又分为一对一、一对多、多对多等类型。关系类的创建是通过源类的主键和目标类的外键之间创建的。主键为唯一标识表中的每个对象的字段，外键为记录有源表中主键信息的字段。

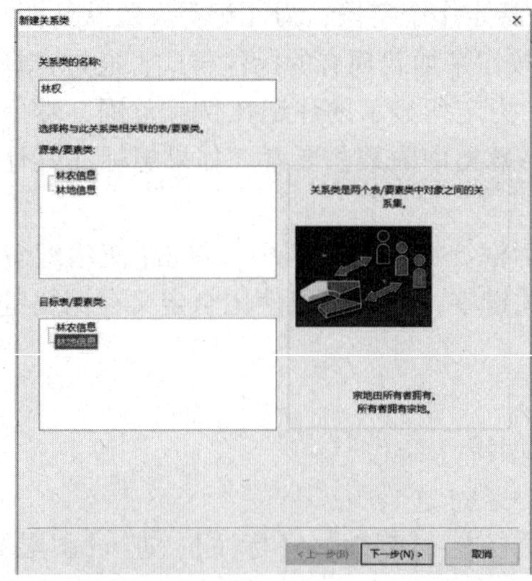

(a)

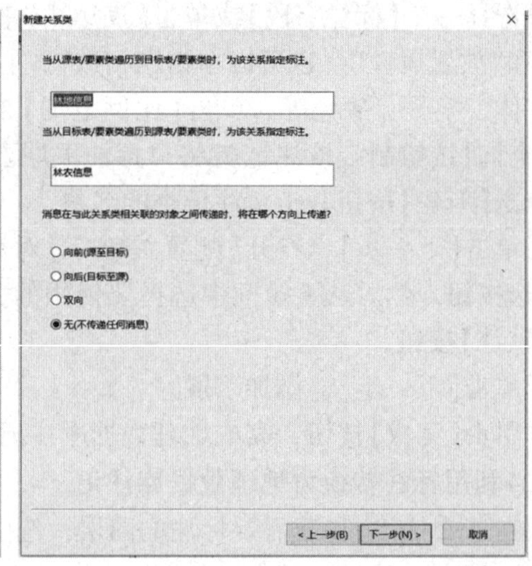

(b)

(c)

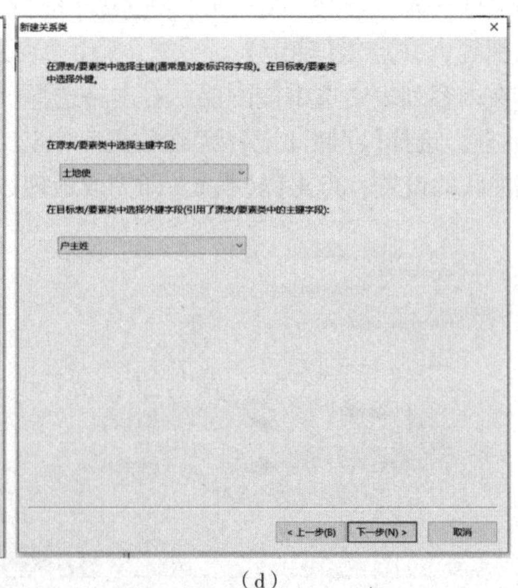

(d)

图 8-16　关系类的创建

(2)创建关系类的步骤(以林地与林农为例)

①在 ArcCatlog 目录树中，右击→选择“要创建关系类的地理数据库”→【新建】→【关系类】，打开【新建关系类】对话框，如图 8-16(a)所示，设置关系类的名称，选择源类和目标类。

②单击【下一步】，设置【选择此关系类将要存储的关系类型】为“简单(对等)关系”，单击【下一步】，设置为“关系指定标注”，如图 8-16(b)所示。

③单击【下一步】，设置【为此关系类(源-目标)选择表间关系】，在这里选择为“1-M(一对多)”，如图 8-16(c)所示。单击【下一步】，设置【是否要向此关系类添加属性】，一般选择“否，我不想将属性添加到此关系类中”。

④单击【下一步】，设置关系类的主键和外键，如图 8-16(d)所示，单击【下一步】，查看关系类汇总，并点击【完成】，完成关系类的创建。

任务实施

地理数据库创建

一、目的与要求

通过对某林场地理数据库的创建，掌握在 ArcCatalog 中创建地理数据库(个人)文件、要素集和要素类的操作技能。

二、数据准备

某地区林场部分遥感影像及调查资料。

三、操作步骤

(1)建立林场地理数据库

①打开 ArcCatlog 应用程序→链接文件夹到想要建立文件的文件夹中，如 ... \ prj08 \ 任务 1 地理数据库的建立 \ 任务 1-3 某林场地理数据库创建。

②右键→【新建】→【新建个人地理数据库】或【新建文件地理数据库】，即新建一个地理数据库

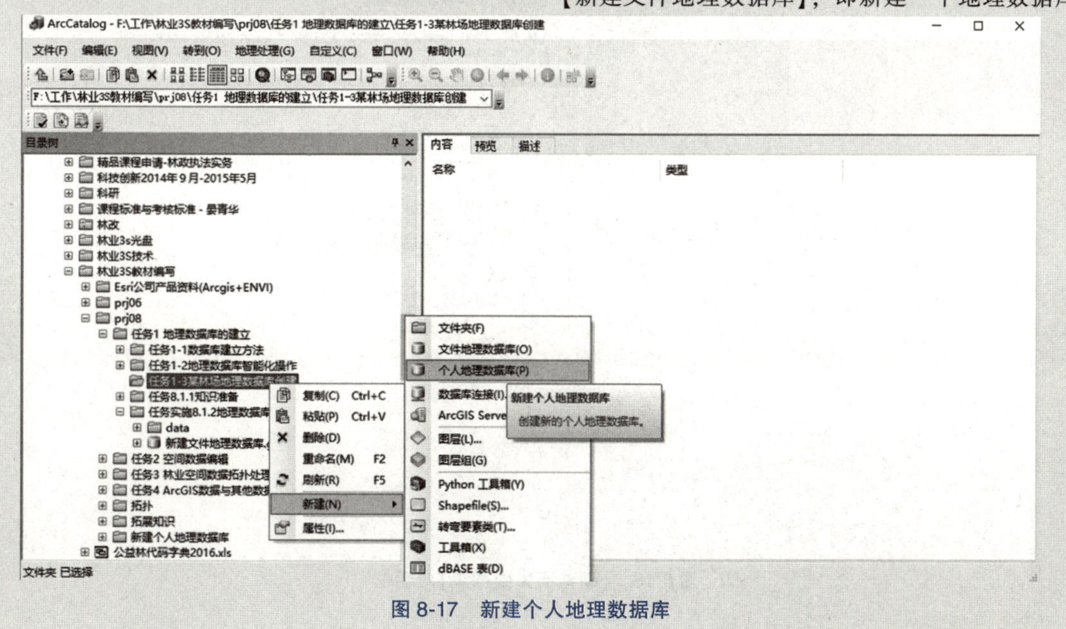

图 8-17　新建个人地理数据库

（2）建立要素数据集

①单击选中【新建地理数据库】右键→【新建】→【要素数据集】，如图8-18(a)所示。

②打开【新建要素数据集】对话框(以线要素集为例)，设置以下参数。

•给要素集命名：高程或线要素(或其他)，如图8-18(b)所示。

•点击【下一步】，给该要素集新建一个坐标系，选择投影坐标：Xian 1980 3 Degree GK _CM _ 114，如图8-18(c)所示。

•点击【下一步】，设置X、Y、Z、M容差，利用软件默认值0.001(或者改变)，单位为：米。

注意：新建时，一次只新建一个文件。

•确定，完成【线要素】要素数据集创新。

③建立表，则单击【新建地理数据库】→右键→【新建】→【表】，打开【新建表】对话框，如图8-19(a)所示。

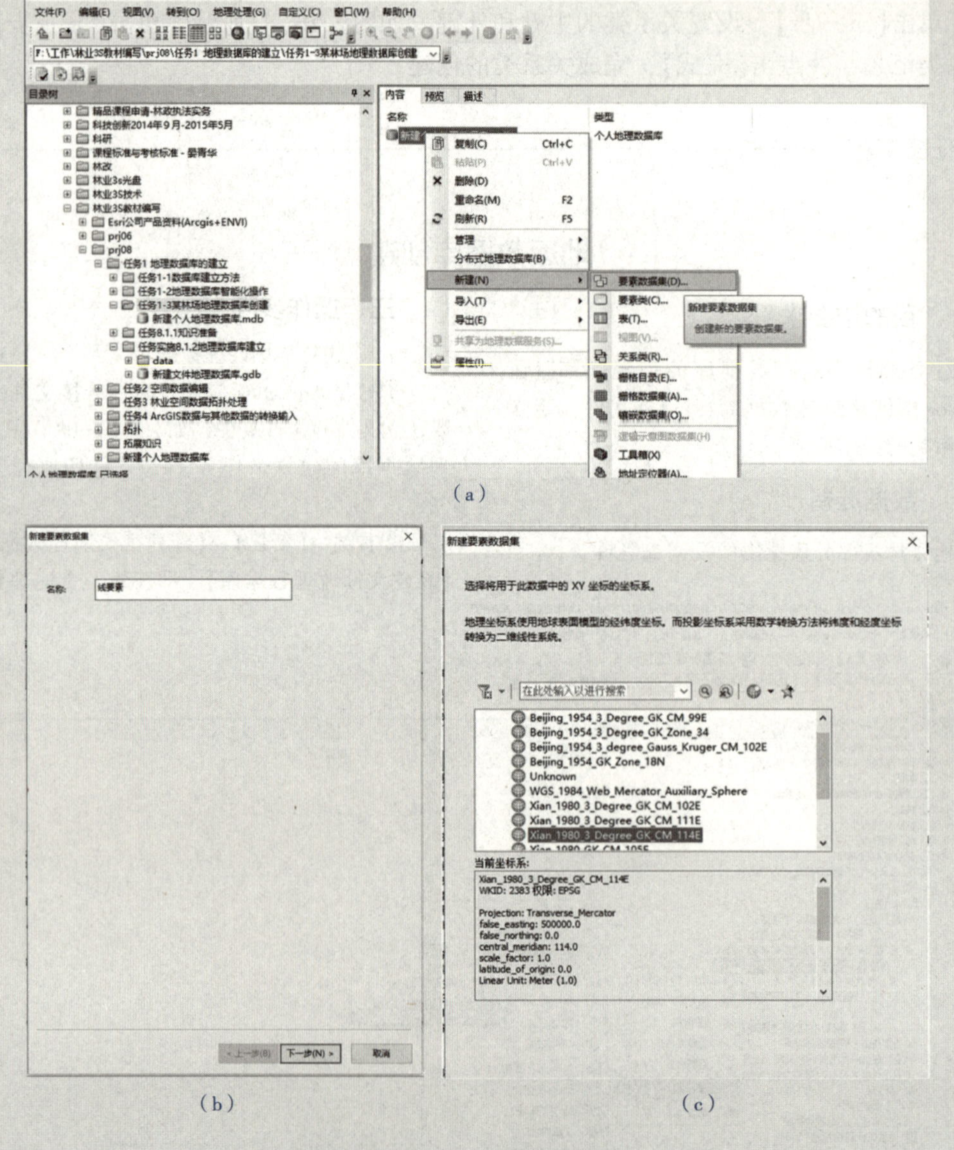

(a)

(b)　(c)

图8-18　【新建要素数据集】对话框

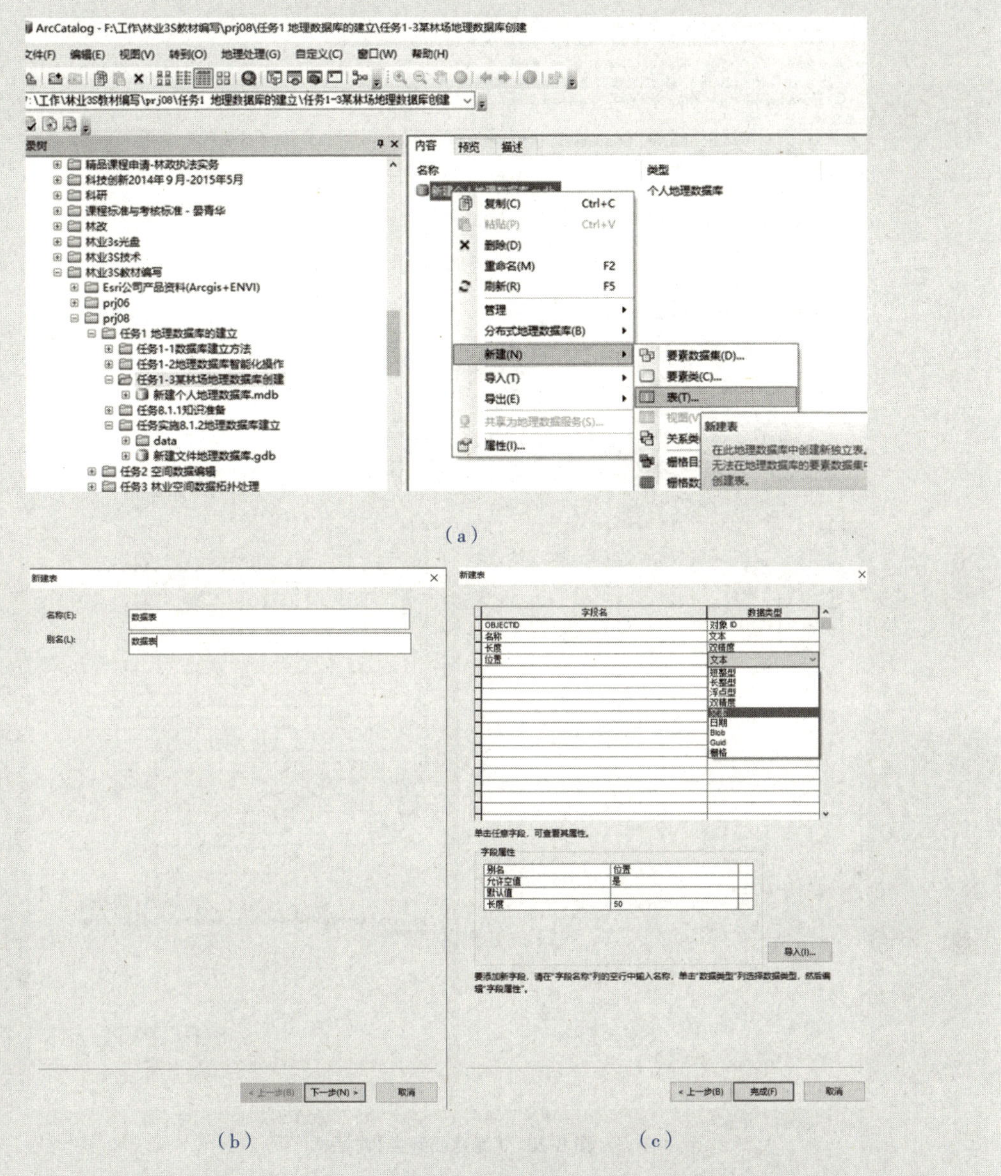

图 8-19 【新建表】对话框

• 给表命名：数据表，别名：数据表，如图 8-19(b)所示。

• 点击【下一步】，给表设置字段名和选择数据类型，或利用【导入】导入已有表格的各个字段名，如图 8-19(c)所示。

• 点击【完成】，完成表的新建。

(3) 建立要素类

①新建要素类。打开 ArcCatlog 应用程序→链接文件夹到想要建立文件的文件夹中，如 ...\prj08\任务 1 地理数据库的建立\任务 1-3 某林场地理数据库创建\新建个人地理数据库 . mdb。

• 选中【线要素】数据集→右键→新建→【要素类】，如图 8-20(a)所示。

• 打开【新建要素类】对话框，如图 8-20(b)所示；给新要素类命名：河流；选择类型：线要素。

• 点击【下一步】，打开定义配置关键字对话框，此处为默认。

• 点击【下一步】，打开添加要素类字段对话

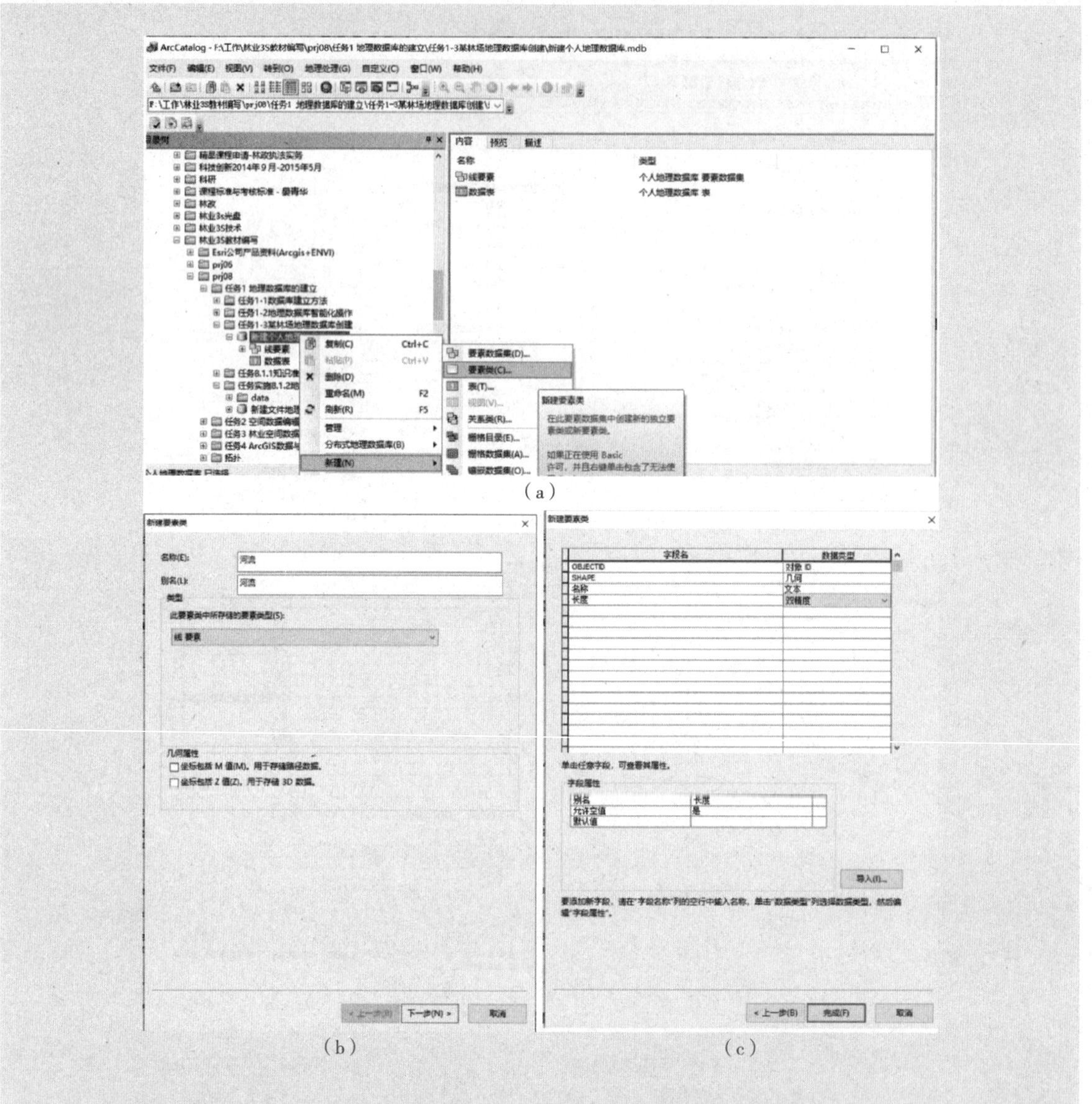

图 8-20 【新建要素类】对话框

框，根据需要添加字段名，设置字段类型，如图 8-20(c)所示。

• 点击【完成】，完成河流要素类新建。

②重复以上步骤，根据要素类型分别创建以下要素类。

• 点要素：高程点。

• 线要素：县界、乡镇界、村界、铁路。

• 面要素：小班。

• 注记要素：行政注记，为标准注记要素类。

③导入要素类。打开 ArcCatlog 应用程序→链接文件夹到想要建立文件的文件夹中，如...\prj08\任务 1 地理数据库的建立\任务 1-3 某林场地理数据库创建\新建个人地理数据库.mdb。

选中【线要素集】→【导入】→要素类(单个)\要素类(多个)，如图 8-21 所示，打开【要素类至地理数据库(Geodatabase)】对话框，输入要素(已经有的要素文件 prj08\任务 1 地理数据库的建立\任务 1-3 某林场地理数据库创建\某林场数据资料)，输出地理数据库(存放位置)：该线要素数据集。如图 8-22 所示。小班因子的数据见表 8-2。

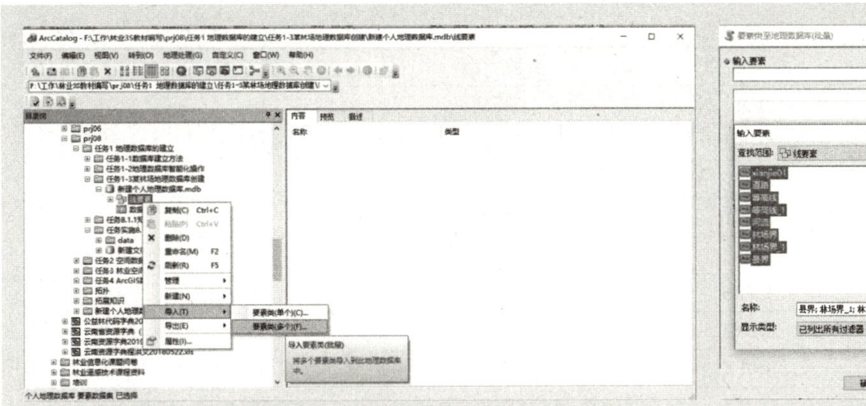

图 8-21　导入要素命令

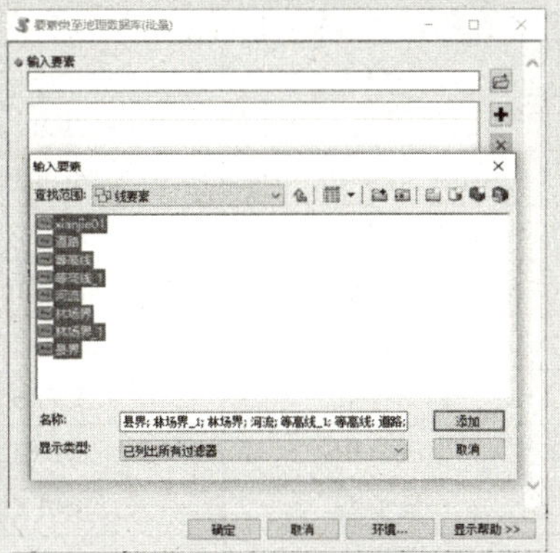

图 8-22　导入多个要素类

表 8-2　小班因子表数据结构

字段名称	存储名称	字段类型	字段长度	小数点位数
行政区域	XZQU	字符型	6	
生态区号	STQH	整型	8	
修改时间	XGSJ	日期型	8	
乡镇	XIANG	字符型	20	
村委会	CUN	字符型	20	
林班号	LBBH	字符型	3	
小班号	XBBH	字符型	3	
地类	DL	字符型	20	
土地所有权	TDYSQ	字符型	10	
土地使用权	TDSYQ	字符型	10	
林木所有权	LMYSQ	字符型	10	
林木使用权	LMSYQ	字符型	10	
林地类别	LDLB	字符型	10	
公益林事权	SQDJ	字符型	10	
林地保护级	LDBHDJ	字符型	10	
群落结构	QLJG	字符型	10	
健康等级	JKDJ	字符型	10	
工程类别	GCLB	字符型	20	
亚林种	YLZ	字符型	20	
优势树种	YSSZ	字符型	10	
建群种	JQZ	字符型	20	
起源	QY	字符型	10	
自然度	ZRD	字符型	10	
年龄	NL	整型	8	
龄级	NJ	字符型	10	
龄组	LZU	字符型	10	
郁闭度	YBD	整型	3	

（续）

字段名称	存储名称	字段类型	字段长度	小数点位数
可及度	KJD	字符型	10	
国公保护级	GGBHJ	字符型	10	
平均树高	PJSG	双精度	8	1
平均胸径	PJXJ	双精度	8	1
林木蓄积	LMXJ	双精度	15	
林木株数	LMZS	双精度	15	
小班面积	XBMJ	双精度	15	1
立地类型	LDLX	字符型	30	
经营措施	JYCS	字符型	30	
最低海拔	ZDHB	整型	8	
最高海拔	ZGHB	整型	8	
地貌	DM	字符型	10	
坡位	PW	字符型	10	
坡向	PX	字符型	10	
坡度	PD	字符型	3	
岩裸率	YLL	字符型	3	
土壤类型	TRLX	字符型	20	
土壤结构	TRJG	字符型	10	
土壤厚度	TRHD	字符型	10	
腐殖质厚度	FZZH	字符型	10	
土壤含石量	TRHSL	字符型	3	
幼树种类	YSZL	字符型	30	
幼树高度	YSGD	双精度	5	2
幼树株数	YSZS	整型	8	
灌木种类	GMZL	字符型	30	
灌木高度	GMGD	双精度	5	2
草本种类	CBZL	字符型	30	
草本高度	ZBHD	双精度	5	2
小班特点	XBTD	字符型	255	
经营单位	JYDW	字符型	50	
调查人员	DCRY	字符型	10	
调查日期	DCRQ	日期型	8	
录入人员	LRRY	字符型	10	

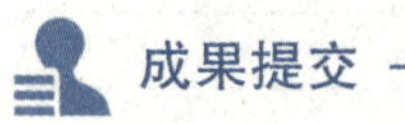

作出书面报告，简述地理数据库、要素集、要素类、表的创建步骤，总结数据库创建中存在的问题及解决办法。

任务 8.2 空间数据编辑

任务描述

当数据库建立之后，必须对地理数据库进行编辑，即使用 ArcMap 对数据库中几何数据(矢量和栅格数据)和属性数据进行编辑。几何数据的编辑主要针对图形的操作，包括平行线复制、缓冲区生成、镜面反射、图层合并、结点操作、拓扑编辑等。属性数据的编辑包括对图形要素的属性进行添加、删除、修改、复制、粘贴，以及增加字段、导出属性表等。其实质是编辑数据层所代表的地理要素类或要素集，一次只能编辑一个数据集中的要素类。

任务目标

1. 对地理数据库中数据进行编辑目的是纠正错误，使图形数据(栅格数据)矢量化。

2. 能够理解数据库中数据编辑的主要内容，熟悉 ArcMap 编辑器中各个工具的含义、功能。

3. 掌握用 ArcMap 编辑器的各种工具条对几何数据和属性数据编辑的方法，具备图形数据编辑、注记、标注，以及属性数据编辑的能力。

知识准备

8.2.1 图形数据的编辑

对于图形数据的编辑，主要使用 ArcMap 编辑器中的编辑和高级编辑工具进行。编辑过程是启动 ArcMap→创建一幅或者打开一幅已经存在的地图→打开【编辑器】工具条→进入编辑状态(开始编辑)→执行编辑操作→结束并保存编辑，关闭【编辑】对话框。

8.2.1.1 编辑器工具条及功能

(1)打开编辑器

在 ArcMap 的标准工具条中点击【编辑器】按钮，则打开编辑器工具条(图 8-23)，或者在 ArcMap 显示窗空白处，点击右键打开菜单，在菜单的【编辑器】前打“√”。当在内容列表中加载了要编辑的内容后，点击【编辑器】下拉菜单，选中开始编辑，打开【创建要素】对话框(图 8-24)。

编辑器(R)▾

图 8-23 【编辑器】工具条

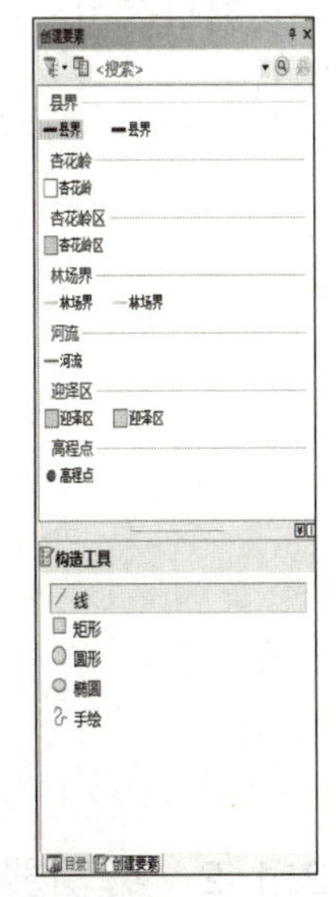

图 8-24 【创建要素】对话框

(2)【编辑器】工具条的组成及功能

在【编辑器】工具条中，所包含的工具及其功能描述见表 8-3。

表 8-3　【编辑器】工具条功能

图标	名称	功能描述
编辑器(R)▾	编辑器	编辑命令菜单
	编辑	选择要编辑的要素
	编辑注记工具	选择要编辑的要素注记
	直线段	创建直线
	弧线段	创建弧线段工具，结束点在圆弧
	追踪	创建追踪线要素或面要素的边，创建线要素
	点	创建点要素
	编辑折点	编辑折点
	修整要素	修改选择要素
	裁剪面工具	线要素裁剪选中的面要素
	分割工具	分割选择的线要素
	旋转工具	旋转选择要素
	要素属性表	打开属性窗口
	草图工具	打开编辑草图属性窗口
	创建要素	打开创建要素窗口
	自定义	打开自定义窗口

在编辑器中，点击【自定义】，打开【自定义】窗口，如图 8-25 所示，可添加其他编辑器工具。

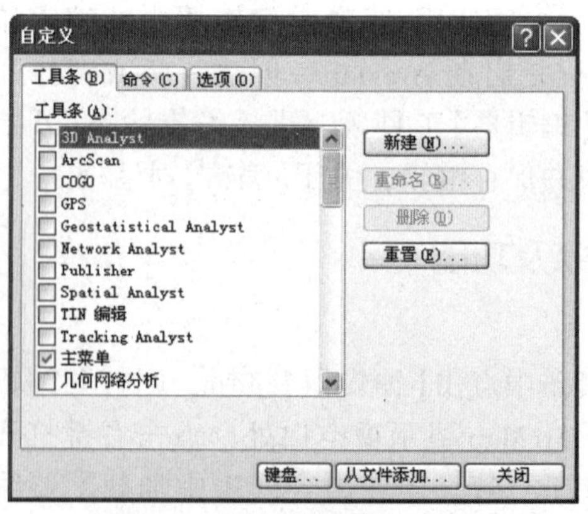

图 8-25　自定义编辑器工具条

8.2.1.2　编辑器下拉列表中功能区域及功能

在编辑器下拉菜单中，有许多编辑时常用的功能区，见表 8-4。

表 8-4　编辑器下拉列表中功能区域及功能

功能区域	功　能	功能描述
编辑会话区	开始、停止编辑	提供对编辑会话的启动和停止管理
保存编辑区	保存编辑内容	保存正在编辑的数据
常用命令区	移动、分割、构造点、平行复制、合并、缓冲、联合、裁剪	提供常用的编辑命令
验证要素区	验证要素	验证要素有效性
捕捉设置区	捕捉工具条、选项	提供捕捉工具条及设置捕捉选项
窗口管理区	更多编辑工具和编辑窗口	管理编辑窗口和编辑工具条的显示状态
选项设置区	选项	提供拓扑、版本管理、单位等选项的设置功能

8.2.2　【高级编辑】工具条

ArcGIS 的高级编辑器设在编辑器下拉菜单里，相对通常编辑而言，增加了许多单独的编辑工具条，如 COGO、几何网络编辑、制图表达、宗地编辑器、拓扑编辑器、版本编辑器、空间校正、路径编辑和高级编辑。

打开【高级编辑】工具条：高级编辑在编辑器下拉菜单里，其格式如图 8-26 所示。

图 8-26　【高级编辑】工具条

(1)【高级编辑】工具条组成及功能

【高级编辑】工具条及各工具功能描述见表 8-5。

表 8-5　【高级编辑】工具条组成及功能

图标	名　称	功能描述
	复制要素工具	复制选择的要素
	内圆角工具	两要素夹角转为内圆角
	延伸工具	延伸选择要素
	修剪工具	裁剪选择要素
	线相交	剪断选择要素
	拆分工具	拆分多部分要素
	构造大地工具	构造大地测量要素
	对齐至形状工具	将要素对齐到沿现有要素形状追踪的路径
	替换几何工具	在维持属性值的同时替换选定点、线或面的整个形状
	创造面工具	根据选定的线或面要素的形状创建新的面
	分割面工具	按选定重叠要素的形状分割面
	打断相交线	在线相交的地方分割所有选定的线要素并删除重叠线段
	概化工具	简化所选线或面的形状
	平滑工具	将要素的直角或拐角处理为贝塞尔曲线

(2)更多高级编辑工具

在编辑器下拉菜单中还有一些其他编辑工具，如COGO、几何网络编辑、制图表达、宗地编辑器、拓扑、版本管理、空间校正、路径编辑和高级编辑，它们可用于其他编辑，如图8-27所示。

8.2.3 要素编辑、注记编辑、小班的区划与编辑

8.2.3.1 要素编辑

(1)编辑数据的环境选择设置

要素编辑就是矢量数据编辑，数据编辑时一般先要进行编辑环境的设置，如选择设置、捕捉设置、单位设置等，以提高空间数据编辑的效率和准确性。

①选择设置。选择是指在使用选择工具时，指定哪些图层可以被选择，从而保证不受非目标数据的干扰，提高编辑数据的准确性。选择设置包括图层的可选性设置和可见性设置。

• 设置图层的可选性：在内容列表中单击按钮，切换到按选择列出视图，视图中列出当前可选图层和不可选图层的集合。单击列表中按钮，可切换图层的可选择性，如图8-28所示（☒图标点亮表示要素类某要素被选中，其后的数字表示选择的要素数量）。

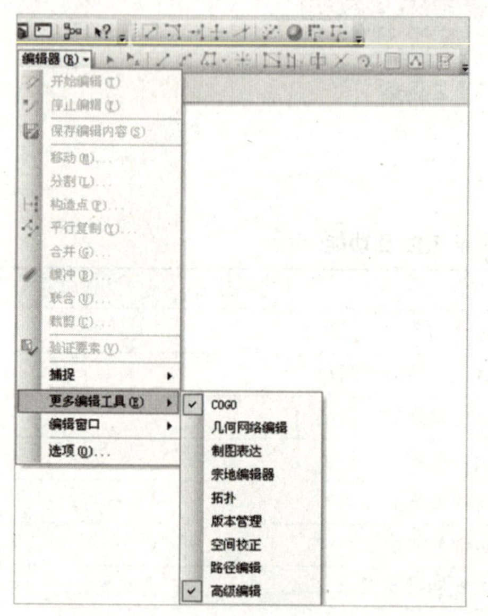

图8-27 更多高级编辑工具条

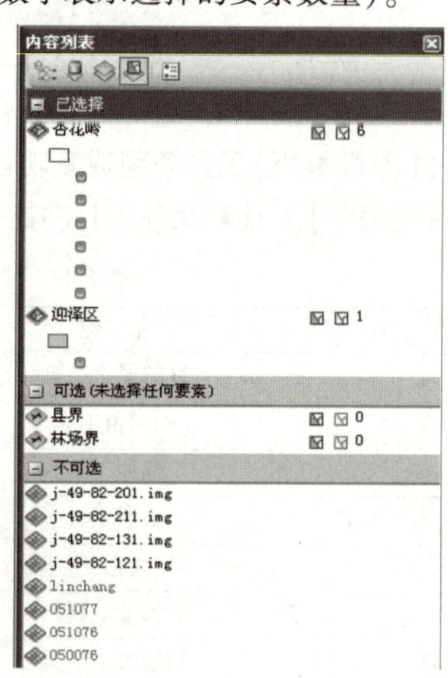

图8-28 图层可选性设置

• 设置图层的可见性：图层的可见性设置可是某些图层在视图中不可见，提高选择和捕捉的效率。在内容列表中单击按钮，在内容列表中各个要素排列，如果取消"选择图层名称"前面复选框中"√"，则该图层不可见。

②捕捉设置。在对某图层进行具体编辑之前，先进行捕捉设置。操作步骤：在【编辑器】工具条中打开捕捉工具条，点击【捕捉选项】，打开捕捉选项对话框，进行捕捉容差和捕捉提示设置。

点击编辑器→【选项】，打开【选项】对话框，在使用经典捕捉前打“√”，再对编辑器中捕捉选项设置其显示捕捉容差，在 ArcGIS 中设置捕捉要素的顶点(节点)、边(线)、端点(开始和结束点)，可捕捉草图的顶点、边、垂线(包括延长线)，可捕捉栅格的中心线、拐点、交点、端点，可捕捉拓扑元素的结点等。

(2) 添加编辑工具

根据数据编辑工作的需要，打开编辑器添加编辑工具条和高级编辑工具条。

(3) 创建新要素

创建新要素是在 ArcMap 中对点、线、面等要素进行新建，并赋予其属性。通常在 ArcMap 中可用【添加数据】工具加载点、线、面等要素后(图 8-29)，点击【编辑器】→【开始编辑】启动编辑器后，ArcMap 将启动【创建要素】窗口。在【创建要素】窗口中选择某要素模板后，将给予该要素模板的属性建立编辑环境；此操作包括设置要存储新要素的目标图层、激活要素构造工具，并做好为所创建要素指定默认属性的准备。为减少混乱，图层不可见时，在【创建要素】窗口中模板也将隐藏。【创建要素】窗口的顶部面板用于显示地图中的模板，而窗口的底部面板则用于列出创建该类型要素的可用工具。要素创建工具(或构造工具)是否可用取决于在窗口顶部选择的模板类型。例如，如果模板处于活动状态，则会显示一组创建线要素的工具(图 8-30 为创建线要素，下方为构造线要素的构造工具)。相反，如果选择的是注记模板，则可用的工具将变为可用于创建注记的工具。【创建要素】窗口是创建要素的快捷入口。

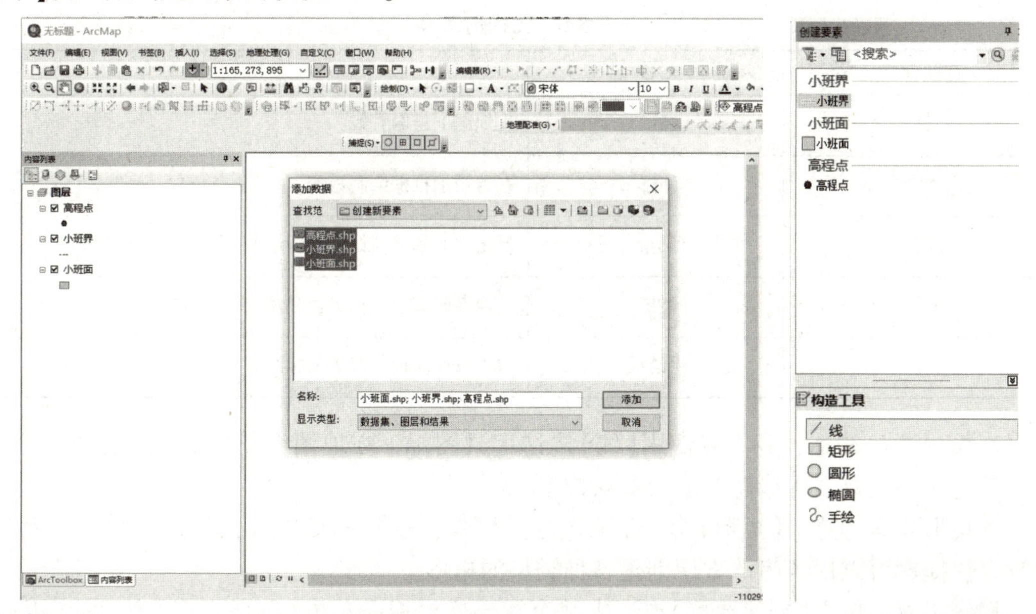

图 8-29　添加数据　　图 8-30　构造要素

创建要素(点、线、面)可以通过要素模板来完成，特别是某要素(如线要素)有好几种类型(如道路、河流)时，用要素模板来创建，则会非常容易方便。

①点要素创建。在 ArcMap 中添加数据，再添加一个要编辑的点图层。启动编辑器→开始编辑，如果要编辑的数据很多，则打开【开始编辑】对话框，从中确定要进行编辑的要

素，则会打开【创建要素】对话框。如果其中显示的要素还没有将要编辑的要素显示完，打开【创建要素】对话框中【组织要素模板对话框】中【新建模板】，在里面再创建一个点要素，命名，确定后在创建要素窗口中会出现，如高程点、高程点1和高程点2三个点要素。创建点要素共有两个构造工具：【点】为默认工具，可以通过地图上单击或通过输入坐标的形式创建点要素；【线末端的点】为通过绘制一条折线，取折线最后一个端点来构造点要素。

• 通过单击地图创建点要素：创建要素→点击【点模板】→点击【点】构造工具→在地图上相应位置单击，则点要素创建好，并处于选取状态。如果点位置点错了，可以使用删除工具删除。

• 草绘线末端创建点要素：创建要素→点击【点模板】→点击【线末端的点】构造工具→在地图上相应位置单击创建草图线(如果要确定线段长度，则在右键菜单中单击【长度】，在弹出的窗口中输入长度)，线段最后一个端点则是要创建的点要素位置。

• 在绝对 *X*、*Y* 位置创建点或折点要素：创建要素→点击【点模板】→点击【点】构造工具→在地图上相应位置单击右键，在弹出的菜单中，选择“绝对 *X*、*Y*”，则打开【绝对 *X*、*Y*】对话框(或者直接按下 F6，也可以打开 *X*、*Y* 坐标)给点确定具体的坐标值，单击 *X*、*Y* 坐标右端的“倒三角”符号，可以设置具体的单位数值。按 Enter 键确定，则点位置自动确定好。

②线要素创建。加载要编辑的线图层，启动编辑后，在【创建要素】窗口中选择线要素模板，再选择相应的构造工具，在地图上就可以单击创建线要素。在线要素模板中提供线、矩形、圆形、椭圆、手绘曲线5种构造工具，见表8-6。

表8-6 线构造工具

图标	名称	功能描述
／	线	在地图上绘制直线
□	矩形	在地图上拉框绘制矩形
○	圆形	制定圆心和半径框绘制圆形
⬭	椭圆	指定椭圆圆心、长半径和短半轴绘制矩形
∽	手绘线	单击鼠标左键，移动鼠标绘制自由曲线

直线(折线)构造，只需要使用【线】构造工具图标，在地图上单击放置折点的位置即可。其他4种线要素构造需要借助要素构造工具。

• 矩形要素创建：【矩形】构造工具图标可以快捷创建矩形要素，如建筑物等。表8-7的键盘快捷键可以用于简洁方便创建各种类型的矩形。

操作步骤：单击【创建要素】窗口中某个线要素模板→单击【创建要素】窗口的【矩形】构造工具图标→单击地图上某位置放置矩形第一个顶角位置，拖动并单击设置矩形的旋转角度。再通过右击选择命令或使用键盘快捷键输入 *X*、*Y* 坐标、方向角、选择矩形是水平或竖直，或选择输入长、宽边尺寸。

注意：尺寸单位是以地图单位表示，也可以通过输入值后附加单位缩写来制定其他单位形式的值。最后拖动并单击完成创建矩形要素操作。

表 8-7 矩形工具键盘快捷键

键盘快捷键	编辑功能
Tab	按 Tab 键可以使矩形处于竖直方向(以 90°垂直或水平)，而不进行旋转。在这种模式下，创建的矩形都是竖直方向的，再次按下 Tab 键又会恢复
A	输入拐角的 X、Y 坐标。建立矩形角度之后，可以设置第一个拐角的坐标或任意后续拐角的坐标
D	设置完第一个拐角点后指定角度方向
L 或 W	输入长、宽边长的尺寸
Shift	创建正方形而不是矩形

• 圆形要素创建：【圆形】构造工具用于创建圆形线要素，表 8-8 所示键盘快捷键可用于快速创建圆形要素。

表 8-8 圆形工具键盘快捷键

键盘快捷键	编辑功能
R	输入半径
A	输入中心点的 X、Y 坐标

操作步骤：单击【创建要素】窗口中某个线要素模板→单击【创建要素】窗口的【圆形】构造工具→单击地图上某位置放置圆心，拖动鼠标确定圆半径大小即可。或者鼠标右击或使用键盘快捷键输入 X、Y 坐标或半径大小即可。

• 椭圆形要素创建：【椭圆】构造工具用于构建椭圆形线状要素，表 8-9 所列键盘快捷键可用于快速创建椭圆形要素。

表 8-9 椭圆工具键盘快捷键

键盘快捷键	编辑功能
Tab	默认状态时，椭圆是从中心点向外创建；按 Tab 可以改从端点绘制椭圆，再次按下 Tab 键，又会恢复
A	输入半径中心点(或端点的)的 X、Y 坐标
D	设置完第一个点后指定角度方向
R	输入半径或短半径的尺寸
Shift	创建圆而不是椭圆

操作步骤：单击【创建要素】窗口中某个线要素模板→单击创建要素窗口的【椭圆】构造工具图标→单击地图上某位置放置椭圆的圆心，然后拖动鼠标确定椭圆大小确定即可。或者设置椭圆长半径、短半径然后拖动鼠标，或者使用键盘快捷键输入 X、Y 坐标，设置方向角，选择从中心还是从端点构造椭圆，或输入长、短半径大小确定椭圆。

• 手绘线要素创建：使用【手绘线】构造工具图标可以创建任意手绘的曲线。在创建快速、自由式设计时，手绘工具显得尤为重要。

操作步骤：单击【创建要素】窗口中某个线要素模板→单击创建要素窗口的【手绘线】

构造工具图标→单击地图上某位置开始手绘，绘制时按照需要的形状拖动指针，按住空格键可捕捉到现有要素，单击地图完成草图绘制创建要素。若绘制的要素不够平滑，则可以启动 ArcToolbox→【打开制图工具】→【制图综合】→【平滑线】，打开【平滑线】对话框，进行曲线平滑设置让曲线变得平滑。

③*面要素创建*。ArcMap 中加载数据和要创建的面要素图层，启动编辑器→【开始编辑】→单击【创建要素】窗口中某个面线要素模板→单击【创建要素】窗口的面要素构建工具(面、矩形、圆、椭圆、手绘曲线、自动完成面)中的某一种，在地图上进行完成多边形面的构造。

在编辑器中还提供了直线段、端点弧线段、弧段、中点、追踪、直角、距离-距离、方向距离、交叉点、正切曲线段、贝塞尔曲线段、点等几种创建其他要素的工具，也可以快捷创建所需要的各种要素。

④*基于现有要素创建要素*。当已经创建了某点、线、面要素，在此基础上再对这些要素进一步进行处理，常见形式有：

• 复制要素：可采用以下 3 种方式进行要素复制。

简单复制：使用 ArcMap 标准工具条中【复制】和【粘贴】按钮进行。

操作步骤：启动编辑器→单击编辑器上【编辑工具】按钮→在地图上选中要复制的要素(如点、线、面等)→单击【复制】→在地图上适当位置再单击【粘贴】(Ctrl+V)即可。

使用复制命令复制：需要将要素复制到目标位置或将一个要素按照需要大小进行缩放复制，而不与原有要素重叠时，可以使用【高级编辑】工具条中的复制要素来完成。

操作步骤：启动编辑器→选择要复制的要素→单击【高级编辑】中【复制要素工具】→在要粘贴的位置单击或拉一个矩形框，打开【复制要素工具】对话框，选择目标图层/单击【确定】即可。

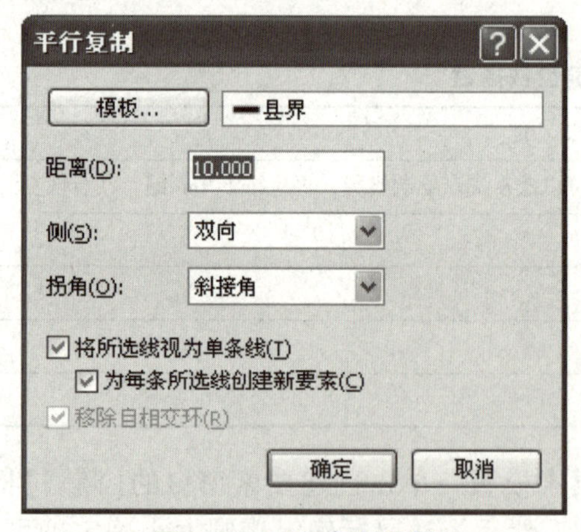

图 8-31 平行复制设置

利用【平行复制线要素】工具复制：利用编辑器中提供的【平行线复制要素】工具线要素。

操作步骤：启动编辑器/选择要复制的要素/单击【编辑器】工具条中【复制要素工具】，打开其对话框，设置模板、距离(平行复制的距离)、侧[复制位置与原图位置：双向(两侧)、左、右]、拐角(斜接角、斜面角、圆角)→单击【确定】即可，如图 8-31 所示。

• 使用现有线构造点：当地图上已经有构造好的线，从现有线上采集一定数量的点，可以采用此方法。

操作步骤：ArcMap 中加载数据和线图层、要存放构造点的点图层，启动编辑器，选择要构造点的线要素，并点击【编辑折点】工具，则线上所有折点以小方块出现[图 8-32(a)]；再单击【编辑器】工具条中【构造点】工具，打开其对话框(图 8-33)。进行设置：【模板】，默认与当前要素一致；【点数】是指从线要素上采集的点个数；【距离】是指构造点之间距离，单位与当前地图单位一致；【方向】是指从线起点还是终点开始构造点要素；【按测量】是指沿着线基于 M 值以特定间隔创建点，只有具有 M 值的要素有效；【在起点和终点创建附加点】是指是否将起点和终点作为构造点，如果选择此选项，假若构建点个数确定，线距离不够长，则可以在起点或终点按照距离重复构建点数。单击【确定】则完成点构造，如图 8-32(b)和(c)所示。

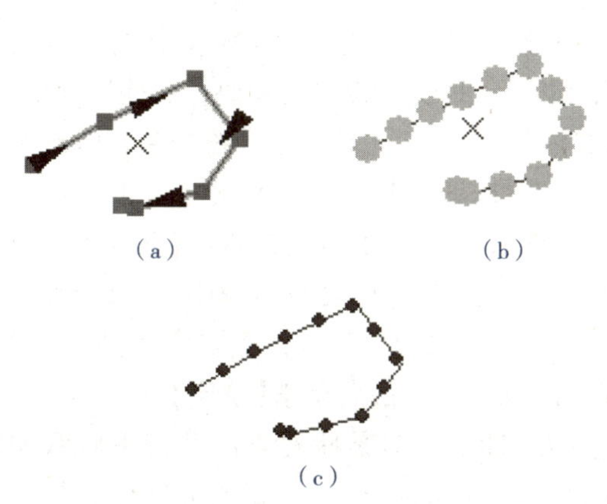

图 8-32　线要素转点要素过程

构造点
模板...
◆ 高程点
线长度:
2256.654
构造选项
点数(N)
10
距离(D)
200
按测量
在起点和终点创建附加点
方向
从线的起点开始(S)
从线的终点开始(E)
确定
取消

图 8-33　构造点设置

• 使用缓冲区构建要素：在线要素周围建立一定距离的缓冲区域，如道路中心线两边一定距离的绿化带等。

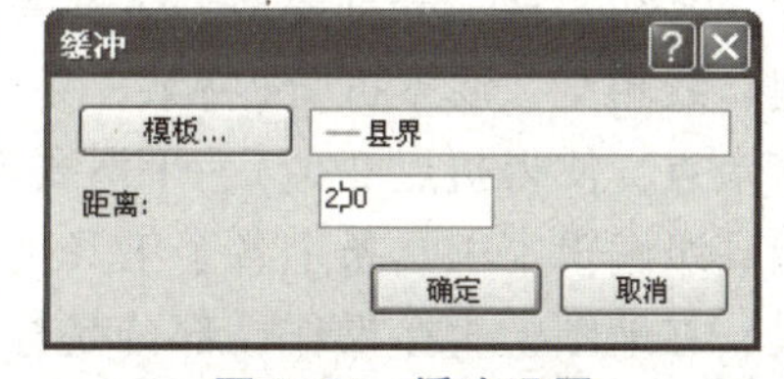

图 8-34　缓冲设置

操作步骤：在 ArcMap 中，选中要进行缓冲区操作的要素→启动编辑器→单击编辑器工具条中【缓冲】，打开【缓冲】对话框(图 8-34)，进行相关选项设置：【模板】，默认和当前要素一致；【距离】指缓冲区距离，单位和当前地图一致，按【确定】即可。

• 合并同一层的多个要素：通过合并某一图层的多个要素来构建一个新要素。

操作步骤：在 ArcMap 中已经加载相关数据资料的基础上，启动编辑器→【开始编辑】→用编辑工具选中要进行合并编辑的要素(注意：必须是同一类型)→单击编辑器工具条中【合并】，打开【合并】对话框，单击【确定】即可。

• 联合不同层的多个要素创建要素：在不同图层之间，通过联合相同要素类型的要素类来构造新的要素(结果保留原始要素)。

操作步骤：在 ArcMap 中加载相关数据资料后，启动编辑器→选中要进行联合的多个要素→在【编辑器】工具条中，单击【联合】，打开【联合】对话框，在对话框中设置构造新要素的模板，单击【确定】即可。

• 通过相交要素创建新要素：通过对同一图层的要素相交来创建要素。在正式操作前，将"相交"命令添加到【编辑器】中，在 ArcMap 主菜单中单击【自定义】，打开其对话框。在【命令】标签中，【类别】中选择【编辑器】，然后在【命令】中找到"相交"，将"相交"拖到编辑器的下拉菜单某一位置。

操作步骤：启动编辑器→【开始编辑】→选择要执行相交的线要素或面要素(必须是两个或两个以上要素)→单击【编辑器】工具条上的【相交】按钮，打开【相交】对话框，在对话框中选择构造要素的模板，单击【确定】。

• 根据线要素构造面要素：将某些闭合环要素构造面要素，如林班线构造林班面继而计算面积，则可以使用此法进行。该命令位于【拓扑】工具条中，因此，工作时需要启动拓扑工具条。

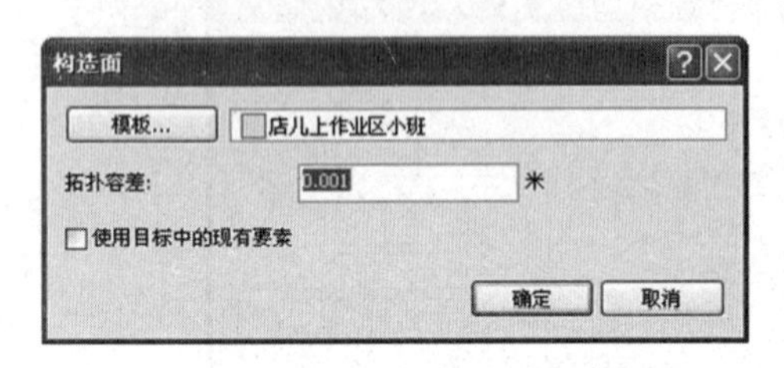

图 8-35　构造面设置

操作步骤：首先在 ArcMap 中加载相关数据资料，如闭合曲线的线要素和要存放构造面的面要素，添加拓扑工具条；其次在【拓扑】工具条中，单击【构造面】按钮，打开其对话框(图 8-35)，设置【模板】，默认第一个面图层模板；【拓扑容差】构建面要素时的允许容差，默认 0.001 米；选择【使用目标中的现有要素】时，生成的新要素将自动调整与目标图层中现有面要素之间的关系，使要素之间不形成压盖，最后单击【确定】即可。

⑤*修改要素*。要素修改是在启动编辑会话基础上，对某些要素的几何形状和属性进行修改。几何形状的修改主要包括添加与删除折点、移动折点、线要素方向的翻转、修剪要素到某一指定长度、修建过长的线段长度、更改线段类型(直线变弧线)、裁剪面、旋转要素、移动要素、分割要素、裁剪要素、内角圆(两直线相交点用圆弧表示)、线段延伸和修建、线相交、要素拆分(将某一条长直线分割成几段)、简化要素(将线条较多折点概化去多余点，使得折点变少)、平滑要素等。它们的操作都是使用编辑器中编辑工具条上工具及高级编辑中工具条上各个工具进行，操作相对比较简单，大多数是打开工具条上相应工具，在地图上直接操作，部分是打开工具条对话框，在对话框中设置即可。

8.2.3.2　注记编辑

在 ArcGIS 中有标注与注记之分。标注由字段属性动态标注出来，不改比例尺的变化，改变字体大小，标注位置，会随比例尺的变化，改变标注的位置，标注设置后必须以 .mxd 方式保存。注记随着比例尺的变化，会改变字体大小，有参考比例尺，随比例尺的变化，改变标注的位置，注记的方式可以灵活多样，每个都是一个独立的实体。注记分为图形注记、注记要素、属性注记 3 种。

图形注记是在 ArcMap 的显示窗口中，利用绘图工具进行文字、数字注记。它存放在地图文档中，不用地理空间坐标，其他应用不能使用，输入、编辑较简单、灵活，适合少量、临时性注记。

注记要素是独立要素，存放在数据库中，有自己的要素类，作为独立图层，可用在不同地图文档中。位置、角度的定位比较准确，字体选择也比较自由，适合静态、精细、数量较大、内容较为简单相对稳定的注记。

属性注记依附于要素属性，不能在地图上单独编辑，当注记位置很保密时，靠软件自动标注位置，可以减轻编辑工作量，适合于内容多、变化快、需要和属性更新保持同步，并且要动态调整标注位置的注记。该方法要靠特殊的计算方法，较为复杂。现在主要介绍注记的创建和编辑方法。

在所建立的地理数据库中，如要表现地理信息的属性，可以采用注记的方式进行，注记的创建参见 8.1.2.3 地理数据库注记。其注记要素类中所有要素均具有地理位置和属性。注记常采用文本，也包含其他类型符号系统的图形形状(如方框或箭头)，每个文本注记要素都有符号系统，对其字体、大小、颜色以及其他形状均可以修改。在地理数据库中注记分为标准注记和要素关联注记两类型，有时对有些要素尺寸也需要进行注记。

(1)创建尺寸注记要素类

尺寸是用于显示地图上特定长度和距离的一种特殊类的地理数据库注记。在地理数据库中，尺寸存储在尺寸要素类中，也具有地理位置和属性，通常位于要素数据集之内或之外。与注记要素一样，尺寸要素是图形要素，并且其符号系统存储在地理数据库中。新建尺寸要素类时，可以为其创建默认样式、自定义样式以及导入样式。以创建自定义样式要素类为例，其操作步骤如下。

①在 ArcCatlog 目录树中，右击【要创建新尺寸注记要素类的地理数据库或要素集】→新建【要素类】，打开【新建要素类】对话框：输入名称和别名；【类型】中单击【此要素类中所存储的要素类型】下拉框，选择“注记要素”。

②单击【下一步】，为注记要素类指定空间参考，设置【XY 容差】，进入【设置比例尺】对话框，在其中输入“参考比例尺”和“地图单位”。

③单击【下一步】，如果该要素是独立要素类，则选择或导入一个坐标参考系。

④单击【下一步】，接受默认的【XY 容差】或者输入所需要的【XY 容差】。单击→【下一步】，进入参考比例尺设置对话框，选择合适的参考比例尺和地图单位；在【默认样式】中选择“我想创建自己样式”在此可以选择默认样式或导入样式。单击【新建样式】按钮，则进入【尺寸样式属性】对话框，在该对话框里进行线和箭头、文本、调整等的设置和选择。

⑤最后单击【确定】按钮，在文件或 ArcSDE 地理数据库中创建此要素类，要使用自定义存储关键字，单击【使用配置关键字】单选按钮，然后从下拉框中选择要使用的关键字。如果不想使用自定义存储关键字，选择【默认】单选按钮。

⑥如果是个人地理数据库，则单击【下一步】，尺寸要素类所需要的字段将会添加到要素类中。单击【完成】按钮，完成尺寸注记类的创建。

(2)注记编辑

当创建好注记要素后，在 ArcMap 中还需要对其根据不同要求进行编辑处理。

①在 ArcMap 中创建注记。在 ArcMap 中添加相应要编辑的数据(特别是注记要素类数据)后，启动编辑器→开始编辑，则在【创建要素】栏里的【构造工具】中提供了 5 种注记样式，见表 8-10。

ArcMap 中创建注记的操作方法：在 ArcMap 中添加相应编辑要素(特别是注记要素)，启动编辑器→开始编辑，在【创建要素】中选中注记要素及其将要注记的模板、构造工具中的构造注记样式(5 种样式中任选一个)，则出现【注记构造】对话框如图 8-36(a)所示；如果按【注记构造】对话框中“切换格式”选项，则【注记构造】对话框变为图 8-36(b)所示，可以直接修改字体、字号、对齐方式等，按【注记构造】对话框中“要素选项”工具条，则出现【要素选项】对话框，在里面设置将来注记要素放置的方式、角度变化等。

表 8-10 注记样式

类型	说 明	样 式
水平	创建一个沿水平方向的注记	山东省
沿直线	创建一个沿起点到终点方向的注记	山东省
跟随要素	创建一个沿线要素或面要素边界的注记	山东省界限
牵引线	创建一个带有牵引线的注记	山东省界限
弯曲	创建一个沿曲线的注记	山东省界限

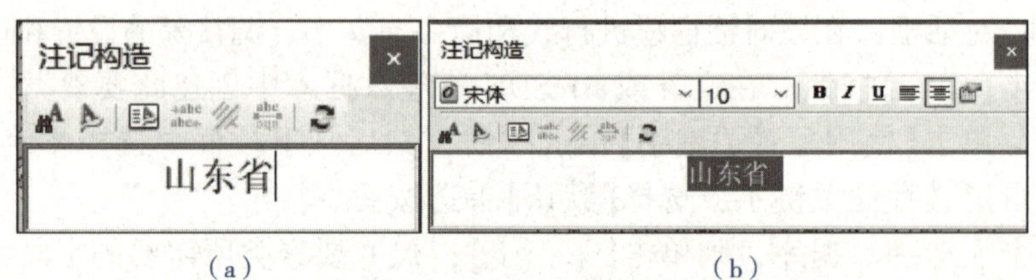

（a） （b）

图 8-36 注记构造窗口的两种状态

②在地图上相应位置放置相应注记要素。注意不同构造注记样式在地图中放置的方式不太相同：【水平】鼠标直接将注记文本水平方向放置在地图中；【沿直线】鼠标将注记文本在地图上沿起点或终点方向(沿任意一个角度方向)以直线方向放置；【随沿要素选项】首先选中地图中某一个线要素或面要素，鼠标将注记文本沿要素边界放置；【牵引线】首先用鼠标在地图上某点牵引出一条直线，然后在直线旁再放置注记文本；【弯曲】鼠标在地图上随机弯曲一条曲线，再将注记文本放置，则注记文本成为某一个弯曲形状(图 8-37)。

③注记修改。对创建好的注记要素进行修改，主要包括：复制和粘贴、移动、旋转、删除、堆叠和取消堆叠、向注记中添加牵引线、将注记转换为多部分、编辑关联要素的注记等内容。

操作步骤如下。

●在 ArcMap 中，启动编辑器→开始编辑，使用编辑器中【编辑工具】和【编辑注记工具】，在地图上单击注记要素（按住 Shift 可以选择多个注记），然后复制和粘贴，或者拖动、删除、旋转注记要素。

●如果要旋转或放大注记要素，一定用【编辑注记工具】选中注记要素，其注记文字框内有“×”，又称“描点”，是注记要素在地图上不能移动的位置。如果要移动注记文字，必须将其选中，鼠标才能将注记文字移动；左、右下角有“1/4 圆”，鼠标选中此位置可以旋转注记文字（在注记文本框内上方有一个“小红色三角形”，鼠标按住它可以任意放大和缩小文字）。

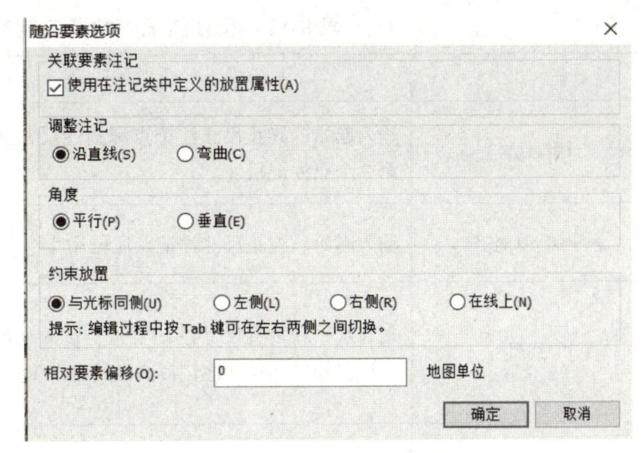

图 8-37　随沿要素选项

●如果注记文字较长，需要堆叠（即将文字用两行或多行表示），则用【编辑注记工具】选中注记文字，在【注记构造】对话框里在要分行的两个文字中间按一个空格，然后在地图上右击【堆叠】或【取消堆叠】即可；向注记添加牵引线、将注记转换为多部分，也是用【编辑注记工具】选中注记文字，右击相应的【添加牵引线】、【将注记转换为多部分】即可。

●编辑关联要素的注记：关联要素注记是直接与要素关联的特殊类型的地理注记。它反映了地理数据库中要素的当前状态，移动、编辑或删除要素后，关联要素的注记将自动更新。在 ArcMap 中添加要素及其关联的注记要素→启动编辑并在源要素类（点、线或面图层）中选择想要生成注记的要素（如果要为所有要素创建注记，可以选择所有要素）；在内容列表中的源要素图层上右击【选择】→【注记所有要素】，打开【注记所有要素】对话框，设置目标注记要素和“是否将未放置的标准转为标注”，单击【确定】即可。

(3) 尺寸注记编辑

尺寸注记要素是一种特殊类型的文本，用于表示地图上的长度或距离。尺寸注记要素存储于地理数据库中的尺寸注记要素类中，它在创建时需要输入特定数量的点来描述尺寸要素的几何形状。可以创建各种形状，如对齐、简单对齐等。在 ArcMap 中，对地图上具体要素进行尺寸创建和编辑的前提是尺寸注记已经在 ArcCatlog 中创建。

①创建尺寸注记。在 ArcMap 中创建尺寸注记的操作是：在 ArcMap 中加载要进行尺寸注记的要素→启动编辑器→开始编辑→【创建构造要素】，在【创建构造要素】窗口选择用来保存要素的模板和用来创建尺寸注记的尺寸【构造工具】，在地图上适当位置找到要创建尺寸的第一个点单击、第二个点单击，有时还要有第三个点单击，草图自动完成创建尺寸的注记。

注意：在进行尺寸注记时，软件中提供了 10 种构造尺寸注记的工具，其含义和方法见表 8-11。

表 8-11　尺寸注记中构造工具类型及注记样式

类　型	说　明	样　式
对齐	输入起始、终止尺寸注记点和描述尺寸注记线高度的第 3 个点注记尺寸	105943.80
简单对齐	输入起始、终止尺寸注记点注记尺寸	148099.73
线性	创建水平和垂直尺寸注记要素，输入起始、终止尺寸注记点和描述尺寸注记线高度的第 3 个点注记尺寸	134368.63
旋转线性	输入起始、终止尺寸注记点，描述尺寸注记线高度的第 3 个点注记尺寸和描述延伸线角度第四个点	42017.26
连续注记	用已有注记为基础创建注记。首先选择一个已有注记的终止点作为新注记的起始点，新尺寸注记要素的基线将会与所选的现有尺寸注记要素的基线保持平衡	132296.16　116616.37
基线注记	可创建新尺寸注记要素，其起始尺寸注记点与作为基线的现有尺寸注记要素相同	13758.36　135466.94
注记边	可处理任何类型的要素。它可以自动创建尺寸，其基线由现有要素的线段来描述，且只能创建水平和垂直线性注记要素	151341.97　66 998091
垂直尺寸	可创建两个相互垂直的尺寸注记要素	123825.25　123825.25　119591.91　119591.91
自由线性	可创建水平、垂直、旋转线性尺寸注记要素；如果输入 3 个点将会创建水平线性和垂直线性注记要素，如果输入 4 个点，则会创建旋转线性尺寸注记要素	120650.24
自由对齐	可创建简单对齐和对其尺寸注记要素。当输入第 2 个点时，双击鼠标左键，则会在两点之间自动创建简单对齐尺寸注记，输入第 3 个点时，双击鼠标则会在两点之间，并且以第 3 个点为高度自动创建对齐尺寸注记	刚开始输入两点 133420.29　简单对齐 115800.04　对齐注记

②编辑尺寸注记。在编辑尺寸要素前，要确保尺寸注记要素类处于编辑状态。编辑尺寸注记要素主要有删除、修改尺寸注记要素的几何属性、修改尺寸要素的样式与属性等内容。

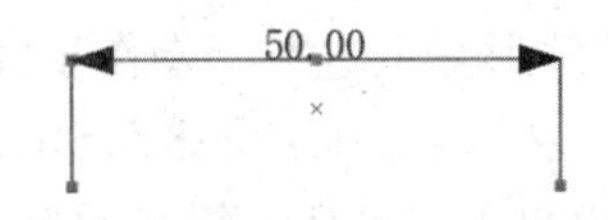

图 8-38　修改尺寸注记的几何属性

• 删除尺寸要素：单击【编辑器】工具条上【编辑工具】→单击要删除的要素(同时按住 Shift 键可以选中其他要素)→单击标准工具条中【删除】按钮或键盘中 Delete 键即可。

• 修改注记尺寸要素的几何属性：单击【编辑器】工具条上【编辑工具】，双击要编辑的要素，尺寸注记上会出现几个小方块形折点，如图 8-38 所示。

• 将鼠标放置在中间红色小方块位置，鼠标变为两个小方块套到一起形状时，可以将上面数字“50”移动位置。

• 将鼠标放置在其他几个小黑方框位置，鼠标变形后拖动端点，可以改变起始尺寸和终止尺寸注记点位置。

• 单击地图上任意位置，完成草图。或者在【编辑折点】工具条中单击【完成草图】按钮。

③修改尺寸注记要素的样式与属性。所有尺寸注记要素均与尺寸注记样式相关联。创建一个新的尺寸注记要素时，必须为其制定尺寸注记样式。创建尺寸注记要素后，自动应用所选样式的所有属性。可以使用【属性】对话框修改其中的部分属性，但有一些属性(如尺寸注记要素元素的符号系统)则无法修改。

• 单击【编辑器】工具条上【编辑工具】，单击要编辑的要素。

• 单击【编辑器】工具条上【编辑窗口】中的【属性】按钮，打开【属性】对话框，如图 8-39 所示。

• 单击【尺寸线样式】下拉箭头，单击要制定给此要素的尺寸注记样式，单击【提交】即可。

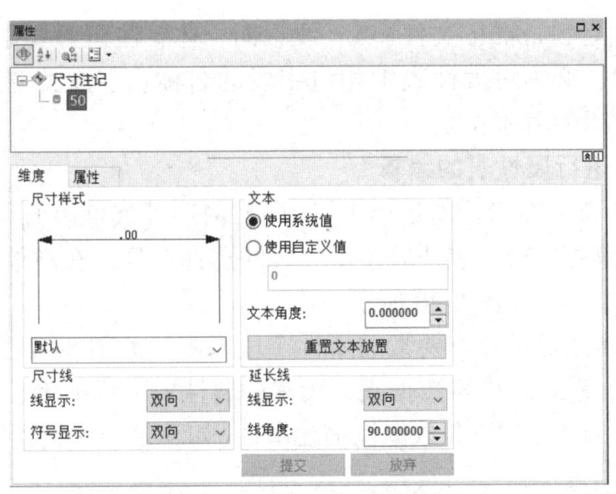

图 8-39　修改尺寸注记样式

8.2.3.3　小班区划与编辑

在森林资源调查前首先要进行森林区划。我国常见的森林区划有国有林业局(总场)区划系统、国有林场区划系统、自然保护区区划系统、县级行政单位区划系统 4 个区划系统。每个区划系统最低端到林班。在具体森林资源调查时，还要将林班区划成小班。

现在森林资源调查时森林区划就直接在已经校正、地理配准好的遥感图像(航片和卫片)及地形图上进行。操作步骤如下。

①在ArcCatlog中建立Shapefile文件和地理数据库。在ArcCatlog建立地理数据库，数据库中包含各种点、线、面要素，以及dAbase表和注记要素。

②在ArcMap中进行小班区划(即图形数据进行矢量化编辑)。在ArcMap中根据当地森林生长情况和小班区划条件进行各个林班、小班区划。将区划结果以地图形式表现出来，对区划结果借助编辑器进行编辑注记。

③对图形区划编辑的各小班的图斑处理。对已经在图面材料中区划编辑好的各个林班、小班图斑按照要求进行检查，如重叠部分裁剪、重叠的线段去掉等。

8.2.4 属性数据的编辑

数据采集和地理数据库建立后，对其属性表中数值进行添加，有错误地方还需要修改，还可以使用数据视图中查询工具或属性表对资料进行查询、检索，也可以生产报表，将相关资料输出，供其他人使用。

8.2.4.1 属性表

属性是指实体的描述性性质或特征，具有数据类型、域、默认值3种性质。在ArcGIS中描述某一地理实体或地理现象都是用相应的属性来表述，有些是文本语言表述，有些是具体的测量数值，将它们放置到一张表上就成了属性表。

(1)在ArcCatlog中建立属性表

在ArcCatlog中建立Shapefile文件(点、线、面、体、注记等要素类要素)、地理数据库(Geodabase)文件时，必须对属性表中相应字段的名称、字段类型进行命名，给它们赋予一定的空间参考(即坐标系统)。

(2)在ArcMap中进行属性表的编辑

在ArcMap中选中某个要素，右键单击【图层】→打开【属性表】，则可以显示属性表窗口，属性表中包括：菜单选项与表选项菜单、表的选择工具，右键单击字段名后可以得到关于该字段的下拉菜单等，如图8-40所示。

要素属性窗口编辑或显示单个要素的属性字段内容，如图8-41所示。在ArcMap对图形进行矢量化处理后，对每个要素数据集、要素的属性要进行编辑，给各个字段赋予相应的文本性描述性属性(如名称等)和数值性描述属性(如编号、周长、面积等)。

8.2.4.2 属性表编辑

(1)属性字段设置及填写

①系统字段。要素创建时系统默认创建的字段有：Fid(系统自动序号)、shap*(要素类型，只在属性表中显示，不在属性窗口中显示)、id(自定义序号)。

②自定义字段。设置步骤如下。

• 在ArcMap中非编辑状态下，打开属性表，在表选项菜单中点击添加字段，在【添加字段】窗口中填写字段名称、数据类型和字段属性相关内容，点击【确定】。

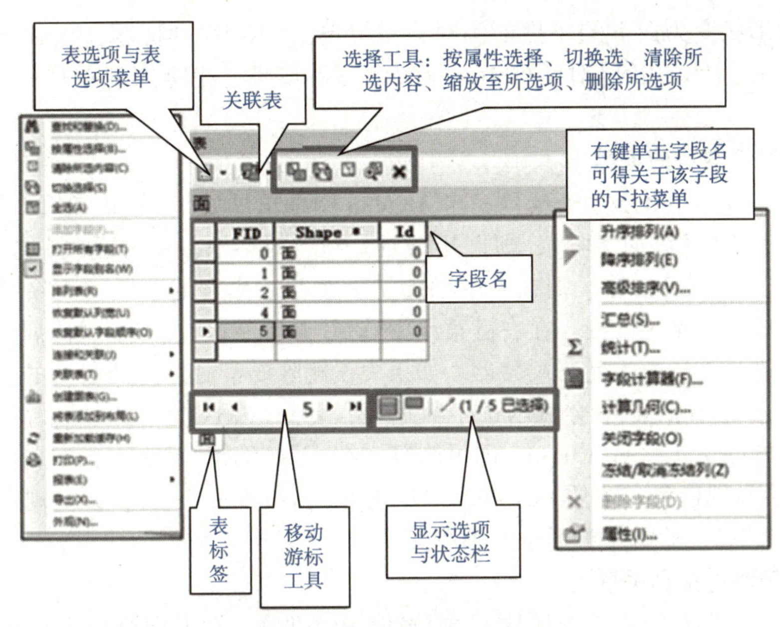

图 8-40 属性表包含的内容

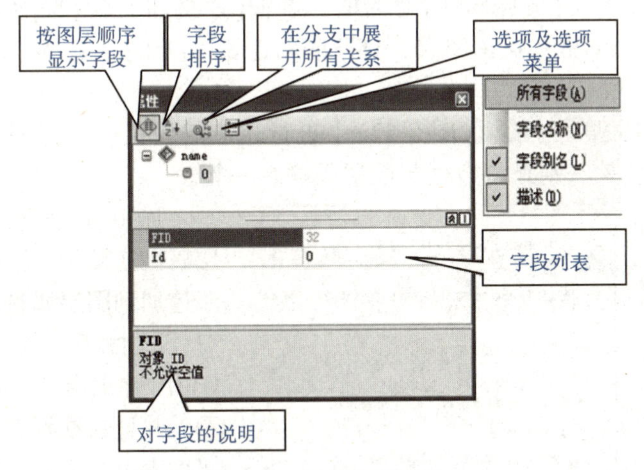

图 8-41 属性字段内容

• 在 ArcCatlog 的目录窗口中，右键点击 Shapefile 文件，在右键菜单中点击【属性】，打开 Shapefile【属性】对话框，在【字段】选项卡中添加字段。

• 在 ArcMap 中的编辑状态下，直接在表窗口或者要素属性窗口中填写，并可以使用复制、粘贴等基本功能。

(2) 要素(如点、线、面等要素数据)属性表字段内容编辑

要素点、线、面编辑的主要内容是将 ArcCatlog 中建立的点、线、面 Shapefile 文件和 Geodatabase 文件加载 ArcMap 中，利用编辑器对图形进行矢量化处理。在要素的属性表中(可以删除或增添字段)对各项内容进行添加，如编号、名称、代号、长度、多边形的周长和面积等，这些内容有些需要输入，有些软件可以自动计算，如线段的长度、多边形的周长和面积等。

软件自动计算输入时，打开表窗口；在表窗口中，将鼠标移动到某字段(如长度)列标题处，当鼠标形状变为向下的小黑箭头时，右键单击“长度”列标题，在右键菜单中点击【计算几何】，在【计算几何】对话框中选择要计算的属性、坐标系和单位，点击【确定】，完成计算。

(3)对属性表本身的编辑

①属性表字段的添加和删除编辑。当 ArcMap 中编辑器处于“停止编辑”状态，打开属性表，点击属性表中【添加字段】，则打开【添加字段】对话框，在对话框中选择字段名称，字段类型，点击【确定】按钮，则在表中添加了一个刚才命名的字段；删除属性表中某字段：在属性表中选中某字段列，在右键菜单中选择“删除字段”，最后关闭属性表即可。

②属性表数据的删除、复制或粘贴。如果失误删除要素后，打开备份的原数据，选择删除的数据表，在 ArcMap 中会显示选中数据项，复制(Ctrl+C)后编辑器中“开始编辑”，选择要复制到的图层，粘贴(Ctrl+V)即可恢复。在“开始编辑”状态下，在属性表中选择数据项(选中项会呈现蓝色，按住 Ctrl 可以多项选择)，ArcMap 中图形会呈现高亮，亦可在 ArcMap 中直接选择，然后点击 Delete 则删除。

(4)属性表的连接和关联

①右键单击图层，在右键菜单中点击【连接和关联】，在下拉菜单中点击连接或者关联；点击图层，右击弹出【图层属性】对话框，点击【连接和关联】选项卡，点击【添加】打开【连接】或【关联】对话框；点击图层，打开的属性表，点击【表选项】下拉菜单，选择【连接】或【关联】。

②在连接(或者关联)对话框(图 8-42)中进行相应的设置。连接即可将图层或表追加到原图层属性表后；关联则是将数据与图层关联在一起。

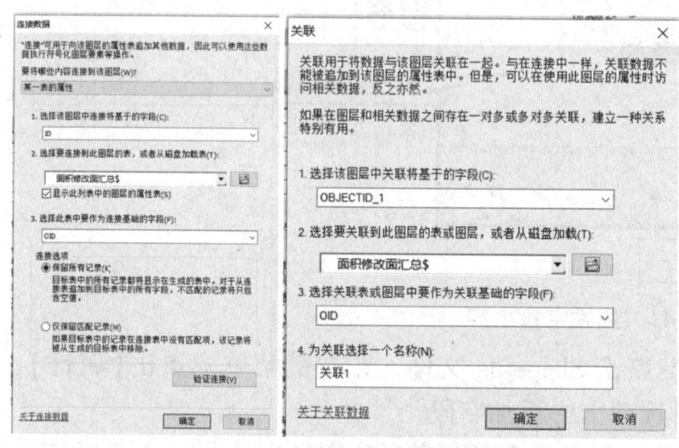

图 8-42 数据连接和关联对话框

连接与关联的区别：数据表与图层属性连接后，数据表中的字段相当于追加到图层属性表中，可以在表窗口、属性窗口、图层属性窗口、HTML 弹出窗口、识别窗口中直接显示，并且数据表中的字段可以像图层属性表中的字段一样参与计算、显示设置、统计等数据处理和分析，总之连接之后数据表中的数据就成为图层属性表中的一部分，可以像图层属性表中的数据一样进行处理，除了不能修改和删除；数据表与图层属性关联后，数据表和图层属性表仍然是相对独立的存在，不可以在表窗口、属性窗口、图层属性窗口、HTML 弹出窗口中直接显示，只能在识别窗口中主动选择后显示，并且不能参与图层的任何操作。

(5)定义查询

定义查询用于指定基于 SQL 查询绘制的图层的要素。虽然与其他定义查询相似，但“定义查询”的不同之处在于是动态的，基于当前页面进行的过滤。可以通过【查询构建器】的方式定义需要显示的要素。如只在数据视图中显示某些满足条件的要素，如只显示林班号为39林班的所有小班要素。选择“小班图层”，右击选择“属性”，打开【图层属性】对话框，点击【定义查询选项卡】，如图8-43(a)所示，点击【查询构建器】，在打开的【查询构建器】对话框中点击“林班号=39”，单击【确定】，如图8-43(b)所示，再点击【确定】，结果如图8-43(c)所示，仅显示39号林班内的小班要素。

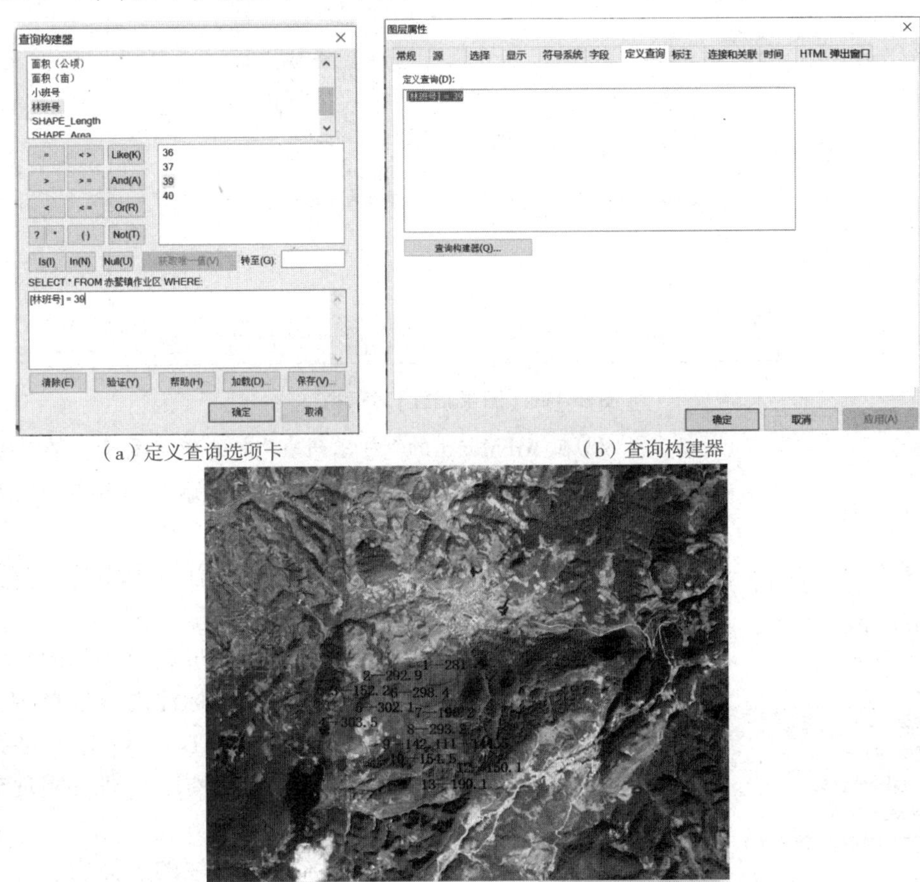

(a)定义查询选项卡　　(b)查询构建器

(c)【定义查询】结果

图8-43　定义查询

8.2.4.3　属性标注编辑

属性标注依附于要素属性，不能在地图上单独编辑。当注记位置需要保密时，利用软件自动标注位置可以减轻编辑工作量，适合于内容多、变化快、需要与属性更新保持同步，并且要动态调整标注位置的注记。属性标注编辑的操作步骤如下。

①启动ArcMap，加载相关数据资料。打开【编辑器】→开始编辑→将图形进行点、线、面矢量化→将点、线、面要素属性表各项内容的属性资料进行添加。

②选中某个要进行属性标注的要素。右击【属性】→打开【图层属性】对话框→在其中单击【标注】→打开【标注】对话框，图8-44所示为“高程”要素属性对话框。选择“标注字段”，如高程。如果有特别的标注要求，如分式、数字加字母等，点击【表达式】，打开【标注表达式】对话框，用“所选解析程序的语言编写表达式”进行标注；“文本符号”选择合适的字体、字号、颜色等，如果想选择其他样式，可以在“预定义的标注样式”中选择。

图 8-44 【图层属性】对话框

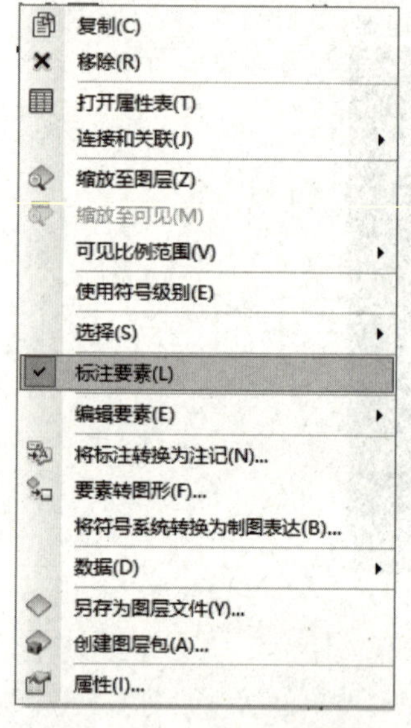

图 8-45 ArcMap 标注要素

③在 ArcMapd 的“内容列表”中选中某要素。在右键菜单中选中“标注要素”(图 8-45)，则图上就会将某要素具体文字或数值显现出来。

④分子式标注的方法。ArcGIS 标注中上下标、分数等特殊形式标注。

- 分数形式标注要素：首先将分母和分子的内容分别放在两个字段中，然后在标注的时候，标注内容选择用表达式标注，在表达式的输入框中输入"<UND>" &[分子的字段]& "</UND>" & vbNewLine &[分母的字段]，即可实现分数形式的标注。
- 上下角标形式标注要素：将标注的主体内容、上角标内容和下角标内容分别用 3 个字段保存。假设这 3 个字段分别是：text、super_ text 和 sub_ text。然后在标注的时候，标注内容选择用表达式标注，在表达式的输入框中输入[text]& "^{" &[super_ text]& "}" & "_{" &[sub_ text]& "}"，即可实现上下角标形式的标注。

8.2.4.4 属性数据查询与提取

(1)属性数据查询

在完成图形矢量化和属性表编辑后，然后可以进行属性数据查询。在 ArcMap 显示窗口中的操作步骤如下。

①利用选择要素工具选中图中某要素，在属性表里查看表中记录。

②打开主菜单点击【选择】→【按位置选择】，打开【按位置选择】对话框，查看相应图层的要素，进行查询，如图 8-46 所示。

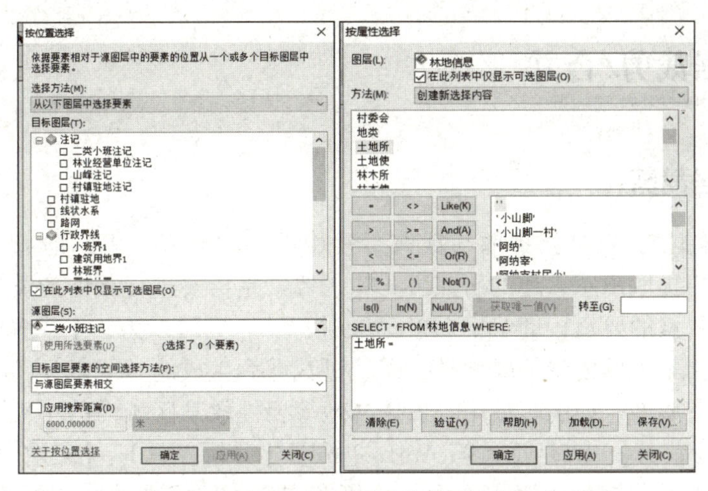

图 8-46　【按位置选择】和【按属性选择】对话框

③打开菜单中点击【选择】→【按属性选择】，打开【按属性选择】对话框，输入要素进行条件组合查询。或者在某要素类的属性表中选择“按位置”或“属性”选择，打开其对话框进行要素查询。

(2)属性数据提取

在某要素类的属性表中，对某要素类进行创建图、报表或将其导出，对其属性数据提取。

①创建图表。在 ArcMap 中，选中某要素，打开其属性表，单击属性表中“表选项与表选项菜单”里的【创建图表】，打开【创建图表】对话框，按照流程则分步骤创建图表。

②生成报表。在 ArcMap 中，选中某要素，打开其属性表，单击属性表中“表选项与表选项菜单”里的【报表】，打开【报表】对话框，按照流程则分步骤生成报表。

③导出数据。打开某要素属性表，单击属性表中“表选项与表选项菜单”里的【导出】，打开【导出】对话框，按照流程则分步骤生成报表。注意保存时选择合适的文件类型，软件中提供的文件保存类型包括：文件和个人地理数据、dBASE 表、Info 表、文本文件、文件地理数据库表、SDE 表，如图 8-47 所示。

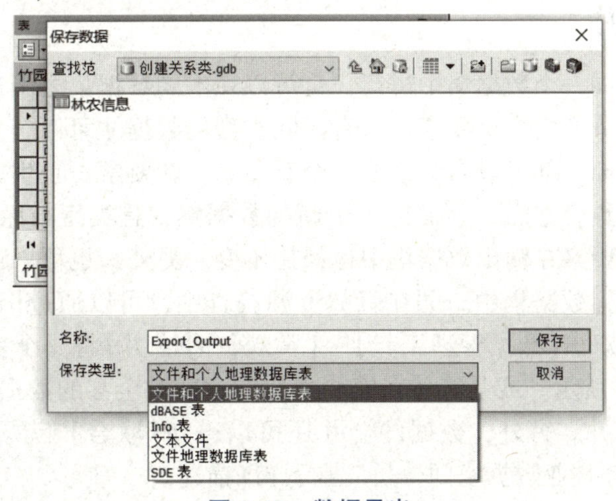

图 8-47　数据导出

8.2.5　数据裁剪/合并

8.2.5.1　数据裁剪

裁剪(矢量数据裁剪)是指提取与裁剪要素相重叠的输入要素，是基于指定的裁剪要素，从某一要素中提取出感兴趣的研究区。输入要素是指要进行裁剪的要素。裁剪要素是指用于裁剪输入要素的要素，即“感兴趣区域或模具”，其可以为一个或多个要素，但必须是面要素。输出要素为要创建的要素类，即经过裁剪后生成的新要素类，输出要素类将包含输入要素的所有属性。如由于征用、占用林地等要提取某区域内的小班图层时，可以利用【地理处理】→【裁剪】，或是工具箱 ArcToolbox 下【分析工具】→【提取分析】→【裁剪】，将征用、占用林地的范围作为裁剪要素，小班图层作为输入要素，如图 8-48 所示，输出的结果就是征用、占用林地范围内的小班图层。

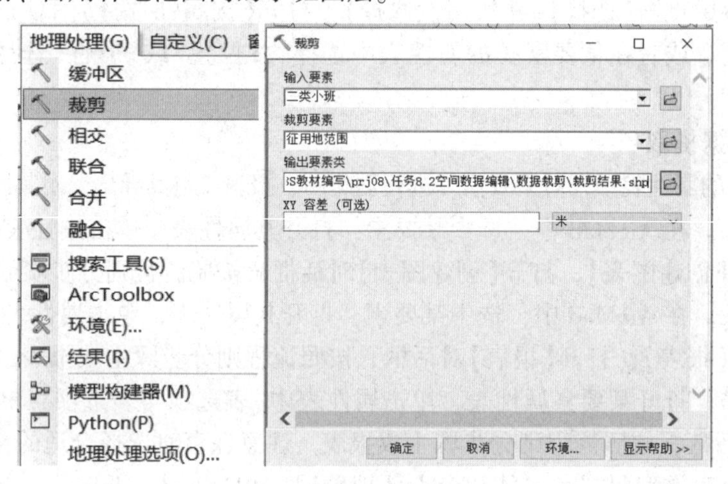

图 8-48　数据裁剪

8.2.5.2　数据合并

数据合并可以在同一个数据集中进行，也可以在不同数据集之间进行。参与合并的要素可以相邻也可以是分离的多个要素。只有相同类型的数据才可以合并。数据合并时，无论要素是相邻还是分离，都可以合并生成一个新要素，新要素一旦生成，原来的要素将自动被删除。不同数据集合并时，会输出一个新的数据集，且类型与原输入的数据集一致，输入数据集中的所有要素在输出数据集中也保持不变。另外，也可以使用追加工具将输入数据集合并到现有目标数据集中。如在森林资源调查中，可以通过【地理处理】→【合并】或是在 ArcToolbox 下双击【数据管理工具】→【常规】→【合并】将一个乡镇内不同的林班图层进行合并如图 8-49 所示。或是将各乡镇调查数据合并时全县的数据制作森林分布图时，就需要将数据进行合并。另外，数据的合并还可以通知【联合】工具实现，具体关于【联合】工具将在“项目 10 林业数据空间分析”进行详细描述。

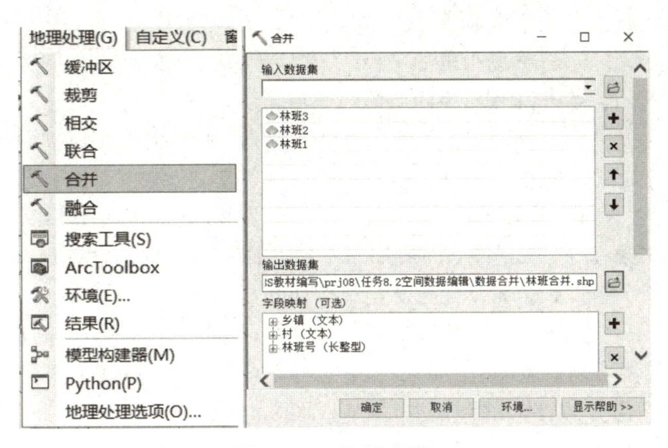

图 8-49　数据合并

任务实施

使用 ArcMap 编辑小班、林场界线

一、目的与要求

通过对某林场的高程点、县界、林场界的编辑处理，使学生熟练掌握编辑器、高级编辑器和一些常用编辑器工具的进行要素的编辑、注记编辑和属性编辑。

二、数据准备

某地区某林场遥感影像(可从谷歌地图下载)及调查资料。

三、操作步骤和方法

（1）要素编辑（创建点、线、面新要素）

①在应用程序中添加数据资料。以某地林场部分调查资料为例，存放位置为...\prj08\任务2空间数据编辑\任务2-2任务实施。

● 打开 ArcMap，点击图层→右键→属性，打

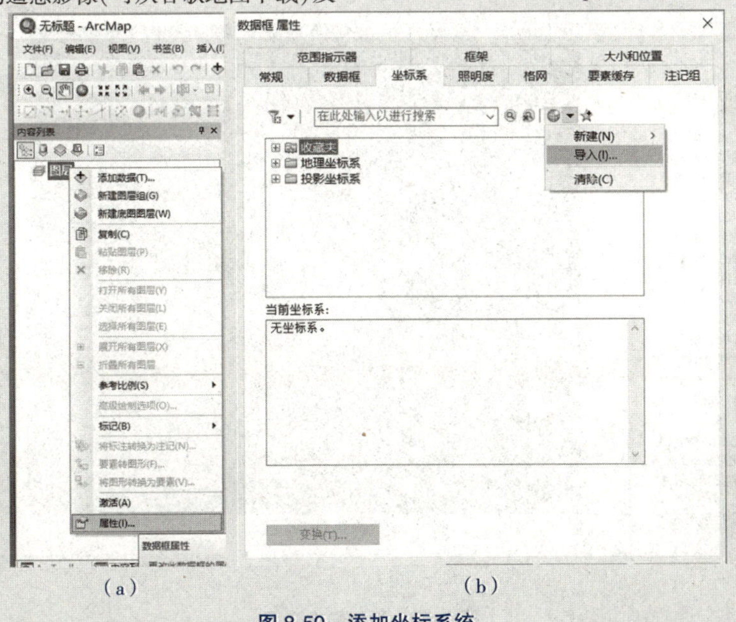

（a）　　（b）

图 8-50　添加坐标系统

开【数据框属性】对话框，点击【坐标系】，如图 8-50(a)所示，选择坐标【导入】林场小班的坐标系，具体如图 8-50(b)所示，点击【确定】为图层添加坐标系统。

• 单击【添加数据】加载遥感卫星影像，数据放置在...\ prj08 \ 任务 2 空间数据编辑 \ 任务 2-2 任务实施 \ 东山林场影像数据下，如图 8-51 所示。

• 点击打开【目录】，在 ...\ prj08 \ 任务 2 空间数据编辑 \ 任务 2-2 任务实施 \ 新建个人地理数据库 . mdb 下创建要素类：高程点(点图层)、县界(线图层)、河流(线图层)、道路(线图层)、杏花岭区(面图层)、杏花岭(面图层)、迎泽区(面图层)。以创建高程点为例说明创建要素类的具体步骤。

点击【新建个人地理数据库 . mdb】右键→新建→要素类，如图 8-52 所示。

打开【新建要素类】对话框，设置要素类的名称：高程点；别名：高程点；要素类素：点要素，如图 8-53 所示。

点击【下一步】，为高程点设置坐标系统，坐标系统选择与设置【图层】坐标系统一致，如图 8-54所示。

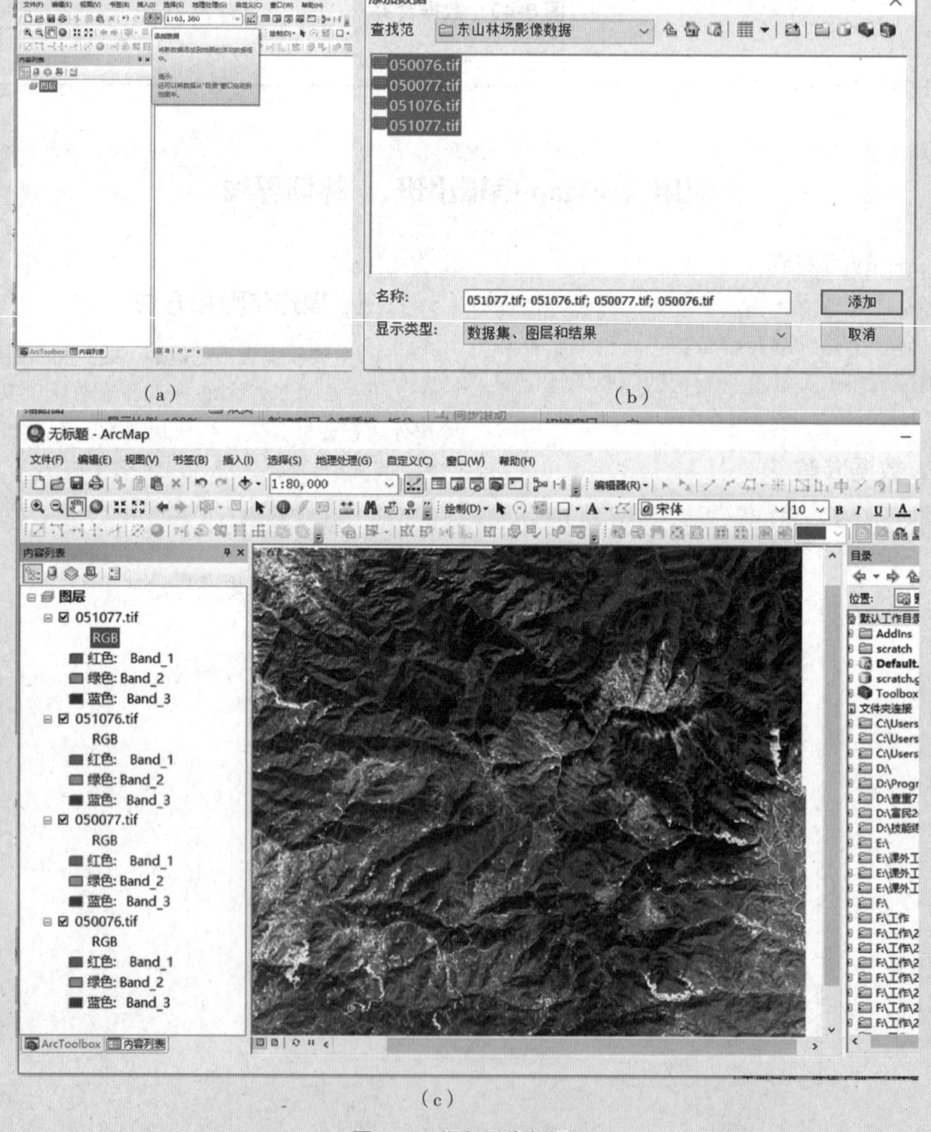

图 8-51　添加影像数据

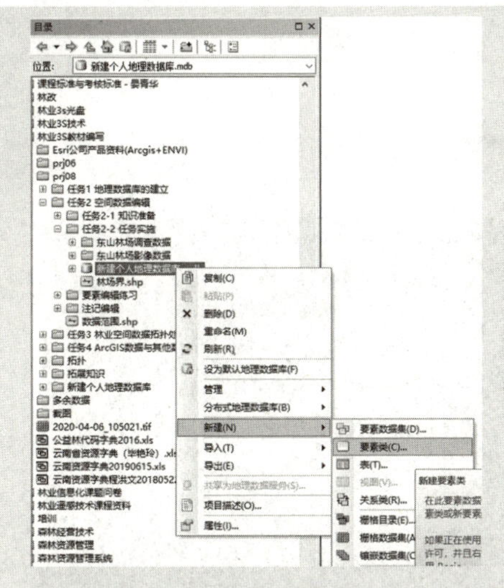

图 8-52 新建要素类工具

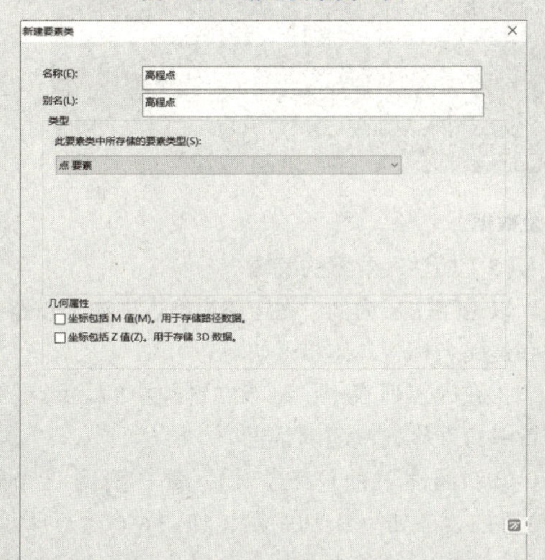

图 8-53 【新建要素类】名称、类型设置

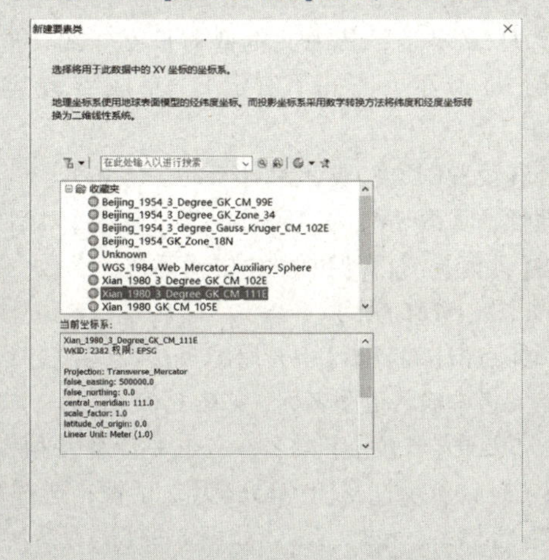

图 8-54 【新建要素类】坐标系统设置

点击【下一步】，设置高程点的 XY 容差，选默认值，如图 8-55 所示。

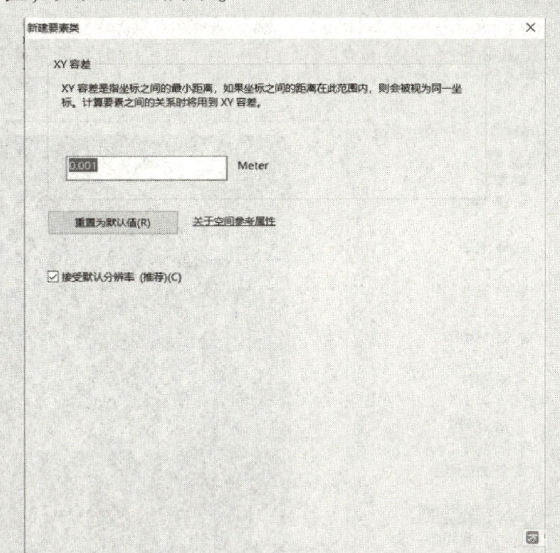

图 8-55 【新建要素类】XY 容差设置

点击【下一步】，设置高程点的字段名：高程值；类型：双精度型，如图 8-56 所示。

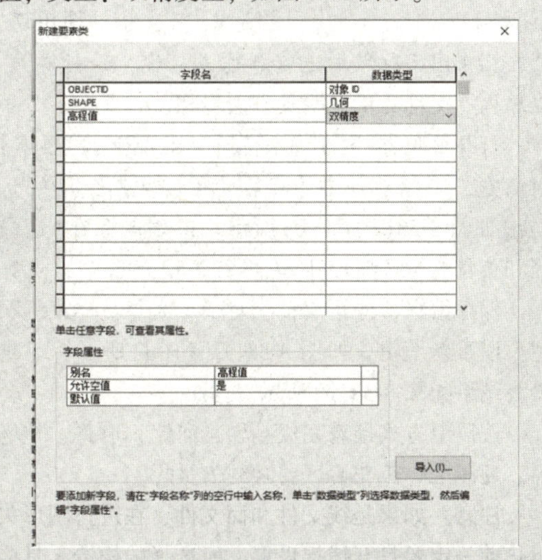

图 8-56 【新建要素类】字段名及类型设置

点击【完成】，完成在个人地理数据库中创建高程点要素类。

● 按照【高程点】创建的步骤分别创建要素类县界（线图层）、杏花岭区（面图层）、杏花岭（面图层）、迎泽区（面图层）。

● 单击【添加数据】分别加载已经建立好的高程点、县界、杏花岭区、杏花岭、迎泽区文件，如图 8-57 所示。

图 8-57　添加矢量数据

②在图面材料中进行创建点、线、面新要素。以高程点文件为例说明具方法步骤。

打开编辑器→【开始编辑】，出现【创建要素】对话框，用鼠标选中【高程点】，构造工具中选【点】如图 8-58(a)和(b)所示。再用鼠标在“迎泽区和杏花岭区”图形中将各个高程点选中，点完后，保存编辑，停止编辑。对于点大小、样式、颜色可以重新编辑，如图 8-58(c)和(d)所示，编辑最终结果如图 8-58(e)所示。

按以上方式接着完成县界、河流、道路、林场界、迎泽区、杏花岭区要素的矢量化。

注意：如果是线文件和面文件，在进行图形矢量化前一定要打开捕捉设置，所选择的构造工具应该根据图形情况选择，假如图形属于不规则，则线要素构造工具最好选择【折线】，面要素构造工具选择【面】或者【自动完成面】。

③线要素平滑处理。以道路为例，启动 ArcToolbox，双击【制图工具】→【制图综合】→【平滑线】，打开【平滑线】对话框(图 8-59)。输入要素：道路；输出要素：道路平滑；平滑算法：PAEK(默认)；平滑容差：0.1 米。点击【确定】完成道路的平滑。

(2)属性表要素的编辑

以道路图层为例，在道路属性表中添加道路长度和道路名称，具体步骤如下。

①在内容列表中，鼠标左键选中“高程点”→右键→打开【属性表】对话框。

②在属性表的【表选项】(表右侧倒三角符号)，左键单击→添加字段，如图 8-60(a)所示，打开【添加字段】对话框，设置道路长度和名称的字段名及类型。名称：长度/名称；类型：双精度型/文本型，其中文本型的长度：20，如图 8-60(b)所示。点击【确定】，完成字段名的添加。

③设置【长度】字段的小数位，点击长度→右击属性，如图 8-61(a)所示。打开【属性】对话框，点击【数值】，打开【数值格式】对话框，小数位数：1，如图 8-61(b)所示。

④点击【编辑器】→开始编辑，在【名称】字段列单元格中输入道路名称，如图 8-62 所示。

⑤点击【长度】字段名，右击→计算几何，如图 8-63(a)所示打开【计算几何】对话框，选择“长度”、坐标系、单位：米，如图 8-63(b)所示点击【确定】。

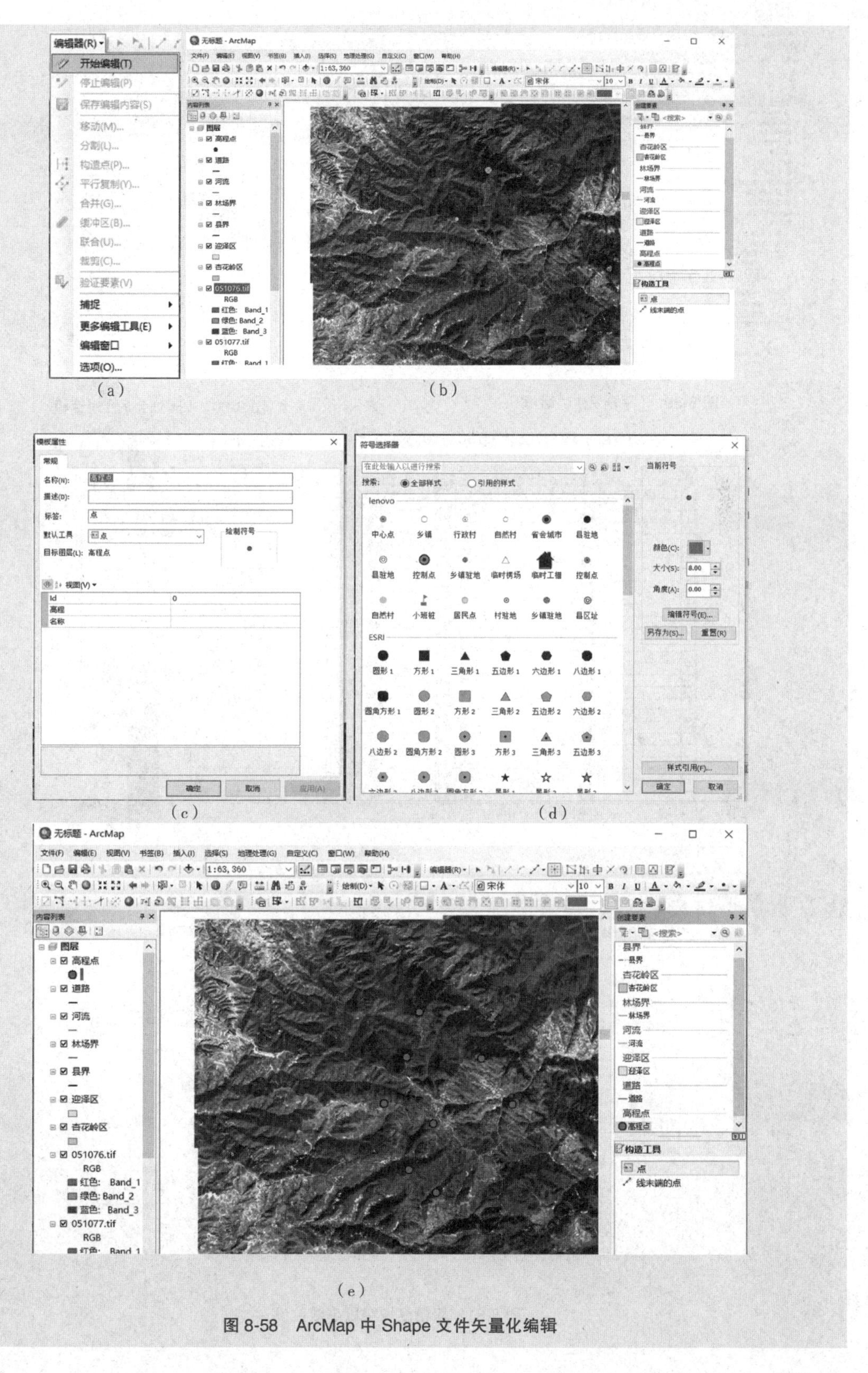

图 8-58 ArcMap 中 Shape 文件矢量化编辑

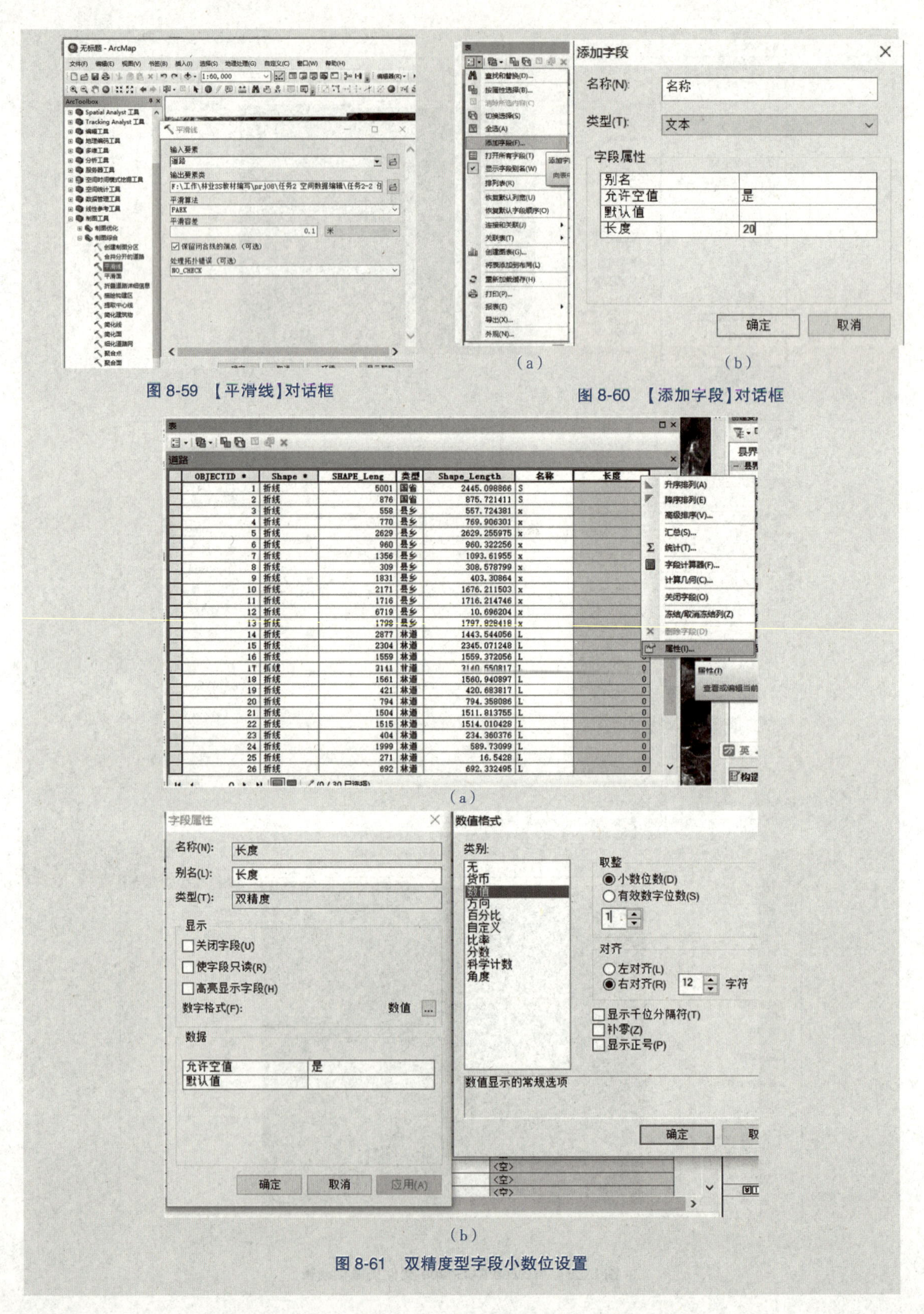

图 8-59　【平滑线】对话框

（a）　（b）

图 8-60　【添加字段】对话框

OBJECTID *	Shape *	SHAPE_Leng	类型	Shape_Length	名称	长度
1	折线	5001	国省	2445.098866	S	
2	折线	876	国省	875.721411	S	
3	折线	558	县乡	557.724381	x	
4	折线	770	县乡	769.906301	x	
5	折线	2629	县乡	2629.255975	x	
6	折线	960	县乡	960.322256	x	
7	折线	1356	县乡	1093.61955	x	
8	折线	309	县乡	308.578799	x	
9	折线	1831	县乡	403.30864	x	
10	折线	2171	县乡	1676.211503	x	
11	折线	1716	县乡	1716.214746	x	
12	折线	6719	县乡	10.696204	x	
13	折线	1798	县乡	1797.828418	x	
14	折线	2877	林道	1443.544056	L	
15	折线	2304	林道	2345.071248	L	
16	折线	1559	林道	1559.372056	L	
17	折线	3141	林道	3140.550817	L	0
18	折线	1561	林道	1560.940897	L	0
19	折线	421	林道	420.683817	L	0
20	折线	794	林道	794.358086	L	0
21	折线	1504	林道	1511.813755	L	0
22	折线	1515	林道	1514.010428	L	0
23	折线	404	林道	234.360376	L	0
24	折线	1999	林道	589.73099	L	0
25	折线	271	林道	16.5428	L	0
26	折线	692	林道	692.332495	L	0

（a）

（b）

图 8-61　双精度型字段小数位设置

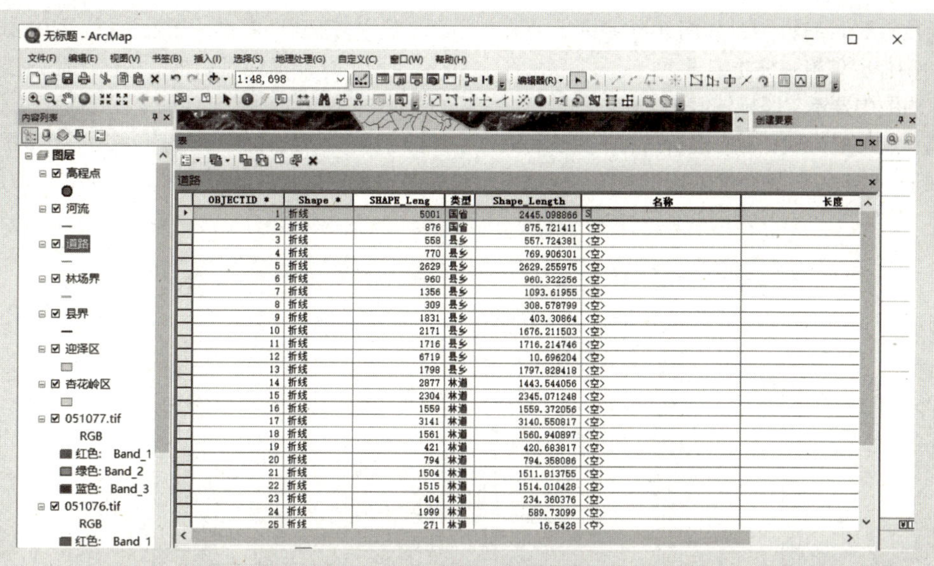

图 8-62　输入文本类属性值

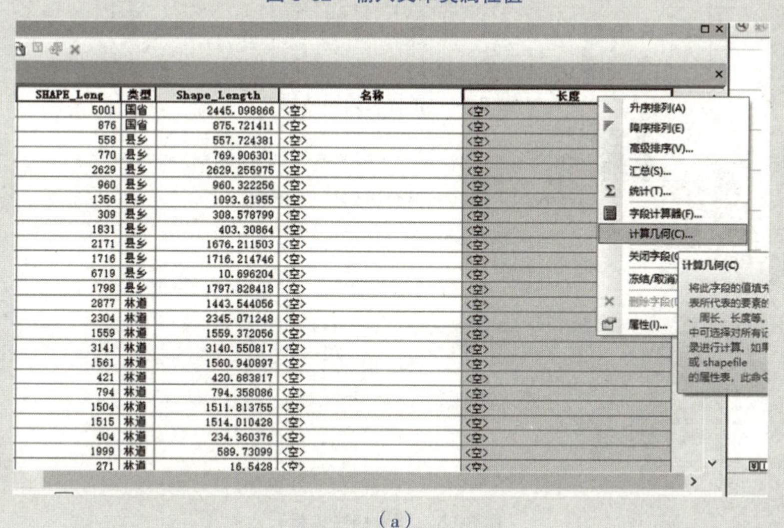

（a）

计算几何

属性(P):　长度

坐标系

◉ 使用数据源的坐标系(D):

PCS: Xian 1980 3 Degree GK CM 111E

○ 使用数据框的坐标系(F):

PCS: Xian 1980 3 Degree GK CM 111E

单位(U):　米 [m]

☐ 仅计算所选的记录(R)

关于计算几何　　确定　取消

（b）

图 8-63　计算道路长度

⑥属性表要素编辑结果如图 8-64 所示，点击【编辑器】→保存编辑→停止编辑。

（3）对图中要素字段标注编辑

以高程点图层为例，对点进行高程的标注，具体步骤如下。

选中高程点→右键→属性→【标注】，如图 8-65(a)所示，打开标注对话框，在标注此图层中要素(L)前选“√”，选择要标注的字段：高程，选择要标注的字体、字号、符号等内容，如图 8-65(b)所示，然后点击【确定】，则完成高程的标注，如图 8-66 所示。

表

道路

OBJECTID *	Shape *	SHAPE_Leng	类型	Shape_Length	名称	长度
1	折线	5001	国省	2445.098866	S	2445.1
2	折线	876	国省	875.721411	S	875.7
3	折线	558	县乡	557.724381	x	557.7
4	折线	770	县乡	769.906301	x	769.9
5	折线	2629	县乡	2629.255975	x	2629.3
6	折线	960	县乡	960.322256	x	960.3
7	折线	1356	县乡	1093.61955	x	1093.6
8	折线	309	县乡	308.578799	x	308.6
9	折线	1831	县乡	403.30864	x	403.3
10	折线	2171	县乡	1676.211503	x	1676.2
11	折线	1716	县乡	1716.214746	x	1716.2
12	折线	6719	县乡	10.696204	x	10.7
13	折线	1798	县乡	1797.828418	x	1797.8
14	折线	2877	林道	1443.544056	L	1443.5
15	折线	2304	林道	2345.071248	L	2345.1
16	折线	1559	林道	1559.372056	L	1559.4
17	折线	3141	林道	3140.550817	L	3140.6
18	折线	1561	林道	1560.940897	L	1560.9
19	折线	421	林道	420.683817	L	420.7
20	折线	794	林道	794.358086	L	794.4
21	折线	1504	林道	1511.813755	L	1511.8
22	折线	1515	林道	1514.010428	L	1514
23	折线	404	林道	234.360376	L	234.4
24	折线	1999	林道	589.73099	L	589.7
25	折线	271	林道	16.5428	L	16.5
26	折线	692	林道	692.332495	L	692.3

图 8-64　属性表编辑结果

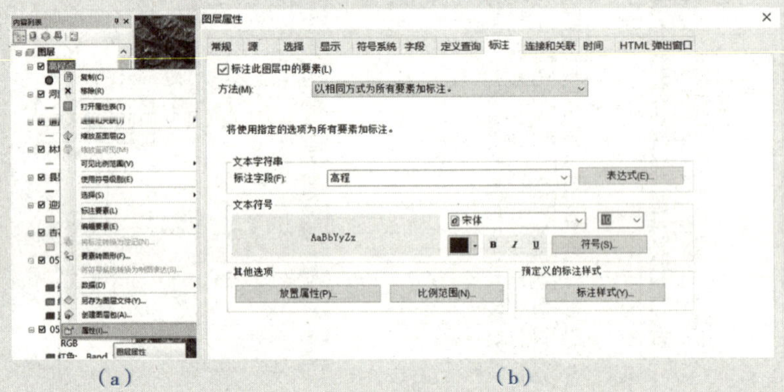

（a）　　　　（b）

图 8-65　要素标注设置

图 8-66　标注结果

 成果提交

作出书面报告，简述图形要素编辑和属性编辑的过程及步骤，并总结操作过程中存在的问题及解决方法。

任务8.3 林业空间数据拓扑处理

 任务描述

当图形数据编辑完成后，需要进行检查修订。检查修订主要使用拓扑工具。本任务主要内容是在ArcCatlog和ArcMap创建拓扑，在ArcMap中对图面材料进行拓扑检查，保证数据资料质量，提高空间查询统计分析的正确性和效率。

 任务目标

1. 能够理解拓扑和拓扑规则的含义、种类及使用的范围。
2. 掌握建立拓扑的方法步骤，具备拓扑检查和处理修订拓扑错误的能力。

知识准备

8.3.1 拓扑的基础知识

8.3.1.1 拓扑的概念

ArcGIS拓扑是指自然界地理对象的空间位置关系，如相邻(是指对象之间是否在某一边界重合，如行政区划图中的省、县数据)、重合(是指确认对象之间是否在某一局部互相覆盖，如公交线路和道路之间的关系)、连通(连通关系可以确认通达度、获得路径等)等，是地理对象空间属性的一部分，表示地理要素的空间关系，是在要素集下要素类之间的拓扑关系集合。

建立拓扑的目的是减少GIS设计与开发的盲目性，使GIS系统能够进行无缝统计查询、空间分析，保证数据质量、提高空间查询统计分析的正确性和效率，使地理数据库能够真实反映地理要素。现实中，由于GIS数据多源性、数据格式多样性、数据生产、数据转换、数据处理标准的不一致性等原因，造成数据质量无法满足现实需要。例如，利用GIS进行森林资源调查，获得一个森林区划的林班、小班(面状要素)、界址点(点要素)，若数据质量不严格就不能获得正确结果，需要建立拓扑，利用拓扑关系检查(主要检查共享边界的多边形边有无重合、点与线衔接是否有空隙或多余、面与面图斑是否有空隙等)，对不正确的线、面进行修改，直到符合要求。

ArcGIS 的拓扑都是基于 Geodatabase(.mdb，.gdb，.sde)，.shp 文件是不能进行拓扑检查的。

8.3.1.2　拓扑中的要素

参与拓扑的要素可以是点、线、面和多边形。拓扑关系作为一种或多种多边形关系存储在地理数据库中，描述的是不同要素的空间关联方式，而不是要素自身。

①多边形要素。在拓扑中，多边形要素由定义其边界的边、边相交的节点和定义边形状的定点构成。即多边形要素拓扑可以共享边，图 8-67(a)为多边形要素，其中 *a* 和 *b* 面要素的共享结点为 *C* 和 *D*，共享边为 *CD*。

②线要素。由一条边组成，最少有两个节点(点要素与拓扑中其他要素重合时，它们表现为节点)用以定义边的端点，由一些顶点定义边形状。即线要素可以共享端点和节点(边节点拓扑)，图 8-67(b)为线要素，线要素 *a* 和 *b* 具有共享节点 *D*，有端点结点 *C*、*D* 和 *E*；线要素与其他线要素可以共享线段(为路线拓扑)，图 8-67(c)为路线拓扑，假定细线为小路，粗线为大路，两条道路相重叠部分为共享部分。

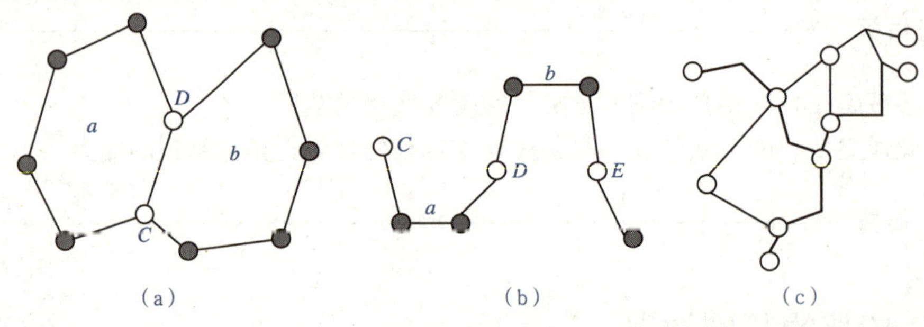

图 8-67　拓扑类型

当拓扑中的要素有部分相交或重叠时，定义这些公共部分的边和结点是共享的。区域要素(面要素)与其他区域要素相一致，则形成区域拓扑，线要素可以同其他要素共享断点顶点，成为节点拓扑。

8.3.1.3　拓扑参数

拓扑关系中存在许多参数，如拓扑容差、等级、拓扑规则等。

(1)拓扑容差

拓扑容差是指不重合的要素顶点间最小距离，它定义了顶点间在接近到何种程度可以视为同一个顶点。在软件中，将位于拓扑容差范围内的所有顶点认为是重合并被捕捉到一起。在实际应用中，拓扑容差一般是很小的一段距离。大多数情况下，软件会有一个默认值(0.001 米或 0.000 000 055 6 度)。如果要自己设置拓扑容差时，数值一定要比软件默认数值大一些较好。

(2)等级

等级是当要素需要合并时，用来控制那些要素被合并到其他要素上的参数。在拓扑中指定要素等级用来控制在建立拓扑和验证拓扑过程中，当捕捉到重合顶点时那些要素类将被移动。即不同级别的要素顶点落入拓扑容差中，低等级要素顶点将被捕捉到高等级要素的顶点位置；同一级别的要素落入拓扑容差中，它们将被捕捉到集合平均位置进行合并。这样的好处是如果不同要素类具有不同的坐标精度，如一个通过差分 GPS 得的高精度数据，另一个是未校正的 GPS 得到较低精度的数据，利用等级可以确保定位顶点不会被捕捉到定位不太准确的定点上。

在拓扑中，最多可以设置 50 个等级，1 为最高级，50 为最低级。设立的原则是将准确度较高(数据质量较好)的要素类设置为较高等级，准确度较低(数据质量较差)的要素类设置为较低等级，保证拓扑检验时将准确度较低的要素类数据整合到准确度较高的数据。

(3)拓扑规则

拓扑规则是指通过定义拓扑的状态，控制要素之间存在的空间关系。在拓扑中定义的规则可以控制一个要素类中各要素之间、不同要素类中各要素之间以及要素子类之间的关系。借助 Geodatabase 规定了一系列拓扑规则，在要素之间建立了空间关系。拓扑的基本作用是检查所有要素是否符合所有规则。

拓扑分为以下两种。

①一个图层自身拓扑。数据类型一致，都是点，或都是线、或都是面。

②两个图层之间的拓扑。数据类型可能不同，有线-点、点-面、线-面、线-线、面-面 5 种，它们在现实中存在如图 8-68 所示的几种关系。

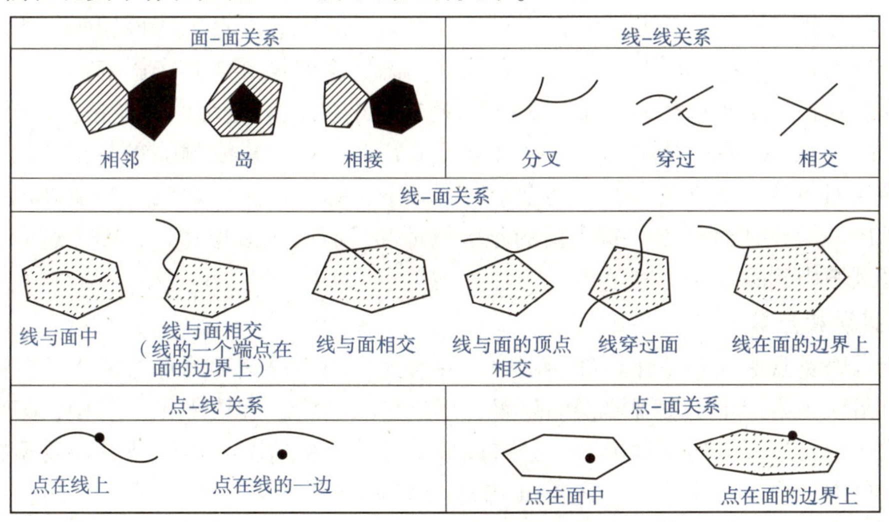

图 8-68　几种常见的拓扑关系

如果要对它们之间的关系进行检查，前提必须在同一要素集下，数据基础(坐标系统、坐标范围)要一致。同时，事先还要对它们之间的关系有一定的规定(此规定称为规则)，如检查某一要素集中面面关系时，事先规定面相邻面之间必须有共享边，不得有空隙。则拓扑检查后如果某相邻面之间有空隙，则认为是错误的，必须修改。

拓扑规则的种类按照点、线、面(多边形)来分，目前在 ArcGIS 10. X 中有 25 种拓扑规则，在 ArcGIS 10. 6 中新增了 6 种拓扑规则，共有 31 种规则。其中：点拓扑规则有 6 种，如图 8-69(a)所示；线拓扑规则有 15 种，如图 8-69(b)所示；多边形拓扑规则有 10 种，如图 8-69(c)所示。

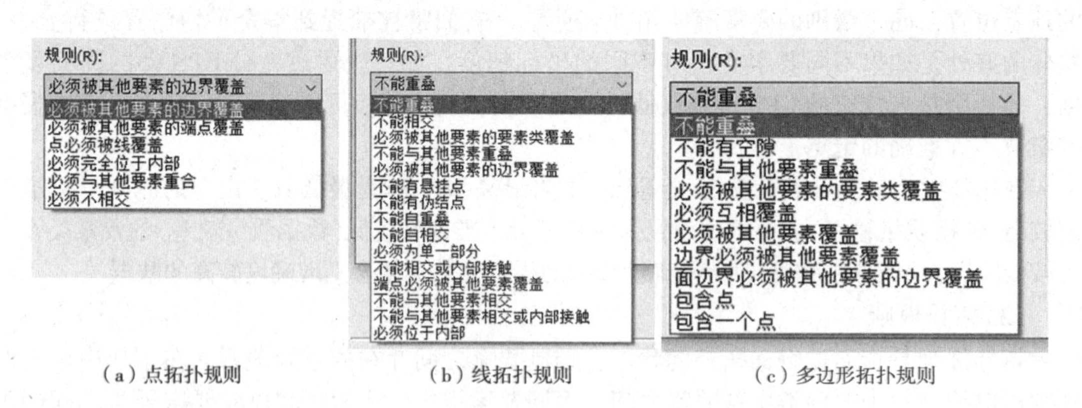

(a) 点拓扑规则　　(b) 线拓扑规则　　(c) 多边形拓扑规则

图 8-69　拓扑规则

8.3.1.4　内部要素层

为保证创建和编辑拓扑的逻辑性和连续性，拓扑内部会存储脏区域、错误和异常两个附加要素类型的要素类。

(1) 脏区域

脏区域是指建立拓扑关系后，在编辑过、更新过的区域内出现的该编辑行为结果违反已有拓扑规则的情况所标记的区域，或者是受到添加或删除要素操作影响的区域。脏区域将追踪那些在拓扑编辑过程中可能不符合拓扑规则的位置，是允许验证拓扑的选定范围，而不是全部。脏区域在拓扑中作为一个独立要素存储。在创建或删除参与拓扑的要素、修改要素的几何属性、更改要素的子类型、协调版本、修改拓扑属性或更改地理数据库规则时，ArcGIS 均会创建脏区域。每个新的脏区域都和已有的脏区域相连，而经过验证的区域都会从脏区域中删除。

(2) 错误和异常

错误是以要素形式存储在拓扑图层中，并且允许用户提交和管理要素不符合拓扑规则的情况。错误要素记录了发现错误的位置，用红色点、线、方块表示。其中，某些错误是数据创建与更新过程中的正常部分，是可以接受的，这种情况下可以将错误要素标记为异常，用绿色点、线、方块表示。在 ArcGIS 中可以创建要素类种错误和异常的报告，并且将错误要素数目作为评判拓扑数据集中数据质量的度量。用 ArcMap 中的【错误检查器】来选择不同类型错误，并且放大浏览每一个错误之处，通过编辑不符合拓扑规则的要素来修复错误，修复后，错误便从拓扑中删去。

8.3.2　创建拓扑和拓扑检查

创建拓扑和拓扑检查，首先要建立要素数据集，把需要检查的数据放在同一要素集下，要素集和检查数据的数据基础(坐标系统、坐标范围)要一致，直接拖入就可以，拖出来也可以，有拓扑时要先删除拓扑。

注意：只有简单要素类才能参与创建拓扑，注记、尺寸等复杂要素类是不能参与构建拓扑。

创建拓扑时，需要按照以下约定指定从要素数据集中参与拓扑的要素类。

①一个拓扑可以使用同一个要素集中的一个或多个要素类。

②一个要素数据集可以具有多个拓扑。但是，一个要素只能属于一个拓扑。

③一个要素类不能被一个拓扑和一个几何网络同时占有。

8.3.2.1 使用 ArcCatlog 创建拓扑

①在 ArcCatlog 目录树中单击已有的地理数据库，准备建立拓扑的数据集，如 ...\prj08\任务 3 林业空间数据拓扑处理\任务 3-1 知识准备\data\Topology.gdb\Water。

②右键→新建→【拓扑】，打开【新建拓扑】对话框，浏览简介后，单击【下一步】打开对话框。在【输入拓扑名称】文本框中输入拓扑名称：water_ Topology；在【输入拓扑容差】中输入容差值，选择默认值 0.001 米或 0.003 284 英尺或 0.000 000 055 6 度。

③单击【下一步】按钮，进入【选择要参与到拓扑中的要素】[图 8-70(a)]中选择参加拓扑的要素，单击【下一步】设置参与拓扑的要素类等级[图 8-70(b)]，在【等级】下拉框中给每一个要素设置等级，如果有 Z 值，则选择【Z 值属性】。如果两个以上要素时，必须给每个要素设立相应等级。

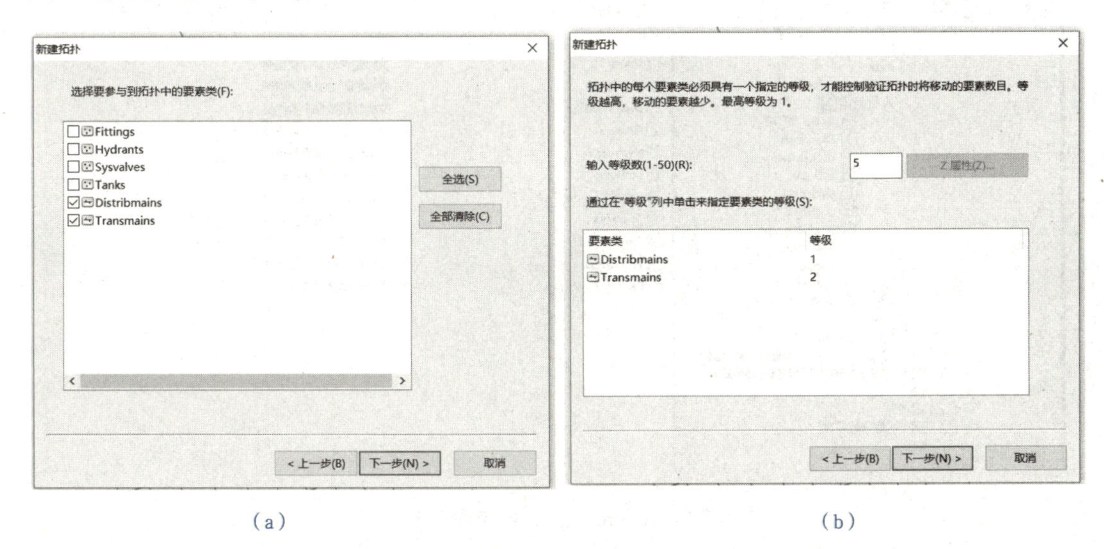

(a) (b)

图 8-70 新建拓扑

④单击【下一步】，在打开的对话框中给参与拓扑的每一个要素添加拓扑规则[图 8-71(a)]，以控制和验证要素共享的集合特征方式。可以给每一个要素重复添加多个规则；

⑤单击【下一步】，查看【摘要】信息框的反馈信息[图 8-71(b)]。如果有错误返回到上一步，继续修改添加规则，确认无误后，单击【完成】，弹出【新建拓扑】提示框，过一会软件自动会创建完成新建拓扑，稍后出现一个询问是否进行拓扑验证对话框，单击【确认】或【不确认】。则在目录树中可以看见创建好的拓扑。

⑥在 ArcCatlog 目录树查看已经建立好的拓扑，如图 8-72 所示。

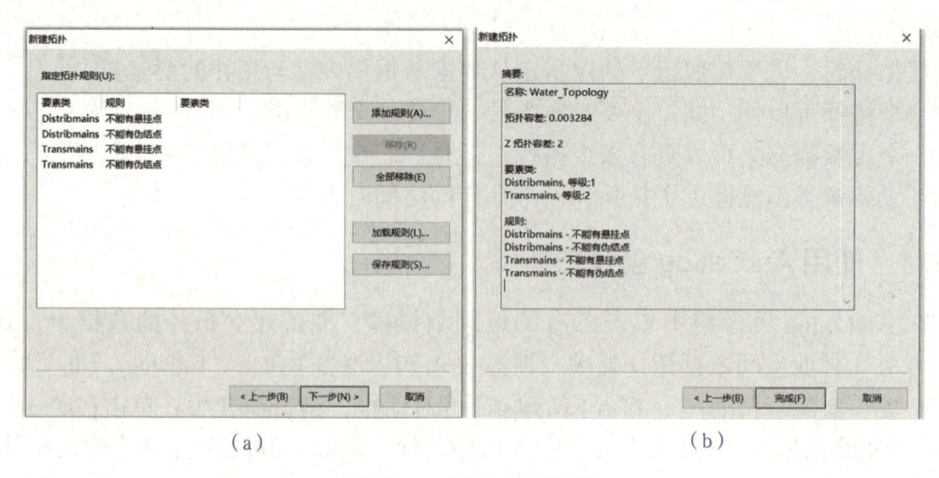

图 8-71　添加拓扑规则

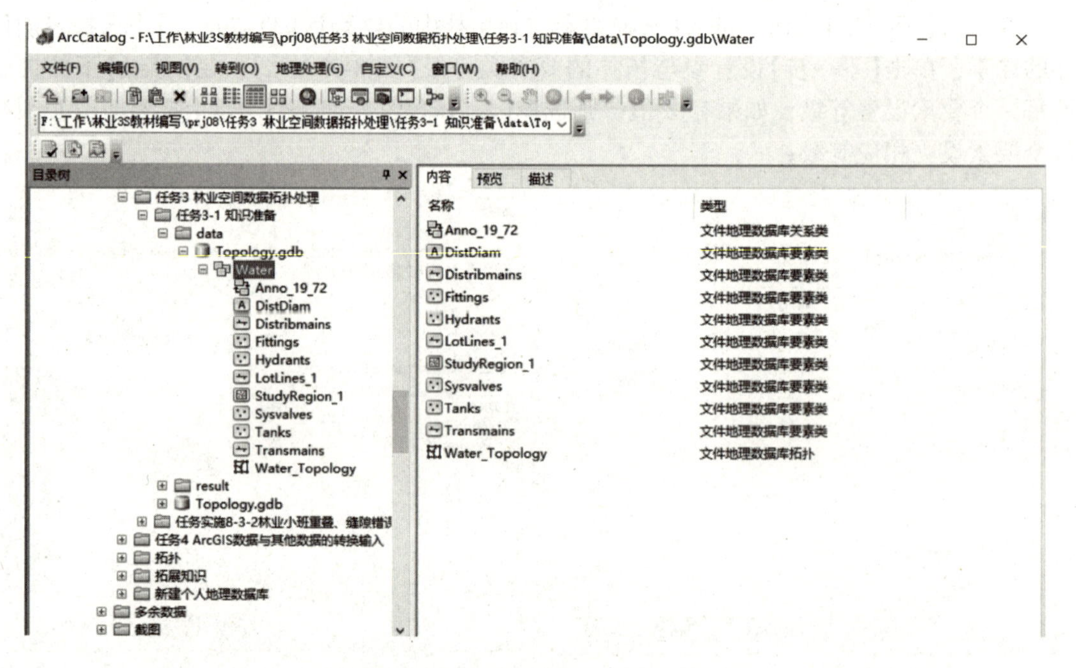

图 8-72　在 ArcCatlog 中查看新建拓扑

8.3.2.2　使用 ArcToolbox 创建拓扑

①在 ArcToolbox 中双击【数据管理工具】→【拓扑】→【创建拓扑】，打开创建拓扑对话框。

②在【创建拓扑】对话框中，输入要创建拓扑的要素和要素集，在【输出拓扑】中输入创建拓扑的名称，如 water_ topology1，在【拓扑容差】选择默认值，如图 8-73 所示。

③单击【确定】，完成拓扑创建。

注意：用此方法创建的拓扑是空的，没有任何要素类和拓扑规则，需要使用【拓扑】工具集的【添加拓扑规则】工具为其添加要素和拓扑规则。

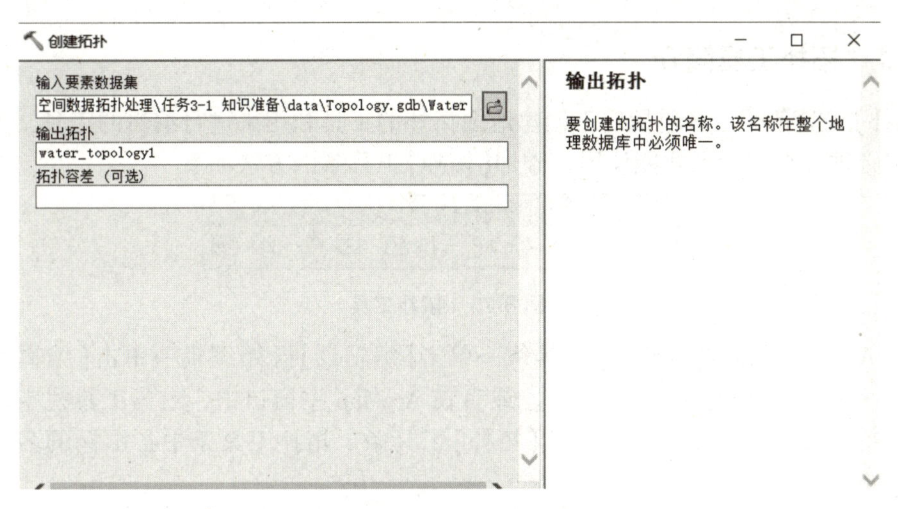

图 8-73　在 ArcToolbox 中新建拓扑

④在 ArcToolbox 中双击【数据管理工具】→【拓扑】→【向拓扑中添加要素类】，打开【向拓扑中添加要素类】对话框，输入拓扑、输入拓扑要素、*XY* 等级(拓扑容差)和 *Z* 等级，如图 8-74 所示，单击【确定】。则软件自动运行，向拓扑中添加要素类。

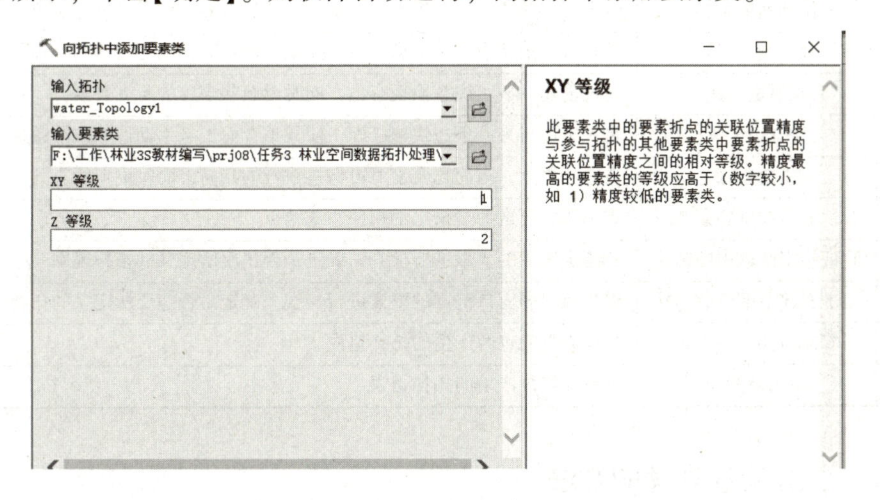

图 8-74　【向拓扑中添加要素类】对话框

⑤在 ArcToolbox 中双击【数据管理工具】→【拓扑】→【添加拓扑规则】，打开【添加拓扑规则】对话框，输入各个要素的拓扑规则，单击【确定】，软件则会自动添加各要素拓扑规则。

注意：如果没有进行拓扑验证，则在 ArcCatlog 的目录树中，选中已经建立好的拓扑，右击→拓扑验证，则软件会自动进行拓扑验证。验证后就可以在 ArcMap 中进行错误检查。

8.3.3　拓扑错误处理

在 ArcMap 中，使用拓扑工具可以对其进行拓扑检查，对于错误的地方可使用编辑器中的编辑工具进行错误修订。

8.3.3.1　拓扑工具简介

【拓扑】工具条的工具包括用于创建地图拓扑的工具和用来进行编辑的工具，如图8-75所示。它必须在编辑状态才能使用。添加【拓扑】工具条的方法如下。

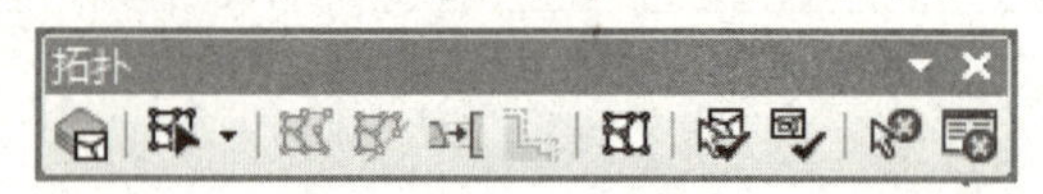

图8-75　拓扑工具

启动ArcMap，加载【编辑器】工具条→单击【编辑器】开始编辑→单击【编辑器】/更多编辑工具→拓扑，打开【拓扑】工具条。或者在ArcMap主窗口中，右击工具栏空白处，在弹出的菜单中单击【拓扑】，也会加载【拓扑】工具条。拓扑工具条中各图标的名称和功能描述见表8-12。

表8-12　【拓扑】工具条各图标的名称和功能

图标	名　称	功能描述
	选择拓扑	在要素重叠部分之间创建拓扑关系
	拓扑编辑工具	编辑要素共享的边和折点，共享该边的所有要素都同时进行更新
	修改边工具	处理所选拓扑边，并根据这条边生成编辑草图，同时更新共享边的所有要素
	整形边工具	通过创建一条新线替换现有边，同时更新共享边的所有要素
	对齐边工具	将一条边与另一条边快速匹配，使其重合而不必手动追踪或修整边
	概化边缘	在拓扑边上，当简化要素时可保持重合的几何，同时更新所有共享边的要素
	显示共享要素	查询哪些要素共享指定的拓扑边或结点
	验证指定区域中的拓扑	对指定区域的要素进行检查，确定是否违反所定义的拓扑规则
	验证当前范围中的拓扑	对当前地图窗口范围的要素进行检查，确定是否违反所定义的拓扑规则
	修复拓扑错误工具	快速修复检查时产生的拓扑错误
	错误检查器	查看并修复产生的拓扑错误

8.3.3.2　拓扑错误处理的方法

(1)拓扑错误

在ArcMap中打开创建了拓扑的water_ Topolgy. mxd文件(已经拓扑验证)，或从Arc-Catlog中添加water_ Topolgy，图层存在许多红色方框，即许多拓扑错误。

在拓扑图层中存储了点、线、面3类错误要素，常见的错误表现形式如下。

①悬挂结点。悬挂结点是仅与一个线要素相连的孤立结点，表现为多边形的某两条边不连接、多条线段没有形成一个结点(即点之间有空隙)、某一条边长度不够没有与另一条边相连接、某一条边太长与另一条边连接时多余出一点线头。在图中错误用红色小方块表示。

②伪结点。伪结点是两个线要素相连、共享结点。在图中错误用红色小菱形表示。原因是录入数据时一条线要素分两次录入，需要将此两个线要素合并即可。

③碎屑多边形。碎屑多边形又称条带形多边形，由于重复录入数据，前后两次录入同一条线的位置不相同造成的小小多边形。

④不规则多边形。由数据录入时线、点的次序或者位置不正确引起的。

(2)查看图中错误

有时图中错误较多，利用【拓扑】中【错误检查器】，打开【错误检查器】对话框，显示不同规则或全部规则错误，使用【立即搜索】，就可以看到错误类型、错误数量。仔细分析可以看出，图中错误主要是悬挂结点、伪结点两种类型。

(3)错误纠正办法

①针对悬挂结点。利用编辑器中【高级编辑】工具条中【延伸】和【修剪】工具将线条适当延伸和修剪即可，或者使用编辑器工具条中【相交】工具进行。具体操作：编辑器→开始编辑→捕捉，打开【捕捉】工具条进行捕捉设置；编辑器→高级编辑器，打开【高级编辑器】工具条。用放大工具将地图放大，仔细查看线要素错误是悬挂结点中的哪一种，然后使用【延伸】、【修剪】或【相交】工具对线要素处理。

②针对伪结点。伪结点指一个图层中的线必须在其端点处与同一图层中的多条线接触，而线任何端点仅与一条其他线接触都是错误的。消除伪结点的具体操作：利用编辑器中“合并”或“合并至最长要素来消除”。

在【错误检查器】对话框中消除错误的具体步骤操作：用鼠标点中某一个错误，右键→缩放至，则图像显现出错误位置(黑色小方块)，仔细查看属于哪种类型，然后使用其提供的工具，如【延伸】、【修剪】、【捕捉】、【合并】等进行修改，直至所有错误修改完毕。

8.3.4　拓扑编辑

8.3.4.1　拓扑重定义

当在ArcCatlog或ArcToolbox中将拓扑创建后，有时候还需要对它们进行修订。如添加、删除拓扑规则，拓扑重命名，更改拓扑容差、更改坐标等级等。具体操作：在ArcCatlog目录树中，右击拓扑(如water_Topolgy)→属性，打开【拓扑属性】对话框。

①拓扑重命名。在【拓扑属性】对话框的【常规】中，重新命名，选择拓扑容差；也可以对拓扑容差重新修订即设置。

②向拓扑中添加新的要素类。单击【拓扑属性对话框】的【要素类】，打开【添加类】对话框，选择要添加的要素类；或者在ArcToolbox中点击【数据管理工具】→【拓扑】→向拓扑中添加新的要素类，打开对话框进行添加。在两种方法中也可以将现有的要素选中移除，同时也可以进行等级设置。

③拓扑规则处理。单击【拓扑属性】对话框的【规则】，打开【规则】对话框，可以重新添加，删除或移除规则。

8.3.4.2　编辑共享要素

共享要素是指在图形中几个要素共同的要素，如两个连接在一起的几何图形、连接两个图形的共同边、连接两条以上边的共同结点等。

在 ArcMap 中，可以使用编辑工具编辑拓扑中的单个要素，通过创建地图拓扑来同时编辑共享几何特征的多个要素来编辑共享要素。

图 8-76 【选择拓扑】对话框

(1)创建地图拓扑

①启动 ArcMap，加载需要编辑的空间数据集。打开编辑器，添加拓扑工具并激活拓扑工具(编辑器→开始编辑，则激活了拓扑工具)。

②在【拓扑】工具条中，单击【选择拓扑】，打开【选择拓扑】对话框，如图 8-76 所示。在【要素类】列表框中，选中要参与地图拓扑的数据，在【拓扑容差】文本框中输入拓扑容差数值，也可以采用系统默认值。

③单击【确定】，完成地图拓扑的创建工作。

注意：参与地图拓扑要素必须位于同一文件夹或同一地理数据库内，任何 Shapefile 文件或要素类数据都可以创建地图拓扑。但是，注记、标注和关系类及几何网络类要素，不能添加到地图拓扑中。在创建地图拓扑时，需要指定参与地图拓扑的要素类和确定拓扑容差来决定哪些部分是重合的，哪些几何特性在地图拓扑中是共享的。

(2)重构拓扑缓存

当在地图上放大到某块较小区域进行编辑后返回到之前的范围时，某些要素可能不会显示在拓扑缓存中，要融入这些要素，必须重新构建拓扑缓存。具体操作如下。

在【拓扑】工具条中，单击【拓扑编辑工具】选择拓扑元素，右击 ArcMap 地图窗口，单击【构建拓扑缓存】，则 ArcMap 将自动创建拓扑缓冲来存储位于当前显示范围内的边与结点之间的拓扑关系。

(3)查看共享要素拓扑元素的要素

①选中拓扑元素。单击【拓扑编辑工具】，然后点击【修改边工具】选择结点，或在结点周围拖出一个矩形边框选出结点(同时按住 N 键，可以确保不选中边)；如果单击【拓扑编辑工具】，然后选择边，或在结点周围拖出一个矩形边框选出边。在选择结点或边的同时按下 Shift 键，则可以添加拓扑选择。一般选中的拓扑边和结点以洋红色显示。

②取消选择拓扑要素。在拓扑编辑时，如果要取消所选择的的拓扑元素(边或点)时，选中要取消拓扑选择状态要素，单击【拓扑编辑工具】，再单击地图窗口的空白处即可。

③显示共享要素。单击【拓扑编辑工具】，选择共享的拓扑结点或共享边，再单击【显示共享要素】，打开【共享要素】对话框，在对话框中可以看见共享要素的名称和共享要素的名称。

(4)移动和编辑拓扑元素

①移动拓扑元素。用鼠标点击【拓扑编辑工具】后，用鼠标左键可以任意移动共享边和

节点到图上任意位置，用鼠标点击【拓扑编辑工具】后，右击地图窗口后，在弹出菜单中，单击【移动】，打开【移动增量 X，Y】对话框，输入相应的 X、Y 距离值，使得共享边和点移动到相应位置；也可以点击【拓扑编辑工具】后，右击地图窗口后，在弹出菜单中，单击【移动至】，打开【移动到 X，Y】对话框，输入相应的 X、Y 距离值，使得共享边和点移动到相应位置；

②修改拓扑边。点击【拓扑编辑工具】后，选择需要修改的拓扑边，单击【修改边】，利用弹出的【编辑折点】工具条，对拓扑边进行修改，如节点的添加、删除、移动。还可以单击【修整边】，对边上折点的位置进行任意移动，即对边的位置进行修正。还可以结合编辑器下的高级编辑工具条实现对边进行打断(【打断相交线】)、分割、合并等操作。

③根据现有要素创建新要素。利用拓扑边特性和多边形自动闭合功能，可以自动生成多边形。单击【编辑器】→【高级编辑】工具，选择需要利用几何形状构建多边形要素的那些要素，再单击【构造面】，打开【构造面】对话框，选择用于存储新要素的多边形要素类、拓扑容差，选择【使用目标中的现有要素】复选框(可以创建现有多边形的边界为边界的新多边形)，单击【确定】，则可以生成新的多边形。

④分割面。单击【编辑器】→【高级编辑】工具，选择要用于分割现有面要素的线要素或面要素，单击【分割面】，打开【分割面】对话框，选择用于存储新要素的图层、拓扑容差，单击【确定】，则可以完成叠置要素分割面的操作。

注意： 要参与一个拓扑的所有要素类，必须在同一个要素集内。一个要素集可以有多个拓扑，但每个要素类最多只能参与一个拓扑。

Build 和 Clean 都是建立拓扑的方法。Build 在确定 Coverage 的同时，需要选择建立拓扑关系的空间要数类型。Build 后的 Coverage 仍保持原来属性表中的数据项，但不保留关系特征。一个拓扑关系存储必须包括规则、等级和拓扑容限 3 个参数。

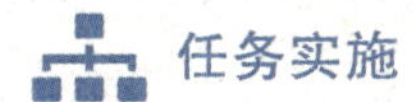

任务实施

林业小班重叠、缝隙错误的拓扑检查

一、目的与要求

在 ArcMap 中对林业小班的重叠与缝隙进行拓扑错误检查、纠正错误，使学生掌握拓扑的建立、使用拓扑工具进行错误检查并修订错误的步骤与方法。

二、数据准备

某林场部分遥感数据及调查资料。

三、操作步骤和方法

应用 ArcCatlog 对某地理数据库建立拓扑，在 ArcMap 中进行拓扑错误检查和错误纠正。

(1) 在 ArcCatlog 建立 Shapefile 文件

①在 ArcCatlog 中建立个人地理数据，新建一个数据集，在数据集中创建一个 Shapefile 文件，如：...\ prj08 \ 任务 3 林业空间数据拓扑处理 \ 任务实施 3-2 林业小班重叠、缝隙错误的拓扑检查 \ data \ Topology. gdb \ StudyArea \ StudyRegion (面文件)。

②在 ArcMap 中加载 StudyRegin(面文件)，在开始编辑状态，将面文件划分成林业小班，如图 8-77 所示。

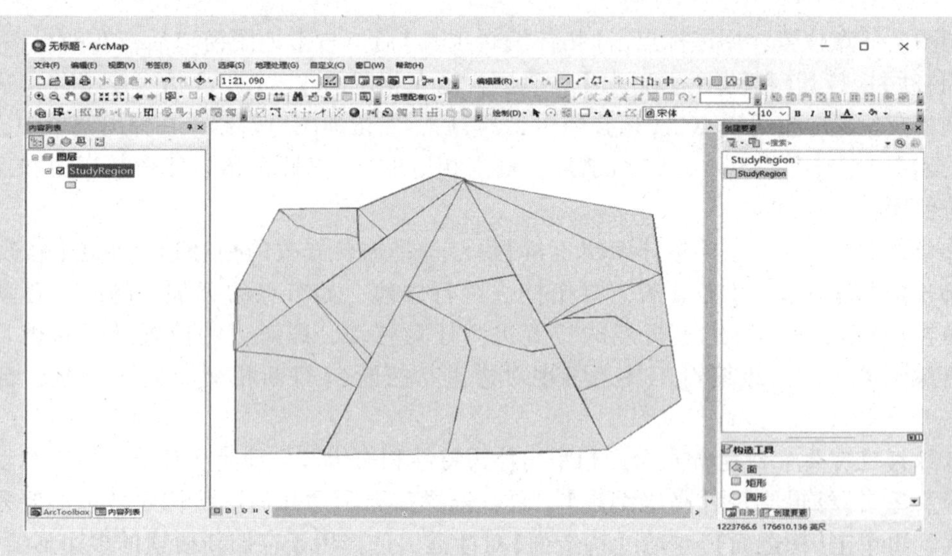

图 8-77　ArcMap 中将面文件划分成小班

(2)在 ArcCatlog 建立拓扑

①在 ArcCatlog 目录树中，右键“...\ prj08 \ 任务 3 林业空间数据拓扑处理 \ 任务实施 3-2 林业小班重叠、缝隙错误的拓扑检查 \ data \ Topology. gdb \ StudyArea”→新建→拓扑，打开【新建拓扑】对话框，如图 8-78(a)所示，单击【下一步】，打开对话框，在【输入拓扑名称】文本框中输入拓扑名称：StudyArea_Topology；在【输入拓扑容差】中选择默认值 0.001 米或 0.003 284 英尺或 0.000 000 055 6 度。

②单击【下一步】按钮，在【选择要参与到拓扑中的要素】列框中，选择参与创建拓扑的要素，单击→【下一步】设置参与拓扑的要素类等级为 5；单击→【下一步】，在打开的对话框中给参与拓扑的要素添加 2 个拓扑规则[图 8-78(b)]“不能重叠、不能有空隙”，查看【新建拓扑】中摘要，拓扑名称、容差、类型和拓扑规则等内容是否符合要求。最后在 ArcCatlog 中确认拓扑文件是否存在[图 8-78(c)]。

③单击【下一步】，查看【摘要】信息框的反馈信息，如果有错误返回到上一步，继续修改添加规则，确认无误后，单击【完成】，弹出【新建拓扑】提示框，过一会软件自动会创建完成新建拓扑，稍后出现一个询问是否进行拓扑验证对话框，单击【确认】或【不确认】。则在目录树中可以看见创建好的拓扑，如图 8-78(c)所示。

(3)在 ArcMap 中拓扑检查，纠正拓扑错误

①*添加拓扑文件*。在 ArcMap 中添加面文件 StudyArea. Shape(面文件)和拓扑文件 StudyArea_Topology，如图 8-79 所示；由图中可以看出，图层存在许多红色方框，即许多拓扑错误。

②*查看图中错误*。在 ArcMap 中，添加拓扑工具条，启动编辑器，让其处于开始编辑状态。单击【拓扑】中【错误检查器】，打开【错误检查器】对话框，点击【全部规则错误】，使用【立即搜索】，可以看到错误类型、错误数量。经过仔细分析可看出，图中错误主要分为两种类型：不能有空隙和不能重叠，如图 8-80 中所示有 159 个错误。

③*错误纠正方法*。不能有空隙和不能重叠的纠正方法如下。

• 不能有空隙指相邻的面要素之间不能有空白处。纠正错误的方法是利用编辑器中【创建要素】工具条，在有空隙位置重新创建一个新面层，然后再将新创建的面层和准备合并的面层选中，利用编辑器中【合并】工具条，将两个面层合并为一个面层即可。

操作方法：在【错误检查器】对话框中，规则类型→选中某个错误“不能有空隙”→右键→缩放至图层，查看错误图层位置，寻找到有空隙的图层位置；再次选中某个错误“不能有空隙”→右键→【创建要素】，再将已经创建好的要素(面层)和准备与之合并的要素(面层)选中，使用编辑器中【合并】工具将两个要素合并为一个新要素即可。

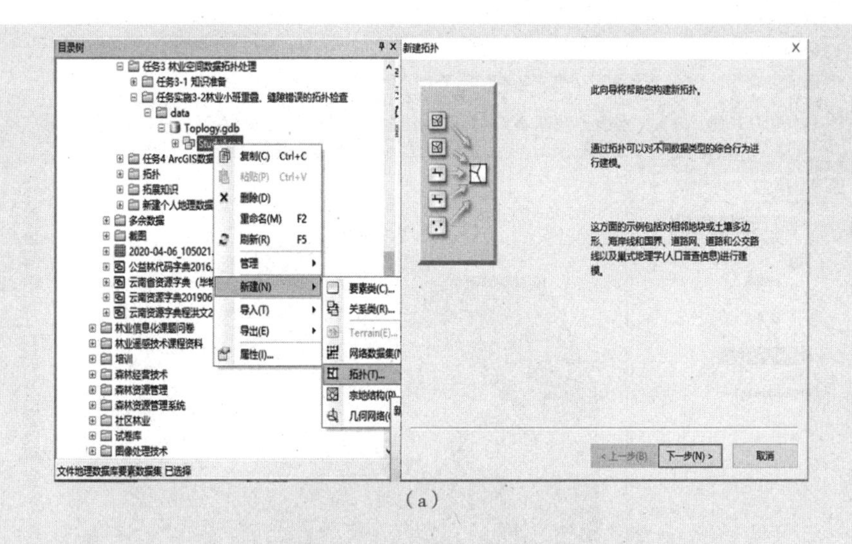

(a)

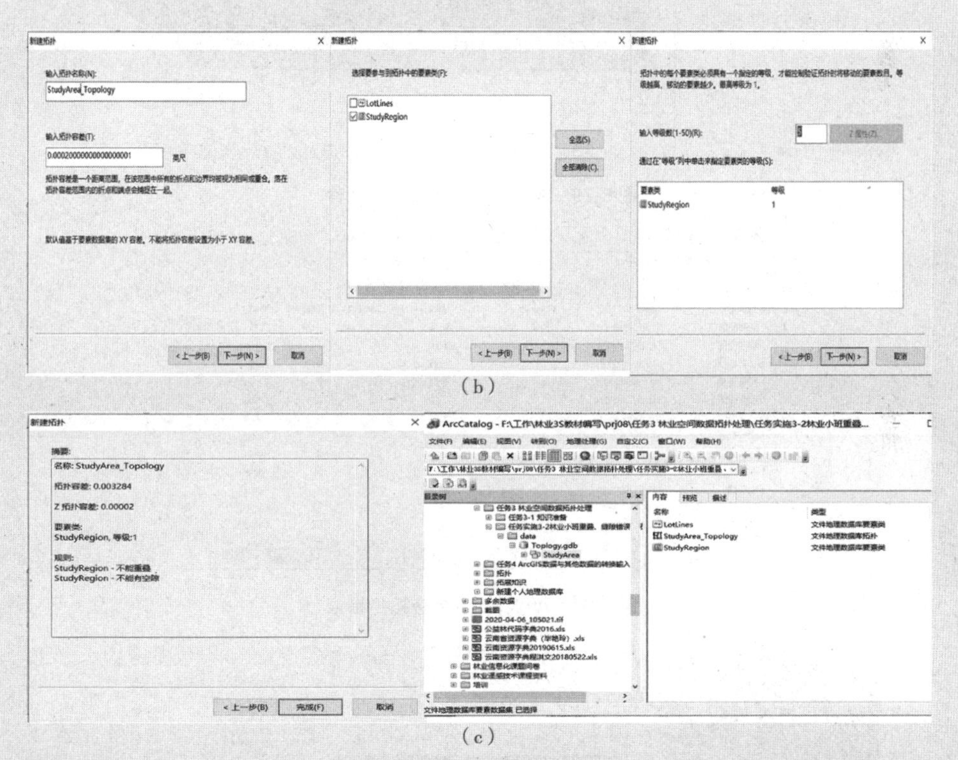

(b)

(c)

图 8-78　ArcCatlog 中建立拓扑过程

● 不能重叠要素是指相邻面要素不能有相互重叠部分。纠正该错误的方法是在利用编辑器中“合并”来消除。

操作方法：在【错误检查器】的规则类型→选中某个错误“不能有重叠”→右键→选择“缩放至图层”，查看错误图层位置，寻找到有重叠的图层位置；再次选中某个错误“不能有重叠”→右键→【合并】，打开【合并】对话框(图 8-81)，在对话框中选择某一个将要合并的面层，同时还可以在 ArcMap 显示窗口中看到具体合并后效果，便于选择。点击【确定】后，即可以纠正错误。

用以上两种方法反复操作直至将图层中所有错误纠正、修改完毕。

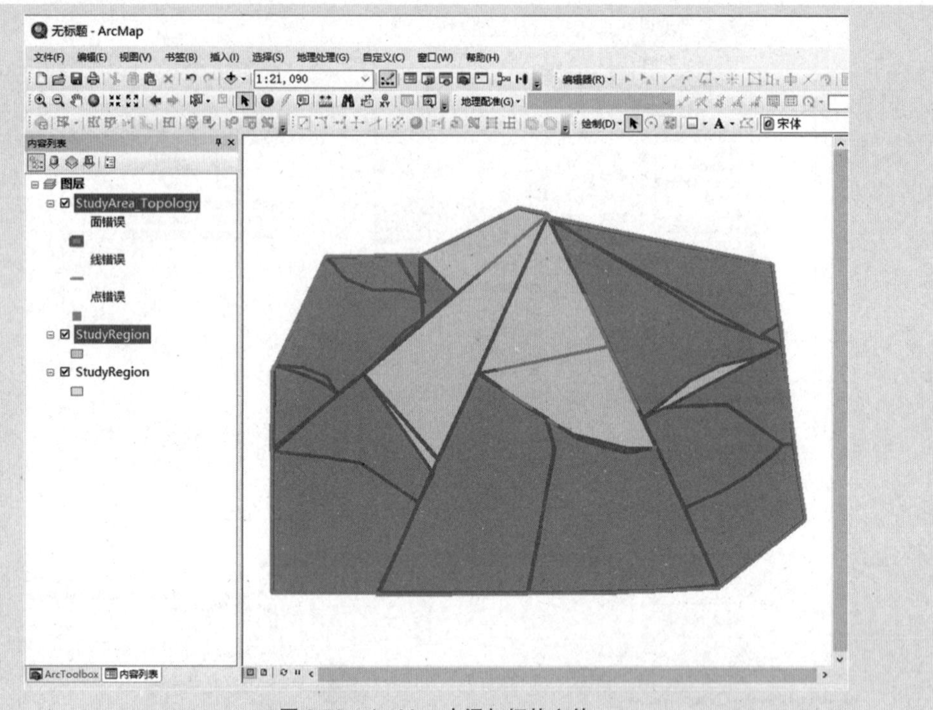

图 8-79　ArcMap 中添加拓扑文件

错误检查器

显示: <所有规则中的错误>　159 个错误

立即搜索　☑错误　☐异常　☑仅搜索可见范围

规则类型	Class 1	Class 2	形状	要素 1	要素 2	异常
不能有空隙	StudyRegion		折线	0	0	False
不能有空隙	StudyRegion		折线	0	0	False
不能有空隙	StudyRegion		折线	0	0	False
不能有空隙	StudyRegion		折线	0	0	False
不能有空隙	StudyRegion		折线	0	0	False
不能有空隙	StudyRegion		折线	0	0	False
不能有空隙	StudyRegion		折线	0	0	False
不能有空隙	StudyRegion		折线	0	0	False
不能重叠	StudyRegion		面	17	50	False
不能重叠	StudyRegion		面	1	62	False
不能重叠	StudyRegion		面	1	62	False
不能重叠	StudyRegion		面	1	62	False
不能重叠	StudyRegion		面	4	50	False

图 8-80　ArcMap 中检查拓扑错误

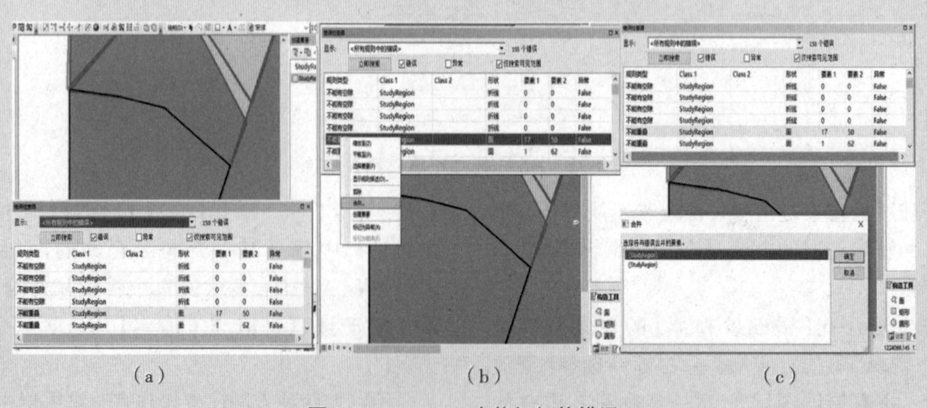

（a）　（b）　（c）

图 8-81　ArcMap 中修订拓扑错误

（4）拓扑验证

使用【拓扑】工具条中【验证当前范围中拓扑】工具，对已经纠正过错误的区域进行拓扑验证。如果范围内再没有了“红色面错误”，则说明已经错误纠正成功，否则还需要重复步骤(3)继续纠正错误。

（5）最终结果检查

通过反复多次拓扑错误纠正检查、验证，最终没有一点错误就达到目的，如图 8-82 所示。

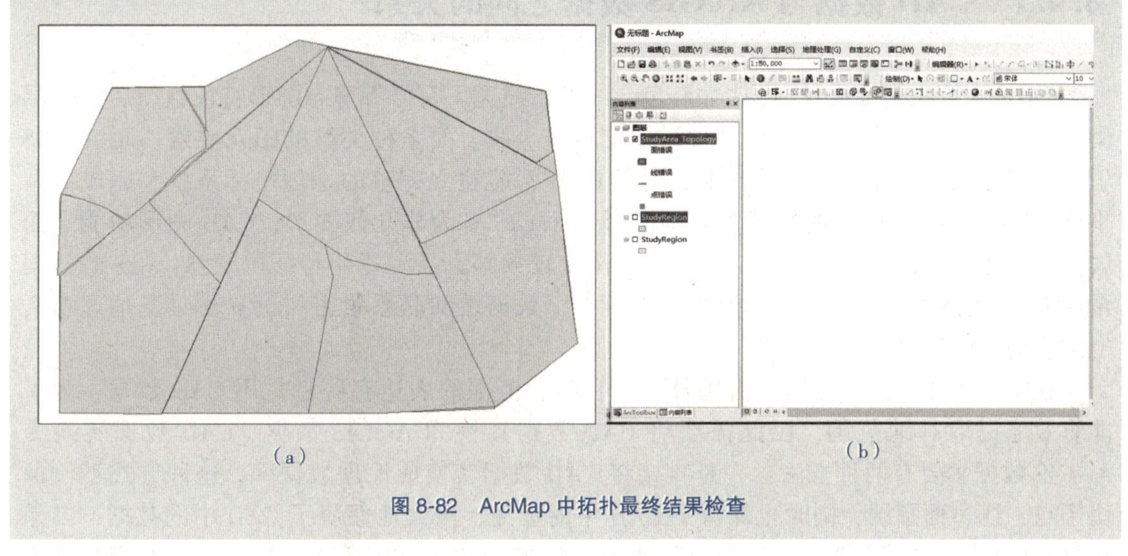

（a）　　（b）

图 8-82　ArcMap 中拓扑最终结果检查

成果提交

作出书面报告，简述拓扑创建、拓扑检查及拓扑纠正的步骤，总结数据拓扑检查、纠正过程中存在的问题及解决办法。

任务 8.4　ArcGIS 数据与其他数据的转换输入

任务描述

前面介绍了在 ArcGIS 软件中如何对地理数据库、矢量数据进行编辑与管理。但实际工作中有时会遇到一些其他类型的数据需要在 ArcGIS 软件中进行使用。本任务的主要内容是 ArcGIS 数据与常见的 CAD 数据、KML 数据及 GPS 数据的转换，ArcGIS 如何将其他数据转换为能编辑的数据类型。

任务目标

1. 掌握 ArcGIS 数据与 CAD 数据、KML 数据及 GPS 数据的转换输入方法。

2. 了解 CAD 数据、KML/KMZ 数据、无人机数据、GPS 数据基本知识。

3. 熟悉并掌握 ArcGIS 软件是如何实现数据间的转换及方法，具备对 ArcGIS 数据与其他数据进行转换的技能。

知识准备

8.4.1 CAD数据与ArcGIS数据之间的关系

CAD(计算机辅助设计)由诸如颜色、线型、线宽、符号等静态图形特征组织后的图层集合。在CAD中，同一个图层文件可以储存点、线、面多种类型的图元要素，而ArcGIS里一个图层只能储存一种图元要素。同时CAD不能建立完整的地理坐标系统和完成地理坐标投影变换；CAD处理的多为规则图形，而GIS多为非几何图形；CAD图形功能强而属性处理能力弱，而GIS图形与属性的操作比较频繁，且专业化特征比较强；GIS的数据量比CAD大得多，数据结构、数据类型复杂，数据之间联系紧密；CAD不具备地理意义上的查询和分析能力。

在实际工作中，如征用、占用林地项目时，范围的表达有些就是用CAD数据，为了能有效地提取林地范围，因此需要将CAD数据转换为ArcGIS数据。CAD数据转换为ArcGIS数据主要有两种方法：一是直接将CAD数据转换成地理数据库，这种方式不仅保留了点、线、面图层，同时也保留了CAD中的标注，极大地保留了CAD中的数据；二是直接利用【导出数据】的方式将CAD数据直接转换为Shapefile文件，这种方式则容易造成CAD文件中的标注的丢失。同时ArcGIS数据也可以利用工具箱(ArcToolbox)→转换工具→转为CAD→要素转CAD，转为CAD文件。

8.4.2 DWG文件转换成Shapefile文件

(1)在ArcMap中利用【导出数据】转换

①将DWG文件直接通过【添加数据】的方式加载到ArcMap中，原DWG文件中的点、线、面及标注等将分别以不同图层显示，如图8-83所示。

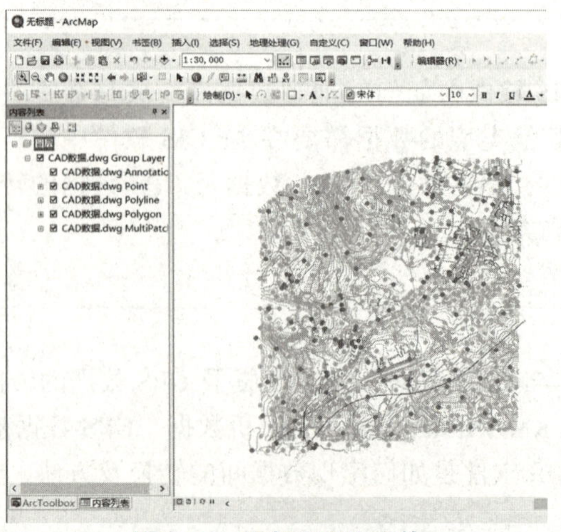

图8-83 添加DWG文件

②点击需要转换的数据图层(除 Annotation 图层外)，右击→数据→导出数据。

③打开【导出数据】对话框。【导出】：默认值；【使用与以下选项相同的坐标系】：此图层的源数据；【输出要素类】：矢量数据保存的路径、名称、类型，如“CAD 点”，类型为 Shapefile，如图 8-84 所示，并点击【确定】。

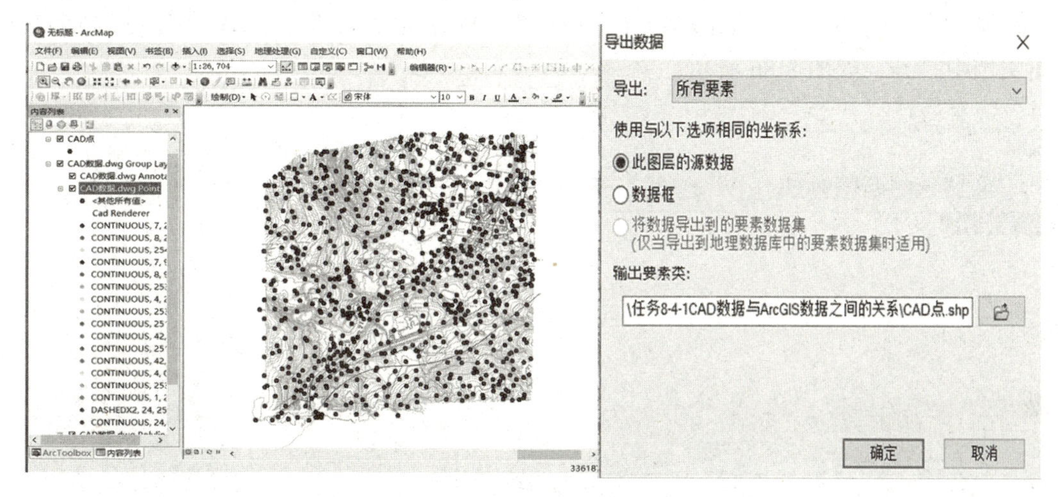

图 8-84　DWG 文件转换为 Shapefile 文件

注意：在导出数据时，【使用与以下选项相同的坐标系】：此图层的源数据，如果 CAD 数据的坐标系与实际坐标不一致时，导出数据后可以通过工具箱→【投影和转换或空间校正】工具条等方式进行坐标的变换。

④最后将结果添加到地图文档中，结果如图 8-85 所示。分别将“CAD 数据 . dwg polyling”“CAD 数据 . dwg polygon”“CAD 数据 . dwg Multipatch”转换为线、面图层。

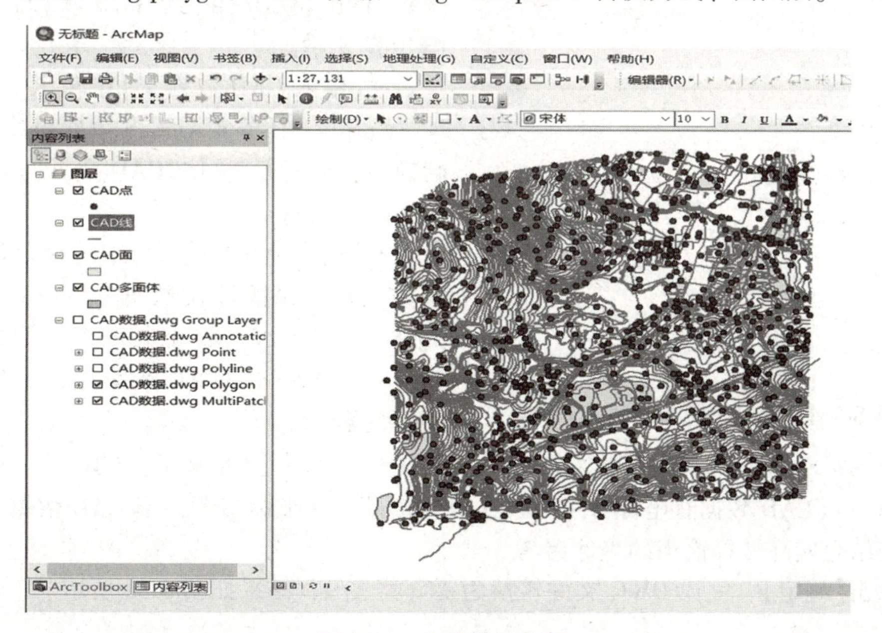

图 8-85　文件转换结果

注意： DWG 文件利用地理数据库可以将标注转为注记，但直接利用【导出数据】时会丢失标注，因此在转换前要考虑是否保留标注。

（2）CAD 数据转换成地理数据库

①在 ArcMap 中通过【添加数据】将 CAD 数据（...\ prj08 \ 任务 4 ArcGIS 数据与其他数据的转换输入 \ 任务 4-1 知识准备 \ CAD 数据转换 ArcGIS 数据 \ CAD 数据 . dwg）添加到地图文档中打开，如图 8-86 所示。

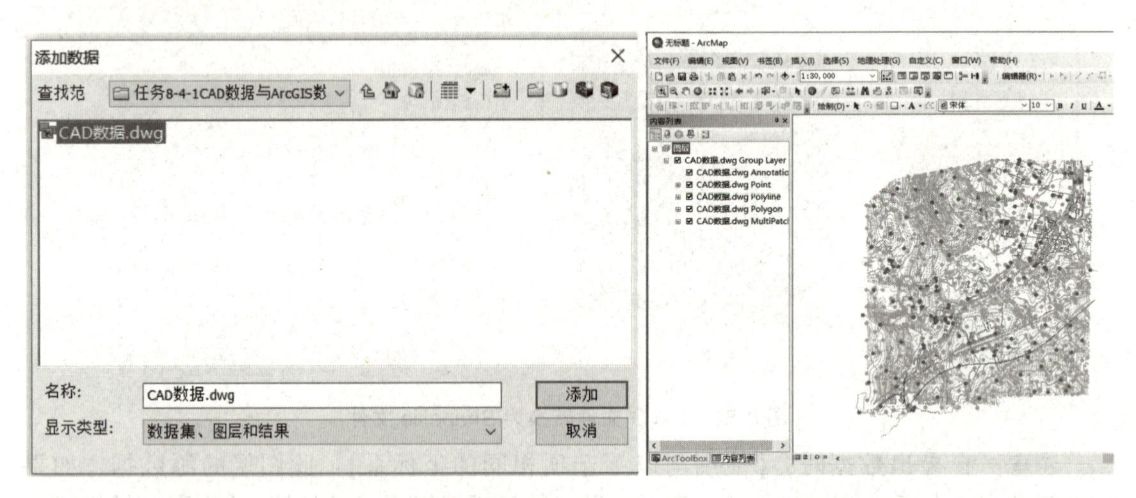

图 8-86 打开 DWG 文件

②打开 ArcToolbox，双击【转换工具】→【转出至地理数据库】→【CAD 至地理数据库】，打出【CAD 至地理数据库】对话框，如图 8-87 所示。

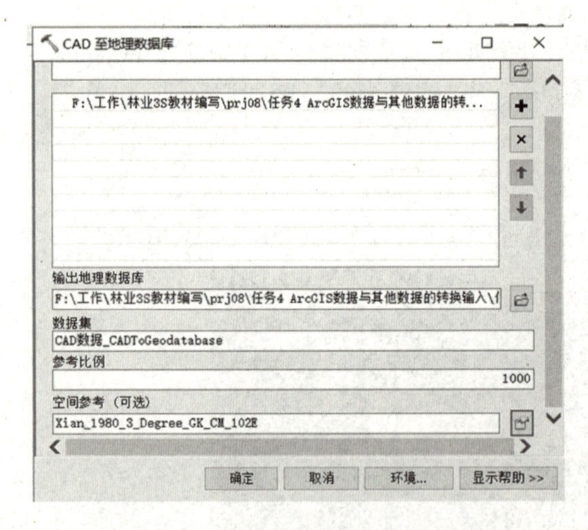

图 8-87 【CAD 至地理数据库】对话框

- 【输入 CAD 数据集】中输入 DWG 文件（...\ prj08 \ 任务 4 ArcGIS 数据与其他数据的转换输入 \ 任务 8-4-1CAD 数据与 ArcGIS 数据之间的关系）。
- 【输出地理数据库】中选择已建好的地理数据库（CAD 转换数据 . gdb，位于 ...\ prj08 \ 任务 4 ArcGIS 数据与其他数据的转换输入 \ 任务 8-4-1CAD 数据与 ArcGIS 数据之间的关系 \ ）。
- 空间参考：CAD 数据坐标系为 Xian_ 1980_ 3_ Degree_ CK_ CM_ 102E。

注意： 当 CAD 数据有坐标参考时，这里直接显示该坐标参考，当 CAD 数据无坐标参考时，需结合实际选择恰当的坐标参考。

③点击【确定】，完成 DWG 文件转换为要素类文件，结果如图 8-88 所示。

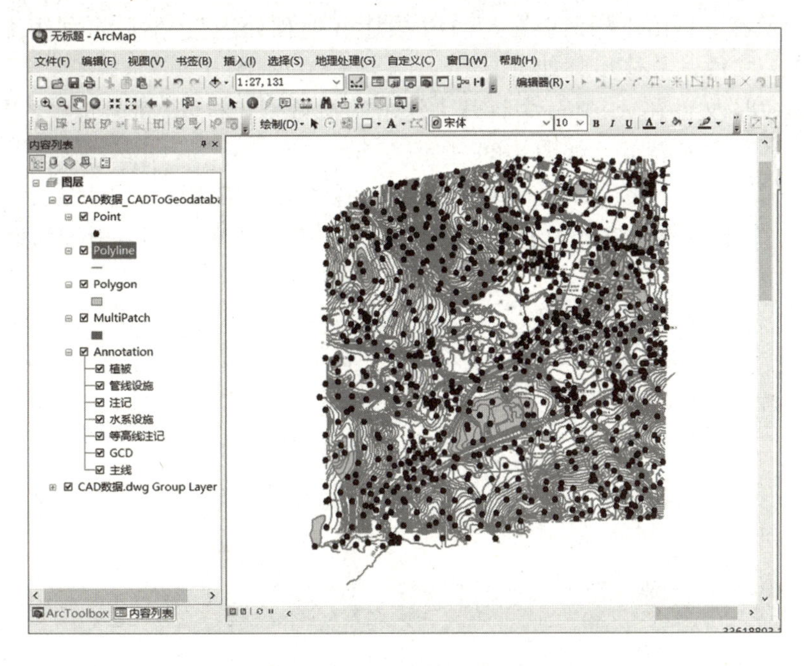

图 8-88　DWG 文件转换成要素类结果

8.4.3　Shapefile 文件转换成 KMZ 和 KML 文件

KML 是以 XML 语言为基础开发的一种文件格式，用来描述和存储地理信息数据(点、线、面、图片等)，是纯粹的 XML 文本格式，可用记事本打开编辑，所以 KML 文件很小。KML 跟 XML 文件最大的不同就是 KML 描述的是地理信息数据。最早开发 KML 的是 Keyhole 公司，2004 年 Goole 收购 Keyhole 并用 KML 开发 GooleEarth。KML 是原先的 Keyhole 客户端进行读写的文件格式，是一种 XML 描述语言，并且是文本格式，这种格式的文件对于 GoogleEarth 程序设计来说有极大的好处，程序员可以通过简单的几行代码读取出地标文件的内部信息，并且还可以通过程序自动生成 KML 文件，因此，使用 KML 格式的地标文件非常利于 GoogleEarth 应用程序的开发。KMZ 是 GoogleEarth 默认的输出文件格式，是一个经过 ZIP 格式压缩过的 KML 文件，当我们从网站上下载 KMZ 文件的时候，Windows 会把 KMZ 文件认作 ZIP 文件，所以另存的时候文件后缀会被改成.zip，因此需要手动将文件后缀改成.kmz。KMZ 文件用 ZIP 工具软件打开，然后解压缩即可得到原始 KML 文件。当然，KMZ 文件也有自己的好处，就是 KMZ 文件的自身可以包含影像，这样就可以不依赖引用网络上的截图。

一般情况下，双击 KMZ/KML 文件即可从 GoogleEarth 中打开地标文件，但是需要注意的是，KMZ/KML 地标文件名不能包含中文字符，文件存放的路径也不能有中文字符，否则将无法在 GoogleEarth 中打开。另外，Shapefile 文件转换为 KMZ/KML 文件时一定要注意坐标系统，同时为了能在其他应用软件(如百度、谷歌等)中打开使用 KMZ/KML 文件，最好在转换前改变 Shapefile 文件的显示方式。

在 ArcGIS 中 Shapefile 文件转换为 KMZ/KML 文件前先将 Shapefile 文件的坐标系统定

义为地理坐标系统，具体步骤请查看“7.1.2 投影变换预处理”，然后再利用工具箱将其转换为 KMZ/KML 文件，具体步骤如下。

①将 Shapefile 文件在 ArcMap 中打开，点击图层符号，打开【符号选择器】，设置符号填充色、轮廓线颜色及宽度，如图 8-89 所示。

②打开【工具箱】→【转换工具】→【转为 KML】→【图层转 KML】，打开图层转 KML 对话框，如图 8-90 所示。在【图层】中输入矢量数据，输出文件中输入 KML 文件，其他为默认值。

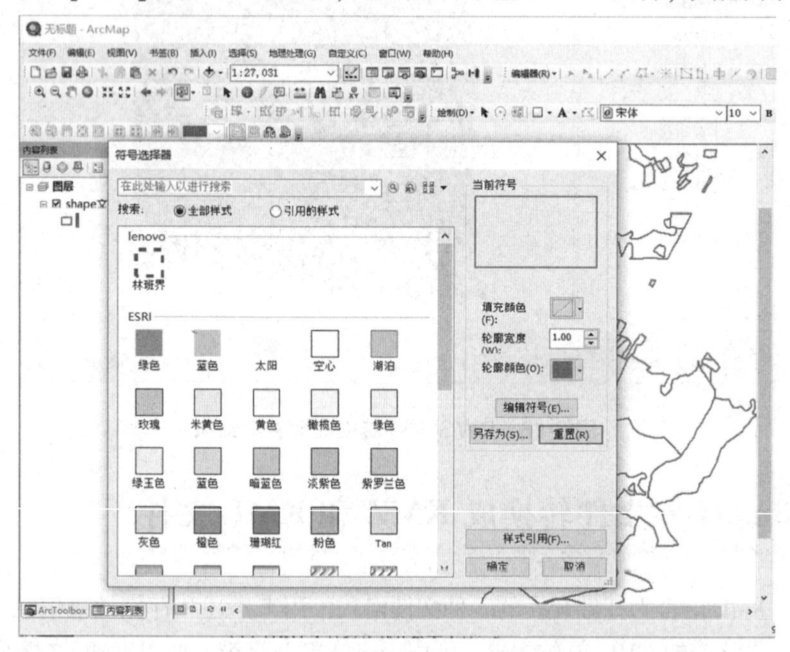

图 8-89 【符号选择器】对话框

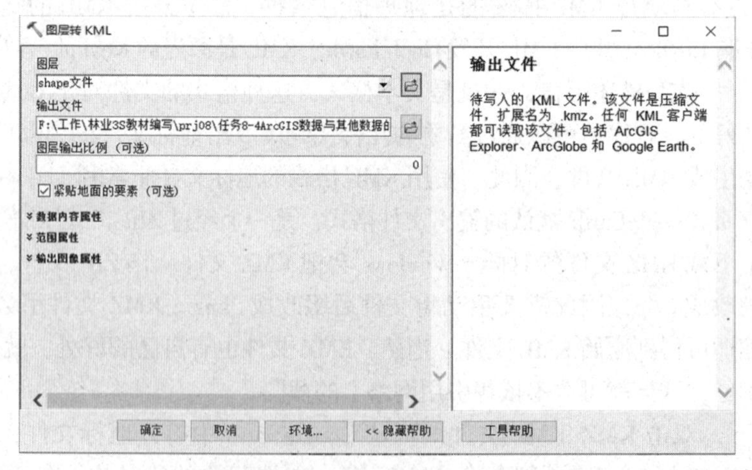

图 8-90 【图层转 KML】对话框

③点击【确定】，完成转换，结果如图 8-91 所示。

转换后的 KML 数据可利用加载数据的方式奥维地图或百度地图中加载打开。KML 数据将作为一个图层显示在地图中，可以为下一步地图的识别、导航、数据处理做准备。

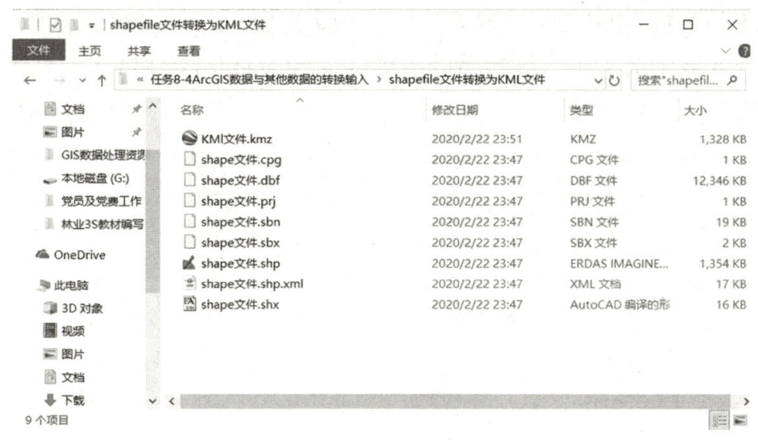

图 8-91　KML 文件查看

8.4.4　无人机数据

无人机数据利用无人机搭载相机获取的一种航空摄影数据，原始数据主要格式有JPG、BMP、TIF 等(图 8-92)。随着无人机发展，它的应用非常广泛，可以用于军事，也可以用于民用和科学研究。在民用领域，无人机已经和即将使用的领域多达 40 多个，例如，影视航拍、农业植保、海上监视与救援、环境保护、电力巡线、渔业监管、消防、城市规划与管理、气象探测、交通监管、地图测绘、自然资源监察等。

图 8-92　无人机照片

无人机是一种新型的航空影像数据获取方式，获取的原始影像数据可以直接作为 ArcGIS 的数据源加载到 ArcMap 中，作为栅格数据先进行配准或是坐标系转换后进一步处理，也可以通过专业软件进行处理后制作成 DOM 或 DEM 数据，或是生成三维模型，为 ArcGIS 提供数据，进一步进行操作。在 ArcMap 中点击【添加数据】，找到无人机的数据，直接可以添加到软件中。

8.4.5　GPS 数据输入转换

在林业调查中经常会使用手持 GPS 进行外业数据的采集并输入到 ArcMap 中。不同的手持 GPS 操作不相同。

①有些高级的手持 GPS(GIS 数据采集器，如集思宝 A5)，装载相应的 GIS 软件后，利用该软件进行外业数据的采集，采集后的数据存为 Shapefile 文件格式，直接利用数据线导入到 ArcMap 中。

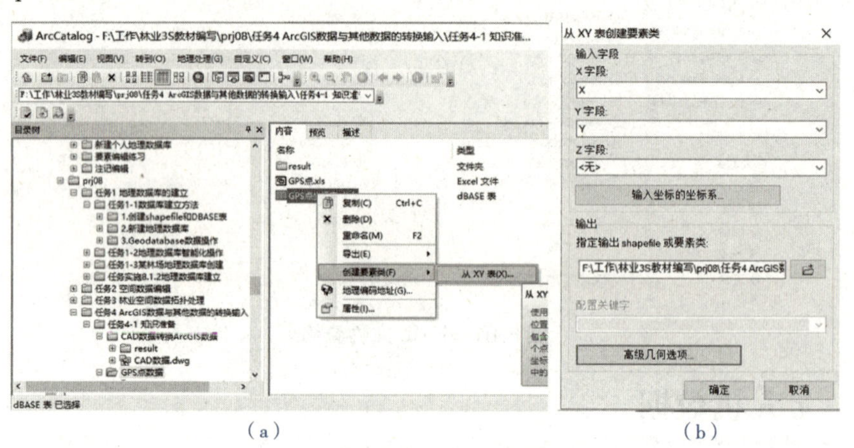

(a)　　(b)

图 8-93　GPS 数据转换成要素类

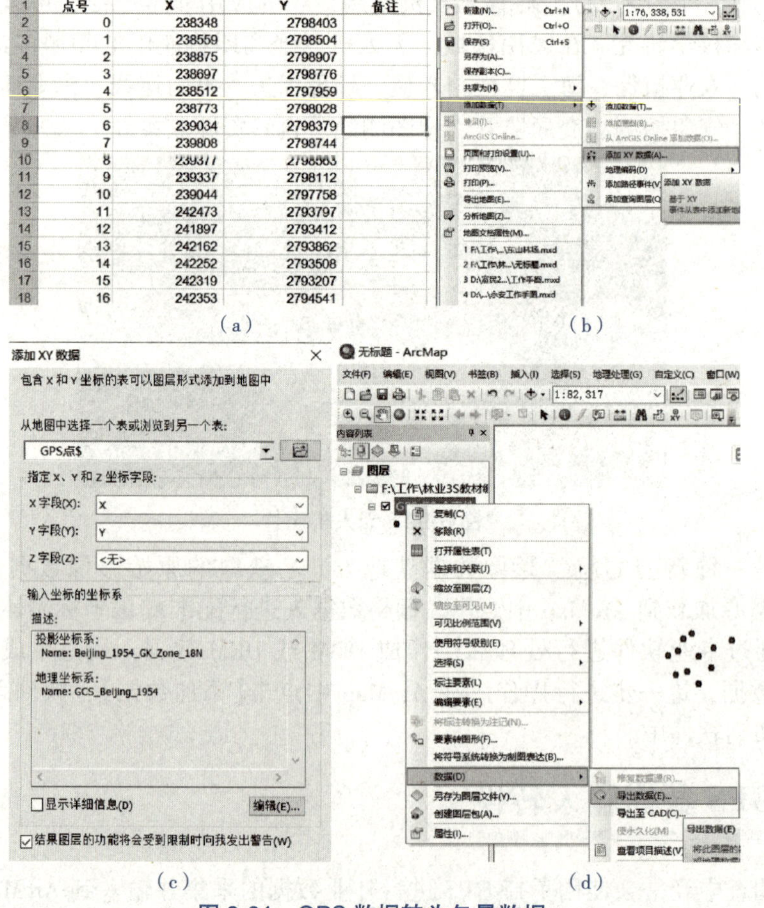

	A	B	C	D
1	点号	X	Y	备注
2	0	238348	2798403	
3	1	238559	2798504	
4	2	238875	2798907	
5	3	238697	2798776	
6	4	238512	2797959	
7	5	238773	2798028	
8	6	239034	2798379	
9	7	239808	2798744	
10	8	239377	2798563	
11	9	239337	2798112	
12	10	239044	2797758	
13	11	242473	2793797	
14	12	241897	2793412	
15	13	242162	2793862	
16	14	242252	2793508	
17	15	242319	2793207	
18	16	242353	2794541	

(a)　　(b)

(c)　　(d)

图 8-94　GPS 数据转为矢量数据

②有些手持 GPS 在采集数据后可以利用 Excel 进行数据的导入。

• 首先在 Excel 中建立一个新表，【表中必须有采集点数值，如 *X*、*Y*】，在 Excel 表中录入的相应点名称，具体的 *X*、*Y* 数值，然后将表保存一个名称：GPS 点坐标表，其格式 . dbf，保存类型：DEF 4(dBASE Ⅳ)(. dbf)表中，再将此数据导入到 dBASE 表中。

• 在 ArcCatalog 目录树中，选择"GPS 点坐标表 . dbf"(...\ prj08 \ 任务 4 ArcGIS 数据与其他数据的转换输入 \ 任务 4-1 知识准备 \ GPS 点数据)右击→【创建要素类】→【从 XY 表】，如图 8-93(a)所示。

• 打开【从 XY 表创建要素类】对话框，设置输入字段、输入坐标的坐标系(坐标系为 GPS 点的坐标系)、【输出】设置要素类创建的路径和名称，如图 8-93(b)所示。

• 点击【确定】，完成 GPS 数据的转换。

③手持 GPS 采集数据后，直接在 Excel 中建立一个新表[图 8-94(a)]，表中必须有采集点数值并保存，然后利用 ArcMap 中【文件】→【添加数据】→【添加 *XY* 数据】[图 8-94(b)]弹出"添加 *XY* 数据对话框"，如图 8-94(c)所示，选择表、字段及坐标(坐标要与 GPS 采点时的坐标一致)，点击【确定】，将 GPS 采集的数据以事件的方式加载到 ArcMap 中，点击该事件右击→【导出数据】[图 8-94(d)]将事件转成 Shapefile 文件，并根据需求利用【要素转线】、【要素转面】完成数据转换。

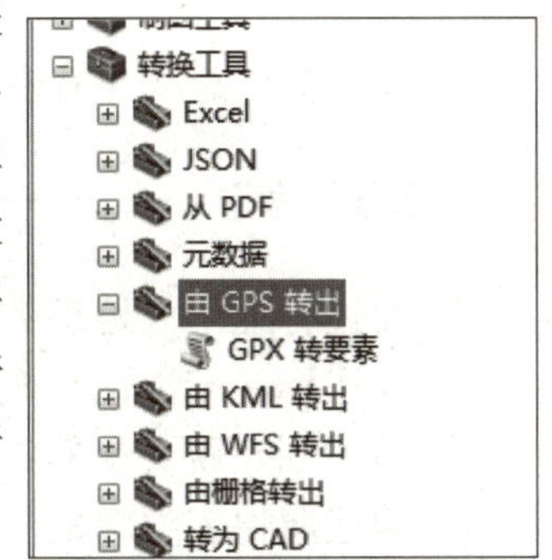

图 8-95　GPS 数据转换

④手持 GPS 采集数据后，利用第三方软件，如 GIS Office，将 GPS 数据利用数据线直接导入到 GIS Office 中打开，再利用 GIS Office 将航点、航线等转换为 Shapefile 文件，从而再加载到 ArcMap 中。

⑤手持 GPS 采集数据后，以工程的方式储存在 GPS 中(如集思宝 G128)，可将数据线连接到计算机上，打开 ArcMap，双击 ArcToolbox→【转换工具】→【由 GPS 转出】→【GPX 转要素】(图 8-95)，将 GPS 数据导入到 ArcGIS 软件中。

 任务实施

林场作业小班数据转换

一、目的与要求

通过对林场作业小班数据的转换，使学生熟练掌握 CAD 数据转 ArcGIS 数据、Shapefile 数据转 KML/KMZ 的方法。

二、数据准备

某林场作业小班 DWG 文件。

三、操作步骤

(1) DWG 文件转换成要素类文件

①在 ArcMap 中通过【添加数据】将作业区小班 CAD 数据 . dwg(...\ prj08 \ 任务 4 ArcGIS 数据与其他数据的转换输入 \ 任务实施 4-2　某林场数据格式转换)添加到地图文档中打开。

②打开工具箱(ArcToolbox)，双击【转换工具】→【转出至地理数据库】→【CAD 至地理数据库】，打开【CAD 至地理数据库】对话框。

【输入 CAD 数据集】中输入 DWG 文件：作业区小班 CAD 数据 . dwg

【输出地理数据库】中选择已建好的地理数据库：CAD 数据转换结果 . gdb。

③点击【确定】，完成CAD数据的转换。

（2）Shapefile文件转换为KMZ/KML文件

①将CAD数据转换结果中的作业小班矢量文件（面图层）进行符号化设置。点击图层符号，打开符号选择器。设置符号填充色：无颜色；轮廓颜色：红色；宽度：2。

②点击打开【工具箱】→【转换工具】→【转为KML】→【图层转KML】，打开图层转KML对话框，在【图层】文本框中输入"店儿上作业区小班"，【输出文件】文本框中输入"作业区小班KML"，其他为默认值，点击【确定】。

③打开奥维地图，并加载"作业区小班KML"，KML数据将显示在地图中，可以为下一步地图的识别、导航、数据处理做准备。

成果提交

1. 作出书面报告，总结DWG文件、shape文件、KML文件间的转换方法与步骤，并截图。

2. 总结操作过程中存在的问题与解决方案。

复习思考题

1. 简述林业个人地理数据库建立的方法。
2. 简述标注与注记的概念、作用和它们之间的异同。
3. 简述创建新要素的方法步骤。
4. 简述属性表编辑的主要内容。
5. 简述ArcGIS数据与CAD数据转换的方法步骤。
6. 简述GPS数据导入ArcGIS软件中的方法。

项目9 林业专题地图制图

林业生产中许多资源数据需要用专题地图形式显示呈现，这也是 GIS 可视化内容之一。通过本项目“林业空间数据符号化”“林业专题地图制图与输出”两个任务的学习和训练，要求同学们能够熟练掌握林业专题图的制作方法。

知识目标

1. 掌握林业空间数据符号设置方法。
2. 掌握林业专题图版面的设置方法。
3. 掌握林业专题图的打印与输出方法。

技能目标

1. 能够熟练的修改、创建和设置符号。
2. 能够创建自己的样式符号库。
3. 能够熟练的设置地图版面。
4. 能够熟练的打印和输出林业专题图。

任务 9.1 林业空间数据符号化

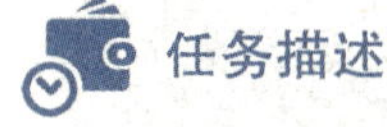

任务描述

空间数据的符号化是指将矢量地图数据按照出图要求，设置各种图例的过程，它将决定地图数据最终以何种形式呈现在用户面前。因此，符号化对专题图制图非常重要。本任务将从符号的修改、制作以及制定样式库等方面来学习空间数据符号化的各种设置方法。

任务目标

经过学习和训练，能够熟练运用 ArcMap 软件对前一个项目完成的地理数据进行数据符号化设置操作，为专题图制图学习奠定基础。

知识准备

对于一幅地图，确定数据之后就要根据数据的属性特征、地图的用途、制图比例尺等因素，来确定地图要素的表示方法，也就是空间数据的符号化。空间数据可以分为点、线、面3种不同的类型。点要素可以通过点状符号的形状、色彩、大小表示不同的类型或等级；线要素可以通过现状符号的类型、粗细、颜色等表示不同的类型或不同的等级；而面要素则可以通过面状符号的图案或颜色来表示不同的类型或等级。无论是点要素、线要素，还是面要素，都可以依据要素的属性特征采取单一符号、定性符号、定量符号、统计图表符号、组合符号等多种表示方法实现数据的符号化。下面介绍符号的修改、符号的制作以及常用的符号设置方法。

9.1.1 符号的修改

在制图的过程中，直接调用图式符号库的符号是非常基础的操作(这里不做介绍)，但由于不同行业制图需求不同，当图式符号库中的符号不能满足要求时，就需要修改符号的属性。符号修改的操作步骤如下。

①启动 ArcMap，添加数据(...\ prj09 \ 符号设置 \ data)。

②在内容列表中，单击村庄图层标签下的符号，打开【符号选择器】，选择一种符号，如图 9-1 所示。

③在【当前符号】区域，修改符号的颜色、大小和角度，也可以单击【编辑符号】按钮，打开【符号属性编辑器】对话框，对符号进行修改。

④单击【另存为】按钮，打开【项目属性】对话框，如图 9-2 所示。

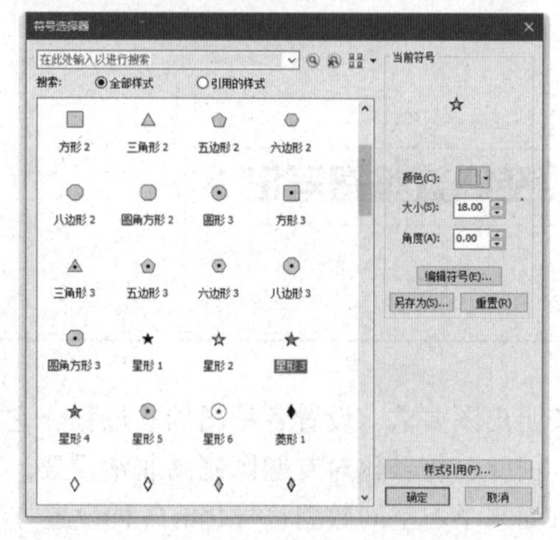

图 9-1 【符号选择器】对话框

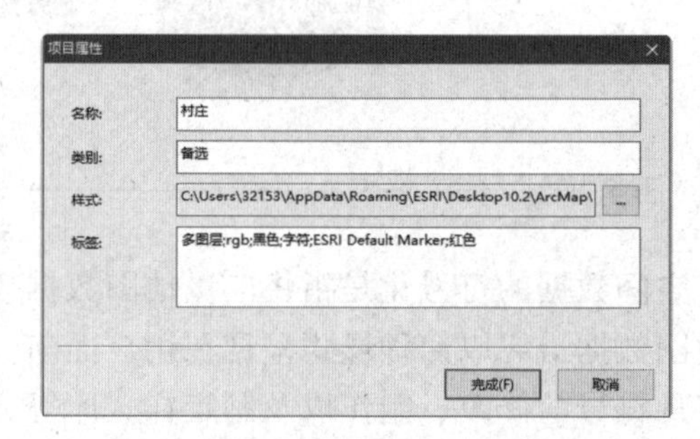

图 9-2 【项目属性】对话框

⑤在对话框中输入修改后的符号的名称、类别和标签，符号将被保存在默认的图式符号库 Administrator. style 中。

⑥单击【完成】按钮，返回【符号选择器】对话框。

⑦单击【确定】按钮，完成点符号修改设置。

以上是点符号的修改方法，线符号和面符号的修改步骤与点符号修改相同。

9.1.2 符号的制作

当修改符号不能满足需要时，就需要使用【样式管理器】对话框在相应的样式中制作能够满足制图需要的全新符号。

(1)点符号制作

制作点符号的位置在样式管理器的“标记符号”文件夹中。点符号的类型有简单标记符号、字符标记符号、箭头标记符号、图片标记符号，以及3D简单标记符号、3D标记符号和3D字符标记符号。下面以制作简单标记符号为例介绍点符号的制图，具体操作步骤如下。

①在ArcMap窗口菜单栏，单击【自定义】→【样式管理器】，打开【样式管理器】对话框。

②单击Administrator. style下的【标记符号】文件夹。

③在【样式管理器】的右侧空白区域，右击鼠标选择【新建】→【标记符号】，打开符号【属性编辑器】对话框，如图9-3所示。

④单击【类型】下拉框，选择“简单标记符号”，单击【简单标记】标签，设置颜色为红色，样式为圆形，大小为7。

⑤在【图层】区域单击【添加图层】按钮，添加一个简单标记图层，然后选中该图层，设置颜色为黑色，样式为圆形，大小为8，预览栏中可以看到符号的形状。

⑥单击【确定】按钮，完成一个简单标记符号的制作，结果如图9-4所示

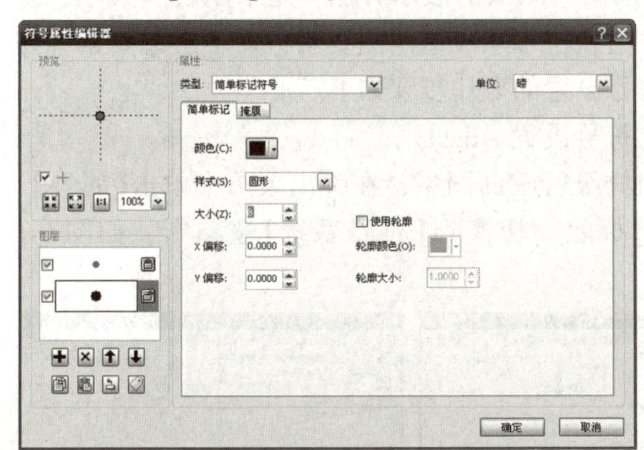

图9-3 【符号属性编辑器】对话框

图9-4 点符号制作结果

(2)线符号制作

制作线符号的位置在样式管理器的“线符号”文件夹中。线符号的类型有简单线符号、制图线符号、混列线符号、标记线符号、图片线符号，以及3D简单线符号和3D简单纹理线符号。下面以制作制图线符号为例介绍线符号的制作，具体操作步骤如下。

①在【样式管理器】对话框中单击Administrator. style下的【线符号】文件夹。

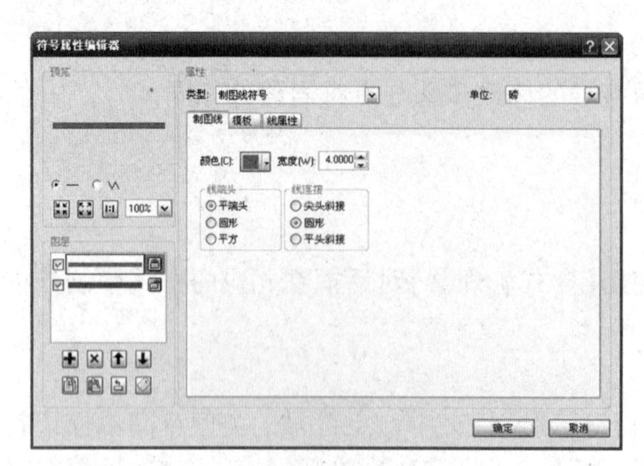

图 9-5　制图线线符号制作

②在【样式管理器】的右侧空白区域，右击鼠标选择【新建】→【线符号】，打开符号【属性编辑器】对话框，如图9-5所示。

③单击【类型】下拉框，选择“制图线符号”，单击【制图线】标签，设置颜色为红色，宽度为4，线端头为平端头，线连接为圆形。

④在【图层】区域单击【添加图层】按钮，添加一个制图线图层，然后选中该图层，设置颜色为绿色，宽度为5，线端头为平端头，线连接为圆形。

⑤单击【确定】按钮，完成一个制图线符号的制作。

(3)面符号制作

制作面符号的位置在样式管理器的“填充符号”文件夹中。面符号的类型有简单填充符号、渐变填充符号、图片填充符号、线填充符号、标记填充符号以及3D纹理填充符号。由于面符号制作的方法与点符号和线符号的制作类似，这里就不再举例。

9.1.3　符号的设置

9.1.3.1　单一符号设置

单一符号设置是ArcMap系统中加载新数据所默认的表示方法，是采用统一大小、统一形状、统一颜色的点状符号、现状符号或面状符号来表达制图要素，而不考虑要素本身在数量、质量、大小等方面的差异。单一符号设置的操作步骤如下。

①启动ArcMap，添加数据(...\ prj09 \ 符号设置 \ data)。

②在内容列表中分别右击村庄、公路和村级行政面图层，在弹出菜单中单击【属性】，打开【图层属性】对话框，单击【符号系统】标签，切换到【符号系统】选项卡，如图9-6所示。

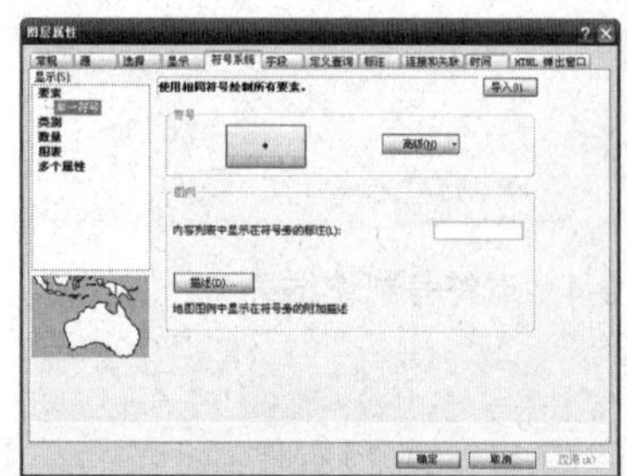
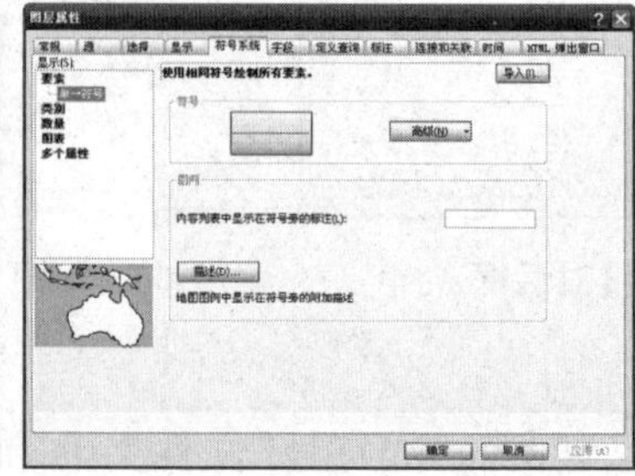
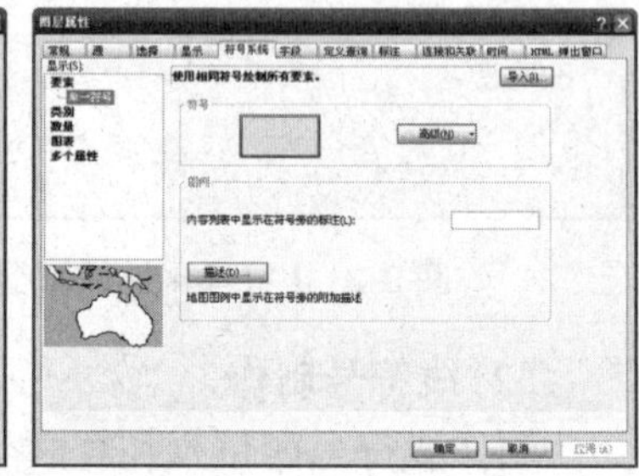

图 9-6　单一符号设置

③在【显示】列表框中，单击【要素】进入【单一符号】形式，单击【符号】色块，打开符号选择器对话框，如图9-7所示。

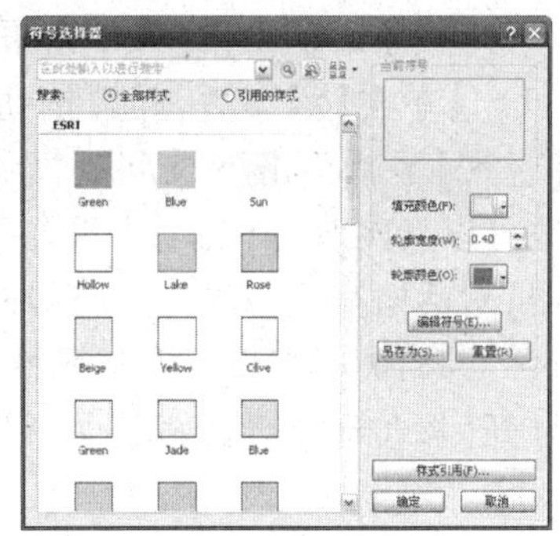

图 9-7　符号选择器

④在【符号选择器】对话框中选择合适的符号，单击【确定】返回。

⑤单击【确定】，完成单一符号的设置。

上述操作是单一符号设置的完整过程，在实际工作中，可以使用更为简便的方法进行设置。可以直接在内容列表中双击数据层对应的符号，打开【符号选择器】对话框，根据需要改变符号的大小、形状、粗细、色彩等特征。

9.1.3.2　定性符号设置

定性符号表示方法是根据数据层要素属性值来设置符号的，对具有相同属性值的要素采用相同的符号，对属性值不同的要素采用不同的符号，定性符号表示方法包括“唯一值”“唯一值，多个字段”和“与样式中的符号匹配”3 种方法。

(1)唯一值定性符号设置

①启动 ArcMap，添加村级行政面数据(...\ prj09 \ 符号设置 \ data)。

②双击村级行政面图层，打开【图层属性】对话框；在【图层属性】对话框中，单击【符号系统】标签，切换到【符号系统】选项卡，在【显示】列表框中单击【类别】并选择【唯一值】，如图 9-8 所示。

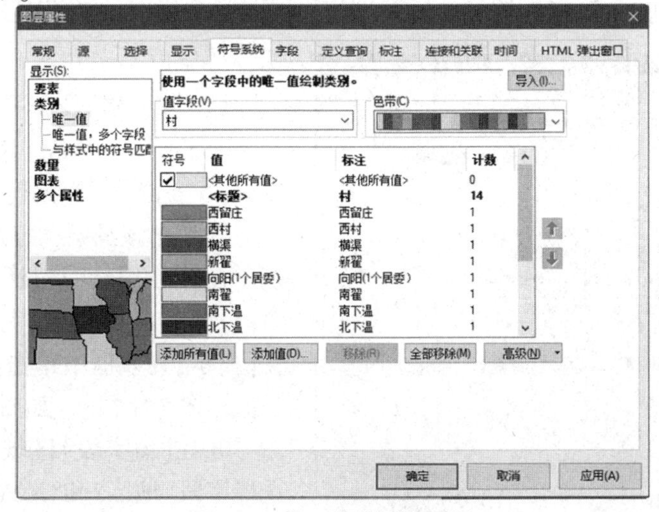

图 9-8　唯一值符号设置图

③在【值字段】区域单击下拉列表框，选择字段“NAME”。

④单击【添加所有值】按钮，将 NAME 字段值全部列出，在【色带】区域单击下拉列表框中选择一种色带，改变符号颜色；也可以直接双击【符号】列表下的每一个符号，进入【符号选择器】对话框直接修改每一符号的属性。

⑤如果不想将所有的属性都显示出来，单击【添加值】按钮，打开【添加值】对话框，如图 9-9 所示，即可添加需要添加的内容。

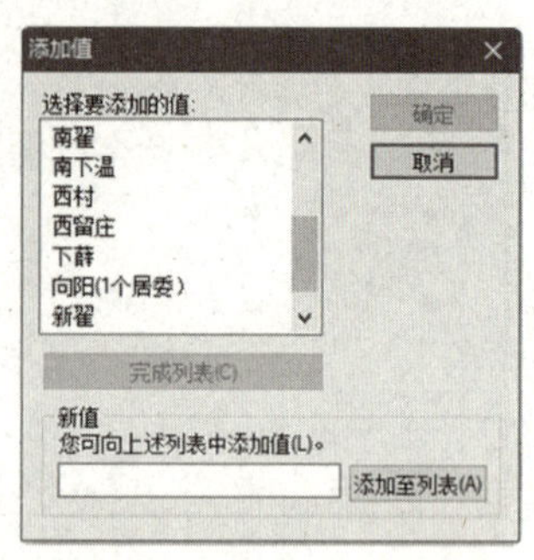

图 9-9　【添加值】对话框

⑥单击【确定】按钮，完成唯一值定性符号设置，结果如图 9-10 所示。

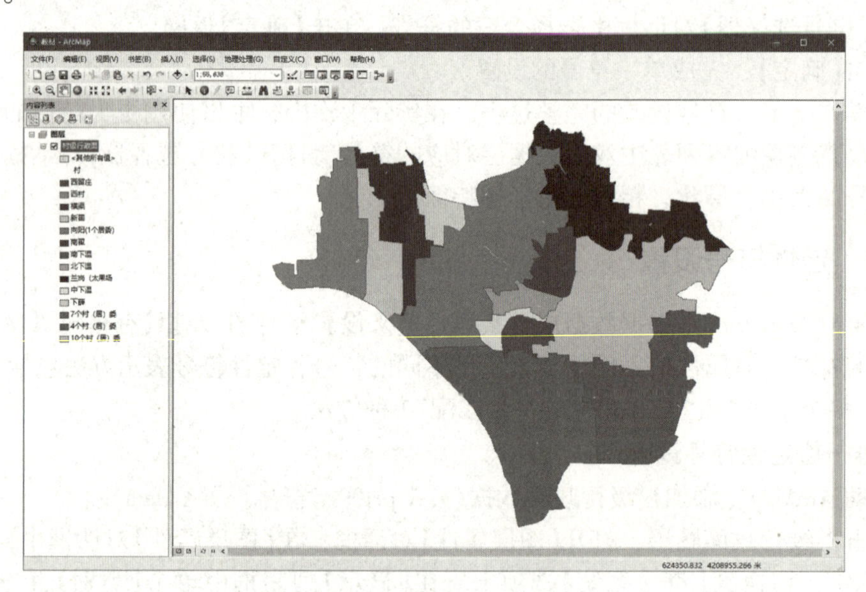

图 9-10　唯一值符号设置结果

以上是面图层唯一值定性符号的设置过程，点图层与线图层的设置过程与上述过程类似，这里就不做介绍了。

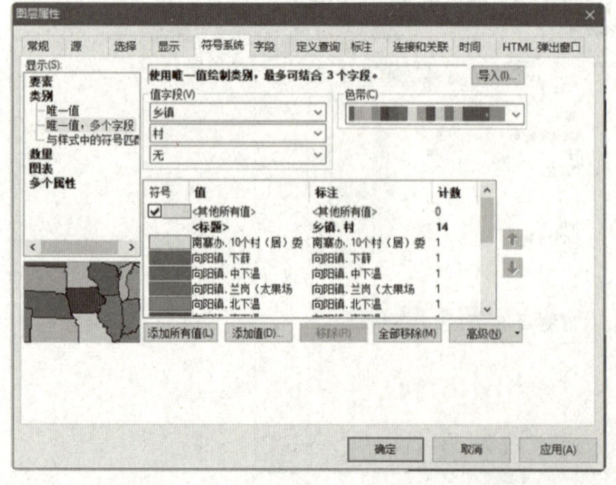

图 9-11　唯一值，多个字段符号设置

(2)唯一值，多个字段定性符号设置

①启动 ArcMap，添加村级行政面数据(...\ prj09 \ 符号设置 \ data)。

②双击该图层，打开【图层属性】对话框；在【图层属性】对话框中，单击【符号系统】标签，切换到【符号系统】选项卡，在【显示】列表框中单击【类别】并选择【唯一值，多个字段】，如图 9-11 所示。

③在【值字段】区域单击下拉列表框，选择字段“地区”和“NAME”(最多不超过 3 个)。

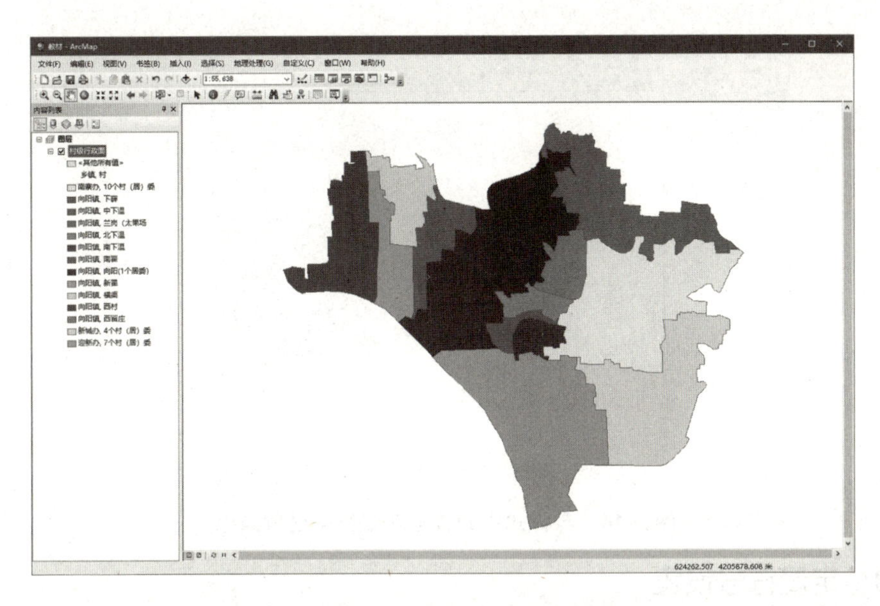

图 9-12　唯一值，多个字段符号设置结果

④单击【添加所有值】按钮，单击【确定】按钮，完成唯一值，多个字段定性符号设置，结果如图 9-12 所示。

(3)与样式中的符号匹配定性符号设置

①启动 ArcMap，添加村级行政面数据(...\ prj09 \ 符号设置 \ data)。

②双击村级行政面图层，打开【图层属性】对话框；在【图层属性】对话框中，单击【符号系统】标签，切换到【符号系统】选项卡，在【显示】列表框中单击【类别】并选择【与样式中的符号匹配】，如图 9-13 所示。

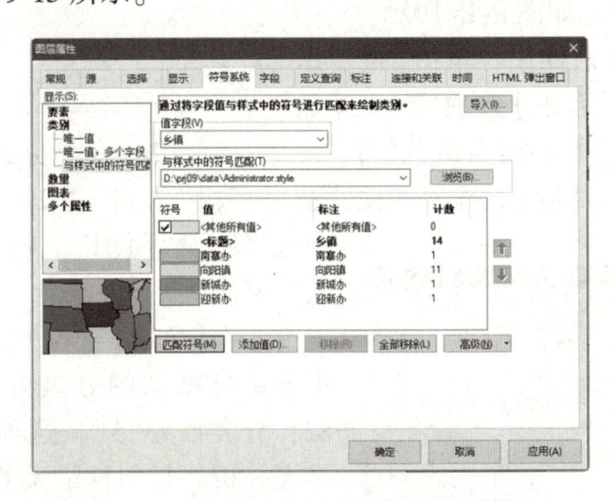

图 9-13　与样式中的符号匹配符号设置

③在【值字段】区域单击下拉列表框，选择字段“乡镇”。

④单击【与样式中的符号匹配】区域单击【浏览】按钮，选择 Administrator. style 文件(...\ prj09 \ 符号设置 \ data)。

⑤单击【匹配符号】按钮，单击【确定】按钮，完成与样式中的符号匹配定性符号设置，结果如图 9-14 所示。

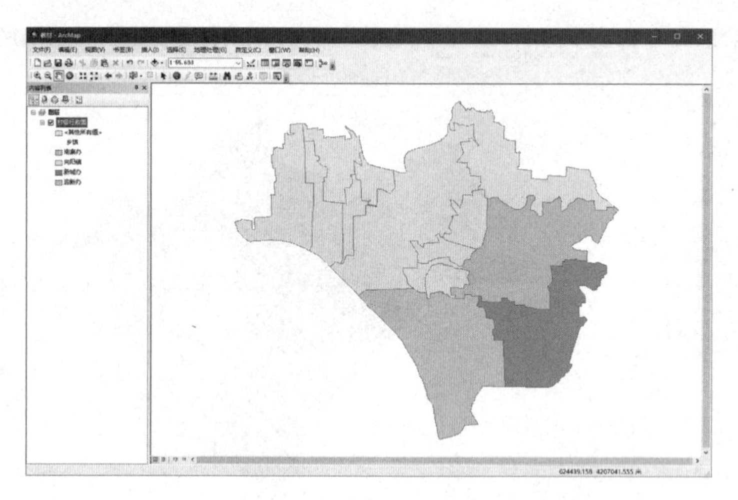

图 9-14　与样式中的符号匹配符号设置结果

9.1.3.3　定量符号设置

定量符号的表示方法是根据属性表中的数值字段来设置符号的，定量符号表示方法包括“分级色彩”“分级符号”和“比例符号”和“点密度”4 种方法。

(1) 分级色彩符号设置

①启动 ArcMap，添加村级行政面数据(...\ prj09 \ 符号设置 \ data)；双击该图层，打开【图层属性】对话框，如图 9-15 所示。

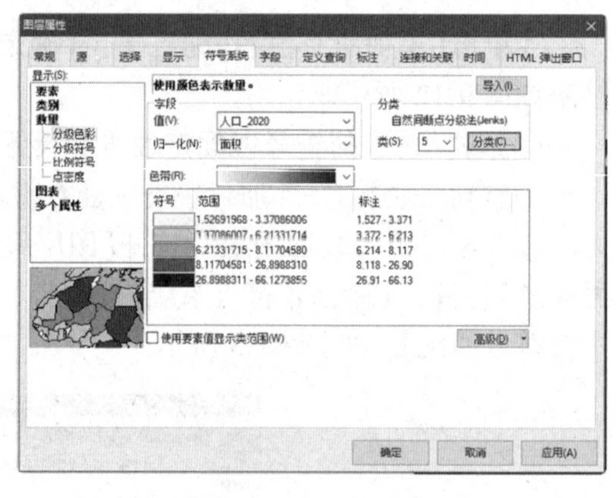

图 9-15　分级色彩符号设置

②在【图层属性】对话框中，单击【符号系统】标签，切换到【符号系统】选项卡，在【显示】列表框中单击【数量】并选择【分级色彩】。

③在字段区域中单击【值】下拉列表框，选择字段“人口_ 2020”，在【归一化】下拉框中选择字段“面积”，表示某一村的 2020 年的人口密度。

④在【色带】下拉列表框中选择一种色带。由于系统默认的分级方法是自然间断点分级法，分类数为“5”，这种分级方法优点是通过聚类分析将相似性最大的数据分在同一级，而差异性最大的数据分在不同级。缺点是分级界限往往是一些任意数，不符合制图的需要，因此，需要进一步修改分级方案。

⑤单击【分类】按钮，打开【分类】对话框，如图 9-16 所示。单击【类别】下拉框，选择“8”。

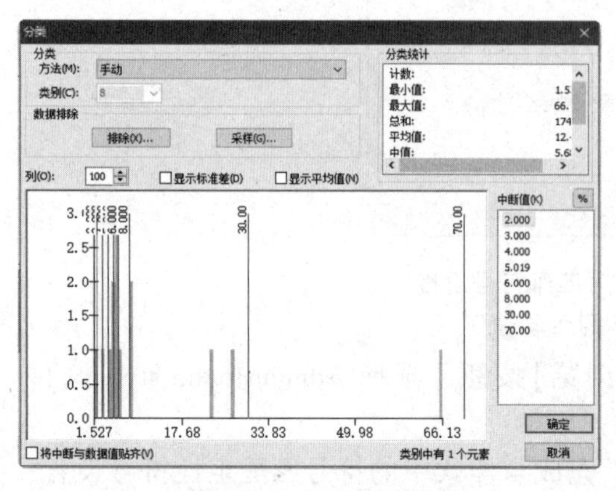

图 9-16　【分类】对话框

⑥单击【方法】下拉框，选择分级方法为：手动，单击【中断值】列表框中的第一个数字，使数据处于编辑状态，输入数字 2，重复上面的操作步骤，依次将“中断值”修改为：2、3、4、5、6、7、8、30、70。

⑦选择【显示标准差】和【显示平均数】复选框，单击【确认】按钮，返回【图层属性】对话框。

⑧单击【确定】按钮，完成分级色彩定量符号设置，结果如图 9-17 所示。

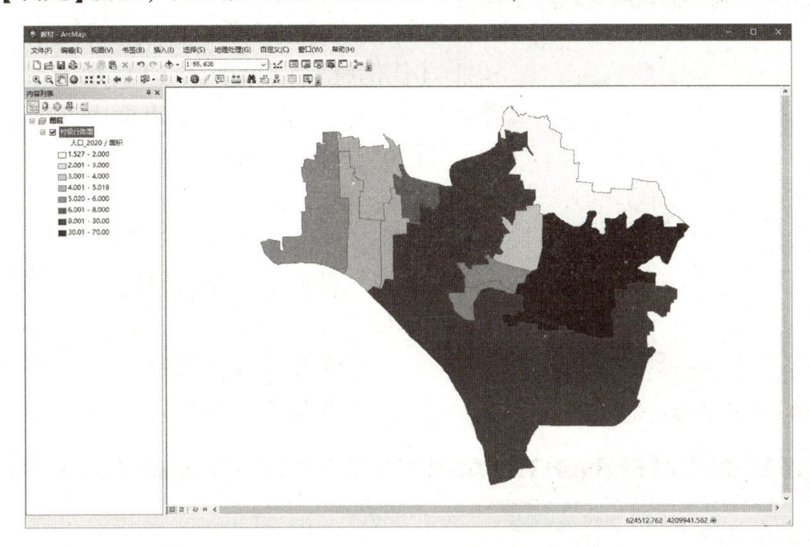

图 9-17　分级色彩符号设置结果

(2)分级符号设置

分级符号设置类似于分级色彩的设置方法，参照以上设置，得到的结果如图 9-18 所示。

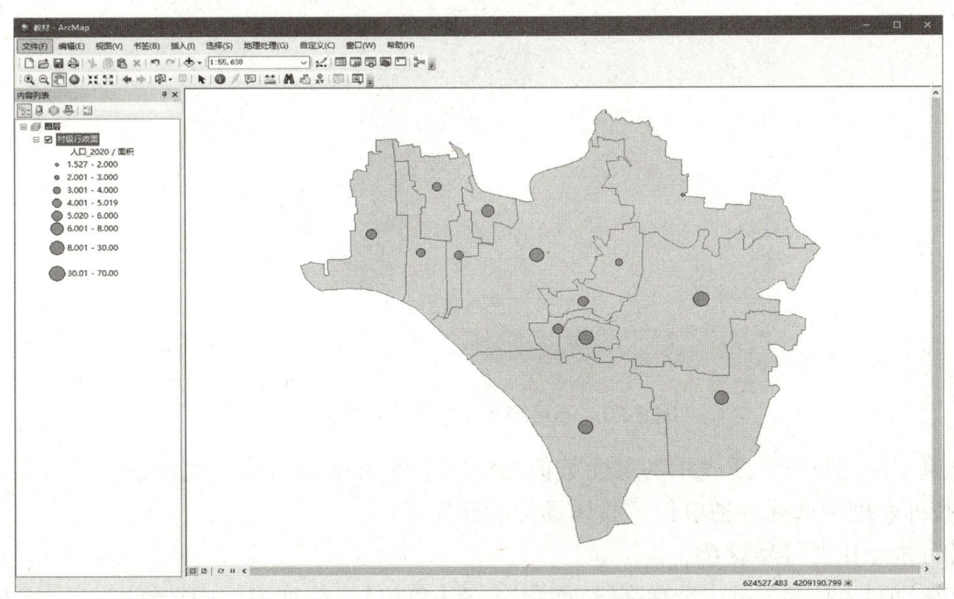

图 9-18　分级符号设置结果

以上是面图层的分级色彩符号分级符号的具体设置方法，点图层和线图层的符号设置步骤与面图层设置一致。

(3)比例符号设置

根据数据的属性数值有无存储单位，数据的比例符号设置分为不可量测和可量测两种类型。

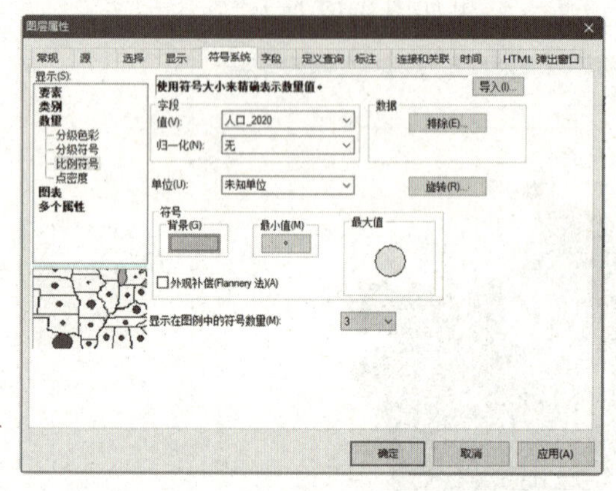

图 9-19　不可测量比例符号设置

①不可量测比例符号设置操作步骤如下。

• 在【显示】列表框中单击【数量】并选择【比例符号】，如图 9-19 所示。

• 在【值】下拉列表框中选择字段“人口_2020”。单击【单位】下拉列表框中选择“未知单位”；单击【背景】按钮，打开【符号选择器】对话框，进行背景色的设置。

• 设置【显示在图例中的符号数量】为“5”。

• 单击【确定】按钮，完成比例定量符号设置，结果如图 9-20 所示。

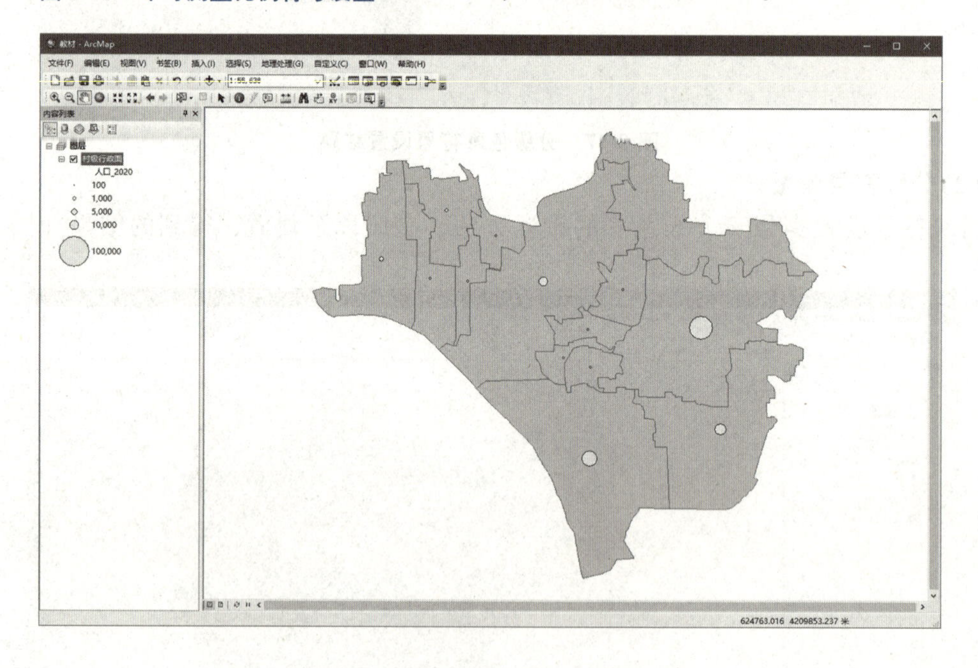

图 9-20　不可测量比例符号设置结果

如果应用比例符号所表示的属性数值与地图上的长度或面积有关的话，就需要在【单位】下拉列表框中选择一种单位。具体操作步骤如下。

②可量测比例符号设置。

• 在【值】下拉列表框中选择字段“面积”。在【单位】下拉列表框中选择“米”，如图 9-21 所示。

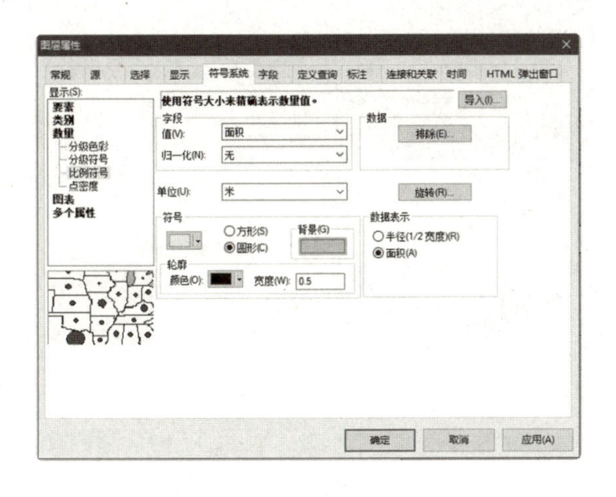

图 9-21　可测量比例符号设置

- 在【数据表示】区域选中【面积】按钮。
- 在【符号】区域设置符号的颜色、形状、背景色以及轮廓线的颜色和宽度。
- 单击【确定】按钮，完成可测量比例符号设置，结果如图 9-22 所示。

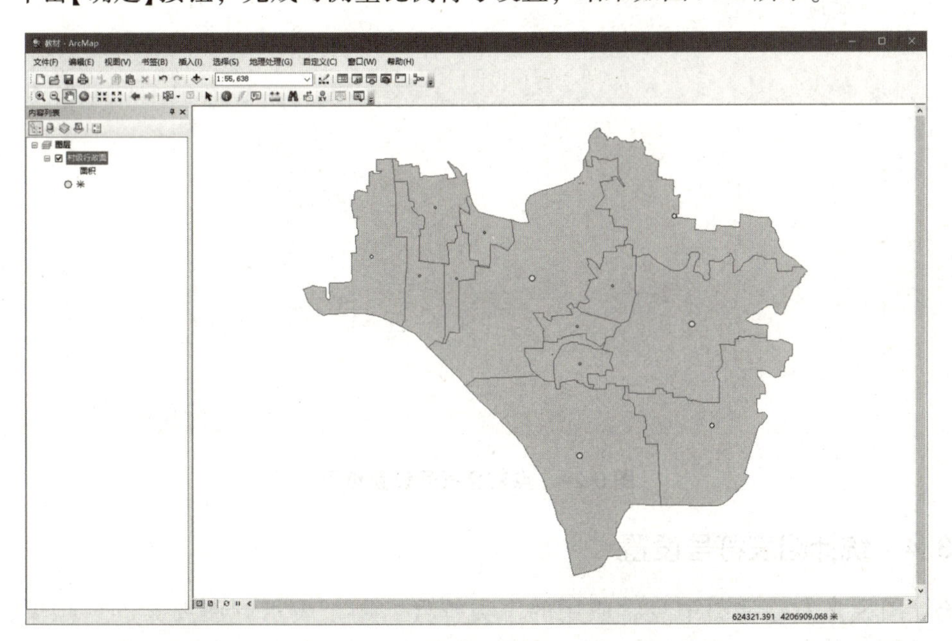

图 9-22　可测量比例符号设置结果

(4)点密度符号设置

①在【显示】列表框中单击【数量】并选择【点密度】，如图 9-23 所示。

②在【字段选择】列表框中，双击字段“人口_2020”，该字段进入右边的列表中。

③在【密度】区域中调节【点大小】和【点值】的大小，在【背景】区域设置点符号的背景及其背景轮廓的符号。

④选中【保持密度】复选框，表示地图比例发生改变时点密度保持不变。

⑤单击【确定】按钮，完成点密度符号设置，结果如图 9-24 所示。

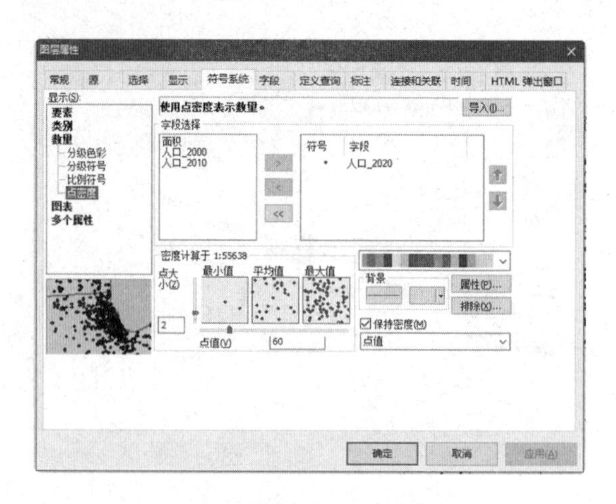

图 9-23　点密度符号设置

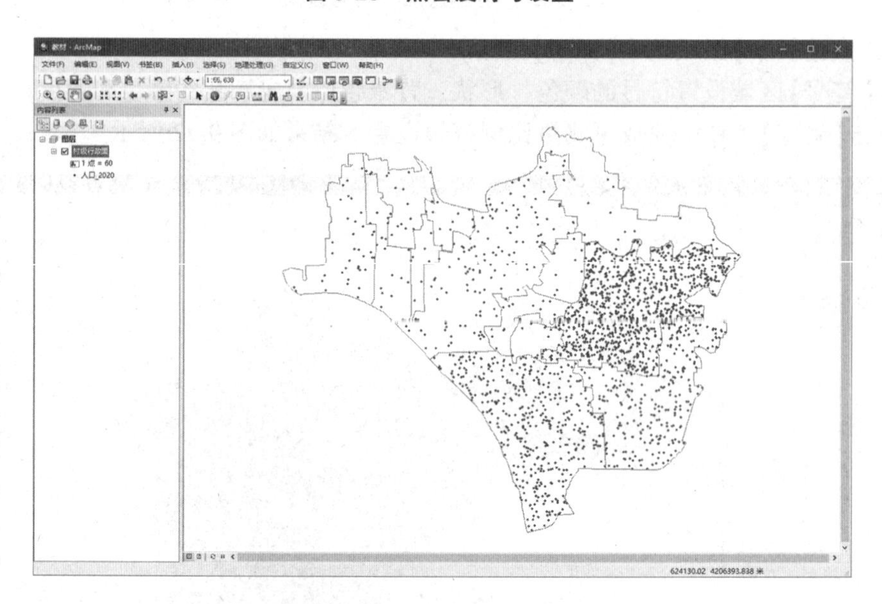

图 9-24　点密度符号设置结果

9.1.3.4　统计图表符号设置

统计图表是专题地图中经常应用的一类符号，用于表示制图要素的多项属性。常用的统计图标有饼图、条形图、柱状图和堆叠图。下面以柱状统计图为例说明具体操作。

①在【图层属性】对话框中，单击【符号系统】标签，切换到【符号系统】选项卡，在【显示】列表框中单击【图表】并选择“条形图/柱状图”，如图 9-25 所示。

②在【字段选择】列表框中双击字段“人口_2000”“人口_2010”和“人口_2020”，3 个字段自动移动到右边的列表框中，双击符号，进入【符号选择器】对话框，选择或修改符号。

③单击【属性】按钮，打开【图表符号选择器】对话框，调整宽度和间距，如图 9-26 所示。

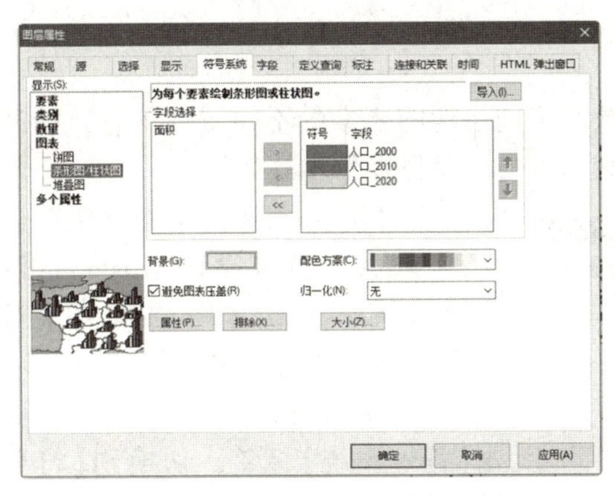

图 9-25 条形图/柱状图符号设置

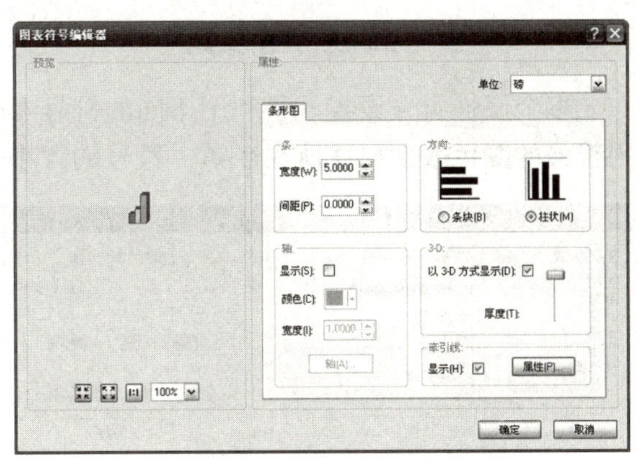

图 9-26 图表符号选择器

④单击【背景】按钮，打开【符号选择器】对话框，为图表选择一种合适的背景。

⑤单击【确定】按钮，完成图表符号设置，结果如图 9-27 所示。

饼图和堆叠图的操作步骤同上，符号设置结果如图 9-28 和图 9-29 所示。

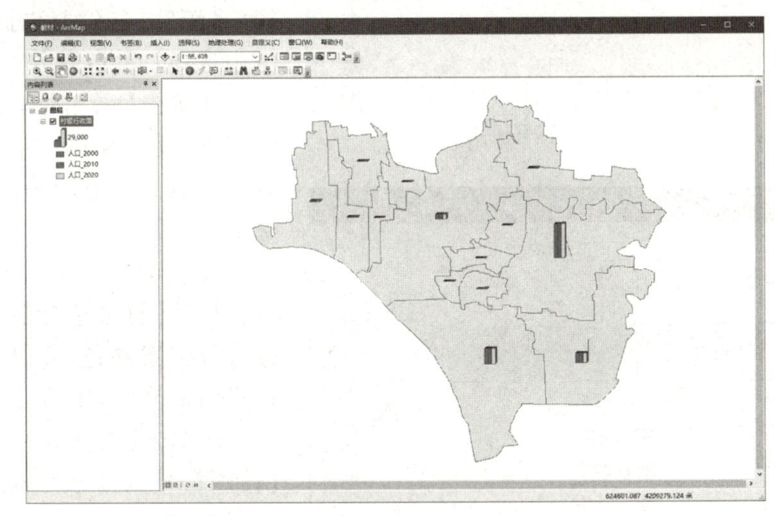

图 9-27 柱状图符号设置结果

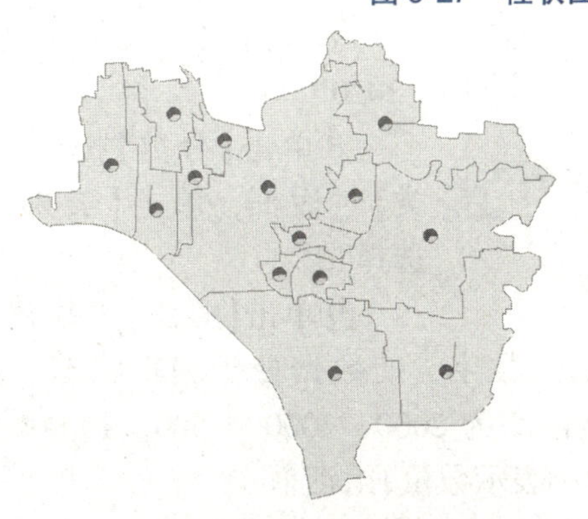

图 9-28 饼图符号设置结果

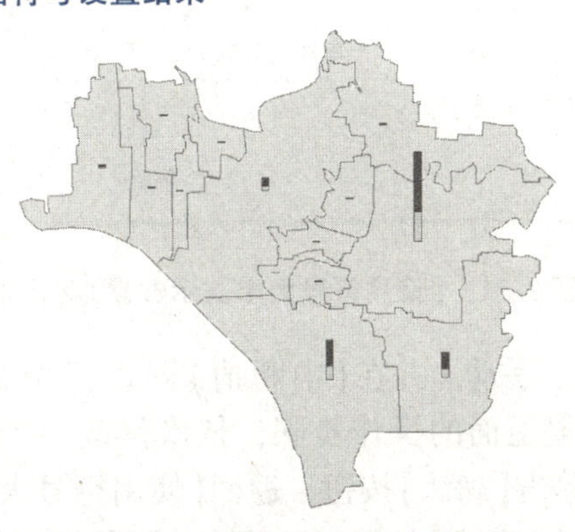

图 9-29 堆叠图符号设置结果

9.1.3.5　多个属性符号设置

多个属性符号设置就是利用不同的符号参数表示同一地图要素的不同属性信息，如利用符号的颜色表示村庄所在乡镇，符号的大小表示人口。具体操作步骤如下。

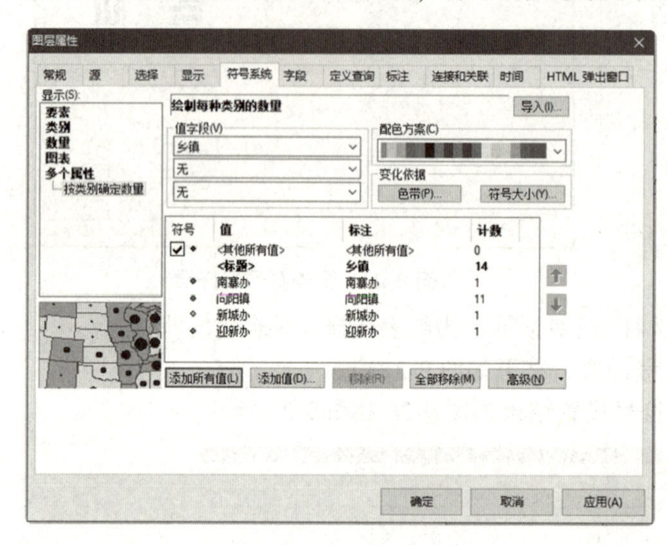

图 9-30　多个属性符号设置

①启动 ArcMap，添加村庄数据（...\ prj09 \ 符号设置 \ data）；双击该图层，打开【图层属性】对话框。

②在【图层属性】对话框中，单击【符号系统】标签，切换到【符号系统】选项卡，在【显示】列表框中单击【多个属性】并选择【按类别确定数量】，如图 9-30 所示。

③在第一个【值字段】中选择字段“乡镇”，在【配色方案】下拉列表框中选择一种色彩方案。

④单击【添加所有值】按钮，加载属性字段“乡镇”的所有数值。并取消选择“其他所有值”前面的复选框。

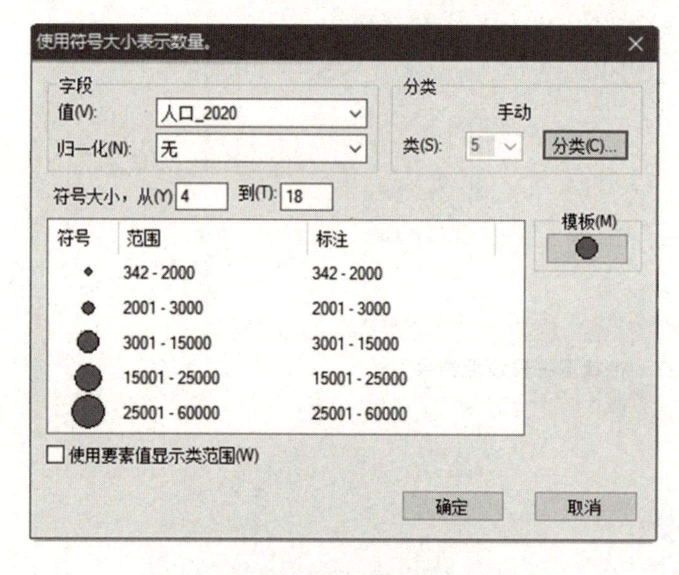

图 9-31　【使用符号大小表示数量】对话框

⑤双击“符号”列的第一个符号，打开【符号选择器】对话框，设置符号图案和色彩。用相同的办法设置剩余符号的图案和色彩。

⑥单击【符号大小】按钮，打开【使用符号大小表示数量】对话框，如图 9-31 所示。

⑦在【值】下拉框中选择“人口_2020”。

⑧单击【分类】按钮，打开【分类】对话框，单击【类别】下拉框，选择“5”。

⑨单击【方法】下拉框，选择分级方法为：手动，并在【中断值】列表框中输入数字，使数据处于编辑状态，输入数字 2000，重复上面的操作步骤，依次修改“中断值”为 2000、3000、1500、15 000、25 000、60 000，单击【确认】按钮，返回【使用符号大小表示数量】对话框。

⑩单击【确定】按钮，完成多个属性符号设置，结果如图 9-32 所示。

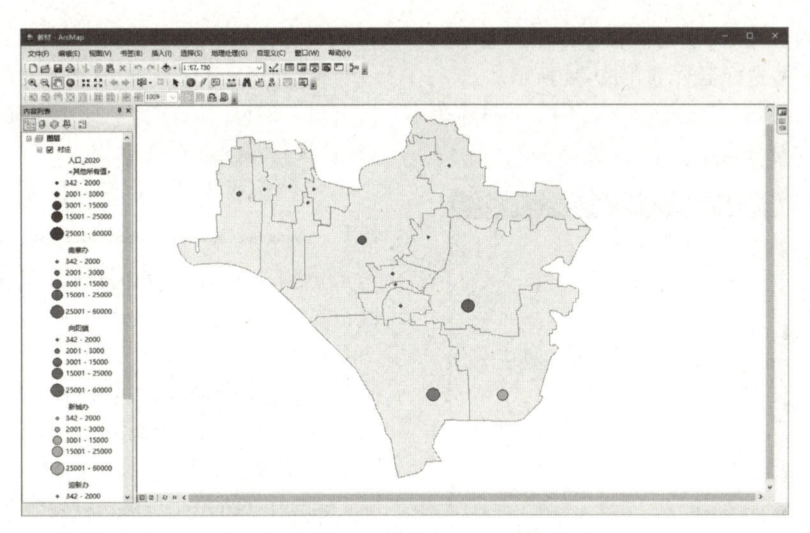

图 9-32　多个属性符号设置结果

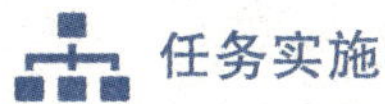 任务实施

林业专题图符号的设置与制作

一、目的要求

通过符号的设置、引导学生熟练掌握利用ArcGIS符号设置、制作等功能，熟练的设置林业专题图符号。

二、数据准备

高程点、林场界、县界、道路、等高线、店儿上作业区小班等矢量数据。

三、操作步骤

（1）添加数据

启动ArcMap，添加数据(...\ prj09 \ 任务实施 9-1 \ data)，结果如图 9-33 所示。

（2）设置高程点图层符号

高程点图层符号设置采用修改符号，具体操作步骤如下。

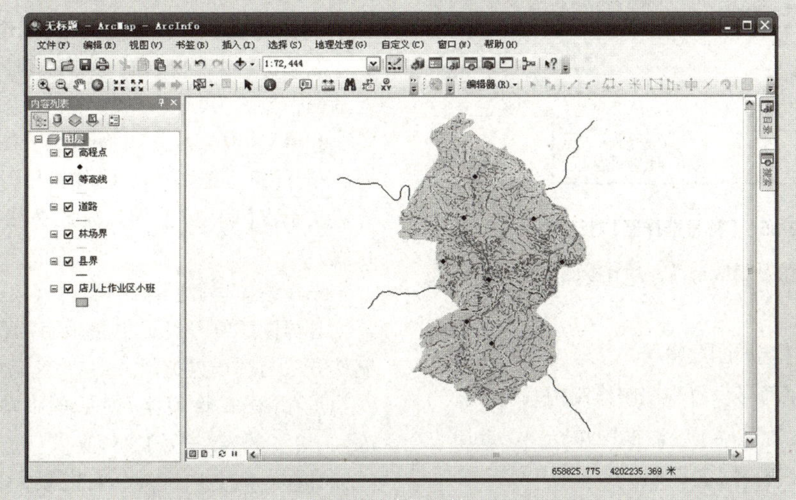

图 9-33　地图文档窗口

①单击【内容列表】中的高程点图层标签下的符号，打开【符号选择器】，如图 9-34 所示。

②选择“Cricle1”，调整大小为 8，单击【确定】按钮，完成符号设置。

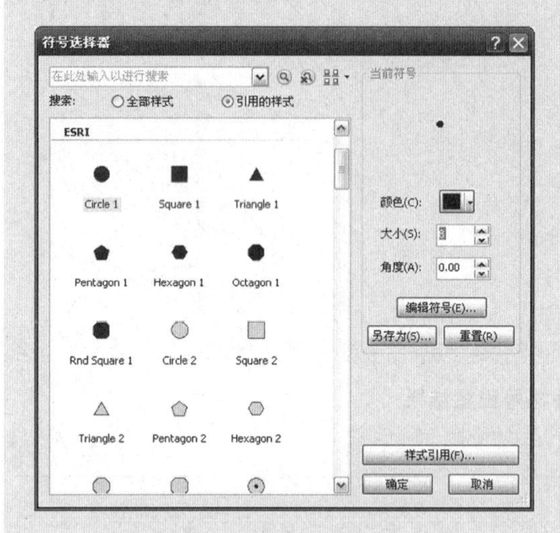

图 9-34　【符号选择器】对话框

（3）设置等高线图层符号

等高线图层符号设置采用修改符号。

①单击【内容列表】中的等高线图层标签下的符号，打开【符号选择器】，如图 9-35 所示。

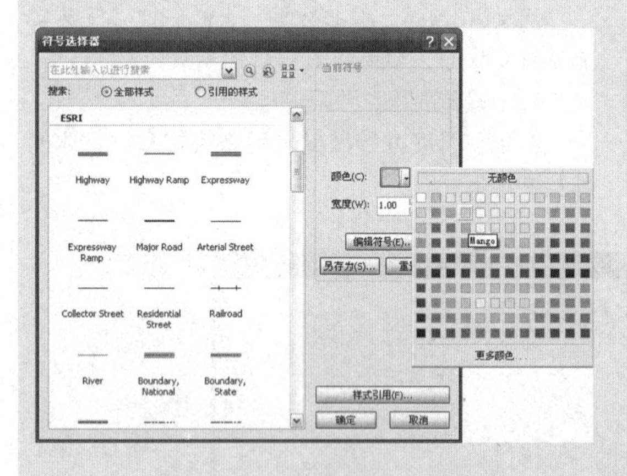

图 9-35　【符号选择器】对话框

②调整颜色为“Mango”，单击【确定】按钮，完成符号设置。

（4）设置林场界图层符号

林场界图层符号设置采用制作制图线符号。

①在【样式管理器】对话框中单击 Administrator. style 下的【线符号】文件夹。

②在右侧空白区域，右击选择【新建】→【线符号】，打开【符号属性编辑器】对话框，设置如下参数。

•【制图线】选项卡，【类型】：制图线符号；【颜色】：黑色；【宽度】：2；【线端头】：平端头，【线连接】：圆形。

•【模板】选项卡，【间隔】：2；【模板】：▬▬▬ ▬▬▬ ▬▬▬ ▬ ▬ ▬ 。

③在【图层】区域单击【添加图层】按钮，添加两个制图线图层，然后选中其中一个图层，设置如下参数。

•【制图线】选项卡，【颜色】：Fushia Pink，【宽度】：8；【线端头】：平端头；【线连接】：圆形。

•【线属性】选项卡，【偏移】：4。

④选中另外一个图层，设置如下参数。

•【制图线】选项卡，【颜色】：Rhodolite Rose；【宽度】：11；【线端头】：平端头；【线连接】：圆形。

•【线属性】选项卡，【偏移】：9。

效果如图 9-36 中的【预览】区域所示。

图 9-36　林场界符号制作

⑤单击【确定】按钮，关闭【符号属性编辑器】对话框，更名为“林场界”。

⑥单击【内容列表】中的林场界图层标签下的符号，打开【符号选择器】，选择符号为“林场界”。

⑦单击【确定】按钮，完成林场界图层符号的设置。

（5）设置县界图层符号

县界图层符号设置也是采用制作制图线符号，制作方法与林场界类似。

①在【样式管理器】对话框中单击 Administrator. style 下的【线符号】文件夹。

②在右侧空白区域，右击鼠标选择【新建】→【线符号】，打开符号【属性编辑器】对话框，设置

如下参数。

●【制图线】选项卡，【类型】：制图线符号；【颜色】：黑色；【宽度】：2；【线端头】：平端头；【线连接】：圆形。

●【模板】选项卡，【间隔】：2；【模板】：。

③在【图层】区域单击【添加图层】按钮，添加两个制图线图层，然后选中其中一个图层，设置如下参数。

【制图线】选项卡，【颜色】：Fushia Pink；【宽度】：8；【线端头】：平端头；【线连接】：圆形。

效果如图 9-37 中的【预览】区域所示。

图 9-37　县界符号制作

④单击【确定】按钮，关闭【符号属性编辑器】对话框，更名为“县界”。

⑤单击【内容列表】中的县界图层标签下的符号，打开【符号选择器】，选择符号为“县界”。

⑥单击【确定】按钮，完成县界图层符号的设置。

(6) 设置道路图层符号

道路图层符号设置采用唯一值定性符号和修改符号。

①打开道路图层的【图层属性】对话框，如图 9-38 所示。

②按图 9-38 设置对话框参数。

③双击【符号】列表下的“国省道路”符号，进入【符号选择器】对话框，单击【编辑符号】按钮，打开【符号属性编辑器】窗口，设置如下参数。

【制图线】选项卡，【类型】：制图线符号；【颜色】：Medium Colar Light；【宽度】：2；【线端头】：平端头；【线连接】：圆形。

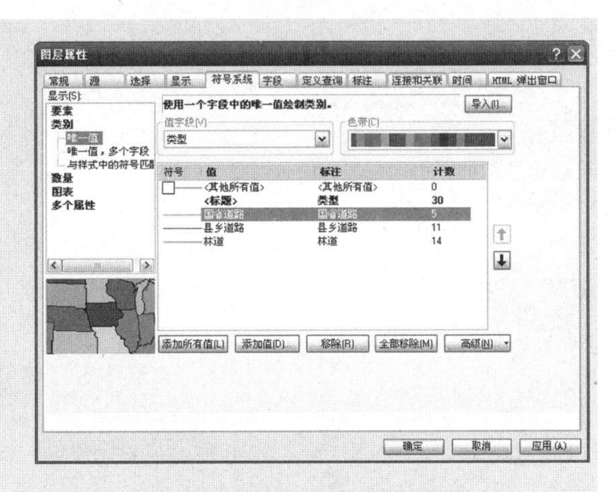

图 9-38　道路【图层属性】对话框

④在【图层】区域单击【添加图层】按钮，添加一个制图线图层，然后选中该图层，设置如下参数。

【制图线】选项卡，【颜色】：Fir Green；【宽度】：4；【线端头】：平端头；【线连接】：圆形。

⑤单击【确定】按钮，另存为“国省道路”，单击【确定】按钮，关闭【符号选择器】对话框。

⑥双击【符号】列表下的“县乡道路”符号，进入【符号选择器】对话框，单击【编辑符号】按钮，打开【符号属性编辑器】窗口，设置如下参数。

⑦在【图层】区域单击【添加图层】按钮，添加一个制图线图层，然后选中该图层，设置如下参数。

【制图线】选项卡，【类型】：制图线符号；【颜色】：Fir Green；【宽度】：3；【线端头】：平端头；【线连接】：圆形。

⑧单击【确定】按钮，另存为“县乡道路”，单击【确定】按钮，关闭【符号选择器】对话框。

⑨双击【符号】列表下的“林道”符号，进入【符号选择器】对话框，设置如下参数。

【颜色】：Cocoa Brown；【宽度】：2。

⑩另存为“林道”，单击【确定】按钮，关闭【符号选择器】对话框，设置结果如图 9-39 所示。

⑪单击【确定】按钮，完成道路图层符号设置。

(7) 设置林地利用现状图小班图层符号

林地利用现状图小班图层符号设置采用唯一值定性符号和修改符号。

①打开小班图层的【图层属性】对话框，单击【符号系统】标签，切换到【符号系统】选项卡，如图 9-40 所示。

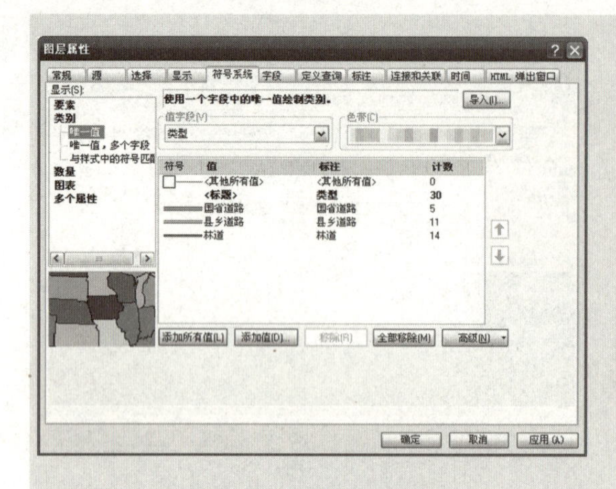

图 9-39　道路符号设置

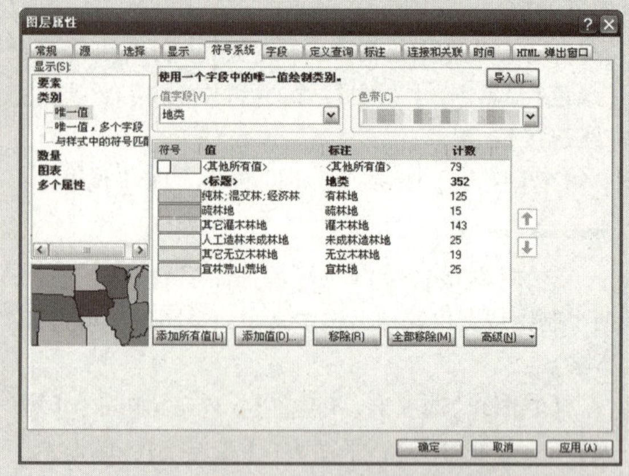

图 9-40　小班符号设置

②按图 9-40 设置对话框参数，同时将纯林、混交林和经济林进行组值，移除非林地，修改标注，并按照地类级别调整值的顺序。

③单击【确定】按钮，关闭【图层属性】对话框。

④右击【内容列表】中的小班图层标签下的每个符号→【更多颜色】按钮，打开【色彩选择器】窗口，如图 9-41 所示。

⑤按《林业地图图式》(LY/T 1821—2009) 地类色标色值的要求赋值，轮廓线全部设置为 Dashed 2∶2，结果如图 9-42 所示。

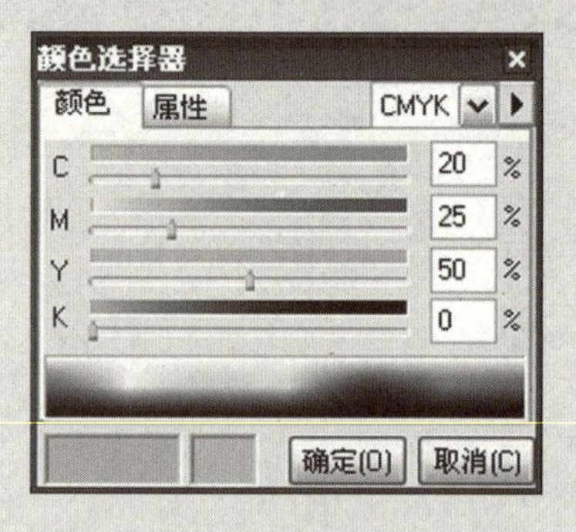

图 9-41　【颜色选择器】对话框

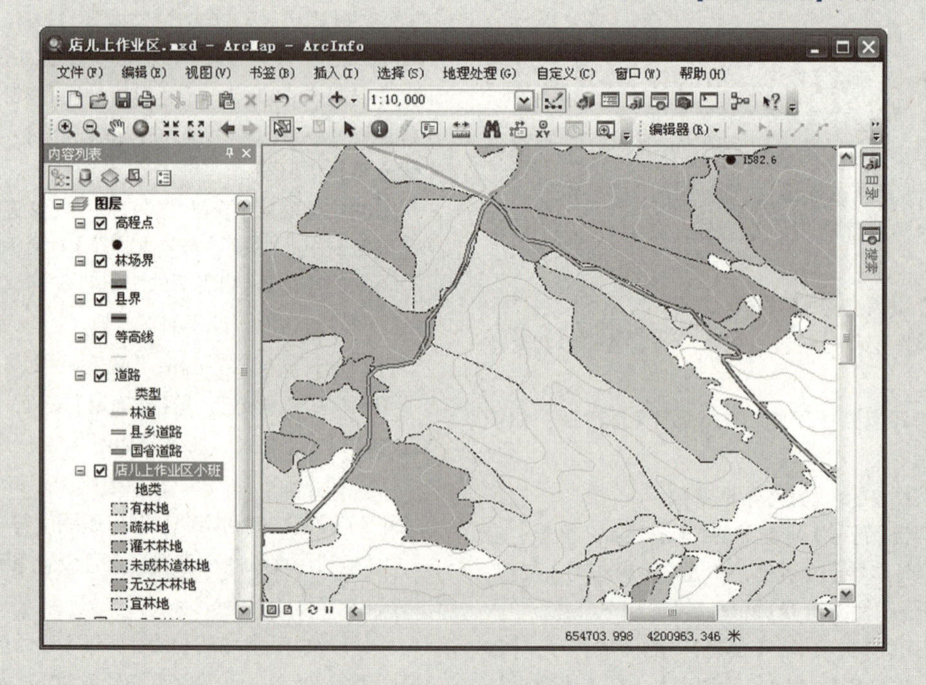

图 9-42　小班符号设置结果

（8）提取居名用地并设置符号

①单击菜单栏中的【选择】→【按属性选择】命令，打开【按属性选择】对话框，如图 9-43 所示。

②按图 9-43 设置对话框参数，单击【确定】按钮，完成选择，被选中的小班在地图显示窗口中高光显示。

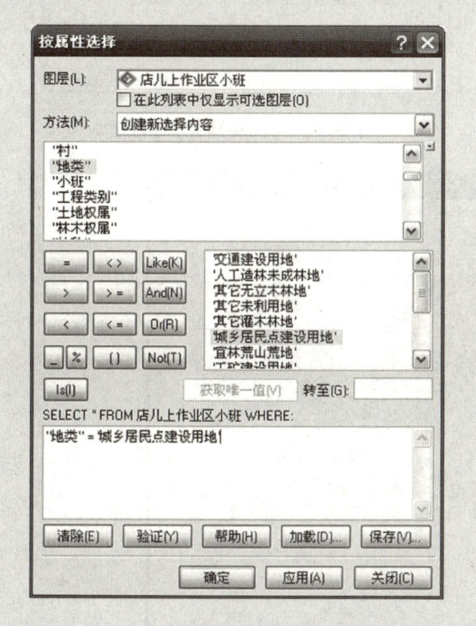

图 9-43 【按属性选择】对话框

③右击店儿上作业区小班图层→【数据】→【导出数据】命令，弹出【导出数据】对话框，如图 9-44 所示。

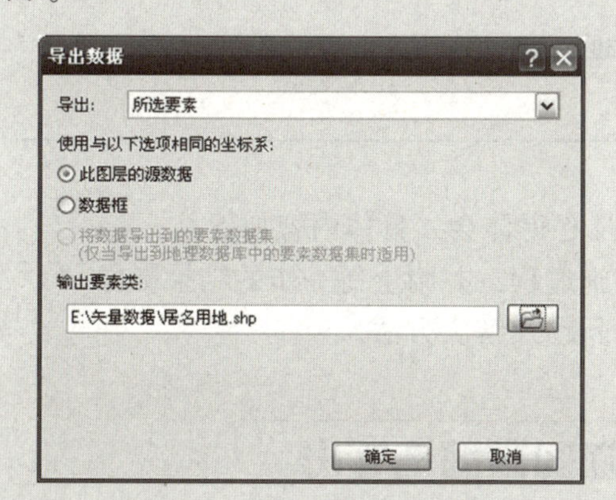

图 9-44 【导出数据】对话框

④在【导出数据】对话框中，选择导出【所选要素】，编辑文件输出路径和名称，点击【确定】按钮，完成数据导出。

⑤右击【内容列表】中的居民用地图层标签下的符号→【更多颜色】按钮，打开【色彩选择器】窗口，如图 9-41 所示。设置如下参数：C5K20。

⑥单击【确定】按钮，完成颜色设置；轮廓线设置为 Dashed 2：2。

（9）设置小班、居民用地注记

①双击小班图层，打开【图层属性】对话框，单击【标注】标签，切换到【标注】选项卡，如图 9-45所示。

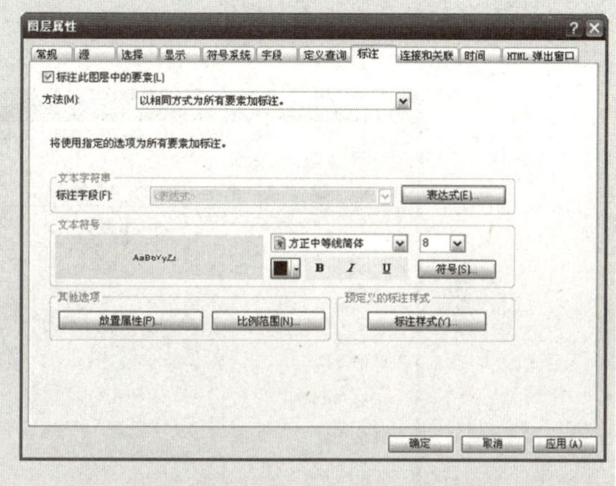

图 9-45 【图层属性】对话框

②单击【表达式】按钮，打开【标注表达式】对话框，如图 9-46 所示。

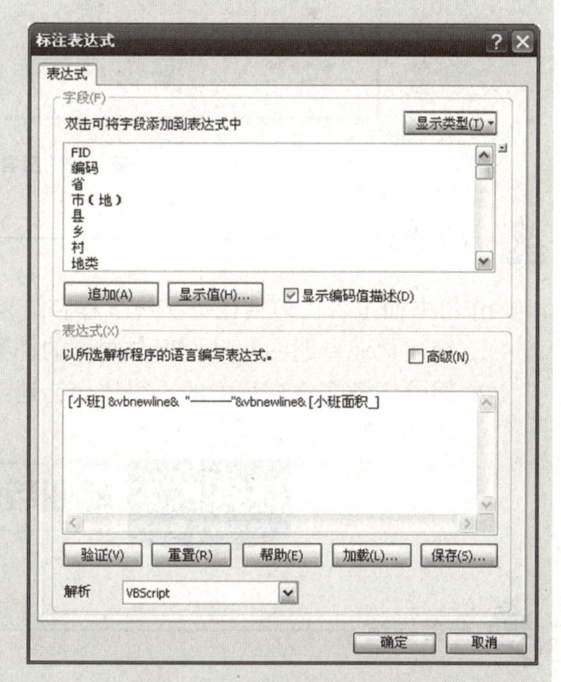

图 9-46 【标注表达式】对话框

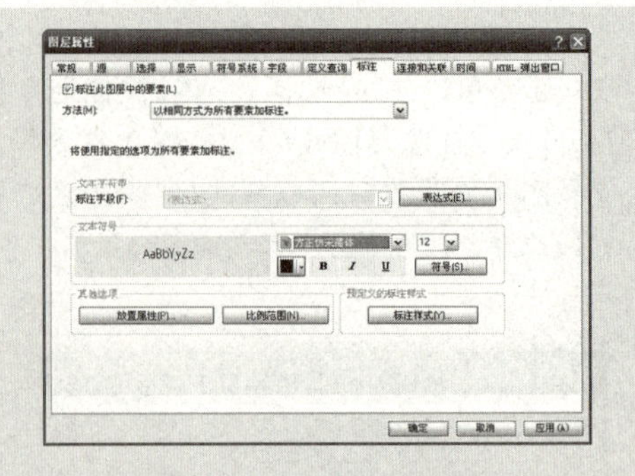

图 9-47 【图层属性】对话框

③按图 9-45 和图 9-46 设置对话框参数，单击【确定】按钮，完成小班图层注记。

④按图 9-47 设置居民用地【图层属性】对话框参数，单击【确定】按钮，完成居民用地图层注记，结果如图 9-48 所示。

(10) 保存符号设置结果

在【文件】菜单下点击【保存】命令，在弹出菜单中输入【文件名】，单击【确定】按钮，所有图层符号设置都将保存在该地图文档中。

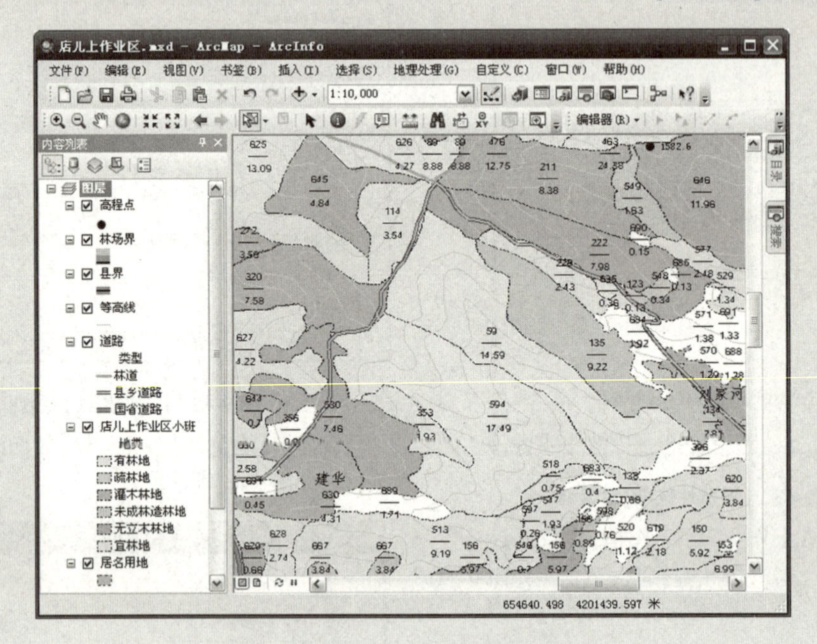

图 9-48 图层注记设置结果

 成果提交

作出书面报告，包括任务实施过程和结果以及心得体会，具体内容如下。

1. 简述林业专题图符号设置与制作的任务实施过程，并附上每一步的结果影像。
2. 回顾任务实施过程中的心得体会，遇到的问题及解决方法。

 任务 9.2 林业专题地图制图与输出

 任务描述

为了能够制作符合要求的地图并将所有的信息表达清楚，满足生产和生活的需求，需

要根据地图数据比例尺大小设置页面大小、页面方向、图框大小等，同时还需要添加图名、比例尺、图例、指北针等一系列辅助要素，并将制作好的专题图进行打印或输出。本任务将从这些方面学习林业专题地图制图与输出。

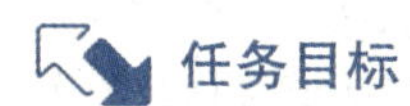

任务目标

能够熟练运用 ArcMap 软件通过版面设置、地图整饰、绘制坐标网格和打印输出地图几个步骤，完成林业专题图的制作。

知识准备

专题图编制是一个非常复杂的过程。前面两个项目的内容，包括上一个任务“林业空间数据符号化”，都是为专题图的编制来准备地理数据的。然而，要将准备好的地图数据，通过一幅完整的地图表达出来，将所有的信息传递出来，满足生产、生活中的实际需要，这个过程中涵盖了很多内容，包括版面纸张的设置、制图范围的定义、制图比例尺的确定，以及图名、图例、坐标格网的设置等。

9.2.1　制图版面设置

9.2.1.1　版面尺寸设置

ArcMap 窗口包括数据视图和布局视图，正式输出地图之前，应该首先进入布局视图，按照地图的用途，比例尺，打印机的型号等来设置版面的尺寸。若没有进行设置，系统会应用它默认的纸张尺寸和打印机。版面尺寸设置的操作步骤如下。

①单击【视图】菜单下的【布局视图】命令，进入布局视图。

②在 ArcMap 窗口布局视图中当前数据框外单击鼠标右键，弹出针对整个页面的布局视图操作快捷菜单，选择【页面和打印设置】命令，打开【页面和打印设置】对话框，如图 9-49 所示。

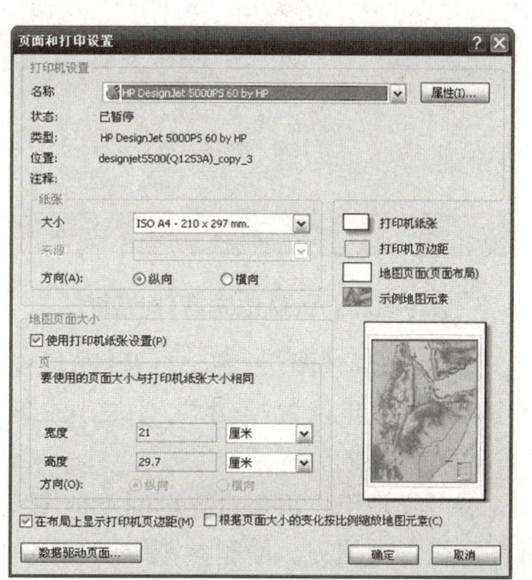

图 9-49　【页面和打印设置】对话框

③在【名称】下拉列表中选择打印机的名字。【纸张】选项组中选择输出纸张的类型：A4。如在【地图页面大小】选项组中选择了“使用打印机纸张设置”选项，则【纸张】选项组中默认尺寸为该类型的标准尺寸，方向为该类型的默认方向。若不想使用系统给定的尺寸和方向，可以在【大小】下拉列表中选择用户自定义纸张尺寸，去掉“使用打印机纸张设置”

选项前面的“√”，在【宽度】和【高度】中输入需要的尺寸和单位。【方向】可选横向或者纵向。

④选择“在布局上显示打印机页边距”选项，则在地图输出窗口上显示打印边界，选择“根据页面大小的变化按比例缩放地图元素”选项，则使得纸张尺寸自动调整比例尺。

注意： 如果选择“根据页面大小的变化按比例缩放地图元素”选项的话，无论如何调整纸张的尺寸和纵横方向，系统都将根据调整后的纸张参数重新自动调整地图比例尺；如果想完全按照自己的需要来设置地图比例尺就不要选择该选项。

⑤单击【确定】按钮，完成设置。

9.2.1.2　辅助要素设置

为了便于编制输出地图，ArcMap 提供了多种地图输出编辑的辅助要素，如标尺、辅助线、格网、页边距等，用户可以灵活的应用这些辅助要素，使地图要素排列得更加规则。

(1)标尺

标尺显示了最终打印地图上页面和地图元素的大小。标尺的应用包括：设置标尺功能的开关、设置自动捕捉标尺以及设置标尺单位等。

①标尺功能开关。在 ArcMap 窗口布局视图当前数据框外单击鼠标右键，弹出针对整个页面的布局视图操作快捷单，选择“标尺”→“标尺”命令(默认状态下标尺是打开的，再次单击则关闭)。

②标尺捕捉开关。在弹出针对整个页面的布局视图操作快捷菜单中，选择“标尺”→“捕捉到标尺”命令，标尺捕捉打开时，命令前有√标志；再次单击就关闭，√标志消失。

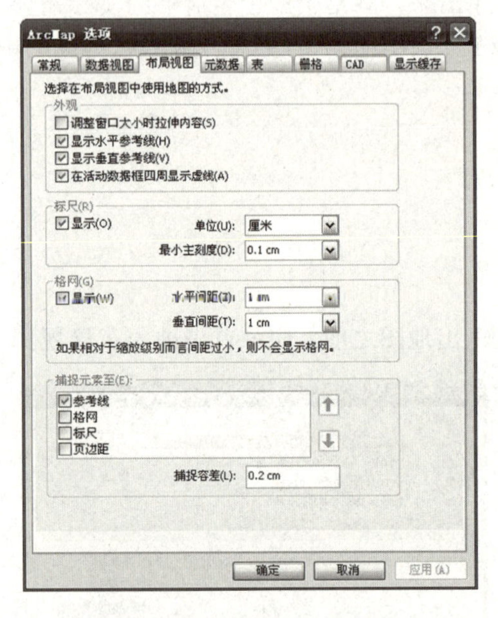

图 9-50　【ArcMap 选项】对话框

③标尺单位设置。在弹出针对整个页面的布局视图操作快捷菜单中，选择“ArcMap 选项”命令，打开【ArcMap 选项】对话框，如图 9-50 所示，选择“布局视图”标签，打开【布局视图】选项卡，在【标尺】选项组的【单位】下拉列表框中确定标尺单位为“厘米”，【最小主刻度】下拉列表框中设置标尺分划为“0.1 厘米”。

(2)参考线

参考线是用户用来对齐页面上地图元素的捷径。用户可以设置参考线功能的开关、设置参考线自动捕捉、增删参考线以及移动参考线等。

①参考线功能的开关。在 ArcMap 窗口布局视图当前数据框外单击鼠标右键，弹出针对整个页面的布局视图操作快捷单，选择“参考线”→“参考线”命令，打开参考线功能，再次单击就关闭。

②参考线捕捉开关。在弹出针对整个页面的布局视图操作快捷菜单中，选择“参考线”→“捕捉到参考线”命令，参考线捕捉打开时，命令前有√标志；再次单击就关闭，√标志消失。

③增删、移动参考线。在 ArcMap 窗口布局视图中将鼠标指针放在标尺上单击左键，就会在当前位置增加一条参考线；将鼠标指针放在标尺中参考线箭头上按住鼠标左键拖动，可以移动参考线；在标尺中参考线箭头上单击鼠标右键，打开辅助要素快捷菜单，选择“清除参考线”或“清除所有参考线”命令，删除一条或所有参考线。

(3)格网

格网是用户用来放置地图元素的参考格点。格网操作包括设置格网的开关、设置格网大小和设置捕捉误差等。

①格网功能的开关。在 ArcMap 窗口布局视图当前数据框外单击鼠标右键，弹出针对整个页面的布局视图操作快捷单，选择“格网”命令，打开或关闭格网。

②格网捕捉开关。在弹出针对整个页面的布局视图操作快捷菜单中，选择“格网”→“捕捉到格网”命令，格网捕捉打开时，命令前有√标志；再次单击就关闭，√标志消失。

③格网大小与捕捉容差设置。在弹出针对整个页面的布局视图操作快捷菜单中，选择【ArcMap 选项】命令，打开【ArcMap 选项】对话框，如图 9-50 所示，在【格网】选项组的【水平间距】和【垂直间距】下拉列表框中设置间距都为“1 厘米”。在【捕捉容差】文本框中设置地图要素捕捉容差大小为“0.2 cm”。

9.2.2　制图数据操作

如果一幅 ArcMap 输出地图包含若干数据组，就需要在版面视图对数据进行直接编辑，如增加数据组、复制数据组、调整数据组尺寸，以及生成数据组定位图等。

(1)增加地图数据组

①在 ArcMap 窗口主菜单栏中单击【插入】菜单，打开【插入】下拉菜单。

②在【插入】下拉菜单中选择【数据框】命令。

③地图显示窗口增加一个新的制图数据组，与此同时，ArcMap 窗口内容列表中也增加一个“新建数据框”。

(2)复制地图数据组

①在 ArcMap 窗口版面视图单击需要复制的原有制图数据组。

②在原有制图数据组上右键打开制图要素操作快捷菜单。

③单击【复制】命令或者直接快捷键“Ctrl+C”将制图数据组复制到剪贴板。

④鼠标移至选择制图数据组以外的图面上，右键打开图面设置快捷菜单，单击【粘贴】命令或者直接快捷键“Ctrl+V”将制图数据粘贴到地图中。

⑤地图显示窗口增加一个复制数据组，同时，内容列表中也增加一个“数据框”。

(3)设置地图数据组

如果输出地图中有两个数据组，将一个数据组作为说明另一个数据组空间位置关系的总图数据织，在实际应用中是非常有意义的。当一幅地图包含若干数据组时，一个总图可以对应若干样图。当一个总图与样图的关系建立起来，调整样图范围时，总图中的定位框图的位置与大小将同时发生相应的调整。

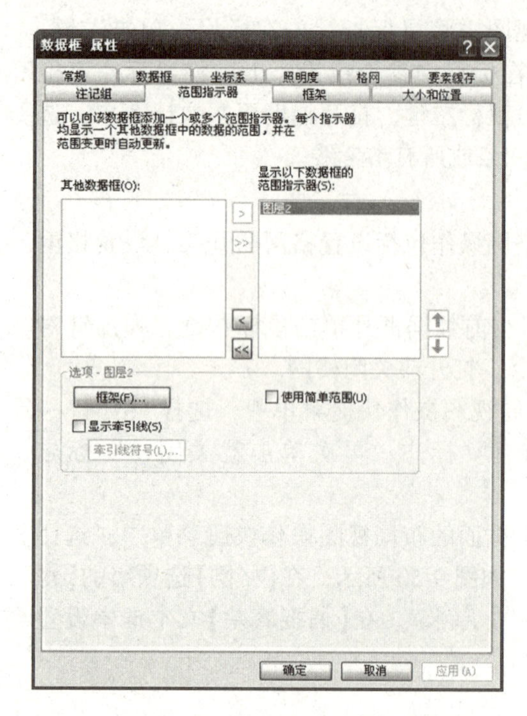

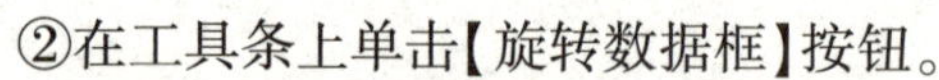
图 9-51 【数据框属性】对话框

①在 ArcMap 窗口版面视图中，在将要作为总图的数据组上右键打开制图要素操作快捷菜单。单击【属性】命令，打开【数据框属性】对话框，如图 9-51 所示。

②选择【范围指示器】标签，打开【范围指示器】选项卡。

③在【其他数据框】选项组的窗口中选择样图数据组：图层 2。单击右向箭头按钮将样图数据组添加到右边的窗口。

④单击【框架】按钮，打开【范围指示器框架属性】对话框，选择合适的边框，底色和阴影。

⑤单击【确定】返回。

完成了设置之后，如果调整样图，可以在总图中浏览其整体效果。

(4)旋转地图数据组

在实际应用中，有时候可能会对输出的制图数据组进行一定角度的旋转，以满足某种制图效果。当然，对制图数据的旋转只是对输出图面要素进行的，并不改变所有对应的原始数据层。具体操作步骤如下。

①在 ArcMap 窗口主菜单条中单击【自定义】菜单下的【工具条】命令，打开【数据框工具】工具条，如图 9-52 所示。

图 9-52 【数据框工具】工具条

②在工具条上单击【旋转数据框】按钮。

③将鼠标移至版面视图中需要旋转的数据组上，左键拖放旋转。如果要取消刚才的旋转操作，只需要单击【清除旋转】按钮。

9.2.3 专题地图整饰操作

一幅完整的地图除了包含反映地理数据的线划及色彩要素以外，还必须包含与地理数据相关的一系列辅助要素，如图名、比例尺、图例、指北针、统计图表等。用户可以通过地图整饰操作来管理上述辅助要素。

9.2.3.1 图名的放置与修改

①在 ArcMap 窗口主菜单上单击【插入】→【标题】命令，打开【插入标题】对话框。

②在【插入标题】对话框的文本框中输入所需要的地图标题。

③单击【确定】按钮，关闭【插入标题】对话框，一个图名矩形框出现在布局视图中。

④将图名矩形框拖放到图面合适的位置。

⑤可以直接拖拉图名矩形框调整图名字符的大小，或者鼠标双击图名矩形框，打开【属性】对话框，在【属性】对话框中调整图名的字体、大小等参数。

9.2.3.2　图例的放置与修改

图例符号对于地图的阅读和使用具有重要的作用，主要用于简单明了地说明地图内容的确切含义。通常包括两个部分：一部分用于表示地图符号的点线面按钮，另一部分是对地图符号含义的标注和说明。

(1)放置图例

①创建 ArcMap 文档，添加数据(…\ prj09 \ 符号设置 \ data)，单击【视图】菜单下的【布局视图】命令，打开布局视图。

②在 ArcMap 窗口主菜单上单击【插入】菜单下的【图例】命令，打开【图例向导】对话框，如图 9-53 所示。

③选择【地图图层】列表框中的数据层，使用右向箭头将其添加到【图例项】中。通过向上、向下方向箭头调整图层顺序，也就是调整数据层符号在图例中排列的上下顺序。

④如果图例按照一列排列，在【设置图例中的列数】数值框中输入 1，单击【下一步】按钮，进入到图 9-54 所示对话框。

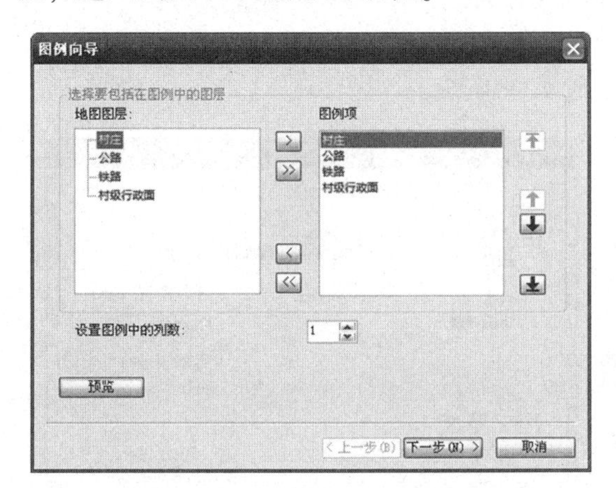

图 9-53　【图例向导】对话框

图 9-54　图例标题设置

⑤在【图例标题】文本框中填入图例标题，在【图例标题字体属性】选项组中可以更改标题的颜色、字体、大小以及对齐方式等，单击【下一步】按钮，进入到图 9-55 所示对话框。

⑥在【图例框架】选项组中更改图例的边框样式，背景颜色，阴影等。完成设置后单击【预览】按钮，可以在版面视图上预览到图例的样子。

⑦单击【下一步】按钮，进入到图 9-56 所示对话框。

⑧选择【图例项】列表中的数据层，在【面】选项卡设置其属性。

宽度(图例方框宽度)：28.00；高度(图例方框高度)：14.00；线(轮廓线属性)和面积(图例方框色彩属性)。单击【预览】按钮，可以预览图例符号显示设置效果，单击【下一步】按钮，进入到图 9-57 所示对话框。

⑨在【以下内容之间的间距】选项组中，依次设置图例各部分之间的距离。

⑩单击【预览】按钮，可以预览图例符号显示设置效果。单击【完成】按钮，关闭对话框，图例符号及其相应的标注与说明等内容放置在地图版面中。

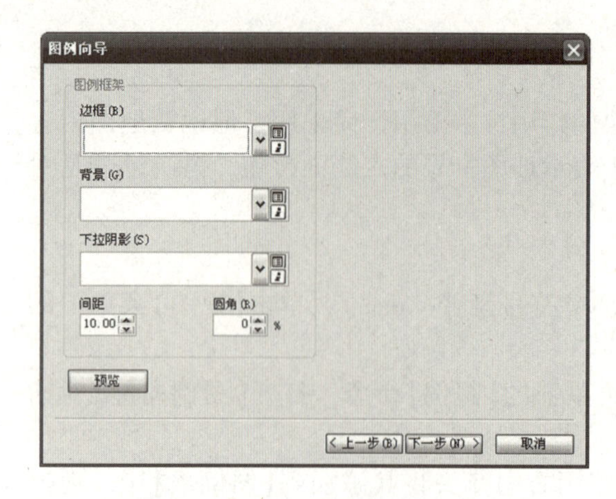

图 9-55　图例框架设置

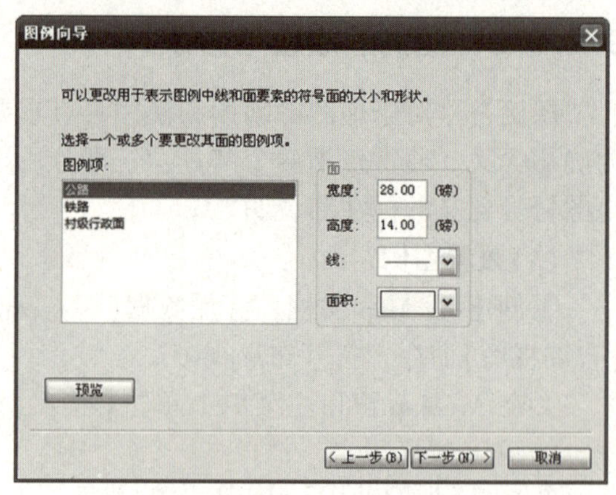

图 9-56　图例项设置

⑪单击刚刚放置的图例，并按住左键移动，将其拖放到合适的位置。如果对图例的图面效果不太满意，可以双击图例，打开【图例属性】对话框，进一步调整参数。

(2)图例内容修改

①双击图例，打开【图例属性】对话框，如图 9-58 所示。

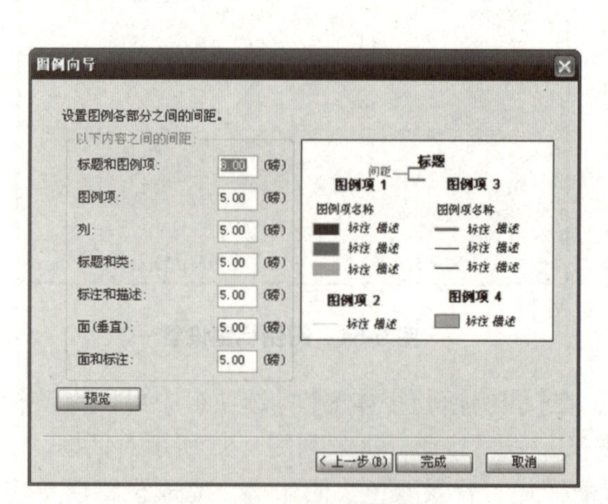

图 9-57　图例间距设置

图 9-58　【图例属性】对话框

②单击【项目】标签，进入【项目】选项卡，在【图例项】窗口选择图层，可以通过上下前头按钮调整显示顺序。

③单击【样式】按钮，可以打开【图例项选择器】对话框调整图例的符号类型，可以使不同数据层具有不同的图例符号，单击【确定】按钮，关闭【图例项选择器】对话框，返回【图例属性】对话框。

④单击选择【置于新列中】选项，在【列】微调框中输入图例列数：2。

⑤在【地图连接】选项组中，设置图例与数据层的相关关系。

⑥如果要删除图例中的数据层，单击左箭头按钮使其在【图例项】中消失。

⑦单击【确定】按钮，完成图例内容的选择设置。

9.2.3.3　比例尺的放置与修改

在 ArcMap 系统中，比例尺有数字比例尺和图形比例尺两种。数字比例尺能够非常精确地表达地图要素与所代表的地物之间的定量关系，但不够直观，而且随着地图的变形与缩放，数字比例尺标注的数字是无法相应变化的，无法直接用于地图的量测；而图形比例尺虽然不能精确地表达制图比例，但可以用于地图量测，而且随地图本身的变形与缩放一起变化。由于两种比例尺标注各有优缺点，所以在地图上往往同时放置两种比例尺。

(1)图形比例尺

①在 ArcMap 窗口主菜单上单击【插入】下拉菜单下的【比例尺】命令，打开【比例尺选择器】对话框，如图 9-59 所示。

②在比例尺符号类型窗口选择比例尺类型：Alternating Scale Bar 1，单击【属性】按钮，打开【比例尺】对话框，如图 9-60 所示。

③单击【比例和单位】标签，进入【比例和单位】选项卡。

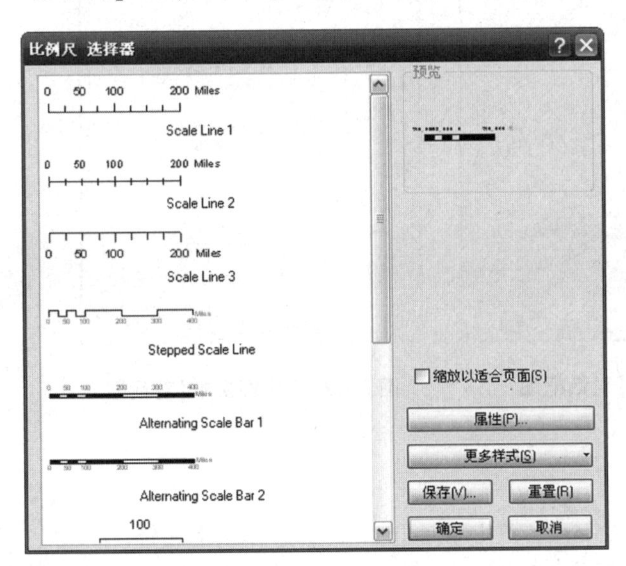

图 9-59　【比例尺选择器】对话框

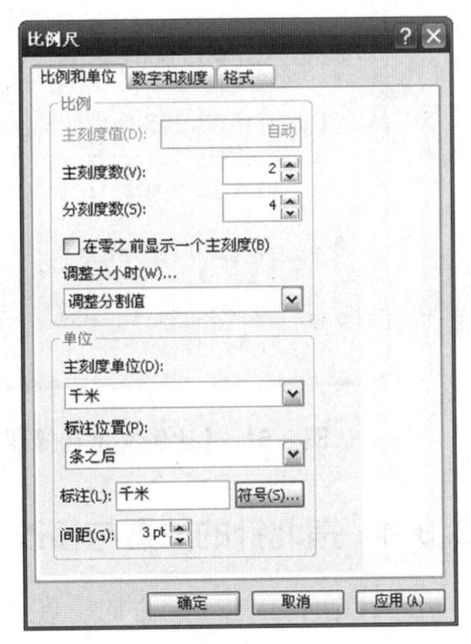

图 9-60　【比例尺】对话框

④在【主刻度数】数值框和【分刻度数】数值框中分别输入 2 和 4。

⑤在【调整大小时】下拉框中选择“调整分割值”。

⑥在【主刻度单位】下拉框中选择比例尺划分单位为“千米”。

⑦在【标注位置】下拉框中选择数值单位标注位置为“条之后”。

⑧在【间距】微调框中设置标注与比例尺图形之间距离为“3pt”。

⑨单击【确定】按钮，关闭【比例尺】对话框，完成比例尺设置。

⑩单击【确定】按钮，关闭【比例尺选择器】对话框，初步完成比例尺放置。

⑪任意移动比例尺图形到合适的位置。另外，可以双击比例尺矩形框，打开相应的图形比例尺属性对话框，修改图形比例尺的相关参数。

(2)数字比例尺

①在 ArcMap 窗口主菜单上单击【插入】菜单下的【比例文本】命令，打开【比例文本选择器】对话框，如图 9-61 所示。

②在系统所提供的数字比例尺类型中选择一种。

③如果需要进一步设置参数，单击【属性】按钮，打开【比例文本】对话框，如图 9-62 所示。

④首先选择比例尺类型是【绝对】还是【相对】。如果是相对类型，还需要确定【页面单位】和【地图单位】。

⑤单击【确定】按钮，关闭【比例文本】对话框，完成比例尺参数设置。

⑥单击【确定】按钮，关闭【比例文本选择器】对话框，完成数字比例尺设置。

⑦移动数字比例尺到合适的位置，调整数字比例尺大小直到满意为止。

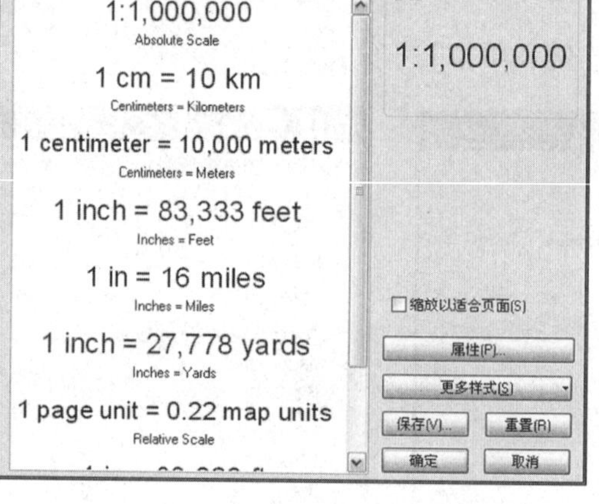
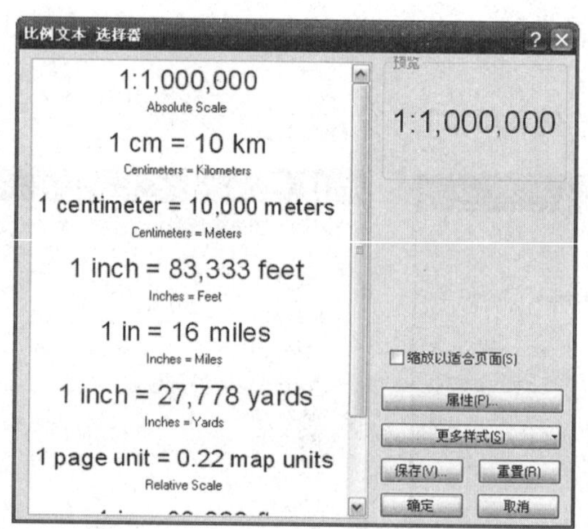

图 9-61 【比例文本选择器】对话框图

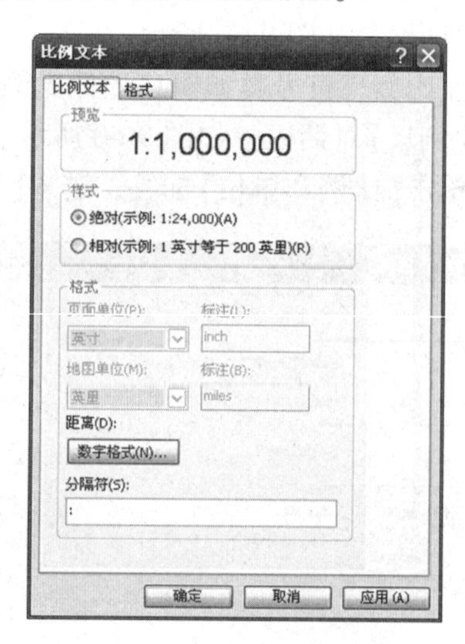

图 9-62 【比例文本】对话框

9.2.3.4 指北针的放置与修改

指北针指示了地图的方向，在 ArcMap 系统中可通过以下步骤添加指北针。

①在 ArcMap 窗口主菜单上单击【插入】菜单下的【指北针】命令，打开【指北针选择器】对话框，如图 9-63 所示。

②在系统所提供的指北针类型中选择一种。本例选择 ESRI North 3。

③如果需要进一步设置参数，单击【属性】按钮，打开【指北针】对话框，如图 9-64 所示。

④在【常规】区域中，确定指北针的大小为“72”；确定指北针的颜色为“黑色”；确定指北针的旋转角度为“0”。

⑤单击【确定】按钮，关闭指北针对话框。

⑥单击【确定】按钮，关闭【指北针选择器】对话框，完成指北针放置。

⑦移动指北针到合适的位置，调整指北针大小直到满意为止。

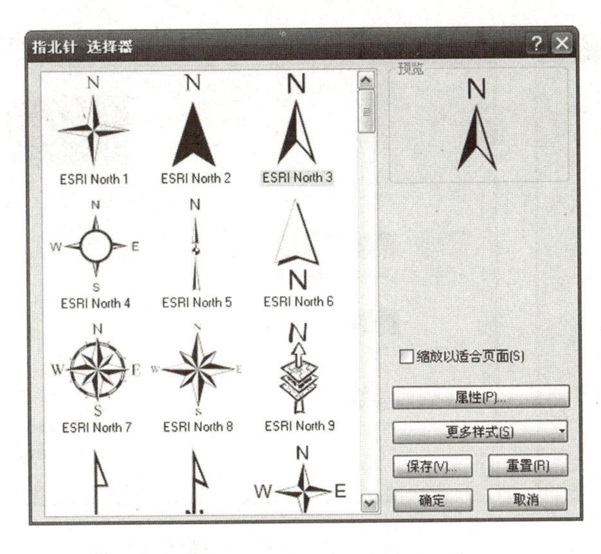

图 9-63 【指北针选择器】对话框

图 9-64 【指北针】对话框

9.2.3.5 图框与底色设置

ArcMap 输出地图也可以由一个或多个数据组构成。如果输出地图只含有一个数据组，则所设置的图框与底色就是整幅图的图框与底色。如果输出地图中包含若干数据组，则需要逐个设置，每个数据组可以有不同的图框与底色。

①在需要设置图框的数据组上右键打开快捷菜单，单击【属性】选项，打开【数据框属性】对话框，如图 9-65 所示。

②单击【框架】标签，进入【框架】选项卡。

③调整图框的形式，在【边框】选项组单击【样式选择器】按钮，打开【边框选择器】对话框，如图 9-66 所示。

④选择所需要的图框类型。如果在现有的图框样式中没有找到合适的，可以单击【属性】按钮，改变图框的颜色和双线间距，也可以单击【更多样式】获得更多的样式以供选择。

⑤单击【确定】按钮，返回【数据框属性】对话框，继续底色的设置。在【背景】下拉列表中选择需要的底色，若没有选择到合适的底色，单击【背景】选项组中的【样式选择器】按钮，打开【背景选择器】对话框，如图 9-67 所示。

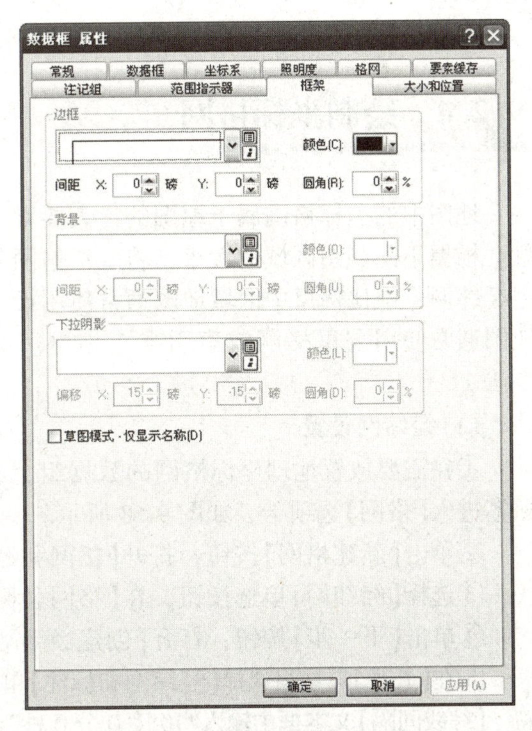

图 9-65 【数据框属性】对话框图

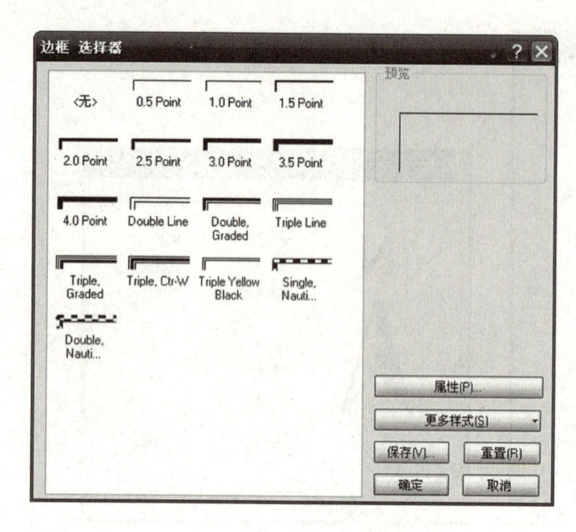

图 9-66 【边框选择器】对话框

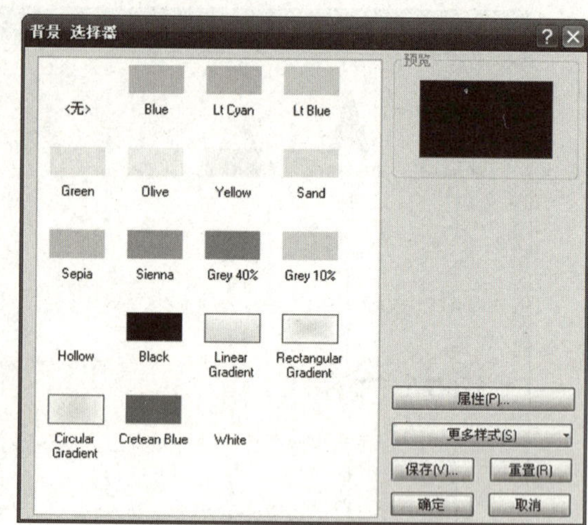

图 9-67 【背景选择器】对话框

⑥如果在【背景选择器】中选择不到合适的底色，可以单击【更多样式】按钮，获取更多样式。

⑦在【下拉阴影】选项组中调整数组阴影，在下拉框中选择所需要的阴影颜色，方法与调整底色类似。

⑧单击【大小和位置】标签，进入【大小和位置】选项卡。可以对数据框的大小和位置进行设置。

⑨单击【确定】按钮，完成图框和底色的设置。

9.2.4 绘制坐标格网

地图中的坐标格网属于地图的三大要素之一，用以反映地图的坐标系统或地图投影信息。根据不同制图区域的大小，将坐标格网分为 3 种类型：小比例尺大区域的地图通常使用经纬网；中比例尺中区域地图通常使用投影坐标格网，又称公里格网；大比例尺小区域地图通常使用公里格网或索引参考格网。下面以创建经纬网和方里网格为例介绍创建方法。

(1)经纬网设置

①在需要放置地理坐标格网的数据组上右键打开【数据框属性】对话框，单击【格网】标签进入【格网】选项卡，如图 9-68 所示。

②单击【新建格网】按钮，打开【格网和经纬网向导】对话框，如图 9-69 所示。

③选择【经纬网】单选按钮。在【格网名称】文本框中输入坐标格网的名称。

④单击【下一步】按钮，打开【创建经纬网】对话框，如图 9-70 所示。

⑤在【外观】选项组选择【经纬网和标注】单选按钮。在【间隔】选项组输入经纬线格网的间隔，【纬线间隔】文本框中输入“10 度 0 分 0 秒”；【经线间隔】文本框中输入“10 度 0 分 0 秒”。

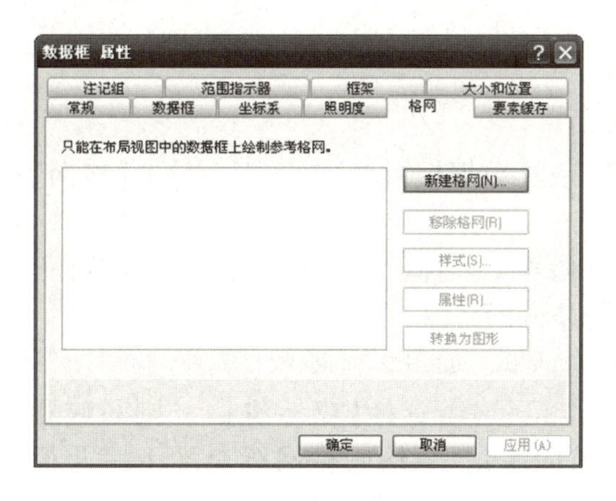

图 9-68 【数据框属性(格网)】对话框

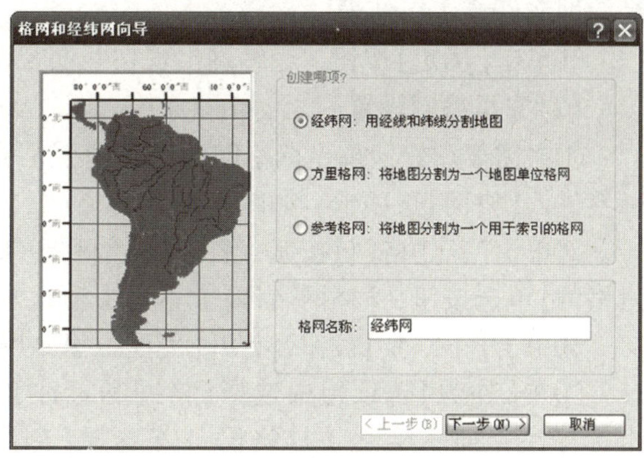

图 9-69 【格网和经纬网向导】对话框

⑥单击【下一步】按钮，打开【轴和标注】对话框，如图 9-71 所示。

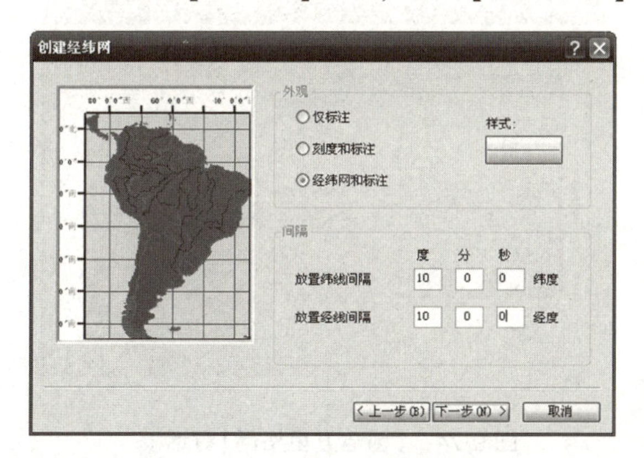

图 9-70 【创建经纬网】对话框

图 9-71 【轴和标注】对话框

⑦在【轴】选项组，选中【长轴主刻度】和【短轴主刻度】复选框。单击【长轴主刻度】和【短轴主刻度】后面的【线样式】按钮，设置标注线符号。在【每个长轴主刻度的刻度数】数值框中输入主要格网细分数为“5”。单击【标注】选项组中【文本样式】按钮，设置坐标标注字体参数。

⑧单击【下一步】按钮，打开【创建经纬网】对话框，如图 9-72 所示。

⑨在【经纬网边框】选项组中选择【在经纬网边缘放置简单边框】单选按钮；在【内图廓线】选项组中选中【在格网外部放置边框】复选框；在【经纬网属性】选项组中选择【储存为随数据框变化而更新的固定格网】单选按钮。

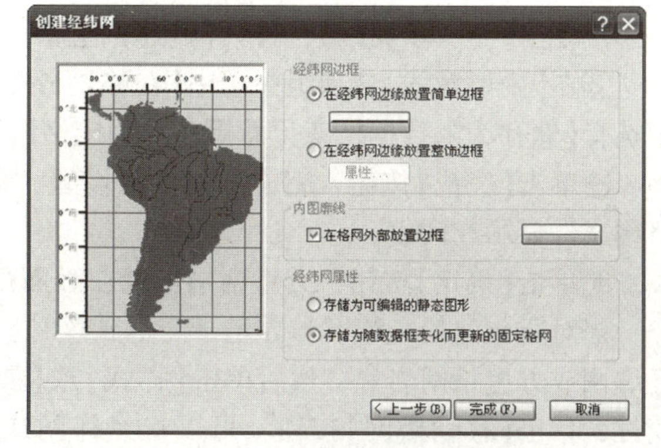

图 9-72 【创建经纬网】对话框

⑩单击【完成】按钮，完成经纬网的设置，返回【数据框属性】对话框，所建立的

经纬网文件显示在列表。

⑪单击【确定】按钮，经纬网出现在版面视图。

(2)方里格网设置

①在需要放置地理坐标格网的数据组上右键打开【数据框属性】对话框，单击【格网】标签进入【格网】选项卡，如图9-68所示。

②单击【新建格网】按钮，打开【格网和经纬网向导】对话框，如图9-73所示。选择【方里格网】单选按钮在【格网名称】文本框中输入坐标格网的名称。

③单击【下一步】按钮，打开【创建方里格网】对话框，如图9-74所示。

④在【外观】选项组中选择【格网和标注】单选按钮(若选择【仅标注】)，则只放置坐标标注，而不绘制坐标格网；若选择【刻度和标注】，只绘制格网线交叉十字及标注)；在【间隔】选项组中的【X 轴】和【Y 轴】文本框中输入公里格网的间隔都为“5000”。

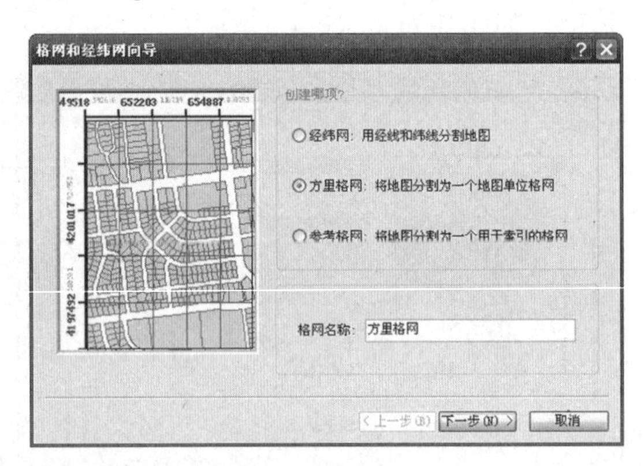

图9-73 【格网和经纬网向导】对话框

图9-74 【创建方里格网】对话框

⑤单击【下一步】按钮，打开【轴和标注】对话框，如图9-75所示。

⑥在【轴】选项组中选中【长轴主刻度】和【短轴主刻度】复选框；单击【长轴主刻度】和【短轴主刻度】后面的【线样式】按钮，设置标注线符号。在【每个长轴主刻度的刻度数】数值框中输入主要格网细分数为“5”；单击【标注】选项组中【文本样式】按钮，设置坐标标注字体参数。

⑦单击【下一步】按钮，打开【创建方里格网】对话框，如图9-76所示。

⑧在【内图廓线】选项组中选中【在格网外部放置边框】复选框；在【格网属性】选项组中选择【储存为随数据框变化而更新的固定格网】单选按钮。

⑨单击【完成】按钮，完成方里格网设置，返回【数据框属性】对话框，所建立的方里格网文件显示在列表。

⑩单击【确定】按钮，方里格网出现在版面视图。

当对所创建的经纬网和方里格网不满意时，可在【数据框属性】对话框中单击列表中的经纬网或方里格网名称，然后单击【样式】或【属性】按钮，修改经纬网或方里格网的相关属性；单击【移除格网】按钮，可以将经纬网或方里格网移除；单击【转换为图形】按钮，可将经纬网或方里格网转换为图形元素。

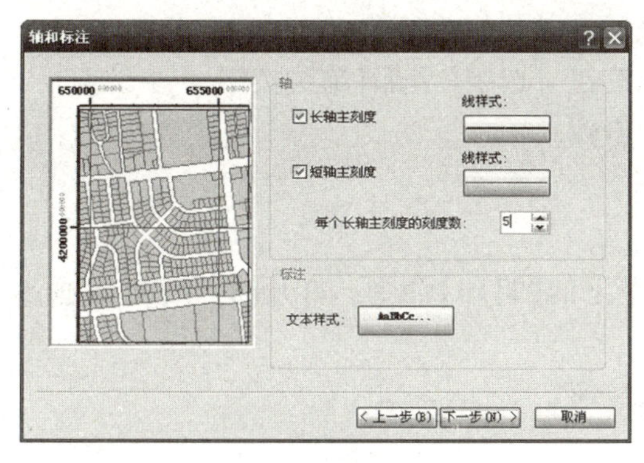

图 9-75 【轴和标注】对话框

图 9-76 【创建方里格网】对话框

9.2.5 地图输出

编制好的地图通常按两种方式输出：一种是借助打印机或绘图机打印输出；另一种是转换成通用格式的栅格图形，以便于在多种系统中应用。对于打印输出，关键是要选择设置与编制地图相对应的打印机或绘图机；而对于格式转换输出数字地图，关键是设置好满足需要的栅格采样分辨率。

9.2.5.1 地图打印输出

打印输出首先需要设置打印机或者绘图机及其纸张尺寸，然后进行打印预览，通过打印预览就可以发现是否对以完全按照地图纸制过程中所设置的那样，打印输出地图。如果要打印的地图小于打印机或绘图机的页面大小，则可以直接打印或选择更小的页面打印；如果打印的地图大于打印机或绘图机的页面大小，则可以采用分幅打印或者强制打印。

(1)地图分幅打印

①在 ArcMap 窗口主菜单上单击【文件】菜单下的【打印】命令，打开【打印】对话框，如图 9-77所示。

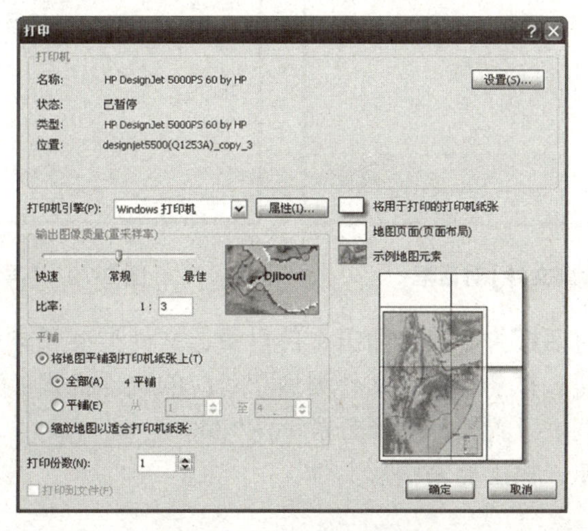

图 9-77 【打印】对话框

②单击【设置】按钮，设置打印机或绘图仪型号以及相关参数。

③单击【将地图平铺到打印机纸张上】单选按钮，选中【全部】单选按钮。

④根据需要在【打印份数】微调框输入打印份数。

⑤单击【确定】按钮，提交打印机打印。

(2)地图强制打印

①在 ArcMap 窗口主菜单上单击【文件】菜单下的【打印】命令，打开【打印】对话框，如图 9-77 所示。

②单击【缩放地图以适合打印机纸张】单选按钮。

③选中【打印到文件】复选框。

④单击【确定】按钮，执行上述打印设置，打开【打印到文件】对话框，如图 9-78 所示。

⑤确定打印文件目录与文件名。

⑥单击【保存】按钮，生成打印文件。

9.2.5.2　地图转换输出

ArcMap 地图文档是 ArcGIS 系统的文件格式，不能脱离 ArcMap 环境来运行，但是 ArcMap 提供了多种输出文件格式，诸如 EMF、BMP、EPS、PDF、JPG、TIF 以及 ArcPress 格式，转换以后的栅格或者矢量地图文件就可以在很多其他环境中应用了。

①在 ArcMap 窗口主菜单上单击【文件】菜单下的【导出地图】命令，打开【导出地图】对话框，如图 9-79 所示。

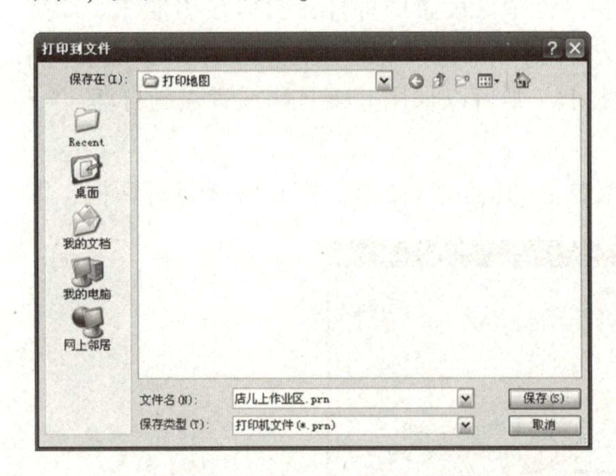

图 9-78　【打印到文件】对话框

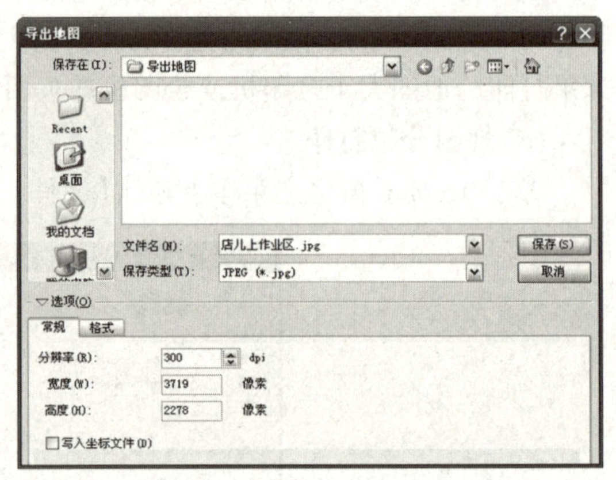

图 9-79　【导出地图】对话框

②在【导出地图】对话框中，确定输出文件目录、文件类型和文件名称。

③单击【选项】按钮，打开与保存文件类型相对应的文件格式参数设置对话框。

④在【分辨率】微调框设置输出图形分辨率为“300”。

⑤单击【保存】按钮，输出栅格图形文件。

任务实施

林地利用现状图的制作

一、目的要求

通过页面和打印设置、地图整饰、图框设置、绘制方里格网等操作，使学生熟练掌握林业专题图的制作方法。

二、数据准备

高程点、林场界、县界、道路、等高线、店儿上作业区小班等矢量数据。

三、操作步骤

（1）打开“店儿上作业区 . mxd”

启动 ArcMap，打开地图文档(...\ prj09 \ 任务实施 9-1 \ result)，如图 9-80 所示。

（2）固定比例尺

①在 ArcMap 窗口主菜单上单击【视图】菜单下的【数据框属性】按钮，打开【数据框属性】对话框；单击【数据框】标签进入【数据框】选项卡，如图 9-81 所示。

②按图 9-81 设置对话框参数；单击【确定】按钮，完成比例尺固定操作。

（3）页面和打印设置

①在 ArcMap 窗口主菜单中单击【文件】菜单下的【页面和打印设置】命令，打开【页面和打印设置】对话框，如图 9-82 所示。

②在【页面和打印设置】对话框中，选择“HP DesignJet 5000PS 60 by HP”打印机；通过【属性】设置纸张大小为“700mm×1200mm”，在【大小】下拉列表中选择打印机设置好的纸张尺寸；去掉【使用打印机纸张设置】选项前面的“√”，在【宽度】中输入数值“60”，【高度】中输入数值“90”，单位为“厘米”；【方向】选择为“纵向”。

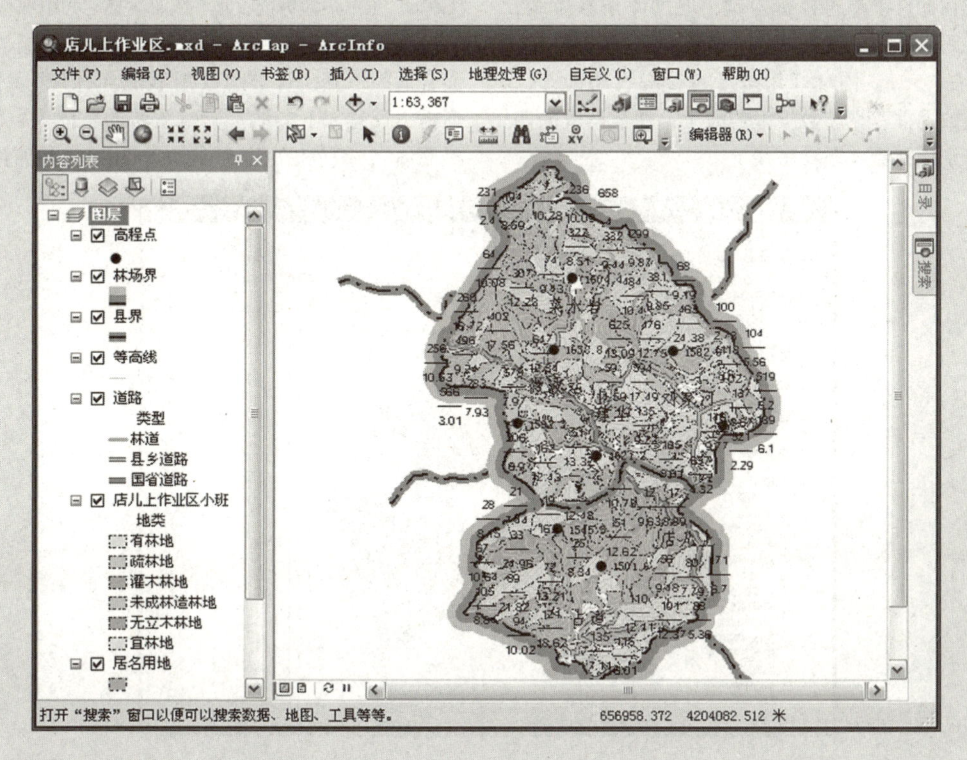

图 9-80　地图文档窗口

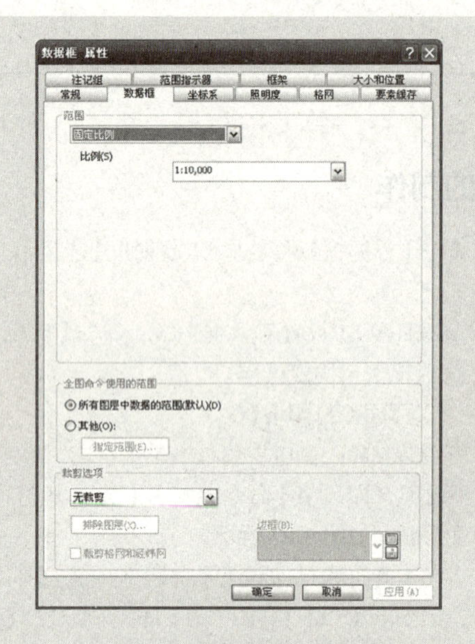

图 9-81　【数据框属性】对话框

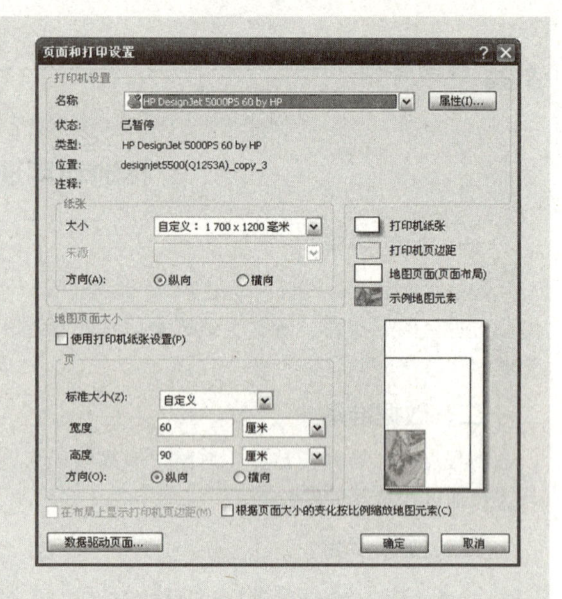

图 9-82　【页面和打印设置】对话框

③单击【确定】按钮，完成页面设置。

（4）页边距设置

①单击【视图】菜单下的【布局视图】命令，进入布局视图，如图 9-83 所示。

②在标尺上单击鼠标左键，增加 4 条参考线，参考线距离纸张边缘距离上：5cm；下：8cm；左：5cm；右：5cm。同时打开捕捉到参考线功能；选中当前数据框，调整数据框的大小，使数据框的四条边分别捕捉到 4 条参考线上。

（5）地图整饰

①放置图名，具体操作如下。

• 在 ArcMap 窗口主菜单上单击【插入】→【标题】命令；在打开的【插入标题】对话框的文本框中输入地图标题"东山实验林场店儿上作业区林地利用现状图"。

• 单击【确定】按钮，将图名矩形框拖放到图面合适的位置；双击图名矩形框，打开【属性】对话框，设置如下参数：调整图名的字体为"方正行楷简体"；颜色为"黑色"；大小为"70"并加粗。

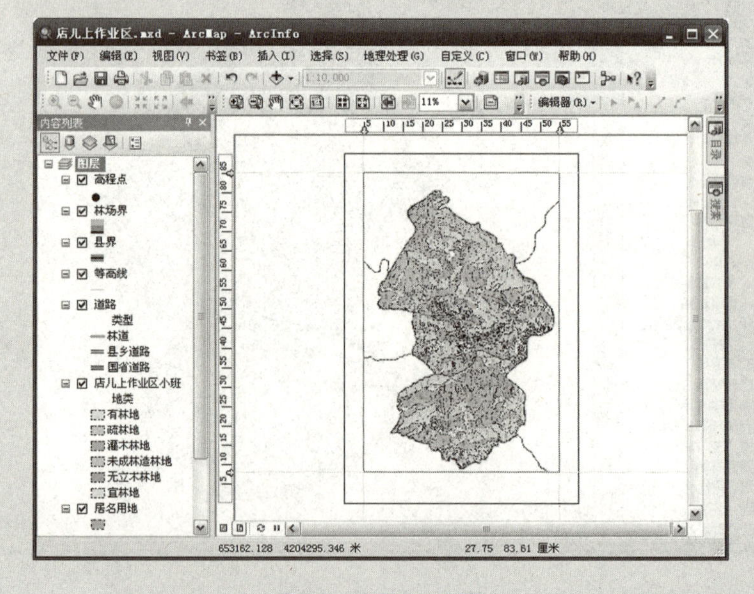

图 9-83　页边距设置

②放置图例，具体操作如下。

• 在 ArcMap 窗口主菜单上单击【插入】菜单下的【图例】命令，在打开【图例向导】对话框中选择【地图图层】列表框中的所有数据层，使用右向箭头将其添加到【图例项】中。通过向上、向下方向箭头调整图层顺序；【设置图例中的列数】为“1”；在【图例框架】选项组中更改图例的边框样式为“0.5point”。

• 单击【完成】按钮，关闭对话框；单击刚刚放置的图例，通过拖拉直接调整图例矩形框的大小，然后将其拖放到合适的位置。

③放置数字比例尺，具体操作如下。

• 在 ArcMap 窗口主菜单上单击【插入】菜单下的【比例文本】命令，在打开【比例文本选择器】对话框中选择“Absolute Scale”数字比例尺类型。

• 单击【属性】按钮，打开【比例文本】对话框，选择比例尺类型为“绝对”，字体大小设置为“17”，同时设置加粗字体并加下划线。

• 单击两次【确定】按钮，完成数字比例尺设置；移动数字比例尺到合适的位置。

④放置指北针，具体操作如下。

• 在 ArcMap 窗口主菜单上单击【插入】菜单下的【指北针】命令，在打开【指北针选择器】对话框中选择“ESRI North 3”指北针类型。

• 单击【属性】按钮，打开【指北针】对话框，大小设置为“140”；颜色设置为“黑色”；旋转角度设置为“0”。

• 单击两次【确定】按钮，完成指北针放置；移动指北针到合适的位置。

⑤放置编制单位、时间，具体操作如下。

• 在 ArcMap 窗口主菜单上单击【插入】→【文本】命令；在弹出的文本框中输入“山西林业职业技术学院 2014 年 3 月编制”，单击 Enter 键，完成文本录入。

• 双击该文本框，打开【属性】对话框，字体设置为“宋体”，颜色设置为“黑色”；大小设置为“18”并加粗；然后将该文本框拖放到图面合适的位置。

（6）图框设置

①在数据组上右键打开快捷菜单，单击【属性】选项，打开【数据框属性】对话框；单击【框架】标签，进入【框架】选项卡，在【边框】选项组单击【样式选择器】按钮，打开【边框选择器】对话框，选择“2.5point”边框类型。

②单击两次【确定】按钮，完成图框和底色的设置。

（7）绘制方里格网

①在【数据框属性】对话框，单击【格网】标签进入【格网】选项卡；单击【新建格网】按钮，打开【格网和经纬网向导】对话框，选择【方里格网】单选按钮；单击【下一步】按钮，打开【创建方里格网】对话框。

②在【创建方里格网】对话框中选择【仅标注】单选按钮；【X 轴】和【Y 轴】文本框中输入公里格网的间隔都为“1000”。

③在【轴和标注】对话框中，选中【长轴主刻度】复选框，单击【文本样式】按钮，设置坐标标注字体大小为“10”。

④在【创建方里格网】对话框中，选中【在格网外部放置边框】复选框，单击【线样式】按钮，设置标注线符号颜色为“黑色”，宽度为“2”，选择【储存为随数据框变化而更新的固定格网】单选按钮。

⑤单击【完成】按钮，完成方里格网设置。

⑥单击刚刚创建的方里格网，然后单击【属性】按钮，打开【参考系统属性】对话框，单击【标注】标签进入【标注】选项卡，单击【其他属性】→【数字格式】按钮，打开【数字格式属性】对话框，在【取整】选项组中选择【有效数字位数】，并在数值框中输入数值为“6”。

⑦单击【确定】按钮，完成方里格网标注有效数字位数的修改。

（8）保存、导出地图

①在【文件】菜单下点击【另存为】命令，在弹出菜单中指定输出位置(...\ prj09 \ 任务实施 9-2 \ result)和文件名(店儿上作业区版面设置)，单击【确定】按钮，所有制图版面设置都将保存在该地图文档中。

②单击【文件】菜单下的【导出地图】命令，在打开的【导出地图】对话框中，设置【保存类型】为“JPEG”，【文件名称】为“店儿上作业区林地利用现状图”，【保存在】为“E：\ prj09 \ 任务实施 9-2 \ result”。

③单击【选项】按钮，在文件格式参数设置对话框中设置输出图形分辨率为“300”；单击【保存】按钮，输出栅格图形文件，结果如图 9-84 所示。

图 9-84　林地利用现状图

成果提交

作出书面报告，包括任务实施过程和结果以及心得体会，具体内容如下。

1. 简述林业专题图制作的任务实施过程，并附上每一步的结果影像。
2. 回顾任务实施过程中的心得体会，遇到的问题及解决方法。

拓展知识

《林业地图图式》(LY/T 1821—2009)

一、	林相色标					
	树　种	龄　组				色值
		幼龄林	中龄林	近熟林	成过熟林	
1	红松、樟子松、云南松、高山松、油松、马尾松、华山松及其他松属树种					C10Y10 C25Y25 C60Y60 C100Y100
2	落叶松、杉木、柳杉、水杉、油杉、池杉					C5Y10 C20Y35 C45Y75 C70Y100K5
3	云杉(红皮臭、鱼鳞松、沙松)、冷杉(白松、杉松、臭松)、铁杉、柏属					M8 M30 M65 M95K10
4	樟、楠、檫木、桉及其他常绿阔叶树					C3Y20 C10Y45 C20Y80 C40Y100M5
5	水曲柳、胡桃楸、黄波罗、栎类、榆、桦、其他硬阔叶树					C8M5 C30M20 C60M50 C85M80
6	白桦、杨、柳、椴类、泡桐及其他软阔叶树					C10 C30 C60 C90K10
7	经济林各树种	产前期	初产期	盛产期	衰产期	色值
						M10Y10 M25Y20 M55Y40 M80870
8	竹类	幼龄竹	壮龄竹	老龄竹		色值
						M8Y35 M30Y60 M55Y95
9	红树林					C25M45

（续）

二、	林种色标		
	林种	颜色样式	色值
1	防护林		C15Y20
2	特殊用途林		C5M20
3	用材林		C10Y35K3
4	薪炭林		M10Y30
5	经济林		M35Y25
三、	地类色标		
	林地	颜色样式	色值
1	有林地 a. 乔木 b. 红树林 c. 竹林		C30Y45 C25M45 M30Y60
2	疏林地		C20Y60
3	灌木林地		C20M25
4	未成林造林地		C10Y35M15
5	苗圃地		C55Y80
6	无立木林地		M35Y20
7	宜林地		Y40K5

项目10 林业空间数据空间分析

空间分析是地理信息系统的核心功能，有无空间分析功能是 GIS 与其他系统相区别的标志。通过本项目“矢量数据空间分析”“栅格数据空间分析”和“ArcScene 三维可视化”3个任务的学习和训练，要求同学们能够熟练掌握最基本的空间数据分析方法以及二维数据的三维显示方法和三维动画的制作。

知识目标

1. 掌握矢量数据的缓冲区分析、叠加分析等空间分析基本操作和用途。
2. 掌握栅格数据的表面分析、邻域分析、重分类、栅格计算等空间分析基本操作和用途。
3. 掌握二维数据的三维显示方法及制作三维动画的基本操作。

技能目标

1. 能熟练运用缓冲区向导或工具建立缓冲区。
2. 能熟练对矢量数据进行各种叠加分析。
3. 能熟练运用表面分析提取栅格数据中的空间信息。
4. 能熟练通过叠加栅格表面三维显示影像数据。
5. 能熟练制作三维动画。
6. 能选择合适的空间分析工具解决复杂的实际问题。

任务 10. 1 矢量数据的空间分析

任务描述

矢量数据的空间分析是 GIS 空间分析的主要内容之一。由于其一定的复杂性和多样性特点，一般不存在模式化的分析处理方法，主要基于点、线、面 3 种基本形式。在 ArcGIS 中，矢量数据的空间分析方法主要有缓冲区分析和叠加分析等。本任务将从这两个分析入手，学习矢量数据的空间分析。

任务目标

能够熟练运用ArcMap对矢量数据进行缓冲区分析和叠加分析，解决实际问题。

知识准备

10.1.1 缓冲区分析

缓冲区分析是对一组或一类地图要素(点、线或面)按设定的距离条件，围绕这组要素而形成具有一定范围的多边形实体，从而实现数据在二维空间扩展的信息分析方法。点、线、面向量实体的缓冲区表示该向量实体某种属性的影响范围，是地理信息系统重要的和基本的空间操作功能之一。

缓冲区的建立有两种方法：一种是用缓冲区向导建立；另一种是用缓冲区工具建立。点、线、面要素的缓冲区建立过程基本一致。

10.1.1.1 用缓冲区向导建立缓冲区

(1)添加缓冲区向导工具

①在ArcMap窗口菜单栏，单击【自定义】→【自定义模式】命令，打开【自定义】对话框。

②切换到【命令】选项卡，在【类别】列表框中选择【工具】，然后再【命令】列表框中选择【缓冲向导】，将其拖动到工具栏中。

(2)创建缓冲区

①单击工具栏上的【添加数据】按钮，添加数据位于“...\ prj10 \ 缓冲区分析 \ data”。

②单击工具栏中的【缓冲向导】工具，打开【缓冲向导】对话框，如图10-1所示。

③单击【图层中的要素】，在下拉列表框中选择建立缓冲区的图层。如果该图层中有选中要素并仅对选中要素进行缓冲区分析，则选中【仅使用所选要素】复选框。单击【下一步】按钮，弹出【缓冲区类型】对话框，如图10-2所示。

④在【如何创建缓冲区】对话框中，提供了以下3种方式建立缓冲区。

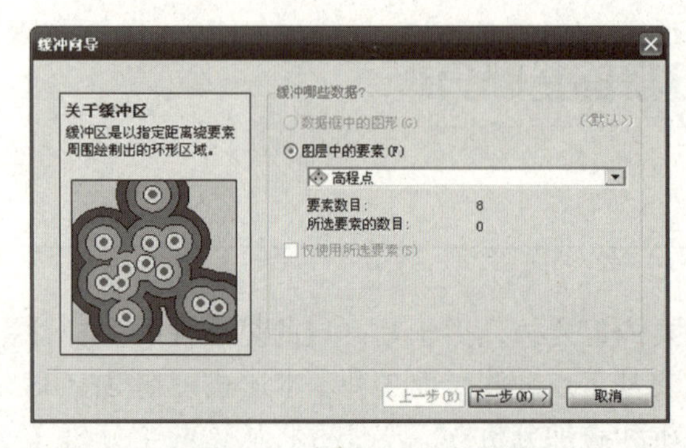

图10-1 【缓冲向导】对话框

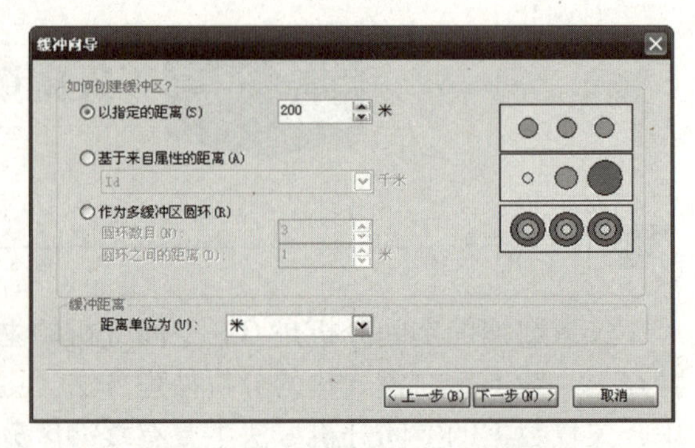

图10-2 【缓冲区类型】对话框

●【以指定的距离】是以一个给定的距离建立缓冲区(普通缓冲区)。

●【基于来自属性的距离】是以分析对象的属性值作为权值建立缓冲区(属性权值缓冲区)。

●【作为多缓冲区圆环】是建立一个给定环个数和间距的分级缓冲区(分级缓冲区)。

这里我们选择第一种(普通缓冲区)方法，指定缓冲距离为 200 m，完成缓冲区类型和距离设置。单击【下一步】按钮，如图 10-3 所示。

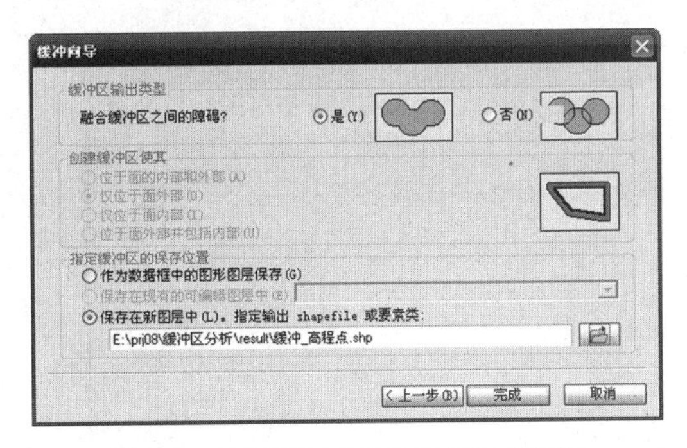

图 10-3 【缓冲区存放选择】对话框

⑤在【缓冲区输出类型】中，选择是否将相交的缓冲区融合在一起；如果使用的是面状要素，那么在【创建缓冲区使其】中对多边形进行内缓冲和外缓冲的选择；在【指定缓冲区的保存位置】中选择第 3 种生成结果档的方法。

⑥单击【完成】按钮，完成使用缓冲区向导建立缓冲区的操作，结果如图 10-4 所示。

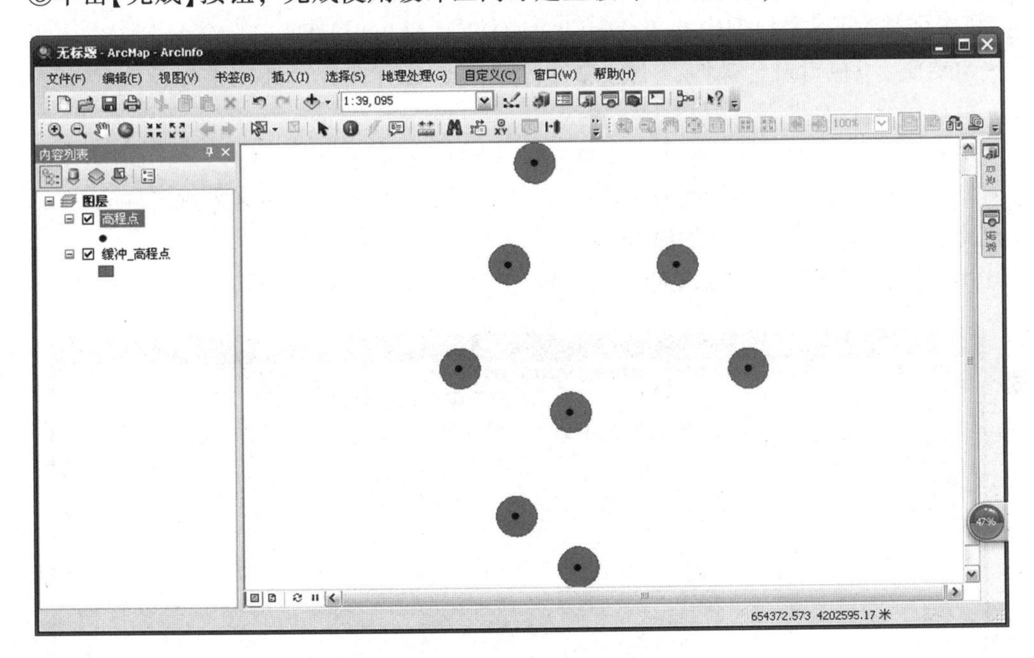

图 10-4 缓冲区分析结果

10.1.1.2 使用缓冲区工具建立缓冲区

①在 ArcMap 窗口菜单栏，单击【地理数据】→【缓冲区】命令，打开【缓冲区】对话框，如图 10-5 所示。

②在【缓冲区】对话框中，单击【添加图层】按钮，添加【输入要素】数据(...\ prj10 \ 缓冲区分析 \ data)。

③在【输出要素类】中指定输出要素类的保存路径和名称。

图 10-5 【缓冲区】对话框

④在【距离】中，选择【线性单位】按钮，输入值为“200”，单位为“米”。

⑤【侧类型】下拉列表中有 3 个选项：FULL、LEFT 和 RIGHT。

• FULL：在线的两侧建立多边形缓冲区，默认情况下为此值。

• LEFT：在线的拓扑左侧建立缓冲区。

• RIGHT：在线的拓扑右侧建立缓冲区。

⑥【末端类型】下拉列表中有两个选项：ROUND 和 FLAT。

• ROUND：端点处是半圆，默认情况下为此值。

• FLAT：在线末端创建矩形缓冲区，此矩形短边的中点与线的端点重合。

⑦【融合类型】下拉列表中有 3 个选项：NONE、ALL 和 LIST。

• NONE：不执行融合操作，不管缓冲区之间是否有重合，都完整保留每个要素的缓冲区，默认情况下为此值。

• ALL：融合所有的缓冲区成一个要素，去除重合部分。

• LIST：根据给定的字段列表来进行融合，字段值相等的缓冲区才进行融合。

在此选择 ALL，融合所有的缓冲区。

⑧单击【确定】按钮，完成缓冲区分析操作，结果如图 10-6 所示。

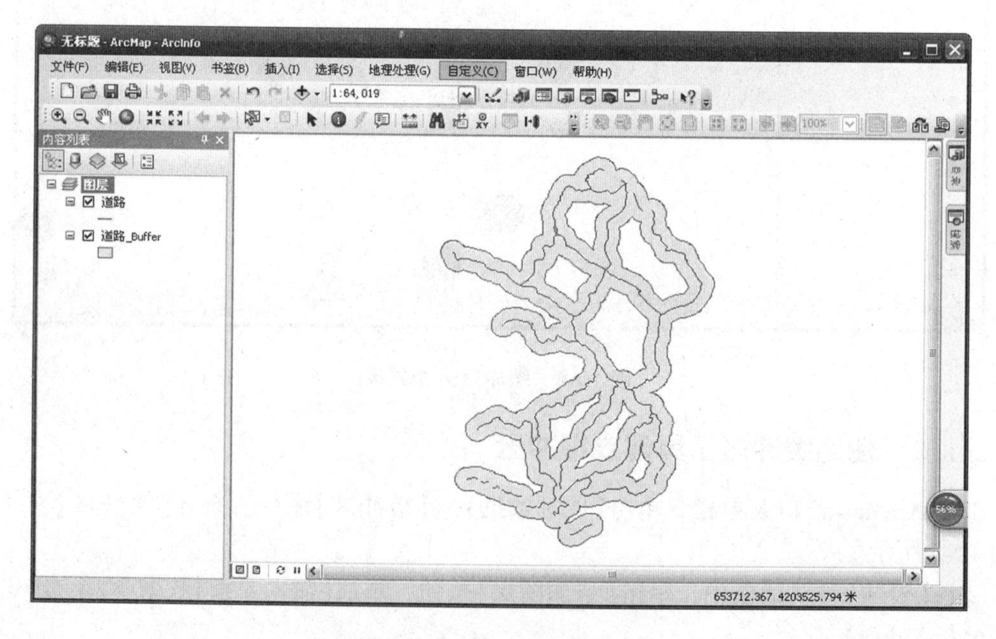

图 10-6　缓冲区分析结果

10.1.1.3　使用缓冲区工具建立多环缓冲区

在输入要素周围的指定距离内创建多个缓冲区。使用缓冲距离值可随意合并和融合这些缓冲区，以便创建非重叠缓冲区。制作林场界的时候可以使用该方法。

下面还是以实验林场的数据为例，建立林班的多环缓冲区，具体操作步骤如下。

①在 ArcToolbox 中双击【分析工具】→【邻域分析】→【多环缓冲区】，打开【多环缓冲区】对话框，如图 10-7 所示。

②在【多环缓冲区】对话框中，单击【添加图层】按钮，添加【输入要素】数据(...\ prj10 \ 缓冲区分析 \ data)。

③在【输出要素类】中指定输出要素类的保存路径和名称。

④在【距离】文本框中设置缓冲距离，输入距离后，单击【添加数据】按钮，将其添加到列表中，可多次输入缓冲距离，如 100、200。

⑤在【缓冲区单位】中选择单位为“Merers”。

⑥【融合选项】下拉列表中有两个选项：ALL 和 NONE。

• ALL：缓冲区将是输入要素周围不重叠的圆环，默认情况下为此值。

• NONE：缓冲区将是输入要素周围重叠的圆盘。

在此我们选择 ALL，缓冲区是不重叠的圆环。

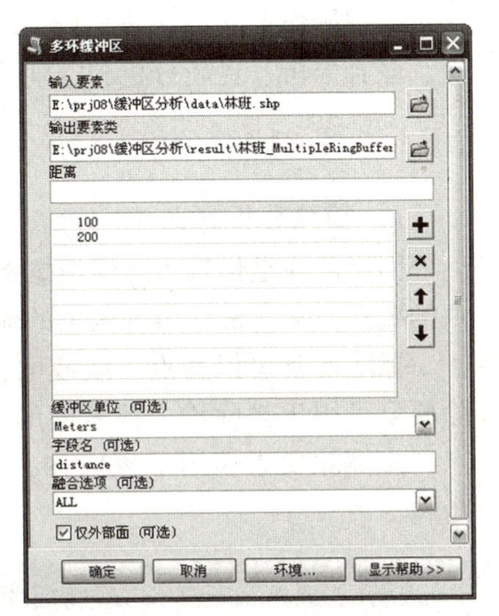

图 10-7　【多环缓冲区】对话框

⑦选中【仅在外部】复选框，缓冲区将是空心的，不包含输入多边形本身。如果不选中此参数，那么缓冲区将是实心的，包含输入多边形本身。

⑧单击【确定】按钮，完成多环缓冲区的建立，结果如图 10-8 所示。

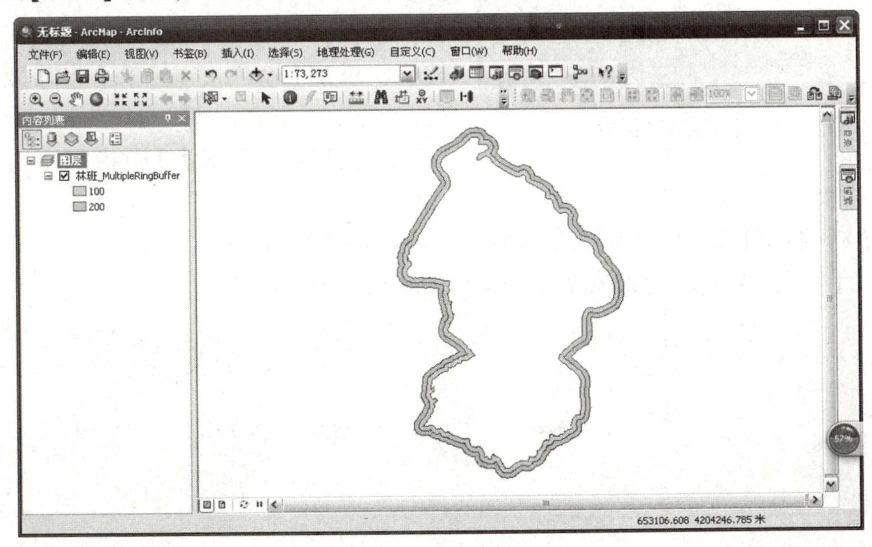

图 10-8　多环缓冲区分析结果

10.1.2　叠加分析概念

叠加分析是指在同统一的空间参考下，将两个或多个数据层进行叠加产生一个新的数据层的过程，其结果综合了原来两个或多个数据层所具有的属性，同时叠加分析不仅生成了新的空间关系，而且还产生了新的属性关系。叠加分析是地理信息系统中常用的用来提取空间隐含信息的方法之一。

根据操作形式的不同，叠加分析可以分为擦除分析、标识分析、相交分析、交集取反、联合分析、更新分析和空间连接等 7 类。

10.1.2.1　擦除分析

(1)擦除分析定义

图层擦除是指输入图层根据擦除图层的范围大小，将擦除参照图层所覆盖的输入图层内的要素去除，最后得到剩余的输入图层的结果。

擦除要素可以为点、线或面，只要输入要素的要素类型等级与之相同或较低。面擦除要素可用于擦除输入要素中的面、线或点；线擦除要素可用于擦除输入要素中的线或点；点擦除要素仅用于擦除输入要素中的点。下面以面与面的擦除分析为例介绍操作步骤。

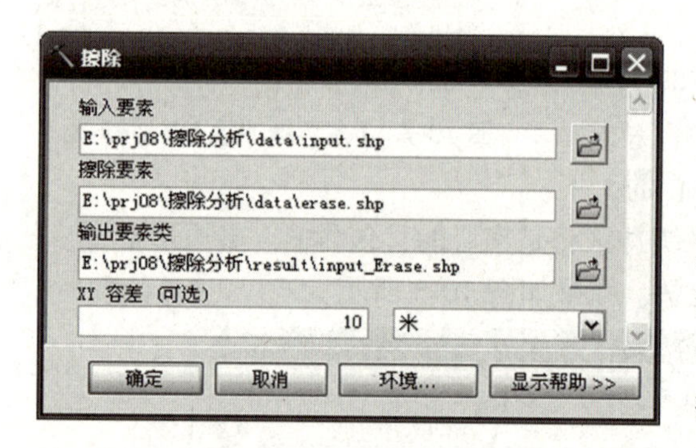

图 10-9　【擦除】对话框

(2)擦除分析操作步骤

①在 ArcMap 主界面中，单击【ArcToolbox 工具箱】按钮，打开 ArcToolbox 工具箱。

②在 ArcToolbox 中双击【分析工具】→【叠加分析】→【擦除】，打开【擦除】对话框，如图 10-9 所示。

③在【擦除】对话框中，点击【添加图层】按钮，添加【输入要素】和【擦除要素】数据(...\ prj10 \ 擦除分析 \ data)。

④在【输出要素类】中指定输出要素图层的保存位置和名称。

⑤在【XY 容差】文本框中输入容差值，并设置容差值的单位。

⑥单击【确定】按钮，完成擦除分析操作，结果如图 10-10 所示。

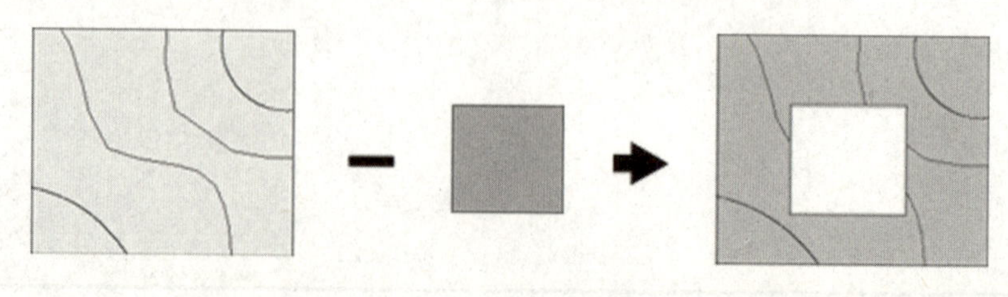

图 10-10　擦除分析结果

10.1.2.2 标识分析

(1)标识分析定义

标识分析是指计算输入要素和标识要素的几何交集，输入要素与标识要素的重叠部分将获得这些标识要素的属性。输入要素可以是点、线、面，但不能是注记要素、尺寸要素或网络要素。标识要素必须是面，或与输入要素的几何类型相同。

(2)标识分析操作步骤

标识分析主要有3种类型：面与面、线与面、点与面的标识分析，下面以面与面的标识分析为例介绍操作步骤。

①在ArcToolbox中双击【分析工具】→【叠加分析】→【标识】，打开【标识】对话框，如图10-11所示。

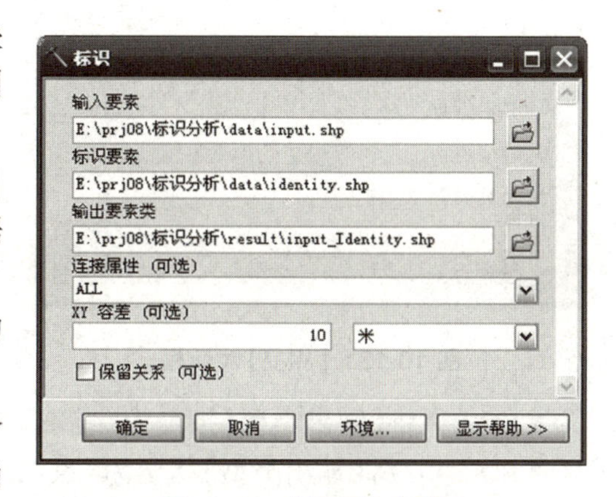

图10-11 【标识】对话框

②在【标识】对话框中，点击【添加图层】按钮，添加【输入要素】和【标识要素】数据(...\ prj10 \ 标识分析 \ data)。

③在【输出要素类】中，指定输出要素类的保存路径和名称。

④【连接属性(可选)】下拉列表中有3个选项：ALL、NO_FID、ONLY_FID，通过其确定输入要素的哪些属性将传递到输出要素类。

- ALL：输入要素的所有属性都将传递到输出要素类中。默认情况下为此值。
- NO_FID：除FID外，输入要素的其余属性都将传递到输出要素类中。
- ONLY_FID：只有输入要素的FID字段将传递到输出要素类中。

⑤在【XY容差】文本框中输入容差值，并设置容差值的单位。

⑥【保留关系】为可选项，它用来确定是否将输入要素和标识要素之间的附加关系写入输出要素中。仅当输入要素为线并且标识要素为面时，此选项才适用。

⑦单击【确定】按钮，完成标识分析操作，结果如图10-12所示。

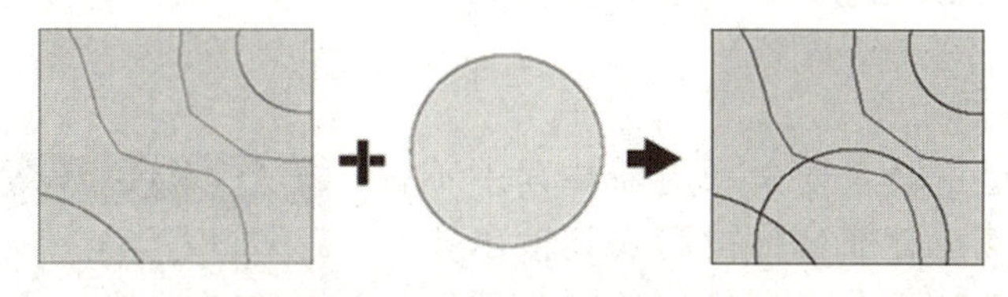

图10-12 标识分析结果

10.1.2.3 相交分析

(1)相交分析定义

相交分析是指计算输入要素的几何交集。由于点、线、面3种要素都有可能获得交集所以相交分析的情形可以分为7类：面与面，线与面，点与面，线与线，线与点，点与点，以及点、线面三者相交。

(2)相交分析操作步骤

下面以面与面的相交分析为例介绍操作步骤。

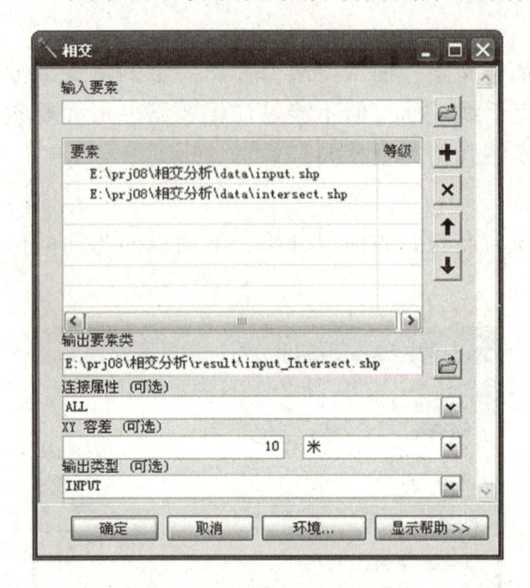

图 10-13　【相交】对话框

①在 ArcToolbox 中双击【分析工具】→【叠加分析】→【相交】，打开【相交】对话框，如图 10-13 所示。

②在【相交】对话框中，点击【添加图层】按钮，添加【输入要素】数据(...\ prj10 \ 相交分析 \ data)。

③在【输出要素类】中指定输出要素类的保存路径和名称。

④在【连接属性】下拉列表中选择“ALL”。

⑤在【XY 容差】文本框中输入容差值，并设置容差值的单位。

⑥【输出类型】下拉框中有 3 个选项：INPUT、LINE、POINT。

- INPUT：将【输出类型】保留为默认值，可生成叠置区域。
- LINE：将【输出类型】指定为“线”，生成结果为线。
- POINT：将【输出类型】指定为“点”，生成结果为点。

⑦单击【确定】按钮，完成相交分析操作，结果如图 10-14 所示。

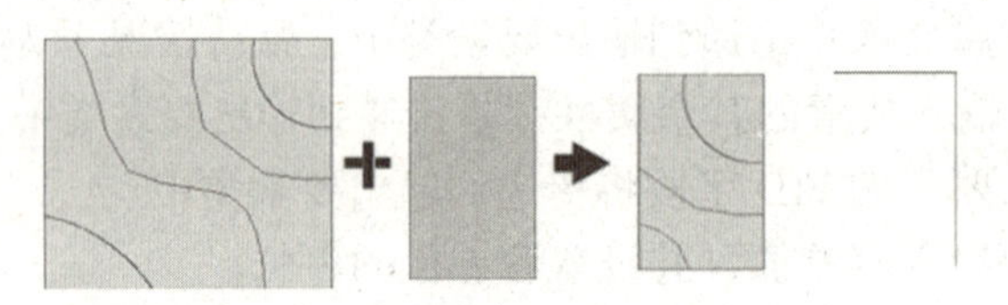

图 10-14　相交分析结果

10.1.2.4　交集取反分析

(1)交集取反分析定义

交集取反分析是指输入要素和更新要素中不叠置的要素或要素的不重叠部分将被写入到输出要素类中。输入要素和更新要素必须具有相同的几何类型。下面以面与面的交集取反分析为例介绍操作步骤。

(2)交集取反分析操作步骤

①在 ArcToolbox 中双击【分析工具】→【叠加分析】→【交集取反】，打开【交集取反】对话框，如图 10-15 所示。

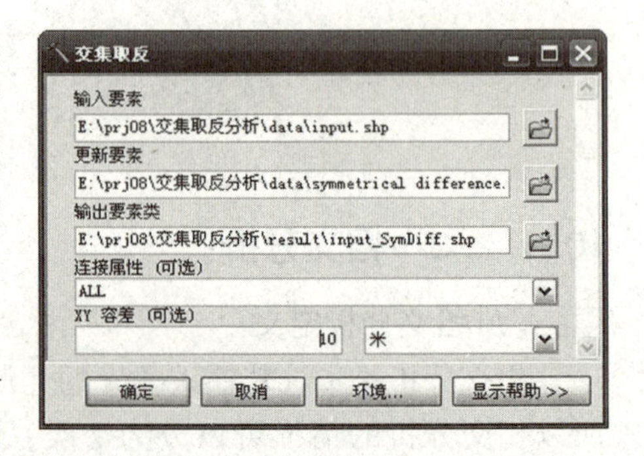

图 10-15　【交集取反】对话框

②在【交集取反】对话框中，点击【添加图层】按钮，添加【输入要素】和【更新要素】数据(...\ prj10 \ 交集取反分析 \ data)。

③在【输出要素类】中，指定输出要素类的保存路径和名称。

④在【连接属性】下拉列表中选择“ALL”。

⑤在【XY 容差】文本框中输入容差值，并设置容差值的单位。

⑥单击【确定】按钮，完成交集取反分析操作，结果如图 10-16 所示。

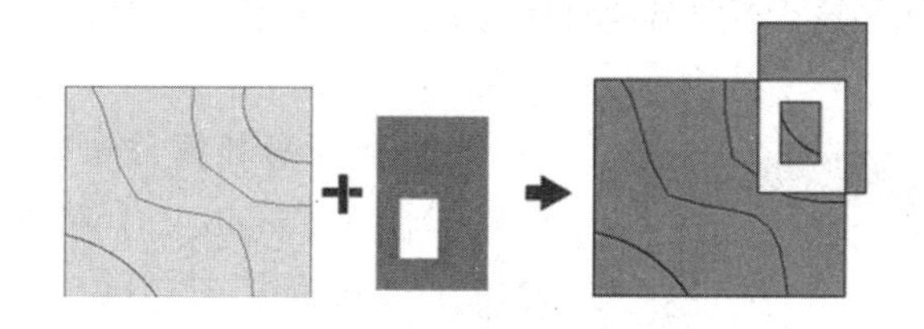

图 10-16 交集取反分析结果

10. 1. 2. 5 联合分析

(1)联合分析定义

联合分析是指计算输入要素的几何交集，所有要素都将被写入到输出要素类中。在联合分析过程中，输入要素将被分割成新要素，新要素具有相交的输入要素的所有属性。同时要求输入要素必须是面要素。

(2)联合分析操作步骤

①在 ArcToolbox 中双击【分析工具】→【叠加分析】→【联合】，打开【联合】对话框，如图 10-17 所示。

图 10-17 【联合】对话框

②在【联合】对话框中，点击【添加图层】按钮，添加【输入要素】数据(...\ prj10 \ 联合分析 \ data)。

③在【输出要素类】中指定输出要素类的保存路径和名称。

④在【连接属性(可选)】下拉列表中选择“ALL”。

⑤在【XY 容差】文本框中输入容差值，并设置容差值的单位。

⑥【允许间隙存在】为可选项，选择允许，被其他要素包围的空白区域将不被填充，反之，则会被填充。

⑦单击【确定】按钮，完成联合分析操作，结果如图 10-18 所示。

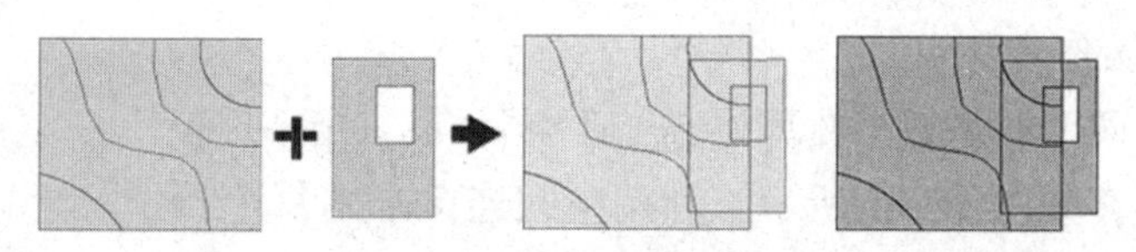

图 10-18 联合分析结果

10.1.2.6　更新分析

(1)更新分析定义

更新分析是指计算输入要素和更新要素的几何交集。输入要素中与更新要素相交部分的属性和几何都将会在输出要素类中被更新要素所更新。

同时要求输入要素和更新要素必须是面，输入要素类与更新要素类的字段名称必须保持一致，如果更新要素类缺少输入要素类中的一个(或多个)字段，则将从输出要素类中移除缺失字段。

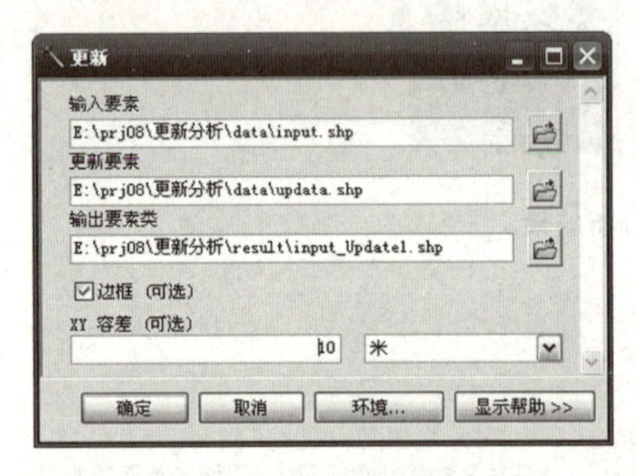

图 10-19　【更新】对话框

(2)更新分析操作步骤

①在 ArcToolbox 中双击【分析工具】→【叠加分析】→【更新】，打开【更新】对话框，如图 10-19 所示。

②在【更新】对话框中，点击【添加图层】按钮，添加【输入要素】和【更新要素】数据(...\prj10\更新分析\data)。

③在【输出要素类】中指定输出要素类的保存路径和名称。

④【边框】为可选项，如果选中，则沿着更新要素外边缘的多边形边界将被删除，反之，则不会被删除。

⑤在【XY 容差】文本框中输入容差值，并设置容差值的单位。

⑥单击【确定】按钮，完成更新分析操作，结果如图 10-20 所示。

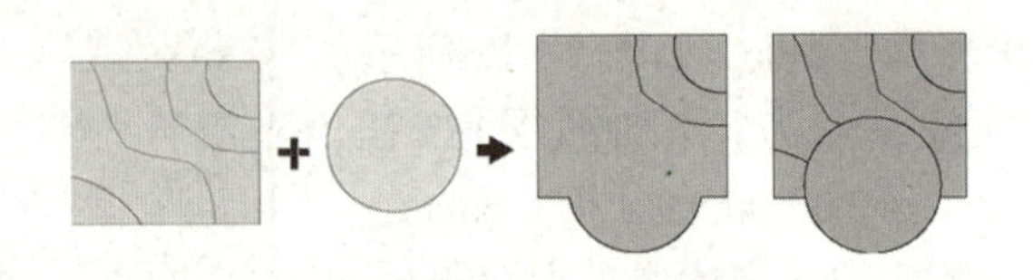

图 10-20　更新分析结果

10.1.2.7　空间连接

(1)空间连接定义

空间连接是指基于两个要素类中要素之间的空间关系，将属性从一个要素类传递到另一个要素类的过程。下面应用具体实例说明空间连接的功能和操作步骤。

(2)空间连接操作步骤

假设某林场有两个行政村(林班)：占道和后沟，同时拥有该林场的道路图层，如图 10-21 所示。利用空间连接求出每个行政村内道路的长度。

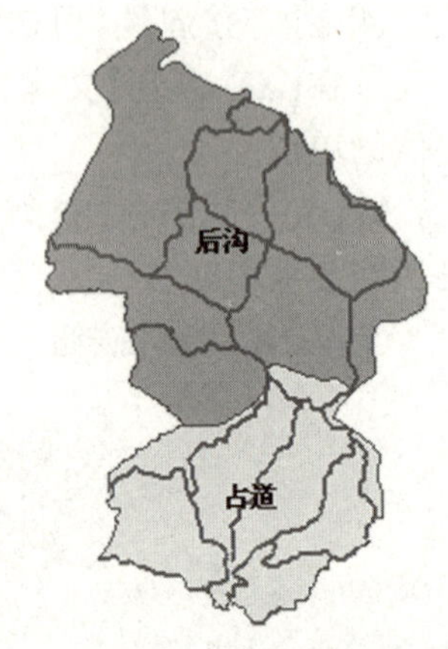

图 10-21　林班和道路图

①在 ArcToolbox 中双击【分析工具】→【叠加分析】→【空间

连接】，打开【空间连接】对话框，如图 10-22 所示。

②在【更新】对话框中，点击【添加图层】按钮，添加【目标要素】和【连接要素】数据(...\prj10\更新分析\data)。

③在【输出要素类】中指定输出要素类的保存路径和名称。

④【连接操作(可选)】下拉框中有两个选项：JOIN_ONE_TO_ONE 和 JOIN_ONE_TO_MANY。

• JOIN_ONE_TO_ONE：在相同空间关系下，如果一个目标要素对应多个连接要素，就会使用字段映射合并规则对连接要素中某个字段进行聚合，然后将其传递到输出要素类。默认情况下为此值。

• JOIN_ONE_TO_MAN：在相同空间关系下，如果一个目标要素对应多个连接要素，输出要素类将会包含多个目标要素。

⑤右击"SHAPE_Leng(双精度)"字段，选择【合并规则】→【总和】，如图 10-22 所示。

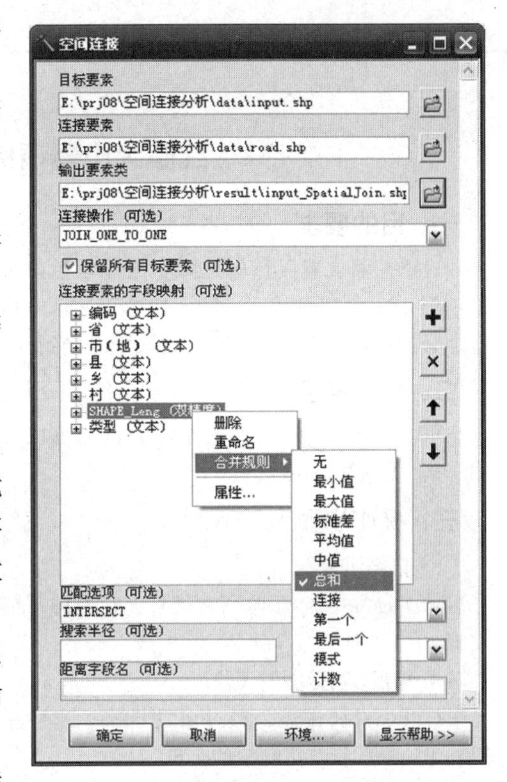

图 10-22 【空间连接】对话框

⑥【匹配选项】下拉框中有 4 个选项：INTERSECT、CONTAINS、WITHIN 和 CLOSEST。

• INTERSECT：如果目标要素与连接要素相交，则将连接要素的属性传递到目标要素。默认情况下为此值。

• CONTAINS：如果目标要素包含连接要素，则将连接要素的属性传递到目标要素。

• WITHIN：如果目标要素位于连接要素内部，则将连接要素的属性传递到目标要素。

• CLOSEST：将最近的连接要素的属性传递到目标要素。

⑦其他选项默认，单击【确定】按钮，完成空间连接操作，结果如图 10-23 所示。

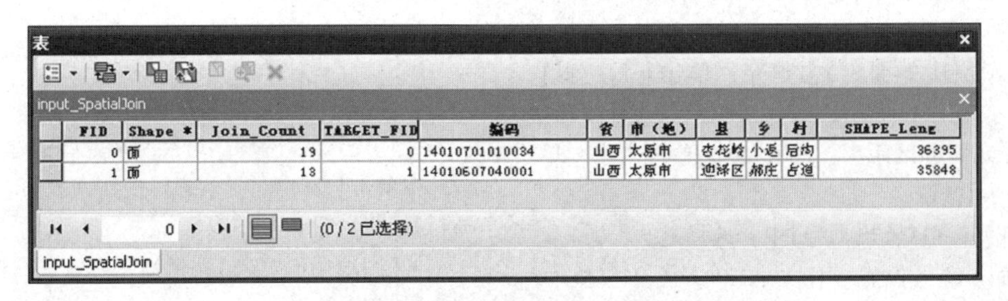

FID	Shape *	Join_Count	TARGET_FID	编码	省	市(地)	县	乡	村	SHAPE_Leng
0	面	19	0	14010701010034	山西	太原市	杏花岭	小返	后沟	36395
1	面	13	1	14010607040001	山西	太原市	迎泽区	郝庄	古道	35848

图 10-23 空间连接结果

任务实施

红脂大小蠹诱捕器安置区域的选择

一、目的要求

通过诱捕器安置区域的选择、引导学生熟练掌握利用ArcGIS矢量数据空间分析中缓冲区分析和叠加分析的相交和擦除功能，解决实际问题。

二、数据准备

小班、道路、诱捕器安置点等矢量数据以及地图文档(诱捕器.mxd)。

三、操作步骤

（1）打开诱捕器.mxd

启动ArcMap，打开地图文档(...\ prj10 \ 任务实施10-1 \ data)。

（2）小班影响范围的建立

①打开小班属性表，通过属性选择，选中主要树种为油松和华北落叶松的小班。

②在ArcToolbox中双击【分析工具】→【邻域分析】→【多环缓冲区】，打开【多环缓冲区】对话框，设置以下参数。

- 【输入要素】：小班；【输出要素类】：...\ prj10 \ 任务实施10-1 \ result \ 缓冲_小班.shp。
- 【距离】：5，10；【缓冲区单位】：Meters。
- 【字段名】：distance；【融合选项】：ALL。
- 不选【仅在外部】复选框。

③单击【确定】按钮，完成小班影响范围多环缓冲区的建立，结果如图10-24所示。

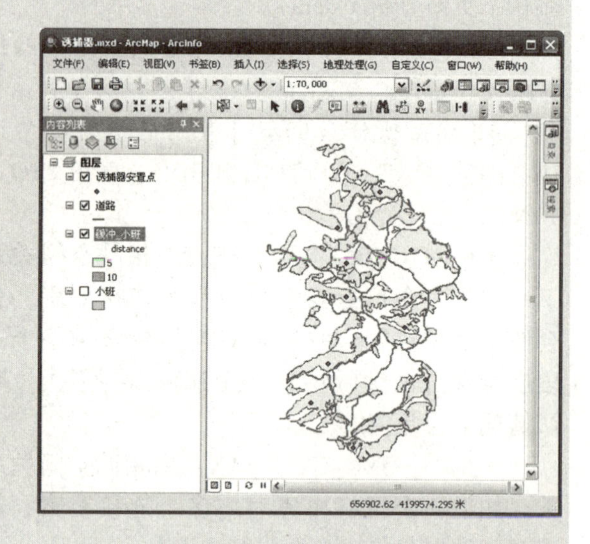

图10-24　小班影响范围缓冲区

（3）道路影响范围的建立

①单击【缓冲向导】工具按钮，打开【缓冲向导】对话框，设置以下参数。

- 【图层中的要素】：道路；单击【下一步】按钮。
- 指定缓冲区距离：200；距离单位：米；单击【下一步】按钮。
- 在【缓冲区输出类型】中，选择是。
- 确定输出位置：...\ prj10 \ 任务实施 \ result \ 缓冲_道路.shp。

②单击【完成】按钮，完成道路影响范围缓冲区的建立，结果如图10-25所示。

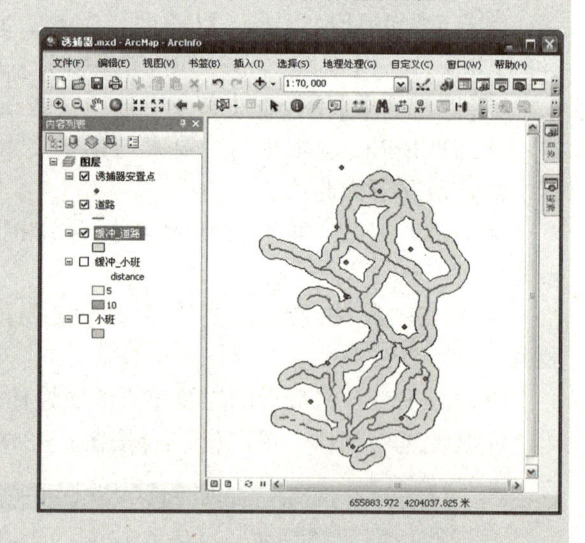

图10-25　道路影响范围缓冲区

（4）已安置诱捕器地点影响范围的建立

①单击【缓冲向导】工具按钮，打开【缓冲向导】对话框，设置以下参数。

- 【图层中的要素】：诱捕器安置点；单击【下一步】按钮。
- 指定缓冲区距离：200；距离单位：米；单击【下一步】按钮。

• 在【缓冲区输出类型】中，选择是。

• 确定输出位置：...\ prj10 \ 任务实施 10-1 \ result \ 缓冲_ 诱捕器安置点 . shp。

②单击【完成】按钮，完成已安置诱捕器地点影响范围缓冲区的建立，结果如图 10-26 所示。

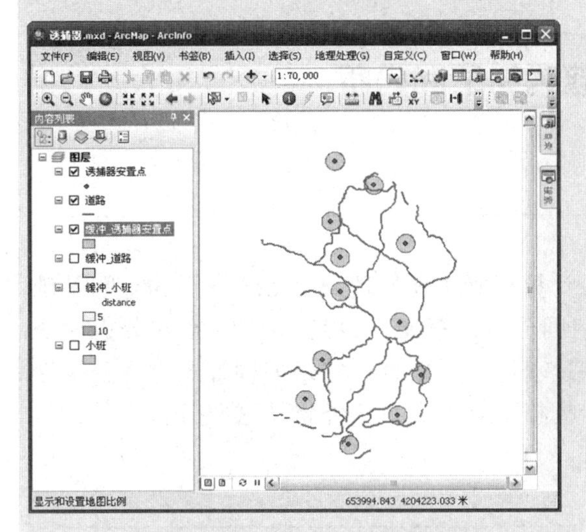

图 10-26 已安置诱捕器影响范围缓冲区

（5）进行叠加分析，求出同时满足 3 个条件的区域

①求出小班和道路两个图层缓冲区的交集区域，操作步骤如下。

• 在 ArcToolbox 中，双击【分析工具】→【叠加分析】→【相交】，打开【相交】对话框。

• 点击【添加图层】按钮，添加【输入要素】数据：缓冲_小班 . shp 和缓冲_道路 . shp。

•【输出要素类】：...\ prj10 \ 任务实施 10-1 \ result \ 缓冲_Two. shp。

•【连接属性(可选)】为 ALL。【输出类型】为 INPUT。

• 单击【确定】按钮，完成相交分析操作，求出的交集区域如图 10-27 所示。

②求出同时满足 3 个条件的区域，操作步骤如下。

• 在 ArcToolbox 中，双击【分析工具】→【叠加分析】→【擦除】，打开【擦除】对话框。

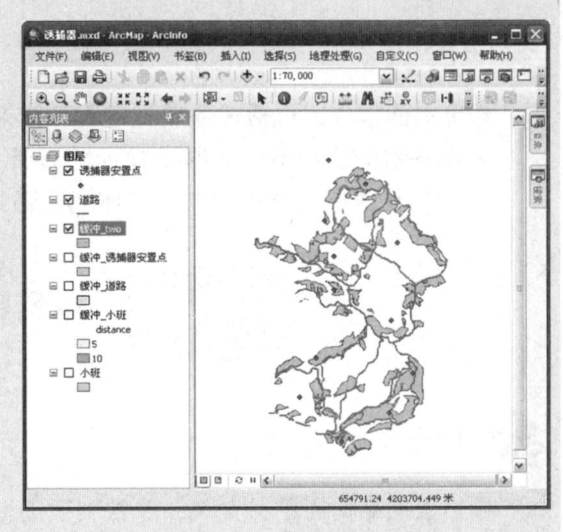

图 10-27 满足两个条件的选择区域

• 点击【添加图层】按钮，添加【输入要素】数据：缓冲_Two. shp 和【擦除要素】数据：缓冲_诱捕器安置点 . shp。

• 指定保存位置和名称：...\ prj10 \ 任务实施 10-1 \ result \ 缓冲_Three. shp。

• 单击【确定】按钮，完成擦除分析操作，求出的满足以上 3 个条件的区域如图 10-28 所示。

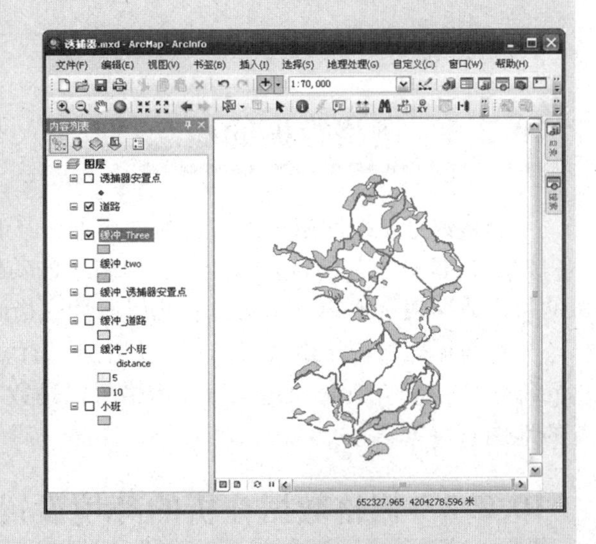

图 10-28 需安置诱捕器的区域

成果提交

作出书面报告，包括任务实施过程和结果以及心得体会，具体内容如下。

1. 简述红脂大小蠹诱捕器安置区域选择的任务实施过程，并附上每一步的结果影像。
2. 回顾任务实施过程中的心得体会，遇到的问题及解决方法。

任务 10.2　栅格数据的空间分析

任务描述

栅格数据结构简单、直观，非常利于进行计算机操作和处理，是 GIS 常用的空间基础数据格式。基于栅格数据的空间分析是 GIS 空间分析的基础，也是 ArcGIS 空间分析模块的核心内容。该模块允许用户从 GIS 数据中快速获取所需信息，并以多种方式进行分析操作，主要包括表面分析、邻域分析、重分类、栅格计算等。本任务将从这些分析入手，学习栅格数据的空间分析方法。

任务目标

能够熟练运用 ArcMap 软件对栅格数据进行表面分析、领域分析、重分类、栅格计算等操作，解决实际问题。

知识准备

10.2.1　栅格数据的概念

栅格数据是按网格单元的行与列排列、具有不同灰度或颜色的阵列数据。每一个单元(像素)的位置由它的行列号定义，所表示的实体位置隐含在栅格行列位置中，数据组织中的每个数据表示地物或现象的非几何属性或指向其属性的指针。

最简形式的栅格由按行和列(或格网)组织的单元(或像素)矩阵组成，其中的每个单元都包含一个信息值(如温度)。栅格可以是数字航空摄影、卫星影像、数字图片甚至扫描的地图。

10.2.2　栅格数据分析的环境设置

在进行栅格数据的空间分析操作之前，首先应对相关参数进行设置，主要包括：加载空间分析模块、为分析结果设置工作路径、设置坐标系统、设置分析范围和设置像元大小等。

这些参数可在 4 个级别下进行设置，首先是针对使用的应用程序进行设置，以便将环境设置应用于所有工具，并且可以随文档一起保存；其次是针对使用的某个工具进行设置，工具级别设置适用于工具的单次运行并且会覆盖应用程序级别设置；再次是针对某个模型进行设置，以便将环境设置应用于模型中的所有过程，并且会覆盖应用程序级别设置和工具级别设置；最后是针对模型流程进行设置，随模型一起保存，并且会覆盖模型级别设置。这些级别只在访问方式和设置方式上有所不同。

应用程序级别环境设置步骤：单击【地理处理】主菜单下的【环境】命令，打开【环境设置】对话框，即可进行各项参数的设置。

工具级别环境设置步骤：在 ArcToolbox 窗口中打开任意一个工具对话框，单击【环境】按钮，打开【环境设置】对话框，即可对各项参数进行设置。

模型级别与模型流程级别环境设置步骤：在【模型】对话框中，单击【模型】→【模型属性】命令，打开【模型属性】对话框，切换到【环境】选项卡，选中要设置的环境前面的复选框(可多选)，单击【值】按钮，打开【环境设置】对话框进行设置。

(1)加载空间分析模块

空间分析模块是 ArcGIS 外带的扩展模块，虽然在 ArcGIS 安装时自动挂接到 ArcGIS 的应用程序中，但是并没有加载，只有获得了它的使用许可后，才能加载和有效使用。加载空间分析模块的操作过程如下。

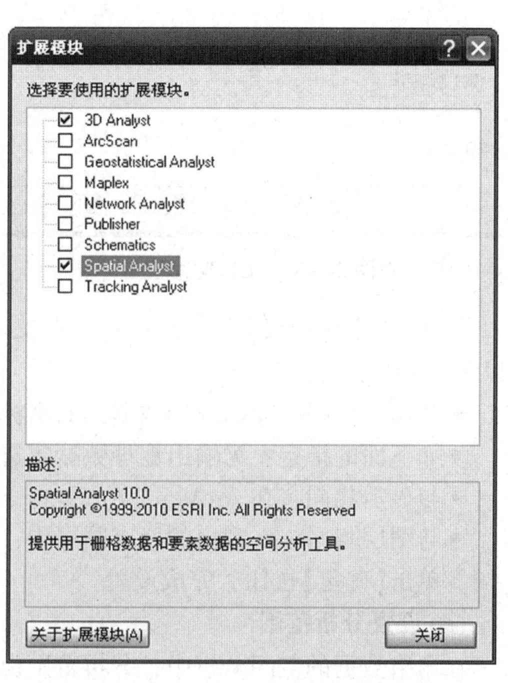

图 10-29 【扩展模块】对话框

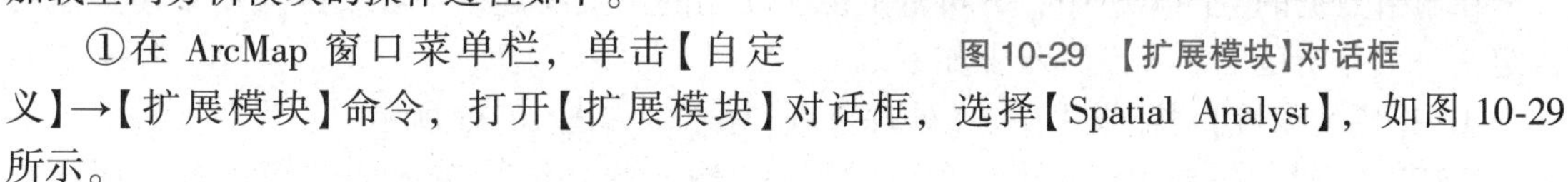

①在 ArcMap 窗口菜单栏，单击【自定义】→【扩展模块】命令，打开【扩展模块】对话框，选择【Spatial Analyst】，如图 10-29 所示。

②单击【关闭】按钮，关闭【扩展模块】对话框。

③在 ArcMap 菜单栏或工具栏区，单击鼠标右键，选择【Spatial Analyst】，【Spatial Analyst】工具条出现在 ArcMap 视图中，如图 10-30 所示。

图 10-30 【Spatial Analyst】工具条

(2)设置工作路径

ArcGIS 空间分析的中间过程文件和结果文件均自动保存到指定的工作目录中。缺省情况下，工作目录通常是系统的临时目录。为了方便数据管理，可以通过【环境设置】中【工作空间】选项的设置，指定新的存放位置。其设置步骤如下。

①在【环境设置】对话框中单击【工作空间】标签，如图 10-31 所示。

②在【当前工作空间】和【临时工作空间】文本框中输入存放路径。

③单击【确定】按钮，完成设置。

(3) 设置坐标系统

在栅格数据的空间分析中，可以指定结果文件的坐标系统。其设置步骤如下。

①在【环境设置】对话框中单击【输出坐标系】标签，如图 10-32 所示。

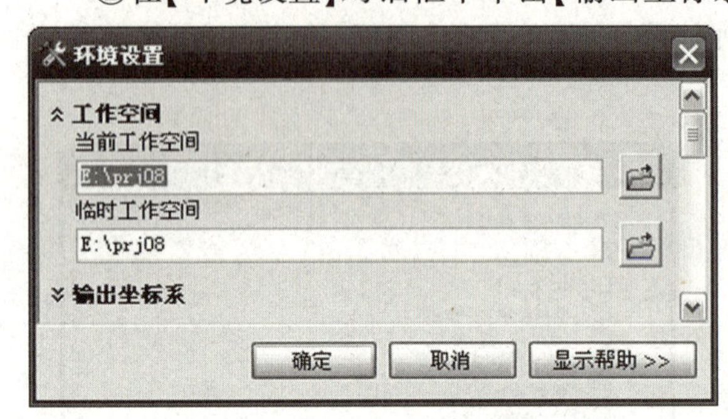

图 10-31 工作空间设置

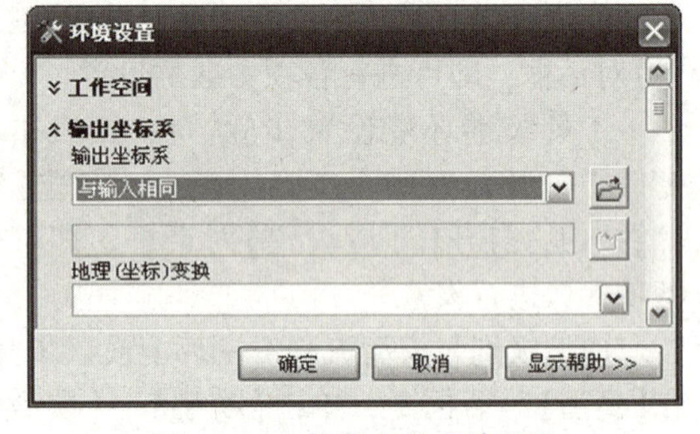

图 10-32 输出坐标系统设置

②在【输出坐标系】下拉框中有 4 个选项：“与输入相同”“如下面的指定”“与显示相同”和“与图层相同”。

- 与输入相同：输出地理数据集的坐标系与第一个输入坐标系相同。这是默认设置。
- 如下面的指定：为输出地理数据集选择坐标系。
- 与显示相同：在 ArcMap、ArcScene 或 ArcGlobe 中，均将使用当前显示的坐标系。
- 与图层相同：在列出的所有图层中，可以选择一个作为坐标系。

③单击【确定】按钮，完成设置。

(4) 设置分析范围

在栅格数据的空间分析中，分析范围由所使用的工具决定。但在实际应用中还是需要自定义一个分析范围。其设置步骤如下。

①在【环境设置】对话框中单击【处理范围】标签，如图 10-33 所示。

②在【范围】下拉框中有 6 个选项：“默认”“输入的并集”“输入的交集”“如下面的指定”“与显示相同”和“与图层相同”。

- 默认：由所使用的工具决定处理范围。
- 输入的并集：所有输入数据的组合范围。所有要素或栅格都会被处理。
- 输入的交集：所有输入要素或栅格所叠置的范围。
- 如下面的指定：输入矩形的坐标。
- 与显示相同：在 ArcMap、ArcScene 或 ArcGlobe 中，均将使用当前显示的范围。
- 与图层相同：在列出的所有图层中，可以选择一个作为范围。

③单击【确定】按钮，完成设置。

(5) 设置像元大小

在输出栅格数据时，需要设置输出栅格像元大小。选择合适的像元大小，对实现空间分析非常重要。如果像元过大则分析结果精确度降低，如果像元过小则会产生大量的冗余数据，并且计算速度降低。一般情况下保持栅格单元大小与分析数据一致，默认的输出像元大小由最粗糙的输入栅格数据集决定。像元大小设置步骤如下。

①在【环境设置】对话框中单击【栅格分析】标签，如图 10-34 所示。

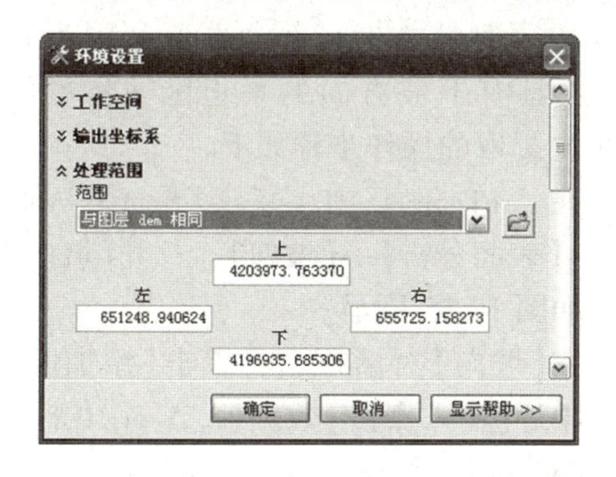

图 10-33 结果文件的范围设置

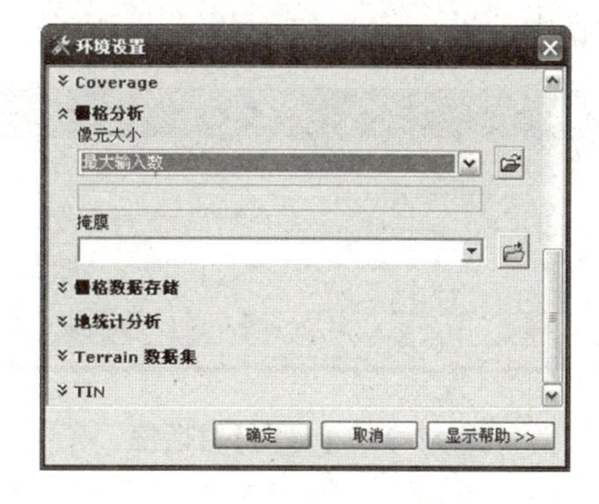

图 10-34 像元大小设置

②在【像元大小】下拉框中有 4 个选项："输入最大值""输入最小值""如下面的指定"和"与图层相同"。

- 输入最大值：使用所有输入数据集的最大像元大小，为默认设置。
- 输入最小值：使用所有输入数据集的最小像元大小。
- 如下面的指定：在以下字段中指定数值。
- 与图层相同：使用指定图层或栅格数据集的像元大小。

③单击【确定】按钮，完成设置。

10.2.3 表面分析

表面分析主要通过生成新数据集，如等值线、坡度、坡向、山体阴影等派生数据，获得更多的反映原始数据集中所暗含的空间特征、空间格局等信息。在 ArcGIS 中，表面分析的主要功能见表 10-1。

表 10-1 表面分析的主要功能

工 具	功能描述
坡 向	获得栅格表面的坡向。坡向用于标识从每个像元到其相邻像元方向上值的变化率最大的下坡方向
坡 度	判断栅格表面的各像元中的坡度(梯度或 z 值的最大变化率)
曲 率	计算栅格表面的曲率，包括剖面曲率和平面曲率
等值线	根据栅格表面创建等值线(等值线图)的线要素类
等值线序列	根据栅格表面创建所选等值线值的要素类
含障碍的等值线	根据栅格表面创建等值线。如果包含障碍要素，则允许在障碍两侧独立生成等值线
填挖方	计算两表面间体积的变化。通常用于执行填挖操作
山体阴影	通过考虑照明源的角度和阴影，根据表面栅格创建晕渲地貌
视点分析	识别从各栅格表面位置进行观察时可见的观察点
视 域	确定对一组观察点要素可见的栅格表面位置

(1)坡向

坡向指地表面上一点的切平面的法线矢量在水平面的投影与过该点的正北方向的夹角。对于地面任何一点来说，坡向表征了该点高程值改变量的最大变化方向。在输出的坡向数据中，坡向值有如下规定：正北方向为 0°，按顺时针方向计算，取值范围为 0°~360°。不具有下坡方向的平坦区域将赋值为 -1。坡向提取的操作步骤如下。

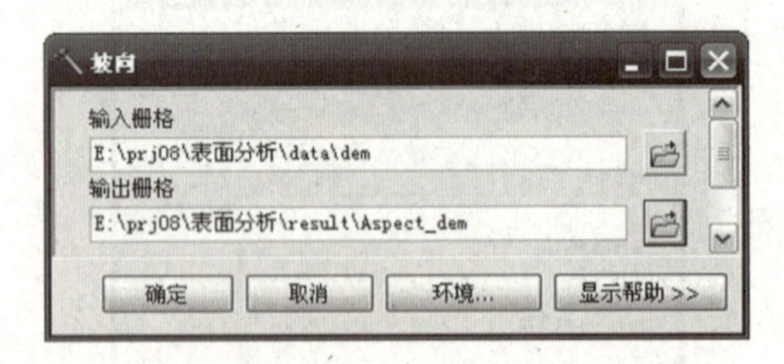

图 10-35 【坡向】对话框

①在 ArcToolbox 中，双击【Spatial Analyst 工具】→【表面分析】→【坡向】，打开【坡向】对话框，如图 10-35 所示。

②在【坡向】对话框中，单击【添加图层】按钮，添加【输入栅格】数据(...\ prj10 \ 表面分析 \ data)。

③在【输出栅格】中，指定输出栅格的保存路径和名称。

④单击【确定】按钮，完成坡向提取操作，结果如图 10-36 所示

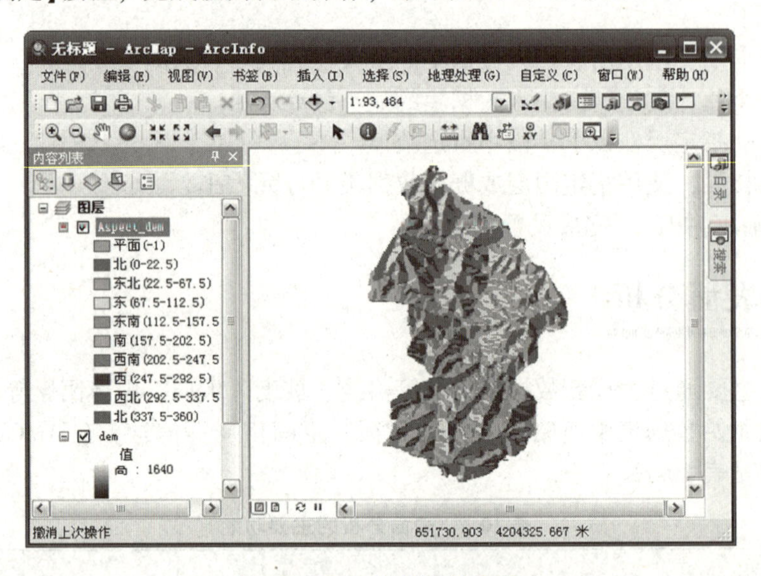

图 10-36 坡向提取结果图

(2)坡度

坡度指地表面任一点的切平面与水平地面的夹角。坡度工具用于为每个像元计算值在从该像元到与其相邻的像元方向上的最大变化率。坡度表示了地表面在该点的倾斜程度，坡度值越小，地形越平坦；坡度值越大，地形越陡。坡度提取的操作步骤如下。

①在 ArcToolbox 中，双击【Spatial Analyst 工具】→【表面分析】→【曲率】，打开【坡度】对话框，如图 10-37 所示。

图 10-37 【坡度】对话框

②在【坡度】对话框中，单击【添加图层】按钮，添加【输入栅格】数据(...\ prj10 \ 表面分析 \ data)。

③在【输出栅格】中，指定输出栅格的保存路径和名称。

④【输出测量单位】为可选项，下拉框中有两个选项："DEGREE"和"PERCENT_ RISE"。

- DEGREE：坡度倾角将以度为单位进行计算。
- PERCENT_ RISE：坡度以百分比形式表示，即高程增量与水平增量之比的百分数。

⑤在【Z 因子】文本框中输入 Z 因子。

⑥单击【确定】按钮，完成坡度提取操作，结果如图 10-38 所示。

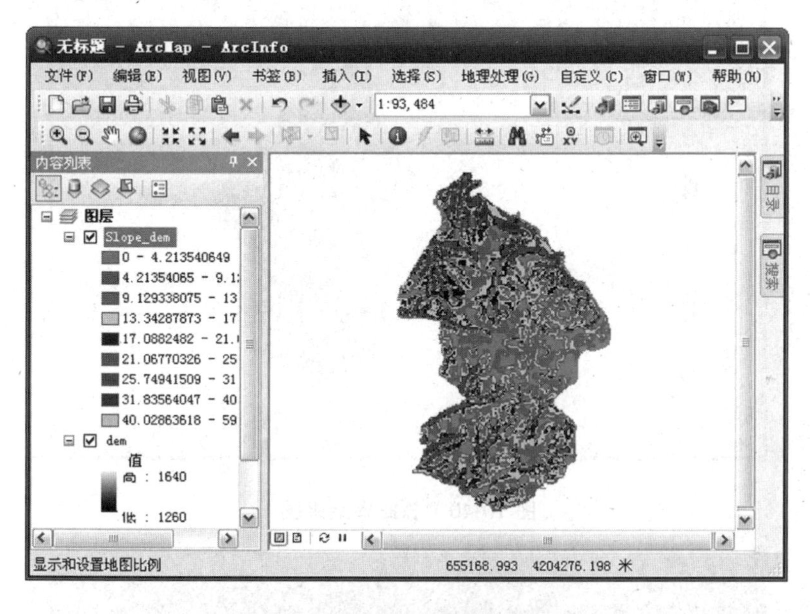

图 10-38　坡度提取结果图

(3) **曲率**

地面曲率是对地形表面一点扭曲变化程度的定量化度量因子，地面曲率在垂直和水平两个方向上分量分别称为剖面曲率和平面曲率。剖面曲率是对地面坡度的沿最大坡降方向地面高程变化率的度量。平面曲率指在地形表面上，具体到任何一点，指过该点的水平面沿水平方向切地形表面所得的曲线在该点的曲率值。平面曲率描述的是地表曲面沿水平方向的弯曲、变化情况，也就是该点所在的地面等高线的弯曲程度。曲率提取的操作步骤如下。

①在 ArcToolbox 中，双击【Spatial Analyst 工具】→【表面分析】→【曲率】，打开【曲率】对话框，如图 10-39 所示。

②在【曲率】对话框中，单击【添加图层】按钮，添加【输入栅格】数据(...\ prj8 \ 表面分析 \ data)。

图 10-39　【曲率】对话框

③在【输出曲率栅格】中，指定输出栅格的保存路径和名称。

④在【Z 因子】文本框中输入 Z 因子。

⑤【输出剖面曲率栅格】为可选项，指定保存路径和名称。

⑥【输出平面曲线栅格】为可选项，指定保存路径和名称。

⑦单击【确定】按钮，完成曲率提取操作(图 10-40 至 10-42)。

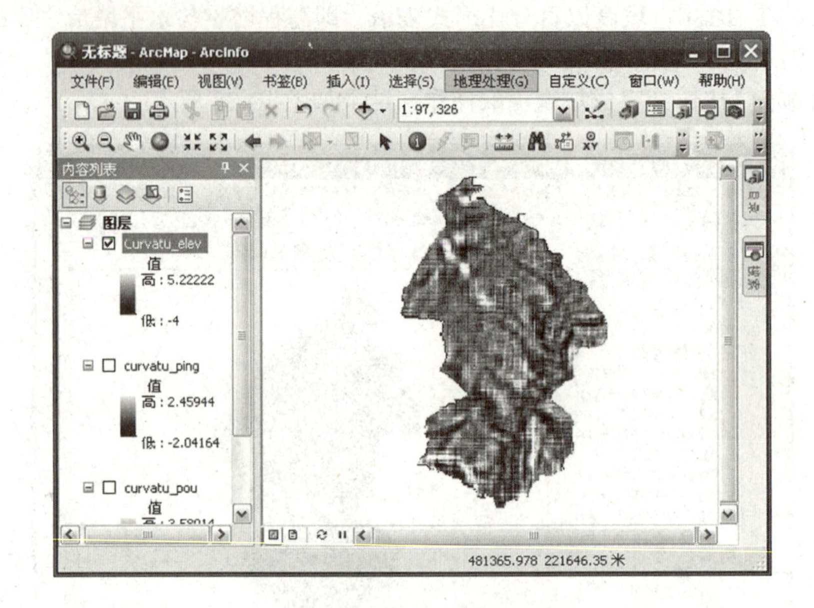

图 10-40　总曲率结果图

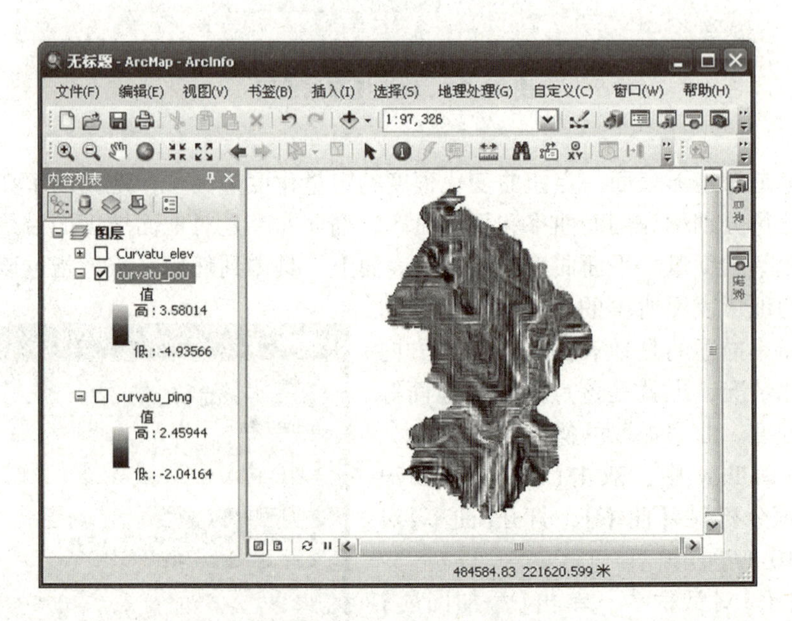

图 10-41　剖面曲率结果图

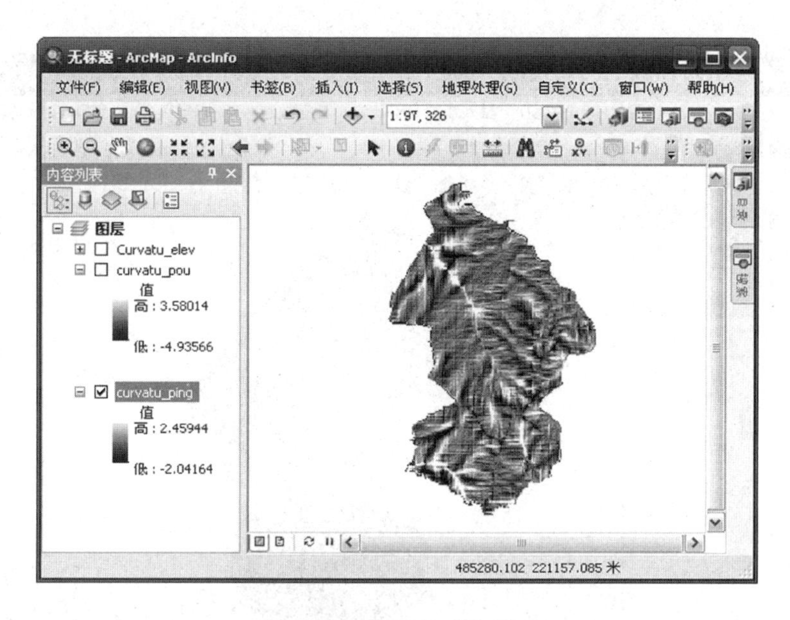

图 10-42　平面曲率结果图

(4)等值线

等值线是连接等值点(如高程、温度、降水量、人口或大气压力)的线。等值线的集合常被称为等值线图，但也可拥有特定的术语称谓，这取决于测量的对象。例如表示高程的称为等高线图，表示温度的称为等温线图而表示降雨量的称为等降雨量线图。等值线的分布显示表面上值的变化方式。值的变化量越小，线的间距就越大。值上升或下降得越快，线的间距就越小。

①等值线提取。等值线提取的操作步骤如下。

图 10-43　【等值线】对话框

• 在 ArcToolbox 中，双击【Spatial Analyst 工具】→【表面分析】→【等值线】，打开【等值线】对话框，如图 10-43 所示。

• 在【等值线】对话框中，单击【添加图层】按钮，添加【输入栅格】数据(...\ prj10 \ 表面分析 \ data)。

• 在【输出折线要素】中，指定输出折线要素的保存路径和名称。

• 在【等值线间距】文本框中输入等值线的间距 50。

•【起始等值线】为可选项，用于输入起始等值线的值。

• 在【Z 因子】文本框中输入 Z 因子，默认值为 1。

• 单击【确定】按钮，完成等值线提取操作，结果如图 10-44 所示。

②等值线序列提取。等值线序列提取的操作步骤如下。

• 在 ArcToolbox 中，双击【Spatial Analyst 工具】→【表面分析】→【等值线序列】，打开

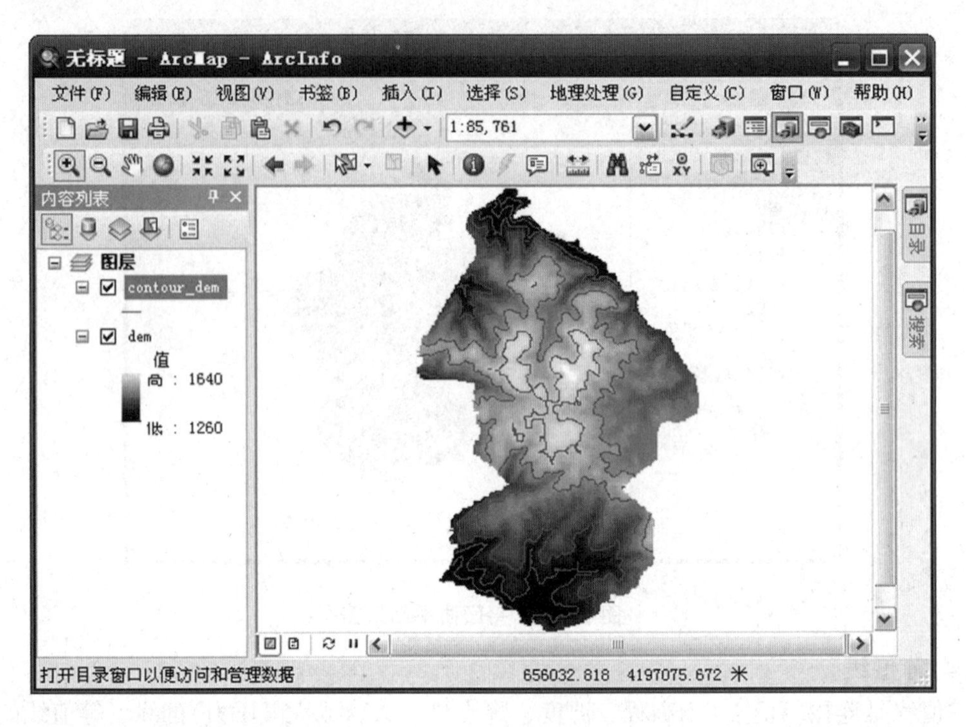

图 10-44 等值线提取结果图

图 10-45 【等值线序列】对话框

【等值线序列】对话框，如图 10-45 所示。

• 在【等值线序列】对话框中，单击【添加图层】按钮，添加【输入栅格】数据(...\ prj10 \ 表面分析 \ data)。

• 在【输出折线要素】中，指定输出折线要素的保存路径和名称。

• 在【等值线值】文本框中输入等值线的值，输入值后，单击【添加数据】按钮，将其添加到列表中，可多次输入距离，如 1320，1580。

• 单击【确定】按钮，完成等值线提取操作，结果如图 10-46 所示。

(5) 填挖方

填挖操作是一个通过添加或移除表面材料来修改地表高程的过程。填挖方工具用于汇总填挖操作期间面积和体积的变化情况。通过在两个不同时段提取给定位置的表面，该工具可识别表面材料移除、表面材料添加以及表面尚未发生变化的区域。在实际应用中，借助填挖方工具，可以解决诸如识别河谷中出现泥沙侵蚀和沉淀物的区域，计算要移除的表面材料的体积和面积，以及为平整一块建筑用地所需填充的面积等问题。填挖方分析的操作步骤如下。

①在 ArcToolbox 中，双击【Spatial Analyst 工具】→【表面分析】→【填挖方】，打开【填

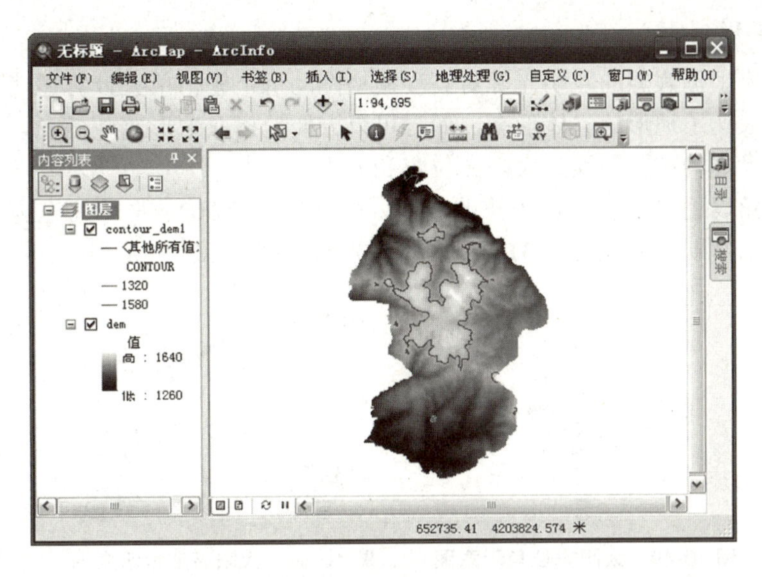

图 10-46　等值线序列提取结果图

挖方】对话框，如图 10-47 所示。

②在【填挖方】对话框中，单击【添加图层】按钮，添加【输入填/挖之前的栅格表面】和【输入填/挖之后的栅格表面】数据(...\ prj10 \ 表面分析 \ data)。

③在【输出栅格】中，指定输出栅格的保存路径和名称。

④在【Z 因子】文本框中输入 Z 因子，默认值为 1。

⑤单击【确定】按钮，完成填挖方分析操作，结果如图 10-48 所示。

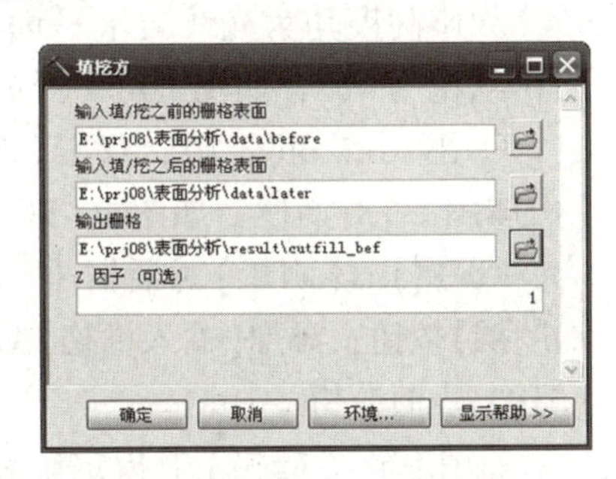

图 10-47　【填挖方】对话框

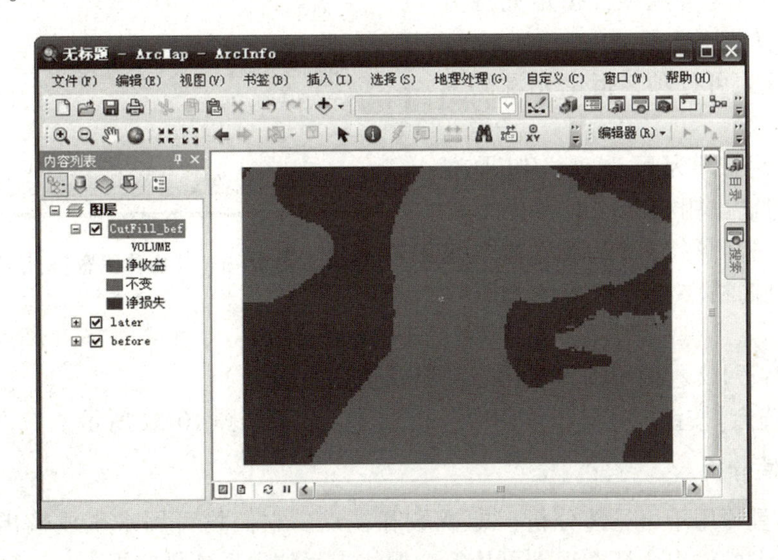

图 10-48　填挖方分析结果图

(6) 山体阴影

山体阴影是根据假想的照明光源对高程栅格图的每个栅格单元计算照明值。山体阴影图不仅很好地表达了地形的立体形态，而且可以方便地提取地形遮蔽信息。构建山体阴影地图时，所要考虑的主要因素是太阳方位角和太阳高度角。

太阳方位角以正北方向为0°，按顺时针方向度量，如90°方向为正东方向。由于人眼的视觉习惯，通常默认方位角为315°，即西北方向，如图10-49所示。

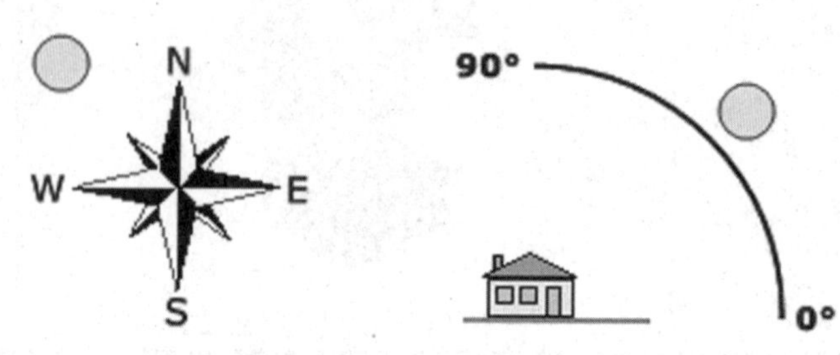

图10-49　太阳方位角示意图　　图10-50　太阳高度角示意图

太阳高度角为光线与水平面之间的夹角，同样以“°”为单位。为符合人眼视觉习惯，通常默认为45°，如图10-50所示。山体阴影分析的操作步骤如下。

①在ArcToolbox中，双击【Spatial Analyst工具】→【表面分析】→【山体阴影】，打开【山体阴影】对话框，如图10-51所示。

②在【山体阴影】对话框中，单击【添加图层】按钮，添加【输入栅格】数据(...\prj10\表面分析\data)。

③在【输出栅格】中指定输出栅格的保存路径和名称。

④【方位角】为可选项，指定光源方位角，默认值为315°。

⑤【高度】为可选项，指定光源高度角，默认值为45°。

⑥【模糊阴影】为可选项，如果选中该选项，则输出栅格会同时考虑本地光照入射角度和阴影。如果取消选中该选项，则输出栅格仅会考虑本地光照入射角度。

图10-51　【山体阴影】对话框

⑦在【Z因子】文本框中输入Z因子，默认值为1。

⑧单击【确定】按钮，完成山体阴影分析操作，结果如图10-52所示。

(7) 可见性分析

有两个工具可用于可见性分析，即视域和视点。它们均可用来生成输出视域栅格数据。另外，视点的输出会精确识别可从每个栅格表面位置看到哪些视点。

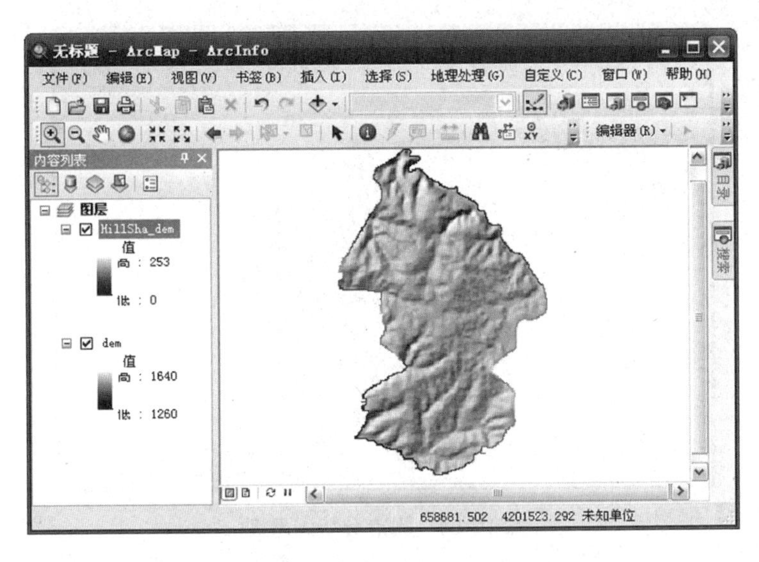

图 10-52 山体阴影分析结果图

视域可识别输入栅格中能够从一个或多个观测位置看到的像元。输出栅格中的每个像元都会获得一个用于指示可从每个位置看到的视点数的值。如果只有一个视点，则会将可看到该视点的每个像元的值指定为 1，将所有无法看到该视点的像元值指定为 0。

视点工具用于存储观测点能够看到每个栅格像元的二进制编码信息。此信息存储在 VALUE 项中。例如，要显示只能通过视点 1(瞭望塔)看到的所有栅格区域，打开输出栅格属性表，然后选择视点 1(OBS1)等于 1 而其他所有视点等于 0 的行。只能通过视点 1(瞭望塔)看到的栅格区域将在地图上高亮显示。

①视点分析。视点分析的操作步骤如下。

• 在 ArcToolbox 中，双击【Spatial Analyst 工具】→【表面分析】→【视点分析】，打开【视点分析】对话框，如图 10-53 所示。

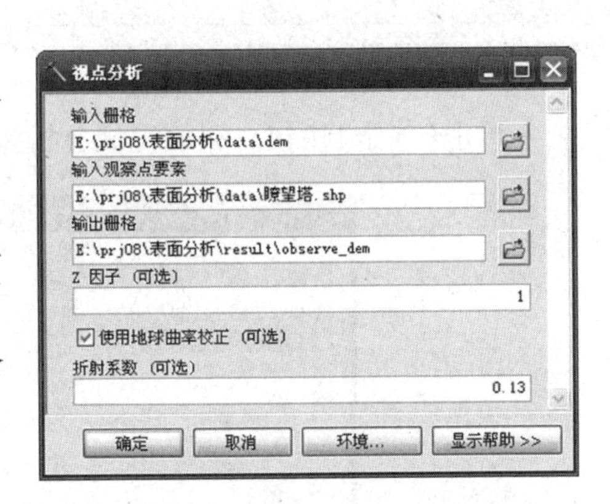

图 10-53 【视点分析】对话框

• 在【视点分析】对话框中，单击【添加图层】按钮，添加【输入栅格】和【输入观察点要素】数据(...\ prj10 \ 表面分析 \ data)。

• 在【输出栅格】中，指定输出栅格的保存路径和名称。

• 在【Z 因子(可选)】文本框中输入 Z 因子，默认值为 1。

• 【使用地球曲率校正】为可选项，如果选中该选项，则需要在【折射系数】文本框中输入空气中可见光的折射系数，默认值为 0. 13。

• 单击【确定】按钮，完成视点分析操作，结果如图 10-54 所示。绿色区域就是只能通过瞭望塔 1 才能看到的区域。

②视域分析。视域分析的操作步骤如下。

• 在 ArcToolbox 中，双击【Spatial Analyst 工具】→【表面分析】→【视域】，打开【视域】

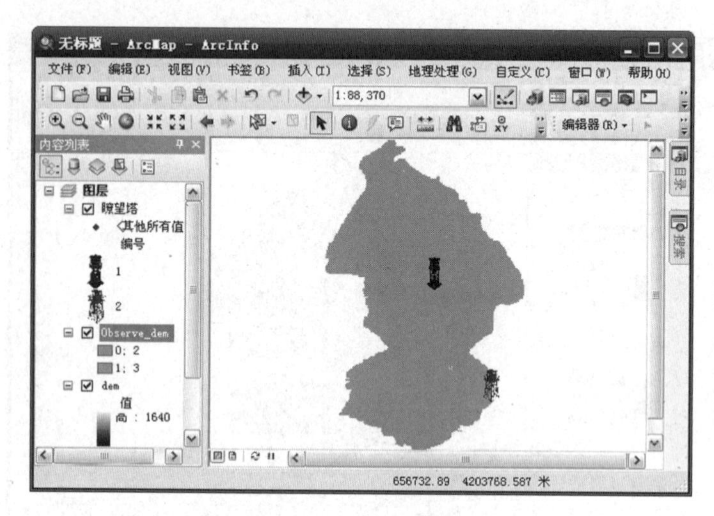

图 10-54　视点分析结果图

对话框，如图 10-55 所示。

• 在【视点分析】对话框中，单击【添加图层】按钮，添加【输入栅格】和【输入观察点或观察折线(Polyline)要素】数据(...\ prj10 \ 表面分析 \ data)。

• 在【输出栅格】中，指定输出栅格的保存路径和名称。

• 在【Z 因子(可选)】文本框中输入 Z 因子，默认值为 1。

• 选中【使用地球曲率校正】复选框，在【折射系数】文本框中输入默认值 0.13。

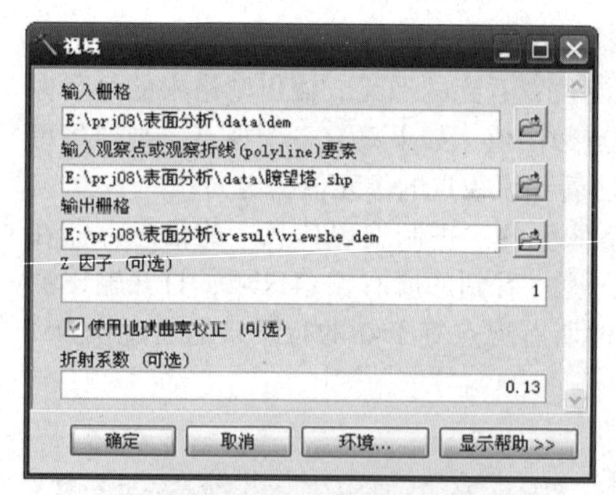

图 10-55　【视域】对话框

• 单击【确定】按钮，完成视域分析操作，结果如图 10-56 所示。

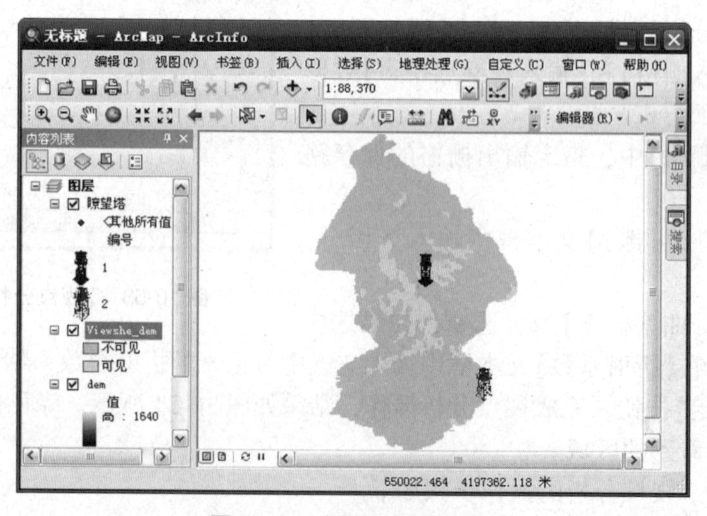

图 10-56　视域分析结果图

10.2.4　重分类

重分类即基于原有数值，对原有数值重新进行分类整理从而得到一组新值并输出。根据不同的需要，重分类一般包括 4 种基本分类形式：新值替代(用一组新值取代原来值)、旧值合并(将原值重新组合分类)、重新分类(以一种分类体系对原始值进行分类)，以及空值设置(把指定值设置空值或者为空值设置值)。

(1)新值替代

事物总是处于不断发展变化中的，地理现象更是如此。所以，为了反映事物的实时真实属性，经常需要不断地去用新值代替旧值。例如，某区域的土地利用类型将随着时间的推移而发生变化。

(2)旧值合并

经常在数据操作中需要简化栅格中的信息，将一些具有某种共性的事物合并为一类。例如，您可能要将纯林、混交林、竹林、经济林合并为有林地。

(3)重新分类

在栅格数据的使用过程中，经常会因某种需要，要求对数据用新的等级体系分类，或需要将多个栅格数据用统一的等级体系重新归类。例如，在对洪水灾害进行预测时，需要综合分析降水量、地形、土壤、植被等数据。首先需要每个栅格数据的单元值对洪灾的影响大小，把它们分为统一的级别数，如统一分为 10 级，级别越高其对洪灾的影响度越大。经过分级处理后，就可以通过这些分类信息进行洪灾模拟的定量分析与计算。

(4)空值设置

有时需要从分析中移除某些特定值。例如，可能因为某种土地利用类型存在限制(如湿地限制)，从而无法在该处从事建筑活动。这种情况下，可能要将这些值更改为 NoData，以将其从后续的分析中移除。在另外一些情况下，可能要将 NoData 值更改为某个值，例如，表示 NoData 值的新信息已成为已知值。重分类的操作步骤如下。

①在 ArcToolbox 中，双击【Spatial Analyst 工具】→【重分类】→【重分类】，打开【重分类】对话框，如图 10-57 所示。

②在【重分类】对话框中，单击【添加图层】按钮，添加【输入栅格】数据(...\ prj10 \ 重分类 \ data)，在【重分类字段】中选择需要变更的字段。

③在【输出栅格】中指定输出栅格的保存路径和名称。

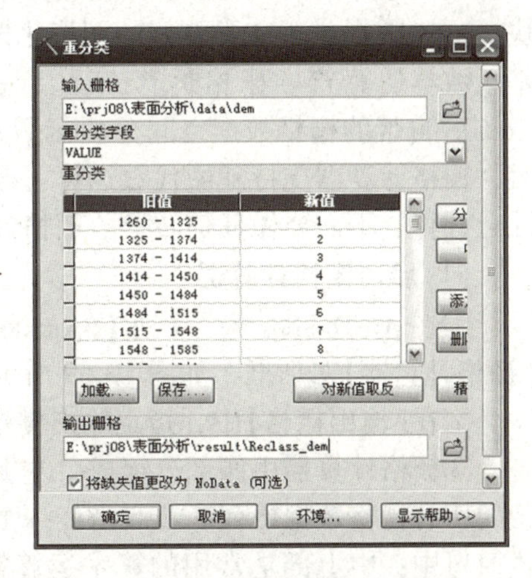

图 10-57　【重分类】对话框

④单击【分类】按钮，打开【分类】对话框，如图 10-58 所示。在【方法】下拉框中选择一种分类方法，包括手动、相等间隔、定义的间隔、分位数、自然间断点分级法、几何间隔，标准差，并设置相关参数，单击【确定】按钮，完成旧值的分类。

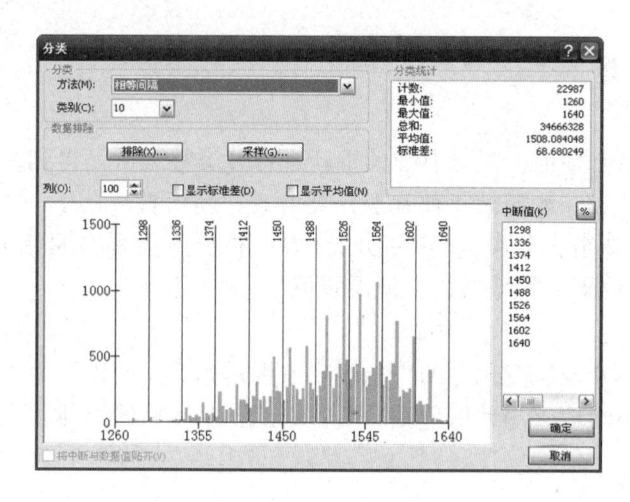

图 10-58 【分类】对话框

⑤在【新值】文本框中定位需要改变数值的位置，然后键入新值。可单击【加载】按钮导入已经制作好的重映射表，也可以单击【保存】按钮来保存当前重映射表。

⑥若要添加新条目，单击【添加条目】按钮，若要删除已存在的条目，则单击【删除条目】按钮，此外，还可以对新值取反，以及设置数值的精度等。

⑦【将缺失值更改为 NoData】为可选项，若选中则将缺失值改成无数据(NoData)。

⑧单击【确定】按钮，完成重分类操作。

10.2.5 栅格计算器

栅格计算是数据处理和分析最为常用的方法，也是建立复杂的应用数学模型的基本模块。ArcGIS 提供了非常友好的图形化栅格计算器。利用栅格计算器，不仅可以方便地完成基于数学运算符的栅格运算，以及基于数学函数的栅格运算，它还可以支持直接调用 ArcGIS 自带的栅格数据空间分析函数，并可方便地实现多条语句的同时输入和运行。同时，栅格计算器支持地图代数运算，栅格数据集可以直接和数字、运算符、函数等在一起混合计算，不需要做任何转换。栅格计算器使用方法如下。

(1)启动栅格计算器

①在 ArcToolbox 中，双击【Spatial Analyst 工具】→【地图代数】→【栅格计算器】，打开【栅格计算器】对话框，如图 10-59 所示。

②在【输出栅格】中，指定输出栅格的保存路径和名称。

③栅格计算器由四部分组成，左上部【图层和变量】选择框为当前 ArcMap 视图中已加载的所有栅格数据层列表，双击任一个数据层名，该数据层名便可自动添加到下部的表达式窗口中；中上部是常用的算术运算符、0~10、小数点、关系运算符面板，单击所需按钮，按钮内容便可自动添加到表达式窗口中；右上部【条件分析】区域为常用的数学、三角函数和逻辑运算命令，同样双击任一个命令，内容便可自动添加到表达式窗口中。

(2)编辑计算公式

①简单算术运算。如图 10-59 所示，在表达式窗口中先输入计算结果名称，再输入等

号(所有符号两边需要加一个空格)，然后在【图层和变量】选择框中双击要用来计算的图层，则选择的图层将会进入表达式窗口参与运算。数据层名尽量用括号括起来，以便于识别。

图 10-59　【栅格计算器】对话框图

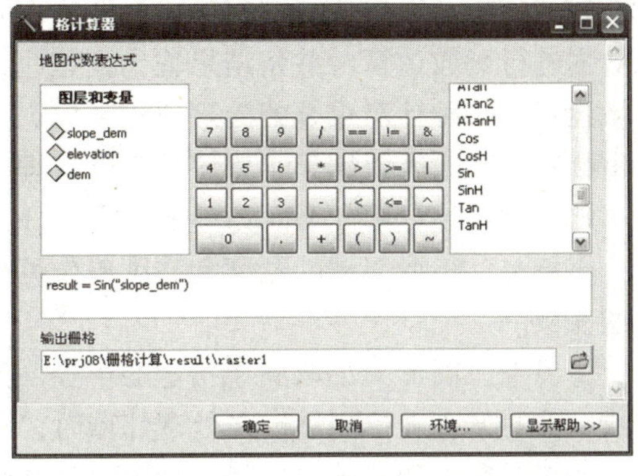

图 10-60　栅格计算器的数学函数运算

②数学函数运算。先单击【函数】按钮，然后在函数后面的括号内加入计算对象，如图10-60 所示。

注意：三角函数以弧度为其默认计算单位。

③空间分析函数运算。栅格数据空间分析函数没有直接出现在栅格计算器面板中，需要手动输入。引用时，首先查阅有关文档，确定函数全名、参数、引用的语法规则；然后在栅格计算器输入函数全名，并输入一对小括号，再在小括号中输入计算对象和相关参数，如图 10-61 所示。

④多语句的编辑。ArcGIS 栅格计算器多表达式同时输入，并且先输入的表达式运算结果可以直接被后续语句引用，如图 10-62 所示。一个表达式必须在一行内输入完成，中间不能换行。此外，如果后输入的函数需要引用前面表达式计算结果，前面表达式必须是一个完整的数学表达式。此外，引用先前表达式的输出对象时，直接引用输出对象名称，对象名称不需要用方括号括起来。输入的表达式检查准确无误后，单击【确定】按钮，执行运算，计算结果将会自动加载到当前 ArcMap 视图窗口中。

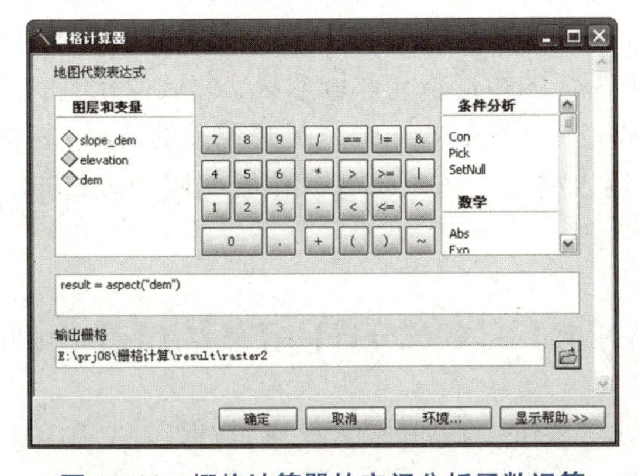

图 10-61　栅格计算器的空间分析函数运算

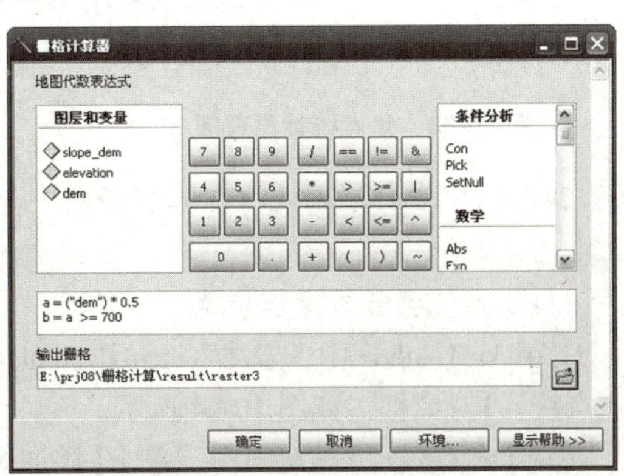

图 10-62　栅格计算器的多语句编辑

10.2.6　邻域分析

邻域分析是以待计算栅格的单元值为中心，向其周围扩展一定范围，基于这些扩展栅格数据进行函数运算，并将结果输出到相应的单元位置的过程。ArcGIS 中存在两种基本的邻域运算：一种针对重叠的处理位置邻域，另一种针对不重叠邻域。焦点统计工具处理具有重叠邻域的输入数据集，块统计工具处理非重叠邻域的数据。

邻域分析过程中，ArcGIS 中提供了以下几种邻域分析窗口类型。

①矩形。矩形邻域的宽度和高度单位可采用像元单位或地图单位。默认大小为 3×3 像元的邻域。

②圆形。圆形大小取决于指定的半径。半径用像元单位或地图单位标识，以垂直于 x 轴或 y 轴的方式进行测量。在处理邻域时，将包括圆形中的所有像元中心。

③环。在处理邻域时，将包括落在外圆半径范围内但位于内圆半径之外的所有像元中心。半径用像元单位或地图单位标识，以垂直于 x 轴或 y 轴的方式进行测量。

④楔形。在处理邻域时，将包括落在楔形内的像元。通过指定半径和角度可创建楔形。半径以像元单位或地图单位指定，从处理像元中心开始，且以垂直于 x 轴或 y 轴的方式测量。楔形的起始角度可以是从 0~360 的整型值或浮点型值。楔形角度的取值范围是以 x 正半轴上的 0 点为起始点，按逆时针增长方向旋转一周，直到返回至 0 点。楔形的终止角度可以是从 0~360 的整型值或浮点型值。使用以起始值和结束值定义的角度来创建楔形。

此外，还有不规则邻域和权重邻域两种情况，由于用得比较少，这里不做介绍。下面以焦点统计分析为例介绍邻域分析的应用。

(1)焦点统计原理

焦点统计工具可执行用于计算输出栅格数据的邻域运算，各输出像元的值是其周围指定邻域内所有输入像元值的函数。对输入数据执行的函数可得出统计数据，例如最大值、平均值或者邻域内遇到的所有值的总和。以图 10-63 中值为 5 的处理像元可演示出焦点统计的邻域处理过程。指定一个 3×3 的矩形像元邻域形状。邻域像元值的总和(3+2+3+4+2+1+4=19)与处理像元的值(5)相加等于 24(19+5=24)。因此将在输出栅格中与输入栅格中该处理像元位置相同的位置指定值 24。

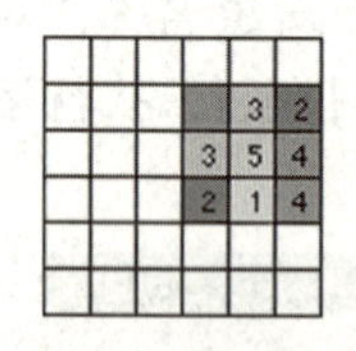

=

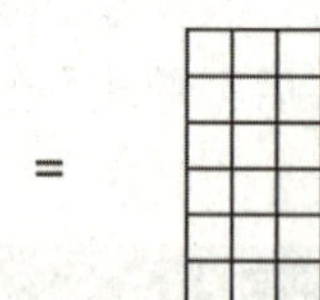

图 10-63　焦点统计原理图

(2)焦点统计分析操作步骤

①在 ArcToolbox 中，双击【Spatial Analyst 工具】→【邻域分析】→【焦点统计】，打开【焦点统计】对话框，如图 10-64 所示。

②在【焦点统计】对话框中，单击【添加图层】按钮，添加【输入栅格】数据(...\ prj10 \ 表面分析 \ data)。

③在【输出栅格】中，指定输出栅格的保存路径和名称。

④在【邻域分析(可选)】下拉框中选择邻域类型，这里选择“矩形”。

⑤在【邻域设置】选项中选择邻域分析窗口的单位，可以是栅格像元或地图单位。

⑥【统计类型】为可选项，下拉框中有10个选项：Mean、Majority、Maximum、Median、Minimum、Minority、Range、STD、Sum和Variety。

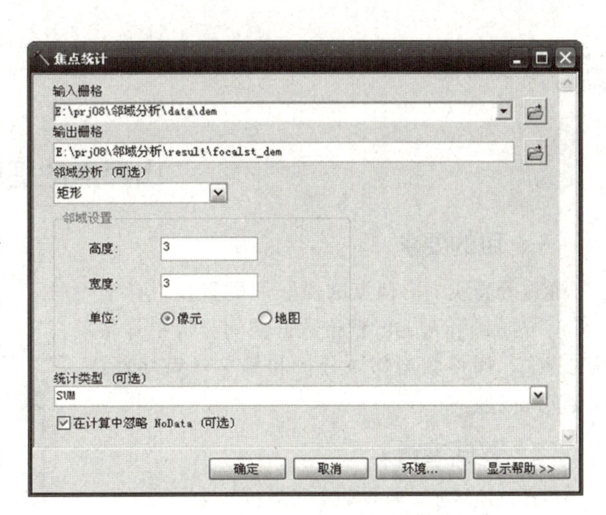

图 10-64 【焦点统计】对话框

- Mean：邻域单元值的平均数。
- Majority：邻域单元值中出现频率最高的数值。
- Maximum：邻域内出现的最大数值。
- Median：邻域单元值中的中央值。
- Minimum：邻域内出现的最小数值。
- Minority：邻域单元值中出现频率最低的数值。
- Range：邻域单元值的取值范围。
- STD：邻域单元值的标准差。
- Sum：邻域单元值的总和。本例选此项。
- Variety：邻域单元值中不同数值的个数。

⑦【在计算中忽略NoData】为可选项，若选中则将忽略NoData的计算。

⑧单击【确定】按钮，完成焦点统计分析操作，结果如图10-65所示。

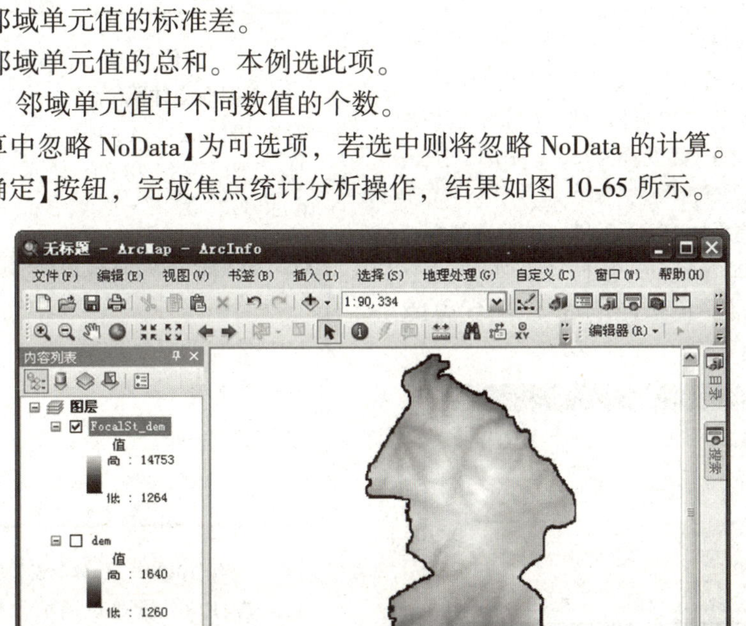

图 10-65 焦点统计分析结果图

任务实施

山顶点的提取

一、目的要求

通过等高线、山顶点的提取和配置、引导学生熟练掌握利用 ArcGIS 栅格数据空间分析中等高线的提取、栅格数据邻域分析和栅格计算功能，解决实际问题。

二、数据准备

某研究地区 1∶10 000DEM 数据。

三、操作步骤

（1）加载 Spatial Analyst 模块和 DEM 数据

①运行 ArcMap，单击【自定义】菜单下的【扩展模块】命令，在打开的窗口中选择 Spatial Analyst，单击【关闭】按钮。

②单击【添加数据】按钮，添加数据（...\ prj10 \ 任务实施 10-2 \ data）。

（2）设置工作路径

单击【地理处理】→【环境】，在弹出的【环境设置】对话框中的【工作空间】区域，【当前工作空间】和【临时工作空间】都设置为“...\ prj10 \ 任务实施 10-2 \ result”。

（3）提取等高距为 15 m 和 75 m 的等高线图

①双击【Spatial Analyst 工具】→【表面分析】→【等值线】，打开【等值线】对话框，如图 10-66 所示。

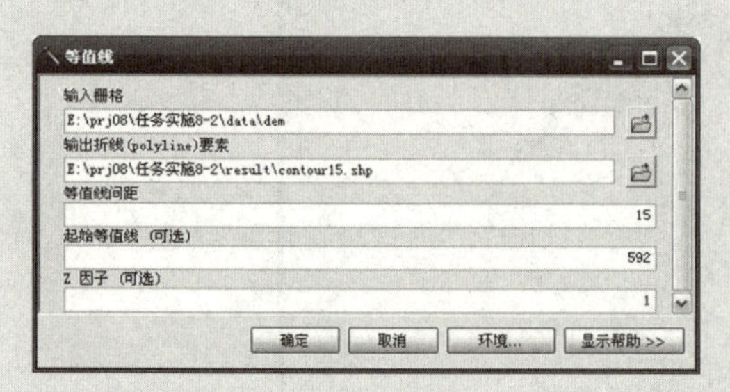

图 10-66 【等值线】对话框

②按图 10-66 设置对话框参数，单击【确定】按钮，生成等高距为 15 m 的等高线图。

③重复以上操作，修改【等值线间距】为75 m，生成等高距为 75 m 的等高线图。

④单击 contour_dem15 数据层的图例，选择显示颜色为灰度 60%。

⑤单击 contour_dem75 数据层的图例，选择显示颜色为灰度 80%，结果如图 10-67 所示。

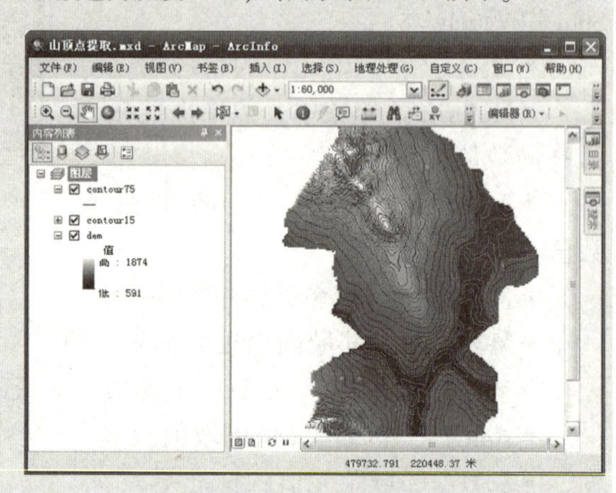

图 10-67 等高线图

（4）提取山体阴影图

①双击【Spatial Analyst 工具】→【表面分析】→【山体阴影】，打开【山体阴影】对话框，如图 10-68所示。

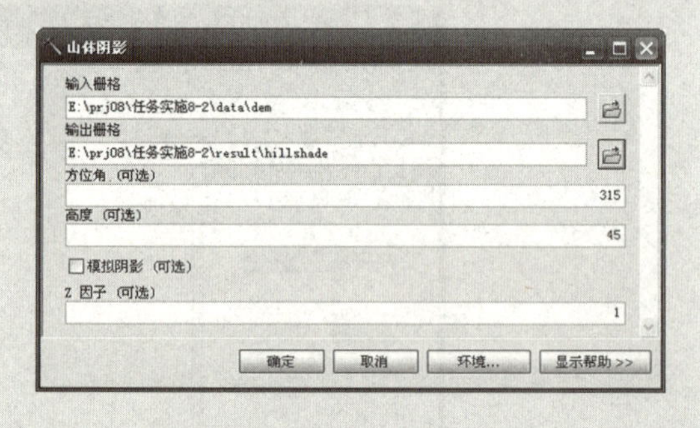

图 10-68 【山体阴影】对话框

②按图 10-68 设置对话框参数，单击【确定】按钮，生成该地区光照晕渲图作为等高线三维背景，结果如图 10-69 所示。

（5）提取有效数据区域

①双击【Spatial Analyst 工具】→【地图代数】→【栅格计算器】，打开【栅格计算器】对话框，如图 10-70 所示。

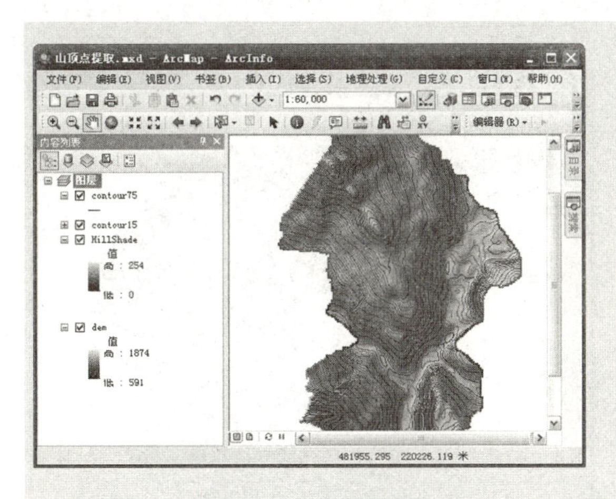

图 10-69 山体阴影图

②按图 10-70 设置对话框参数，单击【确定】按钮，提取有效数据区域，作为等高线三维背景掩膜。

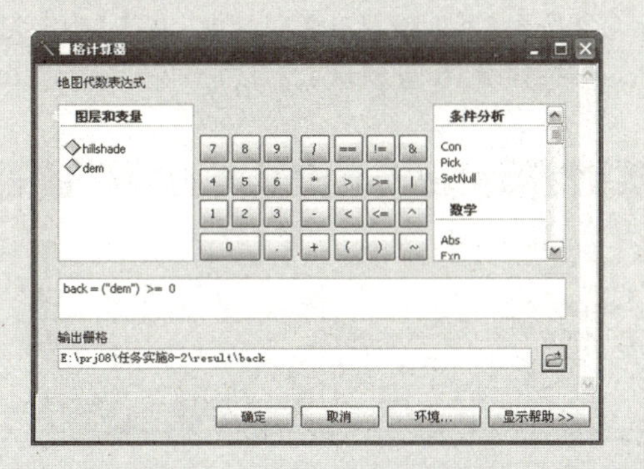

图 10-70 【栅格计算器】对话框

③双击 back 数据层，在弹出的【图层属性】对话框的【显示】属性页设置透明度为 60%，在【符号系统】属性框中设置其显示颜色为灰度 50%，结果如图 10-71 所示。

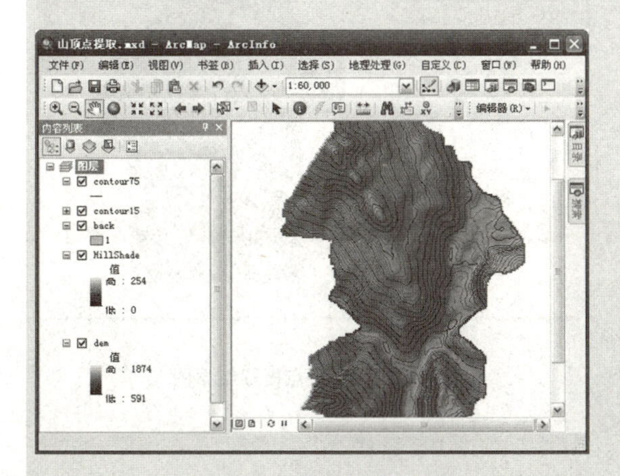

图 10-71 三维立体等高线图

(6) 邻域分析

①双击【Spatial Analyst 工具】→【邻域分析】→【焦点统计】，打开【焦点统计】对话框，如图 10-72 所示。

②按图 10-72 设置对话框参数，单击【确定】按钮，完成焦点统计分析操作(图 10-73)。

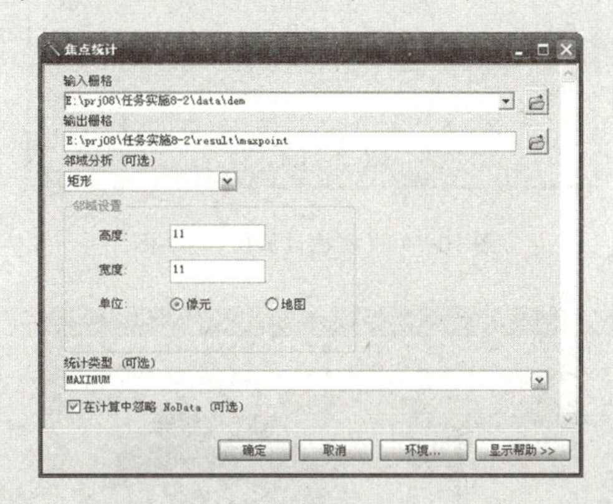

图 10-72 【焦点统计】对话框

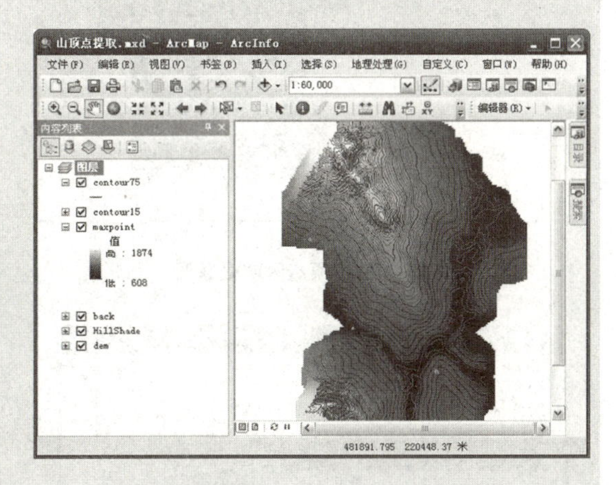

图 10-73 焦点统计分析图

(7) 提取山顶点区域

①双击【Spatial Analyst 工具】→【地图代数】→【栅格计算器】，打开【栅格计算器】对话框，如图 10-74 所示。

②按图 10-74 设置对话框参数，单击【确定】按钮，提取山顶点区域结果如图 10-75 所示。

(8) 重分类数据

①双击【Spatial Analyst 工具】→【重分类】→【重分类】，打开【重分类】对话框，如图 10-76 所示。

②按图 10-76 设置对话框参数，单击【确定】按钮，sd 数据重分类果如图 10-77 所示。

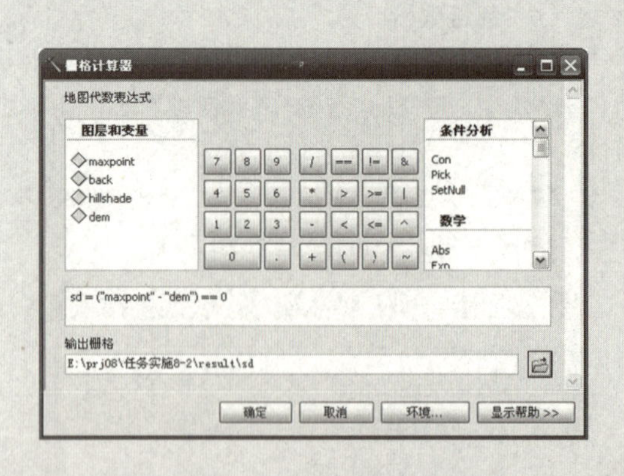

图 10-74 【栅格计算器】对话框

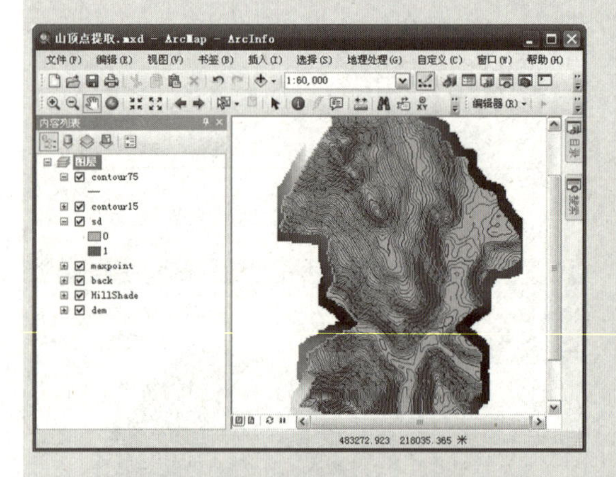

图 10-75 山顶点区域提取图

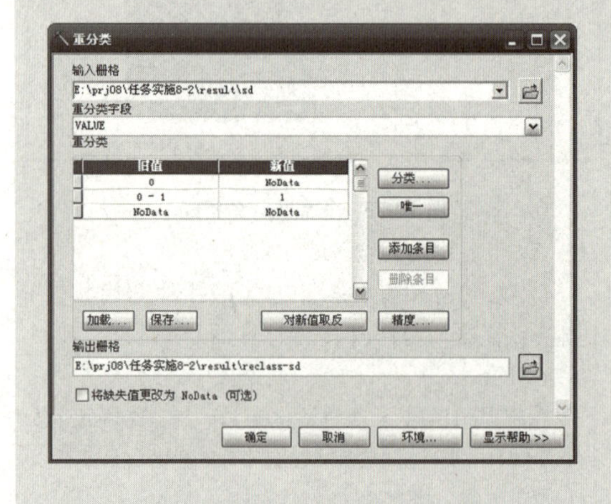

图 10-76 【重分类】对话框

（9）数据转换

①双击【转换工具】→【由栅格转出】→【栅格转点】，打开【栅格转点】对话框，如图 10-78 所示。

②按图 10-78 设置对话框参数，单击【确定】按钮，结果如图 10-79 所示。

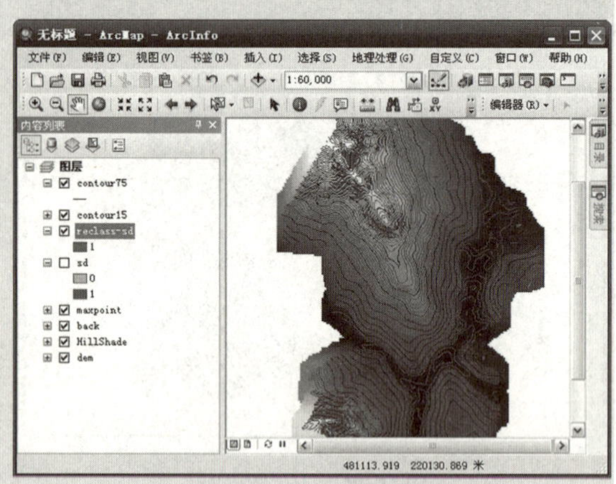

图 10-77 重分类结果图

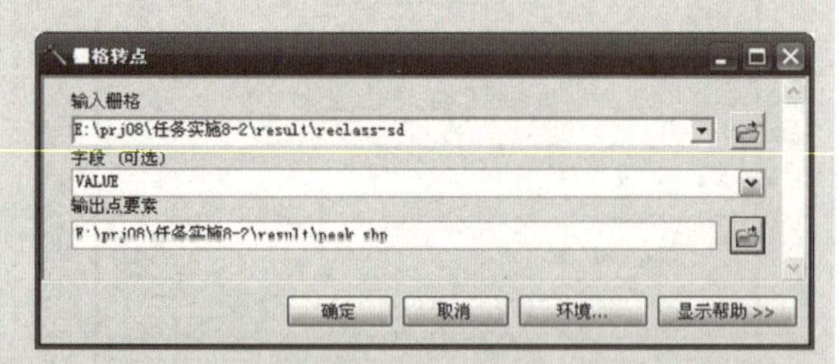

图 10-78 【栅格转点】对话框

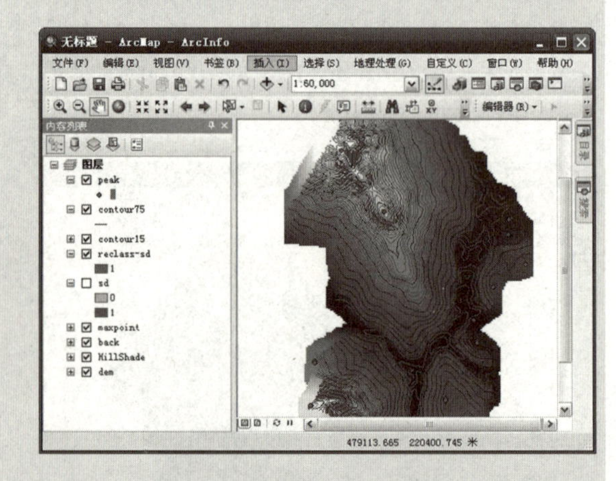

图 10-79 山顶点提取结果图

成果提交

作出书面报告，包括任务实施过程和结果以及心得体会，具体内容如下。

1. 简述山顶点提取的任务实施过程，并附上每一步的结果影像。
2. 回顾任务实施过程中的心得体会，遇到的问题及解决方法。

任务 10.3 ArcScene 三维可视化

任务描述

ArcScene 是 ArcGIS 三维分析模块 3D Analyst 所提供的一个三维场景工具，它可以更加高效地管理三维 GIS 数据、进行二维数据的三维显示以及制作和管理三维动画。本任务将从这些方面入手，学习 ArcScene 三维可视化。

任务目标

能够熟练运用 ArcScene 软件将二维数据进行三维显示，并掌握三维动画的制作方法。

知识准备

在三维场景中浏览数据更加直观和真实，对于同样的数据，三维可视化将使数据能够提供一些平面图上无法直接获得的信息，可以很直观地对区域地形起伏的形态，以及沟、谷、鞍部等基本地形形态进行判读，相较二维图形(如等高线图)更易为读图者所接受。

10.3.1 ArcScene 的工具条

除了【标准】工具条外，ArcScene 中常用的工具条还有【3D Analyst】工具条、【基础工具】工具条和【动画】工具条等。【标准】工具条和【3D Analyst】工具条在前面的内容已经做过介绍，这里就不再赘述。

(1)【基础工具】工具条

【基础工具】工具条中共有 17 个工具，包含了对三维地图数据进行导航、查询、测量等操作的主要工具，各按钮对应的功能见表 10-2。

表 10-2 【基础工具】工具条功能

图标	名 称	功能描述
	导航	导航 3D 视图
	飞行	在场景中飞行
	目标处居中	将目标位置居中显示

（续）

图标	名　称	功能描述
	缩放至目标	缩放到目标处视图
	设置观察点	在指定位置上设置观察点
	放大	放大视图
	缩小	缩小视图
	平移	平移视图
	全图	视图以全图显示
	选择要素	选择场景中的要素
	清除所选要素	清除对所选要素的选择
	选择图形	选择、调整以及移动地图上的文本、图形和其他对象
	识别	查询属性
	HTML 弹出窗口	触发要素中的 HTML 弹出窗口
	查找要素	在地图中查找要素
	测量	几何测量
	时间滑块	打开时间滑块窗口以便处理时间感知型图层和表

（2）【动画】工具条

【动画】工具条中共有 12 个工具，包含了创建动画要用到的主要工具，各按钮对应的功能见表 10-3。

表 10-3　【动画】工具条功能

图标	名　称	功能描述
动画(A)▾	动画	显示一个包含所有其他动画工具的菜单
	清除动画	从文档中移除所有动画轨迹
	创建关键帧	为新轨迹或现有轨迹创建关键帧
	创建组动画	创建用于生成分组图层属性动画的轨迹
	创建时间动画	创建用于生成时间地图动画的轨迹
	根据路径创建飞行动画	通过定义照相机或视图的行进路径来创建轨迹
	沿路径移动图层	根据 ArcScene 中的路径创建图层轨迹
	加载动画文件	将现有动画文件加载到文档
	保存动画文件	保存动画文件
	导出动画	将动画文件导出为视频或连续图像
	动画管理器	编辑和微调动画、修改关键帧属性和轨迹属性，以及在预览更改效果时编辑关键帧和轨迹的时间
	捕获视图	通过捕获视图创建一个动画
	打开动画控制器	打开【动画控制器】对话框

10.3.2 要素的三维显示

在三维场景中显示要素的先决条件是要素必须以某种方式赋予高程值或其本身具有高程信息。因此，要素的三维显示主要有两种方式：一种是具有三维几何的要素，在其属性中存储有高程值，可以直接使用其要素几何中或属性中的高程值，实现三维显示；另外一种是缺少高程值的要素，可以通过叠加或突出两种方式在三维场景中显示。所谓叠加，即将要素所在区域的表面模型的值作为要素的高程值，如将所在区域栅格表面的值作为一幅遥感影像的高程值，可以对其做立体显示；突出则是指根据要素的某个属性或任意值突出要素，如要想在三维场景中显示建筑物要素，可以使用其高度或楼层数这样的属性来将其突出显示。

ArcGIS 的三维分析功能在要素属性对话框中提供了要素图层在三维场景中的 3 种显示方式：①使用属性设置图层的基准高程；②在表面上叠加要素图层设置基准高程；③突出要素。还可以结合多种显示方式，如先使用表面设置基准高程，然后在表面上再突出显示要素。

(1) 通过属性进行三维显示

通过属性进行三维显示的操作步骤如下。

①启动 ArcScene，单击【添加数据】按钮，加载等高线数据(...\ prj10\ 三维可视化\ data)。

②双击等高线图层，打开【图层属性】对话框，如图 10-80 所示。

③在【图层属性】对话框中，单击【基本高度】标签，切换到【基本高度】选项卡，在【从要素获取的高程】区域中选择【使用常量值或表达式】单选按钮，单击按钮，弹出【表达式构建器】对话框；双击字段里的“高程”输入到表达式中，单击【确定】按钮。关闭【表达式构建器】对话框。

④单击【确定】按钮，完成操作，结果如图 10-81 所示。

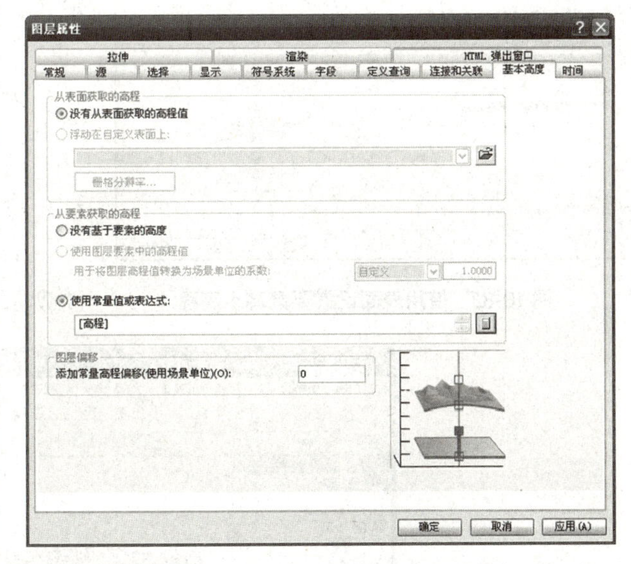

图 10-80 设置要素图层的基准高程

(2) 通过表面进行三维显示

通过表面进行三维显示的操作步骤如下。

①启动 ArcScene，单击【添加数据】按钮，加载小班和 dem 数据(...\ prj10\ 三维可视化\ data)。

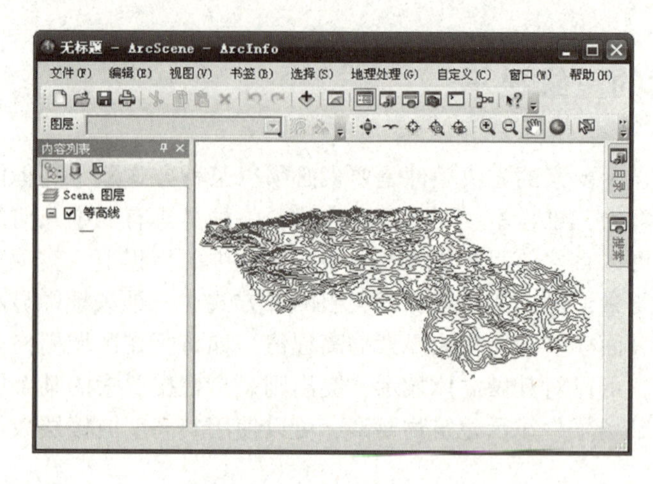

图 10-81 等高线要素的三维显示

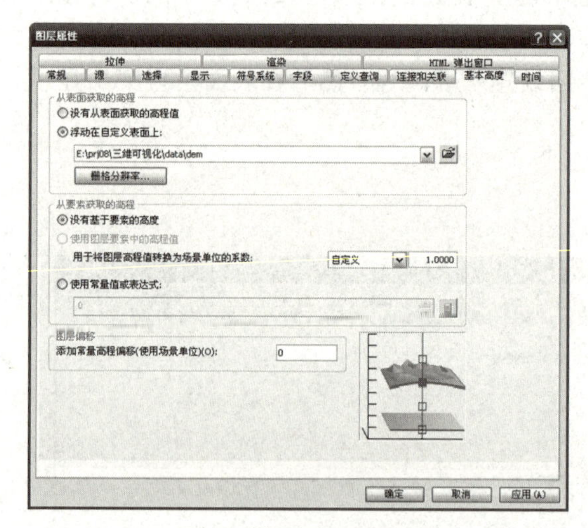

图 10-82 使用表面设置要素基准高程

②双击小班图层，打开【图层属性】对话框，如图 10-82 所示。

③在【图层属性】对话框中，单击【基本高度】标签，切换到【基本高度】选项卡，在【从表面获取的高程】区域中选择【浮动在自定义表面上】单选按钮，在下拉框中选择“dem”，其他参数保持默认值。

④单击【确定】按钮，完成操作，结果如图 10-83 所示。

(3)要素的突出显示

要素突出显示的操作步骤如下。

①启动 ArcScene，单击【添加数据】按钮，加载货场数据(...\ prj10 \ 三维可视化 \ data)。

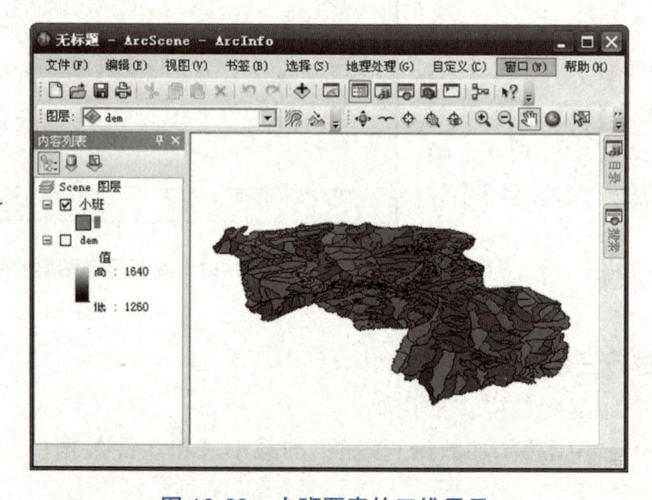

图 10-83 小班要素的三维显示

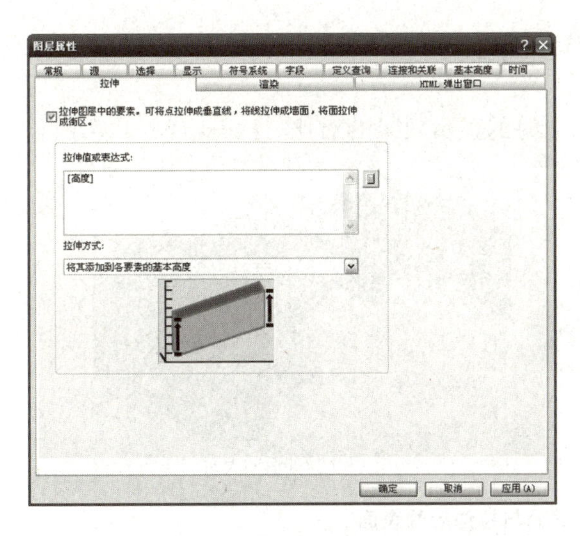

图 10-84 设置对要素进行突出显示

②双击货场图层，打开【图层属性】对话框，如图 10-84 所示。

③在【图层属性】对话框中，单击【拉伸】标签，切换到【拉伸】选项卡，选中【拉伸图层中的要素】复选框，单击▤按钮，弹出【表达式构建器】对话框；双击字段里的“高度”输入到表达式中，单击【确定】按钮。关闭【表达式构建器】对话框。

④在【拉伸方式】下选择“将其添加到各要素的基本高度”。

⑤单击【确定】按钮，完成操作，结果如图 10-85 所示。

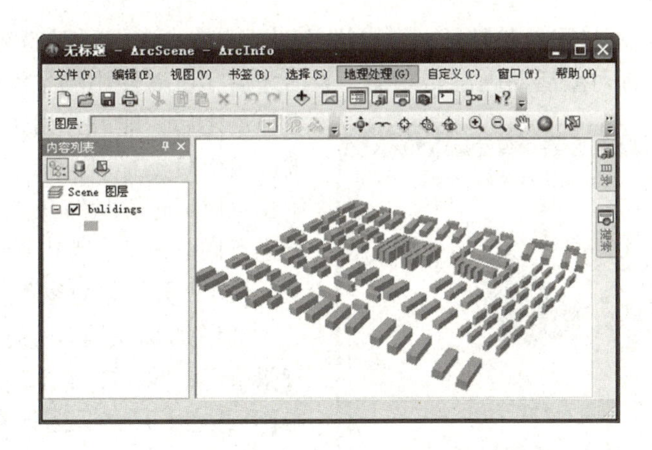

图 10-85 突出显示结果

10.3.3 设置场景属性

在实现要素或表面的三维可视化时，为了达到更好的显示效果，还需要对场景属性进行一些设置，所有操作在通过进行三维显示的基础上进行。

(1)垂直夸大

为了更好地表示地表高低起伏的形态，有时需要进行垂直拉伸，以免地形显示过于陡峭或平坦。

①在 ArcScene 窗口中，单击【视图】→【场景属性】命令，打开【场景属性】对话框，如图 10-86 所示。

②在【常规】选项卡中，单击【垂直夸大】下拉框

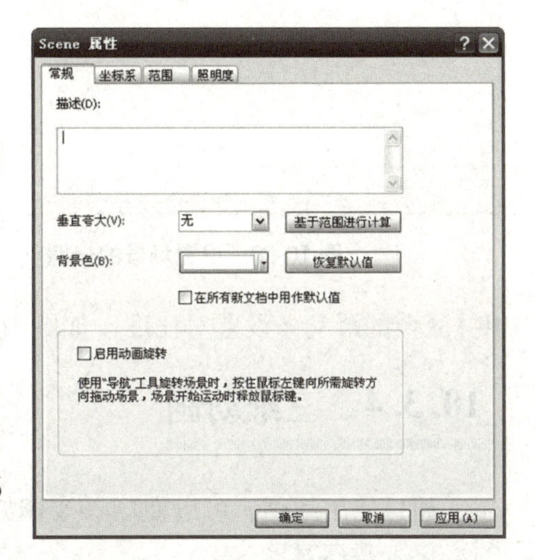

图 10-86 【Scene 属性】对话框

选择垂直夸大系数，或者点击【基于范围进行计算】按钮，系统将根据场景范围与高程变化范围自动计算垂直拉伸系数。

图 10-87 为原始表面与设置拉伸系数为 2 时的显示效果的对比。

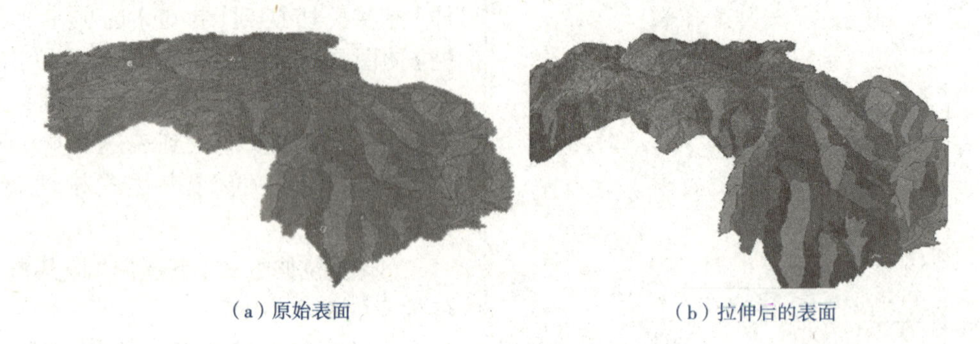

（a）原始表面　　　（b）拉伸后的表面

图 10-87　原始表面与拉伸后的表面

(2) 使用动画旋转

为全面地了解区域地形地貌特征，可以进行动画旋转。在【常规】选项卡中，选中【启用动画旋转】复选框，即可激活动画旋转功能，激活之后，可以使用场景漫游工具将场景左右拖动之后，即可开始进行旋转，旋转的速度决定于鼠标释放前的速度，在旋转的过程中也可以通过键盘的 Page Up 键和 Page Down 键进行调节速度。点击场景即可停止其转动。

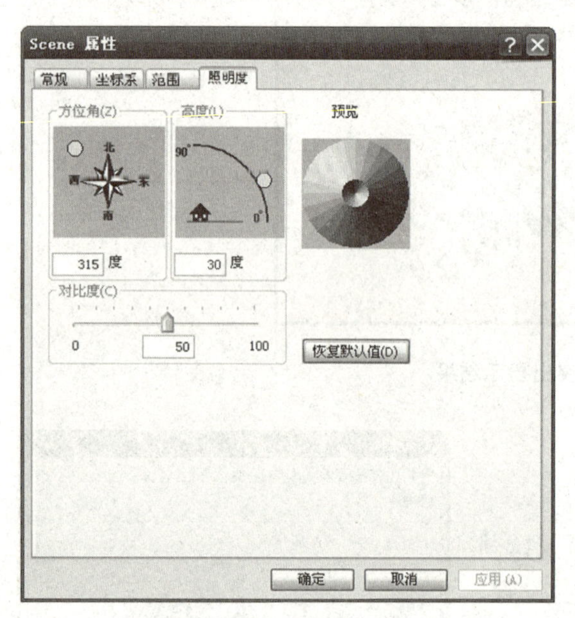

图 10-88　设置场景的光照

(3) 设置场景背景颜色

为增加场景真实感，需要设置合适的背景颜色。同样，在【常规】选项卡中，单击【背景色】下拉框选择背景颜色，同时还可以选中【在所有新文档中用作默认值】复选框，将所选颜色设置为场景默认背景色。

(4) 设置场景的光照

根据不同分析需求，设置不同的场景光照条件，包括入射方位角、入射高度角及表面阴影对比度。

在【照明度】选项卡中，可以通过手动输入方位角和高度角。同时通过拖动【对比度】区域的滑动条设置对比度，如图 10-88 所示。

10.3.4　三维动画

通过使用动画，可以使场景栩栩如生，能够通过视角、场景属性、地理位置以及时间的变化来观察对象。

10.3.4.1 创建动画

动画由一条或多条轨迹组成，轨迹控制着对象属性的动态改变。例如，场景背景颜色的变化，图层视觉的变化或者观察点的位置的变化。轨迹是由一系列帧组成，而每一帧是某一特定时间的对象属性的快照，是动画中最基本的元素。在 ArcScene 中可以通过以下几种方法生成三维动画。

(1)通过创建一系列关键帧组成轨迹创建动画

在【动画】工具条中提供了创建关键帧的工具。可以通过改变场景的属性(例如场景的背景颜色、光照角度等)、图层的属性(图层的透明度、比例尺等)以及观察点的位置来创建不同的帧。然后用创建的一组帧组成轨迹演示动画。动画功能会自动平滑两帧之间的过程。例如，可以改变场景的背景颜色由白变黑，同时改变场景中光照的角度来制作一个场景由白天到黑夜的动画。操作步骤如下。

①启动 ArcScene，打开 exercise1. sxd 文档(...\ prj10 \ 三维可视化 \ data)。

②在工具栏上右击鼠标，在弹出菜单中选择【动画】，加载【动画】工具条。

③在【动画】工具条上，单击【动画】下拉菜单，选择【创建关键帧】命令，打开【创建动画关键帧】对话框，如图 10-89 所示。

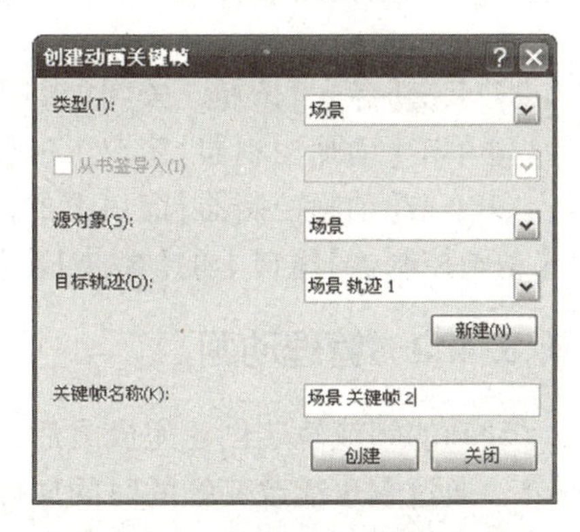

图 10-89 【创建动画关键帧】对话框

④在【类型】下拉框中选择“场景”，单击【新建】按钮，创建新轨迹。

⑤单击【创建】按钮，创建一个新的帧。

⑥改变场景属性之后，再次单击【创建】按钮，创建第二帧，根据需要抓取全部所需的帧。

⑦抓取完全部的帧之后，单击【关闭】按钮，关闭【创建动画关键帧】对话框。

⑧单击【动画控制器】按钮，打开【动画控制器】窗口，如图 10-90 所示，单击【播放】按钮，播放动画。

图 10-90 【动画控制器】窗口

⑨单击【动画】→【清除动画】，可以清除创建的动画。

(2)通过录制导航动作或飞行创建动画

单击【动画控制器】窗口上的【录制】按钮开始录制，在场景中通过导航工具进行操作或通过飞行工具进行飞行。操作结束后，点击【录制】按钮停止录制。这个工具类似录像器，将场景中的导航操作或飞行动作的过程录制下来形成动画。

(3)通过捕获视图作为关键帧创建动画

通过导航工具将场景调整到某一合适的视角，单击【动画】工具条上的【捕获视图】按钮，创建显示该视角的关键帧 1，然后将场景调整到另一个合适的视角，创建显示该视角的关键帧 2，依次可创建多个视角的关键帧。动画功能会自动平滑两视角间的过程，形成一个完整的动画过程。

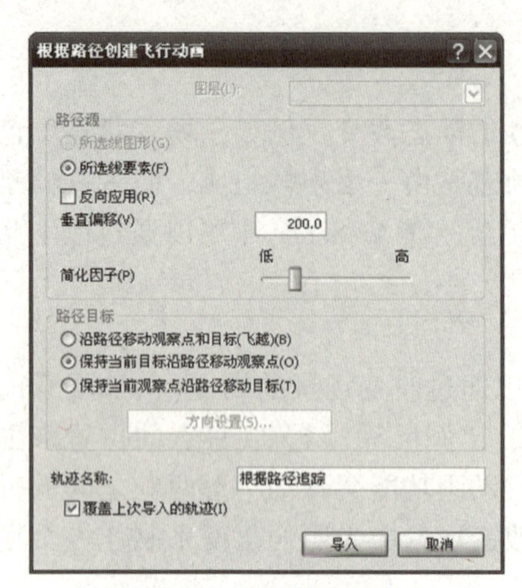

图 10-91　【根据路径创建飞行动画】对话框

(4)根据路径创建飞行动画

根据路径创建飞行动画的操作步骤如下。

①启动 ArcScene，打开 exercise2. sxd 文档(...\prj10\三维可视化\data)。

②右击 Flight Path 图层，在弹出菜单中单击【选择】→【全部】，将 Flight Path 图层的所有要素全部选中。

③在【动画】工具条上单击【动画】→【根据路径创建飞行动画】，打开【根据路径创建飞行动画】对话框，如图 10-91 所示。

④在【垂直偏移】文本框中输入“200”。

⑤在【路径目标】区域，创建一个新的帧。

⑥改变场景属性之后，单击【保持当前目标路径移动观察点】单选按钮。

⑦点击【导入】按钮，关闭【根据路径创建飞行动画】对话框。

⑧单击【动画控制器】窗口上的【播放】按钮，播放动画。

⑨单击【动画控制器】窗口上的【选项】按钮，在【按持续时间】文本框中输入“50”，单击【动画控制器】窗口上的【播放】按钮，对比两次播放的区别。

10. 3. 4. 2　管理动画

动画的帧或轨迹创建完成之后，可以用动画管理器编辑和管理组成动画的帧和轨迹。另外，通过它也能改变帧的时间属性，并可预览动画播放效果。操作步骤如下。

①在【动画】工具条上单击【动画】→【动画管理器】，打开【动画管理器】对话框，如图 10-92 所示。

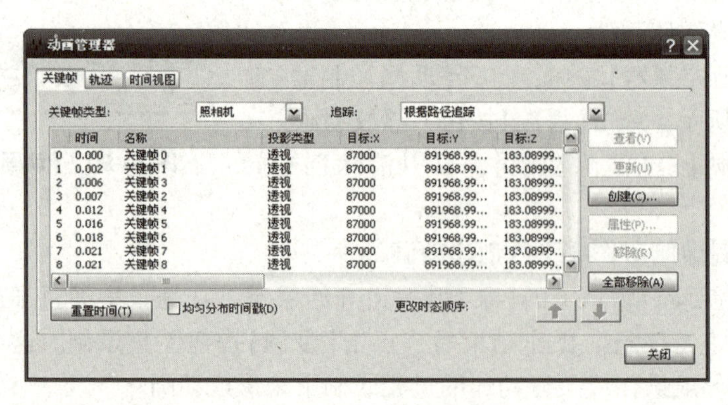

图 10-92　【动画管理器】对话框

②在【动画管理器】对话框中，对各种参数进行管理。

10. 3. 4. 3　保存动画

在 ArcScene 中制作的动画可以存储在当前的场景文档中，即保存在 SXD 文档中，也可存储为独立的 ArcScene 动画文件(. asa)用来与其他的场景文档共享，同时也能将动画导出成一个 AVI 文件，被第三方的软件调用。

(1)将动画存储为独立的 ArcScene 动画文件

将动画存储为独立的 ArcScene 动画文件的操作步骤如下。

①在【动画】工具条上单击【动画】→【保存动画文件】，打开【保存动画】对话框，如图 10-93所示。

②在【保存动画】对话框中指定存储路径及文件名。

③单击【保存】按钮，完成动画的保存。

(2)将动画导出为 AVI 文件

将动画导出为 AVI 文件的操作步骤如下。

①在【动画】工具条上单击【动画】→【导出动画】，打开【导出动画】对话框，如图 10-94所示。

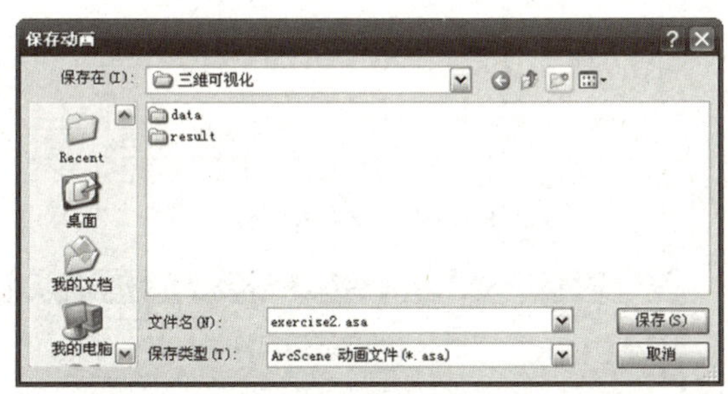

图 10-93 【保存动画】对话框

图 10-94 【导出动画】对话框

②在【导出动画】对话框中指定存储路径及文件名。

③单击【导出】按钮，完成动画的导出。

 任务实施

Dem 与遥感影像制作三维动画

一、目的要求

通过 Dem 与遥感影像的叠加、引导学生熟练掌握应用 ArcScene 三维显示功能，快速逼真的模拟出三维地形的二维图像，并按照一定比例尺和飞行路线生成研究区域的虚拟三维影像动画。

二、数据准备

某研究地区 1∶10 000DEM 数据、SPOT2. 5 m 影像数据、小班数据。

三、操作步骤

(1)加载数据

启动 ArcScene，添加数据(...\ prj10 \ 任务实施 10-3 \ data)，结果如图 10-95 所示。

(2)设置图层的显示顺序

①双击小班图层，打开【图层属性】对话框，单击【渲染】标签，切换到【渲染】选项卡，如图 10-96 所示。

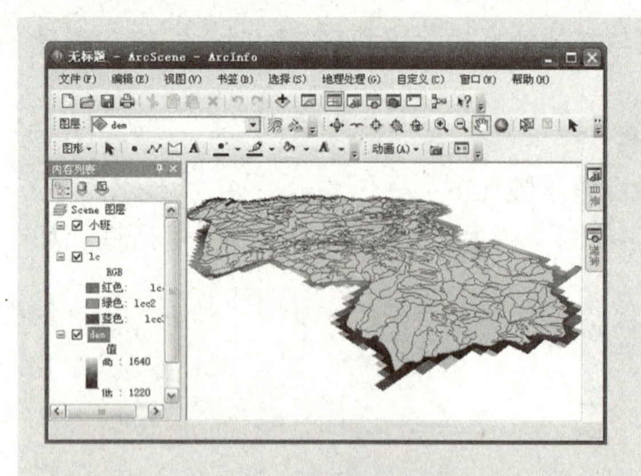

图 10-95　数据显示效果

②按图 10-96 设置对话框参数，单击【确定】按钮，完成图层显示顺序设置操作，结果如图 10-97 所示。

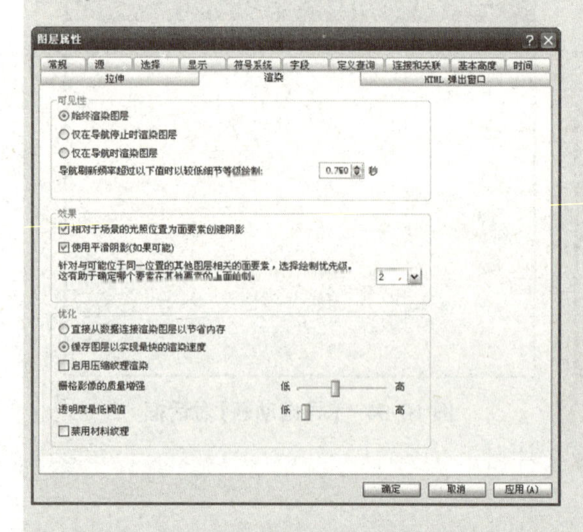

图 10-96　设置图层显示顺序

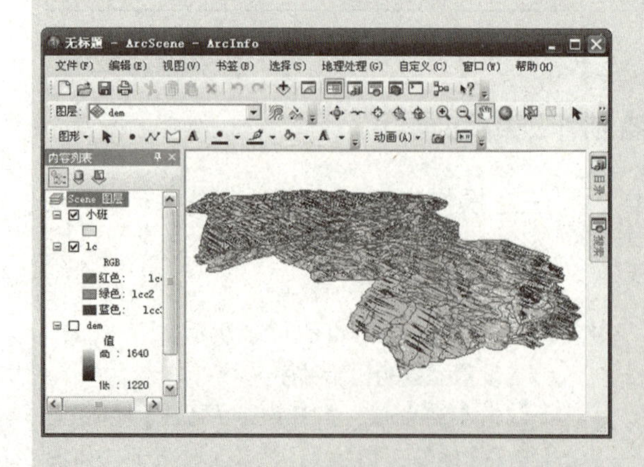

图 10-97　图层显示顺序调整效果

（3）遥感影像数据三维显示

①双击 lc 图层，打开【图层属性】对话框，单击【基本高程】标签，切换到【基本高程】选项卡，如图 10-98 所示。

②按图 10-98 设置对话框参数，单击【确定】按钮，完成影像的三维显示，结果如图 10-99 所示。

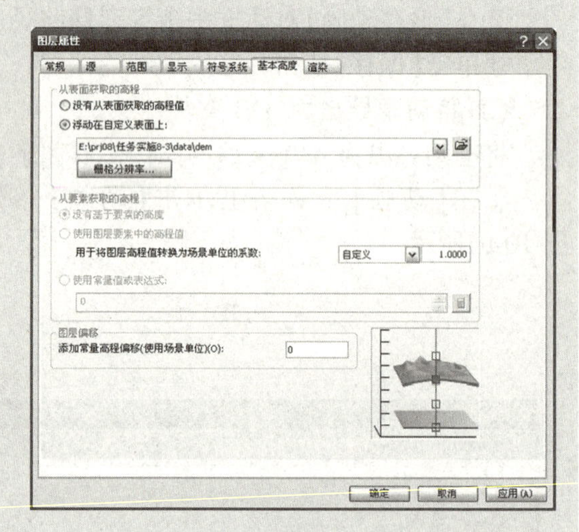

图 10-98　设置影像基本高程

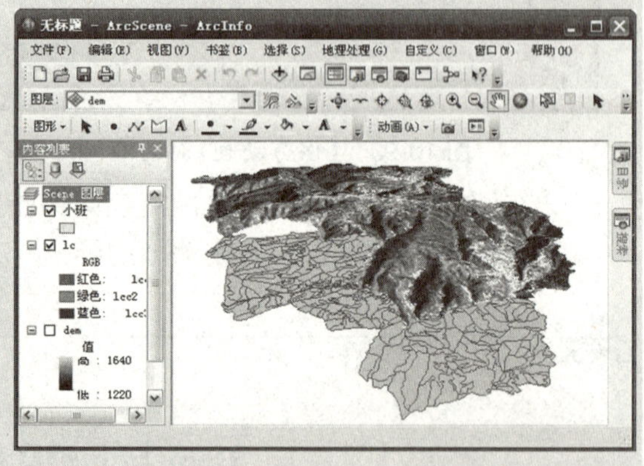

图 10-99　影像的三维显示

（4）矢量数据三维显示

①双击小班图层，打开【图层属性】对话框，单击【基本高程】标签，切换到【基本高程】选项卡，如图 10-100 所示。

②按图 10-100 设置对话框参数，设置小班图层的基本高程。

③单击【符号系统】标签，切换到【符号系统】选项卡，如图 10-101 所示。

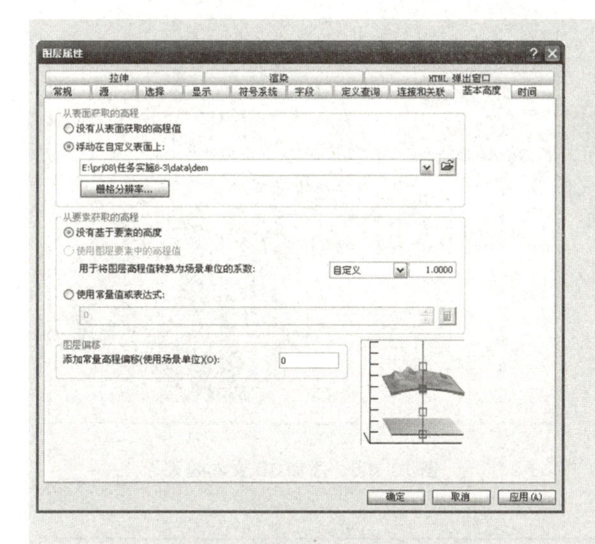

图 10-100 设置矢量数据基本高程

④按图 10-101 设置对话框参数，设置小班图层的符号系统。

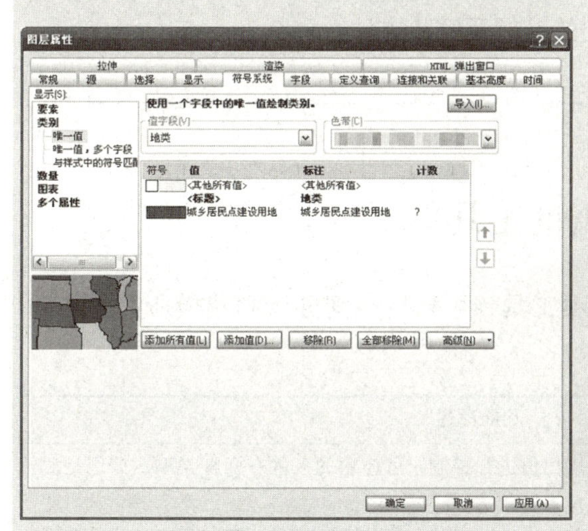

图 10-101 矢量数据的符号设置

⑤单击【确定】按钮，完成小班图层的三维显示，结果如图 10-102 所示。

（5）设置场景属性

①双击 Scene 图层，打开【场景属性】对话框，如图 10-103 所示。

②按图 10-103 设置对话框参数，单击【确定】按钮，完成场景属性设置，结果如图 10-104 所示。

（6）添加 3D 文本（村庄）

①在工具栏上点右键，在弹出菜单中选择【3D 图形】，打开【3D 图形】工具条，如图 10-105 所示。

图 10-102 矢量数据三维显示

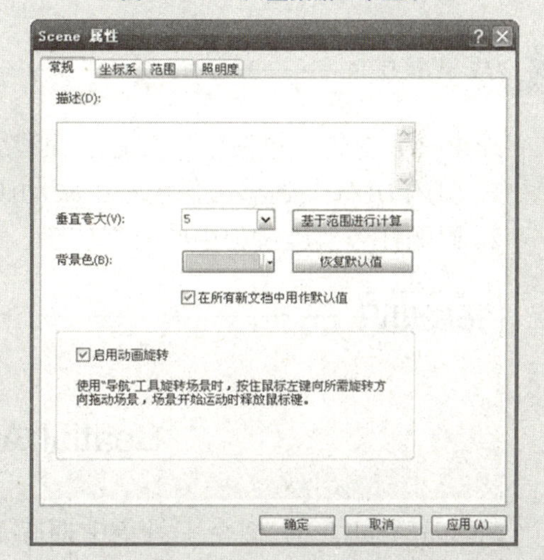

图 10-103 设置场景属性

图 10-104 场景属性设置显示效果

图 10-105 【3D 图形】工具条

②在【3D 图形】工具条上，单击【3D 文本】按钮，在指定位置添加 3D 文本，并设置字体、颜色和大小等参数，结果如图 10-106 所示。

（7）录制动画

单击【动画控制器】窗口上的【录制】按钮开始录制，在场景中通过导航工具进行操作，操作结束后，点击录制按钮停止录制。

（8）保存动画

按照保存动画的操作步骤，保存本次三维动画，结果保存在“...\ prj10 \ 任务实施 10-3 \ result”文件夹内。

图 10-106 添加 3D 文本效果

 成果提交

作出书面报告，包括任务实施过程和结果以及心得体会，具体内容如下。

1. 简述 DEM 与遥感影像制作三维动画的任务实施过程，并附上每一步的结果影像。
2. 回顾任务实施过程中的心得体会，遇到的问题及解决方法。

拓展知识

Spatial Analyst 工具集

Spatial Analyst 的 22 个工具集中拥有 170 项工具，可执行空间分析和建模所需的各项操作。

工具集	功能描述
条件分析	允许基于在输入值上应用的条件对输出值进行控制，可应用的条件有两种类型，分别是对属性的查询或基于列表中条件语句位置的条件
密度分析	可用于计算每个输出栅格像元周围邻域内输入要素的密度
距离	用于通过以下方式执行距离分析： • 欧氏（直线）距离； • 成本加权距离； • 用于垂直移动限制和水平移动限制的成本加权距离； • 源之间具有最小行程成本的路径和廊道
提取分析	可用于根据像元的属性或其空间位置从栅格中提取像元的子集，也可以获取特定位置的像元值作为点要素类中的属性或作为表
栅格综合	可用于清理栅格中较小的错误数据，或者用于概化数据以便删除常规分析中不需要的详细信息

（续）

工具集	功能描述
地下水分析	可用于对地下水流中的成分构建基本的对流-扩散模型。以下主题介绍了这些工具的理论方面的背景信息以及一些实现方法示例，可通过单独或按顺序应用“地下水分析”工具来为地下水流建立模型并进行分析
水文分析	用于为地表水流建立模型，可通过单独或按顺序应用“水文分析”工具来创建河流网络或描绘分水岭
插值	用于根据采样点值创建连续（或预测）表面。栅格数据集的连续表面制图表达表示某些测量值，例如高度、密度或量级（如高程、酸度或噪点级别）。表面插值工具可根据输出栅格数据集中所有位置的采样测量值进行预测，而无论是否已在该位置进行了测量
局部	可以将输出栅格中各个像元位置上的值作为所有输入项在同一位置上的值的函数进行计算。通过局部工具，可以合并输入栅格，计算输入栅格上的统计数据，还可以根据多个输入栅格上各个像元的值，为输出栅格上的每个像元设定一个评估标准
地图代数	“地图代数”是通过使用代数语言创建表达式以执行空间分析的一种方法。使用栅格计算器工具，您可以轻松创建和运行能够输出栅格数据集的“地图代数”表达式
数学常规	可对输入应用数学函数。这些工具可分为几种类别。算术工具可执行基本的数学运算，例如加法和乘法。还有几种工具可以执行各种类型的幂运算，除了基本的幂运算之外，还可以执行指数和对数运算。其余工具可用于转换符号，或者用于在整型数据类型和浮点型数据类型之间进行转换
数学按位	按位数学工具用于计算输入值的二进制表示
数学逻辑	可对输入的值进行评估，并基于布尔逻辑确定输出值。这些工具划分为4个主要类别：布尔、组合、逻辑和关系
数学三角函数	可对输入栅格值执行各种三角函数计算
多元分析	通过多元统计分析可以探查许多不同类型的属性之间的关系。在ArcGIS Spatial Analyst中有两种类型的可用多元分析，分别是“分类”（监督和非监督）和“主成分分析”（PCA）
邻域分析	邻域工具基于自身位置值以及指定邻域内标识的值为每个像元位置创建输出值。邻域可分为两类：移动或搜索半径
叠加分析	可以将权重应用到多个输入中，并将它们合并成一个输出。适宜性建模是“叠加分析”工具最为常见的应用
栅格创建	可生成新栅格，在该栅格中输出值将基于常量分布或统计分布
重分类	提供了多种可对输入像元值进行重分类或将输入像元值更改为替代值的方法
太阳辐射	通过太阳辐射分析工具可以针对特定时间段太阳对某地理区域的影响进行制图和分析
表面分析	可以利用“表面分析”工具量化及可视化地形地貌
区域分析	可用于对属于每个输入区域的所有像元执行分析，输出是执行计算后的结果。虽然区域可以定义为具有特定值的单个区域，但它也可由具有相同值的多个断开元素或区域组成。区域可以定义为栅格或要素数据集。栅格必须为整型，而且要素必须拥有整型或字符串类型属性字段

模块四

“3S”技术在林业生产中的综合应用

我国深入践行绿水青山就是金山银山的理念，开展了山水林田湖草沙一体化保护和系统治理工程建设。林业“3S”技术则广泛应用于该系统治理工程建设中森林资源调查与监测、森林资源保护与管护、国土绿化规划设计与施工、森林草原防灭火、草原和湿地保护修复、野生动植物保护、防沙治沙和林草资源监督管理、林草有害生物防治等等林业生产过程。使森林更好发挥水库、钱库、粮库和碳库作用，为国家生态安全，提高森林资源质量，打好蓝天、碧水、净土保卫战和抓好生态文明建设工作发挥重要作用。本模块通过1个项目3个任务的学习，使学生熟悉“3S”技术集成方法、常用的仪器工具，掌握“3S”技术在森林资源调查、森林防火工作中的综合性使用方法。

项目11 “3S”技术在林业生产中的综合应用

“3S”技术在林业生产中往往是以“集成”的形式加以应用，如森林资源调查、森林资源管护的外业工作中 GPS 与 RS 配合使用取得相关数据；内业工作时，使用 GIS 软件，对 RS 影像和 GPS 数据进行综合处理，得出相应图表、数据空间分析结果。通过本项目中调查工具软件使用、“3S”技术在森林资源调查中的应用和“3S”技术在森林防火中的应用 3 个任务的学习和训练，使学生能够熟悉“3S”技术在森林资源调查、森林防火中的应用思路和方法，具备相关仪器工具的使用能力。

知识目标

1. 掌握林业空间数据获取途径及共享方法。
2. 掌握林业属性数据获取途径及处理方法。
3. 掌握林业资源数据协调处理的方法。
4. 熟悉 RS、GPS、GIS 在林业生产中的综合应用模式。
5. 熟悉目前常见的森林调查软件种类和工作原理。

技能目标

1. 能够熟悉应用“3S”技术在林业生产中的工作步骤和思路。
2. 能够熟练掌握 RS、GPS、GIS 在林业生产中正确设置坐标系的方法。
3. 能够熟练掌握应用相关软件完成林业生产成果材料的处理方法。
4. 能够运用应用相关软件独立处理林业生产综合应用中各种数据。
5. 能够使用 MG758 GPS、林调通等软件进行森林资源调查、森林防火、森林督查等。

任务 11.1 “3S”技术在森林资源调查中的应用

任务描述

森林资源规划设计调查(简称二类调查)是最常用的森林资源调查方法之一，是当前技术条件下全面掌握森林经营单位的森林、林地和林木资源的种类、数量、质量及其分布的唯一手段。本任务将从二类调查工作步骤入手，学习“3S”技术在其中的综合应用。

任务目标

1. 掌握调查区域地理坐标系的确定与设置、地形图与遥感图像的配准、建立空间数据图层等技术技能。

2. 能够熟练运用 RS、GPS、GIS 及各相关软件共同完成对二类调查中各种空间数据与属性数据的处理，并形成成果材料，为林业生产的科学决策提供依据。

知识准备

二类调查主要包括前期准备、森林资源调查(或外业调查)及成果编制 3 个步骤。

(1)二类调查的前期准备工作

二类调查的前期准备工作主要是指利用“3S”技术进行野外工作手图编制。使用最新版 1∶1 万地形图与遥感图像(RS)等数据源，通过 GIS 软件进行野外工作手图编制，以便高效地完成野外调查工作。

(2)森林资源调查

森林资源调查是指对林业的土地进行自然属性和非自然属性调查。自然属性主要是指森林资源状况；非自然属性包括森林经营历史、经营条件及未来发展等方面。“3S”技术在二类调查中，主要利用 GPS 完成外业调查辅助定位。通过实训使学生掌握在调查中用 GPS 辅助调查定位，以获取更加精确的空间数据，为森林资源调查精度提供保证。

(3)“3S”技术在二类调查中的成果编制

主要是通过 GIS 软件依据野外工作手图，在地形图和 RS 图像的参照下，对小班边界进行修正并计算小班面积，而后进行小班空间数据与小班属性数据的连接或关联，以完成二类调查基本图、林班图集、林相图、森林分布图等成果图件的编制。通过实训，使学生掌握二类调查成果图编制的步骤和基本技能。

任务实施

“3S”技术在二类调查中的应用

一、目的要求

通过完成某森林经营单位二类调查准备工作、野外调查、内业处理等步骤，引导学生熟练掌握利用“3S”技术处理二类调查数据的技能及工作过程，解决实际问题。具体要求如下：

①在 ArcGIS 中应用 RS 和 GPS 提供的数据及相关基础数据完成二类调查工作所需的材料，包括野外工作的工作手图及二类调查成果材料的制作。

②完善处理属性数据的并与空间数据关联，形成完整的二类调查数据集。

二、数据准备

某森林经营单位的 1∶10 000 地形图和遥感图像、林班线及以上的行政区划界线等。

三、操作步骤

(一)编制工作手图

在“3S”技术支持下的二类调查工作，不再是直接拿地形图到野外进行小班勾绘，而是利用遥感图像(RS)在开展外业调查工作前进行小班区划，然后叠加到地形图上制作成工作手图，以减少外业工作的判图和勾图工作量，从而提高工作效率与质量。编制工作手图的操作步骤如下。

(1)确定调查区域的坐标系统

坐标系统是地理信息系统的骨架，某个调查区域的坐标系统如果在开展工作前未能确定，后继工作中的所有数据都将可能无法协调该区域的空间数据显示，以致不得不从头再来，因此调查区域的坐标系统必须确定。

目前，国内林业系统使用的地形图几乎都是开展二类调查工作前最新版的1∶10 000西安80坐标系地形图，而1∶10 000地形图是以3°分带的，因此要确定调查区域的坐标系仅就确定其所在分带的带号就可以将该调查区域的坐标系确定下来。而坐标系分带的带号是通过察看调查区域的地形图获取的，某幅地形图上公里网的经度坐标值前两位数就是该幅地形图所在分带的带号，如图11-1所示。

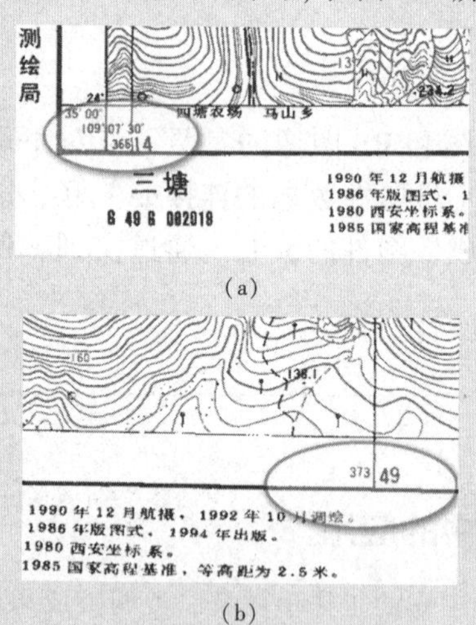

(a)

(b)

图11-1 地形图所在分带的带号

在图11-1(a)中，其所在分带的带号为第36分带，图11-1(b)所在分带的带号为第37分带，则其坐标系统可分别设置为：Xian_1980_3_Degree_GK_Zone_36和Xian_1980_3_Degree_GK_Zone_37。而后建立矢量图层的坐标系必须设置与该区域的坐标系一致。

如果该调查区域属两个或两个以上的分带，则建立的矢量图层坐标系以面积大的区域分带设置其坐标系。

注意：设置坐标系时，尽可能用分带坐标系，这对于初学者比较直观，也更容易理解；而使用中央经线坐标系或不使用带号的坐标系则需要计算或不太直观。

(2)配准地形图和遥感图像(RS)

通常情况下，从省级测绘局购买的最新版地形图和遥感图像(RS)电子文件，除栅格图像文件外还带有一个主文件名相同而扩展名为.tfw的文件。此文件实际上是一个坐标系信息文件，在使用时只需要在GIS中进行简单的设置就完成配准工作。如果没有此文件，可按任务7.2地理配准相关介绍进行手工配准，或用第三方软件建立相应的.tfw文件(如北京吉威数源软件GeowayDRG可建立相应栅格图像的.tfw文件)。带有.tfw文件的坐标系设置如下。

①图11-2为从测绘局新购买到的同一区域地形图与RS图像，但未经过配准设置。

图11-2 同一区域的地形图与RS图像及其.tfw文件

②用看图软件打开地形图G49G062026.tif文件，查看该区域的坐标系分带，则可确定其分带为第37分带，如图11-3所示。

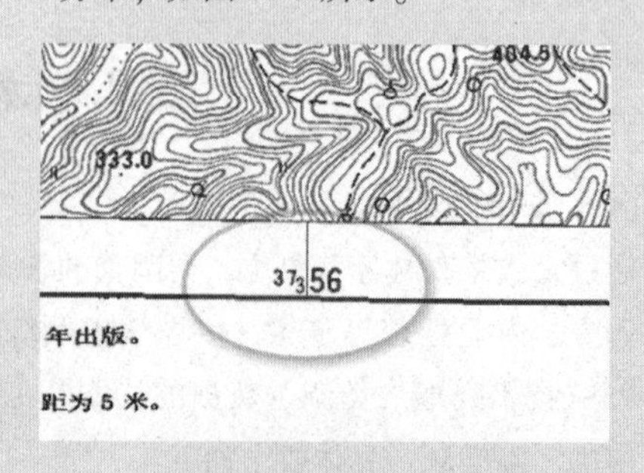

图11-3 查看某幅地形图所在的分带号

③启动 ArcMap 10.6，通过 ArcMap【目录】窗口查找到文件所在位置，如图 11-4 所示。

图 11-4 地形图 G49G062026. tif 和 RS 图像 G49G062026dom. tif 存放位置

④右击 G49G062026 文件并选择【属性】，打开【栅格数据集属性】对话框，如图 11-5 所示。

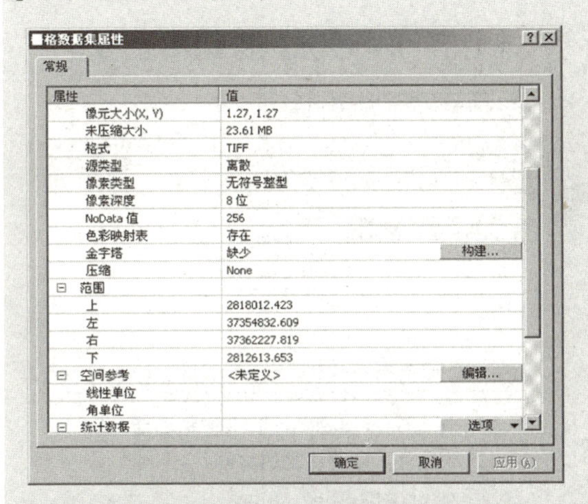

图 11-5 【栅格数据集属性】对话框

⑤在【栅格数据集属性】对话框中单击【编辑】，打开【空间参考属性】对话框，如图 11-6 所示。

图 11-6 【空间参考属性】对话框

⑥在【空间参考属性】对话框中单击【选择】，打开【浏览坐标系】对话框，如图 11-7 所示；然后在其中依次选择 Projected Coordinate Systems \ Gauss Kruger \ Xian \ Xian 1980 3 Degree GK Zone 37，将该地形图设置为西安 80 坐标系 3°分带第 37 分带的坐标系，如图 11-8 所示。

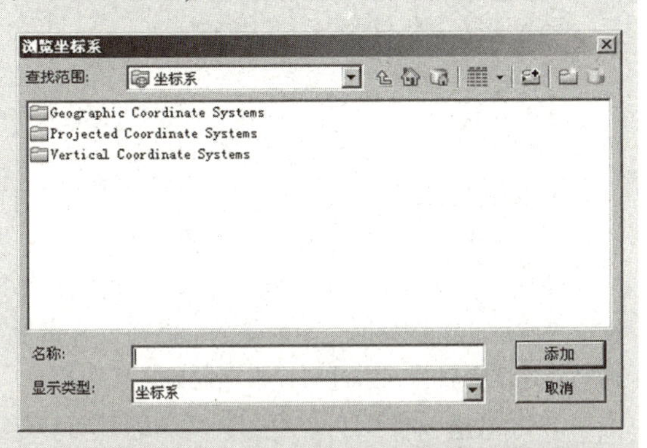

图 11-7 【浏览坐标系】对话框

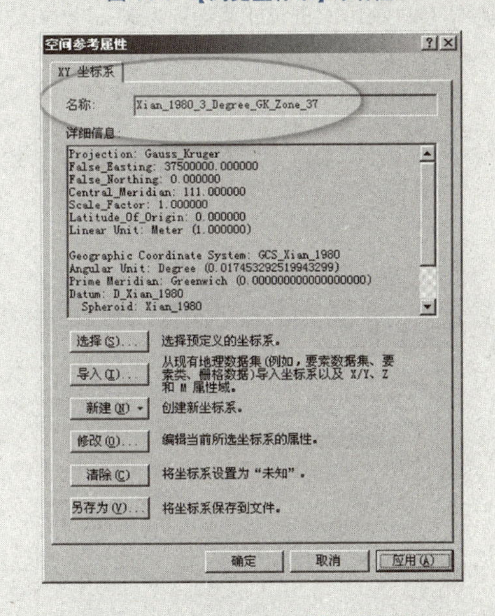

图 11-8 【空间参考属性】对话框中坐标已显示设置为 Xian_1980_3_Degree_GK_Zone_37

⑦依次单击【应用】和【确定】按钮返回【栅格数据集属性】对话框，然后选择【确定】按钮完成坐标设置。

相应的 RS 图像 G49G062026dom. tif 的坐标设置方法同上；也可以不进行坐标设置，只需要在打开该 RS 图像前先打开已设置坐标系的相应地形图，则该 RS 图像自动匹配到相应的位置而不影响后续矢量数据的精确度。

⑧在 ArcMap 中单击【添加数据】按钮，打开【添加数据】对话框，选择“G49G062026. tif”文件，然后点击【添加】，出现【创建金字塔】提示框，如图 11-9 所示。

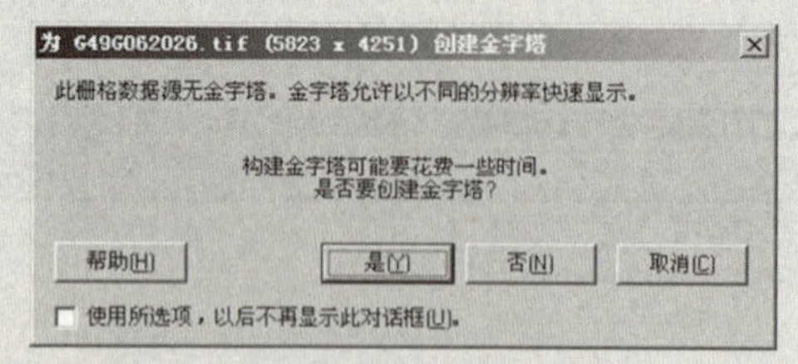

图 11-9　是否【创建金字塔】提示框

注意：创建金字塔可以在 ArcMap 中更快速地浏览大容量的栅格数据，不创建金字塔则大容量数据刷新速度会较慢，因此可以根据需要进行选择。

⑨右击【内容列表】的【图层】，选择【属性】后打开【数据框属性】对话框，选择【坐标系】标签，查证地形图 G49G062026. tif 已正确设置为 Xian_ 1980_ 3_ Degree_ GK_ Zone_ 37 坐标，如图 11-10 所示。

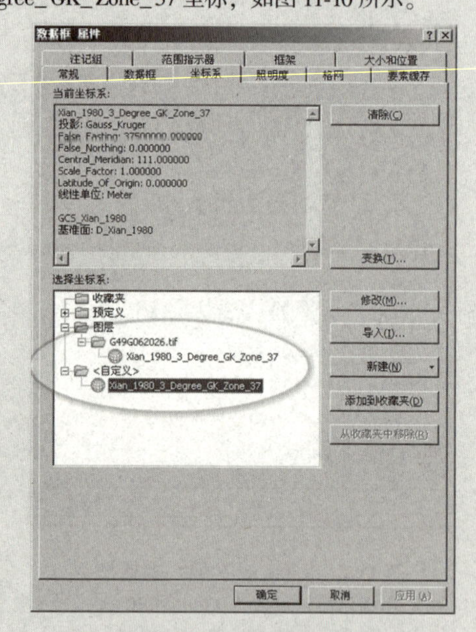

图 11-10　查证坐标系设置是否正确

⑩按步骤⑧操作方法添加 G49G062026dom. tif 文件，该 RS 图像自动匹配到相应的地形图坐标位置上，如图 11-11 所示。

通过配准设置及在 ArcMap 中使用构建金字塔打开上述地形图与 RS 图像后，与图 11-4 比较该文件夹自动产生了以下文件，后续使用时只需要直接添加到 ArcMap 中而不再需要再次进行配准设置（图 11-12）。

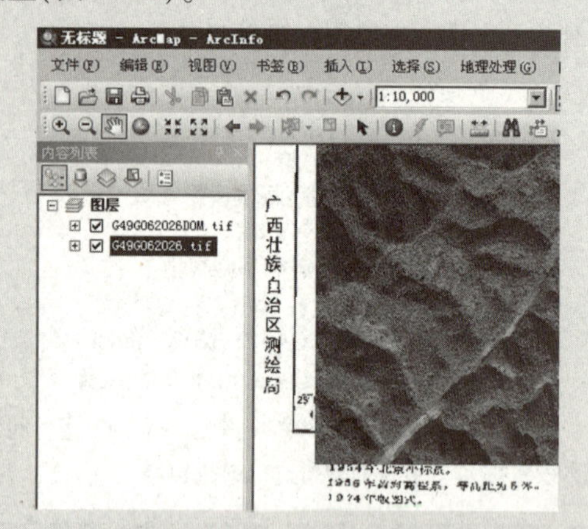

图 11-11　地形图与相应 RS 图像叠加效果图

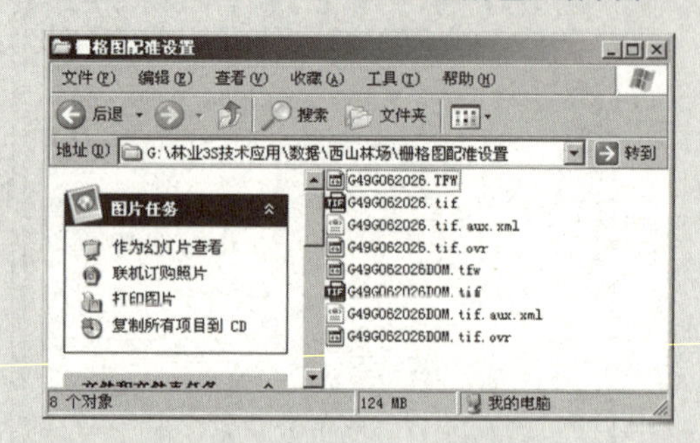

图 11-12　ArcMap 打开栅格图后自动建立的文件

（3）建立矢量图层

制作工作手图的内容主要包括建立境界线图层和小班面图层，建立方法按 8. 1. 1. 1 Shapefile 文件创建具体操作进行建立。

境界线图层包含国界、省界、市界、县（市、区）界、乡界、村界、林班界或林场界、分场界等。图层按“林地所有单位的代码”+“_border_line”命名，如广西凉水山林场为“450222_1_border_line”。

属性库结构为：ID（N3. 0），Type（N2. 0）（类型）。

类型代码为：国界（11），省界（12），市界（13），县（市、区）界（14），乡镇界（15），村界（16），林场界（21），分场界（22），工区（林站）界（23），林班界（24）。

小班面图层按“林地所有单位的代码”+“_xb_poly”命名，如广西凉水山林场为“450222_1_xb_poly”。

属性库结构为：Xiang（C2）［乡］，Cun（C2）［村］，Lin_Ban（C2）［林班］，Xiao_Ban（C4）［小班］，Mian_Ji（N6. 2）［面积］，No（N10. 0）［连接字段］。

其中：$No = val(Xiang) * 10^8 + val(Cun) * 10^6 + val(Lin\_Ban) * 10^4 + val(Xiao\_Ban)$

创建ID字段，目的是以此为关键字段，方便与后续的二类调查小班属性数据进行关联或连接；而后继建立的二类调查小班属性数据文件也必须创建与此相匹配的字段。字段名可以相同或不同，但字段的数据类型与宽度必须一致，否则将无法关联或连接。

（4）数据矢量化

数据矢量化过程通常从大到小进行，即矢量化的先后顺序为：国界→省界→市界→县界→乡界→村界→林班界→小班，或者是林场界→分场界→工区界→林班界→小班。

境界线的矢量化主要依据上次二类调查的境界线，直接在地形图跟踪矢量化到境界线图层上。如果上次二类调查的境界线是错误的，在本次矢量化时应予以纠正。在境界线矢量结束后，将所有的地形图关闭，再打开调查区域的RS图像、境界线图层和小班图层，然后根据小班区划条件，判读RS图像进行小班矢量化到小班面图层上。

①启动ArcMap，添加点图层境界线图层和地形图。

②依据上次二类调查的境界线，参照地形图矢量化各种境界线，并根据各级别线型输入相应的线型代码，矢量化结果如图11-13所示。

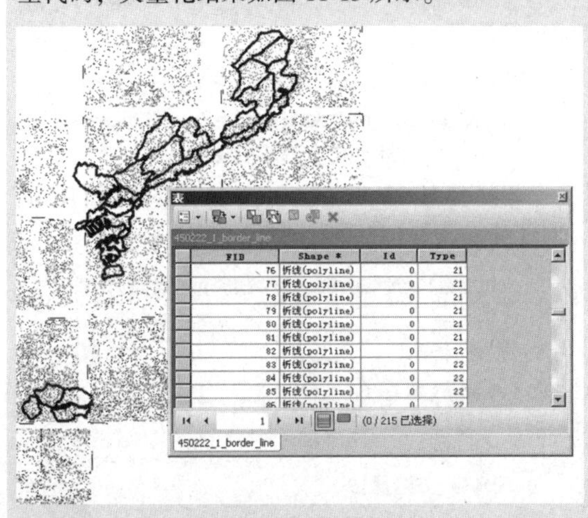

图11-13　某林场境界线矢量化结果图

③境界线矢量结束后，根据《林业地图图式》(LY/T 1821—2009)设置各级线型。方法如下。

• 右击境界线图层，选择【属性】，打开【图层属性】对话框并选择【符号系统】标签，如图11-14所示。

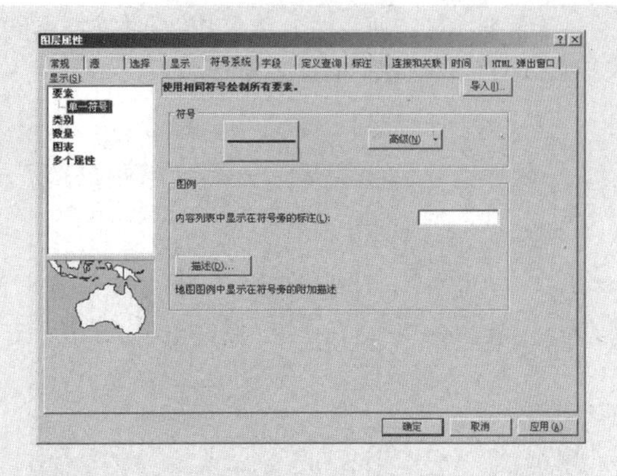

图11-14　【图层属性】对话框

• 依次单击【类别】、【唯一值】，并在【值字段】选择境界线图层中的“Type”字段，再单击【添加所有值】，然后依据《林业地图图式》标准设置各级线型，如图11-15所示。

④关闭地形图并添加RS图像和小班面图层，如图11-16所示。

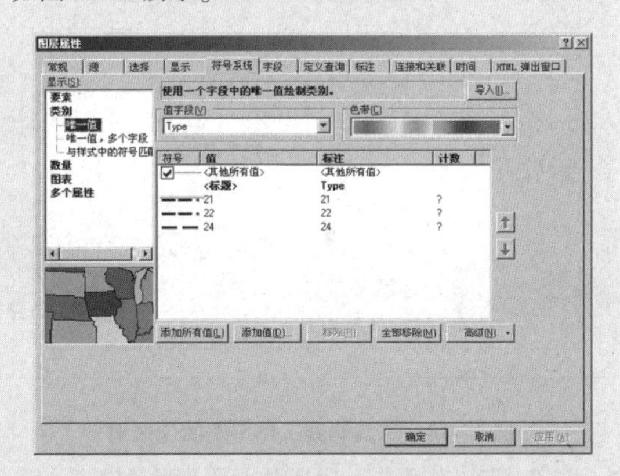

图11-15　【图层属性】符号系统设置

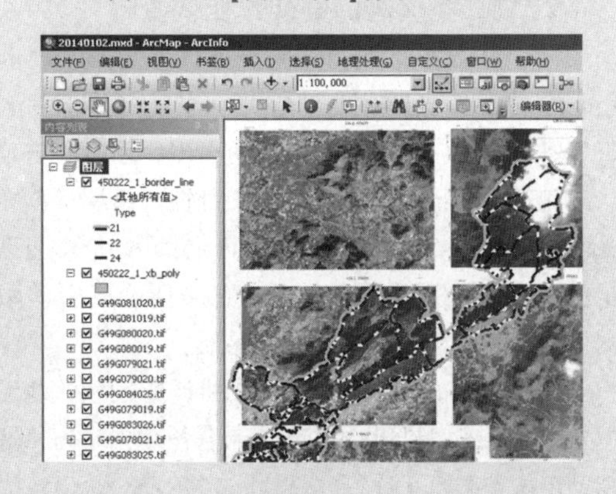

图11-16　添加RS图像及小班面图层效果

⑤依据小班区划条件，判读 RS 图像进行小班区划，区划结果如图 11-17 所示。

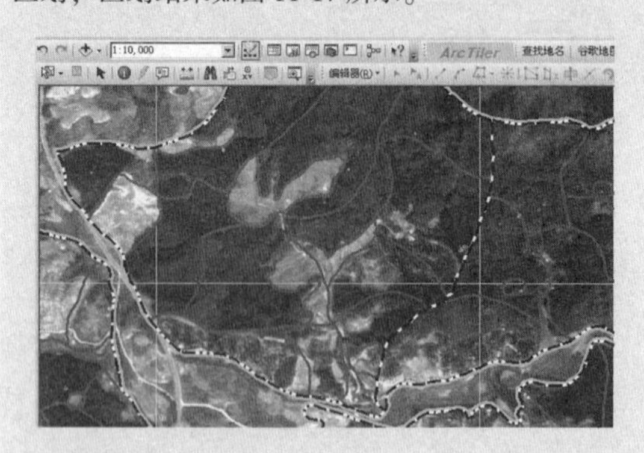

图 11-17 依据 RS 图像区划小班效果图

⑥整个调查区域小班区划结束后关闭 RS 图像，并打开地形图，然后将境界线图层和小班面图层叠加到地形图上，进入布局视图以林班为单位制作 A3 幅面大小的工作手图，如图 11-18 所示。

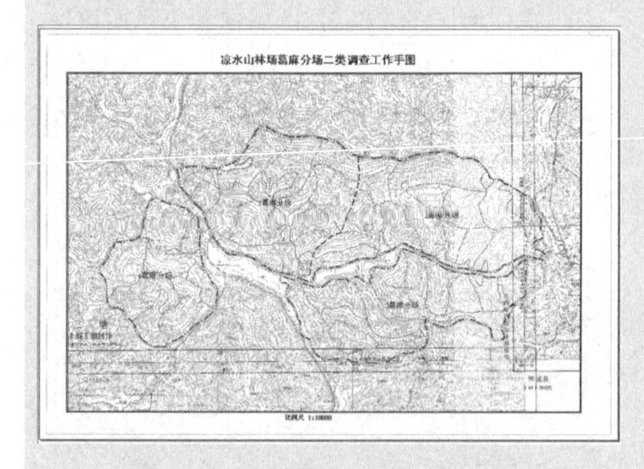

图 11-18 二类调查工作手图制作效果

⑦打印工作手图，完成外业调查前准备工作。

（二）二类调查的野外作业调查

“3S”技术在二类调查的野外作业中，主要利用 GPS 完成外业调查辅助定位。当用工作手图到野外进行调查，发现调查区域的小班区划边界与现状不相符时，特别是对总体蓄积量控制系统样点在无法准确目视判读定位时，则可借助 GPS 来辅助定位和修正小班边界，以获取更加精确的空间数据，为森林资源调查精度提供保证。

在使用 GPS 辅助定位前，先将调查区域的地形图及坐标系统复制到 GPS 存储卡上备用，使用 GPS 辅助定位方法如下（以合众思壮的 MG758 型 GPS 为例说明，MG758 GPS 正面图如图 11-19 所示）。

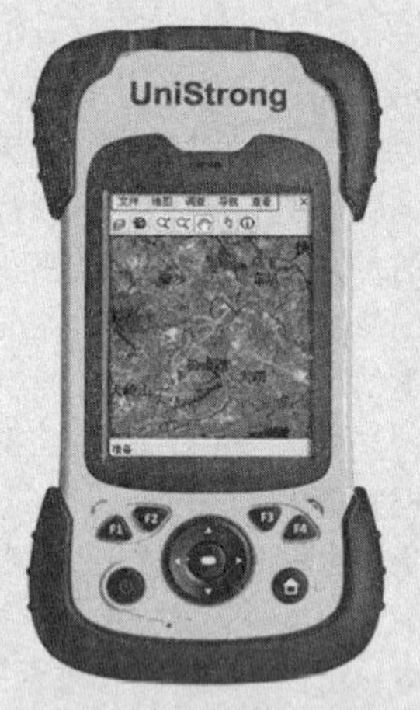

图 11-19 MG758 GPS 正面图

（1）使用 GPS 进行辅助定位前的准备工作

GPS 使用前的准备工作主要是将二类调查区域的地形图与坐标投影文件存放到 GPS 上，以保证调查区域地形图的参照使用和坐标系统的统一性。

①启动 MG758 GPS，并通过数据线与电脑连接，电脑上的同步软件 Microsoft ActiveSync 自动与 GPS 连接，如图 11-20 所示。

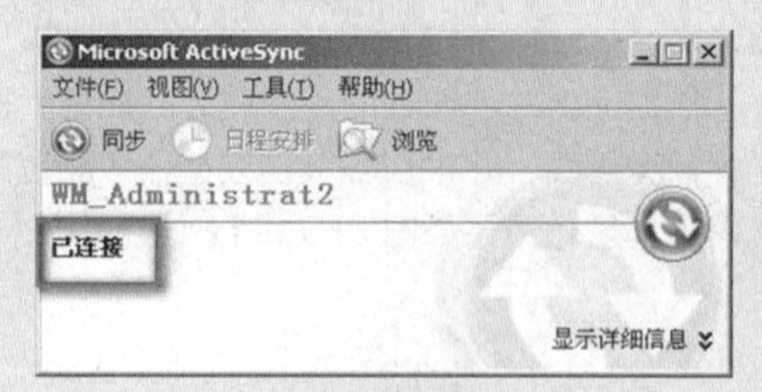

图 11-20 Microsoft ActiveSync 提示 GPS 与电脑连接成功

②单击 Microsoft ActiveSync 上的【浏览】按钮，打开【移动设备】对话框，如图 11-21 所示。

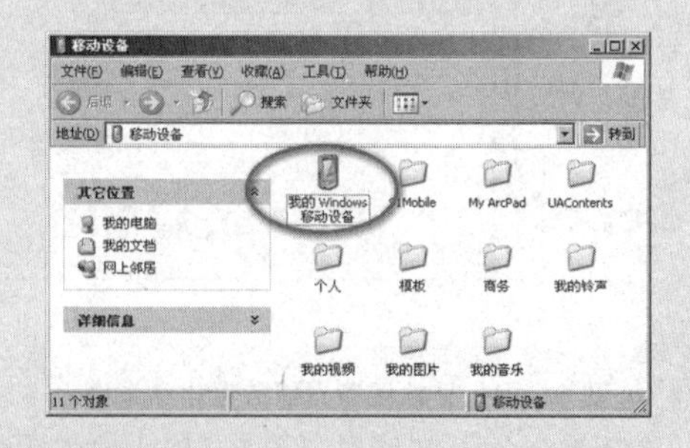

图 11-21 【移动设备】对话框

③依次打开【移动设备】中的【我的 Windows 移动设备】→【Storage Card】，在【Storage Card】下分别

建立【地形图】和【坐标系统】文件夹，然后将调查区域的地形图及其坐标文件(即.tfw文件)从电脑上复制到GPS【地形图】文件夹中，如图11-212所示。

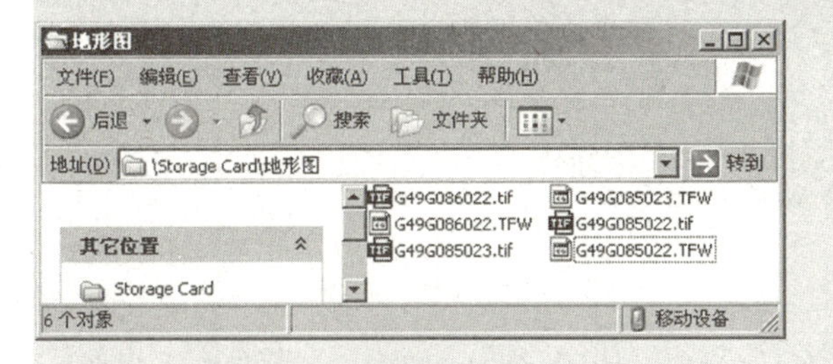

图11-22 调查区域的地形图及其坐标文件存放到GPS中

同样方法，将调查区域的坐标投影文件复制到【坐标系统】文件夹中(广西所在的坐标分带为第35、37分带)，如图11-23所示。

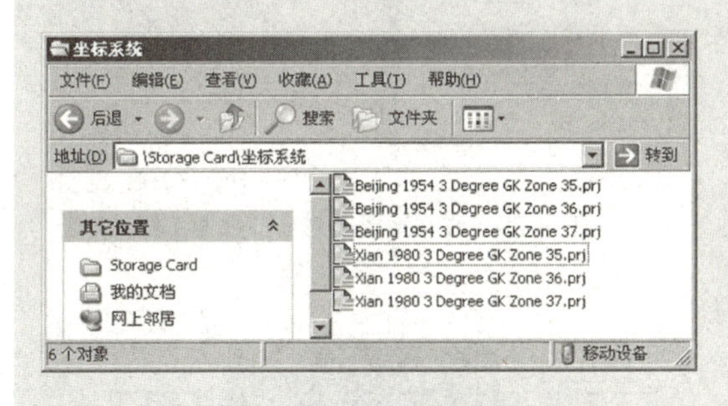

图11-23 调查区域的坐标系统文件

(2)GPS进行数据采集前的设置

在使用MG758-GPS进行数据采集前要进行一系列的设置，以保证采集获取数据的可靠和可使用。

①进入MG758 GPS主界面，通过翻屏找到【ArcPad 10】并运行，MG758 GPS主界面与ArcPad 10主界面分别如图11-24和图11-25所示。

图11-24 MG758 GPS主界面

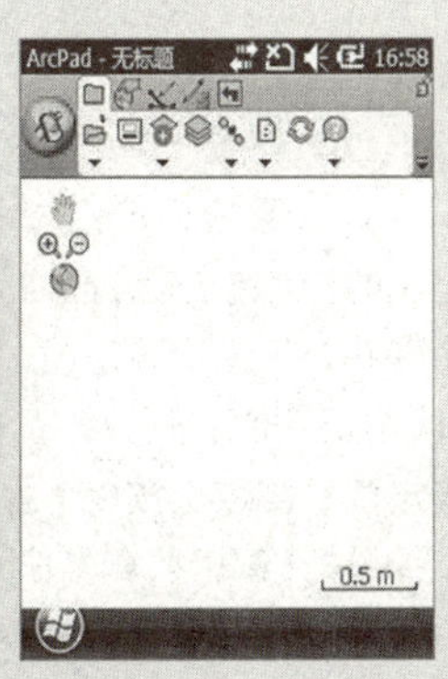

图11-25 ArcPad 10主界面

②在ArcPad 10主界面中单击【新建】→【快速工程】，进入【快速工程】对话框，在此进行坐标系设置，如图11-26所示。

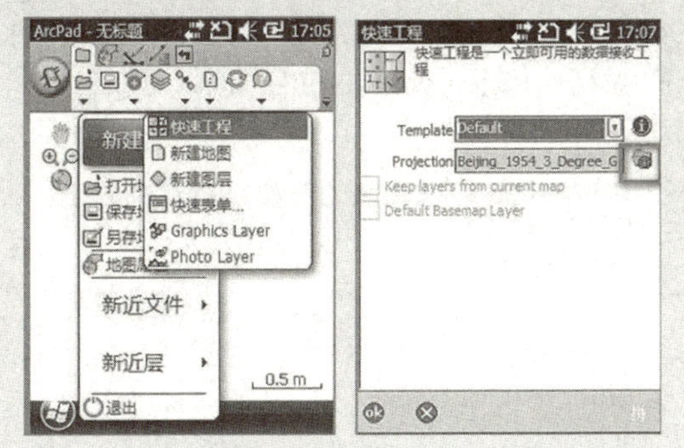

图11-26 建立快速工程并进入【快速工程】对话框

③在【快速工程】对话框中单击【Projection】右边的【浏览】按钮，然后再单击【文件夹】右边的下拉按钮，找到坐标投影文件存放的文件夹，如【坐标系统】文件夹，则在【文件】下显示该文件夹存放的所有坐标投影文件，然后选择该调查区域的坐标系，如Xian 1980 3 Degree GK Zone 36，再单击【OK】完成坐标系设置，如图11-27所示。

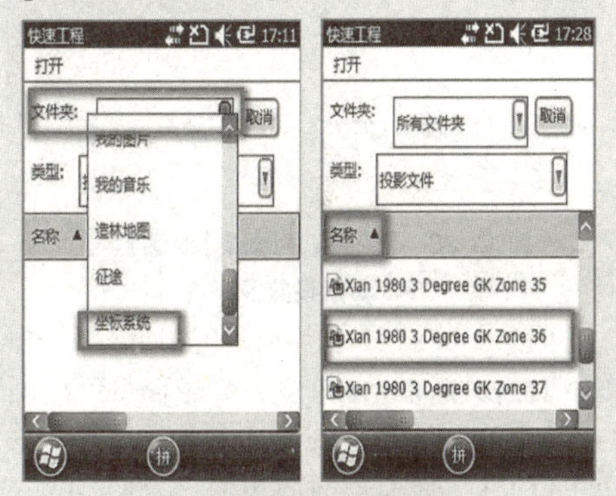

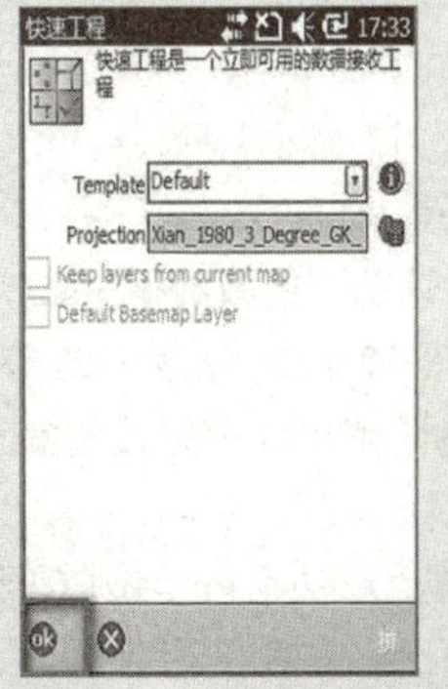

图11-27 快速工程坐标系设置

④在进入【快速工程概要】对话框后，依次去除【Record GPS tracklog】、【Start using GPS】前边

的选择，然后单击【OK】返回 ArcPad 10 主界面，单击主菜单下【GPS 首选项】，在【GPS 首选项】对话框中设置【端口】为：COM6，【波特率】为：9600，然后单击【OK】返回主界面；再单击主菜单下【激活 GPS】进行卫星信号接收，如图 11-28 所示。

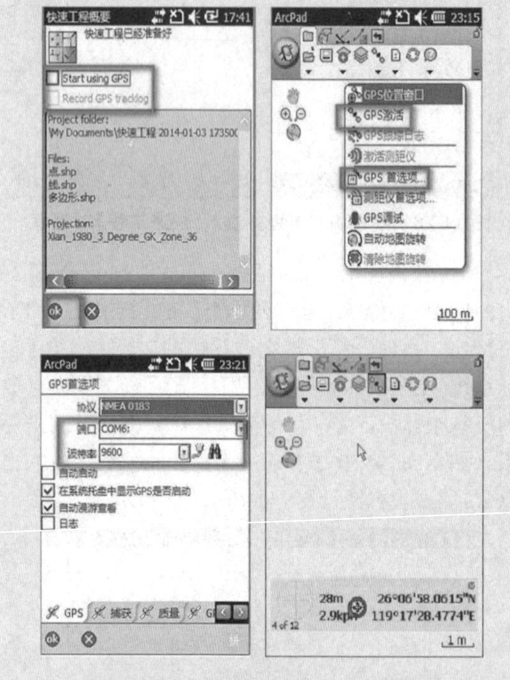

图 11-28 【快速工程概要】对话框与 GPS 参数设置及激活

⑤单击 ArcPad 10 主界面的【添加图层】，打开【添加图层】对话框，在【添加图层】对话框并找到地形图存放位置，然后选择该调查区域的地形图，再单击【OK】完成地形图的添加，返回 ArcPad 10 主界面，如图 11-29 所示。

⑥用【放大】【缩小】调节比例为 100 m，即为 1：10 000 显示，如图 11-29 所示。

(3) GPS 辅助定位或数据采集

MG758 GPS 辅助定位数据的获取与数据采集主要使用【编辑】菜单各操作按钮完成，如图 11-30 所示。

当 GPS 激活成功，可单击【GPS 位置窗口】查看卫星信号情况，在此情况下即可利用 GPS 进行辅助定位或进行数据采集；如果 GPS 置放于室内或者卫星信号不好则无法定位，GPS 接收到卫星信号和没有信号的显示，如图 11-31 所示。

图 11-29 添加地形图到当前快速工程

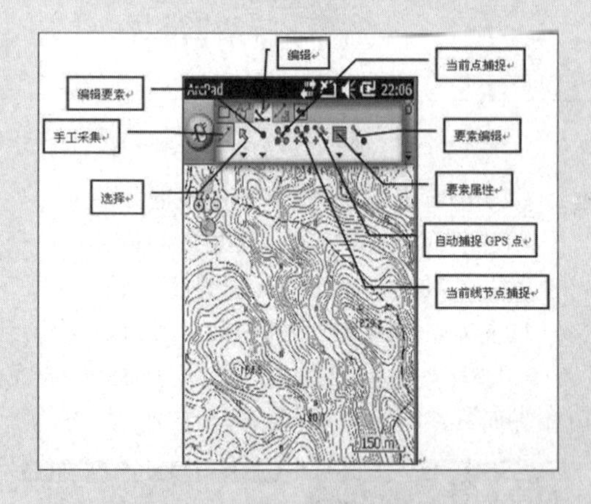

图 11-30 【数据采集】各操作按钮

①点要素的采集或定位。在进入 ArcPad 10 后建立的【快速工程】已自动将点、线、面要素图层建好并处于编辑状态(如果未处于编辑状态，可通过【图层控制】进行设置)，因此点要素的 GPS 采集或定位只需依次按以下操作即可。

单击【编辑要素】下拉按钮→选择【点】→根据 GPS 屏幕定位点是否为采集点或定位点→单击【当前点捕捉】→在弹出的【要素属性】对话框中输入采集点属性→单击【OK】完成，如图 11-32 所示。

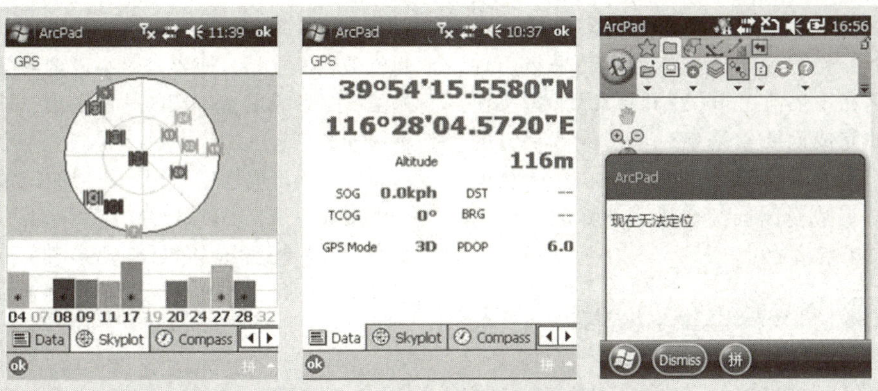

图 11-31　【GPS 位置窗口】显示当前卫星信号和 GPS 无法接收信号情况

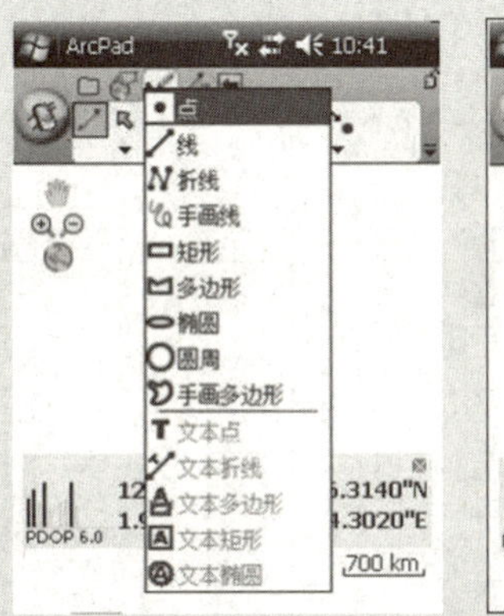

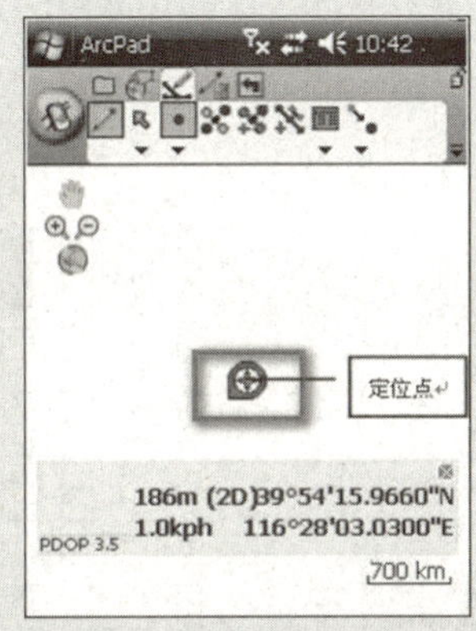

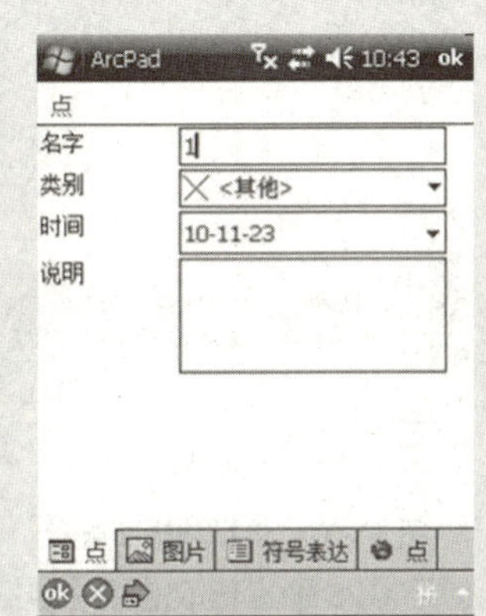

图 11-32　点要素采集或定位过程

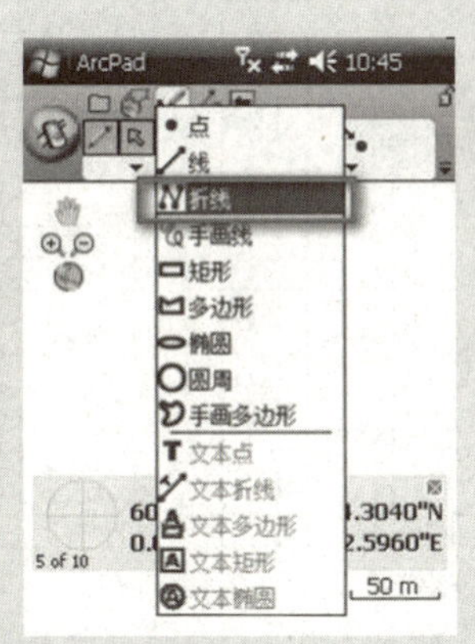

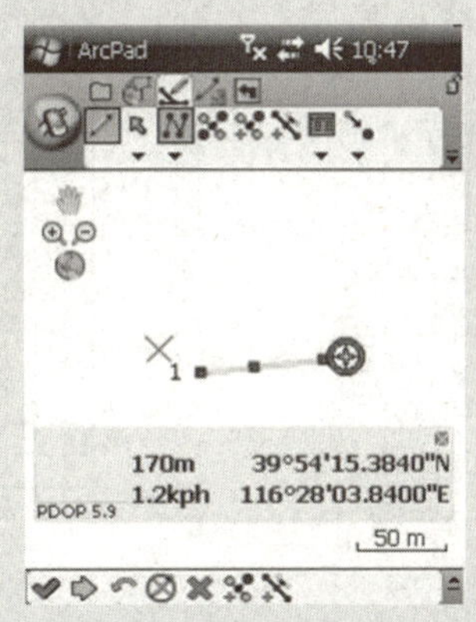

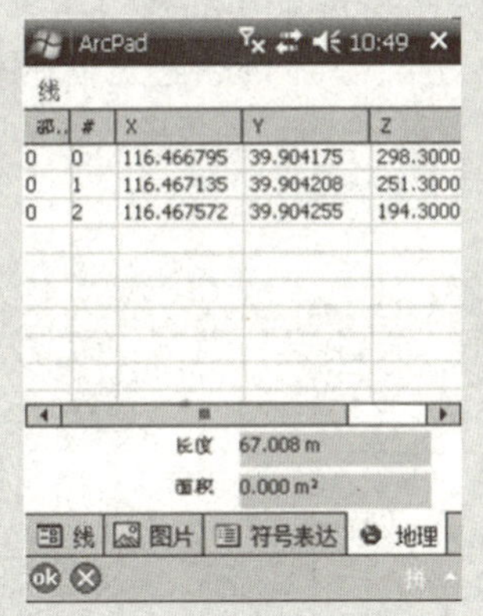

图 11-33　线要素手工采集或定位过程

②线要素的采集或定位。线要素的采集方法分为手工采集和自动采集两种，手工采集方法与点要素采集相似，方法如下。

线要素手工采集过程：单击【编辑要素】下拉按钮→选择【折线】→单击【当前线节点捕捉】(即每到一个节点单击一次)→单击屏幕下方的【次级导航】按钮，结束线要素采集→在弹出的【要素属性】对话框中输入要素属性→单击【OK】完成，如图 11-33 所示。

线要素自动采集过程：单击【编辑要素】下拉按钮→选择【折线】→单击【自动捕捉 GPS 点】[系统会根据设置的“顶点间隔”(单位是秒)以及“距离间隔”(单位是米)沿 GPS 移动轨迹自动采集 GPS 数据]→单击屏幕下方的 ➪ 按钮，结束线要素采集→在弹出的【要素属性】对话框中输入要素属性→单击【OK】完成。

③面要素的采集。面要素的采集与线要素的采集相似，也分为手工采集和自动采集两种方法，只是在采集前单击【编辑要素】下拉按钮时选择面，完成面要素采集后单击屏幕下方的➩按钮时，系统会自动增加一个与初始点相同的休坐标点形成封闭面关要素。选择编辑面要素如图 11-34 所示。

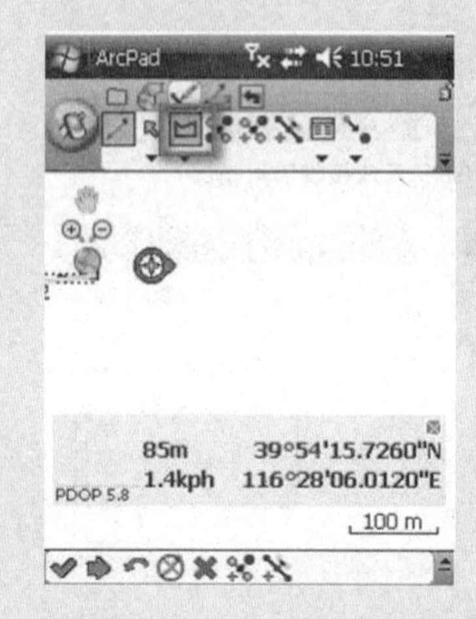

图 11-34 选择编辑面要素

（4）使用 GPS 采集获取的空间数据

空间数据采集结束后，要及时将【快速工程】文件夹拷贝到电脑上以免丢失，然后启动 ArcMap，直接【添加】【快速工程】中的点、线、面数据到当前 ArcMap 环境中，然后进行相应操作，如图 11-35 所示。

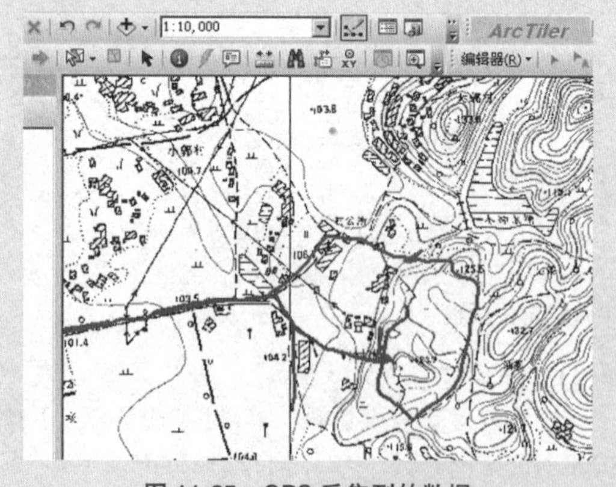

图 11-35 GPS 采集到的数据可直接应用于 ArcMap

（三）二类调查的内业处理及成果编制

“3S”技术在二类调查的内业处理中，主要使用 GIS 平台修正小班边界，并对每一个小班的空间位置字段赋值，然后计算小班面积，再与小班属性数据库连接，使得每个小班记录具有完整的数据，最后编制基本图、林班图集、林相图和森林分布图等。

为使小班属性库与小班图层的记录具有一对一的对应关系，小班属性数据库结构除了按【小班调查卡片】设置相应字段外，还要建立一字段与小班图层的 No（N10.0）字段相匹配，如 XBID（N10.0），小班属性库按“林地所有单位的代码”+“_xbsj”命名，如广西凉水山林场为“450222_1_xbsj”。【小班调查卡片】样式如图 11-36 所示。对应的库结构见表 11-1。

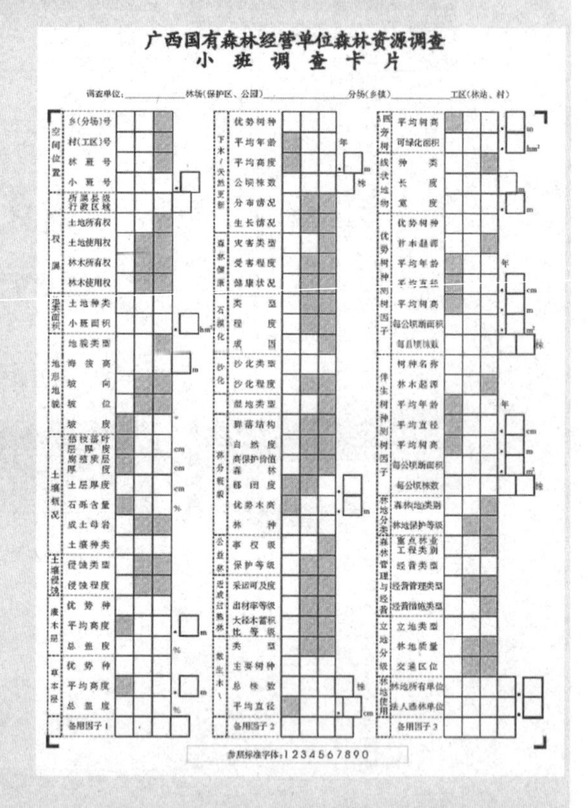

广西国有森林经营单位森林资源调查
小 班 调 查 卡 片

调查单位:________林场(保护区、公园)________分场(乡镇)________工区(林站、村)

空间位置：乡(分场)号　村(工区)号　林班号　小班号
所属县级行政区域
权属：土地所有权　土地使用权　林木所有权　林木使用权
地类面积：土地种类　小班面积 hm²
地形地貌：地貌类型　海拔高 m　坡向　坡位　坡度 °
土壤概况：枯枝落叶层厚度 cm　腐殖质层厚度 cm　土层厚度 cm　石砾含量 %　成土母岩　土壤种类
土壤侵蚀：侵蚀类型　侵蚀程度
灌木层：优势种　平均高度 m　总盖度 %
草本层：优势种　平均高度 m　总盖度 %
备用因子 1

下木/天然更新：优势树种　平均年龄 年　平均高度 m　公顷株数 株　分布情况　生长情况
森林健康：灾害类型　受害程度　健康状况
石漠化：类型　程度　成因
沙化：沙化类型　沙化程度
湿地类型
林分概况：群落结构　自然度　高保护价值森林　郁闭度　优势木高 m　林种
公益林：事权级　保护等级
近成过熟林：采伐可及度　出材率等级　大径木蓄积比等级
散生木：类型　主要树种　总株数 株　平均直径 cm
备用因子 2

四旁树：平均树高 m　可绿化面积 hm²
线状地物：种类　长度 m　宽度 m
优势树种测树因子：优势树种　林木起源　平均年龄 年　平均直径 cm　平均树高 m　每公顷断面积 m²　每公顷株数 株
伴生树种测树因子：树种名称　林木起源　平均年龄 年　平均直径 cm　平均树高 m　每公顷断面积 m²　每公顷株数 株
林地分类：森林(地)类别　林地保护等级
森林管理与经营：重点林业工程类别　经营类型　经营管理类型　经营措施类型
立地分级：立地类型　林地质量　交通区位
林地使用：林地所有单位　法人造林单位
备用因子 3

参照标准字体:1234567890

图 11-36 广西国有林场小班调查卡片样式

（1）小班边界修正和面积计算

①要进行小班边界修正及面积计算，首先要启动 ArcMap 10，然后将由 RS 图像区划得到的小班边界原图（如 450222_1_xb_poly）与 RS 图像、1：10 000地形图及 GPS 采集得到的数据叠合，根据 GPS 数据对原图上的小班边界进行修正（编辑），并对每一个小班的空间位置字段赋值（在编辑状态），如图 11-37 和图 11-38 所示。

表 11-1 小班属性数据库结构表

类别	字段含义	字段名	字段类型	序号	类别	字段含义	字段名	字段类型	序号	类别	字段含义	字段名	字段类型	序号
空间位置	乡(分场)号	XIANG	C2	1	土壤侵蚀	侵蚀类型	QSLX	C1	23	林分概貌	湿地类型	SDLX	C2	45
	村(工区)号	CUN	C2	2		侵蚀程度	QSCD	C1	24		群落结构类型	QLJG	C1	46
	林班号	LIN_ BAN	C2	3	灌木层	优势种	GMYSZ	C3	25		自然度	ZRD	C1	47
	小班号	XIAO_ BAN	C4	4		平均高度	GMPJGD	N6. 1	26		高保护价值森林	GBHJZSL	C1	48
	所属县级行政区域	XIAN	C6	5		总盖度	GMZGD	N6. 2	27		郁闭度	YU_ BI_ DU	N6. 2	49
权属	土地所有权	LD_ QS	C2	6	草本层	优势种	CBYSZ	C3	28		优势木高	YSMG	N6. 1	50
	土地使用权	TDJYQ	C1	7		平均高度	CBPJGD	N6. 1	29	公益林	林种	LIN_ ZHONG	C3	51
	林木所有权	LMSYQ	C1	8		总盖度	CBZGD	N6. 2	30		事权级	SHI_ QUAN_ D	C2	52
	林木使用权	LMJYQ	C1	9	下木/天然更新	优势树种	GXYSSZ	C3	31		保护等级	GYL_ BHD	C1	53
地类面积	土地种类	DI_ LEI	C3	10		平均年龄	GXPJNL	N3	32	近成过熟林	采运可及度	KJD	C1	54
	小班面积	MIAN_ JI	N6	11		平均高度	GXPJGD	N6. 1	33		出材率等级	CCLDJ	C1	55
地形地貌	地貌类型	DI_ MAO	C1	12		公顷株数	GXGQZS	N4	34		大径木蓄积比等级	XJBDJ	C3	56
	海拔高	HBG	N4	13		分布情况	GXFBQK	C1	35	散生木/四旁树	类型	SSLX	C1	57
	坡向	PO_ XIANG	C1	14		生长情况	GXSZQK	C1	36		主要树种	SSZYSZ	C6	58
	坡位	PO_ WEI	C1	15	森林健康	灾害类型	DISPE	C2	37		总株数	SSZZS	N4	59
	坡度	PO_ DU	N 2	16		受害等级	DISASTER_ C	C1	38		平均胸径	SSPJXJ	N6. 1	60
土壤概况	枯枝落叶层厚度	KZLYH	N3	17		健康状况	JKZK	C1	39		平均树高	SSPJH	N6. 1	61
	腐殖质层厚度	FZCH	N3	18	石漠化	类型	SMHLX	C1	40		可绿化面积	klhmj	N4. 1	62
	成土母岩	CTMY	C1	19		程度	SMHCD	C1	41	线状地物	种类	XZWZL	C2	63
	土层厚度	TU_ CENG_ HD	N3	20		成因	SMHCY	C2	42		长度	XZWCD	N4. 1	64
	石砾含量	SLHL	N2	21	沙化	沙化类型	SHLX	C3	43		宽度	XZWKD	N4. 1	65
	土壤种类	TU_ RANG_ LX	C3	22		沙化程度	SHCD	C1	44		优势树种	YOU_ SHI_ SZ	C3	66

（续）

类别	字段含义	字段名	字段类型	序号	类别	字段含义	字段名	字段类型	序号	类别	字段含义	字段名	字段类型	序号
优势树种测树因子	林木起源	QI_ YUAN	C2	67	森林管理与经营	重点林业工程类别	G_ CHENG_ LB	C2	82	派生因子	森林蓄积	SLXJ	N5. 0	97
	平均年龄	PINGJUN_ NL	N3	68		经营类型	JYLX	C2	83		优势树种蓄积	XJ1	N5. 0	98
	平均胸径	PINGJUN_ XJ	N6. 1	69		经营管理类型	JYGLLX	C1	84		伴生树种蓄积	XJ2	N5. 0	99
	平均树高	PINGJUN_ SG	N6. 1	70		经营措施类型	JYCSLX	C2	85		散生四旁蓄积	SSXJ	N5. 0	100
	每公顷断面积	PINGJUN_ DM	N6. 1	71	立地分级	立地类型	LDLX	C2	86		公顷蓄积(活立木)	HUO_ LMGQXJ	N5. 1	101
	每公顷株数	MEI_ GQ_ ZS	N4	72		林地质量	ZL_ DJ	C1	87		主伐年龄	ZFNL	N3	102
伴生树种测树因子	树种名称	BSSZ	C3	73		交通区位	KE_ JI_ DU	C1	88		造林年度	ZLND	N4	103
	林木起源	BSSZQY	C2	74	林地使用	林地所有单位	LDSYDW	C8	89		龄组	LING_ ZU	C1	104
	平均年龄	BSSZNL	N3	75		法人造林单位	FRZLDW	C8	90		龄级	LJ	C1	105
	平均直径	BSSZSG	N6. 1	76	备用因子	备用因子 1	BAK1	N5. 1	91		经济林产期	JJLCQ	C1	106
	平均树高	BSSZPJXJ	N6. 1	77		备用因子 2	BAK2	N5. 1	92		编号	XBID	C10	107
	每公顷断面积	BSSZGQDM	N6. 1	78		备用因子 3	BAK2	N5. 1	93					
	每公顷株数	BSSZGQZS	N4	79	派生因子	小班有效面积	YXMJ	N6. 1	94					
林地分类	森林(地)类别	SEN_ LIN_ LB	C3	80		线状物面积	XZWMJ	N6. 1	95					
	林地保护等级	BH_ DJ	C1	81		小班总蓄积	ZXJ	N5. 0	96					

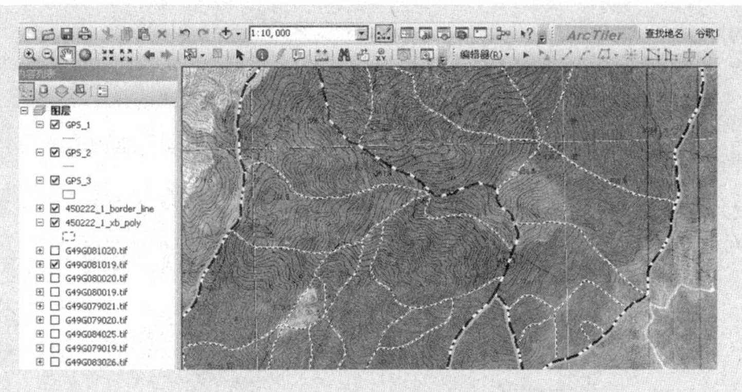

图 11-37 根据 GPS 采集数据对小班边界进行修正

表 450222_1_xb_poly

FID	Shape	Id	xiang	cun	lin_ban	xiao_ban	mian_ji	No
0	面	0	15	6	02	0005	0	0
1	面	0	15	6	02	0021	0	0
2	面	0	15	6	02	0011	0	0
3	面	0	15	6	02	0013	0	0
4	面	0	15	6	02	0012	0	0
5	面	0	15	6	02	0019	0	0
6	面	0	15	6	02	0018	0	0
7	面	0	15	6	02	0020	0	0
8	面	0	15	6	02	0017	0	0
9	面	0	15	6	02	0016	0	0
10	面	0	15	6	02	0015	0	0
11	面	0	15	6	01	0009	0	0
12	面	0	15	6	01	0010	0	0
13	面	0	15	6	02	0014	0	0
14	面	0	15	6	02	0009	0	0
15	面	0	15	6	01	0011	0	0

(0 / 541 已选择)

450222_1_xb_poly

图 11-38 在编辑状态下输入每个小班的空间位置字段值

表 450222_1_xb_poly

FID	Shape *	Id	xiang	cun	lin_ban	xiao_ban	mian_ji	No
0	面	0	15	6	02	0005	1.66	0
1	面	0	15	6	02	0021	.86	0
2	面	0	15	6	02	0011	1.91	0
3	面	0	15	6	02	0013	.78	0
4	面	0	15	6	02	0012	.49	0
5	面	0	15	6	02	0019	1	0
6	面	0	15	6	02	0018	.61	0
7	面	0	15	6	02	0020	9.87	0
8	面	0	15	6	02	0017	1.99	0
9	面	0	15	6	02	0016	7.96	0
10	面	0	15	6	02	0015	7.68	0
11	面	0	15	6	01	0009	.31	0
12	面	0	15	6	01	0010	1.8	0
13	面	0	15	6	02	0014	2.16	0
14	面	0	15	6	02	0009	1.89	0
15	面	0	15	6	01	0011	1.24	0

(0 / 541 已选择)

450222_1_xb_poly

图 11-40 与已完成面积计算的属性表

面积计算是在属性表的“mian_ji”字段名上右击，在弹出的快捷菜单中选择【计算几何】，然后在【计算几何】对话框中设置【属性】为“面积”，【单位】为“公顷”，单击【确定】完成面积计算，如图 11-39 和图 11-40 所示。

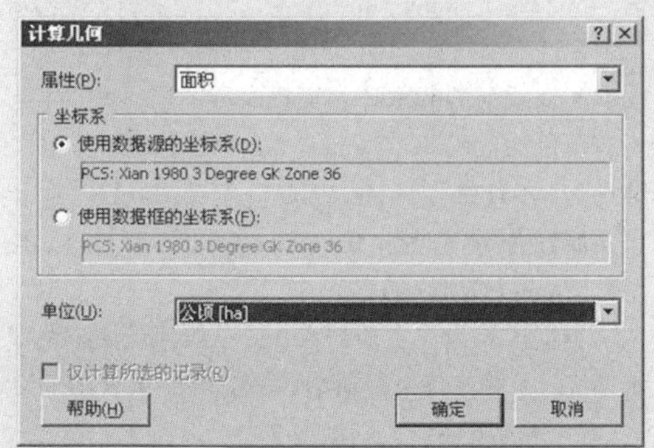

图 11-39 【计算几何】对话框位置

连接字段(No)的赋值是由 xiang[乡]、cun[村]、lin_ban[林班]、xiao_ban[小班]计算而得，通常可以用 Microsoft Visual FoxPro 数据库软件来完成计算赋值。如图 11-41 所示。

表 450222_1_xb_poly

MJ	XBBZ	LXBZ	FBBZ
1.7	5马76_1.7	松过	松
.9	21占_0.9		
.8	11湿93_0.8	松过	松
.8	13杉85_0.8	杉近	杉
.5	12占_0.5		
1	19非_1.0		
.6	18马85_0.6	松成	松
9.9	20桔_9.9	经济	经
2	17桔_2.0	经济	经
8	16荷85_8.0	阔成	阔
7.7	15马82_7.7	松过	松
.3	9杉93_0.3	杉中	杉
1.8	10马85_1.8	松近	松
2.2	14马79_2.2	松成	松
1.9	9马79_1.9	松过	松
1.2	11湿93_1.2	松过	松

(0 / 541 已选择)

450222_1_xb_poly

图 11-41 用 Microsoft Visual FoxPro 完成 No 字段值的计算

而对应的小班属性数据库也需要通过 Microsoft Visual FoxPro 软件进行关键字段(xbid)的计算并依据属性数据库的数据增加小班标注(xbbz)、林相图标注(lxbz)、森林分布图标注(fbbz)的信息计算，如图 11-42 所示。

小班图层编辑、赋值完善后即可与小班属性库进行连接，形成完整的小班数据记录。连接方法如下：

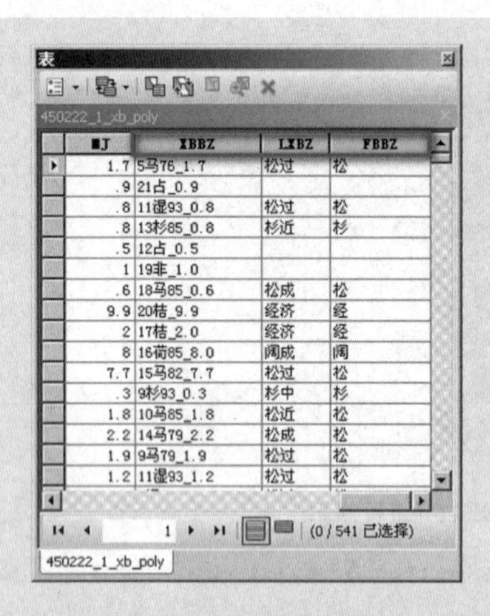

图 11-42　用 Microsoft Visual FoxPro 完成各标注字段值计算

在 ArcMap 中打开小班面属性表，单击属性表中【表选项】下拉按钮，依次选择【连接和关联】【连接】菜单，在弹出【连接数据】对话框中进行相应设置，其中在 1. 中选择小班面图层的 No 字段，在 2. 中单击【浏览】按钮打开与小班面图层进行连接的小班属性库，在 3. 中选择小班属性库的 XBID 字段，如图 11-43 和图 11-44 所示。

图 11-43　数据连接的操作

（2）地理基础信息图层的创建

在二类调查的成果图制作中，除了境界线图层与小班面图层外，还必须包含地理基础信息图层，包括交通、水系、居民地等图层，其中：

①交通。括高速公路、一级公路、二级公路、国道、省道、县道、乡村公路、林区公路；铁路。线(line)图层，按“林地所有单位的代码”+“_ road_ line”命名，如凉水山林场为“450222_ 1_ road_ line”。

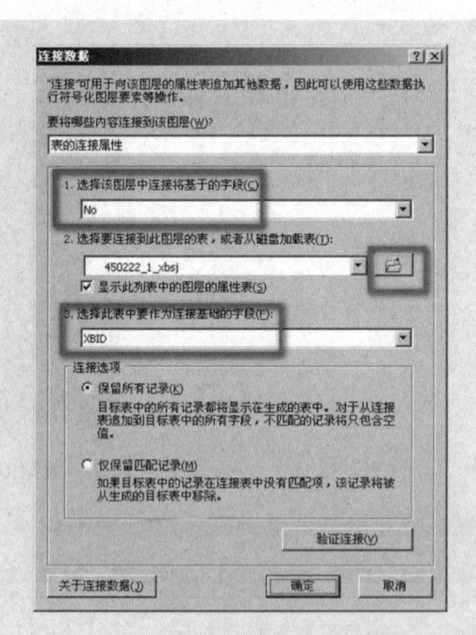

图 11-44　用 Microsoft Visual FoxPro 完成 No 字段值的计算

属性库结构为：ID(N3.0)；Type(N2.0)(类型)；Length(N8.1)(长度，单位为 m)。

类型代码为：高速公路 1；一级公路 10；二级公路 20；国道 30；省道 40；县道 50；乡村公路 60；林区公路 70；铁路 80。

②水系。主要河流、水库。分两个图层：

• 单线河流：线(line)图层，按按“林地所有单位的代码”+“_ water_ line”命名，如凉水山林场为“450222_ 1_ water_ line”。

属性库结构为：ID(N3.0)；Name(C20)(名称)。

• 双线河流和水库：面(poly)图层，按“林地所有单位的代码”+“_ water_ poly”命名，如凉水山林场为“450222_ 1_ water_ poly”。

属性库结构为：ID(N3.0)；Type(C1)(类型)，Name(C20)(名称)。

类型代码为：主要河流 1；一般河流 2；大型水库 3；一般水库 4；湖泊(一般大于 $20\times10^4m^2$)5；海水养殖场 6；人工湿地 7。

③居民地。自治区、市、县、乡镇、村委、林场、分场所在地。点(point)图层，按“林地所有单位的代码”+“_ resident_ point”命名，如凉水山林场为“450222_ 1_ resident_ point”。

属性库结构为：ID(N3.0)；Type(C2)(类型)；Name(C20)(名称)。

类型代码如下：

• 行政驻地(10)：自治区政府驻地11；市政府驻地12；县(市、区)驻地13；乡(镇)驻地14；村委驻地15；村屯16；

• 机构驻地(20)：区林业厅21；市林业局22；县林业局23；乡镇林业站24；区直总场25；区直分场26；区直林站(工区)27；其他林场总场28；其他林场29；农场30。

• 辅助设施(30)：瞭望台31。

地理基础信息图层可参照地形图和RS图像创建，方法与创建小班面图层相同。

(3) 成果图制作

①基本图编制。基本图在GIS平台(ArcMap)上编制，比例尺为1∶10 000，以图幅为单元打印输出。

基本图的编制需要启动ArcMap 10，然后添加编制基本图必需的数据图层，包括地形图、小班图层、境界图层、基础地理信息图层和制图元素等，而制图元素包含框架、坐标格网、标题、指北针、比例尺、图例、落款等。地图元素的设计与制作具体操作可参照9.2.1制图版面设置；也可以利用第三方软件快速高效完成，如GisOracle开发的ArcGisCtools工具，具体详见相关资料。ArcMap中制作基本图添加必需的数据图层如图11-45所示。

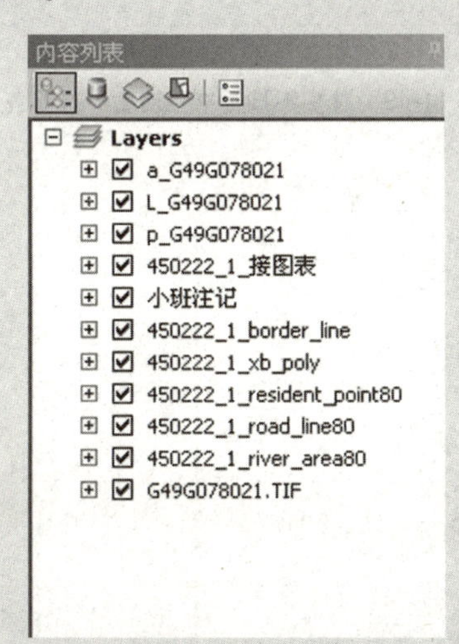

图11-45 制作基本图的必要图层

各图层的符号类型依据《林业地图图式》标准，在各图层的【图层属性】中的【符号系统】标签进行设置，如图11-46所示。

再在【布局视图】中进行适当微调得到基本图，

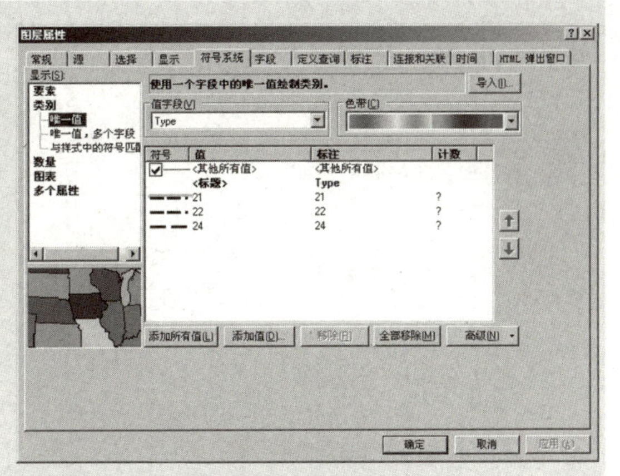

图11-46 【图层属性】对话框中【符号系统】标签设置符号类型

然后选择【文件】→【导出地图】菜单，打开【导出地图】对话框，在其中进行相应设置保存地图，如图11-47所示。

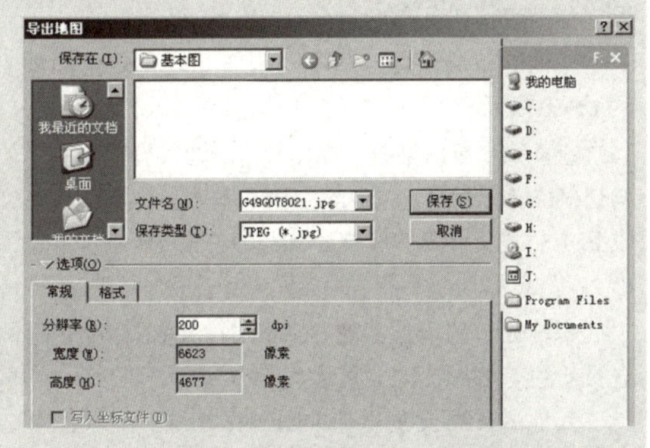

图11-47 【导出地图】对话框

基本图的效果图如图11-48所示。

②林班图集编制。林班图集比例尺为1∶10 000。包含图层与基本图一致。制作过程与基本图类似，只是在图幅内空白处适当位置标示林班主要资源统计数据。

林班图集编制成PDF格式文件，然后打印A3规格纸质图纸，以分场(工区)为单位装订成册。

③林相图编制。林相图的编制一般限于国有林场，以分场为单位进行编制。比例尺为1∶10 000。包含图层与基本图一致。在图幅下部空白处适当位置标示分场主要资源统计数据。林相图编制成PDF格式文件，然后打印A1或A0规格纸质图纸。

图 11-48 制作所得的基本图

林相图以土地种类或优势树种+龄组为依据，根据标准色标进行着色，如图 11-49 所示。

其他的布局设置与基本图制作相同，效果图如图 11-50 所示。

④森林分布图编制。森林分布图通常以整个森林调查单位进行编制，包含图层比基本图少地形图。制成 PDF 格式文件，然后打印 A0 规格纸质图纸。并输出 A4 图纸大小的森林分布简图，用于报告文本。

森林分布图以优势树种为依据，根据标准色标进行着色。如图 11-51 所示。

其他的布局设置与基本图制作相同，效果图如图 11-52 所示。

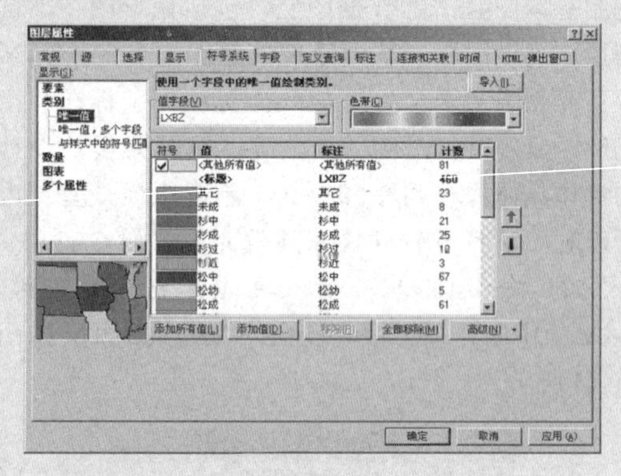

图 11-49 林相图按标准色对各小班着色

图 11-50 林相图

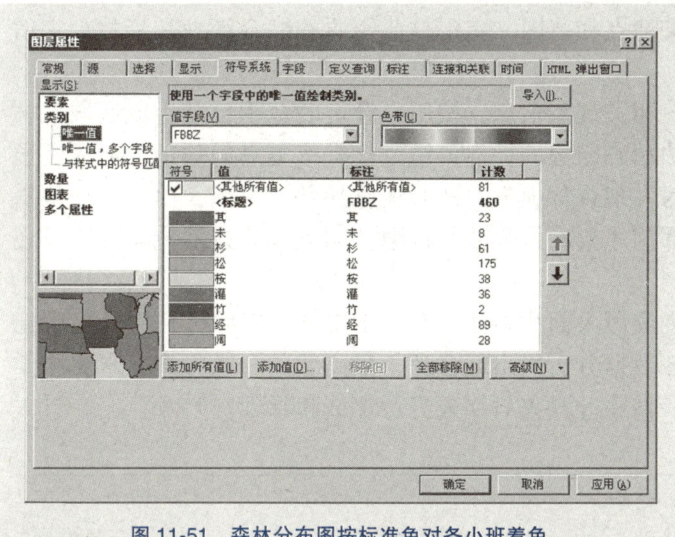

图 11-51 森林分布图按标准色对各小班着色

图 11-52 森林分布图

成果提交

作出书面报告，包括操作过程和结果以及心得体会，具体内容如下。

1. 简述“3S”技术在二类调查中的综合应用过程。
2. 回顾操作过程中的心得体会，遇到的问题及解决方法。

任务 11.2 “3S”技术在森林防火中的应用

任务描述

经过学习和训练，能够熟悉“3S”技术在森林防火应用中的一般模式与方法，熟悉GPS、GIS、RS各自在具体应用时的优势与局限性，了解GPS、GIS、RS整合为功能强大、经济实用的集成系统的思路。

任务目标

能够熟练运用RS、GPS、GIS及各相关软件共同完成火场定位、分析决策、损失评估等工作。

知识准备

森林火灾是森林资源的主要灾害之一，有效防止和减少森林火灾是护林工作的主要任务，也是保护森林资源的重要措施。“3S”技术及网络、通讯、可视化等技术手段在森林防火中的应用是当前森林防火中最先进、最有效的技术支持体系，其可以实现火灾的全天候实时监控并预测火灾走势、确定火灾地点和范围、实现林业资源的综合管理和森林火灾信息档案管理等。

通过气象遥感卫星接收系统接收相关气象信息，按用户设定的范围自动生成区域森林火险等级等数据集，而气象卫星无法精确定位的特性可结合分辨率更高的陆地卫星或资源卫星等监测火险等级高的区域，及时发现森林火灾并及时实施扑救。目前，由于卫星信息接收通常只有省级及以上林业主管部门才具有接收使用权限，因此，此技术应用的普及还有较大局限性。

利用遥感卫星可以从高空大范围监测大面积林区，在发生森林火灾后可利用 GPS 确定火灾发生的具体位置，然后结合 GIS 数据分析得出最合理、最高效的扑救方案，作出科学决策，将森林火灾造成的损失降到最低，并对灾后损失进行评估和管理。

任务实施

“3S”技术在森林防火中的应用

一、 目的与要求

①通过“3S”技术确定火场位置、指导扑救队员的扑救行进路线及时有效扑救森林火灾，降低火灾损失。

②应用森林经营单位完整的二类调查数据，建立二维数据模型，作为扑救火灾的指挥图。

③通过借助汽车和遥控无人机携带 GPS 确定火场位置。

二、 数据准备

某森林经营单位二类调查数据。

三、 操作步骤

(一)火场定位

使用 GPS 可以精确定位森林火灾发生现场，为森林火灾扑救明确位置和方向。MG758 GPS 内置的 UniNav 软件是搭配高精度 GPS 采集器设备，功能实用，涵盖数据采集、导航与放样及面积周长量算的软件。UniNav 导航定位操作如下。

①启动 MG758 GPS，运行 UniNav，如图 11-53 所示。

②在图 11-53(b)中单击【连接主机】，按图 11-54 所示设置【串口设置】和【硬件选择】，并单击【确定】返回。

③在开始导航/放样或数据采集前，必须新建工程。单击【工程管理】，选择【新建工程】，打开【新建工程】对话框，如图 11-55 所示，在其中填入工程名称和保存路径后，点击【保存】，弹出如图 11-56 所示。

(a) (b)

图 11-53 运行 UniNav

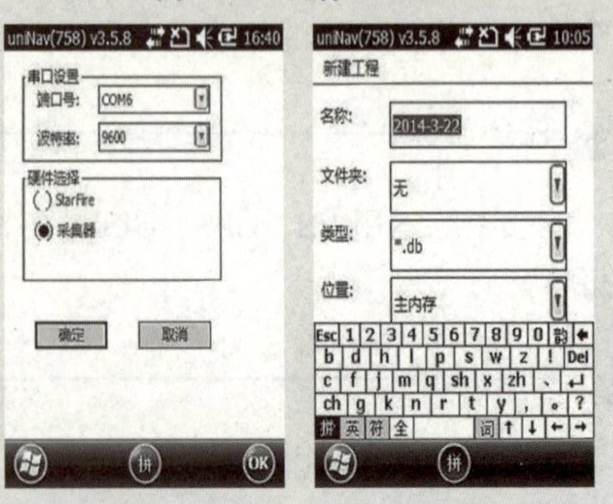

图 11-54 设置【串口设置】和【硬件选择】

图 11-55 【新建工程】对话框

④在工程参数设置对话框中根据具体需要输入各参数后，点击【确定】按钮，弹出【确认设置】对话框如图 11-57 所示。

⑤点击【是】返回软件主界面，如图 11-58 所示。

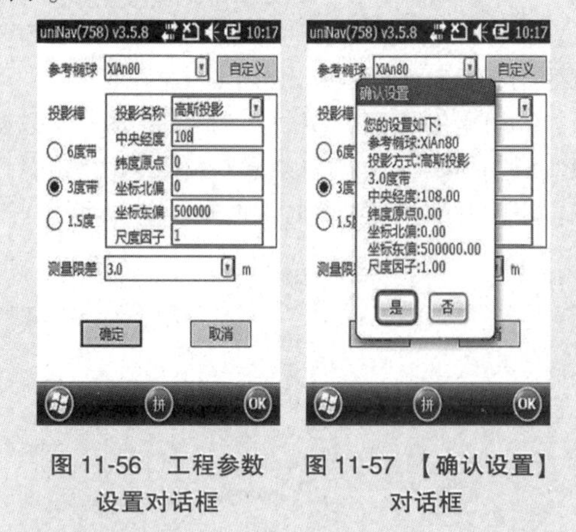

图 11-56　工程参数设置对话框　图 11-57　【确认设置】对话框

⑥完成上述设置后，可通过【数据管理】建立导航目标点的数据库。单击【测量】，选择【数据管理】，弹出【数据管理】对话框，如图 11-59 所示。

图 11-58　新建工程后的主界面　图 11-59　【数据管理】对话框

⑦在图 11-59 中点击【导入】按钮，弹出【导入】对话框，如图 11-60 所示。该对话框可采取直接填入和从文件导入两种方式。其中【数据格式】支持经纬度坐标(B-L-H)和地方平面坐标(X-Y-H)两种格式，而经纬度坐标可显示为度(d. dddd)、度·分(d. mmmm)和度·分秒(d. mmss)3 种类型。

⑧目标点坐标输入完成后点击【确定】，返回【数据管理】对话框，如图 11-61 所示。

⑨目标点坐标设置完成后即可进行导航定位。单击主界面【测量】，选择【导航】，弹出【导航】对话框，如图 11-62 所示。

⑩点击【选点】按钮，弹出目标点对话框，从中选择森林火灾目标点，如图 11-63 所示。

⑪点击【确定】后返回【导航】界面，点击【次级导航】按钮，进入次级导航页面，如图 11-64 所示。次级导航页面中的中心红色点表示目标点位置，绿色点表示当前点位置；同时还显示目标点与当前点的关系，包括南北方向坐标之差，东西方向坐标之差及调和之差等。

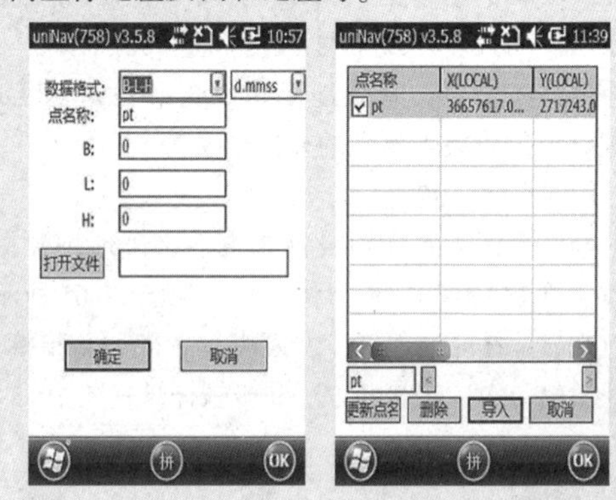

图 11-60　【导入】对话框　图 11-61　【数据管理】对话框

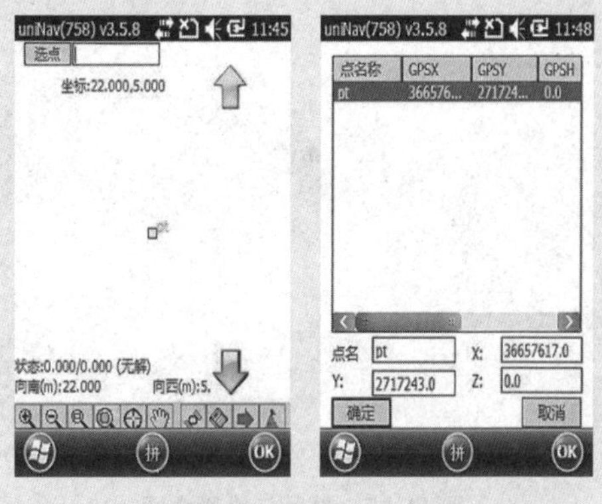

图 11-62　【导航】对话框　图 11-63　选择目标点

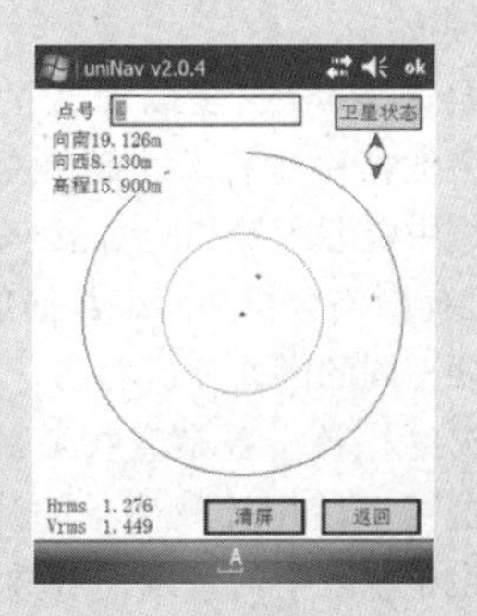

图 11-64　次级导航界面

然后按照次级导航界面提示，即可导航到达指定目标点(火场)。

定位方式可利用飞机、车辆、步行等携带GPS完成。

(二)森林火灾时的数据分析决策

森林火灾发生时的林火扑救决策，直接影响森林火灾损失的大小。“3S”技术及通讯、网络等技术的综合应用，能够快速掌握火场周围的情况，对扑火决策的合理性、高效性提供科学可靠的指导数据。决策者由此获取火场周边的救援队、水源、道路等信息，有效地部署和指挥救援队伍的先进路线、防火隔离带的开挖准备等。

(1)创建三维影像

经由森林资源规划设计调查的基础地理数据，通过ArcGIS创建DEM影像，效果如图11-65所示，以直观显示林区的地形，方便决策者部署和指挥火灾扑救的工作。建立的方法和步骤详见任务10.3。

图11-65 林区三维影像图

(2)网络分析

网络分析是ArcGIS模拟现实世界的网络问题，如从网络数据中寻找多个地点之间的最优路径，确定网络中资源配置和网络服务范围等。ArcGIS可使用几何网络分析和网络数据集的网络分析两种模式实现不同的网络分析功能。

森林火灾的扑救主要是查找最短路径来解决扑火效率，这可以使用比较简单的几何网络分析就能实现。由于林区中的基础地理数据具有缺陷，如道路、水源、人员、火点等要素几乎都是独立的，因而无法进行完善的网络分析，因此以下仅简单介绍查找最短路径的网络分析。

①在ArcMap进行网络分析前，必须先建立一个要素数据集，然后将参与几何网络构建的数据类或要素类(如道路、水源、火点等要素)存放在同一个要素数据集中。建立方法参见任务8.1。

②将参与网络分析的道路、水源、火点等要素导入要要素数据集中，如图11-66所示。

③构建几何网络，右击图11-66中的要素数据集“gas_network”，选择【新建】→【几何网络】，弹出【新建几何网络】对话框，如图11-67所示。

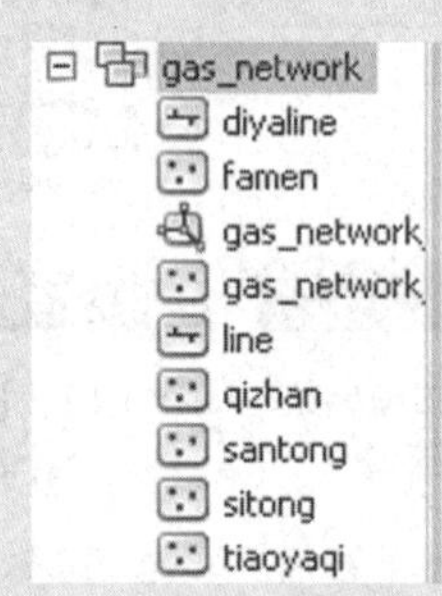

图11-66 构建几何网络的要素数据集和要素

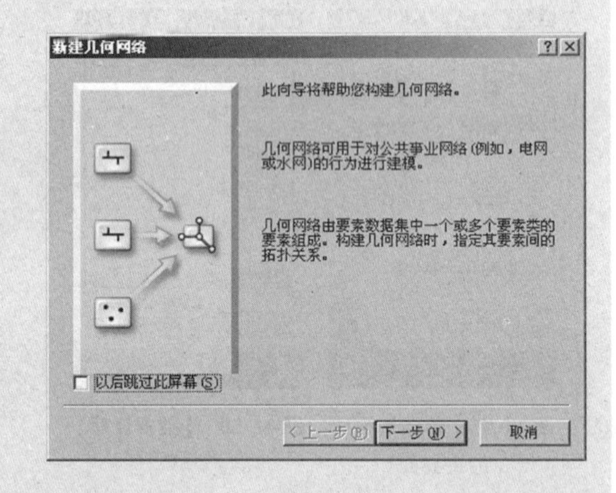

图11-67 【新建几何网络】对话框

然后单击【下一步】按提示进行相应设置，直到完成。

几何网络建立后，可通过【几何网络编辑】工具条对几何网络进行网络要素的添加与删除、连通性、属性、权重编辑等，如图11-68所示。

图11-68 【几何网络编辑】工具条

④几何网络分析。几何网络分析是在几何网络模型基础上进行的网络分析，主要用于流向分析和追踪分析任务，而森林火灾最短路径分析属于追踪分析。可通过【几何网络分析】工具条进行，如图 11-69 所示。

由于森林火灾环境复杂，影响因素众多，仅依靠网络分析仍然后无法满足扑火的决策指挥，因此决策者最直观的办法就是通过 EDM 影像，根据着火点的地形、风向、风力、坡度、可燃物类型等因素来判断指挥救援队伍的扑救工作。因此，除了“3S”技术外，还需要应用网络、通信等技术进行施援。如通过监测 GPS 返回信息，结合 ArcGIS 的 EDM 影像指挥 GPS 持有者行进方向。或通过手机定位系统通过通信方式返回的信息，再结合相关信息进行调度施救。图 11-70，为手机定位系统的测试效果，其中红块为测试位置，红框为手机所在位置。

(三)森林火灾后的损失评估

森林火灾发生后，其造成的损失估算包括过火面积、蓄积量损失、经济损失及扑火过程中的各种经济投入、碳汇损失分析等，为灾后火烧迹地清理、制定和实施更新等各种森林生态系统的重建与修复提供决策依据。而“3S”技术在灾后评估方面主要用于过火面积和蓄积量损失方面的评估分析。

过火面积的调查可使用 GPS 沿过火面积的边界采集空间数据，然后通过 ArcGIS 就可精确计算出过火面积。

蓄积量损失评估可在 GIS 基础上以小班为单位，解释火灾地历史遥感数据和其他相关资料数据作为基础，以树种、林龄、郁闭度、立地质量、地位级等数据为参数，建立蓄积量模型来估算森林火灾的详细信息和火灾损失。具体参阅相关林业调查书籍。

图 11-69 【几何网络分析】工具条

图 11-70 手机定位系统测试图

成果提交

作出书面报告，包括操作过程和结果以及心得体会，具体内容如下。

1. 简述“3S”技术在森林防火中的应用过程。
2. 回顾操作过程中的心得体会，遇到的问题及解决方法。

任务 11.3 调查工具软件在林业生产中的应用

任务描述

调查工具软件，如平板电脑、GPS、无人机、专业软件等装备在林业生产中的应用越来越广泛，大大提高林业数据的智能化采集和分析，对各种信息的实时应用和表达，提高了工作的效率和准确度。调查工具软件的主要功能是全自动地实行对各种数据的收集和分析，对各种信息的实时应用和表达，一定程度减少了内业矢量化工作量和提高了数据检查的准确性。本任务将以林调通软件为例，从操作使用角度介绍类似调查工具软件的工作原理、设置和使用方法。

任务目标

1. 熟悉调查软件在林业生产中的应用范围和具体应用内容。
2. 具备林调通等调查软件具体设置和使用的技能。

知识准备

随着科技水平的提升，林业信息化的应用水平也越来越高，其中“3S”技术在林业上的应用也越来越广泛。目前“3S”技术主要应用于森林资源规划设计调查、森林督察、林地变更、在营造林作业设计、野生动植物资源调查等方面。

11.3.1 软件介绍

目前市场上调查软件较多，产品较为丰富，如林调通、鼎图外业数据采集系统等。它们主要功能大同小异，均能够实现外业点、线、面数据的采集、编辑和分析，内业上将这些数据导入 ArcGIS 软件平台，进行后续的数据汇总、整理和分析工作，如制作专题图，空间分析等。为了教学需要，以某公司开发的林调通软件为例进行介绍。

林调通是一款服务于林业资源监测巡查以及专项调查的专业移动智能调查平台，采用专业的 GIS(地理信息)系统架构，能够大幅度提高 GIS 专业格式数据的加载速度和稳定性，同时支持北斗高精度定位服务(千寻系统、CORS 系统、智能 RTK)及 CGCS2000 坐标系统，能够在手持状态下达到厘米级定位精度。该平台基于安卓的智能系统进行研发，能够全面满足林业资源各项监测、巡查、调查工作的技术规程，为户外作业提供更加标准化、精细化的操作平台，让采集工作“一次成型”。

11.3.2 系统应用

(1)森林资源规划设计调查(二类调查)

将调查区域内的影像图、航片数据以及林班小班数据进行叠加显示，现场进行人员定位确定小班位置，通过编辑工具进行小班边界的实测、分割、合并、重塑、孤岛、裁切，借助属性表填写功能，现场修改和完善小班调查因子及相关的专项调查，如样地调查、每木检尺、角规调查、四旁树调查等。遇到卫片或航片资料上体现不出来的区域，结合无人机进行航测，现场进行正射影像的加载和校正，辅助完成现场区划和填写工作。完成外业工作后，使用林调通可以直接输出 . shp 和 . xml 标准格式数据到 GIS 桌面系统进行后续的数据整理和汇总工作。

(2) 森林督查

将督查疑似图斑及前后两期影像数据导入林调通，初步了解督查图斑的实际位置和现场情况，再通过比对最新的在线高清影像准确确定督查小班的边界范围。内置模板化的督查定制表格，包含技术细则中明确要求的因子填写方式、因子继承方式和逻辑检查规则，帮助督查人员现场快速填写督查卡片、变化图斑现地核实表、变化数据库表，以及拍摄带有坐标和方位的现场举证照片。督查结果直接导入全国森林督查信息管理系统进行上报。

另外，根据全国各地森林督查的具体技术细则和规程进行功能定制和流程定制，最大程度地服务于森林督查工作。

(3) 林地变更

通过叠加最新一期的遥感影像数据和上期林地变更成果数据，现场进行林地类型、权属、起源、森林类别、事权等级、面积等因子的核实及填写工作。系统自带字段翻译功能，能够将上期林地变更数据的字段名称自动翻译成汉字，方便用户现场进行识别。通过系统内置强大的条件筛选功能，将变更小班准确定位显示，方便用户现场逐一核对，当日工作完成后通过色彩标注的方式查询工作完成量及进度。

变更调查成果导出 . shp 格式，直接兼容 ArcGIS 平台进行后续的数据汇总和整理工作。

(4) 营造林作业设计

利用最新的在线遥感影像和最新的本地地图数据进行卷帘比对，再通过叠加营造林矢量数据，方便设计人员进行营造林区域的设计工作并自动计算造林面积。系统支持造林作业设计表的定制设计，用户通过配套软件即可完成表格的导入和设计工作。同时可根据技术细则定义填写规则和逻辑检查规则，方便用户在现场准确、高效地进行调查因子的填写和录入。

利用系统的制图功能，快速进行营造林区域的地形示意图和造林图式的制作和输出。

(5) 森林资源碳汇调查

通过加载预处理完成的样地数据，结合在线遥感影像数据，准确定位样地的准确位置，根据小班面积智能判断所需样方数量并完成新建，结合预先导入的样地调查表和样木检尺表，快速在现地通过自动继承、自动计算、选项列表、现地实测等方式完成调查因子的录入工作，结果保存时自动进行样木株数、平均胸径、每公顷蓄积量等因子的汇总统计工作。

调查结果直接导出标准格式的矢量数据和表格数据，方便进行上报工作。

(6)野生动植物调查

系统支持网格式调查模式，加载调查区域内的影像数据、调查样线数据、样地点数据、专项调查表格数据。现场填写方式和逻辑检查规则可根据调查的物种进行随时切换，整个调查过程中能够通过后台的轨迹记录功能自动记录全程运动轨迹，在拍摄调查照片时能够自动附带拍摄点位坐标、拍摄时间及拍摄方向，方便用户进行后期照片整理和筛选。配备的北斗定位功能能够在野外准确确定人员位置，指引正确的路线方向。当影像数据不够清晰可能导致行进路线不明确时，系统可无缝兼容无人机进行现航测的最新的正射影像，协助调查人员判断地形和方位。

调查结果能够一键导出至点状和线状图层数据，调查表格能够输出 .xml 表格和 .mdb 数据库格式。

(7)沙漠化监测

将监测区域的遥感影像底图和监测图斑一并导入后进行叠加显示，可通过现场定位功能进行监测图斑的核查、监测调查表格的填写和监测路线的记录工作。同时可以拍摄现场的照片、视频作为监测举证文件。通过表格定制功能，可快速导入监测小班调查记录卡片，明确各项监测因子的填写方式和技术要求。监测成果可直接输出成标准的 .shp 格式，用于制作监测调查报告及统计沙化趋势分布、面积和动态变化情况。

(8)草原监测

系统可将监测点位统计表直接导入，形成监测样地点位数据，通过坐标自动匹配功能完成样地的自动复位，同时也可根据实际情况进行样地点为的新增，实现一点多用的工作模式，提高数据的利用效率。

目前系统内置返青监测、高峰期监测、旬度监测、固定点监测、线路监测、冷季监测、草地栽培调查、补饲调查、退牧还草等模块，用于满足在不同时期对于草原监测工作不同的具体要求。监测表格界面以 1∶1 的方式复现纸质调查表格的样式和排版，降低了调查人员的学习成本，提高填写效率。在内容填写方面，内置自动计算公式能够准确、快速计算草产量、鲜重、干重、密度等因子，提高调查监测人员的工作效率和准确度。监测成果可自动汇总成电子表格，方便用户打印和上报。

 任务实施

林调通软件使用方法

一、目的要求

①认识林调通软件及其配制设备。

②理解林调通软件的工作原理。

③掌握林调通软件完成某地森林资源调查工作时工作流程。

二、数据和设备准备

软件安装在平板电脑等移动端。

某林区的清晰的遥感图像、林班界线、小班界线及行政区划界线等。

影像数据要求格式为 .tif 格式，林班小班及行政区划数据要求为 .shp 格式，且都具备完整的空间投影信息。

三、操作方法

(一)林调通软件基本使用

(1)数据导入

①栅格数据。用林调通软件前,需要导入地图数据(栅格数据)作为底图来进行工作。

• 使用 ARCGIS 软件将需要导入的数据进行加载,生成“金字塔”文件,完成后会在原有的栅格数据目录下生成一个后缀名为 .ovr 和 .xml 的文件,拷贝时需要将这两个文件一起进行拷贝(图 11-71)。

图 11-71 地图数据(栅格数据)

• 将这些栅格数据存统一存放到一个文件夹内,然后将这个文件夹拷贝到“林调通”软件中即可,具体的拷贝路径是在文件管理中的林调文件夹里面的“地图数据文件夹”,如图 11-72 所示。

← 内部存储

内部存储 > 林调通 > 地图数据

图 11-72 栅格数据拷贝路径

• 拷贝完成后启动林调通软件,正常加载后会在图层管理器中显示这些数据,如图 11-73 所示。

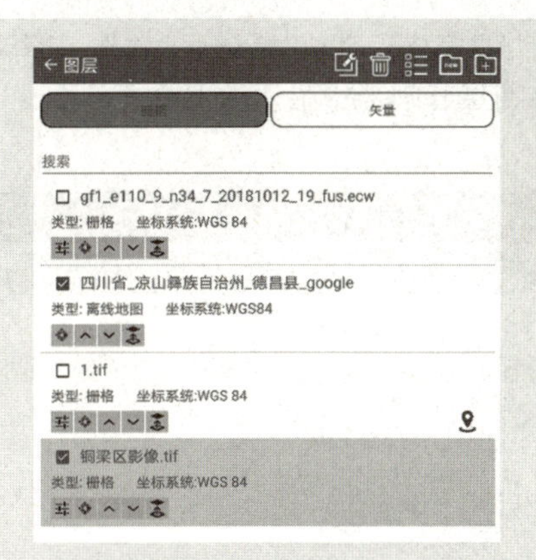

图 11-73 栅格数据加载显示

②矢量数据。栅格数据导入完成后,可以进行矢量数据(.shp)的导入,方法同栅格数据的导入方式类似。

• 使用 ArcGIS 软件将需要导入的矢量数据进行加载(图 11-74),查看其空间参考、坐标系统、编码类型是否正确且完成,如果这些信息缺失任意一个,都需要在 ArcGIS 中进行处理,否则导入后林调通无法识别。

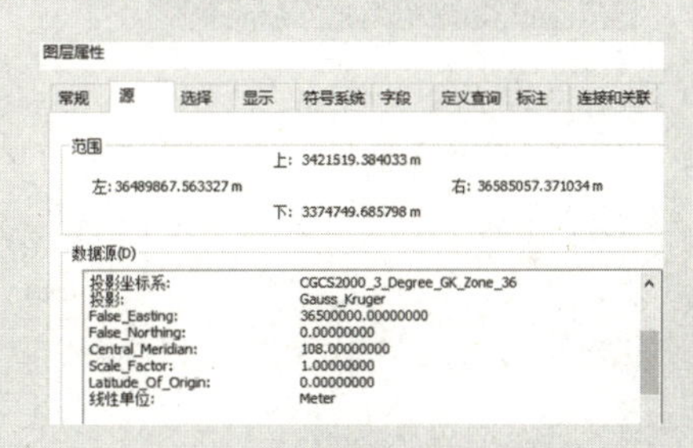

图 11-74 矢量数据信息

• 将这些矢量数据存统一存放到一个文件夹内,然后将这个文件夹拷贝到林调通软件中即可,具体的拷贝路径是在文件管理中的林调文件夹里面的“地图数据文件夹”,如图 11-75。

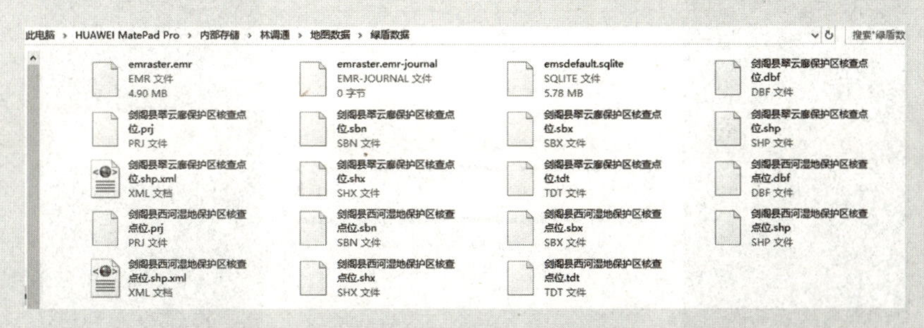

图 11-75 矢量数据拷贝路径

• 拷贝完成后启动“林调通”软件，正常加载后会在图层管理器中显示这些数据，如图 11-76 所示。

图 11-76 矢量数据加载显示

(2) 系统设置

①坐标系统设置。数据准备完成后，需要在林调通软件中进行坐标系统设置，确保在使用定位、勾画功能的时候不会出现偏移情况。

• 在【设置】→【坐标系统】中进行系统坐标系统的相关设置及参数设置。

• 地理坐标系统设置，根据屏幕提示和用户的实际情况进行椭球类型、坐标单位，以及坐标信息的大小和颜色的设置。

• 投影坐标系统设置，针对椭球类型、分带方式、中央子午线分别进行设置。

• “校正参数”需要根据各地区的实际情况进行填写，用于纠正平面坐标系下地图数据的偏移问题，同时可以将输入的参数保存至模板，方便下次使用。全部设置完成后，返回设置面，系统会在屏幕下方提示“设置成功”，如图 11-77 所示。现国家统一使用 CGCS2000 坐标系，就无须设置参数，正常设置好对应坐标使用即可。

图 11-77 校正参数

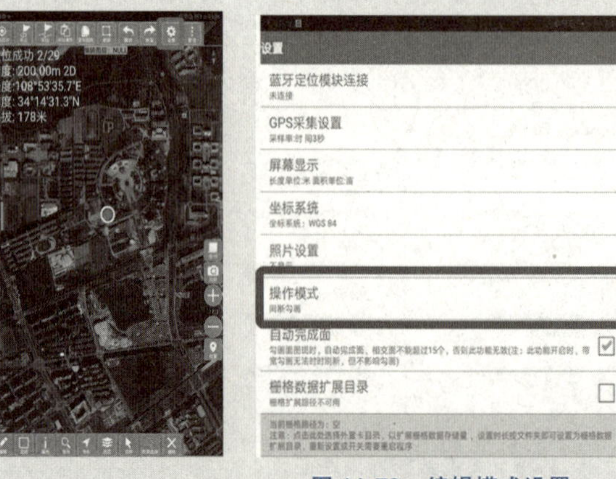

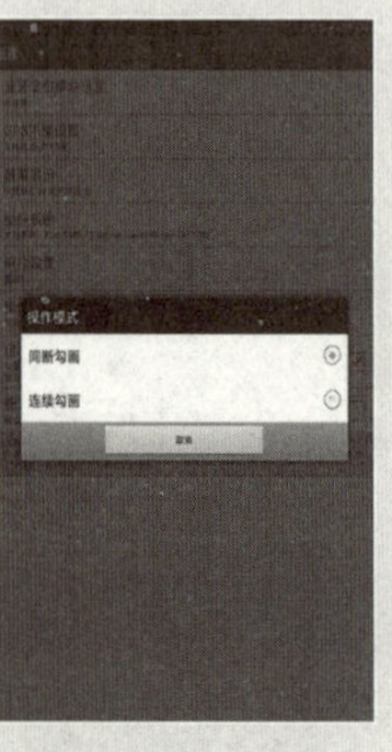

图 11-78 编辑模式设置

②单位设置。当需要进行面积和长度量算的时候，就需要预先设置好一个标准单位。

• 在【设置】→【屏幕显示】中进行面积和长度单位的设置。

• 面积和长度单位按照用户的实际需要进行设置，并且支持二次修改。

③编辑模式设置。在进行勾画操作时，可以根据用户的使用习惯进行勾画模式的选择，分别是"间断勾画"和"连续勾画"，如图 11-78 所示。

• 在【设置】→【屏幕显示】中进行面积和长度单位的设置。

• "间断勾画"模式是指在进行分割、孤岛、边界重塑时，可以通过单击进行点位的绘制，类似于单点勾画；"连续勾画"模式是指在进行分割、孤岛、边界重塑时，可以通过单击进行点位的绘制，类似于连续勾画。如图 11-79 所示。

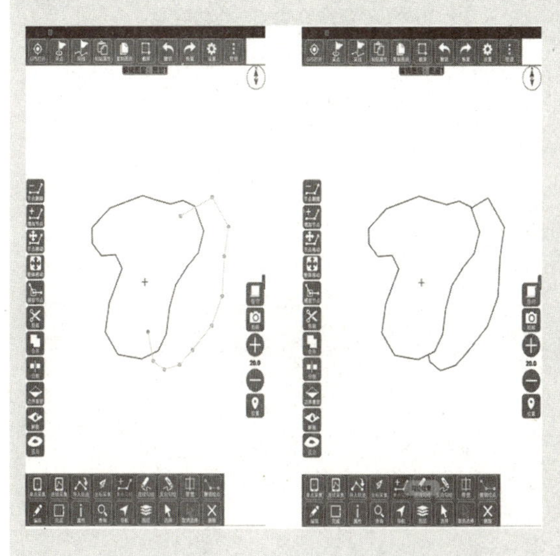

图 11-79　间断勾画与连续勾画

④闭合模式设置。当勾画完成后，需要进行图形的首位闭合，此时系统提供了一种适用于公共边的闭合模式——"自动完成面"。

• 在【设置】→【自动完成面】中进行闭合模式的设置。

• 当勾选"自动完成面"后，通过绘制起点和终点都和已知小班相交的线段，点击完成，系统会自动将公共边进行闭合，完成相邻小班的绘制；若不勾选此功能，系统不会执行"自动完成公共边"功能。

⑤更新设置。经过编辑的矢量图层数据，大部分情况下会涉及面积更新的操作，可以通过设置"面积更新"字段对面积自动进行更新，如图 11-80所示。

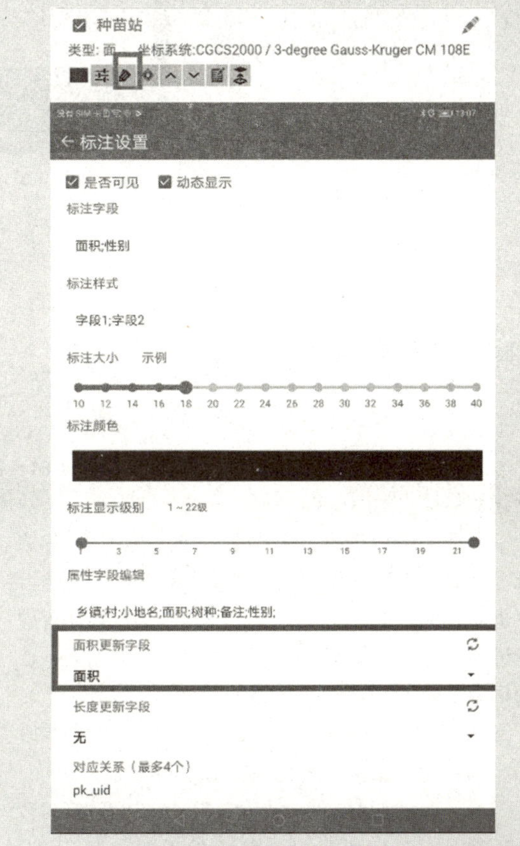

图 11-80　面积更新字段设置

• 在【图层】→【标注设置】中进行更新字段的设置。

• 面积更新字段可以由用户自行进行选择，确定以后可以通过点击右侧的【刷新】按钮进行更新。

⑥地图类型设置。在使用林调通的过程中，往往需要进行地图类型的切换。

• 在【管理】→【地图选择】中进行地图的选择。

• 地图列表中所列出的选项，除"本地地图"属于本地地图以外，其余的都是在线地图，需要平板电脑连接互联网的情况下才可以使用。

（3）图层新建

①数据字典。在新建图层前，需要先创建"数据字典"。

• 在【管理】→【数据字典】中进行数据字典的

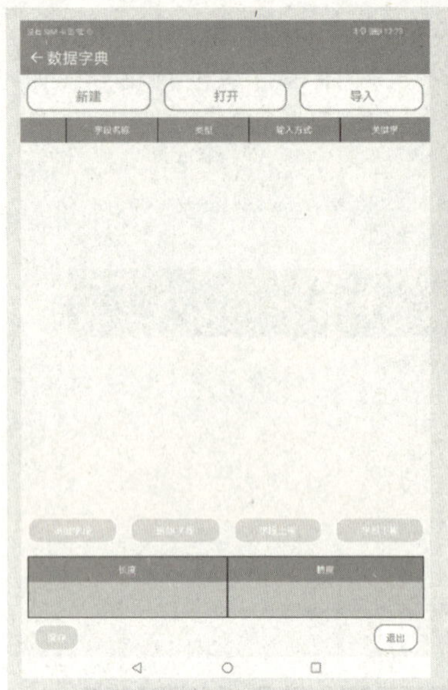
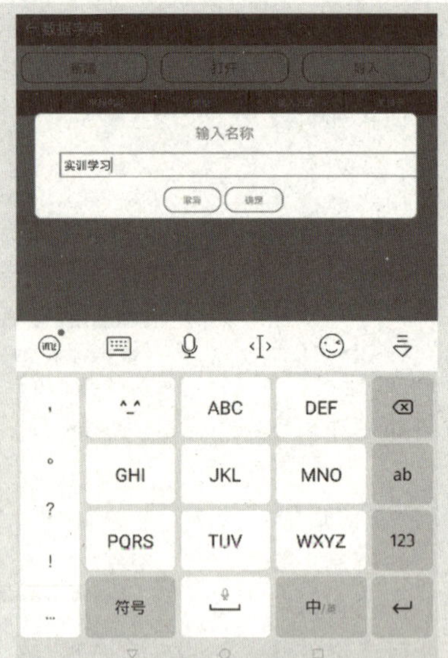
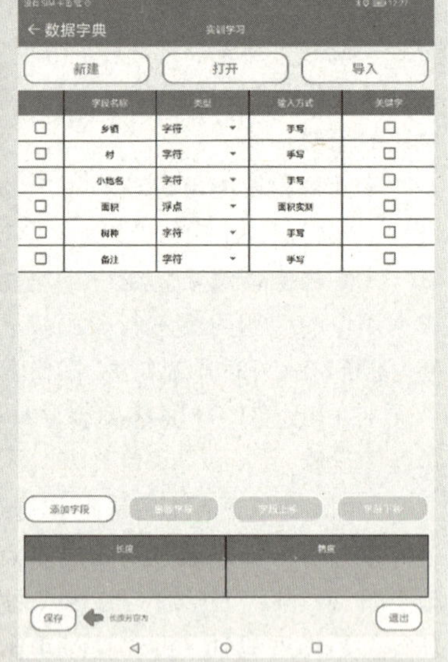

图 11-81　新建数据字典

创建和修改。

• 此时可以选择新建数据字典、打开现有的数据字典或者导入现有的 dbf 属性表 3 种方式进行数据字典的创建和修改，这里我们以新建为例进行说明。点击【新建】→【输入数据字典名称】→点击【添加字段】进行属性字段的添加。

• 根据用户的实际需要，可以通过点击字段的名称、类型、输入方式进行修改和编辑。

• 针对类型是“浮点”的字段，可以设置小数位数精度，具体操作时需要先勾选对应的字段，“精度”表示小数的位数。

• 针对类型是“字符”的字段，可以设置字符长度，具体操作时需要先勾选对应的字段，“长度”表示能够输入的最大个数。

• 至于“打开”和“导入”功能，操作上基本和“新建”是一样的，只不过是数据来源不同而已。

• 完成所有操作后，切记一定要进行“保存”，然后就能够在“新建图层”时选择用户自己创建的数据字典了，如图 11-81 所示。

②*创建与删除图层*。在勾画前需要进行图层的创建，如图 11-82。

• 点击图层按钮，进入到图层中，在右上角点击【新建】按钮，进入图层新建功能；

• 在此界面下可以根据用户的要求进行点、线、面 3 种类型的矢量数据的创建，并且在创建时必须要选择“数据字典”作为属性表，否则无法完成创建。创建成功后，就会在“图层”中显示该数据。

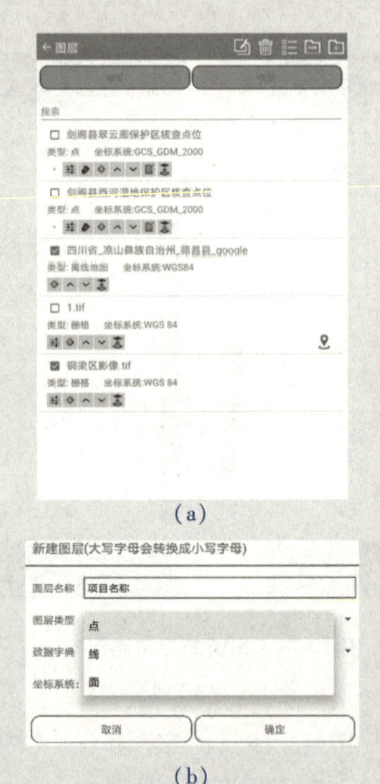

(a)

(b)

图 11-82　新建图层

• 长按需要删除的图层，系统会弹出【确认删除】的对话框，确定后完成删除操作。删除后的图层数据不可恢复。

③*图层设置*。对于已经创建好或者拷贝到系统中的图层，可以逐一进行设置，包括颜色、线宽、透明度、标注等，如图 11-83 所示。

☐ 工作

类型: 面　坐标系统:CGCS2000 / 3-degree Gauss-Kruger CM 108E

图 11-83 图层设置

• 颜色设置：通过点击颜色色带以及透明度进行具体颜色的设置，支持边界颜色、填充颜色、编辑宽度以及显示级别的设置。

• 标注设置：可以将单个或者多个(5 个以内)属性字段作为标注字段进行标注，同时还可以针对面积和长度字段进行相应的更新。

• 条件填充：开启后可以针对图层内的某一个属性字段值进行颜色填充，同时支持填充透明度的设置，不会覆盖影像内容，方便用户将图层和影像数据同时叠加显示。

• 条件填充设置完成后，点击右上角的【保存】返回到主界面。此时在主界面的右侧会有一个箭头按钮，点击后可开启填充列表，能够详细展示每一种填充色所代表的属性值，再次点击箭头可以收回填充列表；

（4）数据编辑

①基本编辑。包括单点采集、连续采集、带宽采集、输入坐标采集、反向采集、完成采集。

• 单点采集：需要在定位状态下才能够使用。“单点采集”表示点击一下采集一个点，再点击一下再采集一个点，当采集完成后点击完成按钮进行图形的闭合(面图层、线图层都需要完成，点图层不需要)，如图 11-84 所示。

(a)

(b)

图 11-84 单点采集

• 连续采集：同样需要在定位状态下才能够使用。“连续采集”表示开启此功能后，系统可以按照“采样率”的设置自动进行点采集，此时按钮变成红色，当需要暂停采集时，点击【连续采集】按钮，让其变成绿色即可暂停采集；若要完成当前采集，点击【完成】按钮即可。如图 11-85 所示。

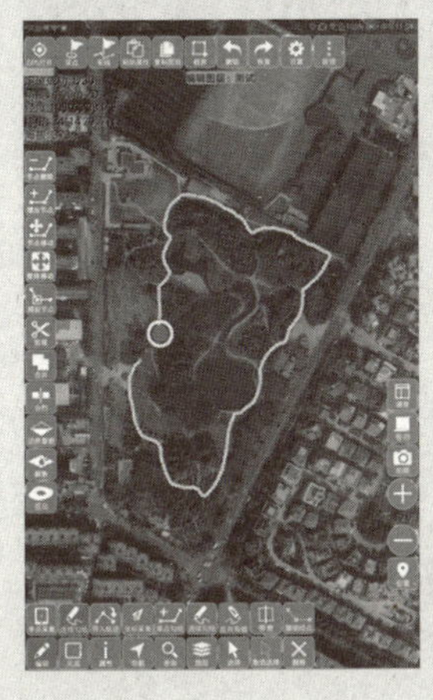

(a)

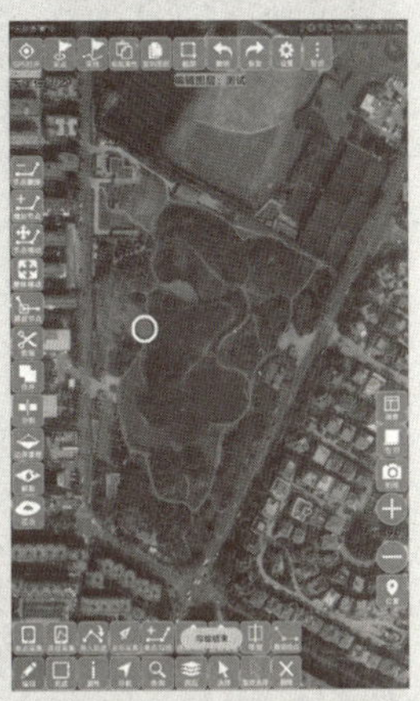

(b)

图 11-85 连续采集

• 单点勾绘：点击一下屏幕采集一个点，当勾绘面图层时，最少要勾绘 3 个点才能够进行“完成”。

• 连续勾绘：使用“流模式”进行图形的绘制，配合手写笔进行操作十分便捷，勾画时笔尖不用离开屏幕，可以一笔连续绘制，适合绘制边界复杂的小班。

• 坐标采集：可以输入已知的坐标点进行采集。坐标格式支持经纬度和平面横纵坐标两种。

• 带宽：在勾画的过程中同时进行平行线的绘制。平行线所绘制的方向和宽度需要提前进行选择，勾画完成后即可看到相应的效果。

• 反向勾画：在勾画的过程中将“起点”和“终点”进行颠倒，将原本顺时针勾画的小班变成逆时针勾画。

• 完成：在勾画完成后，可以点击此按钮结束当前勾画，将图形首尾自动进行闭合。

②高级编辑。包括节点增加、节点删除、节点移动、捕捉和节点、整体移动、裁剪、孤岛、解散、合并、分割、边界重塑等功能。

• 节点删除：可以删除小班边界上的节点。先将小班进行选中，点击【节点删除】按钮，将此功能激活，使用手写笔或者手指点击需要删除的节点即可完成；当需要结束此功能时，再次点击

（a）　　　　　　　　　（b）

图 11-86　节点删除

【节点删除】按钮即可，如图 11-86 所示。

● 增加节点：操作方式与“节点删除”类似，需要先选中小班，在小班边界需要添加节点的位置使用手写笔或者手指点击，就完成了节点的增加操作。

● 节点移动：需要先将小班选中，点击【节点移动】按钮，激活此功能，然后使用手写笔或者手指按住需要移动的节点不放，同时进行移动操作，就可以将该节点进行移动。当移动到需要的位置时，松开手写笔或者手指即可。

● 整体移动：需要先将小班选中，点击【整体移动】按钮，激活此功能，使用手写笔或者手指按住需要移动的小班不放，同时进行移动操作，就可以将该小班进行移动。当移动到需要的位置，松开手写笔或者手指即可，如图 11-87 所示。

● 捕捉节点：需要先将小班选中，点击【捕捉节点】按钮，激活此功能，同时激活单点勾绘功能，然后使用手写笔点击需要捕捉的节点进行捕捉操作。此时系统会自动进行节点容差的判断，当误差小于系统设定时，会进行自动捕捉，松开手写笔即可完成一个节点的捕捉，使用此方法可以进行多个节点的捕捉。完成后再次点击【完成】按钮，关闭“捕捉节点”“单点勾绘”功能，再点击【取消选择】按钮，完成后可以得到具有公共节点或者公共边的相邻小班。

● 剪裁：当勾画的图形出现相互叠加或者压盖的情况，可以使用“剪裁”功能进行修复。需要先点击【剪裁】按钮，激活此功能，然后使用手写笔或者手指进行裁剪方向的确定，“红点”所在的小班作为裁剪图形，“绿点”所在的位置是重叠区域，然后松开手写笔或者手指，系统会自动进行判断，将裁剪完的效果以“灰色”的区域展示出来，供用户选择。如果裁剪结果正确，点击左侧的【提交】按钮完成裁剪操作。

（a）　　　　　　　　　（b）

（c）

图 11-87　整体移动

● 孤岛：主要针对两个小班出现包含的情况下使用，例如，一个面积较小的小班被一个面价较大的小班所包含，这时需要计算面积较大的小班的面积就需要将面积较小的小班从中间挖去，形成一个环形的小班。点击【孤岛】按钮，激活“孤岛”功能，然后使用手写笔或者手指进行“孤岛”的勾画(需要减去面积的小班)，确定无误后，点击【提交】按钮进行提交。

● 解散：主要针对不相邻小班的合并后进行逆操作的，也就是将两个不相邻的小班合并后再打散的功能，虽然经过合并操作的两个小班边界上不相邻，但是共用属性且使用“选择”功能不能对这两个小班进行单独选择现在要对这个小班进行“解散”操作。点击【解散】按钮，激活“解散”功能，然后使用手写笔或者手指拉框选择需要被“解散”的小班，系统会进行“解散”后的预览，将“解散”结果以灰色的区域显示，确认操作无误后，点击【提交】按钮进行完成。

• 当勾画的小班出现部分地类或者权属实际情况不相符的时候，需要使用“分割”功能将这些部分进行分割操作，分割功能分为“手动分割”和“GPS采集分割”两种模式。操作时，需要先进行“分割线”的绘制，要求“分割线”的起点和终点必须与被分割的小班进行相交，然后点击【提交】按钮进行提交。

• 当需要将两个相邻小班或者不相邻小班进行合并的时候，就需要使用“合并”功能。操作时，需要先进行“合并方向线”的绘制，要求“合并方向线”的起点和终点必须在小班内部，且“红点”在被合并小班内，“绿点”在合并小班内。这样操作表示将“红点”所在的小班合并到“绿点”所在的小班，并且属性会自动继承。如果确认合并结果无误，点击【提交】按钮进行提交；

• 当单个小班或者相邻小班的边界（公共边）发生变化时，需要使用“边界重塑”功能对其进行修改。“边界重塑”功能分为“手动重塑”和“GPS采集重塑”两种模式。这里使用“手动模式”进行示意，通过点击【重塑】按钮激活“边界重塑”功能，选择“手动模式”，使用手写笔或者手指在需要重塑的小班上进行新边界（重塑线）的绘制，此时需要保证“重塑线”一定要与小班的原有边界有两个交点，完成后点击【提交】按钮进行确认。

③轨迹采集。可以通过林调通软件进行点轨迹和线轨迹的采集和保存，具体操作如下：

• 点轨迹采集：在定位状态下，点击【采点】按钮，系统弹出采集界面，按照屏幕提示完输入名称和描述，然后选择点样式，点击【确定】完成采集。

• 线轨迹采集：在定位状态下，点击【采线】按钮，系统弹出采集界面，按照屏幕提示完输入名称和描述，然后开始采集；若要完成采集，再次点击【采线】按钮即可结束采集。

• 在未定位的状态下是不允许进行轨迹采集的，点击【采集】按钮后系统会提示“未定位，请等待卫星信号”。

• 采集的结果会直接显示在屏幕上，还可以通过点击【管理】→【轨迹管理】进行详细的操作。

• 轨迹操作主要包括修改轨迹名称、查看点信息、修改轨迹颜色及宽度、定为到轨迹的起点/终点、删除轨迹。

• 将轨迹选中还可进行导出，导出的格式支持 .gpx、.kmz、.shp 和 .dxf，导出后的轨迹保存在林调通文件夹中的“数据导出”文件夹中。

（5）数据查询

可以通过输入条件对矢量数据进行查询。“属性查询”可以通过选择需要查询的图层以及设置对应的筛选条件进行查询，也称为“条件查询”。条件最多一次可以设置5个，之间通过“且”和“或”进行连接。查询结果可以进行字段排序、地图对比显示、选中导出 .shp 格式文件等功能。

（6）多媒体数据采集

①拍照。通过林调通软件在定位后所拍摄的照片全部都带有地理位置信息及小班属性信息，具体操作如下：

• 启动相机，若当前未定位，系统会进行提示“是否继续拍照”如果选择“是”，输入照片名称后正常启动相机，但是拍摄的照片没有位置信息。

• 在定位状态下进行拍照，拍摄照片的左下角会带有当前定位点的位置信息。位置信息的类型与当前系统内部的坐标系统的类型保持一致。定位状态下拍摄完成后，照片会自动在拍摄地点形成一个图标，用来提示在此进行过一次拍摄。

• 当需要进行“指点拍照”时，可以长按【相机】按钮，系统会提示用户“点击屏幕选择需要拍照的点位”，然后输入照片名称后启动相机进行拍照，如图11-88所示。

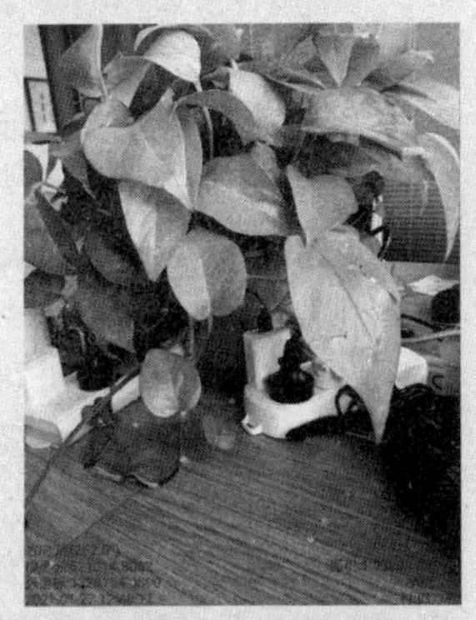

图11-88　多媒体设置

• 当需要将小班属性打印到所拍摄的照片上显示时，需要在【设置】→【多媒体设置】中进行照片拍摄的相关设置。“属性是否可见”打上钩，选择要显示字段的图层、需要显示的字段、字段显示的位置等。拍照时必须站在小班里面才会有效。

②截屏。可以随时进行截屏操作，将图像保存至本地。

• 直接点击【截屏】按钮就可以启动截屏功能。系统默认截取当前的全部屏幕，输入截屏名称后点击【确定】按钮进入截屏功能，用户可通过四周红色的截屏范围边界线对截取的内容进行调整，完成后会在当前位置出现一个符号作为截屏点位。

• 截屏完成后会自动保存在【管理】→【照片管理】中，通过截屏名称最右侧的“剪刀”符号与照片进行区分；

（7）成果导出

①图层数据导出。可以将编辑好的图层数据进行导出，具体操作如下。

• 在【管理】→【数据导出】→【图层导出】可以选择要导出的图层，导出的格式分为 .shp 和 .xls 两种。

• 选择对应的导出格式后，系统会将导出的结果保存在林调通文件夹中的“数据导出”文件夹中；如果已经导出过的数据，系统会进行“是否覆盖”的提示。

②轨迹数据导出。可以采集完成的轨迹数据进行导出，具体操作如下。

在【管理】→【轨迹管理】可以将轨迹数据进行导出，导出的格式分别是 .gpx、.kmz、.shp 和 .dxf。

（二）林调通软件业务应用

（1）森林资源规划设计调查（二类调查）

①将调查区域内的影像图、航片数据以及林班小班数据导入林调通软件（复制到“林调通—地图数据”文件夹）进行叠加显示，如图 11-89 所示。

②现场进行人员通过林调通定位确定小班位置，通过编辑工具进行小班边界的实测、分割、合并、重塑、孤岛、以及裁切，借助属性表填写功能，现场修改和完善小班调查因子及相关的专项调查，如样地调查、每木检尺、角规调查、四旁树调查等。如图 11-90 所示。

③完成外业工作后，使用林调通可以直接输出 .shp 和 .xls 标准格式数据到 GIS 桌面系统进行后续的数据整理和汇总工作。

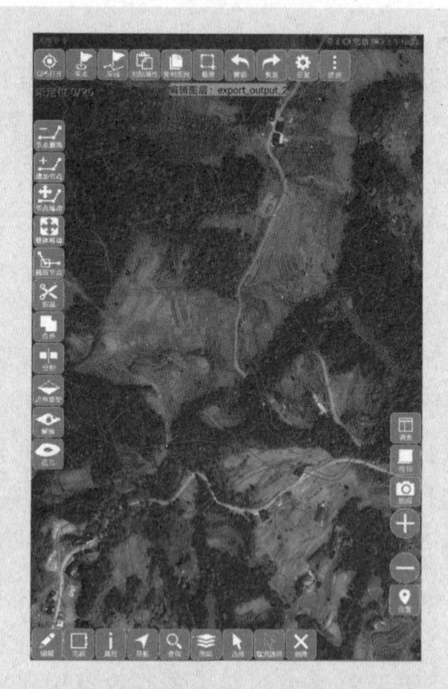

图 11-89 地图显示

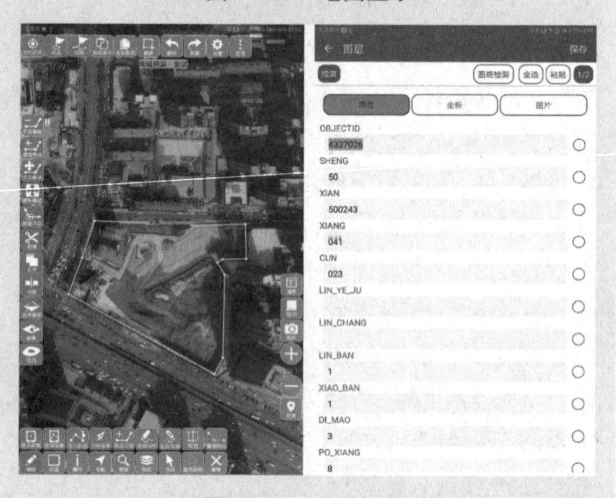

图 11-90 小班编辑

（2）森林督查

①将督查疑似图斑以及前后两期影像数据导入林调通，能够初步了解督查图斑的实际位置和现场情况，再通过比对最新的在线高清影像能够准确确定督查小班的边界范围。

②森林督查工作需要填写森林督查卡片、变化图斑现地核实表、变化数据库 3 种表格，点击【属性】，选择对应判读图斑，进入属性页面，点击【图斑检测】，系统提示“选择要判读的图层”，选中需要提取的森林资源图层数据，系统会，自动提取该判读图斑压盖的资源小班数据，提取完成会提示总共提取 n 个核实图斑；如图 11-91 所示。

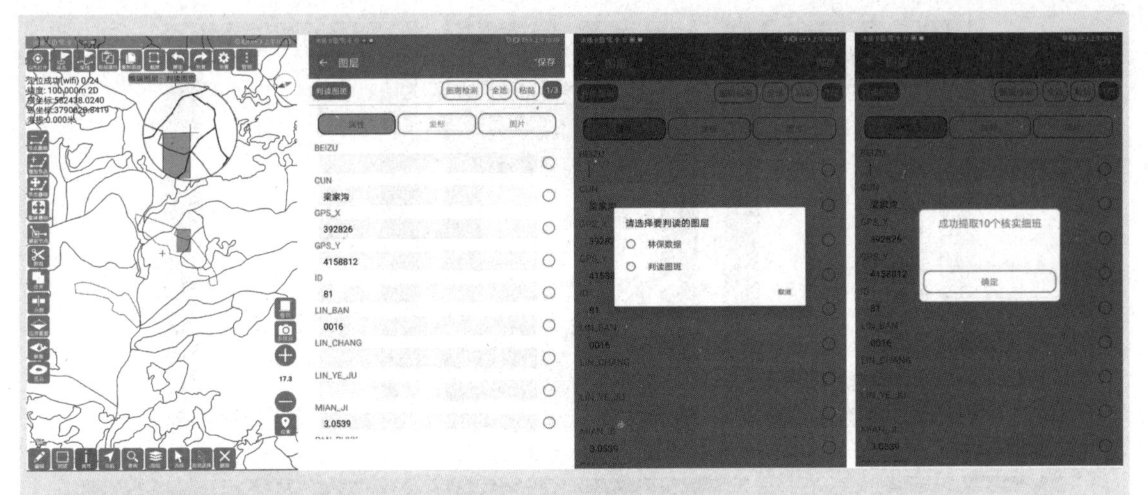

图 11-91 提取核实细班

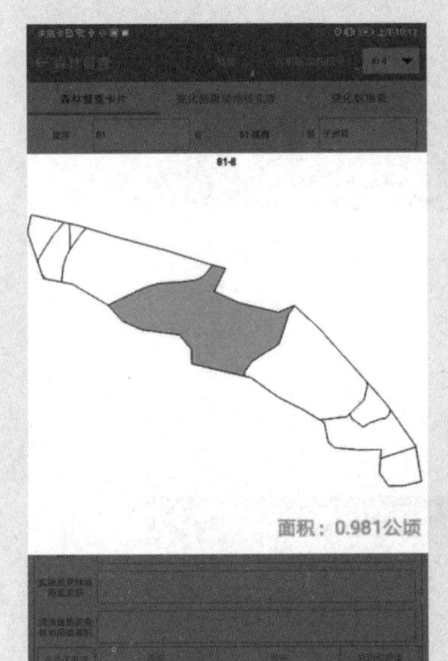

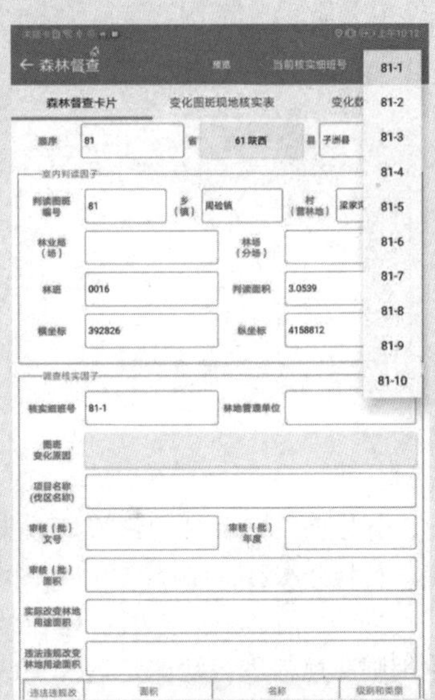

图 11-92 核实图斑信息

③核实图斑提取完成后，进入表格页面，系统会生成预览图，点击【预览】可查看并随时了解当前表格对应核实图斑，如图 11-92 所示。

④表格生成后可以对应填写的字段，系统已经根据字段名自动匹配填写。其他单元格需要调查人员手动填写，填写完成后，可以退出保存。如果保存后发现填写内容有问题，可以重新进入该判读图斑属性界面，点击“图斑检测”，选择“编辑”进入表格进行修改，如果需要重新提取，则选择“重新提取”，如图 11-93 所示。

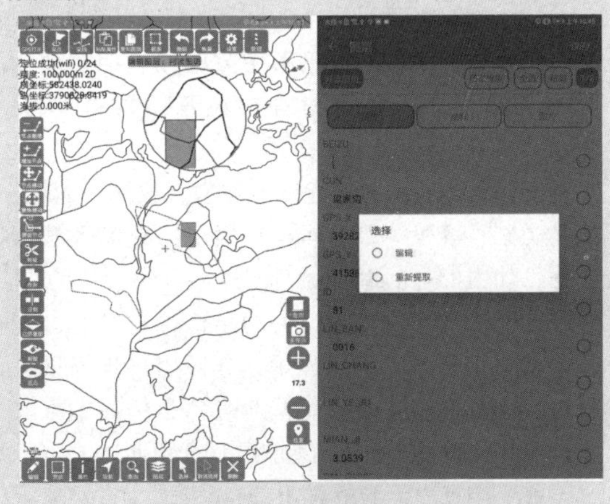

图 11-93 重新提取

⑤调查表格填写完成后，可以通过【管理】→【数据导出】→【导出督查表格数据】→【对判读图层名称】进行数据导出。

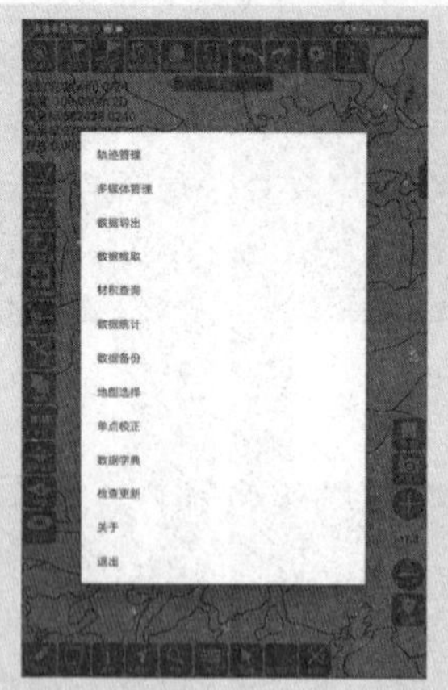

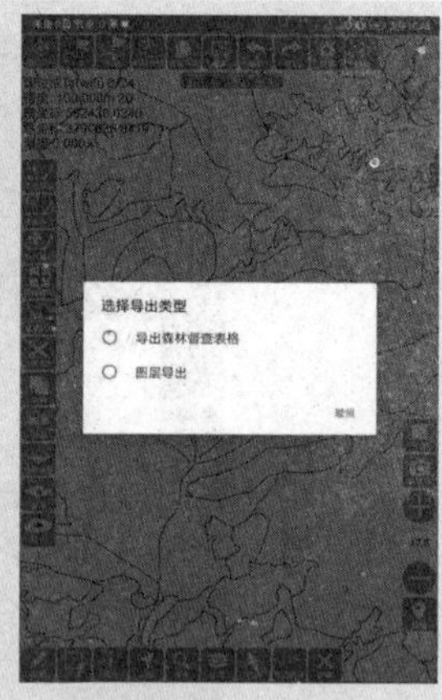

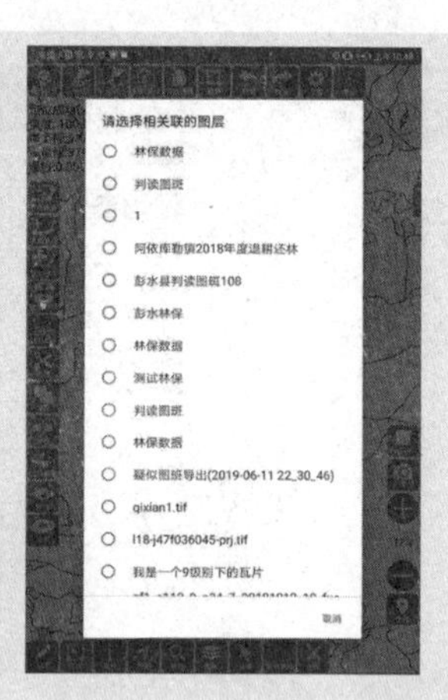

图 11-94 数据导出

顺序号	省区	县局	林场（分场）	林班	横坐标	纵坐标	判读面积	核实细班号	林地管理单位	变化原因	[illegible]	审核（批）情况 文号	年度	面积	实际改变林地用途面积	改变林地用途面积	面积
101	61	子洲县		0014	398290	4151798	0.3877	101-1		52							
101	61	子洲县		0014	398290	4151798	0.3877	101-2									
101	61	子洲县		0014	398290	4151798	0.3877	101-3									
122	61	子洲县	陕西省榆林市子洲（00-1）	0023	401184	4147412	1.6759	122-1	省榆林市子洲（00	73	陕西省榆林市子洲（00-1）	榆林市子洲（	2015	001	001	001	001
122	61	子洲县		0023	401184	4147412	1.6759	122-2									
122	61	子洲县		0023	401184	4147412	1.6759	122-3									
122	61	子洲县		0023	401184	4147412	1.6759	122-4									
122	61	子洲县		0023	401184	4147412	1.6759	122-5									
122	61	子洲县		0023	401184	4147412	1.6759	122-6									
122	61	子洲县		0023	401184	4147412	1.6759	122-7									
122	61	子洲县		0023	401184	[illegible]	[illegible]	122-8									
122	61	子洲县		0023	401184	4147412	1.6759	122-9									

图 11-95 表格数据

⑥导出完成后可以将表格数据，拷贝到电脑上进行打开查看，如图 11-94 和图 11-95 所示。

另外，能够根据全国各地森林督查的具体技术细则和规程进行功能定制和流程定制，最大程度地服务于森林督查工作。

（3）林地变更

①将最新一期的遥感影像数据和上期林地变更成果数据导入林调通叠加显示，如图 11-96 所示。

②用林调通现场进行林地类型、权属、起源、森林类别、事权等级、面积等因子的核实及填写工作，如图 11-97 所示。

③通过系统内置的强大的条件筛选功能，能够将变更小班准确定位显示，方便用户现场逐一核对。当日工作完成后能够通过色彩标注的方式查询工作完成量及进度，如图 11-98 所示。

变更调查成果能够导出 .shp 格式，直接兼容 ArcGIS 平台进行后续的数据汇总和整理工作。

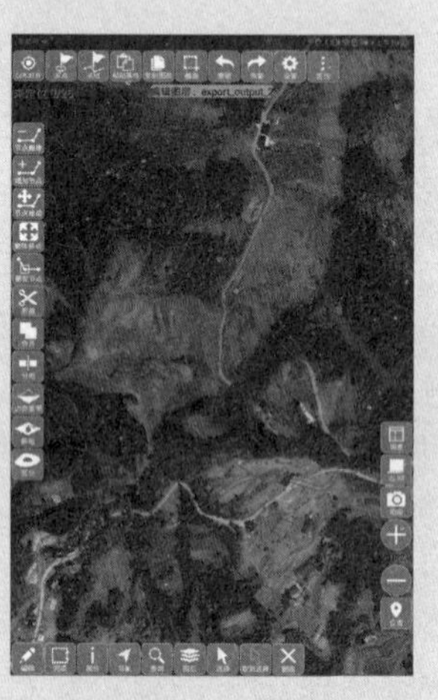

图 11-96 地图数据显示

（4）营造林作业设计

①导入最新的本地地图数据与最新的在线遥感影像数据进行卷帘比对，再通过叠加营造林矢量数据，方便设计人员进行营造林区域的设计工作并自动计算造林面积。

图 11-97 属性数据

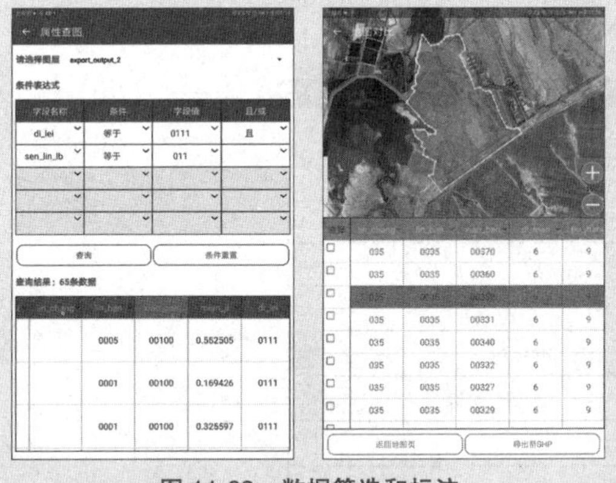

图 11-98 数据筛选和标注

②系统支持造林作业设计表的定制设计，用户通过配套软件即可完成表格的导入和设计工作。同时，可根据技术细则定义填写规则和逻辑检查规则，方便用户在现场准确、高效地进行调查因子的填写和录入。

③利用系统的制图功能，能够快速进行营造林区域地形示意图和造林图式的制作和输出。

（5）森林资源碳汇调查

①通过加载预处理完成的样地数据，结合在线遥感影像数据，能够准确定位样地的位置。

②根据小班面积智能判断所需样方数量并完成新建；结合预先导入的样地调查表和每木检尺表，能够在现地通过自动继承、自动计算、选项列表、现地实测等方式快速完成调查因子的录入工作，结果保存时自动进行样木株数、平均胸径、每公顷蓄积量等因子的汇总统计工作。

③调查结果直接导出标准格式的矢量数据和表格数据，方便进行上报工作。

（6）野生动植物调查

①加载调查区域内的影像数据、调查样线数据、样地点数据，以及专项调查表格数据，现场填写方式和逻辑检查规则可根据调查的物种进行随时切换。

②整个调查过程中能够通过后台的轨迹记录功能自动记录全程运动轨迹，在拍摄调查照片时能够自动附带拍摄点位坐标、拍摄时间及拍摄方向，方便用户进行后期照片整理和筛选。

③配备的北斗定位功能能够在野外准确确定人员位置，指引正确的路线方向。当影像数据不够清晰可能导致行进路线不明确时，系统可无缝兼容无人机进行现航测的最新正射影像，协助调查人员判断地形和方位。

④调查结果能够一键导出至点状和线状图层数据，调查表格能够输出成 .xls 表格和 .mdb 数据库。

（7）沙漠化监测

①将监测区域的遥感影像底图和监测图斑一并导入后进行叠加显示。

②可通过现场定位功能进行监测图斑的核查、监测调查表格的填写和监测路线的记录工作。

③可以拍摄现场的照片、视频作为监测举证文件。

④通过表格定制功能，可快速导入监测小班调查记录卡片，明确各项监测因子的填写方式和技术要求，如图 11-99 和图 11-100 所示。

⑤监测成果可直接输出成标准的 .shp 格式，用于制作监测调查报告及统计沙化趋势分布、面积和动态变化情况。

（8）草原监测

①将监测点位统计表直接导入，形成监测样地点位数据，通过坐标自动匹配功能完成样地的自动复位，同时也可根据实际情况进行样地点位的新增，实现一点多用的工作模式，提高数据的利用效率。

②目前系统内置返青监测、高峰期监测、旬度监测、固定点监测、线路监测、冷季监测、草地栽培调查、补饲调查、退牧还草等模块，用于满足在不同时期对于草原监测工作不同的具体要求。

③监测表格界面以 1：1 的方式复现纸质调查表格的样式和排版，减少了调查人员的学习成本，提高填写效率。在内容填写方面，内置自动计算公式能够准确、快速计算草产量、鲜重、干重、密度等因子，提高调查监测人员的工作效率和准确度。

④监测成果可自动汇总成电子表格，方便用户打印和上报，如图 11-99 和图 11-100 所示。

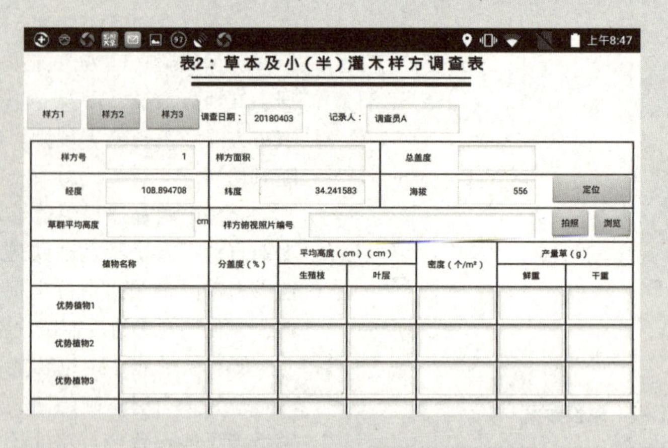

图 11-99　监测样地草本及小(半)光幕样方调查表

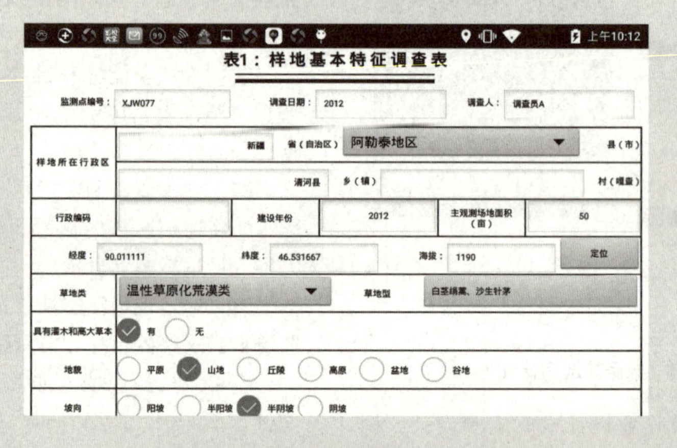

图 11-100　监测样地基本特征调查表

成果提交

每人提交一份书面报告，说明操作过程和结果以及心得体会。具体内容如下。

1. 简述林调通使用方法步骤。
2. 回顾任务实施过程中的心得体会，遇到的问题及解决方法。

拓展知识

当前，“3S”技术在林业生产中综合应用范围很广，除了传统的森林资源调查与监测、森林防火、林业生态工程规划设计与施工外，近年来在林业有害生物控制、森林管护、卫片执法、森林督查、林地变更、“林地一张图”等工作中广泛使用。使用的新仪器工具、软件也层出不穷，如西安三图信息技术有限公司的林调通，西安鼎图信息技术有限公司的鼎图外业数据采集系统等。可以通过扫描本书数字资源二维码对以下内容进行学习。

1. 森林资源规划设计调查。
2. 林地变更。
3. 森林督查。
4. 造林作业设计。
5. 林地一张图年度更新工作方案解读及天然林、公益林管理。
6. 林资源管理“一张图”年度更新质量管理。
7. 2020年森林督查暨森林资源管理一张图年度更新细则解读。
8. 林调通使用说明书。
9. 鼎图外业数据采集系统使用说明。

参 考 文 献

常庆瑞，蒋平安，周勇，等. 遥感技术导论[M]. 北京：科学出版社，2004.

党安荣，贾海峰，陈晓峰，等. ERDAS IMAGINE 遥感图像处理教程[M]. 北京：清华大学出版社，2010.

党安荣，王晓林，陈晓峰，等. ERDAS IMAGINE 遥感图像处理方法[M]. 北京：清华大学出版社，2003.

费鲜芸，张志国，高祥伟，等. SPOT5 城区影像几何精校正点位和面积精度研究[J]. 测绘科学，2007，32(1)：105-106.

冯仲科，余新晓. "3S"技术及其应用[M]. 北京：中国林业出版社，2000.

高香玲. "3S"技术在森林资源调查规划中的应用[J]. 辽宁林业科技，2012(2)：46-48.

广西壮族自治区林业局. 广西森林资源规划设计调查技术方法[Z]. 南宁：广西壮族自治区林业局，2008.

国家林业局. 森林资源规划设计调查技术规程：GB/T 26424—2010[S]. 北京：中国标准出版社，2010.

侯瑞霞，仝红瑞，丁凌霄. "3S"技术在森林资源二类调查中的应用[J]. 林业调查规划，2006，31(3)：11-13.

胡志东. 森林防火[M]. 北京：中国林业出版社，2003.

黄锋. 基于 VB 与 Google earth 插件的广西百色市森林防火地理信息系统的设计与构建[J]. 林业调查规划，2013，38(4)：28-32.

黄仁涛，庞小平，马晨燕，等. 专题地图编制[M]. 武汉：武汉大学出版社，2003.

黄杏元，马劲松，汤勤. 地理信息系统概论[M]. 北京：高等教育出版社，2002.

丌兴兰. 林业 GIS 数据处理与应用[M]. 北京：中国林业出版社，2018.

蒋建军. 遥感技术应用[M]. 南京：江苏教育出版社，2010.

焦一之，陈瑜，张锁成，等. "3S"技术在森林资源调查中的应用[J]. 河北林果研究，2007，22(4)：360-362.

金朝. GPS 导航技术在森林防火中的应用[J]. 科技信息，2013(1)：483.

李玲. 遥感数字图像处理[M]. 重庆：重庆大学出版社，2010.

李民赞. 光谱分析技术及其应用[M]. 北京：科学出版社，2006.

廖文峰. 卫星遥感图像的几何精校正研究[J]. 地理信息空间，2008，6(5)：86-88.

廖永峰. 林业 3S 技术[M]. 杨凌：西北农林科技大学出版社，2010.

林辉. 林业遥感[M]. 北京：中国林业出版社，2011.

刘莉淋. 工程测量[M]. 长春：吉林大学出版社，2009.

刘南，刘仁义. 地理信息系统[M]. 北京：高等教育出版社，2001.

刘志丽. 基于 ERDAS IMAGINE 软件的 TM 影像几何精校正方法初探——以塔里木河流域为例[J]. 干旱区地理, 2001, 24(4): 353-357.

梅安新, 彭望禄, 秦其明, 等. 遥感导论[M]. 北京: 高等教育出版社, 2001.

牟乃夏, 刘文宝, 王海银, 等. ArcGIS 10 地理信息系统教程——从初学到精通[M]. 北京: 测绘出版社, 2013.

彭望禄, 白振平, 刘湘南. 遥感概论[M]. 北京: 高等教育出版社, 2002.

全国森林资源标准化技术委员会. 林地变更调查技术规程: LY/T 2893—2017 [S]. 北京: 中国标准出版社, 2003.

沈焕锋, 钟燕飞, 王毅, 等. ENVI 遥感影像处理方法[M]. 武汉: 武汉大学出版社, 2009.

术洪磊, 承继成. 一种 TM 图像的快速几何校正方法[J]. 遥感信息, 1996(1): 32-34.

宋小东, 钮心毅. 地理信息系统实习教程(ArcGIS 10 for Desktop)[M]. 3 版. 北京: 科学出版社, 2013.

汤国安, 杨昕, 等. ArcGIS 地理信息系统空间分析实验教程[M]. 2 版. 北京: 科学出版社, 2012.

吴寿江, 李亮, 宫本旭, 等. GeoEye-1 遥感影像去雾霾方法比较[J]. 国土资源遥感, 2012, 4(3): 50-53.

吴秀芹, 张洪岩, 李瑞改, 等. ArcGIS 9 地理信息系统应用与实践[M]. 北京: 清华大学出版社, 2007.

薛在军, 马娟娟. ArcGIS 地理信息系统大全[M]. 北京: 清华大学出版社, 2013.

杨丽萍, 不同季相 SPOT 5 影像镶嵌前色调处理方法研究[J]. 遥感技术与应用, 2009, 24(2): 140-145.

杨鹏, 侯晓玮, 张翠华, 等. 基于 RS 和 GIS 技术的石家庄森林防火系统[J]. 河北遥感, 2012(3): 7-11.

杨昕, 汤国安, 邓凤东, 等. ERDAS 遥感数字遥感影像处理实验教程[M]. 北京: 科学出版社, 2011.

殷亚南, 李罗仁, 王勇. “3S”技术在森林资源规划设计调查中的应用探讨[J]. 江苏林业科技, 2008, 35(6): 37-39.

袁博, 邵进达. 地理信息系统基础与实践[M]. 北京: 国防工业出版社, 2006.

张博. 数字化测图[M]. 湖北: 武汉大学出版社, 2011.

张煜星, 王祝雄, 等. 遥感技术在森林资源清查中的应用研究[M]. 北京: 中国林业出版社, 2007.

赵鹏翔, 李卫中. GPS 与 GIS 导论[M]. 杨凌: 西北农林科技大学出版社, 2004.

赵英时. 遥感应用分析原理与方法[M]. 2 版. 北京: 科学出版社, 2013.

周全. GIS 在森林防火管理中的应用[J]. 四川林业科技, 2013, 34(1): 107-109, 118.